人机交互

以用户为中心的设计和评估

董建明　傅利民　饶培伦
[希腊] Constantine Stephanidis　编著
[美] Gavriel Salvendy

清华大学出版社
北 京

内 容 简 介

计算机系统、互联网、移动终端，带动了人类生活全面的数字化、信息化。人们的行为越来越多地离不开与各种设备和信息的互动，这些发展为人机交互和用户体验设计带来了新的机遇。

本书全面介绍了以用户为中心的人机界面的设计和评估方法。这种系统的方法可以帮助研发和设计人员增强产品的用户体验，把握产品创新机遇。“以用户为中心的设计和评估”是多学科交叉的新兴领域，已经对各行各业产生了很大的推动作用。

根据人机交互和用户体验行业的最新发展，本书在第 5 版的基础上进行了全面的结构和内容调整。综述部分介绍了在公司和机构里有效推行人机交互工作的七个原则；其后，分 5 篇 23 章系统介绍了用户体验分析、体验设计方法、体验设计专题、体验评估和用户体验管理的内容；在最后的附录中全面展望了人机交互领域在智能时代的发展和挑战。

本书主要面向的读者包括：互联网、移动终端等软、硬件设计人员，尤其是用户体验的研究和设计人员；可用性测试的专业人员；与体验创新相关的项目管理、市场开发和产品决策者，作为提升产品用户体验和公司形象的手册。本书也可作为“现代人因工程学”“人机交互和用户体验”及“以用户为中心的设计”课程的教材。

图书在版编目(CIP)数据

人机交互：以用户为中心的设计和评估/董建明等编著. —6 版. —北京：清华大学出版社，2021.9
(2024.2重印)
ISBN 978-7-302-58948-8

Ⅰ. ①人…　Ⅱ. ①董…　Ⅲ. ①人-机系统—研究　Ⅳ. ①TB18

中国版本图书馆 CIP 数据核字(2021)第 180276 号

责任编辑：冯　昕
封面设计：傅瑞学
责任校对：王淑云
责任印制：丛怀宇

出版发行：清华大学出版社
网　　址：https://www.tup.com.cn，https://www.wqxuetang.com
地　　址：北京清华大学学研大厦 A 座　**邮　　编**：100084
社 总 机：010-83470000　**邮　　购**：010-62786544
投稿与读者服务：010-62776969，c-service@tup. tsinghua. edu. cn
质量反馈：010-62772015，zhiliang@tup. tsinghua. edu. cn
印 装 者：三河市天利华印刷装订有限公司
经　　销：全国新华书店
开　　本：185mm×260mm　**印　　张**：25.75　**插　　页**：1　**字　　数**：626 千字
版　　次：2003 年 9 月第 1 版　2021 年 9 月第 6 版　**印　　次**：2024 年 2 月第 3 次印刷
定　　价：75.00 元

产品编号：084689-01

第6版前言

本书第6版在第5版基础上进行了全面的结构和内容调整，将19个章节增加为23个章节。将原来章节最多的“用户界面设计”分解为“体验设计方法”和“体验设计专题”。其中，全新章节包括了虚拟现实、增强现实、混合现实、物联网、大数据、人工智能、智慧城市等前沿的内容。附录中整合了大量业界资深研究人员的最新成果，对人机交互领域在智能时代的新挑战进行了全面的论述。本书还对环境智能章节等内容进行了全面更新。

在此，我们感谢赵晨博士完成了“虚拟现实、增强现实、混合现实中的人机交互”一章的内容，感谢业界32位资深专家完成的“人机交互的七大挑战”；同时再次感谢本书编辑冯昕专业和细致的工作，在紧张的时间内出色地完成了本书的出版工作。

作　者

2020年11月

第1版前言

随着计算机和互联网的普及，计算机在人类生活的方方面面扮演着越来越重要的角色。计算机不仅仅是工程师手里的计算工具，也渐渐融入了人类生活的各个部分。人们对计算机软件的要求也越来越高。软件不但要稳定可靠，而且还要易学、好用，也就是说软件的可用性要高。可用性是指从人的角度来看软件系统是否易用、高效、令人满意。

本书的主题——以用户为中心的设计和评估，就是要通过对用户的深刻了解，根据用户需求进行设计，并且通过用户的使用对设计进行验证。这种系统的方法不仅可以用来有效地防止产品可用性不高的问题，而且还能帮助设计人员设计出高水平的产品。“以用户为中心的设计和评估”是多学科交叉的新兴领域，对软件工业及一般产品设计都已经产生了重大和深刻的影响。

本书综述部分介绍了与“以用户为中心的设计和评估”方法相关的背景知识及发展概况。其后，本书用10章的篇幅分3篇分别介绍了解用户、用户界面设计和可用性评估的内容及一些相关的研究专题。最后一章讨论了在组织中实施以用户为中心的设计的专题。

本书主要面向的读者包括：

——软件或网站的设计人员，尤其是用户界面的设计人员；

——可用性测试的专业人员；

——软件或网站公司的市场开发人员。

同时，本书也可成为“现代人因工程学”及“以用户为中心的设计”课程的教材，还可作为软件或网站公司经理提高用户满意度、提升公司形象的手册。

在这里我们要特别感谢著名学者 Constantine Stephanidis 教授对本书“全面的可及性”一章的贡献。我们衷心感谢曾洁编辑，她具备丰富的专业知识和写作经验，以严谨负责的态度出色地完成了本书的编辑工作。我们感谢张秋玲编辑对本书出版程序的精心组织以及对书稿的审核工作。清华大学出版社编辑们的敬业精神给我们留下了美好而深刻的印象。我们非常感谢家人乔青和罗梅的理解，以及 Andrew 和 Erica 的配合，没有他们的支持和鼓励，这本书是无法写成的。

本书的稿酬将全部捐献给清华大学工业工程系。

作者

2003年6月

目录

第2篇 体验设计方法

第3篇 体验设计专题

第5篇 用户体验管理

0 综述：在公司和机构里有效推行人机交互工作的七个原则

全世界有超过10万以上的专业人士在从事产品和服务设计的人机交互(human-computer interaction,HCI)研究和应用方面的工作。遵循下面七个原则可以使他们的工作对公司的营收和客户满意度的提高产生最大的效果：

(1) 必须理解人机交互是为了补充创新设计的,而不是代替创新设计的。人机交互方法论可能不会直接产生创新设计,但是可以保证创新概念设计在使用时会令人轻松高效和满意。

(2) 在产品和服务设计开发的全部流程中,人机交互专家必须全流程参与,从产品的最初规划直到上市。人机交互专家必须进行验收以确保产品和服务满足潜在客户的需求。

(3) 根据用户需求,评估产品和服务的可用性有多种方法。最佳测试的样本量是8～12人。

(4) 如果我们能够完全理解用户使用某些服务或执行某种任务的方式,我们可以应用人机交互的知识去将这些方式自动化,而不再需要人的介入,这样可以增加任务执行的可信度,降低错误率和成本。(一个典型的例子是我们曾对电子调试系统进行优化。最初需要50分钟,准确率为82%。进行人机交互评估和设计后,调试时间降低为41分钟,准确率提升至94%,最终使用模糊逻辑的方法后,准确率提升至99.998%,时间仅需要几秒钟。)

(5) 在人机交互研究和实践中,了解客户并且为他们的使用而设计至关重要。对客户的了解维度可能包括文化、教育、年龄和地域因素等。

(6) 在人机交互研究和实践中,我们必须首先聚焦在研究和提升易用性及使用满意度的维度上。对于公司,需要聚焦在能够提升销售的对应相关维度上。

(7) 至关重要的是,所有AI研究都必须以人为中心进行设计,并且人机交互领域的所有研究人员和从业人员都必须具备丰富的人因学科背景知识。

参考文献

[1] HWANG W,SALVENDY G. Number of people required for usability evaluation based on 27 studies: the 10+_ 2 rule[J]. Communication of ACM,53(5): 130-133.

[2] SALVENDY G, KARWOWSKI W. Handbook of human factors and ergonomics[M]. 5th ed. [s. l.]: Wiley, 2021.

第 1 篇

用户体验分析

人机界面设计中最重要的一个原则就是了解产品的用户。只有充分理解用户的需求，才能设计出出色的产品。本篇用3章的篇幅来介绍了解用户的方法和步骤。第1章介绍了以用户为中心的设计理论基础和总体流程，以提供用户研究的依据和框架。第2章介绍了用户描述的维度以及角色创建的方法，这些方法可以直接用于全面描述用户特征。第3章介绍了用户任务分析和故事场景构建的概念和方法，完整、专业的任务逻辑分析和体验场景是产品和体验设计的必要准备。

1 以用户为中心的设计和评估的理论基础及总体流程

1.1 以用户为中心的设计和评估的理论基础及设计含义

1.1.1 用户的含义

以用户为中心的设计和评估(user-centered design and evaluation)的最基本思想就是将用户(user)时时刻刻摆在所有过程的首位。在产品生命周期的最初阶段,产品的策略应当以满足用户的需求为基本动机和最终目的。在其后的产品设计和开发过程中,对用户的研究和理解应当被作为各种决策的依据,同时,产品在各个阶段的评估信息也应当来源于用户的反馈。所以用户的概念是整个设计和评估思想的核心。

从一般意义上来讲,用户是指使用某产品的人。这一概念包括两层含义:

(1) 用户是人类的一部分。用户具有人类的共同特性,用户在使用任何产品时都会在各个方面反映出这些特性。人的行为不仅受到视觉和听觉等感知能力、分析和解决问题的能力、记忆力、对于刺激的反应能力等人类本身具有的基本能力的影响,同时,人的行为还时刻受到心理和性格取向、物理和文化环境、教育程度及以往经历等因素的制约。

(2) 用户是产品的使用者。用户是与产品使用相关的特殊群体。这一群体既包括产品的当前使用者,也包括未来的,甚至是潜在的使用者。用户在使用产品的过程中的行为也与产品特征紧密相关。例如,对于目标产品的知识、期待使用目标产品的时间和任务等。

因此,研究用户应当从用户的人类一般属性和与产品相关的特殊属性着手。这就需要综合生理学、心理学、统计学、社会学等多学科的理论,分析和解决在人与机器的交互系统中的规律,提升系统整体的效率,形成了被称为“人因学”(human factors)的交叉学科。

1.1.2 人机交互和人类信息处理模型

人类区别于其他生物的根本特征是发明和制造工具的能力。在机器和技术不发达的阶段,通过机器能够完成的工作很有限,所以,人们往往需要直接介入很多具体重复的操作。随着人类社会的发展和科学技术的进步,机器能够完成的工作越来越多,也越来越复杂。现代的计算机通过人工智能等技术甚至可以模仿部分人类的思维。人机交互的主体包括人和机器,而两者拥有各自的优势。例如,机器的优势包括可以准确地无限次地重复设计的功能,但是缺乏模糊学习和决策的能力。人的优势是可以灵活地针对任务中出现的各种情况进行决策,并支配系统的各项行为,但是人在重复某些行为方面的质量却不能与机器相比。

在人使用计算机的条件下，人机交互学研究的就是如何设计计算机界面以使用户使用系统时达到最高的效率和满意程度。

在人机交互系统中，计算机内部的复杂的信息处理和存储系统可以认为是一个“黑箱”，对于计算机用户来讲，他们对计算机系统的状态和运行过程的理解和操作都是通过用户界面(user interface)实现的。用户界面也常被称为人机界面。计算机的输出设备，包括显示器、喇叭等将系统的信息以人能够感知的方式提供给用户，同时，计算机的输入设备，包括键盘、鼠标和话筒等可以接受用户的各种操作指令并传达给计算机内部。

计算机的输出信息是如何被人接受和处理，然后转化为反应动作，指导计算机的下一步操作的呢？心理学的研究在不同层次上为这一过程提供了不同的理论和模型。在这里介绍被普遍接受的人类信息处理(human information processing)模型。人类信息处理模型认为人在接受刺激信息后通过感知系统(perception)、认知系统(cognition)和反应系统(response)进行信息处理并作出行动。

图1-1概括地描述了典型的人机交互系统的信息流程和工作方式。

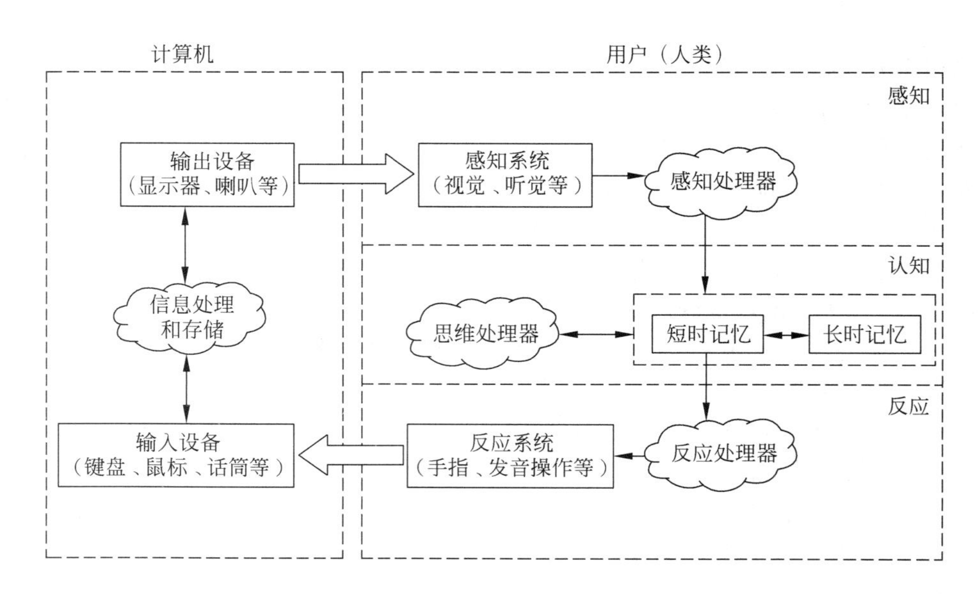

图1-1　人机交互系统的信息处理模型

1. **感知系统**

计算机的输出信息以视觉和听觉等方式被眼睛、耳朵等感知系统接受后，传输到感知处理器。在这里，这些刺激信号被短暂地储存起来并且被初步地理解。在感知处理器中进行的理解大多只是基于上下文的模式识别。例如，一条竖线被夹杂在一些阿拉伯数字中时就被理解为数字1，但是如被夹杂在一些字母中时就被理解为字母I。这些信息是相当表面化的，如果没有进一步的处理会在转瞬间消失。

在系统设计中应当考虑到感知系统器官和感知处理器的特点。例如，在视觉方面，图形用户界面的设计应当尽量减少用户不必要的眼球移动；设计易于浏览的格式和布局；提供便于用户理解的上下文信息等。在听觉方面，系统的输出应当注意使用适当的时间长度、音

频和音量，同时对声音选项进行必要的重复等。这样就可以有效地避免感知的重要信息过早消失或被误解。

2. 认知系统

人类认知过程是由思维处理器与短时记忆器和长时记忆器的协调工作完成的。首先，被人感知的视觉、听觉等信息被感知处理器处理后会有选择地被传送到短时记忆器(short-term memory)中。短时记忆器是人日常思考时暂时存储信息的空间，短时记忆器与思维处理器(cognitive processor)协调工作进行各种复杂的思维操作。这些操作包括各种信息的内在含义、推理及逻辑关系等，其操作水平远远高于在感知处理器中进行的过程。短时记忆器的储存容量小(可以同时记忆5～9个内容单元)，保持时间也相对较短(一般是若干秒)。并且，短时记忆器的效率和能力比较容易受到噪声和其他分散注意力因素的影响。

短时记忆器中的部分信息也会被有选择地传送到长时记忆器(long-term memory)中。长时记忆器就是人们平常所说的记忆力，其特点是容量大，储存时间长，并且主要以结构化联系的方式储存内容。在长时记忆器中，被记忆的内容与其他内容联系越丰富，其特征越明显，其表现方式越形象，就越容易保持和提取。长时记忆器还具有“用进废退”的特点，也就是说，越是被经常用到的内容就越是记忆准确，同时也越容易被提取。内容如果缺乏和其他线索的联系，或很少被用到，就容易在记忆中“变形”或丢失，这就是人们平时所说的遗忘。思维处理器经常需要将长时记忆器中的内容提取到短时记忆器中进行匹配，与感知处理器提供的内容一同进行处理。

人类短时记忆器和长时记忆器的特点为人机系统设计提供了一些设计准则，例如，为了不超过短时记忆器的能力范围，在设计中应当尽量将大批的信息按照其相互关系分类组织起来，这样，短时记忆器在任何时刻只需要处理总体信息的一个小的部分，这种“分块”(chunking)的方法也同样适用于没有明显关系的独立信息的记忆。例如，较长的电话号码分成几段记忆就比同时记忆一个连续的数字串容易得多。同时，人机界面的设计应当简单明了，避免在用户面前显示与任务无关的信息以分散注意力。较复杂的用户界面功能可以考虑拆分为不同的部分或步骤来实现。为了提高长时记忆器信息的存储和提取的效率，产品设计也应当从长时记忆器的特点考虑。例如，将没有意义的电话号码和外语发音赋予意义，增加这些内容和其他内容的关联性，有助于记忆的保持。在设计中应当尽可能使信息的结构清晰易懂，为各个信息单元提供丰富的联系信息。明显的设计个性也能够显著增强用户对于设计细节的印象，便于记忆和信息提取。

思维处理器可以进行很多不同类型的复杂的思维操作。这些操作包括注意力的选取(attention selection)、知识和技能的学习(knowledge and skill acquisition)、解决问题(problem solving)和语言处理(language processing)。在这些方面的研究成果也为设计提供了各种指导。例如，由于人的注意力具有易转移性，所以用户界面的各个状态应当以支持的功能为中心而避免将用户的注意力分散到其他方面。又例如，人们学习和解决问题时经常会联想到类似问题和解决方法，所以，使用比拟或暗喻等方法设计学习材料和界面元素将有利于用户对信息的分析和掌握。

3. 反应系统

产品的设计还应当尽可能减少对人的反应处理器和反应系统的负荷。例如，在设计计算机系统时，应当减少键盘和鼠标之间过多的切换，减少不必要的眼球的移动。实验心理学上的费茨法则提供了一个关于人对简单物体进行操作的数学模型。以鼠标单击为例，被单击的目标越小，目标之间距离越远，就越难击中，并且消耗时间更长。用公式表达即为：$\text{Time}=a+b\log_2(D/S+1)$，其中 D 和 S 分别指目标之间的距离和目标的宽度。

在设计交互界面时，需要同时考虑短时和长时操作的需要，例如在完成任务的过程中如果需要大量重复地进行某些操作，即使是简单的单击和指尖滑动，都可能造成积累性的损伤。在保健方面，应当采用最符合人使用习惯的键盘和鼠标设计，合理的显示器位置和显示参数以及各种工作环境的设置，避免长期使用计算机设备人员所常见的手腕、腰部、背部等的损伤。

1.2 人机学模式

人机工程学是一门研究人与机器进行交互而达到最佳效能的学科。按照人机学的观点，人和机器各有优点和缺点，机器是人完成某项任务的工具。在机器完成某项任务需要人的介入时，机器的设计必须能够适于用户的使用要求，才能使人和机器同时发挥出各自的优势。

在人机学设计理论中经常提到3种模式，即用户思维模式(user's model)、系统运行模式(system model)和设计者思维模式(designer's model)。用户思维模式是指用户根据经验认定的系统工作方式以及他们在使用机器时所关心和思考的内容，是人机交互系统中“人”的部分。系统运行模式是指机器完成其功能的方式和方法，是人机交互系统中“机”的部分。设计者思维模式是指人机交互设计人员在设计过程中考虑的内容，也就是如何将人机系统中的人和机器的配合达到最佳。

下面这个例子可以说明在设计一个学生开学注册计算机系统时的3个模式，这一系统的用户主要是进行注册的学生，其他用户可能包括教师和注册管理人员。

1. 用户思维模型

学生在使用这一计算机系统时考虑的内容可能包括：

——如何输入和更改个人信息?

——如何查询课程设置和注册要求?

——如何查询开学活动的时间表?

——如何查询公告栏?

……

教师和注册管理人员所考虑的内容可能包括：

——如何查询学生注册的情况?

——如何在公告栏中登出公告?

——如何查询课程注册情况?

……

2. 系统运行模式

对于学生开学注册计算机系统，编程人员考虑的内容可能包括如何提升程序的稳定性和效率：

——被设计的计算机系统的运行平台是什么？

——应当使用哪些开发工具进行编程？

——学生开学注册计算机系统的数据结构是什么？

——如何管理登录名及密码？

——如何实现多用户的数据共享？

——如何提高数据库的查询速度？

……

3. 设计者思维模式

设计者应当综合考虑用户在完成开学注册任务过程中的全部用户体验。其内容可能包括：

(1) 用户需要在哪里使用这一系统？如果用户需要在家中或很多其他场所使用这一系统，该系统则很可能需要采用互联网(Web)浏览器(browser)或移动应用风格的用户界面。如果该系统只需要安装在学校的范围内，该系统则可以采用其他的技术平台和实施方法，例如在局域网上运行的应用程序等。

(2) 哪些是用户需要的主要功能，哪些是用户可能需要的辅助功能？一个系统的各个功能的重要性经常是不均一的，所以，用户界面的设计经常需要考虑功能重要性的差异。例如，重要功能应当考虑放在比较容易发现的位置，并利用颜色、形状等视觉处理方式吸引用户的注意力。

(3) 计算机的输入和输出方式是什么？用户是否熟悉并能使用这些方式？大部分计算机系统采用键盘和鼠标作为输入设备并通过显示器输出结果。但是该计算机系统是否需要支持通过电话查询和输入？是否需要满足有视觉障碍者使用的要求？如果系统有此类要求，则在设计时要参考这些系统所特有的规范。

(4) 用户是否能够容易地理解用户界面的内容并有效地使用用户界面？系统开发的技术人员在对系统进行描述时所使用的词汇，与用户所熟悉的词汇经常存在很大的差异。实际上，有相当多系统开发时需要显示的信息应当从最终产品的用户界面中去除。例如，某一个用户界面的信息可能来源于对若干个动态数据库的综合处理，用户在使用系统时不需要了解这些系统运行的具体细节，所以用户界面上不应显示数据库的名称等与用户任务不直接相关的内容。

1.3 以用户为中心的设计和评估的总体流程

任何一个产品从前期研究、总体设计直到具体设计和实施都要经历一个复杂的过程。抛开每一个产品的设计开发过程各自的特殊性，图 1-2 描述了以用户为中心的设计和评估的典型流程。由于评估经常可以被看作是服务于设计的过程，所以，在本书中以及在很多其他的资料中，“以用户为中心的设计和评估”也常常被简单地称为“以用户为中心的设计”(user-centered design，UCD)。

从图 1-2 中可以看出，产品的设计和开发一般分为 3 个主要阶段：

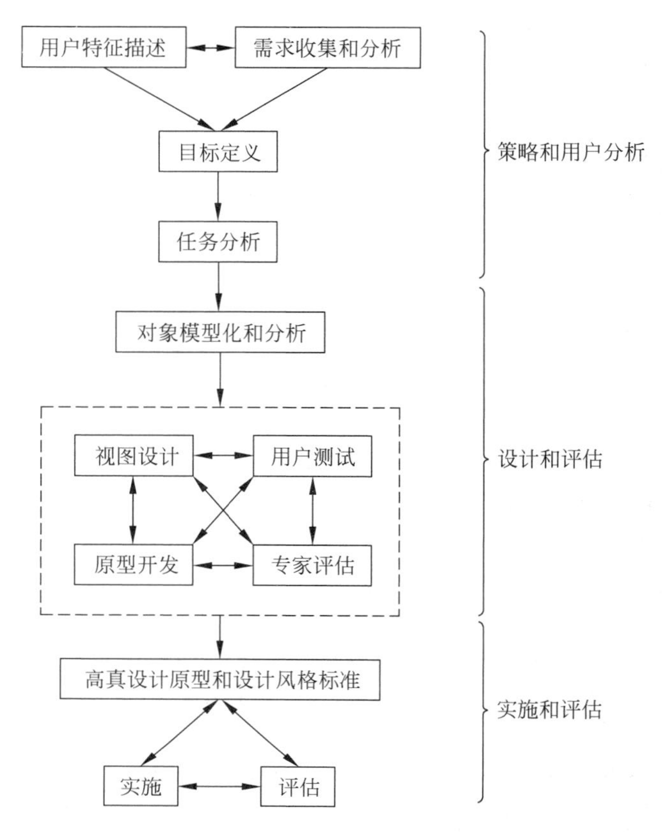

图 1-2　以用户为中心的设计流程

(1) 策略和用户分析；

(2) 设计和评估；

(3) 实施和评估。

本书将系统讨论以用户为中心的设计在以上 3 个主要阶段的具体应用，以及一些应用的具体专题，包括信息架构设计、互联网和电子商务系统设计等。本章下面几节将对这 3 个阶段的主要特征进行宏观描述。在图 1-2 中所标示的流程反映的是经过抽象后的简单化的典型步骤，在实际设计过程中，各个步骤之间根据需要经常进行合并和转化。

1.3.1　策略和用户分析

策略分析(strategy analysis)和用户分析(user analysis)阶段着重解决的问题是决定产品设计的方向和预期目标。以用户为中心的设计思想认为，产品的成败最终取决于用户的满意程度。要达到用户满意的目标，首先应当深入而明确地了解谁是产品的目标用户(target user)。产品的设计者主要关心的不是这些用户的姓名，而是目标用户群体区别于一般人群的具体特征，例如特定年龄区间、特殊的文化背景等。这一过程就是用户特征描述(user profiling)。同时，产品设计者还应当明确地了解目标用户对被设计产品的各方面期望(expectation)是什么，包括用户希望使用的功能或达到目标的指标等。这一过程就是需求收集(requirement collection)和需求分析(requirement analysis)。用户需求的数据和信息可以来源于用户试验或市场分析资料等多种渠道。

用户特征描述与需求收集和分析可以同时交叉进行并且互相受益。在一个产品周期的最初阶段,产品开发者往往对于将设计产品的基本情况有一个大致的轮廓。由产品的基本性质就可以大致辨别出目标用户的最明显的群体特征。在与用户进行进一步的交流后,用户需求的情况得以不断具体化,同时根据用户需求的分布情况,又可以进一步挖掘出更准确、具体的用户特征。用户特征描述和需求分析是以用户为中心的设计过程的基础。只有全面扎实地做好这两方面的分析才能使整个设计有的放矢。在产品设计和开发的全部过程中,用户参与活动都将以用户特征描述和用户需求作为依据。

由于人力、物力、时间等资源的限制,一个产品往往不可能同时满足所有用户的所有需求,并且不同用户需求之间往往还有互相矛盾、互相排斥的情况。所以,设计和开发人员在全面分析用户和需求后,需要根据自身条件将项目的应用范围加以限制,并且同时将项目目标正规化,这就是目标定义。一个项目目标的具体内容往往不可能用几句话就可以概括,不同的目标按照其层次和逻辑关系可以组织为一个金字塔结构(hierarchical structure)。用户所提出的需求和期望大多可以纳入目标金字塔结构(goal hierarchy)。

产品设计的目的是帮助用户完成他们期望完成的任务。在确定了项目目标后,产品支持用户完成的任务也就随之相对确定。这时候用户产品设计和开发人员就可以将注意力集中在用户完成任务的具体行为方式上。产品设计的逻辑应当与用户完成任务的习惯或自然理解相吻合,这样,用户才能以最快的速度,最轻松地掌握系统的使用。任务分析的目的就是采用系统的用户研究方法,深入理解用户最为习惯的完成任务的方式。任务分析的数据来源于用户试验。在试验中,用户研究人员用观察、讨论、提问等方式从用户代表处获得各种与完成任务有关的信息,然后将这些信息归纳整理后用图示、列表、叙述等各种方式直观、清晰地表达出来,作为系统设计的指导。

1.3.2 设计和评估

全面的策略和用户分析为产品的设计提供了丰富的背景素材。这些素材必须通过系统的方法进行分析,并且以精练的方式表达出来才能被有效运用。一种常用的分析方法是对象模型化(object modeling)。对象模型化将所有策略和用户分析的结果按讨论的对象进行分类整理,并且以各种图示的方法描述其属性、行为和关系。这种方法类似于面向对象的分析方法,但是侧重于归纳与系统设计有关的信息而不求对系统的描述面面俱到。

对象的抽象模型可以逐步转化为不同具体程度的用户界面视图。比较抽象的视图有利于逻辑分析,比较具体的视图更接近于系统人机界面的最终表达。根据视图表达方式的具体程度,比较抽象的视图又被称为低真视图(low-fidelity prototype)。比较具体的视图又被称为高真视图(high-fidelity prototype)。

在设计不同具体程度视图的过程中,设计人员应当经常吸收各种渠道的反馈信息,避免闭门造车。收集反馈信息最常用的方法是用户测试(user testing)和专家评估(expert evaluation)。用户测试法是指将设计的视图展现在目标用户面前,通过让用户模拟使用或讨论等方法获得用户反馈的数据。专家评估法是指设计人员请人机界面设计和系统功能的专家,根据他们的经验审查设计的视图,提出设计可能存在的可用性问题。用户测试法能够直接发现用户使用的问题，但是往往成本相对较高，周期较长。专家评估法容易管理，用时较短，同时可能会发现一些比较深层次的问题。但是，由于专家的背景从根本上不同于用户，所以研究结果可能与用户的直接反馈意见有不同程度的偏差。所以，虽然设计人员往往根据当时资源等情况决定使用用户测试法或专家评估法得到反馈意见，但这两种方法从根本上是不能互相替代的。

1.3.3 实施和评估

随着产品进入实施阶段，产品开发人员投入越来越多的时间和精力，对高真设计原型进行最后的调整，并且撰写产品的设计风格标准(style guide)。产品各个部分的风格的一致性就是由设计风格标准保证的。

产品实施或投放市场后，设计人员往往仍会发现各种各样的新问题或用户的建议，收集和处理这些信息不仅有利于当前产品的销售或运作，也有利于下一代产品的研制和开发。所以，产品的实施或投放市场完全不是以用户为中心的设计过程的终止。从某种意义上讲，这时候甚至仍然可以理解为设计的一个特殊的阶段，以上讨论的在设计过程中应用的评估方法依然适用。特别要提出的是，在这一阶段，实验室可用性测试及用户调查表的用户研究方法的使用尤其有效。这些评估的目的是保证产品实施的质量，跟踪用户使用情况和满意程度，收集用户在使用中遇到的问题和建议并且随时解决产品的问题。

1.4 全部用户体验

用户和产品接触的全部过程称为产品的全部用户体验(total user experience)。在这一过程中，用户使用产品只是中间的一个环节。全部用户体验包括从最初了解产品、具体研究、获得产品、安装使用，直到产品的各个方面的服务和更新。图1-3表示了全部用户体验的主要组成部分。

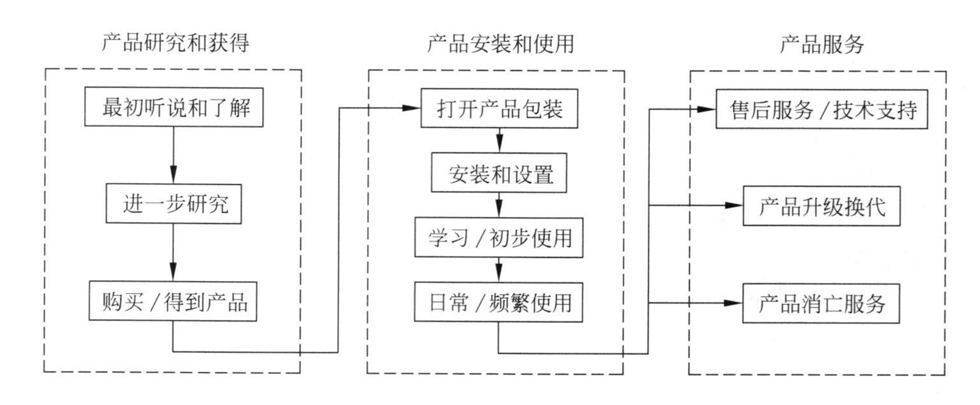

图1-3 全部用户体验的主要组成部分

可以想象，如果用户在产品全部用户体验所包括的任何一个环节中遇到困难，他们对产品的满意程度都会受到不良的影响，这些困难甚至可能完全阻止用户到达下一个环节。另

一方面，在全部用户体验中任何一个环节的提高都会对用户的综合满意程度有所贡献。所以，要达到使用户满意的目标应当着眼于用户全部体验的所有环节，仅仅关注产品的可用性是不够的。

1.5 设计思维

设计思维(design thinking)是在业界经常提及的创新设计的方法论。其主要的思路是以人为中心，从分析人的各个维度，发现真正需要解决的问题，进而通过不断的迭代设计找到解决方案。这种方法是体验设计师的典型的实践方式，但是它也可以广泛应用于商业、服务业等各个领域的创新活动。我们经常发现，很多的创新想法来源于技术或竞争等考虑。设计思维的框架就是用来指导和约束创新活动的流程，坚持以人为本的思维，借鉴设计师的设计流程去解决问题。

设计思维作为一般性的解决问题的方法论框架，其基本思路曾经被很多人提出。始于硅谷的IDEO公司和斯坦福大学设计学院借助体验设计咨询和高端教育平台，总结了比较完整的工具和体系，并使得该方法论得以广泛传播。现在世界著名的公司，尤其是世界500强的创新型公司大部分都有此方法的使用实践。

设计思维的流程由5个步骤组成，包括：

(1) Empathy：运用同理心的研究；

(2) Define：定义目标和需求；

(3) Ideate：产生创意构思；

(4) Prototype：制作原型实现；

(5) Test：测试设计方案并迭代。

我们可以看到，这一方法论和我们前面介绍的以用户为中心的设计流程有很多共通的地方。实际上，将这一方法论用于不同企业、解决不同问题的时候，也经常会做各种适应性的调整，以达到最佳的推行效果。例如，本书作者针对业界经常出现的重视实施、过度依赖灵感的设计倾向，提出了“有依据的设计”的设计哲学，在阐述设计方案时，一定要具备理论或研究的信息支撑；也针对业界实践中研究维度不完整的问题，提出了BUTP的创新方法论，强调在体验创新中要综合考虑商业、用户、技术和产品等多个维度。这些方法论的框架在组织内都得到了广泛采纳。关于创新方法论的具体内容，可以参考很多资料，在此不再赘述。

参考文献

[1] COOPER A. About face: the essentials of user interface design[M]. Foster City, CA: IDG Books Worldwide, 1995.

[2] DIX A, FINLAY J, ABOWD G, BEALE R. Human-computer interaction[M]. 2nd ed. Upper Saddle River, NJ: Prentice Hall, 1998.

[3] MANDEL T. The elements of user interface design[M]. New York: Wiley, 1997.

[4] MAYHEW D. The usability engineering lifecycle—a practitioner's handbook for user interface design[M]. San Francisco: Morgan Kaufmann Publishers, 1999.

[5] NORMAN D. The design of everyday things[M]. New York: Doubleday, 1988.

[6] PROCTOR R W, Van ZANDT T. Human factors: in simple and complex systems[M]. Needham Heights, MA: Allyn and Bacon, 1994.
[7] RASMUSSEN J. Information processing and human-machine interaction: an approach to cognitive engineering[M]. New York: Elsevier, 1986.
[8] SALVENDY G. Handbook of human factors and ergonomics[M]. 3rd ed. New York: Wiley, 2006.
[9] SHNEIDERMAN B. Designing the user interface: strategies for effective human-computer interaction[M]. 2nd ed. Reading, MA: Addison-Wesley, 1992.
[10] WICKENS C D, GORDON S E, LIU Y. An introduction to human factors engineering[M]. New York: Addison-Wesley (Longman Imprint), 1998.

2 用户描述和用户角色

2.1 研究用户的目的

以用户为中心的设计思想的中心就是用户。那么，为什么在设计过程中应当时时以研究用户作为基础呢？最简单的答案是：用户是产品成功与否的最终评判者。产品只有在用户满意的条件下才可能有好的销路，从而为企业带来效益。用户不满意的产品在市场上终将被淘汰。

实际上，任何一名产品的设计或开发人员都会在工作的过程中自觉或不自觉地、或多或少地考虑到与用户相关的问题。但是最终的产品却往往仍然存在着不同程度的用户接受性问题。这些用户接受性的问题可能导致产品无人问津、滞销、退货，甚至人身伤害。下面是一些问题的例子：

——产品种类非市场需求；

——产品性能与用户要求不符合；

——产品外观缺乏吸引力；

——产品难以学会使用；

——产品可靠性、安全性等存在设计问题。

在很多情况下，如果产品的设计和开发人员能够在产品研究和开发的不同阶段有效地与用户进行沟通，使设计建立在深入、细致、准确地了解用户情况和需求的基础上，就可以避免上述问题的发生。

但是在客观现实中，人们常常会忽视用户研究的重要性。一个常见的错误观点是认为自己就是用户之一或者对产品的使用情况已经有足够了解，所以可以想象用户的期望。这些人假定自己能够使用的产品其他人也能够使用，自己喜欢的性能其他人也喜欢。仔细想想就不难看出其中的错误。商店里有多少产品是你喜欢的，或不喜欢的？你可知有多少你不喜欢的产品实际上非常畅销，而又有多少你喜欢的产品却是非畅销产品？所以设计和开发产品时要时时提醒自己：你不能代表最终消费者的意见，你的意见也不是产品成功与否的最终评判。

如何才能在产品设计和开发过程中避免用户可用性不高的问题，使得最终产品达到最大的用户满意度呢？答案是在整个产品设计和开发过程中执行以用户为中心的原则，时刻考虑用户的需求和期望。

2.2 用户特征

2.2.1 用户生理、心理、个人背景和使用环境的影响

用户对产品的使用情况除了受到上述一般的人类信息识别系统特性的影响外，还无时无刻不受到各自的生理、心理因素、个人背景和使用环境的影响。需要考虑的生理方面的因素包括用户群体的年龄、性别、体能、生理障碍、左右手使用的习惯程度等，这些生理方面的主要因素又互相联系，并且可能暗示更具体的区别。例如，用户年龄的分布意味着用户界面风格的相应变化，以适应人们随着年龄的增大，视力、听力和记忆力减弱的规律。又例如，用户性别比例的构成会暗示色盲的比例和手的大小。在设计以男性用户为主的用户界面时，要考虑到男性群体色盲的比例远远高于女性用户群体，同时，输入设备的物理尺寸可以考虑稍微大于平均用户需要的尺寸。

在心理方面，完成任务的动机和态度对完成任务的质量和效率起着非常关键的作用。强烈的动机和积极主动的态度是完成任务的重要的心理基础，人的动机往往决定于完成任务的愿望和需要。在现实生活中，人们自然而然地将他们的各种愿望和需要进行排序。人们在完成他们认为最重要的、最必须完成的任务时就会更严肃认真，完成的可能性和质量也相对较高。人的动机往往是和态度成正比的。在完成某项任务时，这些动机和态度也会由于各个方面的原因的影响而经常变化。完成任务过程的趣味性强，用户被适当地激励，进展顺利等因素可以增强用户的动机，提高完成任务的效率。与之相反，完成任务过程中的屡遭挫折，身心疲倦，支持不足，受到强制压力等因素就可能会对人的情绪和态度产生负面影响，以致影响到任务的完成。所以在设计产品时应当注意人的情绪因素。例如，产品外观设计的成功对整个产品的销售和使用效率都有明显的积极作用，主要是因为高水平的外观对人的情绪产生了积极的影响。在进行可用性(usability)设计时应当尽可能全面细致地考虑各个方面的用户体验，任何一个小的问题都可能对用户造成情绪上的影响，而影响到用户的综合满意程度。

用户背景包括可能影响到产品使用的用户各方面的知识和经验。以计算机系统的设计为例，用户背景一般包括教育背景、读写能力、计算机知识程度、计算机系统一般操作的熟练程度、与产品功能和实现方式类似的系统的知识和经验、对系统所完成的任务的知识和经验等。这些知识和经验都直接或间接地与用户使用系统的情况相联系，所以产品设计要充分考虑这些因素。例如，用户界面、帮助资料和培训过程的设计应当考虑用户各个方面背景的强弱趋势，才能达到最满意的效果。

最后，用户使用产品的物理环境和社会环境也对使用效率有明显影响。这方面考虑的因素包括光线、噪声、操作空间的大小和布置、参与操作的其他用户的背景与习惯、人为环境造成的动力和压力等。例如，在噪声较强的环境下，用户界面就不能依赖以声音的方式输出信息。所以，设计人员应当仔细、全面地了解和预测用户在使用待设计产品时遇到的各种环境因素。

2.2.2 用户描述维度

任何一个产品设计不可能，也没有必要使每个人都完全满意。但是产品设计必须努力使产品的大多数用户达到相当的满意程度。要使产品的设计能够满足用户的要求，首先要能够清楚地认定谁是目标用户。某一产品的用户常常是一个具有某些共同特征的个体的总和。下面是一些常用的描述用户特征的方面。

（1）一般数据

——年龄；

——性别；

——教育程度；

——职业；

……

（2）性格取向

——内向型/外向型；

——形象思维型/逻辑思维型；

……

（3）一般能力

——视力、听力等感知能力；

——判断和分析推理能力；

——体能；

……

（4）文化区别

——地域；

——语言；

——民族习惯；

——生活习惯；

——喜厌；

——代沟；

……

（5）对产品相关知识的现有了解程度和经验

——阅读和键盘输入熟练程度；

——类似功能的系统的使用经验；

——与系统功能相关的知识；

……

（6）与产品使用相关的用户特征

——公司内部/外部使用；

——使用时间、班次；

……

（7）产品使用的环境和技术基础

——网络速度；

——显示器分辨率及色彩显示能力；

——操作系统及软件版本；

——软、硬件设置；

……

以上列出的只是一些用户特征的例子。在实际用户分析时，应当根据产品的具体情况定义最适合的用户特征描述。显然，对每个产品来说，定义用户不需要对所有用户特征进行描述，但是逐一审视用户特征将有助于全面把握设计的可用性，避免遗漏重要的用户特征。例如，设计家用面包机时，设计者可以定义目标用户为中等收入水准的家庭消费者；同时，了解到用户主要居住在哪些城市就意味着用户买到某些原料的容易程度；而了解用户以前是否使用过面包机则直接影响到用户手册内容的书写风格。

2.3 角色的创建和运用

角色(personas)是近几年在各个人机交互大会中常常提到的一个名词，正确地运用角色会对设计项目有很大帮助。角色是一些虚构出来的人物，用来代表最终的用户群体。

用彩虹的例子就很容易理解什么是角色了。有一点光学知识的人都知道，一道彩虹里面有上百万种颜色。在光谱里，每一点的颜色都是不一样的。但是如果你问一个小孩子彩虹里面有几种颜色的话，你得到的答案往往是7种。因为赤橙黄绿蓝靛紫代表了彩虹里上百万种颜色。同样，角色就像彩虹里面的7种颜色，用来代表上百万，每一个都是不同的实际用户。

2.3.1 角色的目的

角色并不是一个崭新的概念，在用户体验设计中，最重要的原则就是了解用户。同样的概念其实早就存在，例如市场细分(market segment)，用例里的使用者(actor)，用户原型(user archetype)，用户模型(user profile)。角色这个概念在近几年越来越得到用户体验人员的认可。

早在2005年4月17日，在美国《华盛顿邮报》上刊登了一篇题为《零售业，为了利润而建用户模型——百思买商店迎合特定客户类型》的文章。文章中讲到了一个客户经理在商店里看到一个金发妇女，穿着一件时髦的无袖白衬衫，带花纹的裤子，在店里徘徊，不时从她的皮包里找出来一个纸片。

店员立刻认出了她是“吉尔”(Jill)，吉尔是百思买(Best Buy)公司给足球妈妈们起的代号。足球妈妈一般是指中产女性，她们花很多时间去给孩子参加体育活动(比如足球)做准备，比如购买鞋袜、毛巾、饮料等运动装备，当然还要开车去球场，在旁边观看比赛为孩子加油鼓劲。她们通常负责家里的主要采购工作，但是另一方面又不愿意去逛像百思买这样的电器店。她们一般教育程度比较高，非常有自信，但是通常又会在百思买的产品面前胆怯，尤其是当店员开始冒出来一些类似百万像素和千兆之类的词的时候。

百思买想改变这一切，要给足球妈妈们明星般的待遇。在下雨的时候，店员会用粉色的伞把她们从停车场接到店里来，会在店里悬挂大的海报，内容是足球妈妈们和她们的孩子在一起，孩子在玩最新的高科技电子产品。

大型连锁店过去往往使用的是平均主义，他们的目标用户是一般人，普通的“购物者”，没有很明确地考虑客户的背景、种族、宗教或性别。随着计算机数据库的发展，企业可以收集到以前无法比较的,有关他们的客户的数据。许多零售商,如百思买等,通过数据分析,找出哪些客户可以带来最大的利润,或是最少的利润,从而来调整自己的政策。

有些服装连锁店把一些客户定为连续退货者,不再接受这些客户的退货。另外一些店甚至已经禁止一些客户来买东西,因为他们有过多的退货和抱怨。这种做法已引来争议,通过计算机程序试图确定客户的真正价值仍然是一个进展中的工作,并有可能疏远,也有可能吸引一些很会花钱的客户。

灵感来自哥伦比亚大学教授拉里·塞尔登的书《天使客户和恶魔客户》(*Angel Customers and Demon Customers*),百思买首席执行官要公司重新思考它的客户。百思买已经从邮寄名单删除了一些不太理想的购物者,并已加强了其退货的政策,以防止滥用。与此同时,它已经开始建立一系列买家的客户模型,并且给每个模型一个名字:Buzz(年轻的科技爱好者),Berry(富裕的专业人),Ray(家庭男人),当然还有我们特别提到的是Jill(足球妈妈)。

基于一系列的数据分析,包括购买情况、当地人口普查数字、客户调查和有针对性的焦点访谈,百思买开始改造67个美国加利福尼亚州的分店,以满足一个或多个不同的客户模型。它计划推出一个类似的重新设计的计划,在未来3年内改造660家店铺。有的店会专门为Berry来设计,会安排皮制的沙发,人们在里面可以在享受饮料和雪茄的同时,欣赏大屏幕电视和高端的音响系统。

当然也有一些店是为我们前面提到的吉尔设计的。粉色、红色和白色气球装饰着入口处。电视播放着迪士尼的《超人特攻队》,这里有多种可供选择的家用电器,也有的展柜里摆满了与凯蒂猫、芭比娃娃和海绵宝宝相关的电子产品。有的展室装饰得像宿舍或娱乐室,妈妈和孩子们可以悠闲地玩最新的高科技产品。百思买也为吉尔设计了新的快速付款台。虽然商店经理说任何人都可以使用这些付款台,但如果没有特别的客户代表陪同,客户很容易错过那些付款台。店里的扬声器的音量也被调低了,而且通常是播放吉尔最喜欢的音乐,如詹姆斯·泰勒和玛丽亚·凯莉的歌。

到底谁是吉尔呢?

“她很聪明,也很富有。”

“吉尔是一个决策者,是家里的首席执行官。”

“吉尔的孩子们是她生命中最重要的东西。”

根据百思买收集的数据,吉尔每年只逛几次电器商店,通常只有两次,但是她通常会花相当可观的钱。

百思买为吉尔改造一些店铺以后,吉尔在店里的花销增加了30%,而且公司客户的忠诚度也有大幅提高,成为全美客户忠诚度最高的5家店之一。据百思买首席执行官透露,在全国范围内,经过以客户为中心改造后的店铺,平均营业额比上年同期提高8%。

在改造过程中,20%是针对商店里的产品的,但是更多的80%是为提高客户体验的。在有些百思买的店里,在210个雇员里就有12个是专门为吉尔们服务的,内部被称为吉尔团队。对客户来讲,这个小组是个人购物助理,他们穿着柔和淡雅色彩的衣服,而不是像其他客服代表那样穿着蓝色衬衫。他们的服务台设立在店铺的中心,那里有紫色的鲜花和填充玩具动物作为装饰。

当吉尔出现在店里的时候,吉尔团队的队员们会主动上前打招呼,并且把她们带到所需要的商品前，帮她们把产品从货架上取下来，并带她们到快速付款台，还会把吉尔团队的邮件地址和电话留给她们。而吉尔们除了感谢以外，也常常表示她们会回来再看看店里的其他东西。

在这个例子里我们看到，角色是一个把数据形象化的方法。想象一下，如果百思买的市场分析专家把一堆市场分析的结果解释给客服人员来听，效果会是如何呢？很可能很多人都会睡着了。

在产品设计过程中，我们也会遇到同样的问题，把抽象的用户数据转化到设计里是不容易的。另外，很多公司里进行设计的和研究的不是同一个人，设计和研究之间的交流变得非常重要。在较大的开发项目中，众多人员会在产品的不同阶段参与，这些人可能包括公司的高层管理、商业策划、项目经理、产品经理、设计师、开发经理、开发人员、质量监控人员、市场经理、文字写作人员等。如果每个人心目中的用户都是有出入的，可以想象他们在产品的不同阶段所做的决定会对产品有什么样的影响。

在产品开发中，我们需要一个工具，能够把抽象的数据具体化，也能够起到很好的交流作用。角色就是一个很好的工具。它把抽象的数据转化成虚拟的人物，来代表个人的背景、需求、喜好等。设计师们可以通过考虑角色的需要，更好地推断一个真实的人的需要，角色也在设计的各个阶段起到作用，如头脑风暴、用例的制定和功能的定义等。当然角色也在开发的各个阶段起到交流的作用，统一众多的参与人员对用户的理解。

2.3.2 角色的好处

角色可以在整个产品开发过程中都起到好的作用。整体来讲，角色能够把抽象的数据转换成具体的人物。角色利用了人本身的优势，虽然不是每个人都可以准确掌握抽象的数据，但是每个人在日常工作和生活中，都要和各样的人打交道。看到角色里所描述的人，人们也会很自然地想了解和认识他，把在生活中练就的与人交往的本事都用上了，也更容易为角色里的人设身处地地着想。

角色有助于防止一些常见的设计缺陷，首先是所谓的“弹性用户”。这是指在开发的过程中，相关的设计、开发人员和利益相关的决策者在描述用户需要什么、用户想干什么和用户希望什么的时候，因为用户未经定义，概念空洞广泛，所以这些相关的设计和开发人员几乎都能说任何他们想说的，在实际操作中并没有真正的办法来反对这些观点。

角色的创造意味着用户群已经多多少少被定义了，所以“用户想要什么”这类广泛而模糊的陈述应该能够被角色检验，以避免过去仅仅使用“用户”这个词来允许任何需求都可以被随便提出，甚至是为了设计者自己的方便而提出。使用角色以后，可以帮助团队有一个共享的对真正用户的理解，用户的目的、能力和使用情景不再空洞而广泛。

角色也有助于防止“自我参考设计”，指的是设计师或开发人员可能会在不知不觉中，把自己的心智模式映射到产品设计中。可是设计师和开发人员的背景和理解与目标用户可能是截然不同的。角色在这里提供了实践中的检查，帮助设计人员把设计集中在目标用户可能会遇到的用例中，而不是集中精力在一些通常不会发生的目标用户的边缘用例上。在设计中，应把80%最主要的用例设计到最好，边缘的用例应该得到妥善处理，但不应该成为设计的重点。

Alan Cooper 把角色的好处归结成以下3个方面：

——帮助团队成员共享一个具体的、一致的对最终用户的理解。有关最终用户的复杂数据可以被放在正确的使用情景中和连贯的故事里，因此很容易被理解和记忆。

——可以根据是否满足各个角色的需要来评定和指导各种不同的解决方案，并根据在多大程度上满足一个或多个角色的需求，来评定产品功能的优先级。

——在抽象的设计和开发过程中加入了一张人的脸，可以让设计、开发人员和决策者设身处地地为角色着想。

2.3.3 建立角色的方法

每一个公司和项目都是不同的，建立角色的基础多是不一样的：有的时候设计人员会有很多的研究结果，数据分析作为后盾；有的时候，手头上的资料非常缺乏，项目周期又短。但是不管怎样，角色都是有用的。当然，如果有很多定量的数据分析会很好，然而就算是一个简单地对角色的口头描述在项目中也是非常有用的。

如果时间和预算允许，一个大规模的用户细分研究可以帮助建立角色。用户细分的数据可以包括用户的人口统计、行为、需求和态度资料。人口统计的背景资料包括用户的注册资料、年龄、地址、收入、家庭状况等，也可以从一些市场研究公司拿到用户的消费资料。行为资料指的是用户使用产品方面的资料，例如用户何时购买、使用频率、最主要使用的功能等。对于网站，这方面的资料甚至还包括用户在网上的使用轨迹跟踪的记录等。用户需求指的是用户在功能、性能和质量方面的期望。态度方面的资料包括用户对公司及产品的满意度、忠诚度和对产品各功能重要度的认知。用户需求和态度可以用问卷调查来得到。

在用户细分的研究中，最理想的情况是把所有上面提到的数据放在一个大的矩阵里，然后进行统计里的聚类分析。聚类分析不但把用户分成几个大类，并且指出哪些数据起主要作用，是用户分类的依据。每一个用户的大类，可以作为一个角色。

这种方法的优点是数据非常丰富，可以把每一个用户归到一个角色里。对于网站来说，甚至可以在数据库里标志每一个用户相对应的角色，针对性地为不同的角色提供不同的功能和服务。缺点是费时、费力、费用高。没有办法在中小型项目中使用。

Pruitt 和 Adlin 在他们的书里介绍了一种可以结合定量和定性数据的方法。在建立角色之前，需要先想好参与的团队，这里可以包括任何对最终用户有所了解，或是项目里的决策者，例如产品经理、项目经理、公司的高层管理、商业策划、设计师、开发经理、开发人员、质量监控人员、市场经理、销售、客户服务代表、文字写作人员等。

另外就是找与客户相关的资料，例如公司里的用户细分资料、市场调查资料、现场调查报告、用户研究报告、相关的新闻报道、杂志、科技文章、商业期刊、会议资料，以及相关的网站内容。

接下来的大体过程是先把对用户理解的假设写出来，然后将有关用户的事实写出来，和假设放在一起，用亲和图的方法归类。根据大的类别作出角色的骨架，定出最后的角色，然后对角色进行比较详细的描述。简单来说，这样的一个过程是把假设和事实结合在一起，用亲和图进行分类作出角色的过程。

具体的过程需要进行一系列的团队活动，每个人都需要积极参与。分析假设之前，先把用户按他们在系统里的作用、目标，或者市场分布划分成几个可能的类别。每个人把自己对这些用户的假设写出来，为了将来方便作亲和图分类，可以写在卡片或不干胶便签上。内容包括用户，以及该用户的目标、行为、活动、遇到的问题等。例如，年轻女性购物的时候希望自己的朋友做参谋，但是有的时候朋友很忙，没有办法一起逛街。

找到用户事实，需要把相关的资料编号以后分给每个人，在阅读这些资料的同时，把资料里和所开发产品相关的事实写在卡片或不干胶便签上，为了和之前的假设区分，最好用不同颜色的纸。卡片上也要标明资料的编号，便于将来追溯到资料的来源。

下面就要制作亲和图了。先按用户类别将卡片或便签放在桌子或墙上，上面写上用户的假设和事实，类似的或相关的放在一起，进行讨论后改变卡片的位置，一直到没有新的变化为止。给每个自然聚起来的组起个名字，再把小的组编成大的组。

这时再来看这些组，最好的情况是既有假设，又有事实，事实又支持那些假设。如果假设很多，没有数据，说明或者是没有数据，或是你还没有找到那些数据。如果事实很多，没有假设，也许为那些用户考虑得还不够。

团队这时可以根据这些事实和假设进行讨论，找到是否需要一些更细的用户分类。根据这些分类，就可以作出角色的骨架了。角色骨架就是一些列表，描述角色的特征。对这些骨架可以进行优先级的评估，评估的标准可以包括使用频率、所代表的市场份额、带来收入的潜力、具有的影响力、带来的竞争优势以及公司的策略等。有了优先级以后，就可以定做几个角色了。根据设计产品或系统的大小，角色数量会有所不同。若角色数量多，那么将来为每一个角色在设计上都应有所考虑，这是需要很多时间的。对于小的项目，投入和产出比例会不协调的。

接下来的工作就是把角色骨架转化成有血有肉的人。需要把骨架里的列表变成一个虚拟的人，例如将列表里的“45～50岁的男性”，写成“陈咏泉，47岁”，将“城市家庭”改成“住在天津，两个孩子，女儿陈丽25岁，儿子陈强20岁，还在上大学”。角色中包括的内容通常有相片、名字、个人的细节、家庭情况、收入、消费习惯、职业、职位的细节、知识、技能、能力、使用环境、活动、使用情景、目标、动力、顾虑、喜好、个人名言、市场份额、影响力等。

为了让角色比较好记，相片和一个短句是很重要的。短句是用很精练的一句话来概括这个角色，例如在表2-1中为电子商务公司建立的角色里，“品质优先的小资”，短短的一句话，可以给人带来很深的印象。表2-1为一个角色的例子，供读者参考。

表2-1 角色样例

照片

江为——品质优先的小资

“我真的很不喜欢逛街”

江为，28岁，复旦大学毕业后一直在上海一家美资公司负责销售工作，经过5年的奋斗，事业上小有成就，负责公司重要产品的销售工作。因为工作中常常需要和客户打交道，所以他非常在意自己使用的产品，在他使用的产品中，不乏众多国际和国内的名牌，尤其是电子产品。他的手机平均每3个月就会更新一次。

因为平日工作忙碌，没有时间逛街。自从发现了电子商务网站，就喜欢上了它。有需要时，就会在上班时间抽空上一下购物网站，看有什么新的电子产品。他的同事在买电子产品之前，常常会跑来问问他。

使用网站的目的

- 寻找有品牌的新产品
- 在线直接购买
- 跟踪发货和邮寄情况

续表

• 除了为自己购买以外，偶尔也会给朋友和家人购买 **关注点** • 网站是否可信 • 网站是否有现货 • 发货和邮寄是否及时 **个人资料** 月收入：12 000 元，还有额外的业务奖金 家庭：恋爱中 爱好：喜欢运动，追求时尚和品牌 个性：自信，开朗 **网购经验** 第一次网购：4 年前第一次在网上购物 网购熟悉度：比较熟悉 月购买频次：1～2 次，虽然上购物网站次数不多，但几乎每次都会买东西 年消费额：10 000 元左右

第 5 章讨论的集簇分析是用统计分析的方法进行聚类的，而这里的过程是用团队的观察力和分析能力进行集簇聚类分析的。人的头脑是很精妙的，这样分析出来的结果也往往是很精确的。作者在工作里遇到过公司先通过事实和假设的办法建立了角色，之后又和市场部进行了一场大规模的用户细分分析，发现和之前建立的角色有惊人的类似。

在最近的用户体验的学术会议里，也有一些用户研究人员提到过根据第 16 章介绍的一系列实地调查的方法建立角色。在实地调查里，结合访谈可以进行直接观察，可以观察到被访者自然的态度和行为习惯。十几个人的访谈通常足以确定一个简单的产品，对于复杂的产品或系统，则需要更多的时间和访谈的用户数量。读者可以通过上面介绍的方法对研究所收集的数据进行亲和分析。

当然，在实际工作中，也会遇到公司没有太多的人力和时间来系统地建立角色，在这种情况下，根据现有的材料，和公司成员访谈，同样可以建立一些临时的角色。这是对用户需求和特点的最好的粗略估计，不需要细节或者叙述。重要的是所有团队成员知道这些是有用的思维工具，不是真正的人物角色，因为他们并不是基于数据。过多的描述反而给人虚假的精确。

另外，角色也不是一成不变的，随着时间的推移，公司的工作重点可能会转移，角色也可能需要更新。还有就是局部的角色，在比较大的系统设计里，有时候在整个系统根据用户的作用建立角色以后，在设计某个部分时，会需要将其中的一个角色更加细分，为了不和其他角色混淆，可以把他们叫作局部的角色，只在局部设计里用到。

参考文献

[1] HIX D, HARTSON H. Developing user interfaces ensuring usability through product & process [M]. New York: Wiley, 1993.

[2] MAYHEW D. Principles and guidelines in software user interface design[M]. Engelwood Cliffs, NJ: Prentice Hall, 1992.

[3] NEWMAN W M, LAMMING M G. Interactive system design [M]. Cambridge: Addison-Wesley, 1995.

[4] TORRES R. Practitioner's handbook for user interface design and development[M]. Upper Saddle River, NJ: Prentice Hall PTR, 2002.

[5] CHAPMAN C N, MILHAM R. The personas' new clothes[C]//Proceedings of Human Factors and Ergonomics Society (HFES) 2006, San Francisco, USA, 2006.

[6] COOPER A. The inmates are running the asylum[M]. Indianapolis IN: SAMS, 1999.

[7] PRUITT J, ADLIN T. The persona lifecycle: keeping people in mind throughout product design [M]. San Franciso, CA: Morgan Kaufmann Publishers, 2006.

3 任务分析和故事场景

3.1 任务分析的概念

用户使用产品的目的是能够更高效地完成他们所期望完成的任务，而不是在于使用产品本身。产品的价值在于其对于用户完成任务过程的帮助。用户在各自的知识和经验的基础上建立起完成任务的思维模式。如果产品的设计与用户的思维模式相吻合，用户只需要花费很短的时间和很少的精力就可以理解系统的操作方法，并且很快就能够熟练使用以达到提高效率的目的。相反，如果产品的设计与用户的思维模式不符，用户就需要将较多的时间、精力用来理解系统的设计逻辑，学习系统的操作方法，这些时间和精力的花费不能直接服务于完成任务的需要。在这种情况下，即使完全掌握操作方法以后，在使用过程中也更可能出现各种各样的困难和错误，在最差的情况下，用户可能最终发现采用某产品事倍功半，而决定放弃使用。

用户完成任务往往可以通过使用不同的工具(甚至不使用任何工具)，通过各种不同的方式完成同样的任务。所以在某种意义上讲，任务和工具的设计是相对独立的。不论使用什么工具和方法，人们对于任务的理解和完成任务的习惯方式取决于他们的思维模式，工具的设计一方面需要考虑如何以符合用户思维模式的方式提供各种功能，另一方面也需要考虑很多实施方面的局限性。在实际的设计过程中，理想的用户思维模式往往与实施方面的各种局限相互冲突。部分用户期望的完成任务的方式被认为不能被实施。所以，在进行各个层次的设计决策时往往采取的是用户思维模式和实施局限的妥协。虽然这种妥协是必要的，但是如果在处理妥协的过程中过多地偏离最初的用户思维模式所定义的设计方向，就有可能最终导致不同程度的可用性问题。所以，从原则上讲，对用户理想的完成任务方式的支持应当更强于对实施局限的迁就。如果某种实施局限可能会严重影响产品的可用性，就应当突破这种技术局限。

如上所述，对用户的理想思维模式的全面理解应当作为产品功能设计的依据。任务分析的关心焦点是与技术实施相对独立的人们的思维模式。在理想状况下，任务分析尽量不涉及任何与实施相关的内容，例如系统的运行平台、信息存储方式等，这样才能给予用户最大的思维空间，避免某些现有的实施问题限制了有价值的用户反馈信息。当然，在很多情况下，将思维模式和现有的实现任务的方式完全分开是很困难甚至是不可能的。例如，在为设计某个网站而进行任务分析时，用户会很自然地联想到待设计网站现有版本的运行方式或一些其他网站的类似功能。只要用户关注的是可能的完成任务的功能而不是技术局限，则

这些具体的信息就与任务分析的宗旨不矛盾。

任务分析的数据往往是由用户研究人员用观察、讨论、提问等方式从用户代表的反馈中得到的。这些信息被进一步归纳整理后用文字叙述、图示等工具直观地表达出来。下面是一些任务分析用户试验可能采取的方式：

——请用户提出与实现方式无关的理想的完成任务的过程；

——请用户根据使用类似的(往往是竞争对手的)产品表达出完成任务的过程；

——观察用户在自然状况下完成任务的方式并进行各种方式的记录；

——请用户在完成任务的过程中随时口述当时思考的内容；

——记录用户完成任务中遇到的问题及他们的解决方法。

对用户在使用系统时的行为的分析往往是相当复杂的。下面列举了这种复杂性的一些方面以及在前述学生注册系统设计中的表现方式。

(1) 不同的用户角色使用同一个系统的不同功能。例如，教师使用注册系统时需要输入课程信息，而学生在使用注册系统时需要查询课程信息。

(2) 不同用户使用系统时的行为有一定的相互依赖性。例如，只有教师输入课程信息后学生才能查询这些课程。学生需要交注册费后才能登录系统。

(3) 系统使用过程中伴随着物流和信息流。例如，注册费“流向”注册管理人员，注册后材料从注册管理人员“流向”学生，课程信息的问题从学生“流向”教师，问题的答案从教师“流向”学生。

(4) 用户使用系统时的行为顺序具有多样性。例如，有些学生在研究可能注册的课程时首先利用检索系统查询某些关键字，而另外一些学生可能会在查询之前直接与熟悉的教师联系。

(5) 用户行为的策略根据系统的反馈而调整。例如，如果发给教师的信息在半天之内未得到答复，而注册截止时间将近，学生可能就考虑是否可以先注册。如有必要，还可以在取消注册的截止日期之前取消注册。

(6) 用户行为是有层次性的。例如，登录系统可以被看作一个用户行为，而登录过程又可以包括浏览和理解屏幕信息、输入用户名、输入密码、按 Enter 键等较低层次的用户行为。

(7) 用户行为会受到外部环境的影响。例如，学生注册时往往参考其他同学或朋友的注册情况，这是独立于系统设计之外的因素。

(8) 用户对系统的使用情况往往反映出用户的个性、习惯和文化特征。例如，有些用户喜欢先阅读使用说明再开始使用系统的功能；有些用户喜欢在尝试中学习系统的使用而不愿意阅读使用说明。

3.2 任务分析工具

3.2.1 用户-任务金字塔和任务一览表

用户-任务金字塔和任务一览表都是宏观任务分析的常用工具。任务金字塔描述的是不同层次的任务之间的关系。任何一个任务都可能包括若干个子任务从而构成金字塔结构。图 3-1 是学生注册系统的“查询课程信息”的任务金字塔。

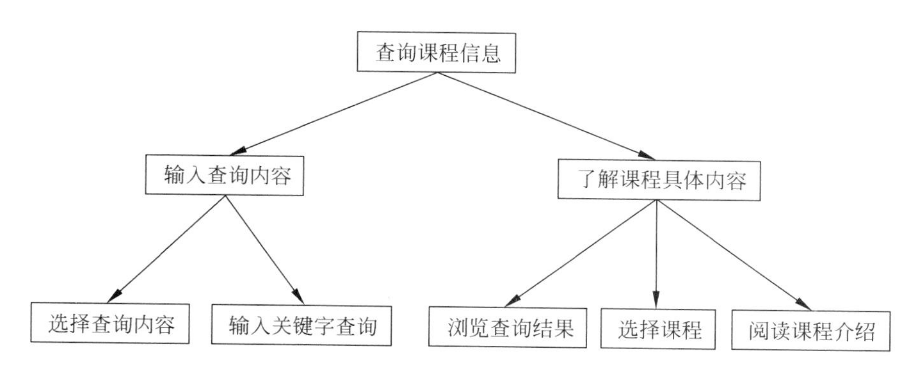

图 3-1 任务金字塔

用户-任务一览表用列表的形式描述了系统的所有用户及其可能需要完成的所有任务，其描述的内容与用户行为分析图上所描述的内容类似。由于表格中没有图形表达方式，所以不如用户行为分析图形象生动，但是，这种描述方式便于更改和调整。表 3-1 是一个学生注册系统的用户-任务一览表。

表 3-1 用户-任务一览表

任 务	教 师	学 生	系统管理员
输入、修改和删除课程信息	×		
查询课程注册情况	×		×
解决和澄清与课程相关的问题	×	×	
查询课程信息		×	
注册课程		×	
取消注册		×	
发放注册后材料			×
查询注册情况			×

3.2.2 通用标识语言

对用户行为全面描述需要多方面、多角度的进行。而且在描述用户行为时需要用不同的工具和方法，例如文字叙述、图示等。经常提到的模型描述的专业工具是通用标识语言 UML(unified mark-up language)。这一工具可以有效、系统地描述某物质对象的属性、行为以及对象之间的关系，因而被广泛地运用在面向对象的程序设计中。有些高级的 UML 工具可以将 UML 直接转化成为 C++或 Java 对象程序等。UML 包括如下 7 种典型图示：

(1) 使用行为分析图(use case diagram)——描述系统成员及其需要完成的任务；

(2) 顺序流程图(sequence diagram)——描述完成某些行为的系统元素和可能的步骤；

(3) 关联图(collaboration diagram)——描述系统成员及功能之间的联系；

(4) 类族图(class diagram)——描述系统元素的属性、行为及关系；

(5) 状态转化图(state transition diagram)——描述系统元素的状态和联系；

(6) 元素图(component diagram)——描述系统元素之间的从属关系；

(7) 实施图(deployment diagram)——描述系统各元素的物理放置关系。

由于任务分析时需要描述的内容与UML描述的内容类似，所以有些UML也被任务分析所采用，UML图绘制的方法可参考相关专业书籍，在此不再赘述。

3.2.3 任务过程和决策分析

上文提到的顺序分析图描述的是实现某个使用行为的典型步骤，这些典型步骤可能代表了大多数用户使用系统的方式和特点。但是不同用户完成某项任务的具体方式可能有所不同，而且某一个用户在不同的内部或外部条件作用下，可能会随时调整完成任务的步骤或策略。例如，在学生注册系统的例子中，某学生很可能根据自己是否已有足够的课程信息来决定是否与教师进行联系。任务过程和决策分析(procedure and decision analysis)的方法是用流程图综合表达不同用户或不同条件下完成某任务所可能采取的不同步骤和策略选择的情况。图3-2是学生注册系统中关于"查询课程信息"的任务过程和决策分析图的示例。

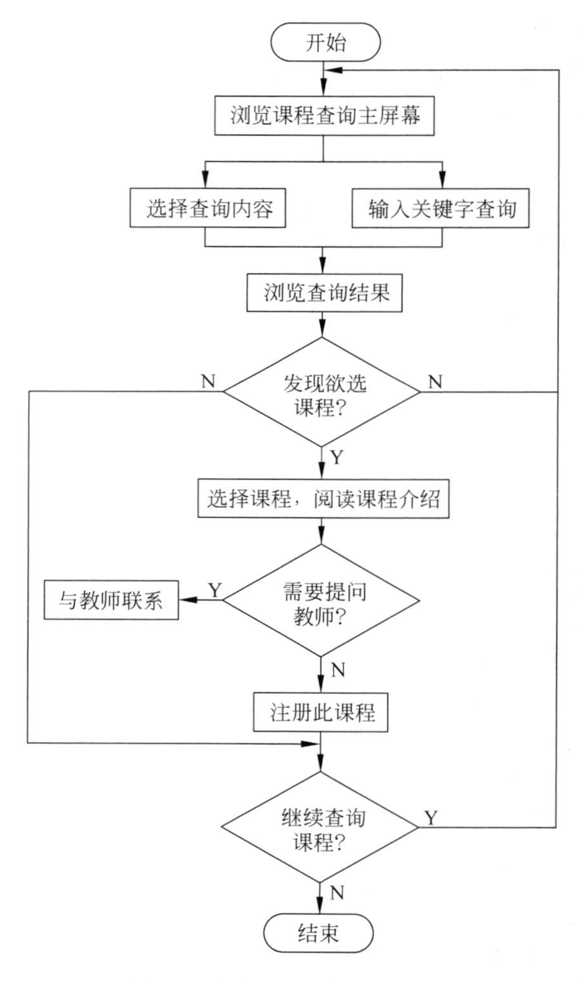

图3-2 任务过程和决策分析图

3.3 故事场景

描述一些用户完成任务的故事和情节也可以作为任务分析的方法。故事讲述(story telling)和场景分析(scenario analysis)的细微区别在于故事讲述可能包括相当多的情感成分,场景分析则只关注完成任务的过程而不考虑人在完成任务时的情感反映。这两种方法非常接近,实际上也经常通用而不加以严格区分。

在任务分析中使用的故事或场景可以是真实的,也可以是虚构的;可以是关于使用当前存在的系统的情况,也可以是想象中的理想情况;可以来源于用户,也可以由设计人员编写出来。这种方法的关键是要使这些故事和场景具有代表性而可以作为设计的参考。

下面是一个关于学生注册的例子:

李晓是一个大学二年级的学生。今天是星期三,下星期一就要正式开学了。他来到学校进行注册。走进注册厅,他看到一个指示牌指向注册服务台。于是李晓走到服务台,按照服务人员的要求在计算机屏幕上填写了简单的注册登记表格,然后将注册费交给服务人员。服务人员收取注册费后在自己的计算机终端上单击"打印注册后材料"按钮,于是打印机打印出注册费收据、注册系统的简单使用说明、李晓的个人登录名和密码。李晓拿到注册后材料离开注册服务台,走到一个注册系统终端前。他输入登录名和密码后看到系统提示"您是否要改变密码?"的提示窗口。李晓单击"是"按钮,然后两次输入一个新的密码。于是他看到了系统主屏幕。李晓前一学期上过一门"统计学初步"课程,本学期他想注册一门中级统计学的课程。他选择了"查询课程"选项。在下一个屏幕,他在"关键字"的文字输入框中输入"统计学"并单击"查询"按钮。于是他在屏幕上看到五门统计学课程。从课程名称上,李晓轻易地排除了四门课程,因为其中一门是他刚刚上过的,而其他三门的内容不是他所感兴趣的。于是他单击了唯一一门可能注册的课程名称"统计试验分析",在下一个屏幕他看到了课程具体介绍、预备知识要求、讲课教师介绍和课程讲授时间等信息。这一屏幕还提供了"向教师提问"的按钮功能。由于屏幕上提供的信息都符合李晓的期望,于是李晓单击"注册此课程"按钮。这时候屏幕显示"你确定注册'统计试验分析'课吗?"的信息。李晓单击"确定"按钮,屏幕提示"课程已注册,是否打印注册信息?"他单击"打印"按钮,打印机输出课程信息。李晓取出打印输出后,单击"离开系统"按钮,屏幕显示"感谢使用注册系统"提示信息,然后显示系统初始屏幕。他很高兴能够在半小时内完成了注册。

一个完整的故事描述包括人物、目标、现状、环境、步骤、策略、感情等多方面因素,分离这些因素对于任务分析是很有帮助的。下面是对上述故事的分解。

(1) 人物:李晓,大学二年级学生;

(2) 目标:注册学期和一门感兴趣的中级统计学课程;

(3) 现状:开学前四天;

(4) 环境:学校注册厅,指示牌,服务人员在服务台提供帮助,若干系统终端及打印设备;

(5) 步骤:先在服务台交费,然后登录系统,改变密码,查询课程,研究课程信息,注册课程,打印结果,退出系统;

(6) 策略：如果课程信息不够详细，则与教师直接联系，如课程信息已经足够详细，则直接注册；

(7) 感情：对完成任务的过程感到满意。

从上述故事讲述中可以看出，与其他任务分析方法相比，这种方法最为生动，因为它讲述了一个典型用户使用系统的整体过程。故事讲述包括很多细节。除了系统本身的功能之外，故事描述涉及很多与系统设计密切相关的环境和辅助因素，例如注册厅的设置，打印机连接等。这些都是系统设计所应当考虑的方面。

故事讲述将用户完成任务的过程用个性化和具体化的形式表现出来。这些描述可以用来作为其他任务分析方法和系统设计的基础资料，同时也可以作为系统评估的重要工具。

3.4 目标和行为关系分析

用户行为都是以达到某个目标为基础的。那么，人是如何完成从目标到实施的过程的？Don Norman 提出的 7 个步骤模型作为连接目标和行为的理论而被广泛采用。这一理论认为人完成任何一件任务的过程包括如下步骤：

(1) 确定目标或目的；

(2) 产生动机；

(3) 确定行动方案；

(4) 执行行动方案；

(5) 观察行动对象的状态；

(6) 理解行动对象的状态；

(7) 评价行动的结果。

这一理论可以被用于高层次和低层次的任务分析。高层次的目标与高层次的行动相对应，低层次的目标与低层次的行动相对应。以上述的学生注册系统为例，如果用户已经决定注册"统计试验分析"课程，而想实现注册的任务，下面就是运用 7 个步骤理论对这种低层次目标和行为的分析情况：

(1) 确定目标或目的：注册"统计试验分析"课程；

(2) 产生动机：在用户界面上找到"注册"的功能并完成注册；

(3) 确定行动方案：看到"注册此课程"按钮并决定单击此按钮；

(4) 执行行动方案：单击"注册此课程"按钮；

(5) 观察行动对象的状态：屏幕显示"你确定注册'统计试验分析'课吗？"；

(6) 理解行动对象的状态：如果确认的话，这一课程将被注册；

(7) 评价行动的结果：操作正确，可以继续注册过程。

如果在完成上述步骤(7)后还要继续完成同一目标，则回到步骤(2)而重新开始。如果用户在步骤(7)后决定改变目标，则回到步骤(1)而重新开始。

3.5 任务分析考虑的其他方面

在进行任务分析时，除了可以应用上述比较系统的分析方法，还应当考虑与任务分析有关的其他方面。这些方面往往与用户特征描述中讨论的与任务有关的分析相类似。它们有时可以纳入上述的系统分析方法，有时需要作为重要信息进行单独描述。下面是任务分析中可能遇到的一些方面。

(1) **任务的多角度描述**。人们描述任务时经常关注任务内容及先后顺序，这些方面也是系统分析方法主要表达的内容。但是这些描述往往不能表现完成任务的总体情况。下面是一些描述任务时需要考虑的其他方面的例子：

——频率；

——重要性；

——完成时间；

——困难程度；

——责任分工。

(2) **用户水平及变化**。一般来讲，用户可按其使用系统的能力水平分为如下类型：

——无经验的初学者；

——经验丰富的初学者；

——专业人员；

——专家级别人员。

用户使用系统过程中，其知识和经验会得到不断积累。新的知识和经验反过来又影响使用的方式，所以用户水平是动态的。尤其在刚刚开始使用时，可能在很短的时间内，用户的水平变化很快。这一点应在任务分析过程中予以充分注意和记录。

(3) **用户使用系统时的外部环境**。用户使用系统时的外部环境可能包括：

——物理环境：声音、光线、温度、空间大小、电源距离等；

——社会环境：技能、阶层、收入、组织等；

——文化环境：语言、历史、习俗等。

3.6 任务和场景分析的试验方法

任务和场景分析的数据是通过各种用户试验收集的。在任务和场景分析收集数据时应当注意全面性和具体性，这样才能有效利用各种任务分析工具，为设计提供指导。以下是 Hackos 和 Redish 列举的在任务分析用户试验时应注意的方面：

(1) 用户行为的目的是什么？他们要得到什么结果？

(2) 为得到结果，用户实际上是如何做的？具体步骤是什么？

(3) 用户在行动过程中反映出哪些个人、社会和文化的特征？

(4) 周围环境是如何影响用户行为的？

(5) 用户知识和经验是如何影响用户的行为方式的？

下面介绍几种常用的任务分析的用户试验方法。

3.6.1 观察、聆听和讨论法

一个经常采用的任务分析试验方法是由研究人员在用户完成任务的过程中收集完成任务的信息。这种方法后来被系统化、充实化而称为观察、聆听和讨论法(contextual inqury)。应用这种方法需要注意以下几个方面：

(1) 选定能代表用户的人作为研究对象；

(2) 在用户的工作环境下进行观察、聆听和讨论；

(3) 讨论要具体，重点放在用户正在做的和刚刚完成的事情；

(4) 将你在研究过程中产生的想法及时反馈给被研究的用户以验证你的理解的准确性。

让被研究的用户在完成任务的过程中清晰地口述当时思维的内容是一个经常采用的观察、聆听和讨论试验方法。如果实时口述会相当程度地影响任务的完成，则应当在任务完成之后尽早让用户进行回顾口述。口述进行得越及时，其内容就越能准确反映任务完成的实际过程。在试验过程中，研究人员可以适当提问以促使用户积极口述，提问时要多问中性、积极的问题，注意采访的技巧，提前做好问题的准备，同时保持灵活性。一些典型问题包括：

——你正在想什么？

——你看到了什么？

——你想做什么？

——你为什么这样做？

有时，研究人员要准备一些假想题材或情节，以询问的方式进行研究，甚至进行角色扮演情节模拟(role play)。角色扮演情节模拟的具体方法是，研究人员预先或即兴编写一个假想的情节，之后扮演一个角色，用户则扮演另一个角色。

在研究的过程中如果难以记录所有有价值的细节，可以考虑把研究的过程进行录像，这样在重放时可以更加仔细地进行研究。这时应当注意，如果有些用户知道自己被录像或录音时，他们的行为可能会与正常情况下完成任务的情况有所不同，所以在录像时通过各种方法减小这种影响。

关于观察、聆听和讨论方法的详细说明，请参考文献[1]。

3.6.2 个人采访法

如果在用户操作现场进行研究有困难，研究人员也可以将用户邀请到现场外进行个人采访。进行这类采访时，研究人员和试验参加者都应尽量提前做一些准备。研究人员需要准备一些问题并预测用户代表可能的反应。用户在参加采访之前就会被通知研究的内容是关于描述他们的任务及完成的方式，这样他们也需要将相关的可参考资料和实物带到采访现场。

为了了解与完成任务有关的各个方面，采访时提问的问题可以很广泛。例如，对于每一个讨论的任务可以提出如下问题：

(1) 何时开始？

(2) 前因是什么？

(3) 谁是执行者？

(4) 主要步骤是什么？

(5) 结果是什么？

(6) 何时结束？

(7) 下一个任务是什么？

对于所有被研究的用户进行采访的内容可以是渐进性的。例如，可以先重点、仔细地研究一两个用户，然后再制订详细的大批用户的研究计划。这就像预演(rehearsal)。在研究的过程中，应当注意收集与研究内容相关的物件，包括报告、产品、故事、情节等作为任务分析的素材，这些素材往往对于研究和设计有很高价值。

3.6.3 集体讨论法

集体讨论法(focus group)的形式是由用户研究人员召集若干名当前或未来的潜在用户在一起进行讨论。参加讨论的人员不需要一定是当前的任务的执行者，他们在讨论过程中的发言将用来提示或验证研究人员的想法。研究人员负责组织整个讨论的过程以保证讨论所有的重要问题，在讨论过程中，研究人员也需要利用各种交流技巧引导讨论的内容而避免离题。另外，研究人员应当特别注意避免某一个或几个人垄断谈话内容，应当尽可能保证所有参加者都能以相等的机会充分地、无障碍地发表意见。

集体讨论法适用于了解用户对某些问题的一般看法和反映，由于用户回答问题时不在操作现场，并且讨论的情况和实际使用的情况往往有明显偏差，所以其结果可以帮助设计决策，但是不能用于产品使用情况的最终评判。

3.6.4 问卷研究法

利用问卷进行研究是一种普遍应用的市场研究方法。进行问卷研究的方式很多，表 3-2 列举了问卷研究的一些可能的方式和特性。

表 3-2 问卷研究的方式和特性

问卷研究计划内容	可能方式和特性
发放方式	面对面，邮寄，电子邮件，网站，电话等
发放环境	会议，展览会，餐厅，工作场所等
试验参加者来源	预先指定，自愿参加
偿付	有偿或无偿

在设计问卷时，研究人员首先要清晰地列出期望通过问卷研究所要回答的问题，然后对每一个问题进行仔细审核，以保证其含义清晰、确凿并且容易回答。在整个问卷完全确定之前，最好找一些人试答一下，以免出现在问卷被大批发放之后发现问题而又难以更改的局面。

在设计问卷和分析问卷研究结果时要注意到，任何一点细节都会影响到结论的准确性和可信性。例如：

(1) 参加研究的用户是否代表所有用户群体？例如，当问卷研究是自愿参加时，应当考虑是哪些人实际上参加了研究？自愿参加者是否有某类共同的心态，所以恰恰代表了某一类用户而不是用户的全体？

(2) 用户参加问卷研究的动机是否影响研究的结果？例如，在有偿研究时，过高的用户报偿会导致用户猜测研究人员所期望的结果，而影响其问卷的答案。

(3) 研究问卷的来源是否会影响研究结果？例如，某些用户对某些单位或群体有某些特定的看法。这些看法虽然看似与研究问卷内容无关，但是用户回答问卷时会受到这些观念的影响。因此公司或政府的研究问卷经常委托独立研究机构进行分发和管理。在问卷中也避免流露出其具体出处。

(4) 研究问题的措辞是否会影响研究结果？例如，有些问题首先提出一个观点，然后让用户回答"同意"或"反对"。这样的问题会使所有不反对的用户倾向于回答"同意"，虽然他们也不特别赞同这种观点。问卷的选项应当平衡，即两个极端的选择数量和表达方式应当相当。

(5) 研究问卷是否易于分析？定量问题和定性问题各有其优缺点。定量问题易于归纳分析，但有时缺乏具体原因的解释。与其相反，定性问题可以发掘出很多细节，但是不易表达宏观的结果。

3.6.5 决策中心法

决策中心法(decision support center)介于集体讨论法和问卷研究法之间。试验场所中包括若干台个人计算机构成的局域网并安装有专用的合作(collaboration)软件。试验经常包括10～20名用户代表，每一位试验参加者使用一台个人计算机进行试验。在典型情况下，试验设计者预先要将试验中所用到的问题输入到计算机中。但是，如果需要，试验管理人员也可以在试验过程中随时增减或修改问题。问题的类型可以是不同类型的选择题或问答题。试验过程中，试验管理人员可以将每个问题通过网络同时发送给每一个试验参加者的个人计算机，并收集试验参加者提供的答案。试验管理人员还可以选择允许每个用户动态地看到其他人的回答，所有这些回答都可以是完全匿名的。所以试验参加者就像置身于一个讨论会的环境，每个人的观点都可以受到其他人的发言的启发。讨论的层次可以自发地深入发展下去。综合起来，这一工具具有以下优点：

(1) 大大减小了某一个或几个人成为主要发言者的可能性。在日常面对面用语音进行讨论时，经常发现有些比较不善于言辞或比较内向的人的发言远远少于其他人。这样就会使收集到的数据较多地反映某些能够垄断讨论的试验参加者的意见，而其他人的真实意见得不到准确地反映。通过计算机输入谈话内容避免了与正面对话相关的心理因素，使所有参加讨论的试验参加者都有相对平均的机会输入答案。

(2) 可以容易地设计一系列"链式问题"。所谓链式问题是指利用某一个问题的答案作为下一个问题的一部分。例如在做目标分析时，可以提问："您现在工作中的目标有哪些？"试验参加者可能会提出很多答案，其中某些目标比其他目标更重要。这时候试验管理人员就可以将刚刚收集到的所有的目标稍加整理后返还给每个试验参加者，试验参加者可以将每个目标按照重要性给予评分。这样在很短时间内，研究人员就可以得到参加试验的用户代表建议的系统目标总和及其相对重要性。

总之，使用决策中心法可以有效地在短时间内从若干用户代表中收集大量的数据。其缺点是需要专业的设备和软件支持，所以成本较高。

参考文献

[1] BEYER H, HOLTZBLATT K. Contextual design: defining customer-centered systems[M]. San Francisco: Morgan Kaufmann Publishers, 1998.

[2] CARROL J. Scenario-based design[M]. New York: Wiley, 1995.

[3] HACKOS J, REDISH J. User and task analysis for interface design[M]. New York: Wiley, 1998.

第 2 篇

体验设计方法

在研究了用户特征和任务场景之后，人机界面设计人员所面临的问题是：如何设计人机界面和系统以有效地帮助用户完成他们的任务？经过长时间的实践和探索，人们总结出了很多人机界面设计的方法，并且开发了多种工具。由于人机界面设计包括技术、美学、人文科学甚至商业行为的成分，人机界面的设计没有一个固定的公式，所有的方法和工具都只是为设计工作提供各个方面的指导，而不能直接决定设计的结果。在很多情况下，一个设计的成功与否只能通过用户的实际使用情况得到评判。

各种人机界面的设计方法和工具可以分为两类：一类是通用的贯穿整个设计过程的方法，另一类是针对某一个特定问题的设计工具。本篇主要聚焦在相对通用的设计方法上。第 4~6 章阐述的是体验交互框架、信息架构和可视化的设计，按照从抽象逻辑关系到具象设计的顺序讨论了体验设计的一般流程和准则。第 7 章讨论使用驱动力和设计，启发设计师从情感角度出发优化设计。第 8 章和第 9 章讨论的是互联网产品设计的趋势和设计指南。第 10 章和第 11 章则聚焦于快速发展的自然交互技术，以及虚拟现实、增强现实和混合现实的交互设计专题。

4 体验交互框架设计

4.1 对象模型化和分析

对象、视图和交互设计是一种通过对用户、目标和任务的分析，系统地指导人机界面设计以达到用户满意的设计方法。对象模型化(object modeling)和对象分析(object analysis)是将用户和任务分析的结果转化为用户界面设计的第一步。所谓模型化是指将某些概念及其关系用图的方式直观而又综合地表达出来。用户和任务分析往往能够为对象模型化和分析提供非常丰富和有价值的信息，这些信息需要归纳和整理并且用简练的方式表达出来才能够被有效利用。

应用面向对象的设计理念，对系统的表达首先要确认系统的对象并将其抽象为类(class)，然后列出对象或类的属性和可能的行为，最后描述出对象或类之间的关系。最直接的列举对象和类的方法是仔细阅读所有用户研究结果的资料，找到所有的名词。对于一个典型的系统设计的用户研究分析往往可以列举出几十个或上百个名词。分析人员需要根据这些名词的关系以及对于系统设计的重要程度分类整理，作为对象模型化的元素和资料。例如，在以上章节中讨论过的课程注册系统，系统的对象可能包括学生、教师、数据库系统、课程等对象或类。

在第3章中所讨论的UML是应用对象、视图和交互设计的有效工具。全面描述一个系统的对象及其关系往往需要通过多个UML图才能完成。每个UML图所描述的内容以及侧重的方面完全取决于系统设计的需要，图4-1所示为一个注册系统对象模型化的示例。图中人物标志代表与系统设计有关的“动作执行者”(actor)，在图中有“教师”和“学生”两个“动作执行者”。

图4-1中下面有两条横线的方框表示对象或类。这些对象或类是通过将用户分析时发现的名词归纳提炼而得到的。对于某个特定系统，某些名词可能是具体的对象(例如学生)。但是如果将这些对象推广为一般情况，则对象就变成了类。在对象模型化时，严格区分对象和类往往是不必要的。为了简化文字，在以下的讨论中我们只提及对象。

图4-1中描述了7个对象：计算机系统、课程数据库、课程查询结果(列表)、课程、公告栏、问题和答案。描述“课程”的方框最为复杂，在“课程”对象名下分别列举了课程的若干属性和行为。例如任何课程的属性包括：名称、编号、介绍、水平要求等，与任何课程可能有联系的行为包括：查询、信息打印、教师更改等。由于这一示例图的重点是描述学生、教师和课程之间的关系，所以其他的对象只列出了名称，用于填写属性和行为的地方都是空白。

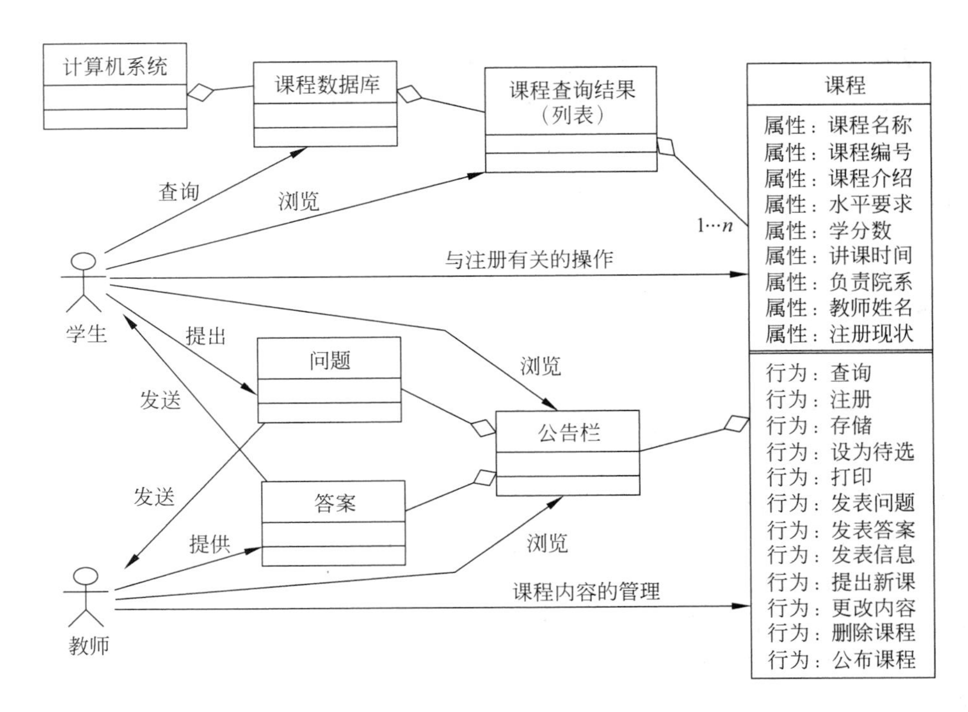

图 4-1　对象模型化的示例

图 4-1 中的箭头是指动作关系，箭头连线上的文字标出了动作的内容。图中所表达的动作包括：

——学生可以查询数据库，浏览课程查询的结果；

——学生可以对某课程进行与注册有关的操作，例如注册、取消注册、存储、打印等；

——教师可以对某课程进行与内容管理有关的操作，例如增加、删除、更改内容等；

——学生可以向教师提出问题，教师对学生的问题提供答案。

图 4-1 中一端有一菱形的线段表示从属关系。线段有菱形的一端连接的是含义较大或内容较多的概念，另一端连接的对象从属于菱形一端连接的对象。图中所表达的这类关系包括：

——计算机系统包括课程数据库；

——课程数据库中包括或产生课程查询结果列表；

——课程查询结果列表中包括若干课程；

——某个课程的信息可以包括该课程问题及答案。

在连接课程查询结果列表和课程之间线段上的“1…n”的标识是指任何课程查询结果列表必须包括至少一个课程。另外，如果课程数据库中没有满足用户输入的查询标准的课程时，则不应当显示课程查询列表。在实际的设计中，用户界面可以显示类似于“在系统中无法找到您所查询的课程，请更改查询标准”的提示信息。

在对象模型化时会经常发现，某些对象既可以被表达为单独的对象，也可以被表达为某对象的属性。例如，在图 4-1 中，关于某课程的“公告栏”是作为一个与“课程”对象有从属关系的单独对象表示的，而“问题”和“答案”又分别是作为与“公告栏”对象有从属关系的单独对象表示的。从逻辑关系的角度看，公告栏可以作为课程的属性标示在课程对象的方框中而与课程的其他属性并列。但是，如果这样做，则此UML图就很难清晰表达公告栏、课程问题、答案以及教师和学生的关系。所以，在使用UML进行设计时，应当根据表达内容的需要决定图示中的元素内容和关系表达方式。

4.2 视图的抽象设计

视图表达的是在人与系统交互过程中的某一时刻系统的状态，以及用户在这一时刻可能改变系统状态的方法。视图从概念上分为具体视图和抽象视图。对于一个计算机系统的设计，具体视图的典型例子可以理解为屏幕或视窗(window)的最终设计。用户能看到任何一个屏幕的状态就是一个视图。这种视图包括屏幕设计的所有细节，例如，屏幕上有一个按钮，这个按钮的大小、位置、颜色、文字内容、字体等内容都是完全具体的、直观的、可见的。很明显，具体视图是在人机界面设计的后期阶段产生的。在视图设计过程的初级阶段，视图的表达不可能，也没有必要达到百分之百的具体程度。所以，在人机界面设计最终完成之前的不同设计阶段产生的视图都会有不同程度的抽象性。所有相对具体的视图都是从某种程度的抽象视图具体化而得到的。

抽象设计不仅决定了系统运行的方式和方法，为总体系统设计提供至关重要的指导，而且抽象设计还为系统的不同实施方案提供了灵活性。例如，假设以上提到的学生注册系统被实施在视窗系统(Windows)平台上，则屏幕的某个状态可以包括若干个字符段、输入框和按钮等元素。但是，如果同样功能的系统被实施在小屏幕的个人数字助理(PDA)、手机，甚至语音操作的系统上，则以视窗系统为基础的具体视图设计就变得部分地或全部地不适用。但是，抽象视图所描述的内容，包括支持类似功能的系统的运行逻辑和观念，人机交互的行为过程等却相当类似。例如，不论是视窗系统还是语音系统，用户都需要用某种方式输入课程的关键字而对课程进行查询，查询到的课程也具有同样的属性和行为，只是输入和输出方式因不同的实施方式而不同。

抽象设计的一种有效的、系统的方法是仔细研究系统对象模型化的结果并列出其意味的系统状态。用通俗的话讲，就是在审视对象模型时随时提问：这里是否需要一个视图或屏幕？例如，图4-1中讨论的系统对象模型可能就意味着下面的视图：

(1) 学生查询课程数据库的视图；

(2) 学生查询课程后得到的课程查询结果列表视图；

(3) 学生在查询后进行与课程注册有关操作时某课程具体信息的显示视图；

(4) 教师进行课程内容管理时某课程具体信息的显示视图；

(5) 教师和学生都可以查看的公告栏视图；

(6) 学生输入关于某课程问题并向教师发出问题的视图；

(7) 教师输入问题答案并发送给学生并发布在公告栏的视图。

在系统对象模型中，与人机交互界面最相关的部分是连接人物(动作执行者)和系统元素的线段，这些线段往往代表了系统不同时刻的状态。从以上分析可以发现，在示例对象模型中任何连接人物和对象之间的线段往往直接对应着某一个视图。

在列出了这些可能的视图后就需要进一步定义这些抽象视图的特征。图4-2分别表达了下面的两个视图：

（1）学生进行与课程注册有关操作时某课程具体信息的抽象视图；

（2）教师进行课程内容管理时某课程具体信息的抽象视图。

比较这两个分别用于学生和教师的关于课程内容的抽象视图就会发现，两个视图之间有很多相似之处。在本例中，“课程”对象与一个以上的人物相联系，而在对象模型化时列出的“课程”的属性和行为并未按其适用的动作执行者进行分离。所以两个视图中的所有属性和行为都是对象模型化中课程类的属性和行为的子集。在学生使用的课程视图中，应当只包括适用于学生的内容，在教师使用的课程视图中应当只包括适用于教师的内容。例如，只有教师可以对课程进行更改内容、发布信息和答案的操作，同时，只有学生可以对课程进行注册。

课程视图(学生)
属性：课程名称
属性：课程编号
属性：课程介绍
属性：水平要求
属性：学分数
属性：讲课时间
属性：负责院系
属性：教师姓名
属性：注册现状
行为：注册
行为：存储
行为：设为待选
行为：打印
行为：发表问题

课程视图(教师)
属性：课程名称
属性：课程编号
属性：课程介绍
属性：水平要求
属性：学分数
属性：讲课时间
行为：打印
行为：存储
行为：发表答案
行为：发布信息
行为：公布课程

图 4-2 抽象视图的例子

如果将上述的两个抽象视图的所有属性和行为全部合并，也未必能得到对象模型化中课程类的属性和行为的总和。在本例中，两个视图都未包括“查询”这一行为。其原因是，对于学生，这一视图表达的是查询的结果；对于教师，“查询”课程这一功能并不适用。所以“查询”这一功能只会出现在学生得到查询结果的前一个视图的分析中。由于类似的原因，对于教师适用的“提出新课”和“删除课程”的功能也未列在教师进行课程管理时看到的课程具体内容的抽象视图中。这意味着设计者认为这两个功能应表达在显示课程列表的视图中。

4.3 视图的粗略设计

在得到抽象视图后，就可以针对特定的操作系统或平台，进一步具体设计，产生视图的粗略设计。在此例中我们假设系统在视窗环境下运行并有相当高的屏幕显示分辨率。图 4-3 所示为学生能看到的课程对象的具体内容及对其进行操作的视图的粗略设计示例。为清晰起见，本章中的视图都很规范，并通过计算机程序画出。在实际设计中这些视图经常是用铅笔徒手画出的，这样做速度快，容易修改，并给人可以灵活改动的印象。

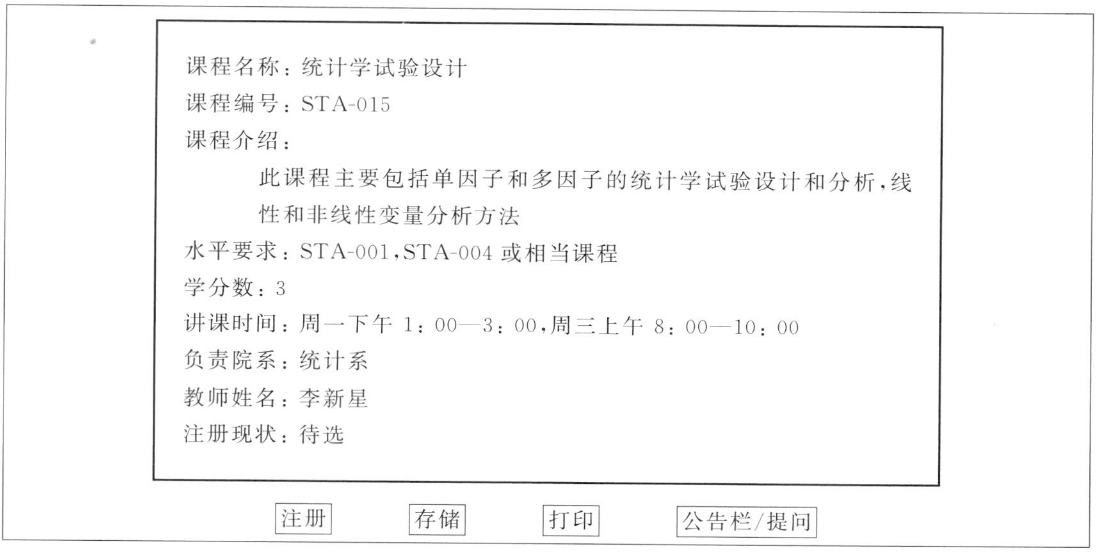

课程名称：统计学试验设计
课程编号：STA-015
课程介绍：
　　此课程主要包括单因子和多因子的统计学试验设计和分析，线性和非线性变量分析方法
水平要求：STA-001，STA-004 或相当课程
学分数：3
讲课时间：周一下午 1：00—3：00，周三上午 8：00—10：00
负责院系：统计系
教师姓名：李新星
注册现状：待选

[注册]　[存储]　[打印]　[公告栏/提问]

图 4-3　视图粗略设计的例子

在对此例从抽象设计转化为粗略设计视图的过程中考虑了下面一些方面。

(1) 大部分抽象设计中列出的属性和行为都一一列举在屏幕上。抽象设计的属性在粗略设计中表现为数据内容，抽象设计的行为在粗略设计中表现为系统用户可以进行的操作。

(2) “列为待选”行为没有出现在系统屏幕上。这是因为当学生首次看到某课程的时候，注册现状的初始值是“待选”，如果学生初步决定注册该课程，但还没有最后决定，则学生可以将这一课程作为可能的候选者“存储”起来。在某一时候，该学生可以重新浏览和筛选所有被存储的候选课程而决定最后注册。如果学生在此刻决定注册此课程，则学生可以单击“注册”按钮。所以课程可以有 3 种状态：“待选”“已存储”和“已注册”。在课程注册截止日期之前，学生都应当可以更改课程的注册状态。在任何的课程状态下，只有两种操作可以改变课程的状态，所以在用户界面上也总是有两个按钮用来改变课程的状态。例如，在图 4-3 中，课程的注册现状是“待选”，则两个按钮分别是“存储”和“注册”。但是当课程的注册现状是“已存储”时，“存储”按钮则会变成“设为待选”。上述的逻辑关系可以用图 4-4 所示的状态转化图来表达。在图中，系统或元素的状态被列在节点上，各个状态的转化方向用连接节点的箭头表示。触发系统或元素状态变化的动作或因素被标识在其对应的箭头线段附近。

(3)“公告栏/提问”按钮实际上将查询公告栏和对某一课程进行提问的功能合并在一起。其原因是学生在对某一课程提出问题之前应当首先浏览公告栏中的内容。只有在公告栏的内容中找不到答案时，才需要提问。所以逻辑关系正确的设计是当用户单击“公告栏/提问”按钮时屏幕显示类似于互联网聊天室的用户界面。这种界面会显示与此课程有关的公告内容及所有已进行过的教师和学生的对话内容，同时，这一界面提供允许学生发表新的提问的按钮。所以在对抽象视图具体化时要根据用户使用过程之间的逻辑关系对人机界面交互元素的设计进行各种适当的调整。

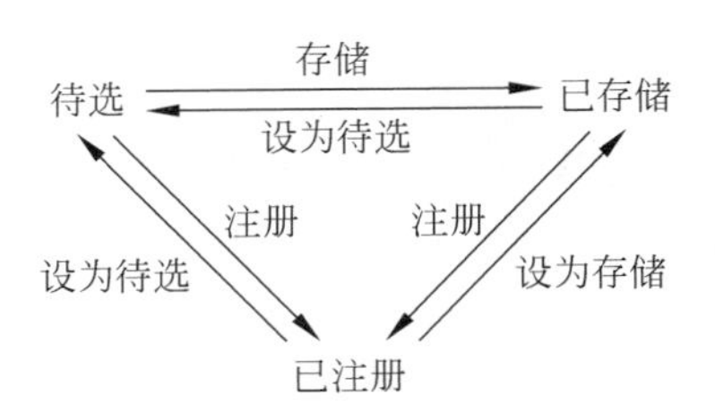

图 4-4　课程状态转化图

图 4-5 是教师能看到的课程对象的具体内容及对其进行操作的视图的粗略设计的例子。由于教师在使用课程内容视图时要做的是管理自己负责的课程的内容，所以教师可以通过人机界面输入属性的值。同时，针对属性赋值的不同性质，界面上采用了不同的输入方法。例如“课程名称”“课程编号”“水平要求”和“讲课时间”都采用单行文字输入框。这样可以从某种程度上控制和降低输入文字的长度。由于不同课程的“课程介绍”文字的长度可能有很大差异，“课程介绍”的输入方式采取了多行文字输入框，从而提供最大限度的灵活性。“学分数”的输入采取了下拉选择列表。这是因为学分数值只有很少几种可能性，下拉选择列表可以避免不适用的输入。同时由于大多数课程都是 3 个学分，学分数的默认值为 3，这样可以减少大多数用户的操作。

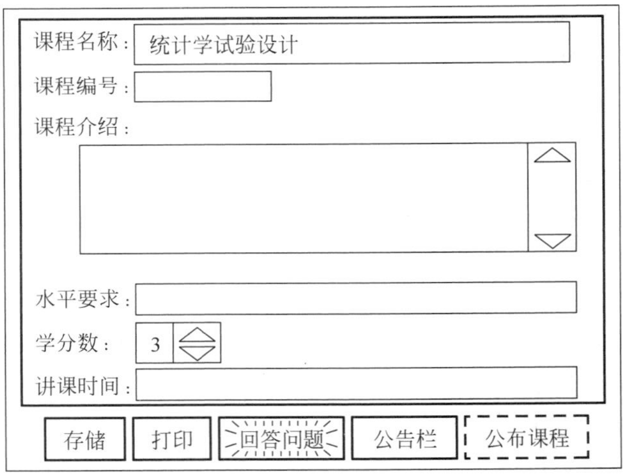

课程名称：统计学试验设计
课程编号：
课程介绍：
水平要求：
学分数：3
讲课时间：
存储　打印　回答问题　公告栏　公布课程

图 4-5　教师视图的粗略设计

在图 4-5 所示的设计中，教师并不需要一次完成课程内容的输入并发表在课程数据库中供学生查询。教师在使用系统时可以随时将已经输入的内容用“存储”的按钮功能暂时存储起来。只有当教师对输入内容完全有把握时才通过“公布课程”的按钮功能将输入的内容发表在数据库中。为避免教师发生人为错误而将不想发表的课程内容公布出来，设计者可以对用户界面进行如下处理。

(1) 在某些必须输入的内容还是空白时,课程的输入显然还没有完成。这时候"公布课程"按钮呈"休眠"状态显示。休眠状态的按钮对用户的单击或是键盘输入不予响应。在图 4-5 所示状态中,"公布课程"功能的"休眠"状态是用虚线表达的。只有当所有必须输入的内容都有输入时,"公布课程"按钮才从"休眠"状态转化为"活跃"状态而响应用户的输入。这两种状态之间的转化关系可以简单地用图 4-6 所示的状态转化图表示。

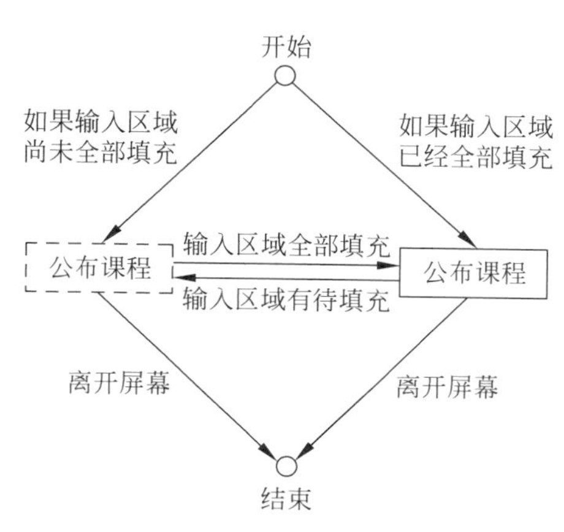

图 4-6 状态转化图的例子

图 4-6 与上文讨论的关于课程状态的状态转化图(图 4-4)有所不同,课程状态是一个抽象的概念。而"公布课程"状态转化图表达的是系统中的某个人机界面元素——按钮的不同状态及其互相之间的转化情况,是完全直观的、具体的。另外,"公布课程"状态转化图包括了"开始"和"结束"两个节点。这两个节点与其他内容相关联,表示"公布课程"按钮的初始状态取决于输入区域是否已被全部填充。当用户离开当前屏幕时,按钮的状态不再变化。

(2) 当用户单击"公布课程"按钮后,系统将显示一个弹出窗口以确认用户没有误按此按钮。内容可能是"您确定要将课程内容公布吗?"同时提供"确定"和"返回"的按钮。这些关于视图动态特性的设计思想内容无法完全反映在示例的静态视图中。这些内容可以用随后介绍的图示方法予以表达。

从教师将能看到的课程对象的具体内容及对其进行操作的视图的粗略设计还可以看到,"回答问题"的按钮是闪亮的。其隐含的设计是使系统能够随时知道是否有学生对该课程提问。如有学生提问需要回答,则此按钮进行闪烁以引起教师的注意。当没有任何学生提问时,此按钮进入"休眠状态"。

另外,教师课程管理抽象视图中包括"发布信息"的功能。在进行粗略设计时,与其相对应的功能按钮是"公告栏"。也就是说,设计者期望将"发布信息"的功能移至"公告栏"的显示屏幕。其原因可能是为了使当前用户界面更加简洁等。同时教师很可能自然而然地将"发布信息"的动作和"公告栏"按钮联系起来而在想发表信息时单击"公告栏"按钮。

由以上的例子分析可以看出,在进行视图粗略设计时应当全面考虑各个方面的与设计有关的问题,灵活运用各种设计知识和技巧。设计没有一个固定的答案,设计的成功与否取决于对用户行为支持的有效性。

4.4 视图的关联性设计

上文分别讨论了学生和教师使用的课程具体信息粗略视图。虽然表面上看起来这些视图的内容已经相当具体和全面，但实际人机界面设计时考虑的很多其他因素并未包含在粗略设计中。这些粗略视图往往只是一些相对独立的界面设计模块。只有将这些模块与其他的模块有机地联系在一起，才能支持用户的功能，这方面的设计就是视图的关联性设计。

任何一个人机系统的界面都可能包括若干的状态，用户在不同界面状态下根据自己完成任务的需要进行不同的操作，使人机界面转化为另一个状态。对于视图进行关联设计时要全面考虑用户完成任务所需要的信息以及转化为其他状态所需要的功能。

假设上述的注册系统是一个作为学校整体网站一部分的互联网应用程序，那么对于该系统中的学生用于课程注册有关操作的课程具体信息视图，其关联性可以表达在图4-7所示的综合状态转化图中。

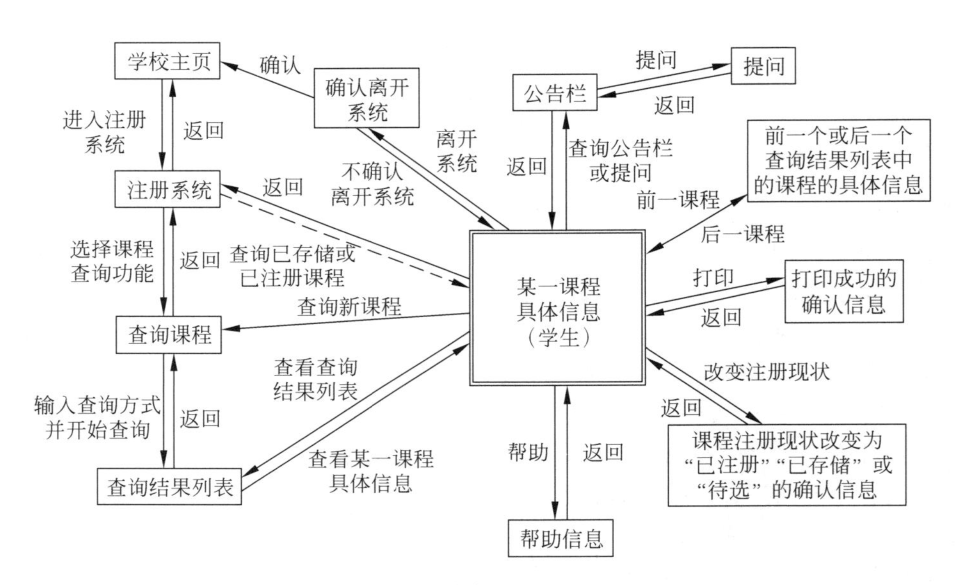

图4-7　综合状态转化图

对某一视图进行关联性设计考虑的因素主要包括：

(1) 这一个视图的前一个或几个视图是什么？用户可能通过哪些方法或途径到达这一个视图？

(2) 用户到达此视图后下一步可能要做什么？可能会进入到哪些其他视图？

在学生注册这个例子中，学生主要通过如下两个途径到达课程具体信息网页视图：

(1) 通过查询课程检索而得到一个满足查询输入要求的课程列表，然后选择某一个课程进行进一步的了解。在这种情况下，学生可能经过的典型视图路径如下：

① 到达学校主页；

② 选择“注册系统”，登录后到达注册系统主页；

③ 选择“课程查询”而到达查询功能网页；

④ 输入查询内容后得到查询结果课程列表屏幕(假设有若干课程满足要求);

⑤ 选择某一课程而达到课程具体信息网页。

以上只是完成此任务的一个最典型的过程。在实际应用时,用户可能不通过学校主页而直接到达注册系统主页。用户也可能调整课程查询标准的输入,而等到课程列表内容满意后再开始进入具体课程内容。注意到所有的用户操作的可能性非常重要。在分析时可以先研究最典型的情况,然后再根据其他可能性进行必要的调整。

(2) 如果学生已经在系统中将某课程"存储"起来以备以后考虑,则学生应当在进入注册系统后看到这门课程以某种方式列在"已存储课程"的列表中。这时候学生可以直接从注册屏幕到达课程具体信息列表屏幕。

学生到达课程具体信息视图时可能进行的下一步行为,以及系统支持这些行为的可能的方式包括以下方面。

(1) 注册当前显示的课程。这时候,系统应当显示一个提示信息,通知用户已经注册此课程。当然在此课程被标记为"已注册"之前,也可以增加一个确认注册的提示信息,以防用户按错按钮。这样的设计就意味着从当前视图可能会到达"注册确认"视图和"已经注册"的提示视图。

(2) 暂时存储当前显示的课程以备以后决定。与上述注册课程的行为类似,下一个视图可能是"存储确认"视图和"已经存储"的提示视图。

(3) 打印当前显示的信息以备参考。在用户通知系统进行打印后,系统应当显示打印机反馈过来的状态信息,在理想状态下,如果打印顺利完成,则系统应当显示"打印成功"的提示信息视图。

(4) 查询与当前显示课程有关的公告栏内容或提出问题。学生可能希望了解当前屏幕显示的内容之外的一些课程的信息,所以从此屏幕应当能够直接到达公告栏的视图。学生在公告栏屏幕可能看到自己需要的信息已经发表或希望提出的问题已经得到回答。如果这一屏幕还不能解答学生的问题,则此公告栏视图应当进一步与提问视图相连。

(5) 查询前一个或后一个查询结果列表中的课程的具体信息。当满足某一查询要求的课程超过一门时,学生可能希望连续浏览满足要求的课程。也就是说,在当前视图显示某一个课程的具体信息时,系统应当允许用户直接进入下一门或上一门课程的具体信息视图,而不需要回到查询结果列表,重新选择课程。

(6) 回到查询结果列表。课程具体信息视图往往是通过选择查询信息列表中的某一门课程得到的。学生在完成了对所选课程的操作后,可能很自然地想回到查询结果列表视图。

(7) 重新输入查询标准进行新的课程查询。有些学生在查看某一课程的具体信息后,可能会希望回到查询屏幕输入新的查询标准。尤其是在查看完查询结果列表中最后一门课程后这种可能性就更大。

(8) 查看帮助信息。任何系统视图在必要时都可能需要能提供详细的帮助信息,查询课程具体信息的视图也不例外。

(9) 退出系统。这一功能往往会出现在很多视图上,以方便用户在任何时候停止使用系统。这一功能也往往需要与一个确认视图相连以防用户按错按钮。

4.5 视图的全面设计

在完成了各个视图的关联性设计后，就可以进入到视图的全面设计阶段。在这一阶段主要解决的问题是各个视图的具体内容和大致布局，在任何视图上明确体现与其他相关视图的关系，保证系统的整体性及和谐性。图4-8所示为学生使用的课程具体信息视图的全面设计的示例。

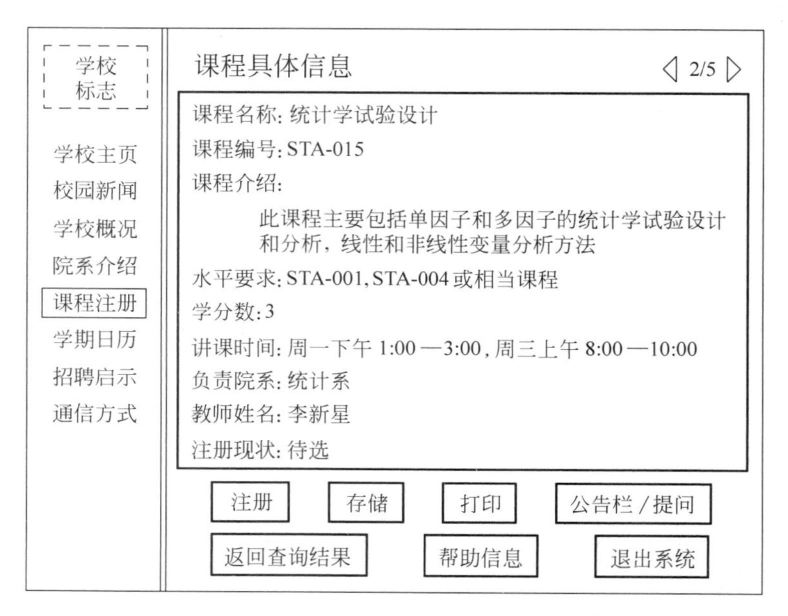

图4-8 课程信息视图示例

从示例视图的全面设计与关联性设计结果的比较可以看出，关联性设计中讨论的所有用户可能的行为在全面设计中都对应地得到了支持。在实际的设计中，也经常会出现关联性设计中的某些功能未能被全面设计所支持的情况。例如，可能由于屏幕大小或内容布局要求的局限性，某些功能需要移到其他屏幕上去完成，这时就需要针对具体的情况进行决定。在此例中，如果屏幕无法包括所有的功能，则可以考虑将“退出系统”功能从此屏幕去掉。其原因是此功能可能在当前屏幕状态下是较少被用到的。如果用户在当前屏幕时想退出系统，用户会自然地试图回到课程注册的原始屏幕。

除了与关联性相关的因素之外，在图4-8示例的全面设计中还包括了若干设计的考虑方面，以保证系统的整体性及和谐性。

（1）视图的左上角显示了学校的标志。系统中的所有主要视图都会在同一位置显示同样的学校标志。

（2）视图的左侧显示了学校网页浏览的主要项目。课程注册系统是这些项目之一。当用户选择了某一个项目的内容时，这个项目就被用特殊的视觉处理方法标记出来。在图4-8所示的设计中，“课程注册”被标记出来。这种设计要求学校所有的网页在左侧都应当保持同样的浏览项目。这样就从宏观上保证了系统的一致性，又能够方便用户在各个项目之间随时切换。

（3）视图包括了“课程具体信息”的题目。这有助于明确当前视图的内容与整体系统的关系。系统中所有的主要网页都应当以与其一致的形式提供题目。

（4）视图中还包括了标记页数的元素。在例子中用“2/5”表示在课程查询列表中共有5门课程，当前显示的课程是列表中的第2门课程。这一标记也有助于明晰当前屏幕与其他屏幕的联系。

经过全面设计的视图可以用视图状态转化图直观地表达出来。这种转化图的本质和前面所述的综合状态转化图类似，都是表明系统或某些元素的不同状态之间的转化关系。不同的是视图的状态转化图中的节点都是包含若干用户界面元素的视图。这些视图之间的转化是通过用户对于用户界面元素的动作（例如鼠标左键双击等）触发的。连接节点的有箭头的连线往往始于视图中的某个特定人机界面的元素，而且有箭头的连线也常常要标记动作的方式，例如单击或双击，左键或右键等。图4-9是一个包括课程查询结果列表视图和课程具体信息视图的视图状态转化图。在实际设计时往往要在一个视图状态转化图中包括系统中的多个甚至全部视图。由于篇幅所限，图4-9可以认为是一个视图状态转化图的局部。

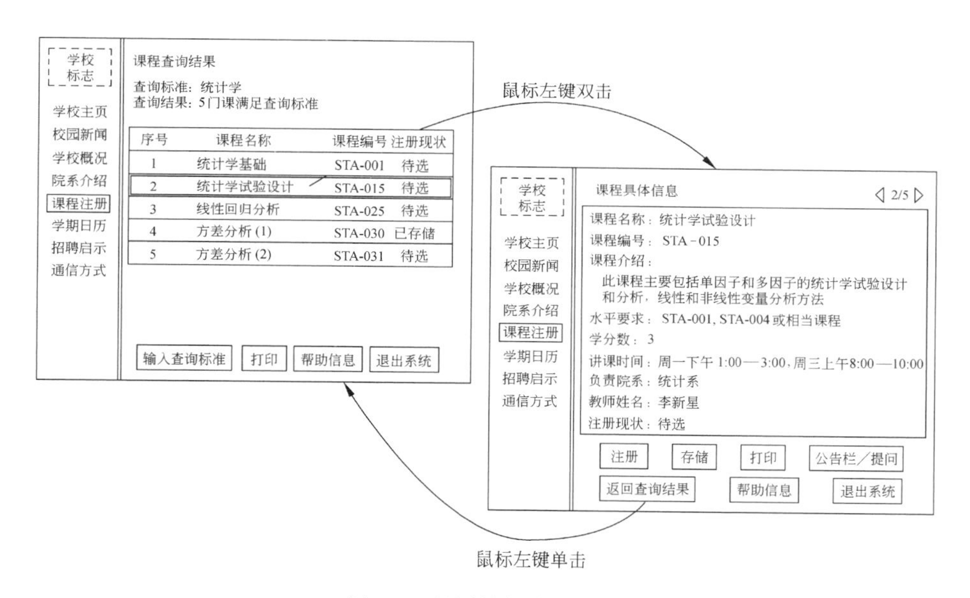

图4-9 视图的状态转化图

参考文献

[1] PREECE J, ROGERS Y, SHARP H. Interaction design[M]. New York: Wiley, 2002.

[2] ROBERTS D, BERRY D, ISENSEE S, MULLALY J. Designing for the user with OVID: bridging user interface design and software engineering[M]. Indianapolis, IN: Macmillan Technical Publishing, 1998.

5 信息架构设计

5.1 信息架构设计概述

信息架构(information architecture)设计的目的是将若干信息有机地组织在一起,使用户能够容易地查询所需要的信息。人们在现实生活中经常要将信息按照一定的逻辑关系组织起来。例如,在超级市场,成千上万种不同的商品根据其用途、存储温度要求等被分类放在货架上以便顾客寻找。又例如,一个软件的功能被分类组织为金字塔形的菜单系统,以供用户使用等。显而易见,这些分类的合理性将会直接影响用户查寻的效率。在网站的设计中,信息架构的设计尤其重要。网站的信息量是没有限制的,使用者也可能多达以百万计并且来源于世界各地。网站信息的结构只有与大多数用户的习惯与期望相符,才能方便用户使用,吸引网民经常访问。

在很多情况下,人们根据自己的经验和需要对信息分类而不与其他人进行讨论。当然,如果对信息分类的人是这些信息的唯一用户,那么任何方便于设计者的分类就是最优分类,例如个人计算机上的文件夹等。但是在其他情况下,如果设计者在信息分类之后设计出的产品为很多人所应用,如网站或软件菜单等,则设计者就应当在信息架构的设计过程中与用户沟通,以获取和分析用户的期望。认为自己能够预见用户群体的习惯会经常导致设计的可用性问题。

设计者在信息架构设计过程中可以采用用户采访法、集体讨论法等常规的市场研究或可用性测试的方法与用户沟通。由于这些研究方法大多是定性的,设计者经常难以对研究结果进行准确系统地归纳整理而只能获得对用户期望的一个总体的理解和印象。卡片分类(card-sorting)试验和集簇分析法(cluster analysis)是一种定量的信息分析方法。利用卡片分类试验可以系统地采集大量用户对信息架构的期望,这些用户提供的信息架构的期望通过集簇分析法的定量处理,最后以树状图表达出来以供设计人员参考。

5.2 卡片分类法

5.2.1 卡片分类法概述

卡片分类法是指让用户将信息架构的代表性元素的卡片进行分类而取得用户期望的研究方法。这种方法可以用于设计的任何阶段。例如在网站最初设计时,设计者只是大致知道目标网站将包括哪些内容,但还没有对这些内容的具体结构安排进行设计,这时候利用卡片分类法可以得到用户期望的数据作为第一版本的设计依据。在对现有网站进行重新设计时,设计者可以利用卡片分类法得到用户期望的数据,验证现有信息架构的直观性,同时也可以对改进版本的信息设计提供有效的帮助。经验证明,对于从未用卡片分类法研究过的网站,进行第一次卡片分类研究的结果常能激发设计人员产生新的设计思路,从而突破一些原有固定设计模式的束缚。

卡片分类法首先需要设计者对目标产品中所包括的信息进行整体考虑,选择出具有代表性的元素,并将这些信息元素以用户易于理解的语言准确而简练地逐一表达出来。传统的方法是将每一个代表性的信息元素写在一张卡片上,每张卡片包括元素名称和定义解释(图 5-1)。

联系方式 我们的电子邮件地址和电话号码

图 5-1 卡片分类中使用的卡片

5.2.2 卡片准备

准备卡片是卡片分类试验的关键步骤。合理的卡片会使卡片分类试验顺利进行并且其结果也容易分析和演绎,不科学的卡片可能会使卡片分类试验的数据无法应用。下面是准备卡片时需要考虑的一些方面。

(1) 试验所用卡片的数量不宜过多。卡片数量越多,试验参加者脑力负荷就越大,所需时间也就越长。用户疲劳会直接影响数据的可靠性。一般情况下,卡片数量不应超过 100 张,试验时间不应超过 40 分钟。如果需要更多卡片才能有效覆盖研究对象的内容,则在试验设计时要考虑提供休息时间,或将研究内容分为若干部分,每个部分分别进行卡片分类试验。

(2) 卡片内容应覆盖研究对象的整体内容,并且卡片内容的分配应与研究对象各方面信息的分布相符。由于人对卡片进行分类时会综合考虑所有卡片的内容而决定类别的数量和内容,增加或删除某些卡片会直接影响用户对其他卡片分类的结果。只有使卡片反映研究对象信息的总体布局,试验的结果才能最有效地用于所研究的信息架构的总体设计。

(3) 卡片内容的措辞应避免"排比形式"。例如,如果有多张卡片称为某方面的"文章",则用户会倾向于将所有以"文章"结尾的内容归为一类而完全忽视文章内容的差异。虽然在有些情况下这样的分类是合理的,但试验设计者要尽量避免"暗示"或"诱导"用户以某种方式进行分类。所以,这些卡片的内容可以改写为某产品的"介绍",某活动的"概况"等,这样一来用户就不会将注意力过多集中在措辞的一致性上而会进一步了解每张卡片的具体内容。

(4) 卡片内容应尽量准确而简练。在卡片分类过程中,人们往往需要反复考虑各个卡片的内容并且记住某些卡片,才能更有效地从宏观上把握总体的内容。准确而简练的卡片内容有助于人们的短时记忆思维判断。

5.2.3 试验过程

与所有用户试验一样，参加卡片分类试验的人员应当能够代表被设计产品的用户。参加试验用户的数量取决于用户背景知识、研究对象的均一性(homogenerity)、卡片数量等因素。用户对卡片分类的结果越多样化，卡片数量越多，试验所需要的用户代表的数量就应当越大。一般来讲，卡片分类试验需要8～30人。

卡片分类试验应由试验指导者和每一名试验参加者单独进行。如果试验指导者和多名试验参加者同时进行试验，则有些试验参加者会自然地参考其他人分类的情况或对自己分类结果产生顾虑，这样试验结果的可靠性就会降低。

试验开始前，所有的卡片顺序应当完全打乱。用户代表在试验中需要完成如下3个步骤：

(1) 将卡片按照逻辑关系分组。组的数量及每组中卡片的数量完全由试验参加者根据其对卡片内容的理解自行决定。

(2) 将第(1)步得到的卡片组按照各组之间的逻辑关系进一步合并成为更高层次的组，也就是说高层次组将包括一个或若干个第(1)步产生的卡片分组。

(3) 对第(2)步得到的每一个高层次卡片组进行命名。

图5-2是一个试验参加者卡片分类结果的示意图。在这个简单的例子中有8张卡片：①公司概况；②工作机会；③产品类别；④联系方式；⑤发展历史；⑥经营范围；⑦服务方式；⑧合作伙伴。这些卡片都用矩形标示出来。试验者在第(1)步中根据卡片内容的逻辑关系将所有8个卡片分为6个小组。这些小组用细线椭圆标示出来。从图5-2中可以看出这位试验参加者将“公司概况”和“发展历史”合并为一个小组；将“经营范围”和“产品类别”合并为另一个小组；而将其他各个卡片本身自成一组而未与任何卡片进行合并。试验者在第(2)步和第(3)步中根据第(1)步得到的卡片小组内容的逻辑关系，又进一步将6个卡片组合并为3个大组(也称为高层次组)。这些高层次组在图中用粗线椭圆标示出来，高层次组被试验参加者命名为“一般信息”“公司业务”和“职位招聘”。

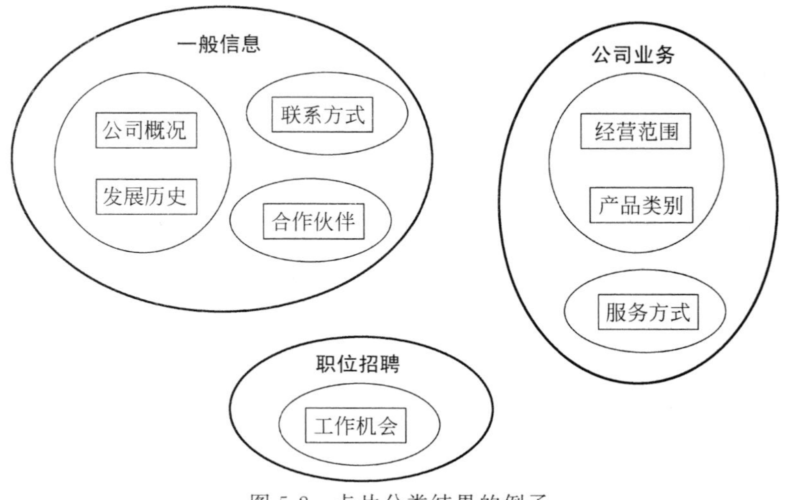

图5-2　卡片分类结果的例子

除了以上提到的3个标准步骤外,试验指导者还可以根据具体试验的需要对试验内容和实施方式进行调整和补充。例如:

(1) 可以要求试验参加者在完成分组和命名后写出分类的原因或思路,以便分析时参考。

(2) 可以要求试验参加者在进行分组试验过程中口述思考的内容,这样也会有助于试验指导者了解用户的思维过程及他们对卡片内容的理解程度。

5.3 集簇分析法

在卡片分类试验完成后,试验结果可以用不同的方法进行分析。最简单的方法是观察法,即将用户分类结果反复浏览并体会用户分类的一般规律。这种方法的优点是,数据分析者能有机会看到每一位用户代表分组的具体情况。其缺点是用时长,而且当卡片数量或试验参加人数较多时,同时把握用户整体的分组结果就非常困难。

集簇分析法是一种分组研究的定量方法。运用这种方法可以有效地将卡片分类试验的结果进行综合计算而得到距离矩阵(distance matrix),然后利用不同的算法对距离矩阵进行进一步处理而画出易于分析理解的树状图。距离矩阵的具体计算步骤如下:

第一步,建立一个阶数等于卡片数量的矩阵。矩阵的每一个元素对应的行和列的位置用来标记这两个卡片之间的关系。例如,位于第 i 行第 j 列的元素的数值将用来表达卡片 i 和卡片 j 之间的关系。对于一个试验参加者,如果两个卡片被放在同一个低层次组中,则赋值2,如果两个卡片被放在同一个高层次组中,却未被放在同一个低层次组中,则赋值1,如果两个卡片既未被放在同一个低层次组中,也未被放在同一个高层次组中,则赋值0,这些数值就构成一个"单一试验者原值矩阵"(raw score matrix for one participant)。表5-1所示为对图5-2所述例子进行处理而得到的单一试验者原值矩阵。由于单一试验者原值矩阵是对称矩阵,为简明起见,此表只列出了矩阵左下角的独立数据部分。

表5-1 单一试验者原值矩阵

	(1)	(2)	(3)	(4)	(5)	(6)	(7)	(8)
公司概况(1)								
工作机会(2)	0							
产品类别(3)	0	0						
联系方式(4)	1	0	0					
发展历史(5)	2	0	0	1				
经营范围(6)	0	0	2	0	0			
服务方式(7)	0	0	1	0	0	1		
合作伙伴(8)	1	0	0	1	1	0	0	

第二步,将同一个试验的所有单一试验者原值矩阵中的元素对应相加,得到"全体试验者原值矩阵"(raw score matrix for all participants)。假设有4名试验参加者对上述例子中的卡片进行分类试验,表5-2所示为这一试验的全体试验者原值矩阵的一个例子。

表 5-2　全体试验者原值矩阵

	(1)	(2)	(3)	(4)	(5)	(6)	(7)	(8)
公司概况(1)								
工作机会(2)	1							
产品类别(3)	1	0						
联系方式(4)	2	2	0					
发展历史(5)	6	1	0	2				
经营范围(6)	1	0	8	0	0			
服务方式(7)	0	0	1	0	0	1		
合作伙伴(8)	1	0	2	1	3	2	0	

从矩阵元素的数值中可以大致看出所有试验参加者卡片分类的趋势。矩阵元素的最大值是8(是4人试验可能的最大原值)，其对应的两个卡片内容是“经营范围”和“产品类别”。说明每一位试验参加者都将这两个卡片归在最低层次的组中，也就是说，每一位试验参加者都认为这两个卡片的内容非常接近。与其相反，在矩阵中有若干元素的数值为0(例如“产品类别”和“工作机会”)。说明每一位试验参加者都未将这些0元素对应的卡片归在任何组中，也就是说，每一位试验参加者都认为这些卡片对应的内容非常疏远。当矩阵元素值为0与8之间时，说明有一部分试验参加者将这两个卡片归为一组。数值越大，说明其对应卡片内容就越接近。数值越小，说明其对应卡片内容就越疏远。

第三步，将全体试验者原值矩阵的每一个元素除以最大可能的原值：$2\times n$(n=全体试验者的数量)，得到相似矩阵(similarity matrix)。这时候相似矩阵中的每一个元素的值都在0与1之间。表5-3所示为上述例子的相似矩阵的一个例子。

表 5-3　相似矩阵

	(1)	(2)	(3)	(4)	(5)	(6)	(7)	(8)
公司概况(1)								
工作机会(2)	0.125							
产品类别(3)	0.125	0						
联系方式(4)	0.25	0.25	0					
发展历史(5)	0.75	0.125	0	0.25				
经营范围(6)	0.125	0	1	0	0			
服务方式(7)	0	0	0.125	0	0	0.125		
合作伙伴(8)	0.125	0	0.25	0.125	0.375	0.25	0	

第四步，利用下面的公式将相似矩阵转化为距离矩阵：

$$D(i,j)=1-S(i,j)$$

其中，$D(i,j)$表示距离矩阵中的任意一个元素；$S(i,j)$表示相似矩阵中的任意一个元素。

距离矩阵中的每一个元素也被称为距离值(distance score)。这些距离值都在0与1之间。卡片i与卡片j越经常和紧密地被试验参加者放在一起，$D(i,j)$的值越低。如果每一位试验参加者都将卡片i与卡片j分在同一个低层次组中，则$D(i,j)=0$，如果每一位试验参加者都未将卡片 i 与卡片 j 分在任何同一个低层次组或高层次组中，则 $D(i,j)=1$。表 5-4 是上述例子的距离矩阵。

表 5-4 距离矩阵

	(1)	(2)	(3)	(4)	(5)	(6)	(7)	(8)
公司概况(1)								
工作机会(2)	0.875							
产品类别(3)	0.875	1						
联系方式(4)	0.75	0.75	1					
发展历史(5)	0.25	0.875	1	0.75				
经营范围(6)	0.875	1	0	1	1			
服务方式(7)	1	1	0.875	1	1	0.875		
合作伙伴(8)	0.875	1	0.75	0.875	0.625	0.75	1	

通过观察和比较距离矩阵元素可以得到一些关于项目分类的大致概念。但是当卡片数量增大时，距离矩阵元素数量急剧增加，通过观察矩阵元素分析数据就变得非常困难。这时候就需要运用集簇分析法将上述的距离矩阵转化为树状图，以便对试验结果进行观察和分析。

集簇分析法按照计算组间距离的不同规则分为若干种算法。最常见的有单一(single)算法、完全(complete)算法和平均(average)算法。单一算法认为组间距离等于组间元素之间距离的最小值。完全算法认为组间距离等于组间元素之间距离的最大值。平均算法认为组间距离等于组间元素之间距离的平均值。图 5-3 是对以上所述例子利用单一集簇分析算法进行处理而得到的树状图。

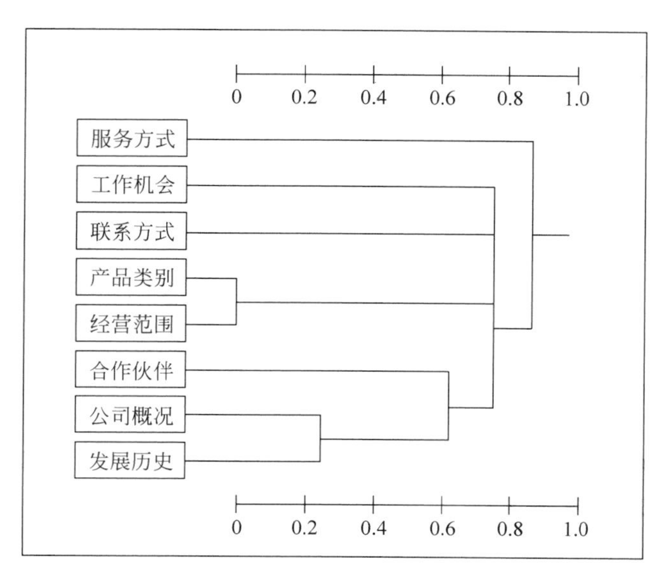

图 5-3 单一集簇分析算法进行处理而得到的树状图

从图5-3中可以看出，“产品类别”和“经营范围”这两个卡片内容联系最紧密。其连接点的距离值为0，即这两个卡片被每一位试验者放在同一个低层次组。“公司概况”和“发展历史”的联系也相当紧密，其连接点的距离值为0.25。当“公司概况”和“发展历史”合并为一组之后，这组与“合作伙伴”卡片的距离值取决于这组中所有单个卡片与其距离值的最小值，即 min(0.875,0.625)＝0.625。从图5-3中还可以看出“公司概况”和“发展历史”组成的小组与“合作伙伴”连接点的距离值为0.625。

运用不同算法得到的树状图从不同角度反映出用户分类的趋势。关于单一算法、完全算法和平均算法的具体计算细节，集簇分析的其他算法及其比较，请参考具体的统计分析理论书籍，在这里不再赘述。

5.4 卡片分类和集簇分析软件工具

以上提到的卡片分类和集簇分析可以通过已有的软件工具进行。例如，利用美国IBM公司的EZSORT软件，分析人员可以让用户利用计算机的用户界面对一系列内容进行分组，免去了分析人员制作卡片和输入数据的步骤。尤其是当用户和试验指导者有一定地理距离时，用电子方法收集数据而不需邮寄将大大缩短试验周期。同时这一软件还自动进行所有的集簇分析的计算。

图5-4所示为一个对于IBM Make IT Easy网站1998版内容进行卡片分类试验和集簇分析结果的真实例子。与图5-3类似，所有的卡片内容显示在图的左侧，卡片内容的右侧是一个水平方向的树状图。每一个卡片内容都与树的末梢相连，而这些内容又由树枝互相连接并汇合于右边的树干。树状图的上方和下方表示的数据是“距离标识值”。任何两个卡片的“距离”可以通过连接它们的树枝路径得到。路径的右端对应的距离标识值为卡片内容的“距离”。“0”即最小距离，表示每位试验参加者都将这些卡片归为同一个低层次的组别。“1”即最大距离，表示没有一位试验参加者将这些卡片归为同一个低层次或高层次的组别。任何居于0与1之间的距离标识值意味着有部分试验参加者将这些卡片归为低层次或高层次的组别。距离标示值越低，表示卡片的内容越多地被试验参加者归为同一个组。

图5-4中的两条垂直线是为方便试验数据分析人员而设计的。这两条线称为“临界线”(threshold line)。右边的临界线是“高水平临界线”，左边的临界线是“低水平临界线”。所有被高水平临界线分割的树状图部分都被不同的背景颜色区分。所有被低水平临界线分割的树状图部分都被不同的“树枝”连线的颜色区分。同时，被两个临界线分割的树状图部分又以卡片之间的纵向距离加以区分。这些视觉的处理都是为了方便分析人员观察理解用户分类的趋势。数据分析人员可以根据自己的需要随时调整临界线的位置而获得不同的视觉显示效果，或者得到不同分类数量的分析结果。

参考文献

[1] ALDENDERFER M S, BLASHFIELD R K. Cluster analysis[M]. Beverly Hills, CA: Sage, 1984.

[2] DONG J, MARTIN S, WALDO P. A user input and analysis tool for information architecture[C]// JACKO J, SEARS A. CHI 2001 Anyone Anywhere, Extended Abstracts, Conference on Human Factors in Computing Systems. New York: ACM, 2001: 23-24.

[3] DONG J, MARTIN S, WALDO P. Method and system for dynamically presenting cluster analysis results: US6380937B1[P]. 2002-3-30.

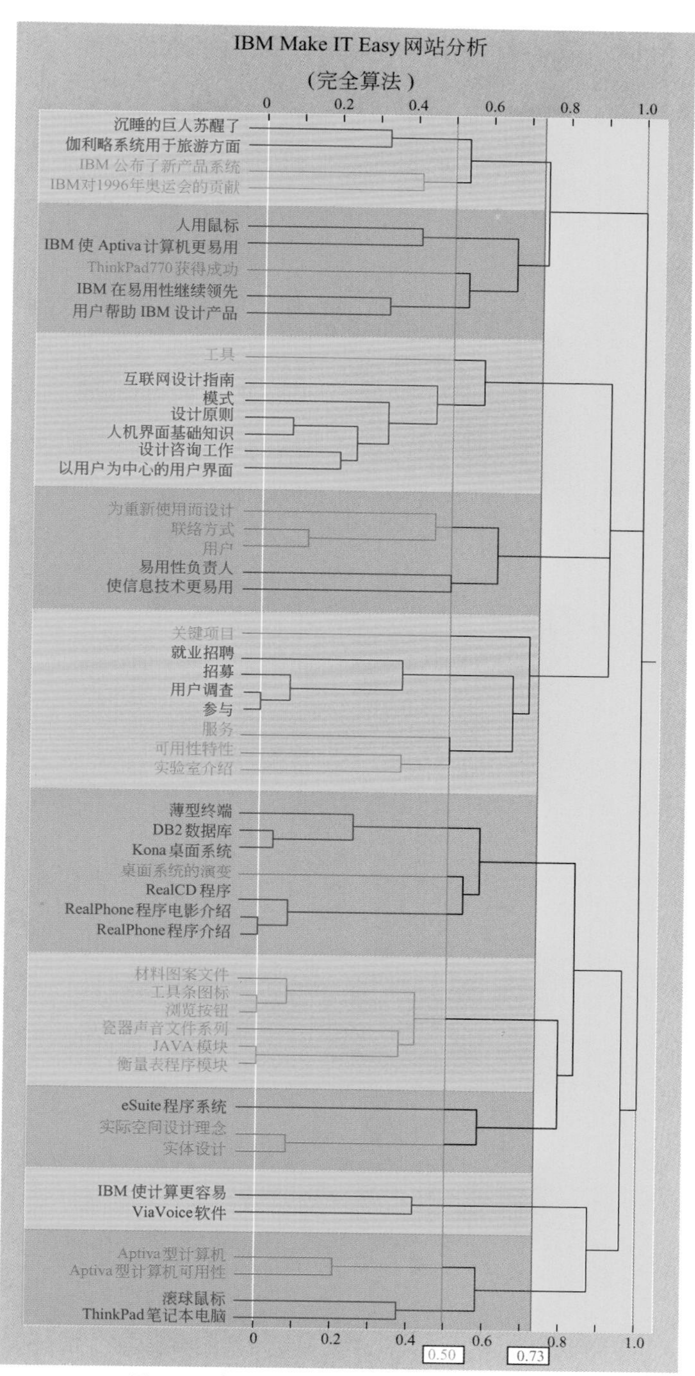

图 5-4　卡片分类和集簇分析结果的例子

6 信息可视化与大数据应用

6.1 信息可视化概述

所谓信息可视化(information visualization),就是用可视化的方式呈现大规模的非数字信息集合。可视化是指人通过视觉观察并在头脑中形成客观事物的影像的心智处理过程。信息可视化的过程可以概括为从系统或模型的行为到可视化再现的一个映射。随着信息可视化技术的发展,越来越多的学者致力于研究应对信息过载和信息爆炸的技术。信息可视化的成果被广泛应用于许多领域,如科学研究、数据挖掘、数字图书馆、制造业生产控制、市场研究、犯罪制图以及信息图形。

信息可视化旨在创造直观表达抽象信息的方法。其原理是通过增强人眼对图案和趋势的认知能力,帮助人们更好地理解数据的动态性、复杂性和属性。信息可视化不仅用视觉化的图像来显示多维的数字信息,使用户加深对信息含义的理解,而且也用形象直观的图像来指引检索过程,使得发现知识的过程和结果易于理解并在此过程中进行交互。因此,可视化是一种人类的认知行为,而不一定依赖于计算机。然而,面对大量的可视化技术手段,开发人员难免会陷入用尽各种技术来美化可视化效果的误区。因此,开发人员应该牢记可视化的主要目的是以易懂、直观的方式呈现信息。总而言之,人的因素依然是信息可视化中最为重要的方面。

6.2 人机交互中的基本信息可视化布局

信息可视化在人机交互中扮演了重要角色。人机交互中的隐喻,通常运用图形用户界面的可视化方法来表达。图形用户界面(graphical user interface,GUI)基于这样一种理念:现实世界中对象的视觉关系可以帮助用户理解复杂的概念和过程。GUI 最早被应用在 Windows XP 和 Mac OS X 系统中,其中,桌面、文件和文件夹这些现实世界中的物品被带入虚拟的计算世界,模拟了类似的概念。采用桌面隐喻的好处是,即使那些对系统底层了解甚少的用户也可以用简单易懂的方式进行操作。在设计中值得注意的是,隐喻应当用于促进学习,而不是与用户过去的经验相悖。

现在的图形用户界面也被称作 WIMP(window,icon,menu,pointer)界面,因为它们包括了窗口、图标、菜单和指针。作为界面的主干部分,WIMP 反映了人机交互中信息可视化的理念。

6.2.1 窗口

GUI是用一个名为窗口的矩形框展示一个应用程序或文件夹内容的窗口界面。最早的窗口由Xerox Alto开发并演示，之后又被整合到苹果公司和微软公司的操作系统中。窗口这一概念已被深深植入用户心中，很难被其他GUI的方式所取代。我们也可以将窗口理解为容器，例如一个文件窗口可基本容纳文件的内容(包括文本或图形元素)。另一种常见的窗口是桌面。桌面也可以被认为是一种独特的、包含文件夹和应用程序的窗口。在窗口的设计中，设计者需要仔细考虑窗口需要包括什么信息以及信息的多少。

6.2.2 图标

图标是一种非常重要的、可以体现出认知复杂性的标记，并且在直接操控界面中发挥了重要作用。在图标设计中，对图标的一个或多个物理属性进行强调会使它从众多设计中脱颖而出。这是因为人们在处理视觉刺激时，首先关注的是其物理特质，其次才是其意义。因此，合理设计的图标可以改善用户体验。图标的物理属性包括颜色、尺寸、形状和位置。

图标的设计有很多惯例，尤其是在网页应用程序中。购物车是其中经典一例，虽然它是一个抽象的概念，却已成为收集要购买产品这一动作的代名词[图6-1(a)]。关于图标在网页中的另一惯例是为了表达一系列相关网页活动结构的“标签”，例如Amazon.com和Google Chrome浏览器的标签。此外，图6-1中(b)、(c)、(d)、(e)表示了其他网页的惯例，即音量、作曲、返回主页和搜索。

图6-1　常见的惯用图标

图像是与语言无关的，因此它更有潜力服务于全球的网络社区。这也是为什么图标设计可以作为通用的国际标识，如公共厕所、禁止吸烟标识和路标等。然而，通用的惯例也会随地域变化而不同，设计者要对这些变化引起注意。

6.2.3 菜单

菜单提供了访问系统各种功能的路径。菜单的一大优势是可以迅速执行或引入包含相关的功能的对话。菜单的设计有具体的标准、结构和交互方式。常用的菜单包括下拉、弹出、单选按钮和复选框(图6-2)。菜单的局限主要来自于小屏幕尺寸的限制。

6.2.4 光标

光标(又称指针)是鼠标或其他定位设备在虚拟的图形用户界面中的行为的视觉化表现。指针不仅可以用来触发动作，如单击按钮和选择，它也能通过可视化的方式与用户交流系统状态等重要信息。光标的可视化呈现可以提示用户当前系统的状态和功能，必要的时候光标也可以通过改变自己的外观来实现界面元素的存在(图6-3)。

(a) 下拉菜单

(b) 单选按钮

(c) 右键弹出菜单

(d) 复选框

图 6-2 网页用户界面下的常用菜单

图 6-3 常用的光标

6.2.5 信息可视化在 Web 设计中的应用

1. 网站结构可视化

网站结构的可视化也称为网站的信息架构，指为了提升网站的可用性(usability)和可寻性(findability)对网站信息元数据进行组织，对标签、检索和导航系统进行设计的过程。信息架构是网站设计的蓝图，它决定了一个网站的结构、呈现的内容，以及如何适应网站未来的发展。对于网站设计而言，狭义的信息架构只考虑信息的分类和提取；而广义的信息架构则需在此基础上考虑用户体验的因素(例如信息设计的可用性等)。

网站地图(site map)是一种最为常见的网站信息架构技术。它可以是一个用作网页设计工具的任意形式的文档，也可以是一个通过分级的形式列出网站所有页面的网页。网站地图可以为用户指明方向，并帮助迷失的访问者找到他们想看的页面，因此对于提升网站的用户体验有着重要的作用。图 6-4 呈现了两种不同的网站地图：网络式网站地图和列表式网站地图。

不同类型的网站有不同的网站地图设计思路。对于搜索引擎类网站来说，其前端界面相对简单，而后台的信息架构则相当复杂和重要。对于数据量很大的搜索引擎而言，网站地图通过提供链接、指向动态页面等方法使得尽可能多的页面能被找到，从而有效提升搜索引擎的优化效果。对于门户网站来说，其网站地图的主要侧重点在于信息的分类和呈现，以便用户快速找到自己所需要的信息类型。对于电子商务类网站来说，网站地图主要用于分类商品，且不同的类别间也可能存在一定的重叠。例如图 6-5 中的网页采用倒 L 形的可视化结构，便于用户清楚地了解当前浏览商品的所属类别和子类。对于博客类网站来说，网站地图相对简单，需要对相似的信息进行归类，而其界面的可用性和视觉效果则更为重要。

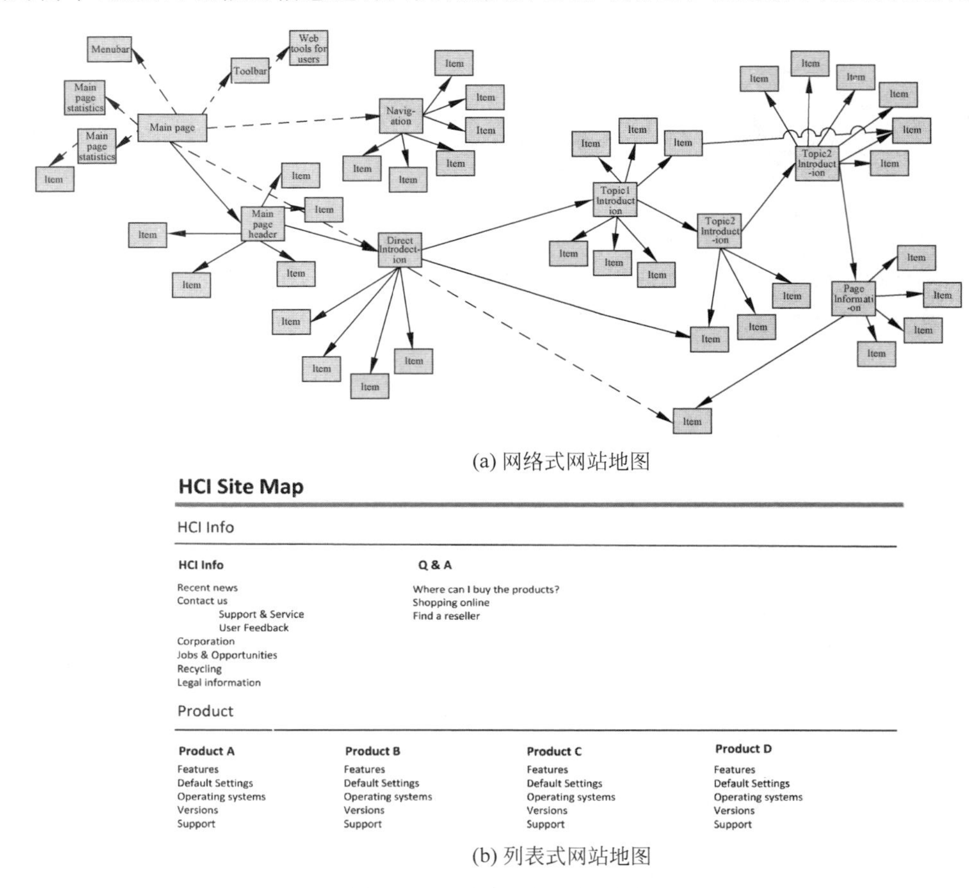

(a) 网络式网站地图

(b) 列表式网站地图

图 6-4　两种常见的网站地图

图 6-5　网站的倒 L 形导航结构

2. 网页视觉效果可视化

网页的视觉效果可视化主要体现在操作流程和控件功能的可视化表达上。网站的功能和控件可以通过可视化的方式呈现给用户，使得用户可以迅速捕捉有用的、优先级高的信息。网页中常用的控件包括前文中提到的各种菜单、图标等，这些控件也可以通过动画的方式与用户进行交互。在典型的电子商务网站首页上，不同类型的商品通过代表性商品的图片进行可视化呈现，方便访问者第一时间锁定自己所需的商品类别。

操作流程也可以通过可视化的方式呈现，旨在帮助用户在网站中进行定位，并完成一定步骤的操作。对于操作流程的可视化，线性可视化结构是一个很好的例子，这种可视化结构可以指引用户按照特定的顺序理解操作的步骤和当前所处的位置。

上文主要介绍了信息可视化在图形用户界面和 Web 设计中的应用，借助现实世界中的视觉关系来帮助用户更容易地使用信息产品和服务，更清晰地理解复杂的过程。除此之外，信息可视化技术也常用于呈现大规模的数据和数据之间的关系。接下来我们将对现有的常用的数据可视化技术进行介绍。这些技术根据 Stuart K. Card 提出的信息可视化系统参考模型进行分类，主要分为：简单数据可视化结构、复合数据可视化结构和其他数据可视化结构。

6.3 简单数据可视化结构

1. 包含 1～2 个变量的简单可视化结构

信息可视化的最简单形式是常用的统计图表。这些图表可以呈现计算数据、资源利用率和通信指标等摘要性统计。条形图、饼状图、kiviat 图和矩阵视图都是常用的简单可视化结构。这些最简单的图表可以提供重要的信息指标，因此它们虽简单，却也非常强大。简单可视化结构可以快速识别大型系统中的主要问题，如信息超载和不平衡。简单可视化结构在信息可视化系统中的应用十分广泛，已有的出色可视化系统有 ParaGraph（文献[11]）和 AIMS（文献[26]）。

2. 包含 3 个变量的可视化结构及信息景观图

包含 3 个变量的信息可视化可以用多种方式呈现。第一种方法是用 3 个独立的可视化维度在一个三维散点图中为 3 个数据变量进行编码。第二种方法是二维信息地形图。信息景观与信息地形的不同之处在于，信息景观有一个变量介入了第三维的空间。图 6-6(a)呈现了信息景观的示意图。时间轴映射到纵轴；每个垂直的条形代表一个进程的进度，不同的颜色代表这个进程随着时间变化而产生的不同状态；这些进程都被放入一个可视化基地的顶部（如图中立方体所示），并组织成一个资源层次映射树状图。

3. 信息地形图

信息地形图本质上是一个二维散点图，它的两个空间维度被外部结构部分界定。为了增加更多信息，采用人眼视觉变量（如颜色、形状）作为覆盖层。这种可视化可以结合数据和物理地形，因此对地理分布应用程序和带有复杂的互联拓扑的系统非常有用。图 6-6(b) 显示了一个大规模集群的信息地形图。网络切换要根据系统间互联的拓扑结构来安排；计算工作和相关数据以颜色来表示；一旦选定了路线的起点和目的地，可用粗线段显示路径信息。信息地形图也可用于整合逻辑架构。

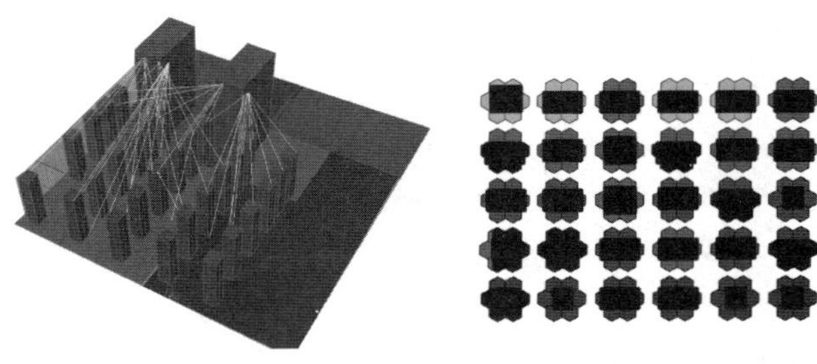

(a) 信息景观(出自文献[23]) (b) 信息地形图(出自文献[10])

图 6-6 多变量可视化结构

4. 树状图和网络

与其他可视化结构不同的是，树状图和网络用明确的关系表示空间定位。树状图的主要功能是描述信息架构的层次，如资源的层次结构。AIMS在寻找性能瓶颈时用树状图描述不同假设之间的依赖关系，如图 6-7(a)所示。另一种树状图——映射树[图 6-7(b)]是层次结构的另一种表达。然而，树状图存在一个突出局限：作为一个深度的函数，其节点呈指数型增长。这会使大型树状图的深度大大高于宽度。对于这个问题，一种可能的解决方法是锥树图[图 6-7(c)]。锥树图利用三维的交互可视化来有效利用屏幕空间，使整个树形结构清晰明了。

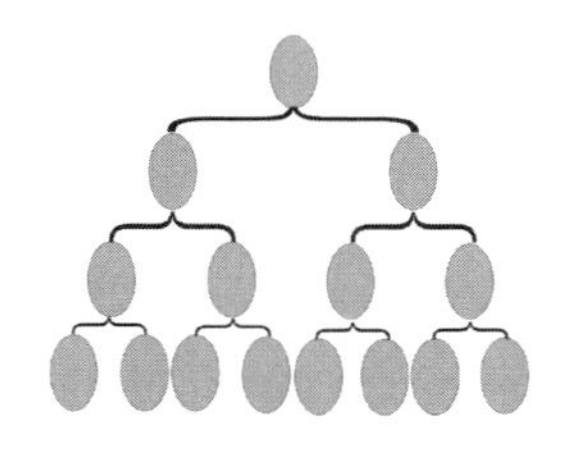

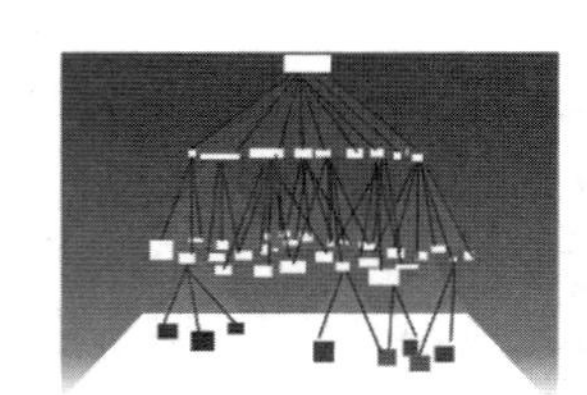

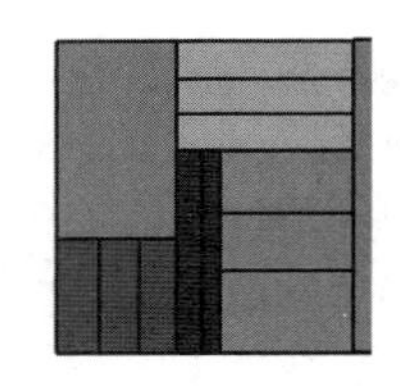

(a) 节点和连接树 (b) 映射树(出自文献[14]) (c) 锥树图(出自文献[20])

图 6-7 树状图

网络图可以描述计算机系统中的网络连接、通信流量和程序实体间的关系与通信。图 6-8 呈现了一种地理网络。代表资源站点的顶点在世界地图上按照地理分布排布，顶点和边缘的视觉属性则用来对延迟和带宽类的信息进行编码。

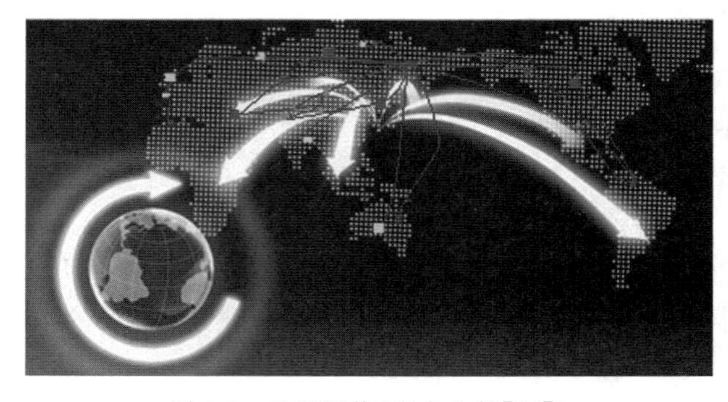

图 6-8 地理网络(出自文献[24])

5. **时间轴视图**

信息可视化系统中时间轴视图的应用有以下几种。

1）按时间顺序描述系统行为和通信路径

大型计算系统中的系统行为和通信路径可通过基于时间轴的信息可视化方式来呈现。时间被映射到横轴，沿纵轴分布的水平的条形表示被分析的各个系统组件，如处理器、任务、线程。各个组件间的通信用条形间的箭头表示。组件的状态或活动的类型用颜色标识。时间轴可以是线性的，也可以用非线性的方式组织。其他性能数据，如形状和质地，可以使用额外的视觉功能添加。时间轴视图虽然可以清晰地表示系统数据随时间的变化，但其不足在于扩展性差。这一点在系统规模增加时尤为明显。一个解决方法是用更简洁的视图如文献[11]中的时空图来表示。如需了解其他提高时间轴视图扩展性的方法，参阅文献[5]和文献[16]。

2）随时间变化的统计信息显示

随时间变化的统计信息显示按时间把摘要信息指标连成线，通常表现为线图（图 6-9 顶部的图线）或条形图。这种可视化方法通常在统一视图中用时间轴联系若干不同的指标，或比较不同系统组件中相关的统一指标。多指标的可视化可以是强度图（图 6-9 中部的图线）、堆积条形图，或者多线图（图 6-9 底部的图线）。

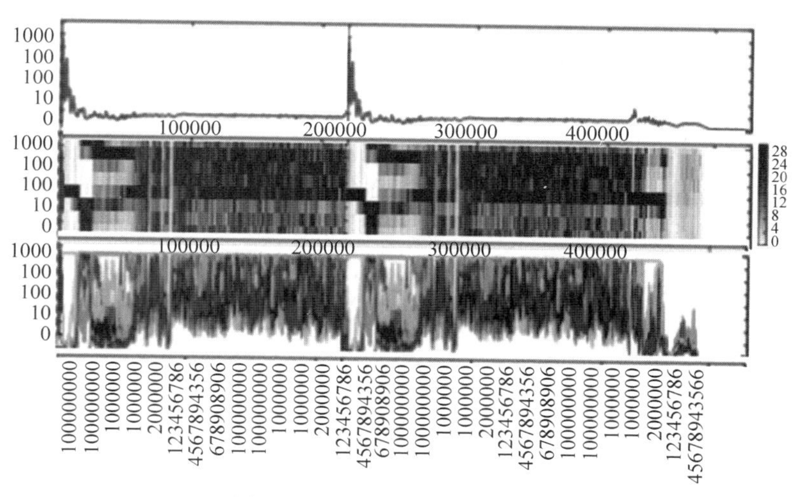

图 6-9　信息统计摘要的时间轴

6.4　复合数据可视化结构

复合数据可视结构图是把两个或多个简单可视结构合成在一个视图中，其目的是理解不同变量间的关系并提供系统数据的全貌。复合结构有多种实现方法。

（1）单轴组成：共用一个轴线的多个图形排成一列形成新的视图。经常用作共用轴的变量有：时间、进程和资源标识符等。单轴合成的一个具体案例是小倍数图（small multiples），有时也叫网格图或面板图。这种视图展现了用某变量索引的一系列图像，而每个图像包含同样的变量组合。这样的方式有利于各个小图像之间的直接对比。这些一页页的信息资料可以像电影一样连续帧播放，或定位到一个三维空间中。

(2) 双轴组成：共用两条轴线的多个图形排列成一个新的视图。这种视图通常在一侧用几个小的散点图分别代表不同变量的图线，而在另一侧将所有变量的图线进行整合，并以不同的颜色进行编码。

(3) 根据实际情境的组成：两个描述同一情境的不同的图形可通过给予相同标记的方式融合为一个图示。图 6-6(a) 所示的信息景观本质上是一个资源层级树状图和通信时间轴图示的组合。

6.5 其他数据可视化结构

6.5.1 交互可视结构

信息可视化系统提供了多种交互方式，用户可以选择想要研究的部分信息，也可以自定义信息的呈现方式，如选择不同的视图、改变观测角度、缩放不同层次间的细节，以及操控其他显示参数来获取他们所需要的信息，以此理解并行系统的行为。以下列出了一些非常有名的交互性信息可视化的技术。

(1) 放大镜：放大镜是一个可以在视图上移动的过滤器，如图 6-10 所示。放大镜的突出特点是使用户直接操控图像成为现实，用户可以通过改变视图参数了解信息的不同方面。放大镜交互视图的延伸产物是一种可以在视图上移动放大镜的图，这样就不用担心只关注一个对象时被隐藏的其他细节。其他的直接操控视图常采用拖动或平移视图、选择可视对象、重新定位等方法。Virtue 利用虚拟现实技术让用户通过手势控制可视化或直接控制 3D 滑块，使用户的直接操控有一种更加自然且身临其境的感觉。

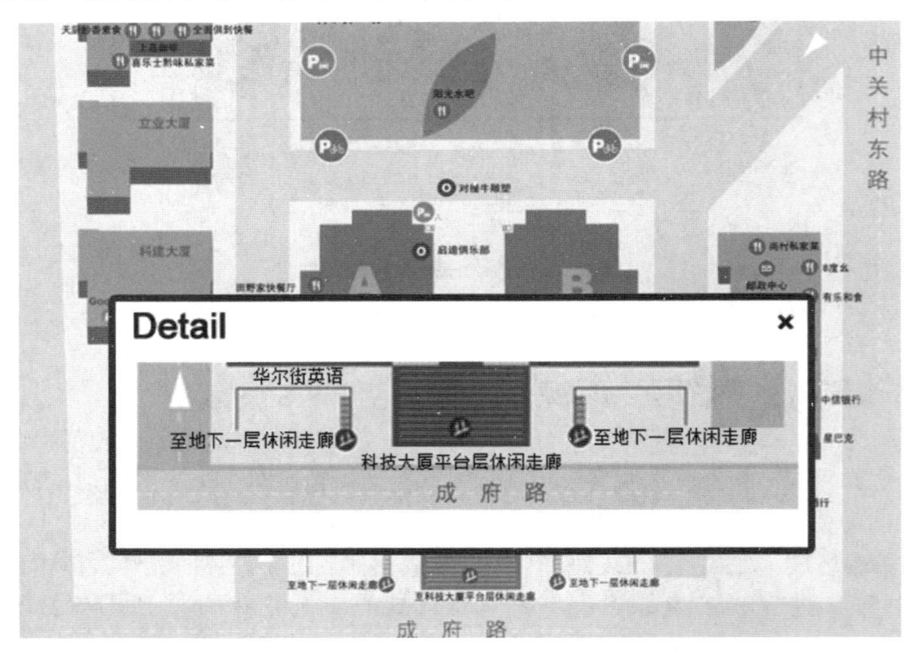

图 6-10 交互可视化结构之放大镜

(2)“全局＋细节”视图：作为放大镜视图的一种，“全局＋细节”可以放大某一区域并把放大的区域放在一边，以防该区域挡住整体视图。“全局＋细节”视图包含不同尺寸的信息，能从多个层次表现数据信息。与此同时，被细化的视图也在呈现比例上与更大尺寸级别的视图相匹配。不同级别不同尺寸的信息常用级联的方式显示(图 6-11)。

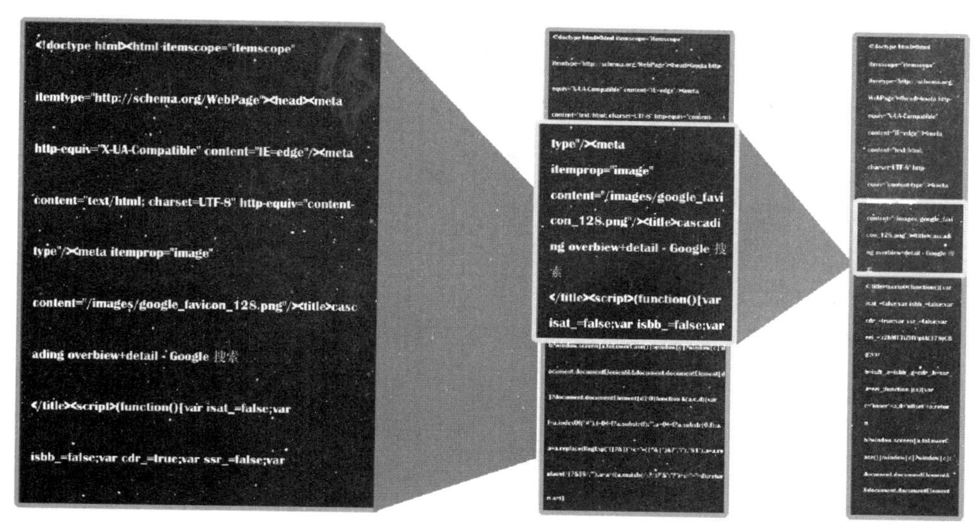

图 6-11　交互视觉结构之“全局＋细节”视图

(3) 连接和涂刷：以“全局＋细节”呈现的数据集合也可以通过交互方式在连接和涂刷中集合在一起。当一组数据要和其他两组不同的数据一同呈现时，用同一颜色表示同一类型的组件可以呈现和联系“全局”与“细节”这两个视图。也就是说，涂刷作为一种交互方式，用于展现数据间的动态的联系。当一组数据的两个或多个视图被同时展示时，交互的视觉系统(如 Devise 中的图形光标)可以控制两个系统的协调。

(4) 动态查询：与上述 3 种技术不同，动态查询是可视化交互图的一般范式，用户可以从中得到一组可视化的数据和一组控制组件(如可以选择数据表子集的滑块)。这种通过控制数据和映射的交互性叫作“基于控制组件的间接交互”，用户可以通过预先定义用户界面上的控件来间接对可视化视图进行操控。实际应用中，与计算有关的互动都能够通过这种方式表达出来，例如与数据相关的控制(数据输入、过滤、分组和其他转换)，以及可视化映射的界定(如颜色、形式、映射关系的界定)。视图配置的常用控件有滚动条、放大/缩小按钮、滑块、动态查询输入字段，以及选择具体特征的单选按钮。

6.5.2 “焦点＋情境”抽象

“焦点＋情境”抽象是指计算机可以根据用户的兴趣层次修改可视化视图，而无须用户自己修改。“焦点＋情境”这种抽象方式使用户可以在关注细节的同时不会忽略上下文的背景。“焦点＋情境”最常用的技术之一是图形化鱼眼视图。这种技术的一些标准算法使得层次关系显示在一个双曲面上，然后再将双曲面映射到视图区域中。“焦点＋情境”抽象的另一个例子是由 Palo Alto 研究中心的 John Lamping 等人所提出的双曲树。如今，这类信息可视化抽象方法的运用已经为可视化磁盘目录、网站结构和数字化图书馆目录开发出了成熟的产品。

随着社会信息化的推进和网络应用的日益普及，人们被越来越庞大的信息所包围，亟须一种快捷、有效的方式帮助人们发现隐藏在纷繁复杂的信息当中的模式和知识。在探索信息可视化技术的同时，还要充分考虑到用户不断变化的需求和认知局限，将用户体验作为一个重要的因素进行考虑。人机交互研究者们的眼光也不应只局限于对海量信息的存储、传输、检索和分类，还应从提升用户体验的角度更好地发现信息之间的潜在联系，设计能够帮助人们决策、增强人们的认知能力的人机交互方式。

参考文献

[1] CARD S K, MORAN T P, NEWELL A. The psychology of human-computer interaction[M]. Boca Raton, FL: CRC, 1983.

[2] De KERGOMMEAUX J C, STEIN B, BERNARD P E. Pajé, an interactive visualization tool for tuning multi-threaded parallel applications[J]. Parallel computing, 2000, 26(10): 1253-1274.

[3] COOK K A, THOMAS J J. Illuminating the path: the research and development agenda for visual analytics[R]. Pacific Northwest National Laboratory (PNNL), Richland, WA, USA, 2005.

[4] COOPER A, REINMANN R. About face 2.0: the essentials of interaction design[M]. New York: Wiley, 2003.

[5] De KERGOMMEAUX J, De OLIVEIRA S B. Pajé: an extensible environment for visualizing multi-threaded programs executions[C]//Proceedings from the 6th International Euro-Par Conference on Parallel Processing. London: Springer, 2000.

[6] FRIENDLY M, DENIS D J. Milestones in the history of thematic cartography, statistical graphics, and data visualization[EB/OL]. [2010-02-12]. http://www.math.yorku.ca/SCS/Gallery/milestone.

[7] GAO Q, ZHANG X, RAU P, et al. Performance visualization for large-scale computing systems: a literature review [C]//JACKO J A. Human-computer interaction: design and development approaches. Berlin: Springer, 2011: 450-460.

[8] GARCÍA J, ENTRIALGO J, GARCÍA, D, et al. PET, a software monitoring toolkit for performance analysis of parallel embedded applications[J]. Journal of systems architecture, 2003, 48(6): 221-235.

[9] GOLDBERG J H, HELFMAN J I. Enterprise network monitoring using treemaps[C]//Proceedings of the 49th Annual Meeting of the Human Factors & Ergonomics Society's. Santa Monica: HFES, 2005: 671-675.

[10] HAYNES R, CROSSNO P, RUSSELL E. A visualization tool for analyzing cluster performance data [C]//Proceedings of the 3rd IEEE International Conference on Cluster Computing. Washington: IEEE Computer Society, 2001: 295-302.

[11] HEATH M T, ETHERIDGE J A. Visualizing the performance of parallel programs[J]. Software, IEEE, 1991, 8(5): 29-39.

[12] HEISIG S. Treemaps for workload visualization[J]. Computer graphics and applications, IEEE, 2003, 23(2): 60-67.

[13] JACKO J A. The human-computer interaction handbook: fundamentals, evolving technologies, and emerging applications[M]. Boca Raton, FL: CRC, 2008.

[14] JOHNSON B, SHNEIDERMAN B. Tree-maps: a space-filling approach to the visualization of hierarchical information structures[C]//Proceedings of the 2nd Conference on Visualization 1991. Los Alamitos, CA: IEEE Computer Society Press, 1991: 284-291.

[15] KARAVANIC K L, MYLLYMAKI J, LIVNY M, MILLER B P. Integrated visualization of parallel program performance data[J]. Parallel Computing, 1997, 23(1-2): 181-198.

[16] KNÜPFER A, VOIGT B, NAGEL W, MIX H. Visualization of repetitive patterns in event traces [C]//Applied parallel computing: state of the art in scientific computing. Berlin: Springer, 2007: 430-439.

[17] KOEHLER S, CURRERI J, GEORGE A D. Performance analysis challenges and framework for high-performance reconfigurable computing[J]. Parallel computing, 2008, 34(4): 217-230.

[18] LAMPING J, RAO R. The hyperbolic browser: a focus+ context technique for visualizing large hierarchies[C]//CARD S K, MACKINLEY J D, SHNEIDERMAN. Readings in information visualization using vision to think. San Diego, CA: Acadamic, 1999: 381-408.

[19] LAMPING J, RAO R, PIROLLI P. A focus+ context technique based on hyperbolic geometry for visualizing large hierarchies[C]//Proceedings of the SIGCHI Conference on Human Factors in Computing Systems. New York: ACM, 1995: 401-408.

[20] ROBERTSON G G, MACKINLAY J D, CARD S K. Cone trees: animated 3D visualizations of hierarchical information [C]//Proceedings of the SIGCHI Conference on Human Factors in Computing Systems: Reaching through Technology. New York: ACM, 1991: 189-194.

[21] ROMAN G C, COX K C. A taxonomy of program visualization systems[J]. Computer, 1993, 26 (12): 11-24.

[22] ROVER D T. A performance visualization paradigm for data parallel computing[C]//Proceedings of the Twenty-Fifth Hawaii International Conference on System Sciences. 2002: 149-160.

[23] SCHNORR L M, HUARD G, NAVAUX P O A. Triva: interactive 3D visualization for performance analysis of parallel applications[J]. Future generation computer systems, 2010, 26(3): 348-358.

[24] SHAFFER E, REED D A, WHITMORE S, SCHAEFFER B. Virtue: performance visualization of parallel and distributed applications[J]. Computer, 1999, 32(12): 44-51.

[25] TUFTE E R, GOELER N H, BENSON R. Envisioning information: Vol. 21[M]. Cheshire, CT: Graphics Press, 1990.

[26] YAN J, SARUKKAI S, MEHRA P. Performance measurement, visualization and modeling of parallel and distributed programs using the AIMS toolkit[J]. Software: practice and experience, 1995, 25(4): 429-461.

7 使用驱动力设计

7.1 传统可用性研究及局限

传统用户体验研究及设计的主要关注点是可用性。这种倾向反映在可用性测试的流程中。在研究初期我们设定用户的分类并且假定这些用户有做某些工作的意愿,这些工作的内容经过整理,就形成了可用性测试中被试用户被要求完成一些预先设定的任务。研究人员通过实验观察并记录用户遇到的和可能遇到的问题,再经过分析和总结生成设计改进建议。

这种方法的问题在于它假设用户在实际条件下会去做某些事情,但是实际情况常常并非如此。用户可能在实验室环境下在某个网站上找到某项产品并进行购买,但是在真实的环境中由于该网站的可信任度不够高而不会使用。类似的情况,在实验室的环境下用户可能按照要求对手机的某项功能进行定制操作,但是在实际环境下,可能由于该功能所带来的益处不大而不会进行这些操作。

产品的社会价值和商业价值是以产品被使用的情况而决定的。一个产品从低到高的层次可以归纳为有用、能用、易用、爱用4个层次。有用是指产品能够被用来满足人的某种需求。能用是可用性的最初阶段,用户在使用此阶段产品时实际上是有很多不便的,但是由于缺乏其他的选择而被迫忍耐这些不便,但产品已满足了功能需求。在产品趋于成熟后就进入到强调易用性的阶段,在此阶段用户往往对产品有一定的选择空间,所以他们不仅强调产品的最终实现的功能,并且强调产品在满足这些功能时的容易程度。当产品达到易用以上的层次时就会涉及情感、文化等更深刻的内涵。

可用性研究比较多的是研究易用层面的问题。但是我们以商业目标作为核心,也就是说用户在从选择产品到使用产品的全部过程中,将注意力完全集中到可用性是不够的。用户在选择产品时,产品的表现形式作用于用户的感知和认知层面的多个信息分析的层次。这些层次在支配用户决策时将会受到视觉分析习惯、价值观、心理暗示等很多内容的影响。这就为用户体验研究和设计提出了新的挑战。

7.2 需求驱动和情感驱动

要突破传统的可用性层面的研究就必须将注意力从简单地关注用户行为特征深入到关注这些特征背后的原因。这些原因不仅能够支持用户是否能够完成某些可用性研究,还可以解释和预见用户是否在实际的环境下会去进行某些操作。

了解用户是否会做某些事情必须涉及用户的内部驱动力。在宏观层面上最被广泛接受的人类需求的宏观框架是马斯洛的层次需求理论。此理论将人的需求分成如下几个层次：

（1）生理的需要；

（2）安全的需要；

（3）情感和归属的需要；

（4）尊重的需要；

（5）自我实现的需要。

这5种需要一般来讲是按照顺序依次递升的，也就是说，某层次的需要满足后，更高一层的需要就成为人的行为的驱动力。

在此我们重温马斯洛的层次需求理论是因为它提供了用户使用产品的驱动力的分析依据。任何一个产品都不是孤立存在的，在被用户所感知、认知和使用时都与用户当时的期望、物理条件及文化和社会背景息息相关。例如，在使用网站进行交易时，用户的基本需要之一——安全——就会反映在是否相信网站交易平台的可信赖性上。

在宏观层面上，人类的需求受到多个不同层次需求的支配。在微观层面上，也就是在接触和使用产品的个案中，人的行为又无时无刻不受到情感因素的影响。

诺曼（Norman）在《情感设计》（*Emotional Design*）一书中将源于情感因素的对于产品的反应分为如下几个层次。

（1）本能层次的反应：这个层次的反应主要来源于感官。例如人对于形状、色彩、图像、材质、气味等的自然评价和反应。

（2）行为层次的反应：这个层次的反应多来源于对功能的直接比较、理解和判断。例如某种产品的使用功能给人带来的情感影响。

（3）反思层次的反应：这个层次的反应主要来源于使用场景和文化含义。所以比较行为水平的反应更为抽象和深刻。

我们可以用对不同汽车的评价作为例子来说明上述不同层次的区别。在本能层次，汽车总体及其组成部分的不同外形、材质处理等表面特征首先可以给顾客一个最初的印象和判断。例如，流线型的车会暗示速度，而宽敞型的车会暗示实用。在行为层次，顾客可以了解汽车的功率、特殊驾驶功能等具体性能参数，可以进一步判断产品在行驶时的感受。例如大轮胎和高马力车往往意味着对路况的较高的适应能力等。在反思水平上，车型的市场稀缺性往往是顾客会考虑到的重要方面，与此相关，名牌车或稀有车型由于其拥有者往往属于某些特殊群体而成为一种身份的象征。

由此可见，人们会通过一些表象去对其意义进行解释，这些解释不论是源自先天条件还是后天经验，都有其根源，也往往成为人进行判断的依据。作为设计师了解到这些规律并加以利用往往可以达到出奇的效果。同时也必须注意到，人的这类猜测并非以严密的逻辑作为依托，所以往往是不可靠的。这种不可靠性也常常作为人的弱点而被利用。

7.3 驱动力的信任基础

产品使用愿望的最重要的前提是信任。人们在开始接受和消化信息之前，首先会去判断信息源的可靠性。例如某产品可能通过下列渠道被推荐：

(1) 街头的推销人员及他们散发的广告；

(2) 一般固定商店店员的推销；

(3) 名牌商店的推销；

(4) 顶级媒体或名人的广告和专家评语。

很显然，同一个产品通过上述不同方式进行推介所产生的信任程度相差很大。前面的一些推荐方式由于缺乏建立信任度的能力而很难说服用户购买或使用这些产品。这些因素和产品的真正质量并没有最直接的关系，但是它们对产品的成功起着至关重要的作用。所以有了出色的产品还是不够的，设计师应当在充分了解消费者对于信任的判断规律的基础上进行针对性的设计。

以网站为例，下面是一些增强信任的设计元素供参考。

(1) 完整的服务体系和成熟的产品设计：

——具有高度可信网站域名引导到的网页；

——具有高的网页视觉设计质量；

——有常见问题解答；

——内容丰富完整，更新及时，同时具有长时间的可追溯资料库；

——具有物理地址；

——有清楚、专业的政策和规则文档。

(2) 可以信赖的第三方支持：

——隶属于可信的专业机构；

——被其他权威机构引用；

——有权威机构颁发的证书或获得的奖项；

——有其他机构给出的评语；

——有名人的支持。

(3) 同类人群的意见参考：

——有其他同类人群的建议和行为数据；

——有客户服务部门收集的反馈。

上述的产品元素和表现方式可以有效地增加用户的黏性和使用产品的信心。

7.4 特别驱动力

在用户对产品或信息的提供源具有相当水平的信赖后，进一步的问题就是如何把握说服用户的关键信息点。在此方面，广告心理学、营销心理学等学科都有相当多的论述。在产品领域，我们常常见到的几个比较强的驱动力的来源包括以下几个方面。

(1) 价值观。人们由于个人和社会背景，以及选择的生活方式和信仰的不同，产生了不同的价值观。例如，对于名牌的关注度和忠实度可能对于某些地区的人非常重要，但是对于其他地区的人群就没有太多意义。再例如，刚刚成为父母的人群会非常关注有关孩子健康和教育的内容，而此类人群以外的人群就对此不敏感。所以从驱动力的角度，设计者或者营销者可以针对名牌敏感的城市进行品牌强化，对刚刚成为父母的目标群体加入和孩子健康有关的设计和营销元素。

（2）稀缺性。如果人们被告知某种产品或服务是稀缺的，他们自然会增加对这些产品或服务的关注，并且产生行动的压力。所以，商家经常会推出限制某时间段的对于某些商品的减价；还有些时候商家会设立不同的会员机制，将不同的优惠仅仅和某些会员身份进行绑定；在提供货品时也标明其余量非常有限。这些限定时间、限定人群的暗示有限性的行为都是利用稀缺性的典型例子。

（3）社会性。人们在选择和消费产品时都伴随着微妙的社会认同的成分。在此方面有求同和求异的两种趋势。这两种趋势看似相反，但实际上又是相辅相成的。例如，如果人们看到一个有关其关注产品的消费者调查结果或者用户论坛，他们可能倾向认同这些观点而求同。从另外的角度，某些消费者在消费时会在关注大众的趋势后有意避开，以作为自己个性的表现或身份的象征。例如，某些高档消费品往往由于其曲高和寡而得到某些群体的钟爱。这些具有求异倾向的人自然也组合形成了一些具有共有特征的人群。

7.5 针对驱动力的研究和分析方法

评估人对于驱动力的把握程度可以从感知和认知的两个层面进行分析。以视觉产品（例如网站、广告等）为例，在感知的层面上，我们会非常关心哪些产品的视觉元素引起了用户最多的注意，人们的视线移动的一般顺序是什么，这些规律分析可以帮助设计师了解到他们的设计是否能有效地驱动用户去注视到重要的信息。在认知层面上，我们希望了解用户如何解读他们感知的内容，如何在特有的个人和社会背景下进行判断和决策。

基于上述分析，我们可以推想到在针对可用性的设计和针对驱动力的设计方面将会关注不同的内容。以网站为例，在以可用性作为关注点进行分析和设计时，我们关注的内容往往包括导航元素是否完整清晰、交互控件是否合理、内容表达是否简洁清楚、布局和色彩是否协调等。这些方面都是和使用行为的顺利实现相关的内容。在以驱动力作为关注点进行分析和设计时，我们关注的内容往往包括设计风格是否体现公司的成熟性、促销信息是否可信适度、流程是否造成用户安全顾虑、是否用到社会学和心理学的设计规律增强产品营销效果等。这些内容更多地关注于如何正确吸引用户的注意力，以及从各个角度驱使用户使用产品。

典型的感知测试方法之一是利用眼动仪进行的眼动分析法。这项技术的讨论由来已久，但是实质的进展开始于20世纪60年代后的眼动分析仪器的突破。眼动仪的基本原理是通过对摄像机记录和分析人在眼睛移动时的瞳孔的位置、反光等物理数据，计算出人眼正在观察的对象的位置，然后通过不同的软件功能将这些位置的信息用热点图、移动顺序图等直观方式与被观察对象的录像进行叠加呈现出来，以供分析。眼动的参数包括注视点轨迹图、视线停留时间、视线移动方向、速度、距离、顺序、瞳孔大小等。

眼动仪分为移动式和固定式两大类。在使用移动式的眼动仪时，被测试人通常可以将这种眼动仪的摄像头佩戴在头上，所以被测试人在测试中可以自由走动。这种设备往往被用来测试一些和物理空间相关的内容，例如商品货架上产品的视觉冲击力，汽车和飞机驾驶员对周围景物的观察习惯等。固定式眼动仪的摄像头是被放在被测试的对象附近的。由于是在较远距离拍摄眼球的移动，所以对人移动的范围有一些限制。这种研究方法主要用来研究计算机软件、电视广告等位置相对固定的产品。所以移动式和固定式眼动仪各有其优缺点。移动式眼动仪不限制头部的位置,但是需要佩戴设备,造成一些不便；而固定式眼动仪不需要佩戴设备,所以测试时会比较自然,但是头部的位置和方向不能超出某个空间范围。现在眼动仪的硬件和软件已经达到一般研究所需要的精度,并且价格也可以被越来越多的研究机构所购置。近年来,这项技术已经和脑电仪、核磁共振仪等相结合使用,探索人类认知和决策的内在机制。

在驱动力研究方面采取眼动分析方法的主要作用是发现用户关注点的规律是否与设计者的目的和意图吻合。以网站设计为例,设计者可能在屏幕上放置了若干个广告和促销信息,眼动测试可以帮助他们了解用户是否在实际使用该网页时注意到这些内容,这些内容被注意的顺序和程度是什么,哪些其他内容可能对于期望的促销信息造成干扰等。

眼动研究方法现在面临的最大挑战是如何分析眼动的数据,解读眼动现象背后的根本原因。例如,我们发现用户的视线在某个视觉元素上作了较多的停留,但是我们没有完全的把握说明该用户对此内容感兴趣,还是被迷惑了。还有些数据只是用户在思考时眼光不自觉的移动。现在眼动分析软件正在判断这些内容方面取得进展。同时,作为研究者应当意识到,过分依赖机器进行判断是非常不可靠的。眼动研究的最好方法是与其他研究方法结合使用。例如,眼动研究前后进行的访谈和问卷都能够为正确分析眼动数据提供重要的帮助。

驱动力研究常用的认知研究方法是访谈和专家评估法。这些评估的基本方法和流程与我们在其他章节介绍的访谈和专家评估基本类似,但是具体实施的风格和关注的方面都有所不同。在实施研究时,关注可用性的研究往往由于必须得到某些任务的各方面行为的数据而显得比较严谨,但是关注驱动力研究的结构往往会更松散和随意一些。下面是进行驱动力研究时需要重点关注的一些方面。

(1) 个人基本信息,包括年龄、经济状况、家庭环境、社会和地域背景、对技术的熟悉程度和使用习惯等；

(2) 产品使用信息,包括使用频率、经常性、连续性、强度、时间性、周期性等；

(3) 宏观动机因素,包括商业,用户和情感目标,动机与需求,对任务、目标和技术的态度,障碍,触发因素,对价值观的理解等；

(4) 情感因素,包括对品牌的熟悉和重视程度、对不同品牌的印象和理解、对产品体验的期望、心理倾向、品牌形象和感召力、情绪和感觉、风格和快感、容易记忆性和记忆唤起、快感等；

(5) 使用环境因素,包括任务环境、使用喜好、用户角色和责任、局限、用户群组和沟通等；

(6) 文化因素,包括各种理论描述的文化维度、价值观、个人与集体价值、信仰、自我评价、生活方式和原则等。

针对驱动力的设计流程也与以用户为中心的设计流程非常类似。只是在研究和设计过程中应当将注意力集中在人对事物的非纯理性判断方面。下面是几个特殊的方面：

(1) 在制定目标和策略时,重点关注驱动力目标,例如使用户注册或购买某些产品等,也可能是对公民某方面意识(例如环保意识)的提升。

(2) 注意在研究如何增强驱动力的同时考虑如何减少阻力。例如,用户购买某些产品时可能有产品缺乏、价格过高、缺乏同类产品比较信息等阻力。

（3）其他研究和设计工具。例如，亲和图、人物角色、专家评估等都可以用于驱动力研究和设计。专家评估可以应用于驱动力的打分卡进行综合评分。

参考文献

[1] CHAK A. Submit now：designing persuasive web sites[M]. Indianapolis，IN：New Riders Press，2002.

[2] MASLOW A H. Toward a psychology of being[M]. 3rd ed. New York：Wiley，1998.

[3] NORMAN D. Emotional design：why we love（or hate）everyday things[M]. New York：Basic Books，2005.

8 互联网及电子商务界面设计

8.1 互联网系统的设计特点和设计策略

互联网可以说是近年来对社会影响最大的技术进步了。它不仅为全世界信息的沟通提供了前所未有的便利渠道，而且影响到人类生活方式的很多方面。最初，互联网只是用来作为数据传输、信息连接的以纯文字为基础的计算机工具，现在，互联网已经成为能够全面支持多媒体，能在多种平台上运行的庞大信息服务系统。在互联网技术飞速发展的同时，互联网的使用范围也日趋扩大。随着这项技术的社会化，互联网已经被用于商业办公、业务管理、购物娱乐等人类生活的各个方面。

世界上的互联网站不计其数，并且相互之间的差异很大。在规模上，一个小的互联网站可能只有几个网页，一个大型的网站可能有以百万计的网页；在用户上，有些网址或网站的用户可能只有局部的几个人，而有些网站的用户来自世界各地并以百万计；有些网站是相对短时的，例如一个运动会或一个活动的网站，有些网站却是相当长久的，例如大型公司的网站。不同网站提供的功能也千差万别。

一般来讲，互联网界面是建立在互联网技术基础上的一种特定的人机界面。所以，前文讨论的人机界面设计的一般程序和方法也同样适用于互联网用户界面的设计。同时，由于互联网的特殊使用条件，互联网用户界面设计所考虑的因素又表现在以下一些特殊的方面。

（1）用户定义及使用环境。互联网的用户可能来自全世界的各个地区，所以这些用户之间可能有不同的语言和文化背景。同时，他们使用的技术平台也可能差别很大。网站拥有者很难控制甚至很难知道谁是网站的实际使用者。所以，在网站设计中应当充分考虑用户背景和使用环境的复杂性和多元性。

（2）市场和竞争者分析。互联网站的竞争者可以通过在网上查询很容易发现。由于竞争对手的网站设计和实现手段都是相当透明的，所以对于网站进行市场和竞争者分析时，往往可以迅速得到大量有益的和实际可用的信息。

（3）需求、任务分析和目标定义。由于网站拥有者可以利用现有的技术比较迅速地将各种数字化的信息发表在网站上，并且，只需要提供简短的超级链接（hyperlink）就可以将其他网站的资源链接到自己的网站，所以，设计网站时要特别注意明确网站的主要目的和支持的用户任务，避免将不相关的内容放在网站上。同时，网站的工作方式也应当以用户实现任务的习惯相符合。例如，主要的用户任务应当用明显的方式予以表现，网页和网页之间的流程关系应当符合用户完成任务的顺序等。

(4) 项目计划、资源管理和技术手段。互联网站中的网页在开发完成后瞬间就可以发表而被成千上万用户所使用,所以,网站拥有者在项目计划时应当分配足够时间对网页进行测试和审核。网站拥有者在选择技术手段时不仅要考虑服务器能力、网页生成方式等自己能够控制的因素,还应当考虑用户浏览器、网络速度等自己不能控制的因素,以保证网页的可用性。

(5) 用户使用设备的差异。随着移动和平板电脑以及各种新设备的涌现,传统的界面设计已不能适用于多种尺寸的屏幕,设计时必须为多设备、跨屏幕考虑,如响应式设计。

8.2 用户特征及设计含义

与一般人机界面系统设计的过程相同,深入研究用户是设计成功的重要步骤。对于互联网人机界面,了解用户特征可以帮助设计人员决定以下方面。

(1) 用户界面风格。例如,为儿童设计的网站应当使用比较丰富的色彩和图形,并且较多使用动画和声音等多媒体表现工具。同时,这些网站也应当针对不同的年龄段而采用不同的动画片角色。为老年人设计的网站需要考虑采用较大的字体、直截了当的信息显示和简单的浏览方式,以适应老年人可能逐渐减弱的视力和记忆力。

(2) 界面内容的口吻和用词。例如,面对广泛消费者的网站应当用通俗的词汇、引人注目的广告方式、个性化并有趣味性的语言等。但是,面对专业人员设计的网站就应当采用最科学、最准确的词语和表达方式,避免可能造成任何误解的,尤其是推销式的语言。在设计未成年人可以浏览的网页时要杜绝任何只适用于成人的内容成分。

(3) 系统的工作范围和方式。例如,面向公司员工和某些组织内部成员使用的网站可以考虑以内部互联网(intranet)的方式开发。面向公司某些部门和其相关的公司之外的贸易伙伴使用的网站可以考虑采用外联互联网(extranet)的方式开发。面向一般用户的网页可以按照一般的互联网方式开发。不同性质的互联网有不同的开发方式和考虑因素。例如,对于用户可能需要通过手机使用网站,就需要运用声音和小屏幕用户界面的设计准则进行单独的设计。

(4) 不同语言版本的支持。如果网站面向的用户使用不同的语言,则在设计时可能要考虑包括不同语言的版本。这时候要将选择语言版本的功能放在网站的主页(home page),并以不同版本的语言进行标注。这样做就使完全只懂单种语言的用户在到达主页后马上知道如何进入自己语言的版本。另外,由于不同语言文字的物理结构不同,在设计界面布局时也要分别考虑。例如,表达同样的意义时,德文书写所需要的长度一般要大于英文,而英文书写所需要的长度一般要大于中文,并且中文比英文或德文更容易对齐,所以在同样屏幕大小的不同语言版本上可能使用不同的界面布局,甚至不同的界面元素和表达方式。

(5) 不同地域和文化特定的内容。设计不同语言网站版本不仅仅是简单的语言翻译,还应当注意到不同地区的文化特点。例如,某些颜色在不同的文化背景下的理解是不同的。并且有些内容在一个地区是允许的或适用的,但是在另一个地区使用却是不适当的。为不同地区设计的内容还应当符合各个地区的货币单位、时间格式的习惯等。应当避免显示对目标用户不适合的内容。这些内容将在第10章进行比较详细的介绍。

8.3 运作平台及设计含义

互联网运行的技术平台是设计互联网用户界面的重要约束条件，这些约束条件直接反映在互联网用户界面的设计准则上。本节中介绍几个与互联网用户界面设计关系最直接的运作平台的特征以及这些特征的设计含义。这些特征包括屏幕可用空间、浏览器的不一致性和网络速度。

8.3.1 屏幕可用空间

不同用户浏览网站时使用的显示器的尺寸和分辨率可能不同，网页的设计人员要根据用户显示器的情况设计网页的尺寸以保证绝大多数用户的正常使用。如果整个网页不能在用户的显示器上完全显示出来，则用户就只能通过移动浏览器上的水平或竖直方向的滚动条才能看到网页上的所有内容。这不仅为用户造成了使用上的不便，同时，如果用户忽视了位于浏览器边缘的滚动条的状态，则很可能会造成用户完全看不到网页的某些重要内容而导致可用性问题。由于计算机用户在使用各种系统时往往对屏幕内容进行纵向的滚动，所以用户尤其容易忽略水平方向的滚动条的状态。因此，在设计网页时要注意：

(1) 避免需要用户使用水平方向滚动条；

(2) 除了确实必要，尽量减少竖直方向滚动的情况。

使用低分辨率显示器的问题往往在于不能同时完全显示网页的内容。使用高分辨率显示器时往往有足够的空间显示网页的内容，但是对于物理尺寸相同的高分辨率显示器设置，被显示的内容(文字或图像)的物理尺寸常常会变得过小而难以辨认。所以，在设计时不仅要考虑低分辨率的条件，也要意识到高分辨率显示器的问题，对于各种用户可能的分辨率进行测试，以保证网页的整体内容和外观在不同分辨率条件下显示的正确性和一致性。

浏览器本身的字体设置也会直接影响整个网页的显示。由于这种设置表现了各个用户的喜好和习惯，网页应当尽可能进行相应调整以反映用户的设置。在设计中要尽量多采用与系统设置相应变化的字体，减少使用固定像素大小的字体设置。

改变浏览器窗口大小，尤其是缩小窗口会直接影响网页的显示情况。在有些情况下，可以在网页编写时采用响应式设计，使网页上的信息显示情况随窗口大小自行调整，从而在不同窗口大小的条件下以最优的方式显示界面内容。

8.3.2 浏览器的不一致性

浏览器随着互联网的发展而不断更新。不同公司不断推出自己的浏览器为互联网用户所使用，同一种浏览器在不同阶段有不同的版本。由于产品竞争和开发周期等原因，不同浏览器类别和版本在功能支持上有所区别。以某一个浏览器的某一个版本为依据编写的网页程序，可能在其他的浏览器或其他版本上不能正常显示或运行。一般来讲，同一种浏览器的功能都是向下兼容的。所以，在较低版本下支持的网页都应在较高版本的同种浏览器上显示或运行，但是在较高版本下支持的网页却不一定能够在较低版本的同种浏览器上显示或运行。不同种浏览器之间的差异就更大，尤其是在相对复杂的功能支持上。例如，不同浏览器虽然都支持 Cookie，但是 Cookie 在系统中的存储方式完全不同，所以在不同浏览器条件下对 Cookie 进行处理的方式可能要单独考虑。

8.3.3 网络速度

网络速度(即带宽)是网页设计需要考虑的重要因素。一般来讲,对于某一特定的网络速度,网页越小,则其显示的速度越快,用户使用起来就越容易。这里所指的网页大小不是其显示后的物理尺寸,而是传输网页所有内容所需要的字节数量。研究表明,如果网页在10秒左右的时间之内还没有完全显示出来,则用户往往表现出某种不满意的倾向。他们有可能会放弃他们原本想看的网站,而去看一些显示速度较快的网站。

网页显示速度过慢可能会造成用户可用性问题。如果问题的原因不在于服务器响应用户网页请求的速度,就应当考虑从减小和优化网页设计方面着手。图像和文字是网页中使用最多的元素,文字对于网页大小的影响远远小于图像的影响。一个物理尺寸不大的图像的数字化大小往往可以相当于很多页文字。所以在设计网页时,控制图像的大小往往是关键。

减小图像的数字化大小,同时又不影响其表达效果的其他方法的例子包括:

(1) 用剪切或缩小的方法降低图像的物理尺寸;

(2) 将图像存为较低的分辨率;

(3) 对图像进行修改和编辑以适应网页显示;

(4) 同时提供图像版本和文字版本,用户可以自由选择;

(5) 将某一网页的内容分为若干页显示。

虽然可以通过用户互联网的速度和网页大小来估算网页的显示速度,但是由于影响显示速度的还包括很多其他因素,例如服务器的即时负载、线路信号传输质量、共用闭路电视线路用户的使用情况、网页内容的实现方式等,所以,准确的网页显示速度应当通过在不同时间、不同网络速度和条件下经过实际测试而得到。

8.4 网站内容的组织结构和浏览机制设计

8.4.1 信息金字塔的设计和调整

绝大多数网站都是以金字塔式结构作为信息组织的基本框架。所有的信息单元都被按照相互关系归在不同层次的分类之中。从严格的金字塔框架来看,网站的主页包括网站内容金字塔的最高层次的各个分类。用户根据自己的需要进入到某一个分类之后又可以看到这个分类之中的所有子类。依此类推,直到用户能够在金字塔的某个位置找到目标信息为止。

确保网站信息信息金字塔结构符合用户的思维模式是至关重要的。在第5章“信息架构设计”中介绍的卡片分类和集簇分析方法可以对网站信息金字塔的设计提供非常有效的指导。

在实际网站内容设计中,采取严格的金字塔形式往往并不是最优的或最可行的方式。其原因包括:

(1) 不同用户可能对信息架构的理解有所不同,网站采取的金字塔形式可能不符合某些用户的思维模式。

(2) 网站中的某些内容可能是用户比较常用的或者比较重要的,将这些内容“埋藏”在金字塔的较低层次不利于用户迅速找到这些内容。

(3) 某些内容可能适用于金字塔之中的不同类别,如果任何一个网页内容都只存在于一个类别中,则用户在试图通过其他类别寻找该内容时就无法找到。

(4) 有些内容和功能,例如登录、查询等内容可能同时适用于多个或全部网页,这些内容可能不易融入包含主要内容的金字塔结构。

由于上述原因,网页的设计往往是以金字塔结构为基础,同时兼顾用户使用习惯和具体内容进行调整的复合设计。例如,某公司可能提供若干系列的产品,而每个产品又有各自的技术资料,包括技术指标、使用指南、问题解答知识库等。在这种情况下,就有两种同时合理的金字塔结构可以用来组织该公司的所有产品和技术资料:

(1) 按产品分类,在到达各个具体产品的网页时显示包括技术信息在内的该产品的各种信息。用户可以在这里浏览被选择产品的各种类型的技术资料。

(2) 按技术资料分类,在用户选择了某类或某种技术资料后允许用户选择希望查阅的产品。

这两种设计实际上是满足用户的不同任务需要。对于关注于某个产品的用户来讲,第一种金字塔结构是理想的浏览方式。而对于对该网站提供的产品分类系统不熟悉的用户,或只是想浏览各种产品的某种技术资料的用户,第二种金字塔结构是最理想的模式。

所以要解决这类问题可以考虑以下的方案:

(1) 以总体列表的形式同时包括产品及其技术资料的信息。列表的一个方向用于列举产品类型,另一个方向用于列举产品技术资料。这样用户就可以对于产品和技术资料的情况有一个综合的了解,然后完成对于产品和技术资料信息的选取。这种方法将上述两个看似不相容的设计有机地结合起来。

(2) 打破金字塔的分支独立的逻辑模式。一个典型金字塔信息架构往往需要在任何一个分类层次上使用一致的分类标准,用同一个分类标准区分出来的金字塔的各个分支就没有任何重叠部分。但是用户在使用互联网系统时关心的只是是否能够最高效地找到信息。也就是说,如果用户能够迅速地找到自己需要信息的渠道,他们可能并不在意整个金字塔的结构是否完全严谨。在上述的例子中,如果将“产品”和“技术资料”并列于金字塔结构的同一个层次中,虽然这种分类的标准从单纯金字塔分类的观点上可能不易说清,但是这样做可以被理解为专门针对用户的任务而进行的设计处理。这种设计意味着用户可以通过不同的渠道,以不同的逻辑关系为依据得到同样的信息。如果用户使用这样的设计能够以最快的速度找到需要的信息,用户就会倾向于接受这种设计。当然,这样做是在整体结构的逻辑性的基础上进行的调整,金字塔结构仍是总体设计的基础。

(3) 热点捷径。热点捷径也是指在网页上提供相对独立于金字塔信息架构之外的信息的超级链接。与交叉链接不同,热点捷径的选择标准基本上是根据网站拥有者的目标和大多数用户的兴趣决定的,所以热点捷径之间并不需要有明确的逻辑关系。最常见的使用热点捷径的方法是在主页上相对显著的位置选择性地列出网站中的某些重要内容的链接。例如在上述的例子中,如果在某个时间段,某个关于最新产品的报道成为用户关注的焦点,同时又有很多用户询问另外一个产品的最新下载修复程序，这时候就可以考虑将这两个内容同时在主页上列为热点捷径。这样做是希望能够使关心这两项内容的相当数量的用户只需一步就能到达他们希望看到的网页，而不需要花时间去理解网站整体的信息架构。同时，网站拥有者也往往希望以热点捷径的形式最有效地传递希望用户看到的信息。捷径的选择完全独立于金字塔的信息架构，但是如果在一个网页上包括相当多的热点捷径，则需要考虑对这些热点捷径进行分类，这时候金字塔结构也是分类的重要依据。

8.4.2 信息架构的宽度和深度及浏览机制设计

与其他金字塔信息架构（如计算机应用程序菜单）的设计类似，设计网站的金字塔结构也要考虑"宽度"和"深度"的问题。所谓宽度是指在金字塔结构的某一层次上元素的数量，例如如果网站的主页包括 10 个类别的内容，则主页对应的金字塔元素的宽度就为 10。所谓深度是指从金字塔的顶端到达某一元素所经过的层次数量。例如，如果要在某网站上运用金字塔结构找到某产品的使用手册，需要从主页顺序通过下列网页：①所有产品和服务网页；②某产品系列网页；③某产品网页；④某产品技术资料网页；⑤使用手册网页。则该产品对应的金字塔元素深度为 5，也就是说在用户不犯错误的理想状态下，从主页需要 5 步能够找到该网页。

抽象地讲，对于同样数量的信息节点数，增加金字塔的宽度就可以减小其深度；类似地，增加金字塔的深度可以减小其宽度。宽度大而深度小的金字塔结构网站意味着每个网页上的超级链接较多，但是网站的层次较少。这样的结构使用户在每个网页上需要浏览的信息较多，但是用户到达目标网页所需要的单击次数就比较少。与其相反，宽度小而深度大的金字塔结构网站意味着每个网页上的超级链接较少，但是网站的层次较多。这样的结构使用户在每个网页上需要浏览的信息较少，但是用户到达目标网页所需要的单击次数就比较多。

从上面的抽象分析可以看出，不同的深度和宽度设计有不同的优缺点。所以在设计中采取哪种风格的金字塔结构应当根据网站的具体内容而定，并没有唯一的答案。较大宽度的设计将较多的信息内容明确地显示在每个网页上，减少了用户需要单击的次数，但是如果单独网页变得过于庞大，则可能会显得过于复杂，而且可能需要滚动才能看到全部内容，单独网页的下载时间也相应增加。而较大深度的设计可以使每个网页显得比较简单、直观，同时也将较多的内容"埋藏"在较深的层次中，这样风格的信息架构应当特别注意保证用户能够准确地判断出自己想找的内容的超级链接。因为如果用户选择了错误的路径就需要较多步骤才能回到起点，并且过多的步骤会使用户难以记住和把握整个网站信息架构的全局。在实际应用中，采用较宽和较深金字塔信息架构风格的成功网站都有很多。例如，很多新闻媒体的网站采取较宽金字塔风格，以帮助用户以最快的速度发现并得到其感兴趣的内容，检索网站往往采取较深的金字塔风格，这是因为其数据量非常庞大，用户往往只需要找到其中很小部分的内容而并不关心网站的整体结构。

8.5 网页设计

8.5.1 网页内容的编写

用户对于网站上的内容的使用方式不同于其他媒体上的内容。例如，研究表明，大多数用户不是把网站用来作为阅读工具的。由于屏幕大小和下载要求等因素的限制,用户每一时刻只能看到一个网页的一个屏幕范围内的显示内容。他们使用网站的典型方式是通过浏览一些比较简单的信息而决定下一步要做什么。在找到目标信息之后,他们可能会根据信息量的大小、所需时间的长短等因素决定是否当时开始阅读内容,还是以存储、书签或打印等方式改时阅读。所以,用户在使用网站时的很多时间和注意力都是在选择和决定上。用户在阅读其他媒体,例如书籍和报纸时,往往会比较容易和迅速地专注在某一特定内容上而开始连续的阅读。虽然编写网页上内容的规则与编写印刷品的规则有相当多的共同点,但是根据网站环境的特殊要求和特点,为网站编写内容时要特别注意以下方面。

(1) 使用用户的语言。编写者要时时考虑网站读者的水平、品位、习惯、知识结构等,编写时要避免使用用户不能理解的或不习惯的语言。尤其是在使用专业名词或英文字母缩写时更要注意避免用户的迷惑。例如,在开发面向单位员工的内部网和面向一般客户的互联网时,使用的用户语言和风格经常有很大的区别。在内部网中可以使用比较多的内部认可的缩写或内部使用的词语,而在对外的互联网上只可以使用为一般用户所熟悉的词语。

(2) 使用平易的语言。平易的语言使读者能够轻松而快速地理解内容,尤其在一般用户使用的网站上,更应当非常注意避免使用不必要的复杂和抽象的语言。例如:

——“撰写”可以考虑改为“编写”,甚至更简单地改为“写”;

——“雷同”可以考虑改为“相同”,甚至更简单地改为“一样”。

(3) 避免不必要的词句。不必要的词句浪费用户的时间,所以对于网页上的每个句子或字段都要试问:是否可以去掉?是否可以减短?尤其要避免内容重复的词语,例如:

——“以往经验”应当改为“经验”;

——“互相协作”应当改为“协作”;

——“提出问题”可以考虑改为“提问”。

重复的用词可以考虑予以删除。例如在“下载”的内容部分可能包括若干个可以下载的程序,在每一个下载程序的超级链接上就不需要重复地写为“下载××程序”,而只需要写出下载内容的名称。

(4) 使用简单的句子。长的句子读起来往往比短的句子更加费时费力,复杂的句子结构往往也使读者迷惑。所以在准备网页内容时应当较多地使用简短的句子。当然,同时也应当适当地运用不同风格的表达句式以增加文字的色彩。除了用人工的方法进行编辑外,也可以采用类似于福莱士指标(Flesch index)或福格指标(Fog index)的定量分析方法对文章易读性进行评估。这些方法以句子长短、用词长度、语态使用等作为标准进行综合计算,得出易读性指标。福莱士指标和福格指标方法是以英语为基础开发的,不能直接应用于汉语的测量,但是这些测量的思想可以用作衡量参考。另外,定量测量指标的数值远远不是易读性的准确衡量,它们只是对写作的某些特定方面进行定量统计的工具。

(5) 避免夸夸其谈。由于网站经常被用来作为推广产品、提供服务或传播理念的媒介,所以常会看到有些网站上的内容包括抽象的,空洞的,甚至过分自诩的大段内容。例如“此网站将为您提供最满意的服务”“此部分将为您提供第一流的市场分析信息”“您会对我们雄厚的科研和生产实力惊叹不已”等。实际上,这些结论应当由用户在得到网站提供的信息后自己进行判断。在很多情况下,这些夸夸其谈的内容不仅不能提供用户更多的有价值的信息,反而可能会妨碍用户的使用,甚至导致用户的反感。所以,自我推销的内容要以谨慎和得体的方式进行表达。

(6) 保证准确性，反映时间性。网站内容在发表之后即刻就可能被成千上万的用户浏览，如果出现任何的错误，即使很快进行纠正，也可能造成难以挽回的影响。这种情况对于有大量用户的网站，例如新闻网站、公司网站等尤其重要。因此在网站内容对用户发表之前应当仔细核实其准确性。而且，在很多情况下用户不会再观看他们认为已经看过的内容，所以应当在提供具有时间性的信息时注意以适当的方式标示出内容的时间性。例如，可以在网页上的新增内容标题附近显示类似于“新信息”的图标，在单位新闻发布网页上标注日期，在提供下载的网页上标明新版本的版本号、发布时间和新功能的介绍等。这些内容使用户明显感觉到网站内容的更新是非常及时的，从而吸引其经常来访。

8.5.2 网页的布局和视觉效果设计

不同网站有不同的视觉表现风格。好的网页布局和视觉效果并没有一个固定的公式可以套用，但是好的设计也是要遵循一定的准则的。下面介绍的就是网页布局设计的一些一般注意事项。

1. 逻辑性

网页的布局和视觉效果设计是为网页的目的和内容服务的，网页内容之间的逻辑关系是设计的最根本的依据。

(1) 最重要的内容应当以最醒目的方式加以表现，例如，放在中心附近的地方，使用较大的字体和突出的颜色等。

(2) 应当避免将重要内容放在屏幕的右侧和下端。因为右侧和下端的内容往往被用户所忽视，而且在浏览器屏幕较小时，需要有意识地滚动屏幕才能看到。

(3) 用字体大小、颜色、缩进等方式表达内容之间的从属关系。例如对于金字塔信息架构，自然而然的表达方式是用较大或较明显的字体显示较高层次的内容，用较小的字体表示较低层次的内容。

(4) 明确任何一个网页的宗旨，将网页的大部分的和最有效的显示区域用于显示与网页宗旨直接相关的具体信息。这看似简单，但是经常看到有些网页将大量的版面用于显示主要内容之外的内容，例如大的图标、广告、重复的浏览链接等。

2. 一致性

除特殊情况之外，一个网站所有网页的设计风格都要保持高度的一致性。下面是一些这种一致性的具体含义。

(1) 一致的网站标志。例如公司的网站经常用公司的标志作为网站的标志。如果在同一个网站的不同的网页上显示了不同大小的公司标志，用户可能会怀疑这些网页属于不同网站。

(2) 一致的高层次屏幕布局。不同网页由于其内容特点可能需要采取图表、文字或图形等各种表达方式，但是这些网页的高层次的“包装”风格应当是一致的。例如，可以将所有网页中显示的特定内容限制在同样的显示区域等。

(3) 一致的浏览条和浏览机制。用户在一个网站中某一部分网页上使用的浏览方式应当同样适用于其他部分的网页，主浏览条上的类别内容要始终保持一致。任何不一致都可能会使用户迷惑。

(4) 一致平衡的信息架构。一个网站各个主要内容分支的信息量的分配应当合理。除了有些特定的内容，类似于"联系方式"之外，其他分支中的信息量应当相对平衡。如果某个分支信息数量远远大于或远远小于大多数分支，则用户可能会倾向于认为信息多的分支应当将信息拆分为多个分支或简化，同时他们也常倾向于认为信息少的分支应当予以充实。

(5) 一致和谐的字体和色彩。字体和色彩的使用也应遵循同一个标准。例如，如果在网站中的超级链接以不同的颜色显示，并且有些有下划线，有些没有下划线，就会使用户难以辨别超级链接和一般文字之间的区别而影响使用的效率。

(6) 一致的重复性图标和输入框等界面元素的表达方式。例如，如果一个网站中标识重要链接的图标被定义为某种颜色的箭头，则网站中的所有网页中的重要链接都应当使用同样的图形进行标识。

以上只是一些设计考虑中一致性的例子。一致性可能在不同的网站和不同的情况下有不同的意义。具有高度一致性的网站给用户以清晰感和整体感，用户在使用这样的网站时能够感受自己处身于一个经过精心的全面设计的信息"空间"，网站各个部分的信息的安排也是井然有序的。

在网页中包括指向其他网站的超级链接时，应当尽可能给用户以足够的暗示。这样用户就不会因为突然看到一个风格完全不同的网页而感到惊讶和迷惑。例如，可以将其他网站的网页加上自己网站的"包装"，或者使用不同的窗口等。

3. 新颖性和实用性

飞速发展的互联网技术为网站开发不断提供新的表达方式和工具。同时，随着人们对互联网使用的日益增加，人们对于网站质量的期望也会越来越高。例如，用户在网站中不仅只希望获得需要的信息，而且还希望网站设计美观、新颖，尤其是重复参观某些网站的用户更不希望每一次使用都看到重复的画面和内容。已有研究证实，如果某个网站甚至网站的某个部分在相当长的时间内没有变化，用户的满意程度就会开始下降。经常访问的用户可能会感到厌倦，新用户可能会觉得其内容或设计风格已经过时。时常增添新鲜的内容，阶段性地引进新颖的版面设计和功能，对于吸引用户、提高用户对网站的忠实度不仅是有益的，而且是必需的。

在不断提高网站新颖性的同时，又要时时注意保持其实用性。记住"用户大部分时间都是使用其他网站的"格言。也就是说，用户使用其他网站的经验和习惯是设计的重要考虑方面。在设计网站时不要假设用户只用你设计的网站，或者愿意花时间和精力来接受你的设计。在很多情况下，用户在互联网上想得到的信息和服务都可以通过若干网站得到。网站为得到用户而相互竞争。当用户访问一个未参观过的网站时，如果不能在几秒钟之内觉得网站的内容合乎其访问的目的，并且对于其使用的方法也没有一个较清楚的了解，他们就可能马上离开而去尝试其他的网站。新颖性高的网站设计往往伴随着较高的迷惑用户的危险性。所以追求新颖性一定要适度，设计要始终建立在实用性的基础上。

4. 采用容易扫视的表达方法

在很多时候，用户参观某网站时只是为了发现某些特定信息或使用某一个特定的功能，在这种情况下，只有整个网站之中很小的一部分内容是他们所需要的。这些用户在到达任何一个网页时所做的工作就是用最快的速度浏览网页的内容，决定为达到自己目的所需要进行的下一步动作。他们并不期望了解网页上的所有内容。这时，互联网使用者往往在网页上的停留时间很短，并且经常处于利用网页的信息决定去留的心态。所以在网页设计时，要尽可能使其内容便于快速扫视，以便于用户作出进一步行动的决定。不管网页的内容多么优秀，如果内容的表现不便于快速扫视，用户就很可能因为在很短暂的时间内找不到自己想找的信息而马上离开。下面是一些有关设计容易扫视的网页的注意方面。

（1）减少大片连续的文字。互联网在提供信息方面的突出优点在于网页能够用超级链接的方式表现信息系统的内容。用户可以根据需要选择自己的浏览方式，参观不同的网页而获得自己所需要的信息。大片连续的文字不能发挥互联网提供的优势。除非用户对网页内容非常感兴趣并决定花时间阅读其内容，大部分用户是没有耐心阅读网页上的大段文字内容的。

（2）多使用清单和列表。人们浏览整齐排列的清单或列表内容的速度往往明显快于阅读连续的文字。所以在可能的情况下，应当尽可能多使用清单和列表的表达方式。

（3）将网页根据其内容划分为清晰定义的分区。网页的各个部分可以按其服务的方面分为浏览条显示区、广告区、重要新闻区、图片区等，应当避免造成不同的内容相互混杂。同时，这些区域也应当运用视觉处理方法予以区分。这样，用户就可以在相当短的时间内了解网页的高层次的板块内容。

（4）提供目光的“落脚点”。人们在物理世界中要记住行走的路线往往是利用一些突出的、与众不同的景物标志。在网页的不同的位置提供容易辨认的内容表达方式同样可以帮助用户扫描和记住网页的内容。例如，在以文字为主的网页的适当位置加入图像、标记、分割线、列表，以及具有醒目的字体和颜色的文字标题等，这些都可以成为用户区分不同内容的有效标记。在并行内容较多时应当考虑按内容的逻辑关系分为若干个子部分，并且在视觉效果上予以区分。

（5）使用正确的对齐方式和排版方式。对字符串应当根据不同情况正确使用左对齐、右对齐或居中的排列方式以便扫视。例如，虽然在大多数情况下书写的习惯是左对齐，但是在用户填写表格时，将不同长度的项目名称沿右侧对齐可以使用户容易与相应的信息输入框对应。又例如，较宽的文字段落往往需要用户进行频繁的水平方向扫视再加上竖直方向扫视才能阅读，如果将同样的文字内容以宽度较小的方式或多列方式书写，则用户水平方向扫视的需要就可能会大量减少，用户对所有内容扫视或阅读的总体速度也会因此大大加快。

（6）使用户合理分配注意力。网页的设计应当引导用户将注意力集中到重要的内容上，避免喧宾夺主。尤其是不断循环的、快速变化的或闪烁刺眼的动画内容会严重分散用户的注意力，应当避免使用。在使用醒目的颜色时也应当注意不要对用户浏览其他内容造成负面的影响。

5. 清晰表达网页上的超级链接

用户在扫视网页时注意的一个重要内容是超级链接。他们希望迅速而准确地区分在网页中哪些是可以进一步了解内容的超级链接，哪些是非超级链接的纯粹信息内容，在一个典型网页中，最多的元素是文字和图像。从编程的角度讲，任何文字或图像都可以是超级链接或者是非超级链接的纯粹信息内容，这就增加了用户辨认超级链接的难度。在实际网站中，经常会看到某些看似超级链接的文字实际上只是带有下划线的纯粹文字；某些看似纯粹信息内容的图像却是连接到某些具体内容的超级链接。当然，用户可以通过将鼠标移动到文字或图像上后根据鼠标是否变成手的图形而辨认超级链接，但是这样就影响了网页的使用效率。最理想的情况是，用户不需要移动鼠标而通过眼睛扫视就可以迅速辨认每一个超级链接。

8.6 互联网界面的设计和实施问题的讨论

8.6.1 个性化功能设计

网页的个性化(personalization)，也称个性化，是指网页根据用户直接提供的，或从用户间接获得的信息调整自己的内容和表达方式，以满足各个用户不同的需要。下面是一些例子：

(1) CNN或MSN等大型综合信息服务网站允许每个用户指定自己希望了解的信息板块和地区天气信息，一旦用户输入了设定信息，以后网站就将显示该用户最关心的内容和当地的天气。

(2) AMAZON.COM会根据每个用户以前购买的书籍而推荐新出版的相关内容或相同作者的书籍。

(3) 用户在网上购物即将结账时，网页会根据用户购物筐中的商品内容推荐相关的其他商品或保险等。

(4) 在E-TRADE等股票交易网站上，用户可以输入自己关心的股票代号而使网站只显示这些股票的价格和交易情况。并且，用户可以指定具有某一个功能的屏幕作为网站的主页。

成功使用个性化网站功能可以使用户感到方便和亲切，提高用户的使用效率，增加网站的商业收入。但是支持个性化并不是简单的事情。对于网站的拥有者来说，他们往往需要设计、开发和维护一个完整的个性化的数据管理系统。对于用户来讲，他们往往也需要花时间提供个性化所需要的数据。在用户完成个性化设置后，有时还需要记住自己的登录名和密码等。除非用户觉得确有必要，他们往往不愿意花时间做个性化设置。所以考虑支持个性化功能时的第一个问题，同时也可能是最重要的问题就是：是否有此必要？

下面是支持个性化功能的一些可能的必要条件：

(1) 网站有相当大数量的用户经常重复使用此网站；

(2) 网站的信息量远远大于单一用户所需要的信息量；

(3) 网站信息的板块相对稳定；

(4) 用户使用网站时所感兴趣的内容有明显不同的倾向，任何一个设计都不能同时最大限度地满足所有兴趣倾向的需要；

(5) 不同用户群体使用网站时的兴趣倾向相对稳定；

(6) 相当多的用户在每次使用网站时要进行同样的、烦琐的操作以得到自己感兴趣的信息；

(7) 用户愿意将网站个性化要求的信息提供给网站的拥有者；

(8) 很多用户提出了个性化的要求或期望;

(9) 用户进行个性化设置需要投入的时间和精力与其得到的利益成比例;

(10) 网站拥有者支持个性化的资源投入,认为可以获得更高的利益产出。

个性化的具体设计方式根据不同网站的内容有所不同,不可能以一个模式来概括。下面是一些进行个性化设计时所要注意的问题。

(1) 个性化设置的功能应当简洁明了。如上所述,用户不希望在个性化上花费过多的时间。个性化的设置应当关注在较大的用户群体的区分上,不必试图考虑过分细微的用户兴趣的区别而增加个性化设置网页的长度和复杂性。当然更应当避免搜集与网页个性化无直接关系的信息。

(2) 提供个性化的网页和非个性化网页的区别暗示。网页个性化增加了用户使用行为的复杂性和多样性。标注个性化网页的一个常用方法是在网页上显示用户的名字。这样一来,用户就可以知道自己当前是在个性化以后的网页。同时,也应当在用户容易发现的地方提供在个性化和一般网页间进行切换、浏览和改变个性化设置的功能。

(3) 不要过于自信地推理用户的喜好。例如,某个用户在个性化设置时表明希望以中文显示网站信息,该用户在网站上下载软件时,网站就提供了该软件的中文版本。但是实际上,这个用户可能在使用计算机软件时习惯于英文版本。所以在个性化信息的基础上推断用户的兴趣和习惯要注意避免臆断的错误。

(4) 保护个人信息的隐私权(privacy)。虽然在很多情况下,个性化的信息并没有严格的保密要求,但是尊重和保护任何用户个人特有的信息都是良好的态度和习惯。为了使用户放心地使用个性化的功能,在用户提供个人信息的网页上应当包括网站拥有者对保护用户个人信息的承诺文字。这些承诺经常包括不使用这些信息进行推销等市场活动,不将用户信息与其他机构分享或作为商品出售等内容。

8.6.2 搜索功能

浏览和搜索是用户使用网站的最主要的两类行为。当用户明确知道自己寻找的内容,或发现不易运用网站的浏览工具找到自己的目标时,他们往往会希望直接在系统中输入所寻找内容的关键字,使用查询功能找到信息。用户在查询信息时可能使用某些公共的大型搜索引擎,也可能使用网站内部的查询功能。下面是一些帮助用户使用查询功能的设计注意事项。

(1) 网页应当使用“Meta”标识该网页的内容提要。很多搜索引擎都是以网页“Meta”标识中的内容提要作为查询的依据的,所以,内容提要应当认真编写。编写时应注意以简洁的文字概括网页的内容,同时注意预见用户常使用的关键字,可以适当地将这些关键字放在内容提要的开始部分以便用户阅读。

(2) 如果有必要,并且有能力,支持网站自己的查询功能是有益的。

(3) 网站的查询功能区应当显示在网站中的每个网页上。网站的查询功能区的位置应当在用户容易发现的地方,并且表现方式应当一致。

(4) 典型的查询区应当包括一个足够长的文字输入框和一个在其右侧的“查询”按钮。不要只提供“查询”的超级链接而将查询内容的文字输入框放在下一个层次的网页中。

(5) 如果系统支持复杂查询输入方法(例如包括布尔逻辑关系的输入内容)和可指定范

围的查询，则这些内容应当以简洁的方式显示在查询区内。

(6) 一个网页只应有一个查询文字输入框。

(7) 用户最经常查询的内容可以直接列出，以便用户选择而不需要输入。

(8) 有些查询内容应当调出某个关键网页而不是一般的查询结果屏幕。例如，如果用户输入的查询文字是某个产品的名称，则网站可以显示被查询产品的主页，而不是像对待一般查询内容那样，搜索所有相关网页后给出一个长的列表。

(9) 在查询结果屏幕上应当重复用户输入的查询的标准，并且提供输入或修改查询标准的功能。

(10) 在可能的情况下，查询结果屏幕应当显示各个查询结果对于查询标准的符合程度。

8.6.3 弹出窗口的使用

弹出窗口(pop-up window)是网站设计中常用的一种表现方式。正确使用弹出窗口可以有效地增强互联网用户的使用效率。另一方面，不正确的弹出窗口设计会妨碍用户的使用。一般来讲，弹出窗口应当用来显示两类内容：

(1) 相对于主流网页的辅助的，并且是相对独立的内容。例如放大的照片、研究问卷、广告等。

(2) 与其他网页，尤其是主流网页相互对照使用的内容，例如使用说明、项目比较等。

下面是一些关于弹出窗口设计的注意事项：

(1) 弹出窗口中的内容应当直截了当，集中在某个专题上，并且不需要进一步的浏览机制进行阅读。弹出窗口不应当再显示网站的主要浏览机制。从弹出窗口起始的超级链接，不论将新网页显示在原窗口还是新窗口，都很可能造成用户迷惑。

(2) 弹出窗口的大小和位置应当明显区分于主流网页，并且不应严重妨碍用户对主流网页的连续使用。尤其避免同时弹出多个窗口，或弹出窗口覆盖主流网页面积过大。

(3) 在弹出窗口中的明显位置提供“关闭窗口”的功能按钮。

8.6.4 用户反馈信息的收集和行为的研究

网站的拥有者都希望了解用户如何使用他们的网站，他们也经常利用自己的网站对用户进行各个方面的研究。网站拥有者收集用户反馈和了解用户使用行为的主要渠道是用户研究问卷和网页单击的情况记录。下面是收集用户反馈和了解用户使用行为的一些注意事项：

(1) 网上研究问卷要尽可能短，用户大多不愿花过多时间提供对自己没有明显利益的内容。

(2) 如果调查问卷对调查的参加者没有严格的控制，这种调查的结果仅能作为参考使用。

(3) 记录用户对网站的使用情况不能侵犯用户的隐私权，记录内容一般不应具体到个别用户。

(4) 记录用户对网站的使用情况应只作为提高服务质量的手段，而不能服务于其他目的。

(5) 经常记录的用户行为包括在一定时间内各个网页被单击的次数和各个功能被使用的次数，这些信息往往反映出各个网页和功能对于用户的相对重要程度及使用难易程度。网页拥有者可以根据这些内容调整网页的结构，增强用户经常访问的内容的设计，减少或删除用户很少访问的内容。

(6) 跟踪研究用户经常查询的关键字可以有效地提高网站信息服务的质量。在设计网站时应当考虑将用户最经常查询的关键字的内容放在网站的主页和显要位置。并且，这些关键字也是网站总体信息架构设计的重要依据之一。

8.6.5 网上购物系统

网上购物是很多网站利润的直接来源，同时也是很多用户使用网站的重要内容之一。作为互联网网站的一个大类，网上购物系统的设计应当遵守一般网站设计的规律和要求。这里列举一些设计网上购物系统的特殊注意事项：

(1) 保障用户在网上购物的安全感。由于用户在网上购物时不能像在物理世界中那样，走进商店，直接与销售人员交谈等，所以用户购买商品时最重要的因素是安全感。网站应当提供各种直接或间接的信息提高用户购物的信心。例如，可以在网站上明确提供商家的通信地址、电话、电子邮件地址、质量保证、退还规定等信息。引述权威机构的评级标准、证书等也是赢得顾客信赖的有效方法。

(2) 按照顾客购物习惯对产品进行分类。根据网站销售商品类型的不同，顾客期望使用不同的分类方法，在设计网页上的商品分类方式时，应当将实际商店的分类方式作为重要依据。例如：

——电器往往主要以功能和品牌分类；

——礼品往往主要以类型和价格范围分类；

——玩具主要是以儿童年龄、性别和类型分类；

——衣物主要是以使用季节、使用者年龄、性别、衣物品牌分类。

(3) 提供用户可能关心的各方面文字资料和视觉细节。用户在网上购物时不能直接看到或触摸到商品实物，也不能像在一般商店中一样方便地向销售人员提问，他们了解和购买商品的依据就是网站提供的商品的细节信息。网站中应当尽可能具体地介绍所有用户可能关心的方面，包括产品规格、特性、比较等。这些信息应当用清晰的语言和图像表达出来。对于衣物、装饰材料、纪念品、首饰等非纯功能性商品，其外观的细节对于用户购买就至关重要。所以在提供详细的文字介绍的同时，出售这些商品时应当考虑提供清晰的多角度的大幅照片。这些照片不仅包括商品本身，也可以包括商品在使用状态中的照片，例如身着服装的人物，使用装饰材料装修过的房间等。也可以考虑使用用户可以控制的三维旋转动画等方式准确表达商品的特征。

(4) 提供方便的购买方法和易于管理的购物筐。用户应当在商品的不同层次的描述附近容易地看到“购买”或“放入购物筐”的按钮。如果商品暂时缺货，则应当在用户看到该商品的第一个屏幕，显示“缺货”及预购或到货信息。在用户单击“购买”或“放进购物筐”按钮后，系统应当显示购物筐用户界面。购物筐界面应当以简单的方式全面支持用户管理所有可能的购物行为和决策信息，包括更改商品数量、删除商品、价格明细、花费总额等。如果有运输费、手续费、礼品包装费等其他费用时，应当将收费标准和计算规则在购物筐的屏幕上列出，这样用户就可以全面计划总的开支。用户在采购的全过程中随时都可能希望查看购物筐，所以，所有购物网页都应当以统一的方式，在用户容易看到的位置显示购物筐的内容或购物筐的超级链接。

(5) 清晰的结账信息和简便的结账手续。用户结账可以通过若干屏幕完成。用户完成购买单击"结账"按钮后，系统应当首先显示购物筐中的全部内容，包括运输费、手续费、礼品包装费等所有费用的清单，以便用户进行最后的核对和更改。同时，网站也可以根据购物筐中的内容向用户建议其他相关商品。在用户核准希望购买的商品后，系统就可以显示让顾客输入信用卡和邮寄地址等信息的用户界面。最后，系统应当提示用户结账顺利完成，并且提供给用户跟踪所购买商品的方式，包括可以打印的购买清单、跟踪号码、通过电子邮件发送的确认信息等。

8.7 响应式网页设计

用户手里的设备越来越多，差异化越来越大，特别是市场也趋于全球化，设计师面临的情况会更复杂。完美的情况就是为桌面、平板电脑、智能手机，以及其他新设备各自打造一款合适的页面。但是未来我们还需要为多少新发明的设备设计开发不同版本的页面呢？我们将会无法跟上设备与分辨率革新的步伐。对于大多数网站来说，为每种新设备及分辨率创建其独立的版本根本就是不切实际的。结果就是我们将会赢得使用某些设备的用户群，而失去那些使用其他设备的用户群。响应式网页设计(responsive web design)的方式，可以帮助我们避免这种情况的发生。

响应式网页设计又称为自适应网页设计，或回应式设计，是一种网页设计的技术方法。使用该方法可以使网站在多种浏览设备，从智能电话的小屏幕、移动触屏，到桌面电脑的大显示器上，页面的展示达到最佳效果，减少页面缩放、平移和滚动，为用户提供良好的阅读和导航体验。

响应式设计在2010年左右开始形成热点，设计师们开始加入到响应式设计的研究和实际设计中来。

8.7.1 页面内容的规划准备工作

为了更好地进行响应式设计，在页面内容上要作新的规划。从设计上，大的页面结构最好作通栏设计，在通栏里面放入信息模块，每个信息模块设计为一个独立的功能区块，不做跨区块的交互行为和信息传达任务。这样的安排会帮助页面结构和内容模块在页面宽度变化时，比较容易地随之调整和变化。

为了比较好地理解响应式设计，我们先从屏幕大小的概念开始，再介绍触发页面结构变化的节点也就是断点，之后再解释页面结构和模块的响应方式。

8.7.2 硬件像素和CSS像素

像素是构成数码影像的基本单元，也是设计中最常用的单位，在高分辨率设备出现后，一个像素已经不是一个像素了，这里有几个概念必须解释一下。

第一个概念是硬件像素，指的是设备中使用的物理像素，又称设备像素。另外一个概念是 CSS 像素，指的是 CSS 样式代码中使用的逻辑像素。

如果在一个设备中，硬件像素数与 CSS 像素数相等，将不会产生任何问题。由于高分辨率设备的出现，例如视网膜屏的设备，这两者之间的差异变得越来越大。硬件像素数与 CSS 像素数成为两种截然不同的像素，一个像素不再是一个像素了。

像素比指的是设备像素和 CSS 像素之间的比例。拿 iPhone 举例，iPhone 3GS 的硬件像素是 320 像素×480 像素，CSS 像素或者屏幕尺寸是 320 像素×480 像素，像素比为 1。iPhone 6 的硬件像素为 750 像素×1334 像素，而 CSS 像素为 375 像素×667 像素，像素比为 2。也就是说，iPhone 6 在单边上使用了 2 倍的物理像素来显示 CSS 像素。

像素密度是每英寸中所显示的像素数——ppi（pixels per inch），例如 iPhone 3GS 是 163ppi，像素密度为 326ppi。设备像素密度越高，设备屏幕上的图像越清晰，但是设备像素密度值与设备像素比之间并没有直接关系。

响应式设计中不仅需要考虑不同屏幕大小下的页面布局、内容，也需要考虑在保证页面性能的前提下显示高质量的图片。

8.7.3 断点

页面布局通常是通过设定断点（break point）来实现的。断点是用来设定页面布局变化的节点，通常有两种设定的方法，一种是根据设备的尺寸进行的，另外一种是根据设计本身的特性来设定的。下面是设备尺寸的通常做法示例：

——320 手机，竖屏状态

——480 手机，横屏状态

——600 小的平板电脑，竖屏状态

——768 大的平板电脑，竖屏状态

——800 小的平板电脑，横屏

——1024 大的平板电脑，横屏

——1280 桌面系统

——1440 宽屏幕桌面

很少有人为了最好地显示而设定如此多的断点，一般只选取最重要设备的尺寸作为断点，例如 320、768、1024 作为手机、平板桌面的代表。使用设计分辨率作为断点比较直观和容易理解，但是随着设备的多样化，设计断点的代表性会越来越差。

另外一个断点的设置方式是根据设计自身的特性来设定的，可以从页面的内容出发，以最小可工作的内容开始，例如在大篇文字的页面中，根据传统的英文可读性理论，建议每行最好的长度是 70～80 个字符，即 8～10 个单词，当字长超过 10 个单词的时候可以考虑添加断点。

从最小页面开始，逐步拓展到不同尺寸的屏幕，找到必须添加断点的尺寸，并且根据内容优化断点，使断点数量降到最低。

8.7.4 页面模块响应方式

模块的常用的变化包括模块的新增和删除、模块的堆砌、模块的拉伸、模块的不同封装。为了更容易实现响应式设计，大的页面结构上最好作通栏设计，在通栏里加入信息模块，如

图 8-1 所示。

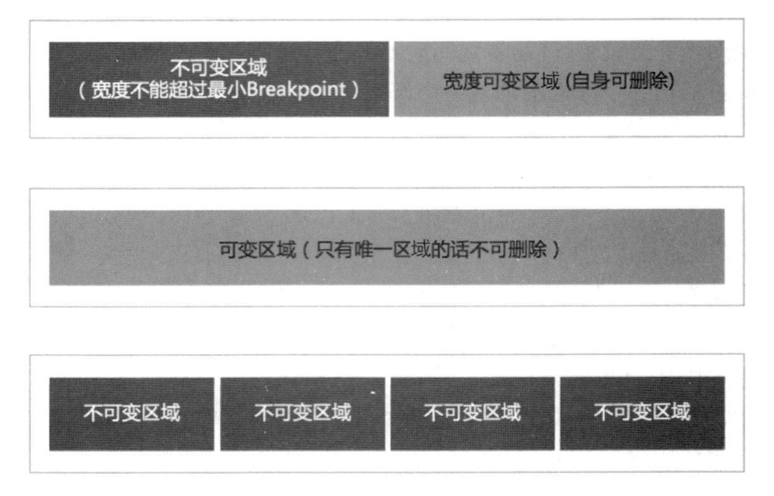

图 8-1 页面结构和通栏布局

模块的一种变化方式是模块本身的新增和删除，如图 8-2 所示，模块的堆砌如图 8-3 所示，模块的拉伸如图 8-4 所示。

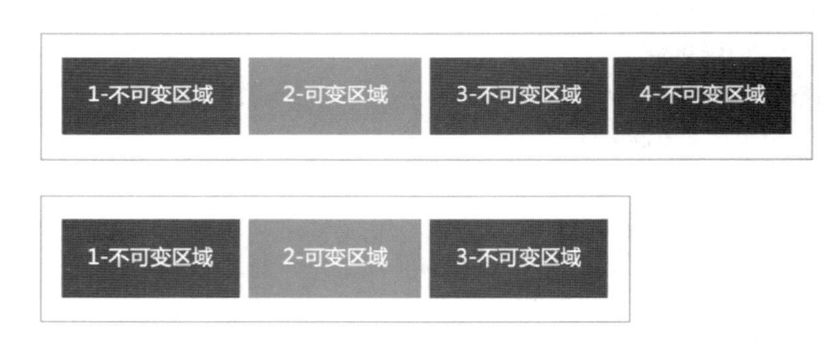

图 8-2 模块的新增和删除

图 8-3 模块的堆砌

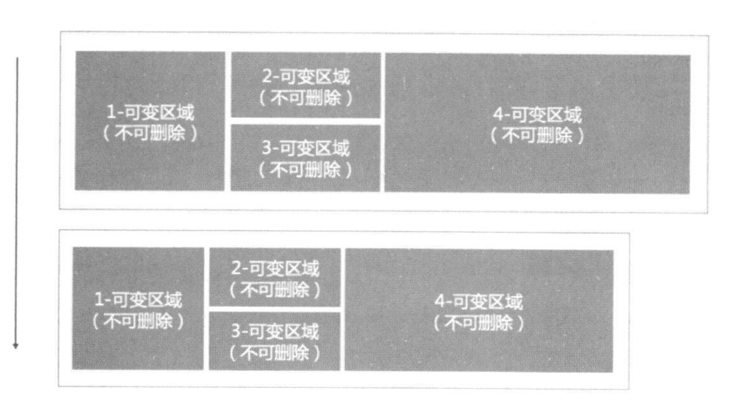

图 8-4 模块的拉伸

有些模块在设计本身的封装上也会发生变化，例如图 8-5 所示的搜索导航条的变化，在较小的页面上则缩小成一个图标。

图 8-5 模块内容封装的变化

8.7.5 信息优先级和内容取舍

在设计过程中，设计师需要给出同一个模块中信息的优先级，页面内容会根据信息的优先级进行取舍和展示(图 8-6)。在设计过程中，因为移动端的重要性，设计师应该以移动优

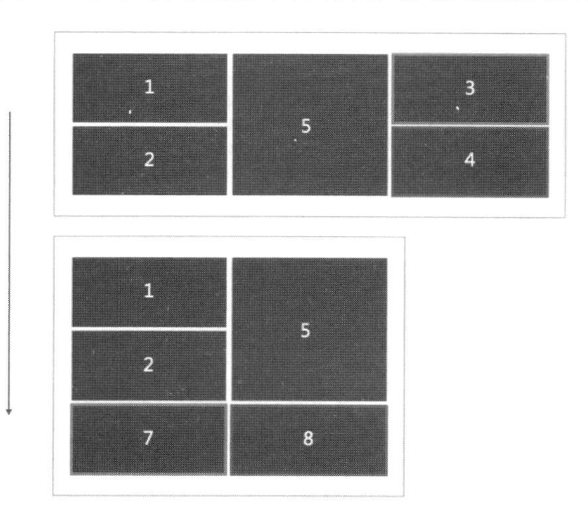

图 8-6 模块优先级和内容取舍

先。设计从小屏幕开始，找到最核心需要展示的信息，从核心信息开始，随着屏幕尺寸变大，把更多的信息相应地展示出来，并且考虑到大屏幕的特性，相应的模块可以进行拉伸、堆砌，以及封装的变化。

参考文献

[1] GARRET J. The elements of user experience: user-centered design for the web[M]. Indianapolis, IN: New Riders, 2002.

[2] KRUG S. Don't make me think: a common sense approach to web usability[M]. Indianapolis, IN: QUE, 2000.

[3] NIELSEN J. Web 可用性设计[M]. 潇湘工作室，译. 北京：人民邮电出版社，2000.

[4] NIELSEN J. Designing web usability: the practice of simplicity[M]. Indianapolis, IN: New Riders, 2000.

[5] NIELSEN J, TAHIR M. Homepage usability: 50 websites deconstructed[M]. Indianapolis, IN: New Riders, 2002.

[6] PEARROW M. Web site usability handbook[M]. Rockland, MA: Charles River Media, 2000.

9 移动互联网与社交媒体

9.1 移动互联网

9.1.1 什么是移动互联网

移动互联网(mobile internet,MI),是智能移动终端利用移动无线通信方式获得服务的业务。随着宽带无线技术和移动终端技术的迅速发展,计算技术从早期的大型机器发展到个人电脑,再到如今的移动互联网。移动互联网结合了互联网技术和移动通信技术,在2003年左右随着智能手机开始普及,现在则已进入我们生活的方方面面,已经成为有史以来使用最广泛的电子设备之一。智能手机、笔记本、平板电脑等智能终端的引入,从根本上改变了人们获取信息、社交沟通、休闲娱乐,甚至企业办公等方式。互联网在移动领域的发展可以与收音机、电视、汽车等并列列入人类最重要的技术发展。移动互联网继承了互联网分享、开放、互动等优势,同时由于克服了固定位置的局限,使用户能够随时随地地随身使用,产生了更加丰富的应用场景和使用习惯,与使用固定终端上网大不相同。

移动互联网以无处不在的网络,无所不能的业务,改变了人们的生活以及工作方式,人们可以通过随身携带的移动终端随时随地联网。移动互联网的核心是互联网,可以看作互联网的一个组成部分或者其延伸和补充,应用和内容仍然是其根本。

移动互联网和传统互联网两者的功能性有一定的相似之处,但是使用方式却有很大差别,消费者使用移动互联网需要面对访问方式、内容、输出界面等一系列的改变。移动互联网和传统互联网各有特点及优劣,如表9-1所示。

表9-1 移动互联网和传统互联网的优劣势比较

	移动互联网	传统互联网
输入方式	手机输入法,书写输入法	电脑键盘输入
输出方式	手机屏幕显示	电脑屏幕显示
提供内容	内容受到移动终端屏幕大小限制	信息量巨大
优势	用户可以随时随地通信; 用户习惯为业务的使用付费; 移动用户的位置信息易于获得 丰富的传感器内容可以使用	业务和内容极大丰富; 依托计算机强大的计算能力和输入、输出能力; 不存在电池续航问题,可以长时间上网

9.1.2 移动互联网的要素

中国工业和信息化部电信研究院在2011年的《移动互联网白皮书》中指出：移动互联网包括三大要素——移动终端、接入网络和应用服务。一方面，移动互联网结合了移动通信网络与互联网，用户通过移动终端接入无线移动通信网络访问互联网；另一方面，移动终端的可移动、可定位和随身携带等特性可以支持许多新型的移动互联网应用，为用户提供个性化的服务。

移动终端是移动互联网的前提和基础，移动终端不但具有较强的计算、存储和处理能力，还有智能化的操作系统和开放的软件平台。智能终端操作系统的手机，不但具有通话和短信功能，还可以支持位置感知、指纹识别、触控识别、照片视频拍摄等功能，这些功能使得智能手机得到越来越多的应用。

接入网络是移动互联网的重要基础设施之一。接入网络包括：蜂窝网络(3G、4G、5G网络等)、无线局域网(WLAN)、基于蓝牙的无线个域网等。随着移动互联网的飞速发展，无线接入网络所要支撑的业务已经由以前单一的语音业务转变为支持语音、图像、视频等的多媒体业务。

应用服务是移动互联网的核心。移动互联网服务相比于传统的互联网服务，具有移动性和个性化等特征：一方面，用户可以随时随地获得服务；另一方面，移动互联网可以根据用户需求、兴趣偏好等因素为用户提供定制服务。随着Web 2.0技术的发展，用户从信息的获得者变为信息的贡献者，移动互联网的应用服务也日益繁荣，包括移动搜索、社交网络、电子商务应用等。

9.1.3 移动设备的种类和主流操作系统

与旧式的物理按键或者手写笔操作的智能手机不同，新型的智能移动通信设备采用触摸屏技术。新型智能移动通信设备包括智能手机和平板电脑，它们的主要差别在于是否具备通话功能和屏幕大小。目前，手机的主要功能是通话，随着移动应用日益丰富，通话质量已经不再是人们选择手机的主要依据，功能的齐全性、能否兼容多种应用程序已经成为手机的主要卖点。

平板电脑屏幕较大，一般采用多点触控，操作灵活，方便用户使用各种移动应用程序，更适合工作、娱乐和学习，但它没有手机携带方便。在普通平板电脑基础上，还衍生出许多小型平板电脑，如iPad mini。与此同时，手机厂商为了弥补手机屏幕小的不足，设计生产了许多超大屏的手机，因此我们很难从外形来区分它们。

移动平台是移动设备上的操作系统，主流的操作系统包括iOS系统和Android系统。iOS系统是由美国苹果公司开发的移动设备操作系统，用在iPhone手机、iPod touch、iPad等苹果移动产品上。iOS移动平台拥有丰富的应用程序，每个分类都有数千款应用，只要使用Apple ID，就可以轻松访问、搜索和购买应用。iCloud可以存放照片、应用、电子邮件、通讯录、日历和文档等内容，并且通过无线的方式同步推送到你的Mac、iPone和iPod touch上而无须进行任何操作。

Android系统最初由Andy Rubin针对手机开发，2005年被Google收购并注册，2008年发布第一部Android智能手机，后来Android逐渐扩展到平板电脑及电视、数码和游戏机等领域，成为普及性最广的移动平台。Android 系统允许任何移动终端开发者使用，使得其拥有更多的开发者和规格丰富、功能特色各异的移动产品，以此对抗机型单一的苹果。同时，Android 平台提供第三方开发商开放自由的环境，诞生了许多新颖别致的移动应用软件。

9.1.4 移动终端的物理和触摸交互性

一般来讲，手机的规格相对固定，一般按照手掌的抓握效果而制定，但是随着手机的尺寸越来越大，这一规则也逐渐发生了变化。平板电脑一般设计成书本的大小(普通的平板电脑尺寸为 16 开杂志大小，而小型的平板电脑一般为 32 开书本大小)。除了尺寸，移动设备的分辨率直接影响到画面的精密度，进而影响用户的体验。

总的来说，智能手机正在向大屏化发展，屏幕尺寸的增大，虽然在便携性方面作出了牺牲，但却带来了小屏无法比拟的优势，让用户可以随时随地享受大屏带来的体验，而从另外一个角度来看，这也是一种便捷的体现。智能手机屏幕不断增大，不单单是消费需求的推动，更多的是来自整个产业链的支持，更大的尺寸意味着产品设计限制的放宽，让设计师在设计的时候更加自由，厂商可以在机身中组合更加强悍的芯片，还可以塞进大容量的电池，提升产品的整体续航能力，同时还能降低智能手机的厚度，让外观更加讨人喜欢。更大、更薄，或许会成为智能手机的一大发展趋势。

移动设备在按键的设置上都有所差异，了解其差异对设计应用程序非常重要。首先，移动设备的按键操作类型包括物理按键、触摸按键和虚拟按键，如图 9-1 所示。物理按键是通过手指按压就可以按下并弹起的按键，在旧的移动设备中比较常见。随着智能移动设备的发展，目前较多的是触摸按键和虚拟按键。触摸按键一般状态下以高亮显示，通过手指的触摸可以执行操作，也称作电容式触摸按键，而虚拟按键是在触摸屏幕上根据应用程序功能要求出现，通过单击触屏达到操作目的的按键。

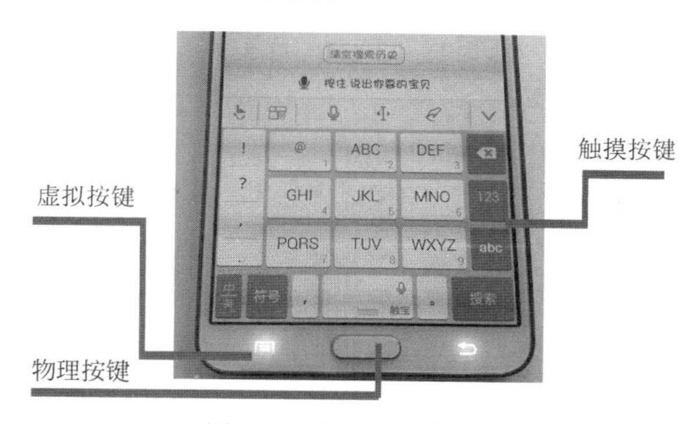

图 9-1 移动设备的按钮

移动设备在操作面板上的设计各有区别。iOS 的移动设备操作面板上只有圆形的“Home”键，除此以外的所有操作都由系统和应用平台的内部虚拟按键完成。“Home”键的功能在 iOS、Android 系统中是相同的——退出当前画面，回到启动界面。但是，在 iOS 移动设备上连续按两次“Home”键，就可以查看后台挂起和最近打开的应用程序。此外 iOS 没有实体返回键，所有返回都通过导航栏的左上角的按钮(图 9-2)来完成。

由于使用 Android 平台的移动设备种类繁多，我们可以总结Android 平台的移动设备在按键安排上的特点。目前，比较普及的设计是在操作面板显示屏下侧有 3 个触摸按键，依次是“菜单”键、“Home”键、“返回”键。“菜单”键在任何情况下可以打开系统或应用程序的功能菜单；“Home”键被设计成物理按键放在中间；“返回键”则可以在任何情况下返回上一级界面或者关闭当前的功能或程序。

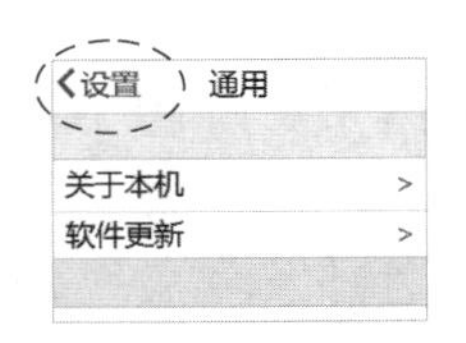

图 9-2　iOS 系统的返回路径

通过以上比较，我们发现移动设备的按键正在向虚拟化和简约化发展，我们在进行功能设计时不能依赖设备自带的按键，应该在自身布局和控件安排中进行配置和优化，降低用户的操作难度，提高操作效率。

随着智能手机和平板电脑的市场接近饱和，可穿戴式移动终端发展迅速，不仅有眼镜型和手表型等形状，应用的领域也逐渐变得更加广泛，包括游戏、运动、医疗和健康等领域。不仅如此，通过可穿戴式设备还可以让更多的普通手机用户享受到虚拟现实、增强现实等的浸入式交互体验，各个公司已经开始向可穿戴科技进军。未来，从智能手机和平板电脑这样的手持移动终端向可随身穿戴的便携式移动终端发展将成为移动终端交互发展的趋势。

9.1.5　移动设计的原则

智能手机的快速发展使得触屏式界面设计取代了原有的按键设计，图形化界面已成为触屏界面的主要特征。虽然操作系统对移动应用的设计有不同的要求和约束，但总的来讲要符合“以人为本”的设计理念。移动界面的设计要遵循一定的原则和模式，接下来将介绍移动设计原则。

1. 导航

移动互联网中的应用日益复杂，如果没有清晰、一致的导航设计，用户非常容易迷路，因此合理而科学的导航设计在用户体验设计中非常重要。参考《移动应用 UI 设计模式》中的导航原则，这里介绍 4 种主要的导航模式，也就是主菜单的导航模式，包括跳板式、列表式、选项卡式、陈列馆式，见图 9-3。

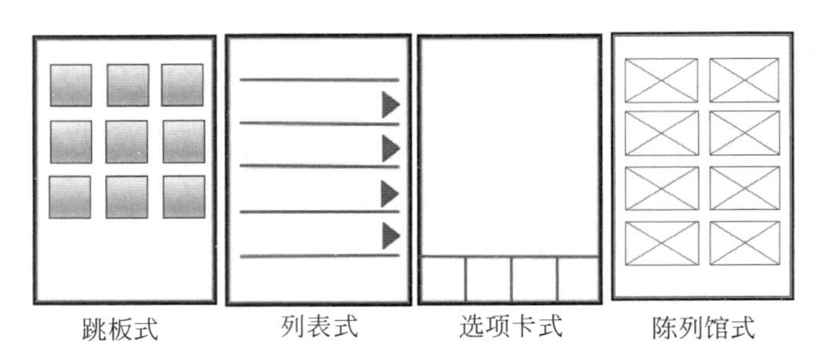

图 9-3　主菜单的 4 种导航模式

(1) 跳板式导航在各种设备和操作系统中都非常实用且具有良好的表现。其登录界面的菜单选项就是进入各个应用的起点。典型的布局形式是矩阵式的网格。

(2) 列表式导航，每个菜单项都是应用功能的入口，使用列表菜单的应用需要在所有次级屏幕内部提供可以用来返回菜单列表的选项，很适合用来显示长标题或拥有次级内容的标题。

(3) 选项卡式导航在不同的操作系统上有不同的表现形式。相同之处在于,操作系统都为已选择的菜单项设置不同的视觉效果,帮助用户明确区分和明确自己选择的条目。

(4) 陈列馆式的设计通过在平面上显示内容项来实现导航,比如用轮盘、网格布局或幻灯片演示的形式显示一些文字、照片、视频等,更好地应用于用户需要经常浏览、频繁更新的内容。

另外,在选择导航模式之前,首先要确定应用的信息架构。导航的设计要遵循信息架构的形式,例如,如果导航的对象只是应用中少数主要内容,可以使用选项卡菜单式的导航模式。

2. 图标

图标是手机界面的重要信息传播载体,用户通过单击图标能够访问和实现移动互联网功能。因此进行智能手机的界面设计时,考虑将图标作为一种符号标识被用户认知,并准确理解其代表事物的含义。在功能性上要考虑可识别性、一致性和可用性原则。

(1) 可识别性原则,即图标能够被正确理解和使用。图标的可识别性会直接影响用户操作和用户体验,人性化的图标设计可以有效地提高用户的操作及信息反馈的效率。因此,可识别性原则要求在图标设计的过程中设计者要考虑到目标用户的语言、思维习惯、图像认知等因素。

(2) 一致性原则,一致性指图标在显示和控制上与用户的期望或命令的相一致,既要满足操作的人性化和愉悦度,又要考虑到人的行为及需求。例如,我们不解锁手机时,手机屏幕显示只有日期和时间。

(3) 可用性原则,图标设计的目的是人机交互,其可用性体现了产品使用的高效性,以及用户在与图标交互过程中的自然性。理想的设计应该让用户在不查阅辅助说明书条件下,通过初步操作和使用就能大概清楚产品的功能。

除此之外,界面设计还需要考虑到图标的整体风格和艺术效果等。在智能手机用户界面中图标的操作运用了多点触摸、智能传感等技术,彻底改变了传统按键交互方式,用户可以通过点触等肢体动作操控手机并将信息的输入与输出方式从二维发展至三维。多通道用户界面的交互方式有效地结合了声音、视线、肢体动作等,既保证了图标与用户之间多维度信息交互的人性化,又提高了图标被识别的效率,增加了人机交互的生动性和灵活性。

3. 快速开发

移动互联网迅速发展,互联网公司面临着前所未有的激烈竞争。因为在移动互联网时代,用户的特征、用户的需求都与传统互联网发展路径完全不同。比如,传统互联网爆发式增长中的几个关键业态——网吧、网站联盟,在移动互联网上似乎没有什么存在的价值。而移动互联网上的用户通信需求和社交需求的强度和黏度远超过传统互联网时代。互联网产品生命周期的缩短,对互联网产品开发提出了更高的要求,从用户需求的产生,产品的开发、推广到产品进入市场后的反馈,都既要走在前面,又需要步步为营。

(1) 从需求层面来讲,移动互联网为个性化的定制提供了帮助。从横向来看,完全靠规模的经济模式会逐渐变成细分市场和个性化定制,使得需求多元化。从纵向来看,O2O 带来的商业模式改变了原有的销售渠道,使产品一站式到达用户,公司能够马上获得用户反馈,形成互动。

(2) 从人力投入层面来讲，传统行业靠人力资源堆积来维持利润率和盈利，但是移动互联网大潮来了以后，新的移动互联网和商业模式对传统行业进行了深刻的改造，在开发时需要的是有效的人力和资源，避免人员的冗余和浪费。

(3) 在开发工具方面，应充分利用现成的工具，比如传统的开发者想要开发出一个App需要经过搭建开发环境、写代码、购买服务器、部署程序进行测试、上线、和多渠道商家合作等多个环节。为了可以快速地开发出自己的App，需要充分利用移动互联网的工具，比如在开发前期，利用云主机、云存储技术节省前期投入成本，有效管理数据存储和处理；在开发后期，利用测试软件的公司或平台对App进行测试，利用安全平台对App进行加固等。

9.2 社交媒体

9.2.1 社交媒体的概念

社交媒体(social media)是以计算机为媒介的工具，为人们提供创作、分享、交流信息、观点和照片或视频的虚拟社区和网络平台。社交媒体创造了高度交互的平台，给企业、组织、团体和个人的沟通带来了实质且普遍的变化。社交媒体与传统媒体有很大的不同，无论是品质、质量、易用性、及时性还是持久性。传统媒体是一个资源对多个用户的独白式传输模型(monologic transmission model)，内容由业主全权编辑，追求大量的生产和销售。而社交媒体是多资源对多用户的对话传输系统(dialogic transmission system)，用户享有更多的选择权利和编辑能力，更加小众化和分众化，可以根据个人喜好自行结成某种社群。调查结果显示，互联网用户在社交媒体网站上花费的时间比在任何其他网站上花费的时间都多，一个重要的原因在于，人们参与社交媒体带来的优势已经超越了简单的社会共享带来的声誉建立、就业机会和货币收入。

9.2.2 社交媒体与传统媒体的区别

20世纪90年代初互联网出现，它成为与人交流的媒体。在传统的媒体中，内容的版权归出版社、报社、电视频道和广播电台所有。随着互联网的发展，特别是移动互联网的引入和快速发展，社交媒体成为讨论的主要交流平台，社交媒体鼓励内容创作者和使用者之间的相互参与和协助，任何一个用户都可以成为内容的创造者，能够最大限度地体现网民的品位和爱好。

社交媒体概念伴随着两个重要的因素：Web 2.0和用户产生内容(user generated content，UGC)，这也是社交媒体区别于传统媒体的集中体现。

Web 2.0是软件开发者和终端用户使用互联网的新方式，在2004年被首先使用。Web 2.0为所有用户提供了在线合作和参与的平台，是所有用户进行互动和合作的虚拟社区，例如博客(blog)、维基百科(wiki)、社交网站(SNS)、即时消息(IM)等。即时通信软件是目前中国上网用户使用率最高的软件，利用社交媒体聊天已经成为人们生活的一部分，聊天的工具也从初期的聊天室、论坛变为以微信、QQ为主要代表的即时通信软件。Web 2.0并不是指互联网中任何技术的革新，它为其运作提供了基本的功能，包括：Adobe Flash(将动画、交互、音频/视频流加入网页的方法)、RSS(really simple syndication，发布频繁更新的内容的网络供稿格式)，以及 AJAX(asynchronous java script，一种检索 Web 服务器异步数据的技术，允许网页内容的更新而不对整个页面的显示造成干扰)。因此，Web 2.0 为社交媒体的发展和变革提供了平台。

用户产生内容可以被认为是人们使用社交媒体的所有方式的总和，用来描述可以被终端用户获得并创建的各种形式的媒体内容。UGC 需要满足 3 个基本的需求：首先，需要在可公开访问的网站或者社交网站上发布并有特定的人可以访问，因此不包括内容的交换，比如电子邮件和即时消息；其次，它需要一定程度的创造性工作而不是单纯地复制已有的内容；最后，内容都是在商业背景下的创造而非专业程序和实践。

传播学者安德烈·开普勒(Andreas Kaplan)和迈克尔·亨莱因(Michael Haenlein)认为社交媒体是建立在 Web 2.0 思想和技术基础上的互联网应用程序，它依赖于移动互联网技术，允许创造和交换用户自己生产的内容。社交媒体模糊了大众和受众传媒的界限，使人们可以参与其中，评论、分享和反馈信息。

9.2.3 社交媒体的用户及行为

全球移动互联网的主流使用人群趋于年轻化，社交媒体也是如此。2015 年中国社交媒体影响报告表明，37.7%的社交媒体用户是“90 后”，这是社交媒体第一大用户群体，其次是“80 后”(30.8%)和“70 后”(20.7%)，用户平均年龄为 30.4 岁，比 2013 年提高了 1.6 岁。用户的平均教育水平和收入水平也从高端更加趋于平民化。年轻群体必将使移动互联网的服务更加丰富化和多元化，提供的内容和形式也多符合这些人群的习惯和追求。社交媒体用户更加趋向移动化，社交媒体用户移动社交比例占到 85%，用户可以随时随地地使用社交媒体与他人进行交流。有 68%的用户认为，社交媒体让他们的生活更加美好。

人们起初使用社交媒体是因为其能满足匿名性的要求，但是现在越来越多的人使用其来认识更多的人，扩大他们的朋友圈。满足这些要求的两个基本工具是社交网站(social network sites)和即时消息(instant message)。社交网站是允许人们展示自己、表达自己感想的社交网络，人们在这里建立和维持与他人的联系。它可以是面向工作的(如 LinkedIn)，也可以是通过兴趣连接的(比如 Pinterest)，或大学生之间的(如人人网)。即时消息经常被捆绑在社交网站上使用，如今二者已经连接在一起，大部分网站有发送即时消息的功能。

通过社交媒体形成的社交网络成为组织人们活动的重要形式，也成为个人、团体、组织及相关系统的节点，配合一种或者多种相互依赖关系，包括价值观、愿景和想法、社会交往、亲属关系、冲突、金融交流等。

9.2.4 社交媒体的分类

社交媒体的种类繁多，比如 blog、podcast、Wikipedia、Facebook、Twitter、Google+、网络论坛、Instagram、微信等，还能够以多种不同的形式来呈现，包括文本、图像、音乐和视频。如何对社交媒体进行有效的分类？

社交媒体按照形态可以分为：百科类(Wikipedia、百度百科、知乎、Yahoo! Answers)、视频分享(YouTube、土豆网、优酷网)、论坛(天涯)、社交网络(Twitter、Google+、Facebook、Plurk、Instagram、LinkedIn、人人网、微博、微信)。

2011年奥美公共关系集团(Ogilvy&Mather)360数字影响力亚太区团队制作了中国社交媒体信息图(也叫中国社交媒体生态图谱)。图谱按照不同功能将社交媒体归为16类，并且显示了不同社交媒体类别下，中国社交媒体和对应的国外竞争者。相比于2010年其发布的中国社交媒体信息图，新的图谱增加了3个分支：职业社交网络、移动即时通信和在线音乐。

社交媒体还可以按照以下3个纬度进行分类：①终端分布，广义上是指承载社交媒体运行的硬件平台，一般分为PC端(台式电脑、笔记本电脑)与移动端(手机、平板电脑)两种。早期的社交媒体是PC端的产物，随着硬件技术的进步，社交媒体开始向移动端移植，有些社交媒体是移动互联网背景下的产物。②关系层次，社交媒体建立了人与人之间的关系网络，这些关系是不确定的，有类似家庭、同事、同学和朋友的强关系链，有类似星座、地域的弱关系链，社交媒体需要从这些关系链中来做取舍和细分。③时间顺序，根据社交媒体出现的先后顺序进行分类，社交媒体的出现、兴起、发展、死亡本身就具备偶然性和必然性，是市场选择的结果，也伴随着政治、科技、文化及社会多方面的因素。

9.3 社交媒体分析

9.3.1 博客

社交媒体是2000年随着博客的诞生而进入人们视线的。博客也叫"网络日志"(WeBLOG)，是网上日记的另一个称呼，通常是由个人管理、不定期张贴新的文章的网站，文章内容包括评论、思想、观点、照片、图表、音频或视频。社交媒体消费了大量的媒体内容(新闻、八卦、小视频、信息)，比如当知名的博客链向此类文章时，人们就会去阅读。目前博客服务的提供商包括Blogger、新浪博客等。

博客根据作者的身份可以分为个人博客和企业博客。个人博客多以个人持续性的日记和评论为主，是传统常见的博客。企业博客种类繁多，可以是商业广告型的博客，也可以是企业高管博客(以企业的身份而非企业高管身份进行博客写作)，还有企业产品博客(为了对某产品进行公关宣传或者服务客户而推出的)等。

博客的爆发源于人性中渴望被了解、渴望分享、渴望炫耀等多种心理因素，所以多数博客以个人日志的形式呈现出来，博客的开放性促进了用户之间的相互回复，推广产生了互动效应，使得博客的黏性大大增强。博客的主体是"草根"，因为每一位"草根"都可以通过博客来展示自己的个性，可以简单地从日志内容、博客界面、日志分类、人气等展现出博主的个性。此外，文化、娱乐、教育、商界名人的积极参加，吸引了大众走近博客。

9.3.2 微博

微博是博客的一种类型，由于其发布的内容一般较短，有字数限制(通常为140个字)，由此得名。微博充分利用无线和有线网络进行即时通信，用户可以将自己的最新动向与观点通过移动设备发送到网络，随时随地地发布自己的心情和状态。

目前，国外著名的微博有Twitter、Sideblog、Plurk、Yammer等。国内也出现了一些网站，比如新浪微博、腾讯微博等。与博客使用的传播媒介不一样，微博门槛很低，对受众没有学历要求，只要愿意就可以开通微博，发表自己的观点或者关注他人；只要在遵守法律法规的前提下即可畅所欲言，对时间上也没有要求，随时收发和更新。与博客相比，微博最大的特点在于其发布信息快速，信息传播速度快。在微博中，每个人可以发表自己的观点、意见和看法，各种意见针锋相对，它提供了各种意见交锋的战场。同时微博也成为控制群体思维的新手段，群体在微博面前的不理智、不深入、易被挑拨的特点一览无余。

以微博为代表的信息碎片化传播已经潜移默化地占据了现代社会的传播系统，三言两语、现场记录、随时播发、晒晒心情、谈谈感慨，信息碎片化代表着形式的多种多样。同时微博也是弱链接的社交媒体，用户无须关注即可浏览对方微博，意味着微博是宣传、展示的窗口，而非朋友间的私密空间。因此，报社、电视台，甚至新闻网站纷纷把微博作为新媒体路上的重要战役，不少媒体机构成立了专门组织负责运营微博，微博已经成为国内最大的新闻信息出口。

9.3.3 即时通信

即时通信是指能够即时发送和接收互联网消息等的业务，近几年发展迅速，包括WhatsApp、微信等。这里以微信为例对即时通信进行介绍。微信是腾讯公司发布的即时通信类App。根据2015年5月腾讯正式公布的2015年第一季度的业绩报告，微信每月活跃用户数高达5.49亿，用户规模庞大。此外，微信不仅仅是一款即时通信工具，它涵盖SNS社交网站、内容与视频分享，还可以通过二维码扫描、GPS定位、“摇一摇”等方式建立陌生用户之间的链接。此外，微信开发了网页版，通过扫描二维码可以登录网页版微信，实现移动端和PC端交互。

相比于微博公开程度高、信息量大的特点，微信开创了“既公开又封闭”的信息发布方式。通过朋友圈做社交，把“越隐私越有价值”作为社交理念，为用户打造最隐私的社交圈子，比如同一用户的两位不认识的朋友看不到对方的留言；没有用户本人允许，他人无法获知用户消息和动态。通过公众平台来做媒体，用公众平台桥接起了服务提供方，构建新型公众服务平台。用户可通过微信号、二维码扫描和“查找附近的人”等多种方式来添加公众账号，公众平台可以推送各种内容进行营销。

微信还在平台基础上发掘出更多的盈利点，比如微信游戏，其主推的三大游戏“飞机大战”“天天连萌”“天天酷跑”都取得了不俗的成绩。微信支付被誉为微信商业化的最后一个闭环，目前微信支付场景包括滴滴打车、彩票、手机话费充值、发红包、微信转账等。微信已经慢慢建成了微信平台交易完整环路，涵盖了商户入驻、微信营销、客户沟通、客户支付、客户服务全过程的服务平台，“微商”成为微信平台下商店的代名词。

9.3.4 职业社交网站

社交网站的出现，让人们可以以新的方式接触和构建他们的交际圈，并且以前所未有的方式与他人联系。领英(LinkedIn)作为职业社交网站的代表，与其他大型社交平台(如Facebook、Twitter)不一样，它专注于工作领域，基调严肃认真，这也是它区别于一般社交网络的特点。

领英创建于2002年，定位于商业客户导向的社交网络服务网站，致力于向全球职场人士提供沟通平台。作为全球最大的职业社交网站，其目的在于让注册用户能够维护他们在商业交往中认识并且信任的联系人，掌握行业动向，为开发职业潜力提供契机。2014年，LinkedIn领英简体中文测试版上线，开始了它在中国的战略布局。LinkedIn以职业的身份呈现个人档案，更加关注职业概述、工作经历、教育背景、技能认可等信息。将个人档案作为社交的起点。通过在LinkedIn中找同学、合作伙伴、求职信息等构建人脉网络，掌握行业动态信息。并且通过关注他人，可以学习专业知识，提高职业技能。同样以职场社交为目的的还有中国本土的大街网，大街网的主要用户群体是学生，致力于满足中国"80后""90后"用户的职场社交诉求。LinkedIn更倾向于人脉拓展和沟通交流，而大街网则在职场信息和工作机会分享上有着更好的效率。

9.3.5 维基

维基(Wiki)一词源于夏威夷语，表示"快"或"迅速"，暗指维基网站内容更新速度快。维基是基于浏览器的网络平台，它允许用户根据自己的专业技能和知识自愿地贡献信息，还允许用户对某一主题的内容进行编辑，在所有用户共同贡献的基础上构建了一种百科全书式的知识库。维基网站允许用户在任何时间收集和编辑信息，它代表社会化媒体的根基——用户生成内容和大众智慧。

维基百科是全球最大的用户生成内容网上百科全书提供平台，网站包括大约2000万篇文章，也是目前最大、最成功的维基网站。维基百科是基于网络、内容自由、多语言的百科全书协作项目，由非营利组织维基百科基金会支持。它不仅是百科全书式的参考书，而且也是不断更新的新闻来源，它能够十分迅速地登出最近发生的事件。

百度百科是百度公司2006年发布的开放式网络百科全书，技术上与搜索引擎相结合。百度百科更符合中国内地网民的使用习惯和编排模式，很多内地网民常倾向于从百度百科获取知识或者编辑其内容，百度百科中与中国内地相关的条目在完善程度上也普遍超越了其他线上百科。例如，2014年一项对南京地区大学生群体使用Wiki情况的调查表明，百度百科为调查群体中最为熟悉的Wiki产品，且对百度百科的使用情况总体评价为满意和非常满意的占六成以上。

9.3.6 社交媒体营销

Web 2.0为公司提供了营销的新方式，以Web 2.0为基础的社交媒体平台(即博客、微博、社交网络、视频/照片上传网站)，特别是包括一个蓬勃发展的日益繁荣的电子口碑营销(eWOM)和病毒营销机制(viral marketing mechanism)正在呈几何级数地增长。社会化媒体营销(SMM)是指利用社会化网络、在线社区、博客、百科或者其他互联网协作平台媒体来进行营销、公共关系和客户服务开拓的一种方式。社交媒体成为一种使我们能够更有效地与客户和潜在客户进行联系、建立关系的新技术。

目前，社会化媒体营销工具包括论坛、微博、微信、博客、SNS社区等，图片和视频通过自媒体平台或者组织媒体平台进行发布和传播。越来越多的公司使用社交媒体进行营销，一些是因为它们知道社交媒体能够对公司营销起作用，另一些则是出于对不使用它从而处于竞争劣势的担忧。尽管社交媒体平台和工具受到公司的关注，但是只有一小部分的广告费用花在了社交媒体上，造成这种情况的主要原因是难以衡量广告投入的潜在或实际回报。

由于社交媒体已经把权力从公司转移到消费者手中，公司控制自己声誉或是网络上关于它们评论的能力已经减弱。然而公司并没有失去所有的力量，他们仍然控制着规则和公司及其品牌如何参与社交媒体的框架，比如，发布什么，谁在发布，在什么地方发布。因此，如何有效地进行社交媒体的营销成为各种商业部门甚至非商业部门关心的话题。有许多公众媒体和文献书籍对社交媒体的营销提出过建议，以下列举一些。

（1）透明度。如果可能的话，表明你是谁和你代表谁——清楚任何你可能有的既得利益。不要给他人留下你提供虚假信息或者歪曲事实的印象。用户关于产品或者服务的要求应当被证实。

（2）责任。锻炼创造良好社交媒体的能力，有好的品位和常识，避免产生垃圾信息、题外话和自顾自地意见。坚持你的专业领域并且努力为客户提供在非机密的公司或行业活动领域的独特的个人观点。不要随意评论可能给公司带来诉讼的法律事务。

（3）保密，版权和非公开。保证公布的企业信息不会违背公司的隐私、保密协议或者外部沟通的法律准则。在发布与公司内部因素有关的消息之前要获得相应的许可。

（4）了解你的客户。当你写博客、推特，连接 LinkedIn 或者以其他方式从事社交媒体营销的时候，你必须清楚地了解你的读者想要什么，吸引他们并且小心不要疏远他们或者与他们前进的道路相对抗。

（5）建立社区。社区的意义是你能帮助他人并且他人也能帮助你或你的公司。因此，为用户、顾客提供一个可以分享、给予和接受帮助的舒适的社区平台是十分必要的。特别是当你的观众想要与他人分享热情的时候，给他们提供一个想要聚集的地方。

（6）增加价值。公司需要给社交媒体的读者、关注者、顾客、粉丝一些红利。社交媒体平台能够帮助顾客找到更合适的商品，教会他们正确地做事情，让顾客的创意性的投入改善产品的设计，帮助他们更快地发现信息。总之，给他们一个重要的理由与你或你的公司建立友好的关系。

（7）培训。公司要了解基本的知识，紧跟最新的社交媒体平台进行营销。不管什么样的专业知识水平，在线或者面对面的培训都能够加速学习，节省时间，还能让用户更加有效和高效地使用和适应社交媒体。

社交媒体的迅猛发展和社交平台的日益火爆，使得社交媒体的工作分工更加具体，与社交媒体相关的工作需求量增加，包括线上社区产品经理、社交市场产品经理等，也将社交媒体工作变得精细化和专业化。同时，新的社交媒体平台也将涌现，除了现有的热门平台如Pinterest、Google+等不断推出新的个性化体验，以 Vine、Instagram 为主流的微视频在社交媒体上变得越来越常见，小视频很可能会像微博那样变得火爆。除此之外，社交媒体平台的运营者会为更好地吸引和抓住用户的注意力而努力，利用平台产生更有效的营销，比如：提高社交内容和营销情景的切合度，投入付费的有质量的社交媒体广告，力图在正确的时间将合适的广告利用社交媒体平台特点送到观众面前。

参考文献

[1] KAPLAN A M，HAENLEIN M. Users of the world，unite! The challenges and opportunities of social media[J]. Business horizons，2010，53 (1)：61.

[2] KIETZMANN Jan H，HERMKENS K. Social media? Get serious! Understanding the functional building blocks of social media[J]. Business horizons，2011，54：241-251.

[3] AICHNER T，JACOB F. Measuring the degree of corporate social media use[J]. International

journal of market research, 2015, 57 (2): 257-275.

[4] CRUMLISH C, MALONE E. Designing social interfaces[M]. Springfield, USA: O'Reilly, 2010.

[5] SAHIN C. An analysis of internet addiction levels of individuals according to various variables[J]. Turkish online journal of educational technology, 2011,10, 60-66.

[6] SERRAT O. Social network analysis[M]. Washington DC: Asian Development Bank,2010.

[7] McPHERSON N, SMITH-LOVIN L, COOK J M. Birds of a feather: homophily in social networks [J]. Annual review of sociology, 2001, 27: 415-444.

[8] PODOLNY J M, BARON J N. Resources and relationships: social networks and mobility in the workplace[J]. American sociological review, 1997, 62(5): 673-693.

[9] KILDUFF M, TASI W. Social networks and organisations[M]. Thousand Oaks, USA: Sage Publications, 2003.

[10] KADUSHIN C. Understanding social networks: theories, concepts, and findings[M]. Oxford: Oxford University Press, 2012.

[11] FLYNN F J, REAGANS R E, GUILLORY L. Do you two know each other? Transitivity, homophily, and the need for (network) closure[J]. Journal of personality and social psychology, 2010, 99(5): 855-869.

[12] BLANCHARD O. Social media ROI: managing and measuring social media efforts in your organization[M]. Boston: Pearson Education Inc. , 2011.

[13] GILFOIL D M, JOBS C. Return on investment for social media: a proposed framework for understanding, implementing, and measuring the return[J]. Journal of business & economics research, 2012, 10(11): 637-650.

[14] BUNTING M, LIPSKI R. Drowned out? Rethinking corporate reputation management for the internet[J]. Journal of communication management, 2000, 5(2): 170-178.

[15] HOFFMAN D L, FODOR M. Can you measure the ROI of your social media marketing? [J]. MIT sloan management review, 2010, 52(1): 41-49.

[16] SINGH S, DIAMOND S. Social media marketing for dummies[M]. 2nd ed. Hoboken, New Jersey: For Dummies, 2012.

[17] SAFKO L, BRAKE D K. The social media bible: tactics, tools, and strategies for business success [M]. Hoboken, NJ: John Wiley & Sons, 2009.

[18] NEIL T. Mobile design pattern gallery[M]. Sebastopol: O'Reilly media, 2012.

[19] HENNIG-THURAU, T, GWINNER K P, WALSH G, GREMLE D D. Electronic word-of-mouth via consumer-opinion platforms: what motivates consumers to articulate themselves on the internet? [J]. Journal of interactive marketing, 2004, 18(1): 38-52.

[20] HUTTON G, FOSDIK M. The globalization of social media: consumer relationships with brands evolve in the digital space[J]. Journal of advertising research, 2011, 51(4): 564-570.

[21] JALILVAND M R, ESFANANI S S, SAMIEI N. Electronic word-of-mouth: challenges and opportunities[J]. Procedia computer science, 2011, 3: 42-46.

[22] 国家广告研究院互动营销实验室与美国互动广告局(IAB). 2014年中美移动互联网调查报告[R]. 2014.

[23] 杨光. 中国社交媒体广告发展研究[D]. 郑州：河南大学，2014.

[24] 白雪竹，郭青. 微信——从即时通讯工具到平台级生态系统[J]. 新媒体研究，2014，2：130-133.

[25] 张斯琦. 微博文化研究[D]. 长春：吉林大学，2012.

[26] 边守仁. 产品创新设计：工业设计专案的解构与重建[M]. 北京：北京理工大学出版社，2002.

[27] 胡铭. 人性化设计在智能手机界面设计中的研究[D]. 南京：南京林业大学，2008.

[28] 赵大羽，关东升. 品味移动设计[M]. 北京：人民邮电出版社，2013.

[29] 高海燕. 大学生使用百度百科和中文维基百科的调查比较——以南京高校为例[J]. 科技情报开发与经济，2014，24(21)：124-126.

10 自然交互技术

除了传统的键盘、鼠标、手柄外，人们正在寻求更符合自然习惯的人机交互方式。在与他人交流时，我们常用口头表达和书面文字，并自然而然地运用声调、眼神、表情、手势、动作等来表明想法或加强情感；在与物理世界互动时，我们能直接用肢体动作操控物品，比如挑拣选择、推拉挪移、翻折滚动等。为了让人机交互更接近现实世界中的人-人/人-物互动，语音识别、触摸界面、姿势交互及视线跟踪等多种交互技术应运而生，使得用户能从中获得更自然流畅的交互体验，以及更高的工作效率。

10.1 新型交互概述

总体而言，人机交互过程可简化为 3 个阶段：输入、处理、输出，也即用户借助一种或多种输入技术向计算机系统传递信息，随后计算机系统对信息进行识别与运算，最后再以某种形式执行指令或提供反馈，如图 10-1 所示。

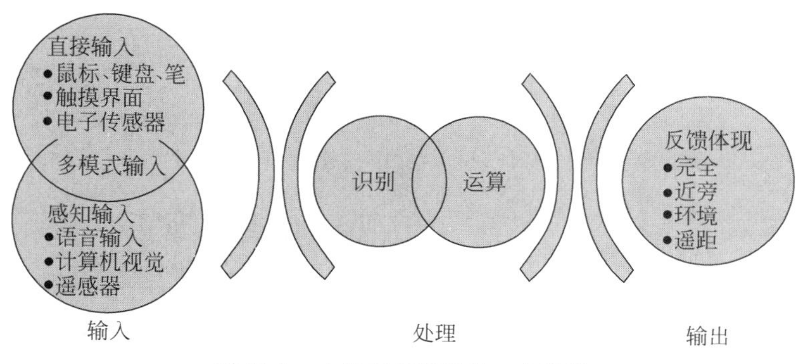

图 10-1 人机交互过程的 3 个阶段

3 个阶段中，最需要用户主动参与的是"输入"阶段，故而输入方式是否易学易用、是否符合人们的认知模式，在很大程度上决定了交互体验是否"自然"。借助特定的输入设备，计算机系统能模拟人类"五感"，比如相机（视觉）、触压传感器（触觉）、麦克风（听觉）、气味传感器（嗅觉）、味道传感器（味觉）。此外，系统还可以通过输入设备接收人们的指令（如点选、拖动）、测量人们的体征（如血压、皮电）等。参照前人对姿势输入技术的分类，我们可将各种输入技术分为两大类：直接输入（也称"非感知输入"）和感知输入，其分类依据是电子装置与用户是否有身体接触，若有接触则为直接输入，若无接触则为感知输入。键盘、鼠标、手柄、触屏、移动/穿戴式传感可划入“直接输入”范畴，而语音输入、计算机视觉及遥感器技术则属于“感知输入”。

系统对用户输入作出的响应即为“输出”，用户可根据系统输出判定交互是否有效、是否准确、是否自然。系统输出信息的模式也有许多种，常见的有视觉输出(如显示屏)、听觉输出(如音响)和CPU直接响应(如开灯)。在对触摸界面的研究中，人们把“体现”程度作为一个分类维度，也即根据“输入焦点与输出焦点之间联系的紧密程度”进行分类，并总结出4个“体现”水平：①完全体现，输入设备即为输出设备，如摇动iPod时会自动切歌；②近旁体现，输出设备在输入设备附近，如手指在笔记本电脑触控板上滑动时电脑屏幕上的鼠标指针随之移动；③环境体现，输出能改变用户身边的环境，比如环绕音响、温度、光照等；④遥距体现，输出在其他位置，比如用遥控器开电视、空调等。我们可以借用以上4个“体现”水平对各种交互的输出进行分类。

表10-1总结了一些具有代表性的新型交互方式。

表10-1　新型交互技术举例

系统/技术	输入	输出	功能/原理
iOS Siri	语音(感知)	合成语音(完全体现) 屏幕文本(完全体现) CPU响应(完全体现)	通过麦克风接收语音问题或指令，经过处理器识别、分析及运算，在屏幕上显示出用户原句及系统回答、发出合成语音并执行指令
Z-Gloves	手部姿势(直接)	触觉振动(完全体现) 合成乐音(环境体现) 屏幕显示(遥距体现)	棉布手套内有能测量手指弯曲、方位和指向系统的形变传感器，也有触感反馈振动器，可用于评估手部功能、操控电脑、手语翻译等
Microsoft Kinect	全身姿势(感知)	屏幕画面(遥距体现)	利用一对广角相机、红外架构光学系统、多阵列麦克风以及常规照相机，捕捉用户全身动作，可实现对游戏角色的操控
Platypus Amoeba	触摸(直接)	明暗改变(完全体现) 触觉振动(完全体现)	雕塑外表包含触觉传感器，肤质柔软，并能根据触碰与抚摸来改变其表面的灯光，同时提供振动反馈
Macbook触控板	触摸(感知)	屏幕显示(近旁体现)	触控板包含触觉传感器，可感知触点个数及触摸动作(如两指捏合即放大缩小，四指横扫即切换全屏程序等)
巩膜接触镜	视线(直接)	CPU响应(遥距体现)	眼球运动时，固定在巩膜上的反射镜可将固定光束反射到不同方向，借此捕获眼动信号
红外眼动仪	视线(感知)	屏幕文字(遥距体现)	霍金眼镜右上方安装有红外线发放及侦测器，可侦测到他的眼球移动，根据视线选出屏幕上的基本字母后，再在屏幕下半部选词

10.2　语音交互

说话是人们最常用的交流方式，如果计算机系统能与人们进行语音交互，那人们将享受更加轻松、自然的交互体验。语音交互的基本概念是让机器能够听懂人说话，并根据人的话语执行相应的命令，其中最核心的技术是语音识别技术。语音识别技术通过一系列的步骤，将人类语言中的词汇内容转化为计算机系统可识别的命令，执行后将结果反馈给用户。

10.2.1 语音识别简介

简单而言，语音识别可以分为如图10-2所示的几个步骤。

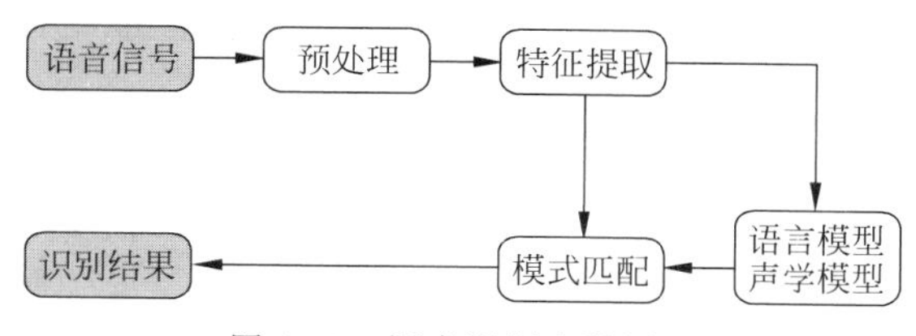

图10-2 语音识别步骤图示

(1) 预处理：预处理是指对原始语音信号进行处理，部分地消除噪声及不同说话者的影响，使处理后的信号更能反映语音的本质特征。最常用的预处理方式有端点检测和语音增强：端点检测可区分信号中语音及非语音信号的时段，从而判断语音信号的起始点，使得后续处理只需针对语音信号进行，有利于提高模型精确度和识别正确率；语音增强的主要任务则是消除环境噪声对语音的影响。

(2) 特征提取：在预处理后，需要去掉与语音识别无关的冗余信息，获得影响识别的重要特征参数，同时对语音信号进行压缩。语音信号的特征参数包括短时平均能量或幅度、短时平均过零率、短时自相关函数、线性预测系数、倒谱、共振峰等。在不同的语音识别技术中，会根据实际需要提取不同的特征参数。

(3) 模式匹配：通过对所获语音信号特征参数与系统存储的声学模型及语言模型进行匹配和比较，便可得到最佳的识别结果，也即系统获得的能够让计算机理解的信息。

根据说话者与识别系统的相关性，语音识别系统可以分为：①特定人语音识别系统，仅考虑对专人的语音进行识别；②特定组语音识别系统，通常能识别一组人的语音，要求对被识别组员进行语音训练；③非特定人语音系统，识别语音与人无关，识别系统通常要学习大量不同人的语音数据库。

根据说话的方式，语音识别系统可以分为：①孤立词语音识别系统，要求输入每个词后要停顿；②连接词语音识别系统，要求每个词都发音清楚，允许一些连音出现；③连续语音识别系统，允许自然流利的连续语音输入，包括大量连音和变音。

根据语音识别系统的词汇量，又可将其分为：①小词汇量语音识别系统，通常包括几十个词；②中等词汇量的语音识别系统，通常包括几百到上千个词；③大词汇量语音识别系统，包括几千到几万个词。

10.2.2 语音交互的应用

语音识别技术在近20年中取得了显著进步，语音输入从实验室走向市场，并在工业、医疗、汽车电子、家庭服务、家电及消费电子产品等领域有了长足发展。当前语音输入主要应用于以下几方面。

(1) 语音听写：当前语音输入最主要的应用领域包括医学记录、法律和商业笔录以及通用文字处理等，目前已经有很多语音输入软件可以进行文字录入工作。

(2) 语音控制系统：即用语音来控制设备的运行，比手动控制更快捷、方便，可以用于工业控制、智能家电、语音拨号、声控智能玩具等诸多方面。

(3) 穿戴式设备：对一些体积很小、佩戴在身上的电子设备而言，语音输入是唯一可行的交互方式。

(4) 医疗/万能辅助：语音输入可以帮助一些有生理缺陷的人士(比如患有重复性肌肉拉伤、肌肉萎缩或是肢体缺陷)更好地进行文字录入或其他操作。此外，对于有听力缺陷的人士，该技术可以将谈话中的语音转化为文字，供其阅读。

(5) 嵌入式电子设备：目前，语音识别技术已大量应用于手机以及其他移动设备上，用户通过简单的语音指示即可完成诸如打电话、通讯录查询、天气查询、关闭程序等操作。2010年，苹果公司开发的Siri程序首次将“自然语言界面”推向成熟的商业市场。与之前市场上的语音识别软件相比，Siri能够识别自然流利的连续语音输入，并能根据用户要求来回答问题、提出建议、作出行动；随着使用时间加长，Siri还会学习用户偏好并提供个性化帮助。

10.2.3 语音交互的难题与挑战

首先，对语音信号特征的提取仍存在很多干扰因素，比如个体自身语音变化以及个体之间的语音变化、不同地区和文化间说话方式的不同、环境噪声对语音信号的影响等，这些因素会对语音信号特征参数的提取产生严重影响。

其次，语音识别技术的速度和效率仍有待提高，这两点是衡量语音识别技术最重要的技术指标，并直接影响该技术的市场价值，甚至关乎成败。

另外，用户会对采用“自然语言界面”的语音识别技术产生不切实际的期望，如果用户对产品期望过高，就很难了解技术自身的限制，而当产品表现和用户的过高期望相差甚远时，用户便会对产品产生不满。

10.3 姿势交互

人们对姿势的运用可谓“得心应手”——人们单凭姿势就能表情达意，也能用姿势增强口语表达效果。如果计算机系统能感知并识别人们的姿势，那么人们就能在“举手投足”之间与系统进行交互，这种体验让人心驰神往。

10.3.1 姿势的定义与分类

在一些研究中，身体姿势被视为通用交流方式。“姿势”的定义是：“姿势是包含信息的躯体动作。挥手道别是一种姿势；按下按键不是姿势，因为手指敲击按键的动作既不可观测，也不含意义，重点在于被按下的是哪个键。”已有许多学者对姿势进行了分类，表10-2是对姿势分类的小结。

表10-2 姿势分类及举例

姿势	描　述	举　例
敲击	挥动指挥棒一样的动作	短促的敲击标志着对话中的关键点
聚合	用于连接演讲中与主题相关但暂时分开的几部分	政客演讲时的手势，例如强调一系列论点

续表

姿势	描述	举例
指示	形貌被虚拟于(或位于)讲述者身前的实体空间	把“那个”放在“那里”
象征/符号	某文化中有特定含义的姿势	中国人“抱拳礼”表示尊敬、幸会、吉拜
形象/哑语	描绘某行为或事件的特征	“你去‘钓鱼’吗”辅以将鱼钩抛入水中的动作
暗喻	所代表的概念没有实体形态	“会议在‘继续’”辅以手的滚动动作

更多的研究则把姿势当作人机交互手段。从人机交互角度出发,姿势可被分为5类:①指示,用于辨识物体或确定空间方位的指点动作;②操控,与被操控物体紧密联系的手/臂运动;③信号,使用旗帜、灯光或手臂的信号语言系统;④示意,用于辅助口语表达的手势比划;⑤手语,基于自然语言、具有特定词汇及语法的姿势系统。

在下面的节中,我们将简要介绍人体可以用于实现姿势交互的部位以及相关的使能技术。

10.3.2 用于姿势交互的身体部位

人们身上几乎所有部位都可以参与姿势交互,不同部位在交互中功能不尽相同,却也各有千秋。

(1) 手与手臂:人的躯体动作主要由大脑皮层运动区控制,肌肉运动越精细复杂,皮层上相应代表区越大。五指与手臂的运动最精细复杂,其所占区域面积几乎等于整个下肢的代表区。所以,与其他身体部位相比,基于手与手臂动作的交互会更加精细、更加易学,正所谓“得心而应手”。手与手臂已被用到多种交互当中,例如,人们可以用手指动作来完成点选、绘画等操作,用手部动作来合成乐声、操控虚拟物品,用手持设备来进行球类、驾驶等种种运动游戏,还可以用手语与系统进行交流。

(2) 头部:头部姿势包括“空间姿势”和“语义姿势”。头部的空间姿势能提供空间参照和方向指示,进而实现对系统的操控(如移动、点选等),尤其当人们因自身、任务、环境或其他因素而无法使用键盘、鼠标或手势进行操控时,头部运动及姿态的追踪与识别可以满足用户诉求;空间姿势也能指示人的视野与注意力状态,由此判断人是否分心或疲劳,甚至可以预测人的意图,在人与机器人交互、辅助驾驶等方面大有可为。头部姿势在交谈中往往具有明确的语义值,比如点头表示呼应或同意、摇头表示不解或不同意等,这些语义姿势既可以控制交谈进程,也能表示人的心理状态,有利于系统进行对话分析、手语识别。

(3) 全身:在实现手、臂、头等单个身体部位的交互功能的基础上,人们将多个部位乃至全身部位纳入人机交互。当人们主动地进行输入时,可以用全身动作来操控游戏角色,进行美术创作、音乐合成、舞蹈交互等,这将让用户真正“全身心”地投入到人机交互中;当人们没有主动与系统交互时,系统也可以主动感知人们的全身姿态来分析人们当下的状态,比如家庭护理的监测系统能够主动探知人们是否摔倒,故事类游戏的智能环境系统能根据玩家动作来推进故事情节,这种交互方式让人们在无形、无意中与系统进行交互,大大提升了人机交互的“自然性”。

根据文献中的总结数据,我们可以绘出姿势交互研究所用身体部位及组合的比例分布图(图10-3)，其中，手、手指动作及手持设备的应用实例显著多于其他身体部位。

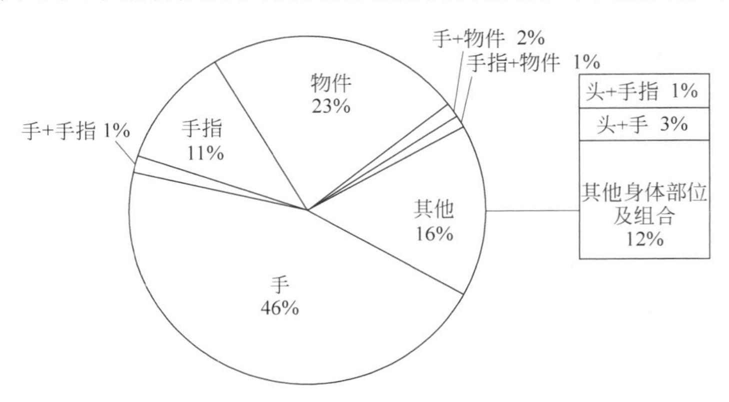

图10-3 姿势交互所用身体部位及组合之比例分布(至2006年)

10.3.3 姿势交互的使能技术

姿势交互的目标大致可分为两类：其一，提高用户的主动性(借助姿势交互为用户提供更丰富、更自然、更易学、更流畅的交互方式)；其二，提高系统的智能性(利用姿势交互为系统提供更准确、更全面的信息渠道，有利于系统主动探知用户状态及意图)。本节将围绕姿势交互的使能技术，也即计算机系统的感知技术而展开。

类比10.1节提到的“直接输入”和“感知输入”，感知技术可分为“主动”和“被动”两类：穿戴/移动式传感设备多数属于主动感知，计算机视觉技术则属于被动感知。主动感知技术精度较高，但附属感、侵入性较强；被动感知技术能让人们摆脱附身设备，交互体验更加自然，但识别精度略逊一筹。所以，在交互设计中要根据系统需求对两类技术进行权衡与取舍。

1. 穿戴/移动式传感技术

这类主动感知技术在可控环境中表现出色，所获数据更直接、更易处理。穿戴式设备可与人们日常衣着及佩饰结合于一体，如传感领带、挂坠、头饰、手套、谷歌眼镜(Google Glass)等，这些设备的核心部件就是传感器。在姿势交互中，需要感知3类信息：形状变化、平移及旋转运动、方位与距离。

(1) 感应形状变化：传感器被嵌入布料或佩饰中，通过形变来感知躯体动作。现有许多种不同原理的传感器可用于测量形变，例如，电路中的应变片在受力形变后会对电阻、电容、电感元件的状态产生影响，使电流电压随形变而变，从而推算形变量；除电子元件之外，光纤、分子晶体、半导体、合成材料等新型材料技术也已被应用于形变传感器。

(2) 感应平移及旋转：加速度计和陀螺仪是最常用的两类运动传感器。加速度计又称“重力传感器”，它通过检测重力引起的加速度来计算设备的轴向位移、速度以及设备与水平面的相对倾角；陀螺仪又称“角速度传感器”，它能够测量设备的偏转与姿态，如正反、横竖、俯仰等。在智能手机、游戏手柄等移动设备上，这两种感应器互相配合补足，即可重构出完整的三维动作。

(3) 感应方位与距离：现今常用的测距方式有超声波测距、激光测距和红外线测距。

超声波传感器又称"超声换能器",其产生的超声波遇到分隔界面会反射,遇到活动物体则有多普勒效应,对液体、固体的穿透能力都很强;激光传感器在测距时会对目标发射激光脉冲,其中部分反射脉冲被接收器采集,测量发射与接收的时间差即可推算距离;红外线测距的原理是"不同距离的障碍物所反射的红外线强度不同",通过处理发射及返回信号即可获取位置信息。还有其他一些方法,如无线蓝牙、磁致伸缩位移传感器、光栅尺等也能用于方位及距离的感知。

2. 计算机视觉技术

这类技术属于被动感知技术。系统通过各种波长的电磁波来感知躯体动作,不需要人们穿戴额外设备,因而其侵入性小于主动感知技术。但是,由于人们的动作往往姿态随意、含义模糊,所以计算机视觉对动作及姿态的识别精度略逊一筹。实现计算机视觉的关键步骤是"运动捕捉",其所用原理可分为声学、电磁、光学 3 类。

(1) 声学运动捕捉系统需要配备 3 种装置:声波发送器、接收器及处理器。捕捉运动时,首先由固定位置的声波发送器发出超声波,再由接收器探头接收声波信号,最后交由处理器对信号进行分析。通过测算声波从发送到接收的时间差及相位差,计算机系统可以确定接收器的方位。声学系统成本较低,但捕捉效果精度较差,延迟滞后显著,不能实现高质实时跟踪。另外,在建模计算时需要考虑多重干扰因素,如环境中的障碍物、气压、温度、湿度等。

(2) 电磁运动捕捉系统技术较为成熟,同样也需要 3 种装置:信号发射源、接收传感器及处理器。接收传感器(或标贴)需要穿戴于待测用户身体的关键部位及关节处,信号发射源将以一定规律在空间环境中营造电磁场,接收传感器把磁通量数据传回处理器,通过计算发射源与各个接收器上的相对磁通量,即可得出各身体部位的朝向及位置。

电磁式运动捕捉系统能够捕捉 6 自由度、全方位的运动信息,数据传输较快,实时性较好,鲁棒性优越,甚至可以捕捉高速剧烈运动,而且成本较低。使用电磁系统时,要严格保证场地附近没有金属物品,包括计算机等电子设备,否则会干扰电磁场,影响捕捉精度;采用有线数据传输时,电缆也会限制待测用户的运动强度及范围。

(3) 光学运动捕捉系统的基本原理是通过对目标上特定位点进行跟踪来确定目标方位。传统的光学运动捕捉系统需要在用户身上附加标贴,而最新的捕捉系统仅凭物体表面特征即可实现探测与识别。光学标贴有主动式和被动式两种:主动式标贴可以作为独立光源发光,系统追踪标贴光点即可;被动式标贴只作为反射界面,系统需要提供光源并采集反射光线。

光学系统能捕捉 3 自由度运动信息,而肩、肘、膝等关节的旋转及朝向则需要由多个标贴的位置数据推算出来。光学系统的优点在于待测者动作范围大,无线缆及电磁环境限制,采样速度快、精度高,标贴成本低、易扩充,可实现高速运动与精细动作的捕捉(如表情捕捉)。但此系统核心部分是环绕式高速相机,配置成本较高,对场地光照及反射状况敏感,标贴易被遮挡或混淆,在后期对海量数据的校正处理与运动复原的工作量也较大。

10.4 触摸交互

触觉是人们感知物理世界的重要方式。在人全身的皮肤上,处处有能感知温度、湿度、压力、振动、痛觉等多种感觉的触觉感受细胞,它们在指尖上的分布尤为密集,所以人们手指

触觉非常敏感，在很多情况下几乎可以替代视觉和听觉。基于这种生理特性，触摸式交互界面在人机交互领域大有可为。

10.4.1 触摸界面简介

触摸界面是一种“能把数字信息结合于日常的实体物件与物理环境中，从而实现对真实物理世界的增强”的用户界面，具体而言，就是用户通过物理操控(如倾斜、挤压、摇晃等)进行输入，系统感知到用户输入后以改变某物件物理形态(如显示、收缩、振动等)的方式为用户提供反馈。

触摸界面的“可触性”可由“体现”和“暗喻”两个维度进行衡量：体现、暗喻程度越高，界面可触性也就越强。体现程度与暗喻程度也可作为触摸界面的分类标准。10.1节中已提到“体现”的概念，也即“输入焦点与输出焦点之间联系的紧密程度”，其中包含的4个水平为完全体现、近旁体现、环境体现和遥距体现。“暗喻”是指“用户行为对系统产生的效应与真实世界中类似行为产生的效应的相似程度”，对物体形貌要用名词暗喻，对物体动作则用动词暗喻。“暗喻”也包含4个水平：①无暗喻；②只有名词或动词暗喻，例如用“文件夹”“购物车”进行名词暗喻，用“删除”“离开”进行动词暗喻；③动词、名词暗喻并存，例如购物网站常有“放入购物车”按钮，动词、名词暗喻同时在此出现；④全面暗喻，人们认为虚拟世界“就是”真实世界，无须进行任何类比，例如当用户用特殊黏土塑造地形图时，系统把地形特征投射到黏土上，实现“所触即所得”。

10.4.2 触摸屏原理及分类

触摸屏起源于20世纪70年代，早期多用于工控计算机、POS终端机等工业或商用设备。2007年苹果推出的iPhone手机是触控行业发展的里程碑，开启了触摸屏向主流操控界面迈进的征程。

触摸屏是一种可接受输入信号的感应式显示装置，它可以检测并定位显示区域内的触摸操作。人们无须借助于鼠标或触控板这类定位工具，而是可以直接与屏幕上显示的内容进行交互，使人机交互更为直截了当。目前，触摸屏大量应用在游戏机、一体式电脑、平板电脑以及智能手机上。

触摸屏的基本工作原理是通过安装在显示屏前方的触摸检测部件来探测用户的触摸位置，并将触摸信息传送给触摸屏控制器转换成触点坐标，然后再传输给CPU。根据触摸检测部件的不同工作原理，当前主流的触摸屏技术可以分为电阻式、电容式、红外线式和表面声波式。

1. 电阻式触摸屏

电阻式(resistive)触摸屏(图10-4)采用压力感应原理，屏体部分是一块贴在显示器表面的多层复合薄膜，以一块玻璃或有机玻璃为基层，基层表面涂有一层透明导电层，上面再覆盖一层内表面涂有导电层的透明薄膜。在两层导电层之间有许多细小(2.5μm)的透明隔

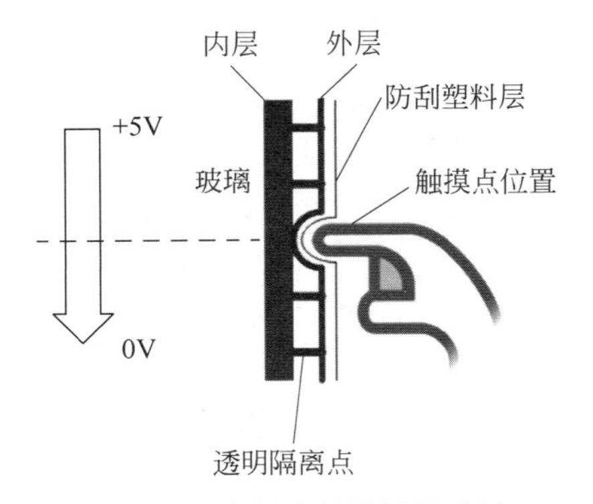

图10-4 电阻式触摸屏原理图

离点使它们隔开绝缘。将导电层沿屏幕 x 轴、y 轴方向分别接通 5V 均匀电压场，当手指按压触摸屏表面时，该处两层导电层接触，电阻发生变化并在 x 和 y 两个方向上产生信号。触摸屏控制器接收到信号后进行 A/D 转换，并将所得电压值与 5V 进行比较，从而算出触点 x 轴和 y 轴坐标。

电阻式触摸屏的优点是成本低、反应灵敏度高，其工作环境和外界完全隔离，因此不怕灰尘和水汽，能适应恶劣环境，人们戴着手套也可以进行操作。其缺点是由于覆盖多层薄膜，导致屏幕透光性较差，且需要额外导电层来实现多点触控。

2. 电容式触摸屏

电容式(capacitive)触摸屏(图 10-5)的构造是在玻璃屏幕上镀一层透明薄膜导体层，再在导体层外加一层保护玻璃，双玻璃设计能彻底保护导体层及感应器。触摸屏四边镀有狭长的电极，可在导电层内形成一个低压交流电场。用户触摸屏幕时，由于人体电场，手指与导体层间会形成一个耦合电容，四边电极发出的电流会流向触点，而电流强弱与手指到电极的距离成正比，控制器便会通过计算电流强弱而确定触点位置。

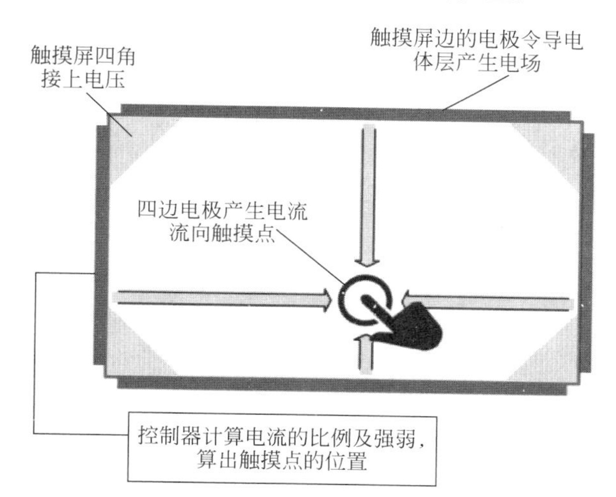

图 10-5 电容式触摸屏原理图

和电阻式触摸屏相比，电容式触摸屏透光性较好，而且用户手指轻点电容式触摸屏即可完成操作，不需要用力按压，交互体验更流畅，尤其适于滑动、缩放等操作。电容式触摸屏的主要缺点是容易因为环境电场变动而产生漂移，而且戴手套或者用不导电物体触碰屏幕时无反应。

3. 红外线触摸屏

红外线(infrared)触摸屏(图 10-6)利用在屏幕 x 轴和 y 轴方向上密布的红外线矩阵来检测并定位用户触点。其显示屏前面装有电路板外框，四边排布红外线发光二极管及接收器，从而在显示屏表面形成红外线矩阵。当用户轻触屏幕某点时会挡住经过该位置的横竖两条红外线，控制器便可算出触点位置。

红外线触摸屏常用于较大尺寸显示屏上，其分辨率由框架中 x 轴及 y 轴上红外线发光二极管数量决定。它不受电流、电压和静电干扰，使用任意物体都可进行无压力触摸操作，

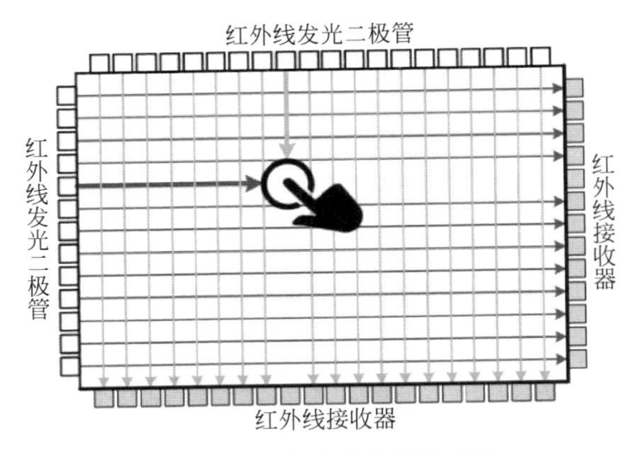

图 10-6　红外线触摸屏原理图

由于屏上不需额外涂层，所以透光性高。但是，红外线触摸屏将受到屏上附着灰尘和污物的干扰，而且当用户手指悬浮于屏幕上方准备操作时，也可能因为太靠近屏幕而导致误单击。

4. **表面声波触摸屏**

表面声波(surface acoustic wave)是一种沿介质表面传播的机械波。表面声波触摸屏(图 10-7)的显示屏玻璃板上没有任何膜层，它的左上角和右下角各固定了竖直和水平方向的超声波发射换能器，发射换能器将电信号转化为声波能量线性传播，再通过刻在玻璃平板四边的精密反射条纹将声波能量沿 x 轴和 y 轴均匀地传播于玻璃平面上，然后再汇集到右上角的超声波接收换能器中，接收换能器将返回的声波能量转化为电信号并传递给控制器。当手指或者其他能够吸收或阻挡声波能量的物体触及屏幕时，触点上声波能量被部分吸收，控制器分析接收信号的衰减情况即可算出触点的 x、y 轴坐标及触摸压力值。

表面声波触摸屏的清晰度与透光度优越，反应速度快，而且分辨率和稳定性极高。比起其他类型的触摸屏，表面声波屏的制造成本较高。使用表面声波触摸屏时，要注意清理屏幕表面水滴和灰尘，因为它们会阻挡表面声波传递；屏幕也可能检测不到对声波能量阻碍较少的物体的压触，如卡、硬笔、指甲等。目前，表面声波触摸屏大量应用在高人流量的室内公共信息设备上，如公共信息亭等。

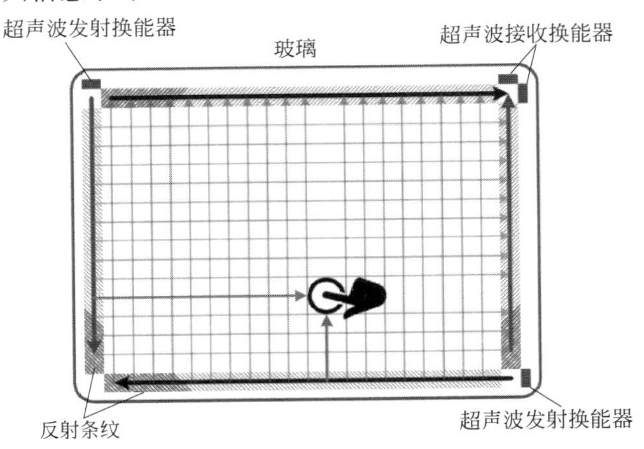

图 10-7　表面声波触摸屏原理图

10.4.3 触摸屏交互设计

在进行触摸屏的交互设计时，必须考虑到触摸屏交互的一些特点，例如由于显示屏上方覆有玻璃，光线折射将导致用户看到的图像位置和实际图像位置存在偏差；又比如用户在运动状态中使用触摸屏、触摸屏分辨率不高、按钮太小、手指遮挡等原因会导致不能正确单击想要的位置，等等。

1. 图标按钮的尺寸

在设计触摸屏上的图标按钮尺寸时，需要考虑触摸屏尺寸以及操作方式。在较大尺寸的触摸屏上(如数字信息亭、ATM或电脑一体机)，通常使用手指直接点选；而在移动设备的触摸屏上(如智能手机、平板电脑或便携式游戏机)，用户有可能使用触控笔或手指，使用手指还可以分为双手操作及单手操作两种方式。

通常情况下，在触摸屏上的按键尺寸越小，用户的输入速度就越低，错误率越高。通过研究用户单击不同尺寸按钮的反应时间、错误率以及用户偏好，建议公共场所数字信息亭等交互设备上的按键尺寸不要小于20mm，按键间隔不要小于1mm；在移动设备的小尺寸触摸屏上，用触控笔比用手指的出错率更低，当按钮尺寸合适时，使用虚拟键盘的绩效和物理键盘没有明显区别，有可能更优；实验发现，当用户使用单手拇指来操作移动设备触屏时，离散任务(如单击确定按钮)的按钮尺寸不要小于9.2mm，连续任务(如文字输入)的按钮尺寸不要小于9.6mm。

2. 操作反馈

和物理按键相比，触摸屏虚拟按钮的一个主要缺点就是缺乏操作反馈，用户需要持续观察屏幕以确定操作是否正确，但在实际环境中，用户往往需要完成其他任务，不能始终关注屏幕。所以在进行触摸屏交互设计时，需要在用户操作中加入适当的操作反馈来提高操作绩效、降低出错率。

常用的操作反馈方式有声音反馈、图像反馈和触觉反馈3种。声音反馈就是在用户进行操作时，系统用声音提示来响应用户操作，例如用各类提示音甚至语音读出当前操作方式和系统状态。图像反馈是通过UI上的图像变化对操作作出反馈，例如iPhone软键盘会在用户当前单击按键的上方出现气泡以提示输入的字母。触觉反馈是用户在使用物理按键时所获得的最主要的反馈，是当今触摸屏交互的研究热点。当前对触摸屏触觉反馈的研究早已不局限于在设备上安装振动电机，而是通过设计更多样、更细腻的触觉反馈方式，让用户能在触点获得反馈并通过触觉分辨信息含义。研究表明，用户能够分辨10种不同的振动模式，而且能够达到90%的准确率。

3. 多点触摸交互方式

多点触摸中有两项任务：一是同时采集多点信号；二是对每路信号的意义进行判断，也即手势识别。通过两根或者更多手指在触摸屏上的动作组合，能够实现许多便捷且新颖的交互操作，比如缩放和旋转图片、切换程序、返回主页、删除内容、弹琴等。在触摸屏上，主要有长按、轻触、滑动、拖动、旋转、缩放、摇动这7种手势，再配合不同手指的数量、每根手指的不同手势以及手指的运动方向，就可以组合出更多交互操作，如图10-8所示。2007年苹果推出的iPhone手机的一个重要意义是推广了多点触摸和手势识别在市场上的应用，现在，多点触摸已成为智能手机和平板电脑的必备功能，各大移动操作系统开发商(苹果 iOS，谷歌 Android，微软 Windows Phone)纷纷设计开发更多的多点触摸手势。

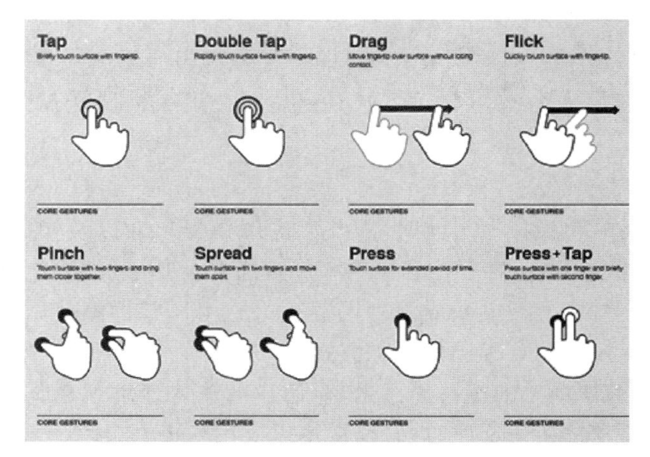

图 10-8 多点触摸手势示意图

10.5 视线跟踪与输入

视线跟踪是对眼睛的关注点(“我们看哪里”)或眼睛相对头部的运动状况的测量过程。在人机交互中，通过视线跟踪技术可以识别用户在计算机显示屏上的关注对象，从而实现交互操作。在许多科研以及商业领域中，视线跟踪是非常有用的研究方法，而最新的视线输入更是对自然交互界面以及多通道交互的有益补充。

视线跟踪最关键的技术就是对眼睛运动的测量。目前，主流的眼睛运动测量方法包括眼电图法、巩膜接触镜/搜寻线圈法和基于图像/视频的测量法。

10.5.1 常用的眼睛运动测量方法

1. 眼电图法

眼电图法通过电极测量眼窝附近皮肤的电压差来测量眼睛运动。人的眼球存在电压差，角膜表现为正极，眼底为负极。贴在眼睛附近皮肤上的电极会在眼睛运动时产生不同信号，大约可以识别出 3°的横向转动和 5°的纵向转动。即使用户闭上眼睛，眼电图法也能测量眼球运动，因而可以应用于睡眠研究。而且眼电图法运算负荷低，可以在不同光照条件下工作，可用于嵌入式穿戴设备。

但是眼电图法对于测量眼睛运动和眼睛关注点的精度较低，使用时会产生不适感，不适合长时间用于人机交互。而用户自身也可能造成信号不稳定，例如，皮肤电阻会因为皮角质的不断分泌而改变。

2. 巩膜接触镜/搜寻线圈法

巩膜接触镜/搜寻线圈法的原理是将光学或机械元件连接到直接戴在眼球上的接触镜上，通过测量“随眼动而动”的附加装置的方位来确定眼睛动态：既可以通过反射镜将固定

光束反射到不同方向，借此观测眼睛动态；也可在眼睛周围加上固定磁场，眼睛转动时会牵动搜寻线圈并使其磁通发生改变，根据感生电动势变化即可获取眼睛动态。

接触镜法是最精确的眼睛运动测量方法之一，在 5°的测量范围内可以精确到 8′～10′，但此方法最具侵入性，会引起眼睛的不适。此外，接触镜的双层构造会影响使用者视力，不适合于观测关注点。

3. 基于图像/视频的测量法

此方法包括一系列测量眼睛可区分特征的眼动测量技术，这些特征包括瞳孔外观形状、虹膜和巩膜的异色边缘、眼睛附近光源的角膜反射等。

基于视频、结合瞳孔和角膜反射的方法在测量视线关注点中应用最广。测量时，须将红外光源固定于眼眶位置并照射眼睛，眼球转动时，角膜反射的位置相对于眼眶是固定的，而瞳孔中心位置则随眼球转动而变，根据角膜反射点、瞳孔中心位置的坐标即可估算视线方向。

基于图像/视频的眼睛运动测量方法还包括角膜-巩膜异色边缘反射法、角膜反射法和双普金野象法等，并发展出两类设备：一类是头盔式眼动跟踪系统，由头盔式眼动仪和配套计算机组成；另一类是摄像头式眼动跟踪系统，主要由摄像头式眼动仪和配套计算机组成，摄像头校准后即可自动捕捉用户眼睛动态，而用户无须佩戴任何测试仪器。

10.5.2 视线跟踪技术的应用

视线跟踪技术在学术以及商业领域都有着非常广泛的应用，是一种十分有用的研究方法。

在学术上，视线跟踪技术已应用于认知科学、语言心理学、人机交互、市场研究、医学研究等领域，并在文字朗读、音乐读谱、人类行为识别、广告接受度、体育运动等方面得到应用。

在商业领域中，视线跟踪技术在网页可用性分析上得到了普遍应用，该技术可以让研究人员了解用户在浏览网页时的行为模式，并知道哪些内容最吸引眼球、哪些内容让用户迷惑以及哪些内容会被用户忽视。对于网页内的搜索效率、品牌认知、广告效果、导航功能等众多指标，视线跟踪技术都能够提供有价值的见解。

视线跟踪技术让包装设计师得以检视消费者与目标包装进行交互时的视觉行为，从而帮助设计师在设计中把握独特性、吸引力以及流行度等因素。当产品处于原型设计阶段时，也通常会用视线跟踪技术来对比各个原型方案和竞争对手的产品，从而发现各个设计中既显眼又有吸引力的特别元素。

汽车设计也需要视线跟踪技术。美国国家高速公路交通安全管理局(NHTSA)的调查显示，困倦是造成高速公路事故的主要原因，80%的汽车相撞事故归咎于驾驶人不到 3s 的分神。驾驶室若配备视线跟踪系统，就能让系统实时监控驾驶人的视觉行为，检测困倦和疏忽状况并及时发出警告，如此即可显著提高驾驶安全。例如，2006 年雷克萨斯在其 LS 460 车型上率先引进了驾驶人检测系统，当驾驶人的视线从路面上移开时会给予警示。

10.5.3 视线输入技术的应用

视线输入技术可以解放用户的双手。若将视线输入与语音输入、手势识别等交互方式结合，可以降低用户认知负荷、提高使用绩效及用户体验。特别是对于使用键盘、鼠标有困难的用户，如老年人及残障人士，视线输入技术能够让他们享受过去无法体验到的交互，他们仅仅用眼睛就能收发邮件、浏览网页、网上聊天等。

视线输入技术可以实现选择、单击和文字输入等交互操作。目前对视线输入的研究主要包括：如何通过技术创新来提高视线输入技术的绩效；如何通过交互方式的改进提高视线输入技术的用户体验；视线输入和其他交互方式的比较。研究发现，用视线进行选择比鼠标点选速度更快，尤其是当双手正在进行其他任务的时候；在大屏幕工作空间以及虚拟环境中，视线输入的交互方式尤其有效；因高龄而产生的诸如运动能力下降、关节炎以及颤抖等因素对于视线输入的绩效影响不大，而且老年人感觉视线输入比鼠标更易操作，青年人却不觉得视线输入易于使用，所以老年人比中、青年人更适合使用视线输入。

10.6 多模式交互

进行多模式交互时，系统允许用户使用两种或更多种协调组合的输入模式进行输入，如前文介绍的语音、笔触、触摸、手势、头部与躯体动作、视线等，并且系统也会产生相应的多媒体输出。多模式系统的优势在于它能够：①保证人机交互的有效性，也即让用户更自然、更方便地向系统传达信息，让系统更及时、更准确地理解用户意图；②提高交互界面的健壮性，能够预防错误，也易于用户纠错(或从错误中恢复原状)；③可及性高，为各种用户及各种情景环境提供更多可选交互方式。在本节中，我们将介绍多模式交互系统的架构，并对其在各领域的应用进行梳理。

1. 多模式交互系统的设计

前文提到，计算机系统可以效仿人类“五感”(视、触、听、嗅、味)以接收来自用户与环境的信息，也可以通过输入设备来获取五感之外的信息(如用户的指令、体征)，因此，在设计多模式交互时，尤其需要考虑以下3个方面：①如何将多种输入方式融合到同一系统中并使其协调运作；②如何让多模式输入信息易于识别、解析、处理；③如何让用户体验更加流畅自然，而不是徒增概念和操作冗余、平添认知和记忆负担。

从用户输入的角度出发，多模式交互可分为“序列式”和“并列式”两类。例如，用户通过单击触摸屏启动语音助手程序，然后进行语音交互，这属于“序列式”；如果用户同时用语音和姿势进行输入，则为并列式。设计多模式输入时，要让系统兼备主动输入和被动输入的优势，从而实现更高的透明度、更好的控制性以及更优越的使用体验。

从系统处理的角度出发，则可根据各个模式互相“融合”的时期对系统进行分类，即有“早期”“末期”及“中间过渡”3类。早期融合往往是特征层面上的信息整合，当系统对某一模式的输入信号的识别会影响到另一模式的识别时，尤其是几个输入具有时间同步性时，早期融合更为适用，例如，语音信息与嘴唇动作信息应采用早期融合。末期融合是在语义层面上整合信息，系统将分别对各模式输入信息进行识别、分析，再对来自不同输入源的分析结果进行整合，最终作出释义，此方法支持同步与异步输入，例如，身体姿势信息与语音信息通常在末期融合。中间过渡式融合兼备早期与末期融合的特性，能够通过概率推断特征噪声、时间信息及缺失值。3种融合方式各有优缺点，比如对于两种模式的输入，如果两股输入信息在早期融合，那么系统只需对整合信息进行一次分类即可得出明确的判定结果，其分类复

杂度为 $O(N^2)$；若采用末期融合，则分类复杂度仅为 $O(2N)$，但系统却要先分别判定两模式的分类结果后才能整合出一个最终判定，这在一定程度上降低了判定明确性。所以，我们应根据使用情境及功能需求选择合适的融合方法。

2. 多模式系统的应用

多模式系统的应用领域非常广泛，包括环绕空间、移动计算、虚拟环境、艺术、面向残障人士以及公共/私人空间的应用。在多模式应用程序中，交互模式的组合方式多种多样，其中最常用的组合是语音＋姿势输入，语音＋笔触输入，躯体＋头部动作。视线跟踪与其他输入模式的组合也有相关应用，例如，词汇学习系统把凝视位置、头部方向和手部动作这类非语音模式与语音信息相结合，从而在与用户的自然交互中学习词汇。表 10-3 中列举了一些多模式交互系统及其组合模式的案例，其他交互方式，如唇语、嗅觉等也在探索之中。

表 10-3　多模式交互系统及其组合模式

系统名称	姿势	头/躯体	语音	笔触	视线	触摸	定点
Put-that-There（“把那个放在那儿”）(Bolt 1980)	√		√				
XTRA (Kobsa 团队，1986)	√		√				
用于 CAD 及遥控操作的 VR(Weimer & Ganapathy，1989)	√		√				
多用户虚拟世界(Codella 团队，1992)	√		√				
Charade(“看手势猜字谜”) (Baudel 团队，1993)	√						√
Finger-Pointer(“指・点”) (Fukumoto 团队，1994)	√		√				
Jeanie(Vo 和 Wood，1996)			√	√			
GALAXY(“银河”)(Seneff 团队，1996)			√				√
Quickset(“快置”)(Cohen 团队，1997)			√	√			
免手操控计算机(Malkewitz，1998)		√	√				
VizSpace(Lucente 团队，1998)	√	√	√				
MVIEWS(Cheyer 和 Julia，1998)			√	√			
Rea(Cassell 团队，1999)	√	√	√				
MSVT 多模式科学可视化工具(Laviola，2000)	√		√				
参与式交互系统(Maynes-Aminzade 团队，2002)		√					√
MUST 导游(Almeida 团队，2002)			√	√			
XISM & DAVE_G(Sharma 团队，2003)	√		√				
XWand(Wilson 和 Shafer，2003)	√						√
AR 与 VR 中的三维多模式交互(Kaiser 团队，2003)	√		√				
词汇学习系统(Yu 和 Ballard，2004)	√	√	√		√		
多方会谈分析(Otsuka 团队，2007)		√	√		√		
多模式多玩家桌面游戏(Tse 团队，2007)	√		√				
仿桌面环境语音与视线控制(Castellina 团队，2008)			√		√		
多模式媒体中心(Turunen 团队，2009)	√		√			√	
Manual Deskterity(Hinckley 团队，2010)				√		√	

10.7 未来交互技术展望

新颖而健壮的技术使得人机交互在普适、遍在、环绕式界面有了长足的进步，同时也使得人们对未来多模式交互的兴趣越发浓厚。前人已为多模式交互设计提出了6项指导方针：规范需求、设计多模式输入及输出、具有适应性、具有一致性、提供反馈，以及防错除错。以上6个方面对未来多模式交互系统的设计至关重要。

未来的交互方式应该从"万能辅助"的角度出发，让多模式交互遍布身边，用户可以把声音、双手，甚至全身作为输入设备并娴熟协调地与系统进行交互，享受到最为透明的交互体验，同时，也使得各种潜在用户都能与系统交互，包括残障人士和老年人。在新近的一些研究中，脑电波也被用作交互手段之一，并已实现通过意念对直升机模型及轮椅进行控制，这将为人机交互打开一片更新颖、更广阔的领域。

未来的交互也应当与情感计算相结合。人们的面部表情可以表露心情，语调、语速能够表现态度与情感，动作的力度、速度能够体现生理及心理状态，如果能把表情、语气、力度等状态参数都作为"输入信息"，那么计算机系统就能"察言观色"，了解用户的习惯喜好与当前状态，进而提供更加个性化、更加贴心、更加自然的交互体验。

参考文献

[1] KARAM M. A framework for research and design of gesture-based human-computer interactions [D]. Southampton：University of Southampton，2006.

[2] FISHKIN K P. A taxonomy for and analysis of tangible interfaces[J]. Personal and ubiquitous computing，2004，8：347-358.

[3] ZIMMERMAN T G，LANIER J，BLANCHARD C，et al. A hand gesture interface device[J]. ACM SIGCHI bulletin，1987：189-192.

[4] CHURI A，LIN V. Platypus amoeba[C]//Adjunct Proceedings of the 5th International Conference on Ubiquitous Computing (Ubicomp 2003)，Seattle，Washington，2003.

[5] 百度百科-语音识别[EB/OL]. [2012-10-22]. http：//baike. baidu. com/view/652891. htm.

[6] 百度百科-语音识别技术[EB/OL]. [2012-10-22]. http：//baike. baidu. com/view/1041236. htm.

[7] Wikipedia-Siri (software)[EB/OL]. [2012-10-22]. http：//en. wikipedia. org/wiki/Siri_(software).

[8] Wikipedia-Natural language user interface[EB/OL]. [2012-10-22]. http：//en. wikipedia. org/wiki/Natural_language_user_interface.

[9] KURTENBACH G，HULTEEN E A. Gestures in human-computer communication[J]. The art of human-computer interface design，1990：309-317.

[10] KARAM M. A taxonomy of gestures in human computer interactions[EB/OL]. [2012-10-22]. http：//eprints. soton. ac. uk/261149/.

[11] 百度百科-重力传感器[EB/OL]. [2012-09-28]. http：//baike. baidu. com/view/2133607. htm.

[12] 百度百科-手机陀螺仪[EB/OL]. [2012-09-27]. http：//baike. baidu. com/view/6569516. htm.

[13] 百度百科-测距传感器[EB/OL]. [2012-10-22]. http：//baike. baidu. com/view/2133607. htm.

[14] 百度百科-运动捕捉[EB/OL]. [2012-10-10]. http：//baike. baidu. com/view/943270. htm.

[15] Wikipedia-Motion Capture[EB/OL]. [2012-10-09]. http：//en. wikipedia. org/wiki/Motion_capture.

[16] ISHII H，ULLMER B. Tangible bits：towards seamless interfaces between people，bits and atoms [C]//Proceedings of the SIGCHI Conference on Human Factors in Computing Systems，1997：234-241.

[17] PIPER B,RATTI C,ISHII H. Illuminating clay: a 3-D tangible interface for landscape analysis[C]//Proceedings of the SIGCHI Conference on Human Factors in Computing Systems: Changing Our World,Changing Ourselves,2002: 355-362.

[18] Wikipedia-Touchscreen[EB/OL]. [2012-10-22]. http://en.wikipedia.org/wiki/Touchscreen.

[19] SAW Touch Screen Technology[EB/OL]. [2012-10-22]. http://www.touchscreensolutions.com.au/Technology-and-Innovations/saw-touch-screens.html.

[20] COLLE H A,HISZEM K J. Standing at a kiosk: effects of key size and spacing on touch screen numeric keypad performance and user preference[J]. Ergonomics,2004,47: 1406-1423.

[21] LEE S,ZHAI S. The performance of touch screen soft buttons[C]//Proceedings of the 27th International Conference on Human Factors in Computing Systems,2009: 309-318.

[22] PARHI P,KARLSON A K,BEDERSON B B. Target size study for one-handed thumb use on small touchscreen devices[C]//Proceedings of the 8th Conference on Human-computer Interaction with Mobile Devices and Services,2006: 203-210.

[23] POUPYREV I,MARUYAMA S. Tactile interfaces for small touch screens[C]//Proceedings of the 16th Annual ACM Symposium on User Interface Software and Technology,2003: 217-220.

[24] YATANI K,TRUONG K N. SemFeel: a user interface with semantic tactile feedback for mobile touch-screen devices[C]//Proceedings of the 22nd Annual ACM Symposium on User Interface Software and Technology,2009: 111-120.

[25] Wikipedia-Eye Tracking[EB/OL]. [2012-10-22]. http://en.wikipedia.org/wiki/Eye_tracking.

[26] DUCHOWSKI A,VERTEGAAL R. Eye-based interaction in graphical systems: theory and practice[J]. ACM SIGGRAPH 2000 course notes,vol. 5,2000.

[27] 赵新灿,左洪福,任勇军. 眼动仪与视线跟踪技术综述[J]. 计算机工程与应用,2006,42: 118-120.

[28] 卞锋,江漫清,张红. 视线跟踪技术及其应用[J]. 人类工效学,2009,15: 48-52.

[29] SIBERT L E,JACOB R J K. Evaluation of eye gaze interaction[C]//Proceedings of the SIGCHI Conference on Human Factors in Computing Systems,2000: 281-288.

[30] MURATA A. Eye-gaze input versus mouse: cursor control as a function of age[J]. International journal of human-computer interaction,2006,21: 1-14.

[31] OVIATT S,COHEN P. Perceptual user interfaces: multimodal interfaces that process what comes naturally[J]. Communications of the ACM,2000,43: 45-53.

[32] JAIMES A,SEBE N. Multimodal human-computer interaction: a survey[J]. Computer vision and image understanding,2007,108: 116-134.

[33] REEVES L M,LAI J,LARSON J A,et al. Guidelines for multimodal user interface design[J]. Communications of the ACM,2004,47: 57-59.

[34] 雷锋网. 浙大某团队用脑电波控制一架四桨玩具直升飞机[EB/OL]. [2012-10-22]. http://www.lei phone.com/0902-liuyun-fly-this-mind-controlled-quadrotor-using-your-mind.html.

11 虚拟现实、增强现实和混合现实中的人机交互

本章作者

赵晨：现任阿里巴巴达摩院自然人机交互实验室负责人。曾任阿里巴巴国际电商用户体验研究总监、微软亚洲研究院人机交互组和 Office 用户体验组资深研究员。创建了 IBM 中国第一支用户体验团队，和国内人机交互界的前辈们一起成立了美国计算机协会人机交互委员会(ACM SIGCHI)中国分会并担任副会长。主要研究方向是多模态混合现实交互设计、跨文化用户体验设计及用户体验研究方法。

11.1 虚拟现实、增强现实和混合现实的概念

虚拟现实(virtual reality，VR)、增强现实(augment reality，AR)及混合现实(mixed reality，MR)是近期人机交互中兴起的一个重要研究领域。在介绍具体的研究前，我们先简要介绍一下 VR、AR 和 MR 的概念。

虚拟现实是指参与者或者观察者完全沉潜在一个人工合成的世界。这个世界既可以模拟真实世界的属性，也可以是虚构的。但在虚拟现实世界中，反映真实物理世界的空间、时间、物质属性等规律都不复存在，虚拟现实能够超越真实物理世界的边界。大部分学者认为虚拟现实包括三个要素：完全虚拟的视野，沉潜式体验，以及头戴设备。

增强现实的定义有两大类，比较普遍的狭义定义是指一类显示系统包含头戴式显示设备，观察者可以通过这个显示设备看到真实世界，同时叠加了计算机产生的图像。早期的增强现实设备在 20 世纪 90 年代就已经在军事领域存在了一段时间。另一类更广义的定义去掉了头戴式显示设备的限制，任何真实环境通过虚拟的计算机图像增强，都可以被称为 AR，因此基于大屏幕、显示器和手机显示的都可以包括在这类 AR 定义下。

有一种观点认为任何真实和虚拟环境的混合，都可以被称为增强现实。但是这个定义后来被更多的学者认为应该有另外一个不同的概念来区分，因此出现了混合现实的概念。迄今为止，学术界对于混合现实并没有一个通用的定义。一些人采用 Paul Milgram 等 1994 年对混合现实的定义——混合现实是增强现实的一个子集，是指真实和虚拟物体混合

出现在一个显示设备中。另外一些人认为混合现实和增强现实的区别是混合现实支持用户对AR环境中的内容进行交互操作；增强现实只是虚拟和真实物体的混合，不支持用户或者观察者与增强现实中的内容进行交互操作。密西根大学人机交互方向的Michael Nebeling教授等人2019年在CHI大会上发表了一篇文章专门讨论混合现实的定义，提出了一个包括七个维度的概念框架，以帮助研究者们更好地分类和讨论增强现实的应用设计。

简单总结一下以帮助大家更好地理解这三个概念的区别：VR是完全由计算机虚构出来的，AR是真实世界和虚拟物体的混合，MR更强调用户或者观察者跟混合现实环境中物体的交互。

VR/AR/MR是近年来人机交互领域新起的最受关注的研究课题。2019年CHI大会有超过90篇文章都是关于VR/AR/MR的，是CHI2019最热关键词。可能是因为越来越多的智能移动设备比如手机可以提供VA/AR/MR的能力，大大地增加了增强现实应用的普及。人机交互领域关于VR/AR/MR的研究主要包括以下几个方面：①VR/AR/MR的设计与评估；②VR/AR/MR的触感设计；③VR/AR/MR的可达性设计(accessibility)；④VR/AR/MR原型开发设计工具；⑤VR/AR/MR的应用。接下来对这几个研究领域逐一进行介绍。

11.2 VR/AR/MR的设计与评估

人机交互领域最关心的一个题目是如何设计VR/AR/MR的应用，研究的课题也包括了设计的不同方面，比如VR/AR环境中的导航、用户或者物体移动、用户对于虚拟物体的操作、在VR/AR环境中用户表征或者虚拟代理的设计等众多内容。在VR/AR/MR的环境中，人机交互传统的二维用户界面及交互设计原则哪些适用，又有哪些新的特殊的设计原则是学者们最关心的问题之一。

1. VR/AR/MR中的导航设计

导航是设计任何应用最重要的一项内容。对于VR/AR/MR的导航设计，一个关键的挑战是既要给用户提供一个沉潜式的环境和体验，又要在显示中给用户提供一些帮助线索，如何取得两者的平衡是设计的难点之一。Rawan Alghofaili等人2019年提出了一个适应式视觉辅助设计的方法。这个方法首先分析用户的眼动，对用户注视的模式进行分析，用来预测用户是否需要导航辅助。如果分析预测用户需要导航辅助的话，会显示微型地图或者在道路上显示箭头提示导航路线。这种适应式的方法可以帮助设计师和用户决定导航辅助显示的频率，尽量减少对沉潜式虚拟现实体验的影响。

VR/AR/MR中的交互方式也与传统的二维用户界面交互非常不同，增加了三维的深度知觉，这大大增加了VR/AR/MR交互设计的难度。除了提供视觉导航辅助外，研究人员也在探索如何提供听觉通道的导航辅助。Paulo Bala等人2019年开发了基于声音的空间导航动态辅助工具并且对其效果进行了检验。他们在360°的VR视频中加载了不同类型的听觉导航线索，发现用音乐进行空间导航在虚拟现实环境中有一定的效果。他们的实验条件是在不同的地点播放不同的音乐，用户访谈中受试者报告说感知到不同地点的音乐变化。但是空间音乐导航的效果因人而异，不是对所有的受试者都有效，对于不经常听音乐的用户来说效果可能不显著，同时受视觉线索影响显著。另外，他们也研究了用情景声音线索进行空间位置导航辅助，发现效果不是特别显著，因为用户更容易将情景声音和与之对应的物体结合在一起，而不是感知声音的空间物理位置。比如动物的声音，用户第一感知到的是这个动物而不是关联到发出声音动物所在的位置。因此虚拟现实中用物体或者主体等情景相关的声音进行空间位置导航不是一个有效的方法，这个结论和前人的研究结果是一致的。

走路移动是虚拟现实环境最基本的交互之一，随着虚拟现实环境保真度的不断增加，设计更好的移动体验有非常大的价值。Matthias Hoppe 等人 2019 年开发了一个名为 VRsneaky 的系统，通过在虚拟环境中产生移动的听觉反馈帮助用户导航确定方位。VRsneaky 可以在虚拟现实环境中产生和用户步态同步的脚步声音作为听觉反馈，显著提升了用户的存在感，帮助用户更好地意识到自己的身体姿态和步态。虽然他们的研究发现，提供脚步声可以显著增加用户在虚拟现实环境中的存在感，但是不合适的声音也会破坏存在感，因此根据环境因素调整合适的脚步声是提升虚拟现实环境存在感体验设计的关键点。

2. VR/AR/MR 中的物体操作

VR/AR/MR 环境中的物体操作比传统的二维平面交互设计复杂很多。除了用户已经非常熟悉的单击、双击、滑动、拖拽等鼠标、键盘或触摸屏常见的操作外，用户可以和 VR/AR/MR 环境进行更多更丰富的交互操作。其中常见的物体选择，在传统的键盘、鼠标或者触摸屏通过单击或者双击就可以完成，但是在 VR/AR/MR 环境中会遇到更复杂的设计挑战，比如遮挡情况下的目标物体选择是 VR/AR/MR 环境设计的一个难点。当目标物体被其他物体或者环境部分遮挡时，选择目标物体可以操作的空间变小，同时增加了选择的不确定性。在 VR/AR 环境中物体选择最常见的是通过控制器先指向目标物体，在光束移动或投射到目标物体后通过控制器上的按钮进行选择。另外一种操作是通过眼动追踪(eye tracking)来进行选择，这样双手空出来可以同时进行其他操作。但是在虚拟现实环境中，随着用户移动，视角发生变化，会出现物体遮挡的情况，这为物体选择增加了难度。Ludwig Sidenmark 等人 2020 年最新的研究成果 Outline Pursuits 系统结合了控制器和眼动追踪两种方式。用户可以先用控制器指向目标物体集，被遮挡的目标物体及其周围遮挡物的轮廓被线框高亮表明被选择，然后用户通过眼动选择目标物体，高亮的线框也聚焦到目标物体提示被选中。跟传统的控制器光束移动物体选择相比，这个方法减少了用户的移动，因为在遮挡情况下用户往往需要移动调整视角进行物体选择，同时也减少了在非常拥挤的情况下遮挡物体增加对物体选择任务完成时间及准确率的影响。

VR/AR 环境三维空间内物体相互遮挡的情况下除了物体选择，物体操作更是设计的难点。该如何设计来支持用户完成三维立体空间中遮挡情况下的物体操作，Klemen Lilija 等人 2019 年研究了四种不同物体遮挡视角(view)的设计，通过比较物体操作任务的完成率及用户满意度进行检验。四种不同的物体遮挡视角设计见图 11-1，(a)是静态照相机视角；(b)是动态照相机视角；(c)是克隆的 3D 视角；(d)是穿透式视角。用户完成一系列常见的物体操作任务，比如按灯的开关、转一个旋钮、拖一个物体到另外一个位置等。研究结果表明，在四种视角设计中，动态照相机视角表现最差，穿透式视角和克隆 3D 视角设计用户任务完成时间最快，用户主观满意度评价都是最好的。

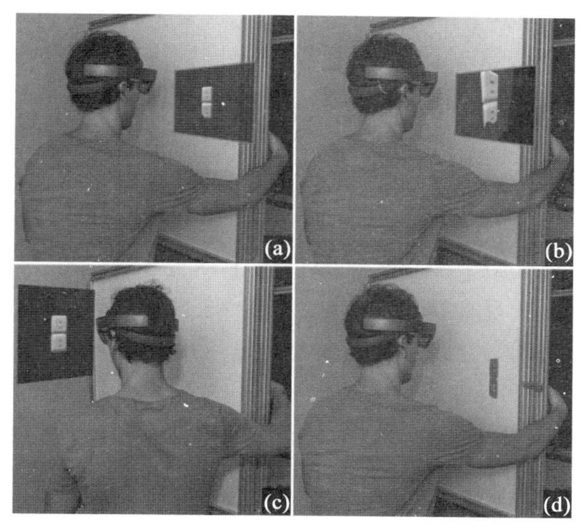

图 11-1 VR/AR/MR 中四种物体遮挡视角设计

3. VR/AR/MR 中的显示保真和交互保真

做用户界面设计的人都熟悉高保真和低保真这两个术语。保真度(fidelity)是指在多大程度上类似真实世界。在 VR/AR 中有两类不同的保真度：显示保真(display fidelity)和交互保真(interaction fidelity)。显示保真跟大家熟悉的二维界面交互设计的保真概念是一致的。交互保真是 VR/AR/MR 环境特有的概念，是指虚拟环境中的交互模拟在多大程度上类似真实世界的交互体验。显示保真的研究表明，在虚拟现实中增加的显示保真度和用户体验提升是正相关的，尤其是存在感(presence)体验。Katja Rogers 等人 1997 年研究了在虚拟现实游戏中如何设计交互保真度，包括物体操作和身体交互两个方面。他们比较了虚拟现实常见的物体操作，发现从玩家体验来说高交互保真度的物体操作任务比低交互保真带来更好的体验，玩家参与感更强。在他们的研究中，物体操作是用打开箱子任务来检验的，高保真交互需要用户按箱子上的扣来打开箱盖，低交互保真用户点击边缘就可以打开箱盖。同时他们也比较了身体移动的交互保真体验设计，他们研究的身体移动包括爬、悬挂，以及多个物体交互，比如用虚拟的剑砍虚拟的蜘蛛网。研究发现，适当的交互保真对身体移动来说玩家体验比高或低交互保真更好一些，不过用户对虚拟现实中的身体移动有不同的想法，不是全部用户对虚拟现实中高保真度的身体运动都给予正面评价。他们建议设计师应该考虑个性化选项，支持用户来控制身体交互的保真度。

4. VR/AR/MR 中的虚拟代理及社交应用设计

虚拟现实/增强现实环境中经常会有虚拟代理(virtual agent)。研究表明，虚拟代理可以增加互动，传递非言语的信息。Isaac Wang 等人 2019 年比较了增强现实环境中四种不同虚拟代理的设计：语音代理，非类人的(智能音箱)，真实尺寸的人物化身和缩小版的人物化身(miniature embodied agent)，发现总体来说用户更偏向缩小版的人物化身虚拟代理，因为缩小版的跟真实尺寸的人物虚拟代理相比，较小的尺寸让用户感到有新意并且减少了真实尺寸人物化身虚拟代理的神秘感。

游戏和社交是虚拟现实应用发展最快的两个领域。Joshua McVeigh-Schultz 等人 2019 年对虚拟现实社交应用的设计进行了一些探索。他们通过对一系列社交应用，比如 Rec Room、VRChat、Mozilla Hubs、Facebook Spaces 等分析总结出虚拟现实社交应用设计的几个考量：①用地点和空间作为社交的框架。基于用户会将真实生活中的感受带到虚拟环境中，虚拟现实社交应用的设计经常利用物理世界中对于环境的社交期待。地点的美学设计(比如颜色、光线等)会影响用户在虚拟环境中的行为和预期。空间的结构也会影响用户的感知，比如虚拟现实环境中的户外建筑，如果设计师加上顶提供一个更封闭的空间感，会增加用户的安全感。②在虚拟现实社交应用中如何形成社交规范。很多设计师都表示希望虚拟现实社交应用可以对社区文化带来正面的影响。设计师们经常会在虚拟现实社交平台中提供一些催化剂以期起到破冰的作用。③化身和社交机制。多数虚拟现实社交应用都提供了防止骚扰的功能，比如禁止、报告、静音，还有个人气泡(personal bubbles)。软着陆也是设计师们推荐当用户进入一个新的公共空间的方案，最好让用户通过入口或者建筑物的边缘而不是在一个公共空间的中心进入，这样可以使用户在碰到其他人之前先有适应的机会。有经验的老用户在被通知新用户加入后会欢迎新用户，但是应该在新用户进入后延时一段时间再欢迎，而不是立刻就欢迎，这样可以给新用户一点时间熟悉虚拟现实环境。更多虚拟现实社交应用设计的经验可以参考 Joshua McVeigh-Schultz 等人 2019 年在 CHI 大会上发表的文章。

5. VR/AR/MR 的用户体验评估

1) VR/AR/MR 的用户体验评估工具和方式

虽然对 VR/AR/MR 的开发者及设计师的调研显示一个挑战是缺乏有效的用户体验测量评估方法，但是这类工作并不多见。大部分 VR/AR/MR 的研究中对于应用设计的评估还是使用传统的用户体验研究方法，比如问卷调研及视频分析，分析的指标多是任务完成的成功率、用户满意度及学习效果等常见的可用性评估指标。Wenting Wang 等人 2019 年以 Firefox Reality 为例对虚拟现实的可用性问题进行分析，发现 77%反馈的可用性问题可以对应到尼尔森的启发式评估十原则，其余的问题是虚拟现实系统特有的，包括对安全隐私的担心以及可达性(accessibility)，比如 Firefox Reality 的文本标签是否支持色盲用户、摄像头的控制以及视角变化带来的眩晕感等问题。密西根大学 Michael Nebeling 教授和他的合作者们 2020 年新开发了一个混合现实体验评估的工具 MART(Mixed Reality Analytics Toolkit)，为这一急需且贫乏的领域增加了新的内容。他们首先对这一需求进行调研，发现很多从业者都需要混合现实用户体验分析的工具，尤其是在项目初期，团队往往对于应该收集哪些数据来分析评估用户体验都不确定。不同于传统的二维界面设计及可用性用户体验测量，VR/AR/MR 环境开发者和设计师们希望收集更多的数据，比如用户行走的地方、用户和空间环境及物体交互的姿态动作、用户的眩晕感、用户空间导航感知等 VR/AR/MR 环境特有的数据和用户体验指标。因此他们设计了 MART 工具，支持不需要通过编程就能可视化混合现实环境中用户的操作并且进行数据收集。用户可以利用 MART 工具定义混合现实环境中的任务，根据启发式评估原则及衡量指标来分析任务完成成功率。Nebeling 等人完全把 MART 开放出来供大家使用，大家可以在这个网址找到开源的 MART 进行尝试：https://github.com/mi2lab/mrat。

一个引起不少学者关注的问题是问卷评估对于虚拟现实是否仍然适用。问卷评估可以说是用户体验研究最常见的一种方法，也是目前评估虚拟现实/增强现实应用最常使用的方法之一。离开虚拟现实环境摘下VR头戴式设备，回到真实环境在计算机或者纸上填答问卷，会在多大程度上影响虚拟现实环境所产生的体验[比如出现存在感打断(break in presence)]，和虚拟现实环境脱离是否导致问卷评估有偏差是学者们重点关注的问题。因此有学者将问卷填答放在虚拟现实环境中，期待减少因存在感打断而引起的主观报告偏差。Susanne Putze等人2020年的研究发现，无论是在虚拟现实环境还是真实环境填答问卷都不可避免地带来存在感打断问题，但是用户的生理指标(皮肤电变化)在虚拟现实环境中的变化显著小于真实环境中，表明在虚拟现实环境中填答问卷偏差可能会少一些。

2）VR/AR/MR的用户体验存在感评估问卷

虚拟现实环境用户体验问卷测试一项重要的内容是存在感(presence)。存在感的测量问卷经过学者们的不断优化已经迭代了好几版。最初的问卷包括Woodrow Barfield等人开发的6个问题的7点量表，以及Bob G. Witmer和Michael J. Singer设计的包括参与度/控制(involvement/control)、自然的(natural)及界面质量(interface quality)3块内容32个问题的问卷。虽然学者们对Witmer和Singer的这个问卷有一些批评，但它仍然是目前测量虚拟现实存在感使用最多的问卷。使用第二的是Slater-Usoh-Steed Questionnaire问卷，测量的内容包括虚拟现实环境在多大程度上变成主导的感知，虚拟现实环境在多大程度上能被记住为一个地方等。Valentin Schwind等人2019年比较了在虚拟现实中及真实环境中填答存在感问卷是否有差异，发现问卷平均分并没有显著差异，但是问卷测量数据的差异显著依赖于虚拟现实的真实度。从这些研究总结来看，在虚拟现实环境还是真实环境填答问卷对问卷的分数影响不大，主要的影响在于其他方面。

11.3 VR/AR/MR的触感设计

VR/AR的头戴式显示设备并不能提供触感交互，比如力反馈、物体尺寸大小的感知、材质的感知等。触感在真实世界中是交互的一个非常重要的通道，因此人机交互的学者们也进行了许多VR/AR/MR环境中与触感相关的技术开发和研究。VR/AR/MR环境中使用的触感技术主要包括4类：穿戴式、手持式、中空式(mid-air)和遇见式(encountered-type haptics)。

1. VR/AR/MR中的穿戴式触感

穿戴式触感装置是发展比较迅速的一种，它包括不同的类型，比如戴在手上的力反馈手套、触感鞋，以及全身触感衣等。图11-2所示为Hyungki Son等人开发的触感鞋，提供用户在不同表面行走的触感，比如沙漠、草地和水中的触感感受。

穿在身上的TeslaSuit全身触感衣，里面安装了68个触觉点、11个动作感知传感器，可以为用户提供VR/AR环境中更逼真的触觉感受和力反馈，比如游戏中被击中的感觉、运动中举哑铃的重力等(https://teslasuit.io/the-suit/)。另外一个全身触感反馈的产品是TackSuit，全身提供70个触觉反馈点，分布在面部、背部、手臂等身体不同部位，可以让用户体验到射击、拥抱等不同类型的触觉感受。

2. VR/AR/MR中的手持式触感

手持式触感反馈技术在我们常用的手机、平板电脑中已经比较普遍，比如手机震动、敲击

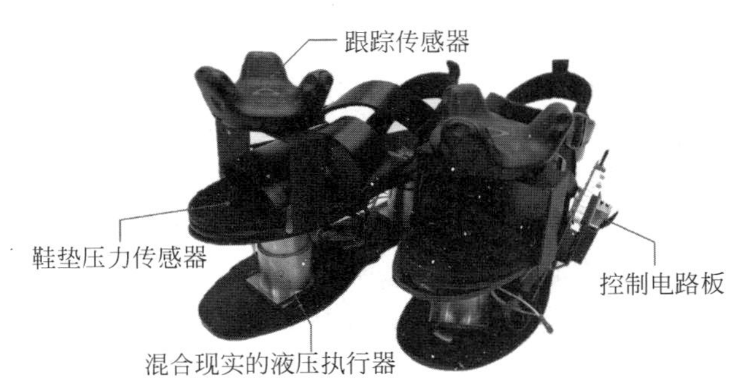

图 11-2 VR/AR/MR 中的足部穿戴式触感

键盘的力反馈、电子笔划过屏幕表面的拖拽触感反馈等都属于手持式设备提供的触觉反馈。

手持式触感反馈设备是VR/AR环境中探索比较多的一种装置，因为用户手拿控制器是一种相对方便的操作，用户可以用一个手持式控制器和VR/AR中的虚拟物体进行交互，也可以很方便地放下手持控制器（和穿戴式相比）和真实环境中的物体交互，比如在键盘上进行操作。Andre Zenner 和 Antonio Kruger 在 2017 年通过改变重量模拟持握物体的触感。微软研究院和斯坦福大学的 Inrank Choi、Eyal Ofek 等人 2018 年研发了在手持力反馈触感控制器的基础上加上食指移动，提供VR/AR环境中3种触感反馈：抓虚拟物体、触摸虚拟物体的表面及扳动的触感反馈。手持式触感设备不但可以提供不同的力反馈，中国科学院软件所的 Teng Han、田峰等人研发的 Mouillé 还可以支持用户在虚拟现实环境中体验到湿的感觉。这个技术原型支持用户在挤（squeeze）、举（lift）、抓（scratch）硬的（比如冰块）和软的（比如湿的海绵）物体时手指可以感受到湿的感觉。

3. VR/AR/MR 中的中空式触感

中空式触感设备是通过阵列小音箱提供超声波从而模拟触感。笔者带领团队 2019 年研发了 Refinity 混合现实系统，通过整合裸眼 3D 视觉显示、中空触感反馈、嗅觉气味交互及自然的身体交互（非定义手势＋身体姿态变化）探索非穿戴沉浸式多模态 MR 交互体验设计。在 Refinity 系统中中空触感交互模拟了花洒不同水流的触感及蒸汽的触感。研究发现触感交互可以显著增加用户在 VR/AR/MR 环境中的沉潜感及参与感，不过消费者对触感体验的预期非常高，期待能感受到和真实世界接近的各种触感，比如不同物体的质地。目前还没有触感技术可以很好地模拟出众多不同材质物体的触感，触感技术距离消费者的期望还有一段很长的路，需要研究者们继续努力。

4. VR/AR/MR 中的遇见式触感

斯坦福大学计算机系人机交互方向 James Landay 教授和他的学生 Parastoo Abtahi 等人 2019 年研发了一种基于四旋翼飞行器的遇见式触觉装置，起名为 HoverHaptics，以购物场景为例，探索如何在虚拟现实环境中提供触感交互。随着无人机/四旋翼飞行器的普及，一些四旋翼飞行器发展出可以安全触碰的性能，从而为虚拟现实环境中触感交互的开发提供了新的技术支持。HoverHaptics 提供了 3 种触觉交互：第一种是商品质地渲染（texture rendering），研究人员在四旋翼飞行器的两边放上了不同的纤维，在虚拟现实环境中用户看到的是衣服，伸手触碰到四旋翼飞行器周边贴上的纤维，提供衣服质地的触感反馈[图 11-3(a)]。第二种触觉反馈是帮助用户感受虚拟现实环境中物体的形状、尺寸大小及边缘，用

HoverHaptics模拟出用户移动一个鞋盒的触感体验[图11-3(b)]。另外还在四旋翼飞行器上附加了一个真实的衣架，借助四旋翼飞行器的触感反馈，用户可以在虚拟现实环境中感知到衣架移动[图11-3(c)]。这为在虚拟现实中提供不同形状物体的大小尺寸、重量等触感反馈提供了新的技术支持和设计方向。

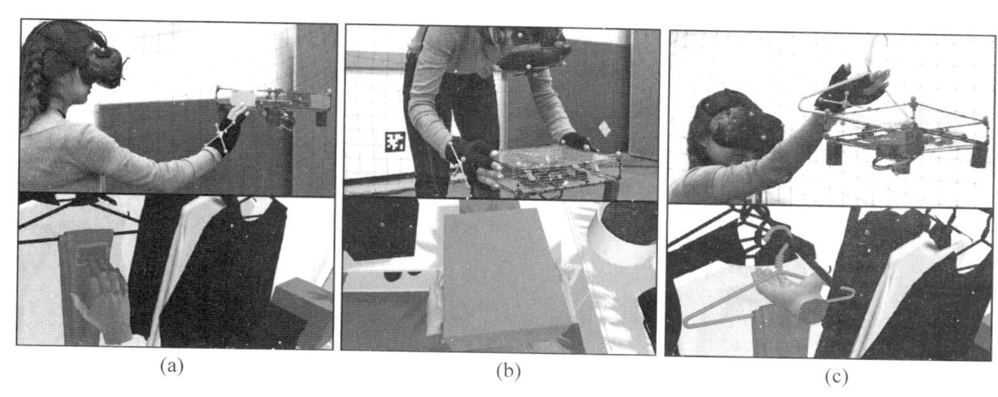
(a)　(b)　(c)

图11-3　基于无人机的触感交互

除了以四旋翼飞行器无人机作为遇见式触感的载体，Yuntao Wang等人还尝试用家用扫地机器人来提供虚拟现实环境中的触感力反馈。他们研发的MoveVR系统可以产生不同方向及强度的张力(比如橡皮筋产生的张力)、阻力，以及不同的冲击力(触摸、敲击、撞击)，为VR/AR/MR遇见式触感技术增加了新的探索方向。

11.4　VR/AR/MR的可达性设计

为每一个用户设计一直是人机交互领域的理念，因此有不少研究人员在探索如何进行VR/AR/MR的可达性设计，其中比较多的研究集中在视力受损的用户群体。Yuhang Zhao等人开发了一套包括14个工具的SeeVR系统，开发者可以用其为弱视用户设计更适合他们的虚拟现实应用。SeeVR包括的14个工具通过叠加视觉和听觉反馈来提高弱视用户使用虚拟现实系统的体验。这些工具包括：放大镜，这也是真实世界中弱视用户最常用的一种工具；亮度镜头，为对光线敏感度不同的弱视用户提供非常暗或者亮的光效；边缘增强，可以更好地凸显目标；文本语音编译，支持语音读出用户在虚拟现实中指向的文本。开发者可以对这14个工具进行自由选择组合来为弱视用户提供更好的虚拟现实应用体验。

微软研究院的研究人员Alexa F. Siu等人开发了一种通过触觉反馈及声音提供导航帮助的手杖，探索如何为盲人或者弱视用户提供虚拟现实环境导航。这个手杖模拟了盲人用户日常使用的盲杖。我们在真实环境中可以看到盲人用户在出行时会用盲杖点击前方的路面以确定是否有障碍物。在虚拟现实环境中当用户用手杖点击到物体表面的时候可以提供力反馈，同时还发出碰撞到这个物体时的声音(声音是播放真实环境中用盲杖碰触到该物体时发出声音的录音)。

Fariba Mostajeran等人研究了如何利用增强现实及虚拟教练为老年用户提供在家里的平衡训练，以帮助老年人减少摔跤的危险。一般这种平衡训练需要专业的医疗工作者来指导，无论是从费用角度还是从便捷性角度都比较难以推广，因此利用增强现实技术在家中

为老年用户提供平衡训练无疑是人机交互为每一位用户设计所倡导的方向。他们的研究表明，老年用户认为这样的新技术非常有前景，但是年龄越大的用户对增强现实系统的可用性评价越低，所以如何为少数群体更好地设计 VR/AR/MR 系统，还具有不小的难度。

11.5 VR/AR/MR 的开发工具

人机交互领域一个核心研究课题就是如何设计工具以更好地支持目标用户(end-user development)进行开发和设计。在 VR/AR/MR 领域，不少人机交互研究是关于如何更好地设计开发工具以降低 VR/AR/MR 应用开发的门槛及提升开发工具使用者的体验。虽然虚拟现实应用的开发工具，像 Unity、Unreal 等不断提供新的功能，使得开发高保真原型更容易，但是研究发现，VR/AR/MR 开发工具仍然是碎片化的状态，开发者需要学习使用不同的工具。越来越多的人加入 VR/AR/MR 应用开发者的大军中，人机交互领域关心的是如何为这些新手开发者提供更好的工具使用体验。

Narges Ashtari 等人 2020 年研究发现，VR/AR/MR 的开发者不但需要应对如何选择最合适的软件开发工具的挑战，还有一系列硬件方面的挑战，例如选择哪个头戴式显示设备、如何安装这些硬件等问题。用户体验及交互设计也是开发者的一大难题，存在众多问题，比如缺乏 VR/AR/MR 设计指导原则，如何设计自然的 VR/AR/MR 体验，在 VR/AR/MR 环境中如何设计移动、手势及语音交互等，以及如何进行 VR/AR/MR 的用户体验评估可用性测试，有哪些 VR/AR/MR 用户测试的方法，如何进行 VR/AR 的可达性(accessibility)设计等。基于这些挑战，人机交互研究者们开发了新的工具，希望能够更好地支持开发者们进行 VR/AR/MR 应用的开发。例如，Michael Mebeling 等人在 2019 年开发了 360proto，一个基于纸原型设计的 VR/AR/MR 原型开发工具包，包括 3 个模块。360proto 工具包中的照相机模块可以支持用手机对纸上的设计原型拍照，在手机上生成 360°的全景图，或者用谷歌的 Cardboard 生成一个 3D 立体的预览。另外一个模块 360proto 工作室可对拍摄的内容进行组织编辑。用户可以跟随一个视频脚本学习如何通过对拍摄图片进行层叠产生交互设计，从而生成 VR/AR/MR 的界面。第三个模块提供用户在支持 VR/AR/MR 的移动设备及头戴设备上运行及测试生成的 VR/AR/MR 交互原型。研究者通过 86 个用户的测试表明新的工具可以支持新手用户进行复杂的 VR/AR/MR 应用开发。

德国拜罗伊特大学的 Viktorija Paneva 等人开发了名为漂浮模拟器(Levitation Simulator)的系统，可以支持设计师开发虚拟现实环境中的漂浮界面原型，他们的用户测评表明，用这个工具开发出来的漂浮界面原型和真实开发的界面原型用户的参与度是接近的。这个工具也是开源的，大家可以联系开发者尝试使用。RPONTO 是 Germán Leiva 等人专门为设计师开发的一个轻量级增强现实原型搭建工具。他们从与增强现实开发专业人员的访谈中得知，增强现实开发中反复出现的问题有生成和定位 3D 物体、处理用户位置变化，以及设计动画效果。基于此，他们开发了 PRONTO 桌面视频原型系统，可以通过视频来获取 3D 空间信息，把 2D 的平面图案放在 3D 的增强现实环境中，以及直接操作增强现实环境中的物体来产生动画效果。RPONTO 和前面介绍的 360proto 一样，目的是支持设计师快速搭建 VR/AR 原型，使得更多的非专业开发者用户也可以进行原型开发。

11.6 VR/AR/MR 的应用

VR/AR/MR 应用发展最快的领域是游戏，无论是在商超还是邮轮上都可以看到已经商业化的 VR/AR/MR 游戏。除游戏之外，人机交互的学者们关注的另外一个应用领域集中在教育培训。可达性设计中提到了通过增强现实技术为老年用户提供在家的平衡训练以减少摔跤的风险。Fiona Draxler 等人 2020 年调研了增强现实如何提供情景化交互式的语法学习体验。他们开发的基于手机的增强现实应用可以根据用户周围环境动态地生成小测试，通过与传统的基于图片的学习测试相比较，这种贴近日常生活内容的交互式学习方式更令用户喜欢，但是从学习语法知识的效果来看，与传统的图片方式基本一致，没有显著的优势。

Seokbin Kang 等人开发了基于手机的增强现实数学学习应用 ARMath，可以帮助小朋友对日常生活中熟悉物体的数学概念进行情景式学习。ARMath 应用基于增强现实技术可以识别日常生活中的物体，可视化地展现出这些物体的数学属性，比如数量、长度等，小朋友可以和这些物体进行互动比如点击，从而学习像计数、加减算术等数学知识。和前面的语法学习增强现实应用一样，ARMath 最突出的优点是用户参与度，但同时增强现实应用本身的可用性，以及如何为小朋友们设计交互都是需要更多的研究来探讨的问题。

Iulian Radu 和 Bertrand Schneider 2019 年基于微软 Hololens 开发了增强现实应用来帮助学习物理。用户可以学习磁场形状这类空间知识，也可以学习电磁关系这类抽象概念。他们的研究表明，用增强现实技术进行一些概念的学习是有利的，能增加用户的自我效能；此外和其他研究类似，AR 环境的学习效果并没有显著提高。Yoonji Kim 等人设计了一个混合现实系统帮助用户学习电路设计。用户利用这个混合现实系统可以数字化地放电子元件在电路板上，调整电子元件的参数，实时看到变化。这个系统可以减少用户测试电路设计的工作量。

除了教育培训以外，人机交互的学者们还进行了 VR/AR/MR 其他不同应用的研究，从混合现实远程合作、社交应用的图片分享到健康安全领域的火灾演习，可以看出 VR/AR/MR 技术的应用领域不断拓展。相信随着 VR/AR/MR 技术的持续进步，更多感官通道的体验不断丰富，虚拟现实、增强现实以及混合现实还有更长远的未来。

参考文献

[1] SIU A F, SINCLAIR M , KOVACS R, et al. Virtual reality without vision: a haptic and auditory white cane to navigate complex virtual worlds[C/OL]//Proceedings of CHI'20: CHI Conference on Human Factors in Computing Systems (CHI'20), April 25-30, 2020, Honolulu, HI, USA. [2020-06-25]. https://doi.org/10.1145/3313831.3376353.

[2] ZENNER A,KRUGER A. Shifty: a weight-shifting dynamic passive haptic proxy to enhance object perception in virtual reality[J/OL]. IEEE transactions on visualization and computer graphics, 2017, 4(23): 1285-1294.[2019-08-25]. http://dx.doi.org/10.1109/TVCG.2017.2656978.

[3] WITMER B G, SINGER M J. Measuring presence in virtual environments: a presence questionnaire [J/OL]. Presence: teleoperators and virtual environments, 1998, 7(3): 225-240.[2019-02-15]. https://doi.org/10.1162/105474698565686.

[4] MOSTAJERAN F, STEINICKE F, NUNEZ A, et al. Augmented reality for older adults: exploring acceptability of virtual coaches for home-based balance training in an aging population[C/OL]//Proceedings of CHI'20: CHI Conference on Human Factors in Computing Systems (CHI'20), April 25-30, 2020, Honolulu, HI, USA. [2020-06-25]. https://doi.org/10.1145/3313831.3376565.

[5] DRAXLER F, LABRIE A, SCHMIDT A, et al. 2020. Augmented reality to enable users in learning case grammar from their real-world interactions[C/OL]//Proceedings of CHI'20: CHI Conference on Human Factors in Computing Systems (CHI'20), April 25-30, 2020, Honolulu, HI, USA. [2020-06-20]. https://doi.org/10.1145/3313831.3376537.

[6] LEIVA G, NGUYEN C, et al. Pronto: rapid augmented reality video prototyping using sketches and enaction[C/OL]//Proceedings of CHI'20: CHI Conference on Human Factors in Computing Systems (CHI'20), April 25-30, 2020, Honolulu, HI, USA. [2020-06-20]. https://doi.org/10.1145/3313831.3376160.

[7] HENDRIX C, BARFIELD W. Presence within virtual environments as a function of visual display parameters[J]. Presence: teleoperators & virtual environments,1996,3(5): 274-289.

[8] SON H, HWANG I, et al. RealWalk: haptic shoes using actuated mr fluid for walking in VR[C/OL]//Proceedings of IEEE World Haptics Conference (WHC), Tokyo, Japan, July 9-12, 2019: 241-246 [2019-12-09]. DOI: 10.1109/WHC.2019.8816165.

[9] CHOI I, OFEK E, BENKO H, et al. CLAW: a multifunctional handheld haptic controller for grasping, touching, and triggering in virtual reality [C/OL]//Proceedings of CHI'18: CHI Conference on Human Factors in Computing Systems (CHI'18), April 2018: 1-13. [2019-05-09]. https://doi.org/10.1145/3173574.3174228.

[10] WANG I, SMITH J, RUIZ J. Exploring virtual agents for augmented reality[C/OL]//Proceedings of CHI'19: CHI Conference on Human Factors in Computing Systems (CHI'19), May 4, 2019, Glasgow, Scotland, UK. [2019-12-09]. https://doi.org/10.1145/3290605.3300511.

[11] RADU I, SCHNEIDER B. What can we learn from augmented reality (AR)? Benefits and drawbacks of AR for inquiry-based learning of physics[C/OL]//Proceedings of CHI'19: CHI Conference on Human Factors in Computing Systems (CHI'19), May 4, 2019, Glasgow, Scotland, UK. [2019-08-11]. https://doi.org/10.1145/3290605.3300774.

[12] KIM J R, CHAN S, HUANG X, et al. Demonstration of refinity: an interactive holographic signage for new retail shopping experience[C/OL]//Proceedings of CHI Conference on Human Factors in Computing Systems Extended Abstracts (CHI'19 Extended Abstracts), May 4-9, 2019, Glasgow, Scotland, UK. [2019-08-11] . https://doi.org/10.1145/3290607.3313269.

[13] McVEIGH-SCHULTZ J, KOLESNICHENKO A, ISBISTER K. Shaping pro-social interaction in VR: an emerging design framework[C/OL]//Proceedings of CHI'19: CHI Conference on Human Factors in Computing Systems (CHI'19), May 4, 2019, Glasgow, Scotland, UK. [2019-08-15]. https://doi.org/10.1145/3290605.3300794.

[14] ROGERS K, FUNKE J, FROMMEL J, et al. Exploring interaction fidelity in virtual reality: object manipulation and whole-body movements[C/OL]//Proceedings of CHI Conference on Human Factors in Computing Systems (CHI'19), May 4-9, 2019, Glasgow, Scotland, UK. [2019-08-15]. https://doi.org/10.1145/3290605.3300644.

[15] LILIJA K, POHL H, BORING S, et al. Augmented reality views for occluded interaction[C/OL]//Proceedings of CHI Conference on Human Factors in Computing Systems (CHI'19), May 4-9, 2019, Glasgow, Scotland, UK. [2019-08-11]. https://doi.org/10.1145/3290605.3300676.

[16] SIDENMARK L, CLARKE C, ZHANG X, et al. Outline pursuits: gaze-assisted selection of occluded objects in virtual reality[C/OL]//Proceedings of CHI Conference on Human Factors in

Computing Systems (CHI'20), April 25-30, 2020, Honolulu, HI, USA. [2020-06-30]. https://doi.org/10.1145/3313831.3376438.

[17] HOPPE M, KAROLUS J, DIETZ F, et al. VRsneaky: increasing presence in VR through gait-aware auditory feedback[C/OL]//Proceedings of CHI Conference on Human Factors in Computing Systems (CHI 2019), May 4-9, 2019, Glasgow, Scotland, UK. [2019-08-14]. https://doi.org/10.1145/3290605.3300776.

[18] SPEICHER M, HALL B D, NEBELING M. What is mixed reality? [C/OL]//Proceedings of CHI Conference on Human Factors in Computing Systems (CHI 2019), May 4-9, 2019, Glasgow, Scotland, UK. [2019-09-10]. https://doi.org/10.1145/3290605.3300767.

[19] USOH M, CATENA E, ARMAN S, et al. Using presence questionnaires in reality[J]. Presence: teleoperators & virtual environments, 2000, 9(5): 497-503.

[20] NEBELING M, MADIER K. 360proto: making interactive virtual reality & augmented reality prototypes from paper[C/OL]//Proceedings of CHI Conference on Human Factors in Computing Systems (CHI 2019), May 4-9, 2019, Glasgow, Scotland, UK. [2019-08-12]. https://doi.org/10.1145/3290605.3300826.

[21] NEBELING M, SPEICHER M, WANG X, et al. MRAT: the mixed reality analytics toolkit[C/OL]//Proceedings of CHI Conference on Human Factors in Computing Systems (CHI'20), April 25-30, 2020, Honolulu, HI, USA. [2020-06-18]. https://doi.org/10.1145/3313831.3376330.

[22] ASHTARI N, BUNT A, McGRENERE J, et al. Creating augmented and virtual reality applications: current practices, challenges, and opportunities[C/OL]//Proceedings of CHI'20: CHI Conference on Human Factors in Computing Systems (CHI'20), April 25-30, 2020, Honolulu, HI, USA. [2020-06-05]. https://doi.org/10.1145/3313831.3376722.

[23] ABTAHI P, LANDRY B, et al. Beyond the force: using quadcopters to appropriate objects and the environment for haptics in virtual reality[C/OL]//Proceedings of CHI Conference on Human Factors in Computing Systems (CHI 2019), May 4-9, 2019, Glasgow, Scotland, UK. [2019-08-06]. https://doi.org/10.1145/3290605.3300589.

[24] BALA P, MASU R, NISI V, et al. "When the elephant trumps": a comparative study on spatial audio for orientation in 360° videos[C/OL]//Proceedings of CHI Conference on Human Factors in Computing Systems (CHI'19), May 4-9, 2019, Glasgow, Scotland, UK. [2019-07-22]. https://doi.org/10.1145/3290605.3300925.

[25] MILGRAM P, KISHINO F. A taxonomy of mixed reality visual displays[J]. IEICE trans. information and systems, 1994, 77(12): 1321-1329.

[26] MILGRAM P, COLQUHOUN H W Jr. A framework for relating head-mounted displays to mixed reality displays[C]//Proceedings of the Human Factors and Ergonomics Society Annual Meeting. Los Angeles, CA: SAGE Publications, 1999, 43(22): 1177-1181.

[27] ALGHOFAILI R, SAWAHATA Y, HUANG H K, et al. Lost in style: gaze-driven adaptive aid for VR navigation[C/OL]//Proceedings of CHI Conference on Human Factors in Computing Systems (CHI 2019), May 4-9, 2019, Glasgow, Scotland, UK. [2019-07-28]. https://doi.org/10.1145/3290605.3300578.

[28] KANG S, SHOKEEN E, BYRNE V L, et al. ARMath: augmenting everyday life with math learning[C/OL]//Proceedings of CHI Conference on Human Factors in Computing Systems (CHI'20), April 25-30, 2020, Honolulu, HI, USA. [2020-05-28]. https://doi.org/10.1145/3313831.3376252.

[29] PUTZE S, ALEXANDROVSKY D, PUTZE F, et al. Breaking the experience: effects of questionnaires in VR user studies[C/OL]//Proceedings of CHI Conference on Human Factors in

Computing Systems (CHI'20), April 25-30, 2020, Honolulu, HI, USA. [2020-06-18]. https://doi.org/10.1145/3313831.3376144.

[30] HAN T, WANG S R, WANG S J, et al. Mouillé: exploring wetness illusion on fingertips to enhance immersive experience in VR[C/OL]//Proceedings of CHI Conference on Human Factors in Computing Systems (CHI'20), April 25-30, 2020, Honolulu, HI, USA. [2020-06-18]. https://doi.org/10.1145/3313831.3376138.

[31] SCHWIND V, KNIERIM P, HAAS N, et al. Using presence questionnaires in virtual reality[C/OL]//Proceedings of CHI Conference on Human Factors in Computing Systems (CHI 2019), May 4-9, 2019, Glasgow, Scotland, UK. [2019-07-28]. https://doi.org/10.1145/3290605.3300590.

[32] PANEVA V, BACHYNSKYI M, MÜLLER J. Levitation simulator: prototyping ultrasonic levitation interfaces in virtual reality[C/OL]//Proceedings of CHI Conference on Human Factors in Computing Systems (CHI'20), April 25-30, 2020, Honolulu, HI, USA. [2020-06-18]. https://doi.org/10.1145/3313831.3376409.

[33] WANG W T, CHENG J H, GUO J L C. Usability of virtual reality application through the lens of the user community: a case study[C/OL]//Proceedings of CHI'19 Extended Abstracts, May 4-9, 2019, Glasgow, Scotland, UK. [2019-07-25]. https://doi.org/10.1145/3290607.3312816.

[34] KIM Y, CHOI Y, LEE H, et al. VirtualComponent: a mixed-reality tool for designing and tuning breadboarded circuits[C/OL]//Proceedings of CHI Conference on Human Factors in Computing Systems (CHI'19), May 4-9, 2019, Glasgow, Scotland, UK. [2019-07-26]. https://doi.org/10.1145/3290605.3300407.

[35] ZHAO Y H, CUTRELL E, HOLZ C, et al. SeeingVR: a set of tools to make virtual reality more accessible to people with low vision[C/OL]//Proceedings of CHI Conference on Human Factors in Computing Systems (CHI 2019), May 4-9, 2019, Glasgow, Scotland, UK. [2019-07-22]. https://doi.org/10.1145/3290605.3300341.

[36] WANG Y T, CHEN Z C, LI H C, et al. MoveVR: enabling multiform force feedback in virtual reality using household cleaning robot[C/OL]//Proceedings of CHI Conference on Human Factors in Computing Systems (CHI'20), April 25-30, 2020, Honolulu, HI, USA. [2020-06-25]. https://doi.org/10.1145/3313831.3376286.

第3篇

体验设计专题

本篇是在第2篇讨论的体验设计通用准则的基础上，对设计中的若干专题进行针对性的讨论。在为特定人群设计时需要理解该人群的特征。第12章讨论的是如何在设计中考虑文化差异，适应不同的文化背景。第13章讨论的是针对高龄用户的特点进行设计，这个领域是针对社会老龄化的一个重要专题。

随着物联网的发展，人们周围的环境越加智能化。以前较多和计算机或手持设备进行的交互方式会逐渐演进为更加自然的交互方式。整个社会快速信息化，产生了海量的数据，大数据和人工智能技术提供了新的机会去理解人类的行为和环境，创造更好的人机交互体验；同时，这些技术也会造成信息过载、隐私等问题。第14～17章围绕物联网、环境智能、大数据、人工智能和智慧城市等相关话题，全面讨论了快速数字化趋势下的人机交互设计。第18章讨论的是信息安全和隐私相关的设计原则。

12 文化差异与用户界面设计

12.1 文化差异的理论

文化背景对于人机交互的影响在互联网普及之后受到广泛关注，同时全球化的经济以及市场发展，使得软件与消费性电子产品的设计与开发往往必须顾及不同国家和地区的用户差异。尤其是语言文字的差异，已经成为许多用户界面设计指南的重要部分。不过越来越多的系统设计开发与研究人员发现，文化差异远远不只是语言文字，在认知方面，包括用户的思考模式、信息分类架构、问题解决、决策制定、情感偏好等都存在着文化差异。另外，在一个同样语言文字的群体中也会存在这些文化差异，例如在中国或美国，不同地区之间都存在着文化差异，在中国总有人说北方人和南方人的差异，而在美国也总有人提到西岸和东岸之间的差异。另一方面，在不同语言文字的群体中，也并不代表在文化上就没有共通点。譬如对中国人来说，很多欧洲人与美国人的思维方式有许多共通点；对欧美人来说，中国人、日本人、韩国人也有许多共通点。这些认知的文化差异可能因历史、风俗、传统等不同而形成，在经济全球化中也受到冲击与影响，因此早就是许多人文社会科学领域感兴趣的方向。总而言之，表象的文化差异容易观察，大多数的人都有经验，从而对人机交互的影响比较具体，但是在认知过程方面的差异就比较不容易观察与研究。广泛的文化差异涉及的因素非常多，在经济快速成长或(及)社会变化的地区，如中国，还在变化着，所以文化差异在人机交互领域，甚至于有关的人文社会领域都还是值得深入研究的一个主题。

关于文化差异的研究并不少见，但是概括性的模型并不多，目前比较常应用的是霍夫斯德(Hofstede)和霍尔(Hall)所归纳的文化差异模型。

12.1.1 霍夫斯德的五大文化差异理论

霍夫斯德的五个文化差异维度或许是最广为人知的模型之一，这五个维度分别是权力距离(power distance)、不确定回避(uncertainty avoidance)、阳性-阴性(masculinity-femininity)、个人主义-集体主义(individualism vs. collecti vism)以及时间取向(time orientation)。霍夫斯德在全世界进行了两次文化差异的研究，从53个国家或地区的差异中总结出这五个维度，其中时间取向是根据在中国的研究成果增加的。

权力距离是指在组织中的权力弱势者对于权力分配不均的接受程度。不确定回避是个人对于不确定或未知情况感受到的威胁程度。阳性的社会中性别角色明显；阴性的社会中性别角色区别有限。个人主义的社会中，人与人之间的连接松散，个人只需要关心自己以及家人，而不像集体主义的社会中，个人属于不同的小圈圈或团体，个人对团体忠诚，团体会保护个人。长期时间取向的人坚持节俭为了将来；短期时间取向的人重视过去与现在。

Bassett曾比较了中国与澳大利亚的学生(参见文献[1])，结论是中国学生的权力距离高，有高度的不确定回避倾向，性别角色的倾向在阳性与阴性中间，有高度的集体主义倾向，并且具有高度的长期时间取向。总结许多过去基于霍夫斯德的研究成果，可以发现中国与美国一般用户的差异如表12-1所示。

表12-1 基于霍夫斯德的中美一般用户的文化差异

文化差异维度	美　国	中　国
权力距离	偏好非高度结构化的信息； 较不重视威权、证书、公章或象征图案	偏好高度结构化的信息； 重视威权、证书、公章或象征图案，如老总的相片
不确定回避	避免迷失的设计； 需要简单清楚的暗喻、有限的选择以及有限的数据； 偏好能预测的操作结果； 提供减少失误的辅助系统； 使用颜色、字体、声音增加导航的线索	较少导航的控制，如多采用超链接开启新窗口； 上网时可以接受风险与漫游，如单页可以有非常多的超链接； 使用颜色、字体、声音提供大量的信息
阳性-阴性	性别角色较模糊	性别角色区别较明显
个人主义-集体主义	基于自我的动机； 强调事实； 强调新与独特	避免从群体中孤立； 强调与他人的关联
时间取向	注重事实及确定性； 信息与可信度以规则为准； 对目标的结果有实时的期望	重视实际与实用价值； 信息与可信度以关系为准； 对结果的期望有耐心

霍夫斯德文化差异模型的优点是有一份标准的量表，并且曾经在IBM公司内进行过两次全球范围的比较研究。当今全球化的浪潮拉近了人与人、国与国的距离，像中国这样快速发展的国家，人们的思想与行为有非常大的改变。还有，在霍夫斯德的研究中也发现中国台湾、香港与大陆之间存在某些文化差异，至于北京、上海与中国其他地区的差异还没有结论，所以霍夫斯德对中国研究的结果不能轻易拿来代表现在所有的中国人。但是许多外国人在研究中国人的时候就是这样开始的，结果是否会造成更多误解值得我们特别小心。

12.1.2 霍尔的文化差异观察

霍尔用人类学的方法研究文化差异，虽然没有霍夫斯德的标准量表，也没有完整的模型，但是他在时间与沟通方面所观察到的文化差异却鞭辟入里。

时间取向的文化差异在一般人日常生活的方方面面中显现出来，包括如何遵守时间表、安排工作与生活以及调适不同的时间要求等。个体的时间取向会影响使用系统时的操作方式，霍尔认为有单工(monochronic)与多工(polychronic)两种时间取向。

霍尔通过观察认为德国、英国、荷兰、芬兰、美国与澳大利亚的人比较倾向单工时间取向。单工时间取向的人视时间为线性的，把时间分为许多段落，一次专注一件事情并且遵守规则与程序，不习惯同时做多件事。单工时间取向的用户在上网时也显现出线性的浏览模式，比多工时间取向的用户点选更多的链接，所以花的时间较多。霍尔通过观察认为意大利、法国、西班牙、巴西与印度的人比较倾向多工时间取向。多工时间取向的人比单工时间取向的人会更为弹性地运用时间，不一定严格遵守规则、流程与时间表。所以他们偏好同时进行好几个任务，常常面对不同的要求而交替运用时间。

沟通脉络是霍尔提出的另一个文化差异，文化依据沟通风格的不同划分出高脉络(high-context)与低脉络(low-context)的沟通文化。身处高脉络文化的人，沟通方式的特点在于，大部分该具备的信息都已经了然于心，仅少部分信息会因传播的过程而片段散落。而低脉络文化的沟通方式则正好相反，其沟通方式的特点在于，大量的信息都以清楚的符号来代称解释。举例来说，一起长大的双胞胎，彼此之间就可以非常简短而有效率地沟通，很快就可以知道对方的意思(高脉络沟通)；而在法庭面对面辩论的两个律师，就需要花很多的语言符号来沟通，才能让对方了解意思(低脉络沟通)。

中国被文化学者划分在脉络文化光谱的最高处，属于高脉络文化中的最高者。研究认为，倾向高脉络文化的人，偏好自由与广泛的信息流通，无论是在收集、处理或传递信息时，寻求与给予信息都十分频繁。并且每个人对于信息的灵敏度都很高，了解如何去寻找适当的信息渠道与来源。而在低脉络文化中，例如德国，信息是相当零散片段的，信息的传播通常不共享，而是经过筛选过的信息。但在高脉络文化中，如法国、日本，信息共享就是一个很重要的元素。低脉络文化的人在处理事物时，总是习惯要对于该事物有全盘的了解才肯进行评估，他们会不断地寻求自己想要的信息。

12.1.3 尼斯比特的推理风格研究

近几年，以尼斯比特为代表的学者研究了在不同文化背景下个体认知行为的基本差异。这些认知推理风格差异在东西方文化对比中更明显，尤其是社会历史差异。中国文化以整体的、关联的和具体的思维方式为特点，而西方的认知风格则为解析的、实用的和抽象的。整体分析方法基于经验知识，关注对象间的关系，强调时刻存在变化和矛盾，倾向于依照关系而进行分组。相反，解析方法运用形式逻辑，聚焦目标对象的特点，强调内容的去情景化结构，倾向于依照种类而进行分组。比如在2004年的研究中发现，中国内地和台湾地区被试在中文测试环境下的反应相关程度高于英文测试环境。使用不同语言时，他们会调整推理的风格以适应使用某种语言的文化情景，所以使用中文时就会倾向关联的思维模式。中文的文化情景往往形成了中国人认知风格的特点，在个体成长过程中影响中国人认知风格的主要因素包括出生顺序、中国教育系统、汉语的特点。

12.2 沟通的文化差异

12.2.1 沟通脉络对浏览网站绩效的影响

高脉络与低脉络文化的人相互沟通时，可能会发生问题。当低脉络文化的人向高脉络文化的人提供多余的信息时，高脉络文化的人可能就会感到不耐烦。但是当高脉络文化的人没有提供给低脉络文化的人足够的信息量时，低脉络文化的人就会容易感到迷惘。沟通最大的挑战是在适当的情境中找出所需的沟通脉络。太多的信息让人们觉得低人一等，太少的信息又会让人感到困惑与遗漏了重要线索。使用信息系统时，若信息超过整个传播渠道的负载量，就会出现信息超载的问题。根据霍尔的理论，越趋向高脉络的人越不容易感到信息超载，因为他们会时时保持密切的联系，使信息渠道畅通，这种信息警觉度以及随时保持信息更新的原动力使得高脉络文化也可被归类为高信息流动文化。而组织里若是信息低流动，则可与低脉络、单一时间取向运用相互连接，因为这三者都有区隔、断裂的共同特点。

不同沟通脉络对浏览网站的影响在研究中已经有所发现，沟通脉络对上网的影响不仅在信息超载上，在速度、连接数以及迷失程度上也有影响。由于网站超链接的非线性特性，高沟通脉络的用户浏览网页的速度比较快。比起低沟通脉络的用户来说，如果连到同样目标网页信息，高沟通脉络的用户所点选的超链接比较少。然而由于高沟通脉络用户较不偏好对信息进行全盘的了解，因此上网时容易产生迷失的现象，在网络虚空间中失去方向感，不清楚自身所处的位置以及前进的方向。相对而言，低沟通脉络的用户虽然浏览的速度比较慢，连接的网页比较多，但却不容易在上网时感到迷失。所以如果一个网站的用户较偏向高沟通脉络，就应在每个网页上完整详细地呈现出信息架构，提供较多的导航支持能够减少用户迷失在网站当中。

12.2.2 沟通对工作的影响

沟通脉络不仅影响上网的绩效与操作，也会影响工作中所有与信息系统的交互。现在许多工作离不开计算机与信息系统，如果信息系统的信息不通过文字传递，高沟通脉络的用户会表现得比低沟通脉络的用户更好，尤其是成功接收的比例，声音、闪光或图形对高沟通脉络的用户更加有效。对低沟通脉络的用户来说，信息系统的交互应该强调文字，而非文字的交互。当然信息的复杂程度对信息交互也有影响，如果信息非常复杂，那么不管用文字或其他代码，对不同沟通脉络的用户来说未必有差别。

不论沟通的脉络为何，沟通的方向也受到文化差异的影响。单向沟通(one-way communication)对于习惯于高权力距离的人来说要容易一些，尤其是非语言的单向沟通。因为高权力距离的人对权力分配不均的接受程度较高，而权力分配不均往往与信息的流通方式有关，甚至于常常导致单向沟通，所以他们在单向沟通时的表现会比较好。不过在向下(downward)的单向沟通中，高权力距离的人与低权力距离的人没有差别。如果是向下的双向沟通(two-way communication)，低权力距离的人成功完成沟通任务的比例要高于高权力距离的人。因为低权力距离的人偏好非高度结构化的信息，虽然是向下的沟通，但是在双向沟通的情境中，信息的传递是交互的而相对不结构化；对高权力距离的人来说，双向的交互沟通不容易像单向沟通那样高度结构化，所以成功率会比较低。

除了权力距离之外，时间取向的长短也与沟通的成功与否有关。在清华大学的研究发现，对于目标的沟通如果以长时期的方式进行，对长期时间取向与短期时间取向的人来说并没有差别。然而，目标的沟通如果以短时期的方式进行，短期时间取向的人就比长期时间取向的人明显地有较好的沟通表现。所以在一个组织当中，如果工作的方式是主管直接指挥并且经常评价表现与进度，短期时间取向的人比较容易接受而且可能会表现得好；如果目标的设定是长时期的，长期时间取向的人并不会比短期时间取向的人有更好的沟通成果，毕竟长期目标的达成受到许多因素的影响，时间取向只是影响因素之一。

12.2.3 沟通对决策的影响

从接受机器人建议的研究结果中，可以探讨沟通风格的影响和文化对于决策的影响。其中主要的3个影响因素是个体的文化背景（中国人或德国人，要求个体必须在该文化背景下生活至少10年时间）、沟通风格（直白或含蓄）和机器人的语言（母语和英语）。结果发现，中国人对机器人有更高的评价，包括机器人的受欢迎度、可信度和可靠性，并且更有可能依据机器人的建议而改变他们最初的判断。中国人更喜欢和信任含蓄的沟通风格，也更有可能接受含蓄的建议。德国人在机器人的受欢迎程度、可信度和可靠性上都给予了较低的评价。并且他们的建议接受程度显著低于中国被试。他们较相信自己最初的选择，而且当机器人的选择与他们不同时，他们也不太可能去改变自己的选择。当机器人采用含蓄的沟通方式时，德国被试也不太可能接受建议。可能的原因是，个体主义文化和科技素养使德国人对自己的决策更加自信，而不愿意改变。倾向于含蓄的中国人比德国人更喜欢含蓄的沟通方式，原因在于高语境文化；德国人不太喜欢含蓄的沟通方式则归因于低语境文化的影响。

整体来说，沟通的文化差异在人机交互领域的研究与应用都不多，主要原因在于表象观察的困难以及如何应用成果。虽然从表面上可以轻易地观察到沟通的差异，但个体差异以及其他因素所造成的差异也非常多，不容易找出文化差异的影响。其次是如何应用成果，在本节中提到的成果对于信息设计的指导比较抽象，虽然指出趋势，但对具体的用户界面设计帮助有限。不过随着信息技术的日渐普及，网络上的沟通不断演化，沟通的文化差异值得深入探索。

12.3 运用时间的文化差异

12.3.1 时间取向与超媒体

除了沟通之外，时间的运用是另一个值得深入研究的文化差异。前面提到霍尔归纳出单工与多工两种不同的时间运用方式。霍尔认为单工是英国工业革命的产物，机械性的生产过程要求工人必须在特定的时间内完成特定的事，使得人们对于遵守时间取向习以为常。然而，单一时间取向并不绝对是一种自然的时间取向，时间取向的要求往往违背人们的许多习惯。最近对中国工人的时间取向研究发现，中国工人偏好单工的时间取向安排，可是工作却要求他们进行多工的时间取向安排，而他们必须要适应。

在倾向单工时间取向的文化中，时间取向被自然切割成片段的时间，每个时段都有安排与区分，方便专注进行一件事。因而遵守既定的时间表是很重要的，同时也不会轻易改变原先对于时间的规划。单工时间取向的用户使用信息系统时倾向专注在一个任务或一个应用程序，这种专注有可能导致对整体情况的忽视甚至于忽略对警告的反应。另外单工时间取向的用户因为非常重视清楚的流程，在标准程序不明时一般不会依据新情况变化流程。

多工时间取向的人倾向顾及人际之间的互动以及沟通的完整性，在运用时间、规划活动方面比较弹性，但同时也充满不确定。多工时间取向的用户使用信息系统时会在任务或应用程序之间转来转去，尽量全面掌握整体情况，不过也可能因为在任务之间的转换而产生失误。当他们转换任务时，可能因为忘记之前的状况而选择错误的步骤或规则。对多工时间取向的用户来说，标准流程不太重要，因而在面临新的情况时他们会随机应变。

时间取向倾向对使用超媒体(hypermedia)的影响已经在研究中发现。研究结果显示，在浏览同样的信息时，多工时间取向的用户比单工时间取向的用户点选的链接要少21.6%，时间也比较短，并且单工时间取向用户彼此之间的绩效差异比较大。对多工用户来说，网络的充满弹性和不确定与他们的时间安排比较接近。

12.3.2 时间管理的差异

进一步的研究已经发现时间安排的差异。一项对中国、德国、日本大学生的时间管理调查结果显示，比起中国学生和日本学生，德国学生的特点是倾向一次专注做好一件工作，而不太倾向同时进行很多事，并且对团队与组织的时间安排非常重视；中国学生的特点是个人对时间作很多计划，比德国学生和日本学生更重视用笔记帮助时间的安排，并且对提升时间管理技巧非常感兴趣；日本学生不像德国学生那样重视团队与组织的时间安排，却又不像中国学生对时间作很多计划。不过，所有学生都表现出对时间管理的重视。

12.4 认知特性与超媒体

文化在人的认知特性上展现差异，虽然研究认知过程的结果并不算困难，但是文化差异如何在认知过程中产生影响还有待深入地研究。一般而言，研究过去的经验、习惯、价值等对信息的处理与反应，是认知的文化差异在人机交互中常见的方向。以下介绍几个针对中国人的认知文化差异的研究。

12.4.1 信息架构的设计与呈现

认知的区别对于设计信息架构也有重要影响。研究表明，中国用户使用关系型具体分类系统比使用功能型抽象分类系统更加有效。与其相反，美国用户使用功能型抽象分类系统比使用关系型具体分类系统更加有效。图12-1表示在这项研究中所使用的功能型和关系型的分类系统。在测试具体分类系统和抽象分类系统时，该研究分别使用了图片和按钮作为比较。

这项研究在中国台湾也进行了比较，探讨文化差异对不同文化背景下用户使用计算机的影响，以及研究如何设计恰当的界面以适应文化差异，从而提高中国用户对计算机的操作水平。以往研究中有关中美认知和文化上的差异包括认知风格(具体的和抽象的)和思维加工(主题型的和功能型的)。研究结果发现，中国内地和台湾的被试都在主题型的结构条件下出错率小。虽然测试时间与美国的被试没有差别，经过学习之后也有进步，可是中国人处理主题型信息架构的错误总是比功能型的信息架构少，而美国人却没有差别。这表明中国人设计信息架构时，必须留意不同的分类方式。不过这个研究的结果也发现，中国内地和台湾的被试在认知风格与思维加工上有某些差异，虽然不如与美国人的差异大，但也显示在数量很大的中国人群当中确实存在着文化差异。

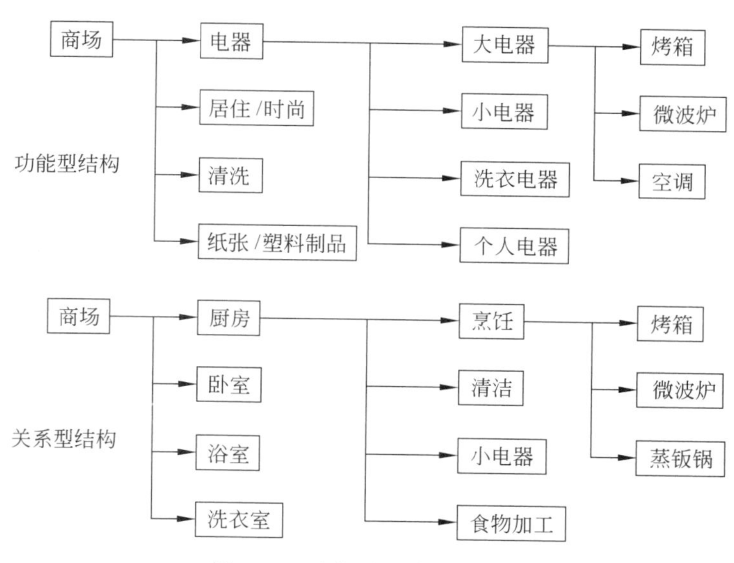

图 12-1 功能型和关系型结构

12.4.2 网站主页丰富程度与视觉搜索

中国人的另一个认知特性也许可以从门户网站的设计中看出。与世界上大多数门户网站不同,中文门户网站都试图在很长的主页上提供所有可使用的信息。在主页上有非常多的链接、不同大小的文字、缤纷华丽的色彩与各种广告,甚至飘浮的动画在中文的门户网站上也非常普遍。这些设计在国际上几乎所有人机交互的专业中,都被认为存在严重的可用性问题,是绝对不可行的设计,然而在中国的门户网站却是普遍的标准。到底是中国的用户与众不同而偏爱这样的设计,还是中国的用户具有某些认知特性所以不把超量的信息当成问题,是一个值得研究的主题。此外,长年习惯于这种超量信息呈现的中国用户,是否会培养出不同的偏好或锻炼出不同的能力也值得探讨。

比较德国的研究发现,不论是英语还是母语(中国人是中文,德国人是德文),中国人还是德国人,使用简单门户网站比使用超量信息的门户网站要快,视而不见的链接要少。不过中国人对超量信息的门户网站更为满意,而德国人则对简单的门户网站更为满意。这表示即使是经过相当程度的学习,浏览超量呈现的信息的绩效仍然不理想,在超量信息的门户网站上很容易忽略要找的链接,中国用户虽然知道绩效不理想,却仍然不会偏好简单的门户网站。

另一个在中国门户网站常见的是已经泛滥的动画广告,这同样是被国际上人机交互专业所不认同的设计,有的中国网页上却是动画广告满天飞,大大小小位置不一。在研究中发现,其实中国用户能察觉到动画移动的规律,从而像忽视静态动画那样避免飘浮动画的干扰。而用户在具有随机飘浮动画的页面上所用的搜索时间,比在没有动画的页面上进行搜索所用的时间明显要长。再者,用户对那些具有随机飘浮动画、下移动画和上下飘浮动画页面的满意程度明显低于对没有动画的页面的满意程度。总的来说,很多具有中国特色的网站设计对中国用户来说,和国际上人机交互领域对此得出的结论一样,即问题很多,可是中国用户已经形成使用习惯，不觉得问题有多大。

12.4.3 自我评价与归因

对操作绩效的自我评价与文化差异有关系，对操作绩效的归因(attribution)与文化差异也有关系。一项东西方用户对操作绩效的自我评价与归因的研究，设计了两个实验测试门户网站，考察主观可用性和搜索绩效方面的文化差异。研究邀请中国台湾和美国芝加哥的用户分别在设计完全相同但语言版本不同的雅虎上完成相同的搜索任务。雅虎中文和雅虎的布局一致，雅虎中文上的分类直接翻译于雅虎上的分类，不过搜索引擎不同。结果发现，两组用户的搜索绩效在与地区有关的任务上有相当大的差别，但就整体而言绩效差异不大。不过两组用户对绩效的满意度却有明显的差异，中国台湾地区的用户对绩效的自我评价较低，而且认为经过加强练习可以提升操作的绩效。这可能代表他们倾向将绩效进行内向归因，并不认为系统的设计需要改善。这种倾向一方面代表用户会在初学时期努力自我提升，另一方面在研究满意度时需要考虑如何让用户提升自我评价。

12.5 为中国用户设计电子商务的体验

现在世界上大约有13亿人讲汉语。在经济发展和互联网方面，中国也是世界上发展最快的国家之一。随着中国和世界日益广泛的交流，会有很多在世界各地设计的产品进入中国的市场。同时，在中国设计的产品也会被输出到国外。世界各地的人机交互设计研究人员对使用中文的网民和使用英文的网民的用户行为进行了多方面的研究。下面以将美国设计的网站移入中国作为例子讨论跨地域设计的一些问题，例如语言、认知风格、文化差异及其对于设计的影响。

12.5.1 明显的语言差异

语言差异对于人的信息处理方式有着深刻的影响。这种影响首先来自于中英文字体形状和发音系统的不同。英文是基于发音的字母类型文字，中文却是基于象形文字的图形文字。英文的单词总是由若干字母顺序拼写而成的，在读物中，英文总是由左向右写成的。而中文的读物可以通过水平方向或竖直方向写成。同时，中文的简体和繁体也在不同的地区同时使用着。在计算机应用中，中文普遍使用双字节编码系统。这些特点不仅造成了一些技术上的特殊性，而且也意味着一些人机交互设计方面的不同考虑方面。

1. 阅读

英文主要由一系列英文单词组成。这些书写的单词从一定的距离看上去具有不同的形状、长度和高度的变化，并且这些词都是由空格分开的。书写的中文则是由一系列方型字符组成。其长度和高度的差异不明显。同时中文词之间没有较大的空格将其互相分开。这些书写文字视觉效果的不同导致了眼睛移动方式的不同。有研究表明，中文读者的眼睛移动距离小于英文读者。这一现象可能是由于中文的高视觉密度造成的，而且中文词之间没有空格也是造成这一现象的原因之一。

一般来讲，书写的中文比英文视觉上更加复杂和密集。这种情况使得中文的显示要求不同于英文。研究表明，没有一家主要的中文大型网站的链接使用了浏览器提供的默认颜

色。这些网站都选择了相对深一些的颜色作为链接的颜色。这是为了最大限度地提高中文文字的可阅读性。

书写的中文视觉上的复杂性和密集型，实际上会造成认知系统的较大负担。Lie 在文献[14]中比较了英文和中文菜单选择上的不同，研究发现，中文菜单使用者比英文菜单使用者记得的菜单位置信息少一些。这一现象可能由两方面因素造成：首先，英文词的形状一定程度地提供了位置记忆所需要的线索信息，中文词的形状在这方面只能提供非常少的信息。另外，书写的中文视觉上的复杂性和密集型提高了认知系统的负担，使用户只能有较少的资源用来进行位置记忆。

书写中文的方向性对于中文用户的认知行为也有所影响。本书作者董建明和 Salvendy 博士在 1999 发表的研究结果表明，中国用户使用水平方向和竖直方向菜单时与美国用户有不同的表现。中国用户使用竖直方向中文菜单时的效率高于使用水平中文菜单。但是中国和美国的用户在使用水平方向英文菜单时的效率都高于竖直方向英文菜单。

2. 文字输入

标准中文字库包括大约两万个字，如果加上不常用字，则可以达到 5 万字以上。最基本的中文交流需要大约 3000 字。文字的输入对于中国用户是一个很大的困难。中文输入方式主要包括键盘输入、手写输入和语音识别输入。

使用基于西方文字设计的键盘进行中文输入往往不是一件轻松的事情。现在最普遍的中文输入法是拼音输入法和五笔输入法。在使用拼音输入法时，用户使用英文键盘输入标准汉语拼音但是并不输入声调。由于同一拼音的中文字可能有很多，用户需要在这些中文字里选择所要输入的字，所以这种输入方法必然比较慢。五笔输入法基于汉字的笔画和形状，中文字与用户在英文键盘上输入的内容是一一对应的，而不需要进行选择，所以对于熟悉五笔输入法的用户，这种方法非常快。但是要掌握这种输入方法需要很多的记忆和练习。

手写输入法在理想情况下对于中文用户可能是相当容易的。但是很多中国用户在书写时都会有“连笔”等很多与标准字体不同的地方，这些特点使得计算机书写识别模型不准确。中文语音识别的主要问题是各地方言有明显区别，语音识别系统很难包容非常复杂的方言。一些研究项目试图将书写输入和语音识别输入方法结合起来使用。

中文全角和半角模式也会造成一些用户使用的问题。在计算机系统中，中文字是以双字节方式存储的，而标准英文字是以单字节方式存储的。中文用户在输入文本内容时往往可以选择中文全角和半角模式，在中文全角模式中输入的英文字母、标点或阿拉伯数字将会以双字节方式存储，这些文字看起来会比半角方式存储的文字宽一些(图 12-2)，有些用户可能不会注意到，实际上这些文字和半角文字的存储方式完全不同。如果用户在输入某些信息，例如电话号码、密码等时使用了全角模式，这些信息可能会被错误地处理。

１２３４５６７８９０ＡＢＣ，．；：“”
1234567890ABC,。;:“”

图 12-2 全角和半角数字、字母和标点比较

以上所述的文字输入方面的问题都是中文界面设计需要注意的方面。

12.5.2 认知方面的区别

中文阅读需要记忆几千个甚至上万个中文字符，书写中文更是需要大量的练习以保证书写的正确和规整。这些训练实际上使得中国用户比美国用户有更强的视觉区分能力。研究表明，某些认知方面的区别源于语言。另外，有些认知领域的研究发现，美国人一般具有较多的分类型认知取向，中国人一般具有较多的关系型认知取向。具有较多分类型认知取向的人倾向于将各种信息按照其各自功能进行分类；具有较多关系型认知取向的人倾向于将各种信息按照其相互关系进行分类。这种区别可能部分源于中美不同的教育体系。美国的教育体系比较鼓励创意，所以使人倾向于发展不同的个性；中国的教育体系更加注意基础知识，所以使人更倾向于注意人际的关系和纪律。另外的研究表明，中国人的语言流利方面一般低于美国人，这也可能部分是由于中国文化更加强调聆听和遵从。

12.6 面向世界不同地区和不同文化的设计

世界不同地区的人群有着非常大的文化差异。由于各个地区的地理环境、历史等的不同，不同地区的人群的差异表现在语言、文字、习惯、行为方式等多个方面，这些差异也以各种方式反映在产品的使用上。在某个地区可用性良好的产品移到其他地区时就可能产生可用性问题。可能直接影响设计的地区方面的因素包括：

(1) 国家和民族之间的差异。这种差异表现在语言、文字、产品结构、收入水准、法律规定、习惯、价值观等的不同。

(2) 技术方面的差异。这种差异表现在各地现行的主要技术标准的不同，例如不同的电压、衡量单位、纸张尺寸、操作系统平台等。

由此可见，在产品的使用环境具有不同的地区或文化背景时，产品的设计就必须考虑适应环境当地的条件。例如，应当考虑支持多种文字，能够使用多种电压等。产品的国际化和本土化是面向国际市场开发产品的两个相互关联的方面。国际化是指使所设计的产品或其元素不需改动就可以在所有使用产品的国家或地区顺利使用；本土化是指将针对某个地区设计的产品进行某些调整以适用于其他某些地区用户的使用。

下面是一些国际化或本土化设计所需要注意的一些方面。

(1) 尽量多使用不带有地区性的并被一般人广泛接受的图形标志。例如，在人行道使用绿色的行人走动的图形表示“可以通过”在世界各地都是很直观的。这些图形标志可以与当地文字联合使用，减少单纯使用文字的情况。又例如，在上述行人走动图形的下面同时显示“通过”的字样也有助于使用。但是可以想象，如果该标志只显示“通过”的字样，则不能读中文的人或视力较弱的人就会遇到理解的困难。

(2) 在翻译时要在不影响原意的情况下尽量使用目标用户所习惯的表达方式。例如，表达“一个行动同时能解决两个问题”的意思时，用英语的形象的成语表达方法是“用一块石头打下两只鸟”，而用中文的形象的成语表达方法则是“一箭双雕”。

(3) 在翻译过程中应当注意不同地区表达内容的单位和格式的不同。

(4) 在设计图形标志时要时时注意到图形可能带有的地域性。不同地区由于环境不同，表现同样内容的标志也会不同。例如，标记“邮寄物品处”时经常采用邮箱或邮筒的标

记。世界各地的邮箱或邮筒的形状都不同。可以被某一个地区的人群立即识别出的邮箱图形可能是另一个地区的人们所从来没有见过的。又如，各个地区建筑风格的不同也会影响到人们对于图形的识别和理解。一些楼房的简单图形可能被一个地区的人们普遍理解为住宅区，却被另一个地区的人们普遍理解为旅馆或商业区。

(5) 尽量避免将对某些区域用户不适用的信息展现在这些用户面前。例如，某些产品的广告可能提到如果购买某些产品可以获得某些优惠的会员卡，而这些会员卡在很多地区根本没有业务。提供这些信息不仅浪费了资源和用户的时间，并且很可能造成用户的误解和不快。有些用户可能会考虑为什么自己所在的地区没有类似的优惠政策，觉得自己被忽视了。再如，在网页上提供与地区特有经济模式、政治观点和地区间关系的内容时更要格外注意，这些信息包括经营税收政策、出口限制规定、某些有争议的领导人或历史人物的信息等，稍有不注意就可能极大伤害某些用户的情感甚至引起法律纠纷。

在为不同地区的用户设计产品时还要充分考虑到目标用户或用户群体之间不同的道德和价值观、沟通方式、特殊的喜厌等方面。这些方面的一些例子包括：

(1) 不同手势和体态语的意义。例如，有很多手势在不同地区所表达的意义完全不同，如使用有误，则可能造成很大的误解甚至冲突。

(2) 人与人之间的相处关系。例如，各个地区人与人之间需要的礼仪程度、距离和用语的要求等都相当不同。在有些国家直呼任何人的名字是完全妥当的，但是在其他一些地区，直呼对方“小名”只限于关系很近的平级或下级，用同样方式称呼其他人被视为冒犯和鲁莽。

(3) 各个地区不同的关于人种、性别、宗教信仰等方面的看法。例如设计和人有关的图形标志时，应当特别注意到这些图形中人物的种族、性别、服饰、表情、体态等是否会造成某些用户的误解或反感。

(4) 当地人们的喜好和习惯。例如，各种运动在不同国家占有不同的位置，在一个国家最流行的运动可能在另一个国家却很少有人关心，对于有些项目甚至有所争议(例如拳击)。所以在采用这些内容时要充分考虑到用户方面的可接受性。又如，在中国，8 是吉祥数字，而在很多西方国家，7 是吉祥数字，等等。

(5) 颜色的使用。不同颜色在具有不同文化背景的区域有不同的含义。例如在中国，红色代表吉祥喜庆，也被用来标示警告。而在一些其他国家，红色主要被用来标示警告。同时，很多国家和组织用某些颜色(例如国旗上面的颜色组合)作为自己的特征标记，这样一来就为这些颜色的使用赋予了各种特殊的意义。

上面叙述的只是为不同地区用户设计时可能遇到的一些因素。由于不同地区人类文化的复杂性，在任何设计中，还会发现各种各样的与地区区别有关的考虑因素。解决这些问题需要一般设计之外的特殊的知识背景和经验，同时还意味着比一般产品设计需要更多的开发时间和其他资源的支出。这些都是实施国际化或本土化设计可能遇到的一些阻力。但是如果产品有相当用户来源于不同文化环境，或者产品将在不同的文化环境下使用，则忽视这些问题就可能导致最终产品的可用性问题，甚至整个产品的失败，这是非常危险的。这些问题被注意得越早，解决得就会越好，并且最终的支出也越低。下面列举一些面向不同地区用户设计的注意事项和运作过程：

(1) 项目开始时要全面并完整地定义目标产品所面向的所有文化环境和用户背景。

(2) 在所有设计的环节中，时时注意以全部用户背景，以致全球的观念作为设计的基础。

(3) 引进具有国际化及本土化设计经验的专业人员或经验，对各个环节的设计提供指导和咨询。

尽量在用户研究的所有环节中邀请代表不同文化背景的用户，并在这些用户的实际使用环境下进行测试。

参考文献

[1] BASSETT P. Chinese and Australian student culture perceptions: a comparative study[R/OL]. [2010-01-20]. http://www.business.vu.edu.au/mgt/pdf/working_papers/2004/wp9_2004_bassett.pdf.

[2] CHOONG Y Y, SALVENDY G. Implications for design of computer interfaces for Chinese users in Mainland China[J]. International journal of human computer interaction, 1999,11(1): 29-46.

[3] China Internet Network Information Center. 14th statistical survey report on the internet development in China [R/OL]. [2004-07-25]. http://www.cnnic.net.cn.

[4] DONG J, SALVENDY G. Designing menus for Chinese population: horizontal or vertical? [J]. Behaviour and information technology, 1999,18(6): 467-471.

[5] EHRET B D. Learning where to look: location learning in graphical user interfaces[C]//Proceedings of CHI 2002, Minneapolis, MN, 2002, 4(1): 211-217.

[6] FANG X, RAU P L P. Culture differences in design of portal sites[J]. Ergonomics, 2003, 46(1-3): 242-254.

[7] HOOSAIN R. Language, orthography and cognitive processes: Chinese perspectives for the Sapir-Whorf hypothesis[J]. International journal of behavioral development, 1986,9: 507-525.

[8] HALL E T. Beyond culture[M]. New York: Anchor Press, 1976.

[9] HALL E T. The hidden dimension[M]. New York: Anchor Press,1990.

[10] HALL E T, HALL M. Understanding cultural differences: Germans, French and Americans[M]. Yarmouth, ME: Intercultural Press, 1990.

[11] HOFSTEDE G. Culture's consequences: international differences in work-related values [M]. London: Sage Publications, 1980.

[12] HOFSTEDE G. Culture and organizations: software of the mind, intercultural cooperation and its importance for survival[M]. New York: McGraw Hill, 1997.

[13] JI L, ZHANG Z, NISBETT R E. Is culture or is it language? Examination of language effects in cross-cultural research on categorization[J]. Journal of personality and social psychology, 2004, 87(1): 57-65.

[14] LIE K. Location learning in Chinese versus English menu selection[C]//Proceedings of CHI 2003, Lauderdale, USA, 2003: 1034-1035.

[15] LIU I M. Chinese cognition[M]//BONDS M H. The psychology of the Chinese people. New York: Oxford University Press,1986: 73-106.

[16] MARCUS A, EMILIE W G. Cultural dimensions and global web user-interface design: what? so what? now what? [C]//Proceedings of 6th Conference on Human Factors and the Web, Austin, USA, 2000.

[17] MARCUS A. Fast forward, user-interface design and China: a great leap forward[J]. Interactions, 2003(1, 2): 21-25.

[18] MOYES J. When users do and don't rely on icon shape[C]//Proceedings of CHI 1994, Boston, USA, Massachusetts: 283-284.

[19] NISBETT R E, PENG K, CHOI I, NORENZAYAN A. Culture and systems of thought: holistic vs. analytic cognition[J]. Psychological review, 2001,108: 291-310.

[20] NISBETT R E. The geography of thought: why we think the way we do[M]. New York: Free Press, 2003.

[21] PENG O L, ORCHARD L N, STERN J A. Evaluation of eye movement variables of Chinese and American readers[J]. The pavlovian journal of biological science, 1983, 18: 94-102.

[22] RAU P L P, CHOONG Y Y, SALVENDY G. A cross culture study of knowledge representation and interface structure in human computer interface [J]. International journal of industrial ergonomics, 2004, 34(2): 117-129.

[23] RAU P L P, LIANG S F M. Internationalization and localization: evaluating and testing a web site for Asian users[J]. Ergonomics, 2003, 46(1-3): 255-270.

[24] RAU P L P, GAO Q, LIU J. The effect of the rich web portal design and floating animations on visual search[J]. International journal of human-computer interaction, 2007, 22(3): 195-216.

[25] RAU P L P, GAO Q, LIANG S F M. Good computing systems for everyone-how on earth? Cultural aspects[J]. Behaviour and information technology, 2008, 27(4): 287-292.

[26] RAU P L P, LI Y, LI D. Effects of communication style and culture on ability to accept recommendations from robots[J]. Computers in human behavior, 2008, 25: 587-595.

[27] SACHER H. Interactions in Chinese: designing interfaces for Asian languages[J]. Interaction, 1998(9,10): 28-38.

[28] SIMON S J. The impact of culture and gender on web site: an empirical study[J]. The DATA BASE for advances in information systems, 2001, 32 (1): 18-37.

[29] SUN F, MORITA M, STARK L. Comparative patterns of reading eye movement in Chinese and English[J]. Perception and psychophysics, 1985, 37: 502-506.

[30] ZHAO C, RILEY V, PLOCHER T, ZHANG K. Cross-cultural interface design for Chinese users [C]//Proceedings of International Ergonomics Association XVth Triennial Congress, Seoul, Republic of Korea, 2003.

13 为高龄用户设计

13.1 老龄化社会与人机交互

在人口日益老龄化背景下，计算机正融入生活的各个方面，改变了工作、人际交往、教育和医疗保健等诸多方面。老年人在日常生活的许多方面开始与计算机打交道，比如最近几年老年人口网络用户正在增加。不断变化的年龄比率与互联网的发展意味着老年用户的重要性和为老年用户设计用户界面的重要性也相应增加。

一般而言，根据以往关于老化和技能获得的研究文献指出：在学习新技能方面，老年人比年轻人更加困难，且绩效也较低。基本上大多数认知能力都随年龄衰退，如注意力、工作记忆、信息加工速度、记忆中的编码和提取过程、言语理解。因此，我们需要了解老龄化对计算机用户界面的设计和实施的影响。

13.2 为高龄用户设计人机交互

提供多样的输入设备有助于老年人应对衰退现象。Ellis 等人发现当老年人使用键盘而不是鼠标时，能够更有效地利用计算机医疗保健系统，并且练习使用中还可以降低与年龄相关的问题。Casali 和 Chasse 研究发现，那些有手臂和手掌残疾的用户通过练习可以提高使用鼠标、跟踪球、手写板、键盘和操纵杆等的水平。研究表明，语音识别也可以消除与年龄相关的问题，如人工输入设备的视觉或运动困难。Vanderheiden 建议为有视觉损伤的用户提供冗余的语音识别输入选择和远程控制，也可以提供多通道的控制，如音频或振动，语音输出读取或确认设置。

避免呈现小尺寸的目标可以帮助老年人。老年人在碰到小目标时，需要付出比年轻人更多的练习。Casali 发现，那些身体残疾的人拖动小目标时存在困难。Charness 等指出，老年人学习图形用户界面时，操作鼠标出现错误量要大于年轻人，而且当有小目标时，会变得更加困难。此外，他们发现，当老年人单击和拖动鼠标时，比用笔式输入时的反应时间长。

Smith 等人建议在进行视觉搜索任务时，可以为老年人提供额外的反馈和提示。与年龄有关的视觉退化，如光敏度下降、冷知觉、对眩光的抵抗力、动态和静态视力、对比敏感度、视觉搜索和模式识别，都会影响计算机用户界面的使用。文献[6]指出，在处理计算机屏幕上出现的信息时，老年人所花费的时间要长于年轻人。出现使用计算机终端的年长电话接线员群体中发现更容易产生眼睛疲劳。

使用大字体和高对比度显示有利于老年人使用信息设备，而网站设计者也应避免眩光和亮度的迅速变化。Kosnik 等建议避免使用移动文本，并提供阅读所有文字介绍的足够时间。Charness 等发现，大多数老年参与者在阅读屏幕上有困难，而且这些困难可能是老年人上机任务（如文书处理）低绩效的原因。Charness 等指出，目标物的大小影响老年人用鼠标和光笔，如链接和拖动的能力。

Joyce 比较了老年用户在文字处理应用程序中对菜单、功能键和下拉菜单的使用。当使用下拉菜单时，老年用户表现出较低的错误率和较快的反应，原因可能与记忆所需的负荷较低有关。Charness 等指出，菜单和图标菜单之所以对老年用户来说效果更好，也是因为低记忆负荷。弹出窗口或多窗口不适合老年用户，这是因为记忆和空间能力老化的影响。Hawthorn 发现，老年用户在使用滚动条时会有迷失问题。老化对心理运动能力的影响也会影响老年人对滚动条和影像地图的使用。

对老年新手用户来说，直接操控方式如触摸屏和手写识别对浏览和搜索的帮助很大。老年用户在使用触摸屏和手写识别上网浏览时比使用鼠标和键盘快。使用关键字搜索时，触摸屏和手写识别的完成时间少于语音控制和语音输入，也少于使用鼠标和键盘。在关键字搜索任务中，触摸屏和手写识别的用户错误率低于语音控制和语音输入，也低于使用鼠标和键盘。

13.3 高龄用户上网

在文献[67]的网络调查研究中，把中年人规定为 40～59 岁，年轻的老年用户定义为 60～74 岁，而高龄的老年用户则为 75～92 岁。老年互联网用户的数量和为老年用户设计的网页数量正蓬勃发展。例如，SeniorNet (http://www.seniornet.org)是由使用计算机的成年人(50 岁及以上)组成的非营利性组织，可提供计算机技术教学。

互联网是计算机应用的独特形式。超文本互联网的性质，通常是非线性的，超文本系统的自由和弹性有时会给用户带来一些负担。超文本打破了连贯性的观念和理解线性文本的连贯性。一般认为“认知超载”和“迷失”是由于超文本没有足够导航的支持而产生的两大主要问题。认知超载的含义是指为保证同时进行的几项任务或实验而付出的额外努力和注意力。迷失则是指在非线性文本中失去了方位和方向感。所以如何为老年用户设计与呈现超文本信息架构更是一大挑战。

正如文献[12]所提出的，对老年互联网用户的关注来得比较晚。在互联网发展和网站数量增长背景下，网站设计者开始关注老年人口的需求。现在已有专门为老年用户设计的网站，而这些网站可以满足老年人信息搜索、交流、网上购物和娱乐等需求。但当与网站交互时，老年用户需要面对的却并不是为他们设计的用户界面。

老年互联网用户的学习过程常充满挫折。Bow 等发现，如果老年用户可以克服鼠标的问题，他们会非常积极地使用互联网。Morrel 和 Echt 认为那些对学习计算机和互联网感兴趣的老年用户，在使用为年轻人设计的操作指南时需要接受培训或个性化技术。文献[65]指出，许多年长的计算机用户没有使用键盘或鼠标的预备知识，或者对计算机有恐惧感。这主要有两个原因：①缺乏计算机入门方法；②从未使用计算机的老年人缺乏关于互联网的相关知识。文献[54]采用 NASA-TLX 来研究年龄对工作记忆和心理负荷的影响，结果发现，在工作记忆上影响不显著，但在心理负荷层面，老年用户的心理负荷较大。

通过恰当的训练和学习，老年用户是会喜欢使用互联网的。Mead等发现，老年用户能够完成大多数网页搜索任务，只不过需要比相同背景的年轻人更多的步骤。Cody等通过培训292个老年人学习计算机和上网，发现那些学习上网的老年人对老化有更积极的态度，感到较高的社会支持和更多与他人的沟通。如果老年上网者能够花更多的时间在互联网上，那么他们使用计算机的效能就会更高，计算机焦虑就会低，也会形成关于老化的正面观念。Meyer等发现，跨年龄群体下，接受训练的参与者在寻找目标时，平均需要7.8步，没有接受训练的需要9.3步。老年参与者使用的标签索引要多于年轻人(所有操作的9%与3%)，经过训练的要大于没有经过训练的(26%与6%)。另外，唯一一个明显使用网站地图的群体是老年组，训练应该可能使老年人发现了利用网站地图的好处。

13.4 高龄用户使用手机

1. 输入

在标准的12键的电话键盘上，每个数字键上都有3～4个包括数字的字符。一些老年人不能理解数字键和它的字符之间的关系。他们发现，多次按键来激活一个特定的字符是困难的，因为有一个时间限制，过了这个时间后，系统就把这次按键识别为一个新的字符。除多次按键问题之外，当数字键之间间隔比较窄时，老年人还存在按键困难的问题，他们想要大一点的键和字符。大多数为老年人设计的手机以大的按键和字符以及充足的输入键间隔为特征。为了帮助移动能力受损的人，欧盟资助的ASK-IT项目综述了39项研究项目，并且为老年人PDA和智能手机设计提出了一些特征建议，认为每个键应该大于0.6～0.8cm。

触觉线索、颜色、形状和位置编码能够帮助个体更有效地从比较窄的键里面定位目标键。Mendat检验了手机的数字键类型(凸起的或平滑的)和触觉感知线索对拨号表现的影响。研究者让老年人在不看键盘的情况下，在手机上拨打10个数字的号码。老年人采用“返回始位”策略来触摸键盘：他们会先把1～5之间的键作为起始点或返回始位键。在随后拨打电话时，他们一再返回该起始键。拨电话还与数字键类型有关，对凸起的键盘而言，定位在这5个键的触觉感知线索比定位在键1,3,5,7,9的更宽泛的触觉感知线索要好。而对于平滑的键盘而言则正好相反。

已有研究证实老年人更喜欢凸起的键。Mendat发现年轻人和老年人在进行电话拨号时，用凸起的键盘都比用平滑的键盘更准确和更快。然而不同的研究对键盘凸出的高度有不同的结论。在一款专为老年人设计的富士通的RaKu Raku电话中，数字键凸出电话表面至少0.5mm。而ASK-IT项目认为数字键必须要凸出手机表面至少5mm。

触控笔输入文本之外的另一选择是手写。老年人更喜欢在PDA的键盘上用手写笔来写字母和数字，他们认为手写更加自然。对于那些视觉能力下降和手患有关节炎的个体来说，用手写笔比用鼠标滚轮和键盘更加适合。但对于那些没有怎么用过手写识别系统的老年人来说，很难说他们是否会偏爱手写。此外也应该考虑手写的困难。Lee和Kuo检验了老年人使用电子词典、PDA和手机的困难之后发现，如果手写区域在屏幕下方(非全屏手写输入)，老年用户的手就会不稳定。

2. 选择

老年人更喜欢滚轮而不是方向键。Zao 等在对 10 个老年人进行访谈后，设计了有滚轮的 PDA。结果发现，老年人能够在环形菜单上通过转动滚轮而选择条目。15 个老年人（平均年龄为 61.2 岁；被试年龄范围 50～78 岁）参加了该原型的可用性评估工作。结果表明，老年人对环形菜单和滚轮给予了正面的评价和反馈。

选择目标时，滑动（touching）胜过单击（tapping）。单击是指触控笔接触目标内部然后提起来，而滑动除了能实现单击的操作之外，还允许用户用触控笔画出轨迹选择目标，例如画一个钩选择目标。在完成滑动任务时，老年人能达到和中年人、年轻人相当的速度和准确性。在完成单击任务时，老年人有更高的错误率。然而，滑动的优势与目标的大小有关。当目标大小是 16 像素时，滑动的优势对老年人来说尤其明显；而目标继续增大时，滑动的优势就消失了。

3. 显示

小屏幕导致在识别和选择理想功能上有困难。老年人喜欢有足够对比度率和亮度的大屏幕，良好可读性的手机和 PDA，以及背景照明光消失之前有足够时间的手机和 PDA。年轻人和老年人都喜欢避免翻页的单页文本。老年人在需要上下换行才可以看到全文的情况下，很难建立各部分信息之间的联系，造成迷失。因此，为避免上下换行，适合在单一的画面中显示文本和图片。

小号字体和按钮以及差的符号或图像设计对老年人来说是个问题。有时虽然他们有好的视力，但依然不能看清楚文本。文本字体和字号都会影响阅读效果。当移动设备是小显示屏时，建议安装无衬线字体（Sans-serif 体）。Omori 等检验了老年人用在手机上阅读数字时的表现，结果发现，差的视觉功能和低的数值长度导致差的阅读效率。因此，老年人在使用手机时的字体竖直长度应该大于 3mm。

对于使用屏幕分辨率为 640 像素×480 像素的移动设备用户而言，文本字号在 8～12 是不错的选择。当文本字号在 6～16 时，阅读时间的长短没有年龄效应。老年人能够看清楚的最小字号为 4，而年轻人为 2。主观评定发现，老年人和年轻人都偏爱 10～11 的字号。然而他们的意见却稍微有些不同，老年人对字号 8、10 和 12 有正面反应，而年轻人则为 8 和 10 号字。老年人和年轻人都不喜欢最小字号 2、4 和最大字号 14、16。一些为老年人设计的手机应用程序就采用了 10 号或 11 号字。

上述字号都是从英文文本呈现得出的结论，应用到中文文字的呈现时需要小心。目前进行中文呈现的研究很少，其中很重要的一个研究来自文献[66]。在这个研究中，老年人参加了阅读手机上呈现的中文的实验。实验结果表明当字号为 8（15 像素×15 像素）时，推荐的行间距是 6～8 像素，推荐的字间距是2～4 像素。

过去智能手机 2.4 英寸和 2.8 英寸的显示屏是主流规格。随着移动电视和 GPS 的出现，3.0 英寸和 3.2 英寸显示屏的手机越来越多。iPhone 出现之后，移动设备拥有 3.5 英寸及以上的显示屏的比率不断增加，较大显示屏的趋势可能会降低小字体问题的重要性。

不是所有老年人都能清楚地知道 PDA 和手机上的标准应用程序图标的含义，尤其是当相似的图标被放在一块或图标并不完整的时候。老年人更喜欢用实物图片来作为图标的说明图，而年轻人则没有这种偏好。这是因为老年人认为现实图片更加清晰。较大的图标使老年人能够提高其操作的准确性和速度，从而达到与年轻人相同的绩效水平。当单击视觉目标在16～24像素时，老年人在准确性上有较大提高。使用大于PDA平台的标准图标尺寸50%的较大字号可以帮助老年人达到与其他年龄组同样的绩效水平。使用PDA时，老年人更喜欢20mm的图标(均值18.5mm；标准差为6.687mm)，而年轻人更喜欢10mm或5mm的图标(均值为10mm；标准差为3.33mm)。年轻人更关心适合屏幕的图标数量，而老年人希望能有较大的图标以便清晰地看到细节。尽管老年人更喜欢较大图标，但是他们能阅读的平均尺寸为10mm(标准差为4.082mm)。

13.5 高龄用户接受科技的影响因素

目前，大多数人机交互研究关注老年人的特定信息系统的界面或结构设计，鲜有研究调查老年人的技术接受度，就是老年人接受信息技术的态度和动机。美国中西部农村老年人中使用E-mail(电子邮件)的和不使用的个体的特征差异的确存在，与那些不使用E-mail的个体相比，使用E-mail的年长者相对而言是较年轻的和较富裕的，比较能够独立生活。White和Weatherall以新西兰惠灵顿老年人网络成员为研究对象，结果发现，老年人开始使用计算机是因为该技术与现代生活联系紧密，并且可以引导他们认识信息技术所带来的潜力。

老年人广泛使用的技术主要集中在3个领域：健康、独立生活和社交。老年人使用科技设备来监督健康状况和确保安全。诸如治疗设备、生理监测仪和家庭治疗仪等设备目前正变得越来越普遍。现代服务业、电子监控，以及以电子监控技术为基础的各种模式允许在自然环境下监视别人，能够提高病人和提供服务的中央呼叫中心之间的沟通交流。科技能够提高老年人生活的独立性和自主性，降低照料者的压力，而且计算机支持的健康交流的灵活性可为老年人呈现有用的资源。

退休后，老年人甚至比年轻人需要更多的人际沟通。在一项日本电报电话公司(NTT)的研究中发现，老年人喜欢与同辈交流许多信息，如与健康相关的信息、旅游信息。一个老年大学的参与者经常分享他们个人网页上的照片，与好朋友分享他们的日常生活。研究者发现，互联网和电子邮件沟通会降低已退休老年人的孤独感。

Morris和Venkatesh是两位关注技术接受理论的最著名研究者，他们检验了技术应用的年龄差异。他们考察了工作环境中一种新的软件系统应用，发现年轻工人的技术应用决策更容易受到对使用该项技术的态度的影响，而年长工人更容易受到主观行为标准和行为控制知觉的影响。其他研究也表明，在组织环境中，年长工人较关心愉悦他人，更有可能顺从大多数的观点。

为了检验老年人对数码设备(以互联网为典型代表)的自愿使用情况，Lam和Lee以大约1000个老年参与者为研究对象，证实了互联网自我效能和结果期望对使用动机的影响，以及在自我效能和结果期望形成过程中支持和鼓励的重要作用。该研究假设用互联网是增强老年人主观幸福感和使他们获得良好自我感知的一种方式。与典型的技术接受模型相比，该研究更关注老年用户的个体因素。

下面分别详细介绍可能的技术接受因素，及一些简单的解释或例子。对于那些新产生的可能在以后研究中加以检验的因素，也会列出来以便对后续研究提供帮助。

(1) 有用性知觉(perceived usefulness)。有用性知觉是在组织环境中,用户对使用特殊应用系统将会提高其工作绩效的可能性的主观预期,这可能是预测工作场所技术使用的最重要因素。

(2) 易用知觉(perceived ease of use)。易用知觉(EOU)指用户期望目标系统能够省力的程度。

(3) 愉悦性知觉(perceived enjoyment/fun)。愉悦性知觉是指在使用特定系统时,除了由系统使用导致的任何绩效表现以外,能够凭借自身力量而取得的愉悦程度。

(4) 相对优势(relative advantage)。相对优势是指创新科技优于原来科技的程度。

(5) 兼容性(compatibility)。兼容性是新科技与已有价值、需求和以往潜在用户经验的一致程度。

(6) 行为控制知觉(perceived behavioral control)。行为控制知觉是行为时感知到的容易度或困难度,以及在信息系统研究背景下,对行为内外部控制的感知。

(7) 主观规范(subjective norm)。主观规范可通过有用性知觉间接影响动机:顺应和同化。

(8) 口碑(word-of-mouth)。口碑是技术应用的重要决定因素。面对面信息对消费者对技术的态度和影响非常重要。

(9) 自我效能(self-efficacy)。自我效能是个体对自己执行某项行为的能力的自信程度。

(10) 保持年轻(being-younger)。保持年轻是学习新技能的重要预测变量,也是一种生活态度。

(11) 风险知觉(perceived risk)。风险知觉是用户对参与活动的严重后果和不确定性的感知。

技术的发展对老年人的生活环境以及家庭移动性产生了重大影响。在老年人口迅速增长的背景下,老年人在未来需要计算机或与计算机相关的科技来提高生活质量,并且更好地独立生活。在日常生活中,老年人可以用 ATM 机取钱,需要用手机与朋友交流,能使用微波炉做饭。如果他们没有使用上述与设备相关的技术技能,生活就会多不少麻烦。更重要的是,越来越多的老年人与他们的孩子分开生活,所以他们需要独立生活,科技能对独立生活和与他人的沟通发挥重要作用,不只是造福老年人,也能提升所有人的福祉。

参考文献

[1] AJZEN I. The theory of planned behavior[J]. Organizational behavior and human decision processes, 1991, 50(2): 179-211.

[2] ARNING K, ZIEFLE M. What older users expect from mobile devices: an empirical survey[C]//Proceedings of 16th World Congress of the International Ergonomics Association, 2006.

[3] BANDURA A. Self-efficacy: toward a unifying theory of behavior[J]. Psychological review, 1977, 84(2): 191-215.

[4] BEKIARIS E, PANOU M, MOUSADAKOU A. Elderly and disabled travelers needs in infomobility services[M]//STEPHANIDIS C. Universal access in human computer interaction: coping with diversity. Berlin: Springer, 2007: 853-860.

[5] BOW A, WILLIAMSON K, WALE K. Barriers to public internet access[C]//Proceedings of

Communications Research Forum，1996：36-50.

[6] CAMISA J M，SCHMIDT M J. Performance fatigue and stress for older VDT users[M]//GRANDJEAN E. Ergonomics and health in modern offices. London：Taylor and Francis，1984：270-275.

[7] CASALI S P. Cursor control use by persons with physical disabilities：implications for hardware and software design[C]//Proceedings of the Human Factors & Ergonomics Society 36th Annual Meeting，Atlanta，USA，1992：311-315.

[8] CASALI S P，CHASE J. The effects of physical attributes of computer interface design on novice and experienced performance of users with physical disabilities[C]//Proceedings of the Human Factors & Ergonomics Society 37th Annual Meeting，Seattle，USA，1993：849-853.

[9] CHARNESS N，BOSMAN E A，ELLIOTT R G. Senior-friendly input devices：is the pen mightier than the mouse? [C]//Proceedings of the 103rd Annual Convention of the American Psychological Association Meeting，New York，1995.

[10] CHARNESS N，SCHUMANN C E，BORITZ G A. Train older adults in word processing：effects of age，training technique and computer anxiety[J]. International journal of aging and technology，1992，5：79-106.

[11] CHAU P Y K，HU P J-H. Information technology acceptance by individual professionals：a model comparison approach[J]. Decision sciences，2001，32(4)：699-719.

[12] CZAJA S J. Aging and the acquisition of computer skills[M]//ROGERS W，FISK D，WALKER N. Aging and skilled performance：advances in theory and application. Mahwah，NJ：LEA，1996：201-220.

[13] DARROCH I，GOODMAN J，BREWSTER S，GRAY P. The effect of age and font size on reading text on handheld computers[C]//Proceedings of Human-Computer Interaction-INTERACT 2005：253-266.

[14] DAVIS F D. Perceived usefulness，perceived ease of use and user acceptance of information technology[J]. MIS quarterly，1989，13(3)：319-340.

[15] DOWLING G R，STAELIN R. A model of perceived risk and intended risk-handling activity[J]. The journal of consumer research，1994，21(1)：119-134.

[16] ELLIS L B，JOO H，GROSS C R. Use of a computer-based health risk appraisal by older adults [J]. Journal of family practice，1991，33：390-394.

[17] GOODMAN J，BREWSTER S，GRAY P. How can we best use landmarks to support older people in navigation? [J]. Behaviour & information technology，2005，24(1)：3-20.

[18] HAIGH K Z，KIFF L M，HO G. The independent lifestyle assistant：lessons learned[J]. Assistive technology，2006，18(1)：87-106.

[19] HALL D，MANSFIELD R. Relationships of age and seniority with career variables of engineers and scientists[J]. Journal of applied psychology，60：201-210.

[20] HAWTHORN D. Psychophysical aging and human computer interface design[C]//Proceedings of Computer Human Interaction Conference，Adelaide，Australia，1998：281-291.

[21] HAWTHORN D. Possible implications of aging for interface designers[J]. Interacting with computers，2000，12(5)：507-528.

[22] HEDMAN L，BRIEM V. Focusing accuracy of VDT operators as a function of age and task[M]//GRANDJEAN E. Ergonomics and health in modern office. London：Taylor and Francis，1984：280-284.

[23] HOURCADE J P, BERKEL T R. Tap or touch? Pen-based selection accuracy for the young and old [C]//Proceedings of the Human Factors in Computing Systems, Montreal, Canada, 2006.

[24] HOURCADE J P, BERKEL T R. Simple pen interaction performance of young and older adults using handheld computers[J]. Interacting with computers, 2008, 20(1): 166-183.

[25] IRIE T, MATSUNAGA K, NAGANO Y. Universal design activities for mobile phone: Raku Raku phone[J]. Fujitsu scientific & technical journal, 2005, 41(1): 78-85.

[26] JOYCE B J. Identifying differences in learning to use a text-editor: the role of menu structure and learner characteristics[D]. Buffalo: the State University of New York at Buffalo, 1990.

[27] KAHANA B, KAHANA E, LOVEGREEN L, SECKIN G. Compensatory use of computers by disabled older adults[C]//Proceedings of the 10th International Conference on Computers Helping People with Special Needs, 2006. LNCS 4061: 766-769.

[28] KOSNIK W, WINSLOW L, KLINE D, et al. Visual changes in daily life throughout adulthood[J]. Journal of gerontology: psychological sciences, 1988, 43: 63-70.

[29] KURNIAWAN S. An exploratory study of how older women use mobile phones[C]//Proceedings of Ubiquitous Computing, 2006: 105-122.

[30] KURNIAWAN S. Older people and mobile phones: a multi-method investigation[J]. International journal of human-computer studies, 2008, 66(12): 889-901.

[31] KURNIAWAN S, MAHMUD M, NUGROHO Y. A study of the use of mobile phones by older persons[C]//Proceedings of the Human Factors in Computing Systems, Montreal, Canada, 2006.

[32] LAM J C Y, LEE M K O. Digital inclusiveness-Longitudinal study of internet adoption by older adults[J]. Journal of management information systems, 2006, 22(4): 177-206.

[33] LEE C-F, KUO C-C. Difficulties on small-touch-screens for various ages[M]//STEPHANIDIS C. Universal access in human computer interaction: coping with diversity. Berlin: Springer, 2007: 968-974.

[34] LEE S M. South Korea: from the land of morning calm to ICT hotbed[J]. Academy of management executive, 2003, 17(2): 7-18.

[35] MAGUIRE M, OSMAN Z. Designing for older and inexperienced mobile phone users [M]// STEPHANIDIS C. Universal access in HCI: inclusive design in the information society: Vol 4. Mahwah, NJ: LEA, 2003: 439-443.

[36] MASSIMI M, BAECKER R M, WU M. Using participatory activities with seniors to critique, build, and evaluate mobile phones [C]//Proceedings of the 9th International ACM SIGACCESS Conference, Tempe, USA, 2007.

[37] MEAD S E, SPAULDING V A, SIT R A, et al. Effects of age and training on World Wide Web navigation strategies[C]//Proceedings of the Human Factors & Ergonomics Society 41st Annual Meeting, Santa Monica, USA, 1997: 152-156.

[38] MEYER B, SIT R A, SPAULDING V A, et al. Age group differences in world wide web navigation[C/OL]//Proceedings of the Conference on Human Factors in Computing Systems CHI 97. [2015-01-22]. http: //www. acm. org/sigchi/chi97/proceedings/short-talk/bm. htm.

[39] MORRIS M G, VENKATESH V. Age differences in technology adoption decisions: implications for a changing work force[J]. Personnel psychology, 2000, 53(2): 375-403.

[40] MORRELL Q W, ECHT K V. Designing written instructions for older adults learning to use computers[M]//FISK A D, ROGERS W A. Handbook of human factors and the older adult. San Diego, CA: Academic Press, 1996.

[41] SMITH M W, SHARIT J, CZAJA S J. Aging, motor control, and performance of computer mouse tasks[J]. Human factors, 1999, 41(3): 389-396.

[42] MICKUS M A, LUZ C C. Televisits: sustaining long distance family relationships among institutionalized elders through technology[J]. Aging & mental health, 2002, 6(4): 387-396.

[43] MOOR K A, CONNELLY K H, ROGERS Y. A comparative study of elderly, younger, and chronically ill novice PDA users[M]. Bloomington: Indiana University Press, 2004.

[44] MORRELL R W, PARK D C, MAYHORN C B, KELLEY C L. Effects of age and instructions on teaching older adults to use ELDERCOMM, an electronic bulletin board system[J]. Educational gerontology, 2000, 26(3): 221-235.

[45] OMORI M, WATANABE T, TAKAI J, et al. Visibility and characteristics of the mobile phones for elderly people[J]. Behaviour & information technology, 2002, 21(5): 313-316.

[46] PARK D C. Applied cognitive aging research[M]//CRAIK F I M, SALTHOUSE T A. Handbook of aging and cognition. Hillsdale, NJ: Erlbaum, 1992.

[47] PHELAN E A, ANDERSON L A, LACROIX A Z, LARSON E B. Older adults' views of "successful aging"-how do they compare with researchers' definitions? [J]. Journal of the American geriatrics society, 2004, 52(2): 211-216.

[48] RAU P L P, HSU J W. Interaction devices and web design for novice older users[J]. Educational gerontology, 2005, 31(1): 19-40.

[49] ROGERS E M. Diffusion of innovations[M]. 4th ed. New York: Etats-Unis Free Press, 1995.

[50] SANOCKI T. Looking for a structural network: effects of changing size and style on letter recognition[J]. Perception, 1991, 20: 529-541.

[51] SIEK K A, ROGERS Y, CONNELLY K H. Fat finger worries: how older and younger users physically interact with PDAs[C]//Proceedings of the International Conference on Human-Computer Interaction-INTERACT, 2005. LNCS 3585: 267-280.

[52] STARK-WROBLEWSKI K, EDELBAUM J K, RYAN J J. Senior citizens who use e-mail[J]. Educational gerontology, 2007, 33(4): 293-307.

[53] STARR L F, EGGEMEIER F T, DAVID W B. Effects of aging on working memory and workload [C]//Proceedings of the Human Factors & Ergonomics Society 39th Annual Meeting, San Diego, USA, 1995: 139-142.

[54] STERNS A A. Curriculum design and program to train older adults to use personal digital assistants [J]. Gerontologist, 2005, 45(6): 828-834.

[55] STERNS A A, COLLINS S C. Transforming the personal digital assistant into a health-enhancing technology[J]. Generations-journal of the American society on aging, 2004, 28(4): 54-56.

[56] TUOMAINEN K, HAAPANEN S. Needs of the active elderly for mobile phones [M]// STEPHANIDIS C. Universal access in HCI: inclusive design in the information society: Vol 4. Mahwah, NJ: LEA, 2003: 494-498.

[57] VANDERHEIDEN G C. Design for people with functional limitations resulting from disability, aging, or circumstance[M]//Selected applications of human factors, 1997: 2011-2052.

[58] VENKATESH V. Determinants of perceived ease of use: integrating control, intrinsic motivation, and emotion into the technology acceptance model[J]. Information systems research, 2000, 11(4): 342-365.

[59] VINCENT C, REINHARZ D, DEAUDELIN I, et al. Public telesurveillance service for frail elderly living at home, outcomes and cost evolution: a quasi experimental design with two follow-ups[J].

Health and quality of life outcomes, 2006, 4: 41.

[60] WEBSTER C. Influences upon consumer expectations of services [J]. Journal of services marketing, 1991, 5(1): 5-17.

[61] WHITE J, WEATHERALL A. A grounded theory analysis of older adults and information technology[J]. Educational gerontology, 2000, 26(4): 371-386.

[62] ZAO J K, FAN S-C, WEN M-H, et al. Activity-oriented design of health pal: a smart phone for elders' healthcare support[J]. EURASIP journal on wireless communications and networking, 2008: 58219.

[63] CODY M J, DUNN D, HOPPIN S, WENDT P. Silver surfers: training and evaluating internet use among older adult learners[J]. Communication education, 1999, 48: 269-286.

[64] WANG L, SATO H, RAU P L P, et al. Chinese text spacing on mobile phones for senior citizens [J]. Educational gerontology, 2009, 35: 77-90.

[65] MORRELL R W, MAYHORN C B, BENNETT J. A survey of World Wide Web use in middle-aged and older adults[J]. Human factors, 2000, 42(2): 175-182.

14 物联网中的人机交互

14.1 物联网简介

1. 什么是物联网

随着信息技术的发展,现实生活中的物品得以延伸至网络,在互联网的基础上进行物与物之间、人与物之间的信息交换,成为物联网(Internet of Things,IoT)。物联网中的人机交互包括信息的输入、信息的传输与处理以及信息的输出。

(1) 信息的输入包括来自物品端的信息产生以及来自用户端的信息收集。设备的信息输入包括物品自身状态参数的记录和更新、工作时所采集信息的迭代和上传等。用户的信息输入包括个人信息的输入、操作行为的记录等。这些输入的数据按照输入方式还可以分为线上和线下两个渠道,既包括线下实体设备信息的电子化、设备传感器所采集信息的上传,也包括用户线上的远程操控等。

(2) 信息的传输与处理包括了物与物、人与物、人与人之间的信息交换,以及数据的智能分析处理。信息交换是网络互联的重要特征,信息处理是智能物联的重要支持。尤其随着人工智能的发展,各类算法的出现与优化让物联网更加智能,可以更好地理解用户行为并提供具有更高效率和满意度的服务。人工智能物联网(AIoT)这一趋势提出要将自主控制与物联网结合发展,其实现的关键就在于信息的处理。

(3) 信息的输出主要采用硬件和软件两类载体,硬件例如已联网的实体设备,软件例如智能手机或电脑中的各类应用软件等。信息的输出在渠道上非常丰富,包括视觉、听觉、触觉等多个感官的刺激。输出的信息可以只刺激单个感官,也可以在多感官通道上进行输出,根据输出信息的不同类型和信息量大小适配不同类型的感官通道。同时,在智能信息处理技术的支持下,信息的输出呈现出自然化和宁静化的趋势。

物联网中的人机交互与广义的人机交互概念的明显区别在于,物联网中的"机",有着线下物理实体和线上电子载体的双重属性,这使得交互的方式更加丰富:从传统的实体操作到远程控制,从图形化界面到语音交互等。同时物联网中物与物、人与物、人与人在线上线下的连接也更加复杂,社交物联网的概念被引入。随着用户与物联网的深度绑定,用户的心理认知模型也会随之产生变化。

2. 物联网的应用

在万物互联的发展愿景下,人机交互在物联网的互联中踊跃出各类新的应用场景以及不同场景下新的交互方式。下文中,我们将以智能家居、智能交通以及零售行业为例,对物联网的应用与发展趋势进行简要介绍。

1）智能家居领域

自动化的家居设备是物联网中智能家居的基础，这些设备在实现基础功能的同时，能够将操作的信息联网并把操作的权限远程开放。用户既可以通过手机等设备远程操作，也可以通过语音、手势等非常自然的交互方式进行操控。这些设备可以直接接受指令，还可以通过智能代理进行集中式控制，例如智能音箱。在多个家居设备的环境中，一个集中的人工智能驱动系统可以通过简单的指令处理几乎所有的日常琐事，实现多设备之间的智能协作。这种智能一方面指设备能够自动预测并采取适当自动化的设置，这些设置将满足用户的潜在需求，例如使用习惯、设置偏好、节能降耗等；另一方面也指设备之间的协调合作和联动。以小米公司的米家应用软件平台为例，该平台安装人数已超过 5000 万人，日活跃用户达 500 万户，已经接入超过 5000 万个在线设备。① 米家应用软件平台作为小米生态链产品的控制中枢，实现了众多智能硬件的互联互通和联动操控。

2）智能交通领域

物联网将人、车与路的信息互联，使得人与车的交互内容不再主要由人进行较高负荷的判断和操作，车辆也能自动采集环境信息、提供驾驶支持，并实现更加简洁高效的信息呈现。此外，人与车的交互空间也将不再局限于车内的空间，物联网带来的远程操作和信息同步让人可以在云端进行车辆的控制和调整。路网信息和驾驶车辆信息的共联，能够改善交通运输环境并提高公共资源利用率。以珠海市为例，当地交通管理部门面对日益复杂的交通环境，引入了西门子智能交通管理系统，建立了综合的交通信息平台，实现了路网信息和交通控制的联动。线下传感设备采集交通信息，信息平台通过城市的海量数据计算调度公共资源，动态调整交通信号控制，在提升交通顺畅的同时也保障了交通安全。

3）零售领域

无人零售的新模式随着物联网发展应运而生。通过将传统商超和便利店的商品信息、货架管理、购物流程等进行数字化改造，不仅将带来全新便捷的零售体验，购物的时间、空间、行为信息的记录和联通，也将更加支持服务商实现对用户的精准推荐。2017 年是无人便利店的元年，阿里巴巴打造的“淘宝会员店”作为线下实体店样本被推出。用户只需在入场时认证淘宝账号，即可在店内直接点餐或购物，无须结算，消费金额将自动从用户的支付宝账号被扣款。顾客在店铺的行为和互动以及其他各种细节，都能够被数字化保留，并作为之后零售店优化算法的数据支持。

除上述场景之外，物联网在医疗、物流、教育等方面均带来了新的应用场景，并在制造业、供应链、能源管理、公共管理等领域大有作为。

3. 物联网中的人机交互

总的来说，物联网中的人机交互目前呈现出以下发展趋势。

(1) 交互形式的丰富多样。人与物的交互从之前的实体按键操作，发展出图形化的界面交互，信息的呈现更丰富直观，操作方式也更加快捷和多元。现在，更加自然的交互方式开始被重视，如语音交互、手势交互等。人可以通过说话发出指令或者通过手势示意信息等与物联网中的设备进行自然的交互。除了视觉之外的其他感官，如听觉、触觉等也在逐渐成

---

① 数据来源：米家官网 http://home.mi.com/index.html。

为交互中的关注点，通过多感官让交互更加高效和自然。此外，针对物联网的交互研究也随着交互技术的迭代而不断发展，针对增强现实技术(AR)与物联网应用的研究显示，AR可以在物理场景的基础上提供更多的信息，帮助人们去理解物联网的运作方式，甚至和其他交互方式进行结合，提供更好的用户体验。以智能家居场景为例，设计者可以在真实的台灯旁增加虚拟的按钮，用户看到AR按钮后，可以使用手势交互(即按动虚拟按钮)的方式去操作台灯。增强现实与手势交互的结合使交互变得直观且轻松，降低用户学习成本的同时也提供了更佳的用户体验，这也是未来物联网交互的发展目标。

(2) 数据记录的海量全面。数字化联通带来的海量数据，使得物联网实现了全过程的记录和追溯，时空信息、行为信息、状态参数等一系列数据都可以被记录和调用。这些数据的加入也让机器智能化的发展拥有了学习的范本，人工智能、机器学习等一系列的技术将在这些数据的基础上训练学习不断优化，让物联网中的万物发展成为智能体，拥有能够理解自然语言、理解用户行为意图等的能力。海量的数据收集一方面可以为智能物联网的发展提供机会，另一方面也会带来个人隐私与技术安全的隐患。因此，物联网应当有限制地去使用用户数据，在提升用户体验和减少用户隐私担忧之间寻找平衡。

(3) 用户心智的高度关注。当物联网相关的技术不断发展和成熟时，各物品将以智能体的形式存在于用户概念中。考虑到面对高技术的接受度和信任度，用户的心理模型将被更多地关注，并从用户的认知和需求角度来指导物联网中的设计和优化。例如将物联网社交化，赋予物联网设备拟人化特征，从而提高用户的信任度，增加与用户的情感连结。

14.2 用户与物联网的交互方式

用户与物联网设备的交互方式多种多样，交互界面的类型与设计会影响物联网的使用体验。本节主要介绍3种常见的物联网交互界面，即图形化界面、实体界面和语音界面，并结合当前的应用举例对每种交互方式进行介绍，总结归纳出这些交互方式的特点与设计挑战。

14.2.1 图形化界面

图形化界面(graphical user interface，GUI)是用户与智能终端交互的常见方式之一，例如操作电脑或手机时，用户可以通过点击屏幕上的各类图标完成相关操作，调用各个软件或者程序。在图形化界面普及之前，人机交互中常见的是以符号为主的字符命令语言界面，用户需要记忆复杂的字符指令，并通过键盘输入。这种界面的用户使用门槛和学习成本都很高，信息呈现的效率也十分低下。相比之下，图形化界面充分利用用户的视觉资源，借助颜色、形状等视觉信息，使信息传递更直观、高效，大大减少了用户的学习成本，为非专业用户操作物联网设备提供了极大的便利。

图形化界面在物联网的人机交互中有着以下几个特点：

(1) 学习成本低。图形化界面将复杂难懂的程序和代码放在后台，通过各窗口、图标、文本直观的图形语言描述操作步骤，大大降低了使用门槛。此外，使用智能手机上网在当前社会是十分常见的行为，物联网作为互联网概念的延伸，借助用户熟悉的互联网交互方式，能够快速建立起用户心理模型。

(2) 丰富的信息呈现。图形化界面可以利用不同的图形元件以及颜色、形状等视觉信息对海量的信息进行呈现,简洁高效地传达信息。此外,信息的形式也十分多样,从静态的文本、图像到动态的视频,为用户提供了丰富多彩的使用体验。

(3) 与智能终端能够灵活结合。图形化界面具有轻便灵活的特点,只要有显示屏,就可以使用图形化界面。在物联网中,这样的特点允许用户通过智能手机等便携式智能终端远程与设备进行交互。以智能家居为例,物联网和智能终端的结合使用户告别了到处寻找遥控器的时代,所有家电都可以通过手机软件进行控制,即便不在家中,只要随身带着智能手机就可以随时随地地下达控制指令(图 14-1)。此外,公共空间的自助贩售机、自助售票机等设备都可以与图形化界面结合,图形化的物联网交互界面可以说是无处不在。

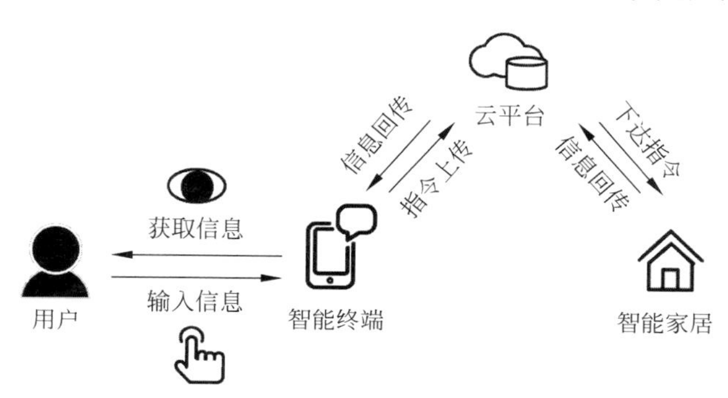

图 14-1 使用智能终端控制智能家居的交互流程图

(4) 迭代成本低。图形化界面的核心是前端程序设计,当物联网设备进行更新迭代时,不需要将整个设备淘汰,只需要更新软件程序,极大地减少了物联网设备的迭代成本。

随着物联网的发展,针对物联网设备的图形化交互界面的设计也将面临新的挑战。Intel 公司预计在 2020 年,全球的物联网设备将达到 2000 亿个,也就是人均需要操作 26 个设备。想象一下,在你的手机中再增加 26 个应用软件是什么体验? 事实上,即便日益发展的终端存储技术允许人们在手机中下载成百的应用软件,用户每天常用的软件数也很难超过 26 这个数目。因此,如果每个联网的物联网设备都对应一个独立的应用软件,用户的认知负荷将大大增加,用户难以清楚地记住每一个软件对应的设备与功能。

基于这样的考虑,智能终端控制可以采用集中式控制来减少用户的认知负荷,降低用户的操作难度。例如,相比每一个联网的设备对应一个使用软件这种情况,将多个联网的设备集成到一个软件可以实现集中式的信息查看、消息提示和操作控制。同时,多个设备的信息集成也将为设备间的协调联动提供可能性。Chen 等人设计了智能用电管家软件,其可以统一控制所有家用电器并提供用电建议以帮助用户节约能源、降低电费,但是当用户得知智能用电管家能够帮助降低电费后,会更多地使用电器、用电行为增加,致使能源消耗增加,这也被称为智能家居中的反弹效应。一般而言,同一厂商的产品对于集中式的控制实现门槛较低,目前市场也已经有相关厂家将此作为卖点推荐产品。这使得用户为了实现集中式的控制,目前只能局限于同一品牌的产品。而在未来,若能有相对统一的标准和平台出现,或许能够更加推动智能终端的集中式控制。Luria 等人比较了 4 种智能家居的集成控制方式:壁挂式平板电脑、移动手机应用、语音控制、实体机器人控制,研究发现用户觉得移动手机应用的控制方式最舒服和自然,机器人控制方式最享受;总的来说,用户觉得图形化界面(壁挂式平板电脑、移动手机应用)最为常见和熟悉并且其自动化程度较高，图形化界面让用户对智能环境有更强的控制感。

14.2.2 实体界面

用户在使用智能终端控制物联网设备时，视觉注意力被充分调用，而诸如触觉等其他维度的感官通道却很少被用到。考虑到在与复杂物联网进行交互时，用户会接收数量巨大的数字信息，为了减少用户视觉的认知负荷，物联网的交互界面应该从玻璃屏下走出来，更好地去利用用户的所有认知和运动资源。研究者们针对这一需求，提出了物联网的实体界面概念(tangible user interface)，即用户可以通过物理环境与物联网中的数字信息进行交互。

亚马逊曾推出过一款一键下单的购物按钮——Dash 按钮，按钮内置无线链接，可以通过亚马逊商城直接向供应商下单。Dash 按钮的外形小巧，上有对应商品品牌商的商标，可以贴在不同的位置，比如把汰渍洗衣粉对应的 Dash 按钮贴在洗衣机上，用户看到洗衣机上的 Dash 按钮就能被唤起购买洗衣粉的记忆，并可以通过按钮一键下单购买。Dash 按钮采用实体按钮的设计，摒弃了传统电商的图形化交互界面，使用户在购物时免于被各种电商信息轰炸，降低了用户的认知负荷，使购物流程更直观也更简单。另一个实体界面的例子是 Google 公司推出的 Nest Thermostat 智能温控中心，用户可以通过旋转旋钮来控制室内温度，操作方式简单且符合直觉(图 14-2)。

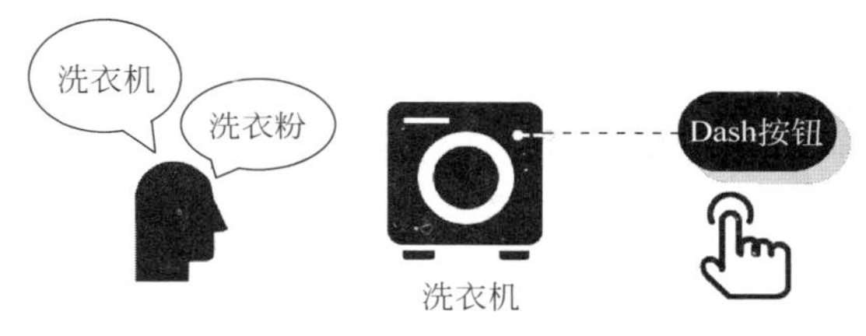

图 14-2 用户使用 Dash 按钮的心理模型

针对儿童的早期空间教育研究还显示，有实体的物理材料比起数字材料更能激发孩子的自发性言语，并增强了游戏性和亲子互动程度。另外，图形化界面的优势在于能够给孩子提供实时的反馈、加强视觉效果等。实体界面结合了两者的优势，能够更好地去进行叙事和对孩子的引导，并通过物理上的效果提供反馈，比如会根据位置关系、重叠方式而发生颜色变化的积木。这类结合了实体界面的教育产品不仅能够促进儿童对空间概念的理解，还可以为日后的学科教育带来益处。

基于实体界面的交互方式与属性，我们可以总结出以下 7 个特点。

(1) 直观。实体界面可以基于物联网设备的功能与特性，设计对应含义的物理呈现形式，比如温感变色的水杯通过不同的颜色传递温度信息。通过符合用户朴素的心理认知模型的设计——红色代表热，蓝色代表冷，实体界面能够更直观地传达数字信息。此外，实体界面的操作方式也十分直接，比如按下按钮、拿起水杯，这些交互方式与实体界面的物理特性之间相关，能够促进用户对物联网的理解和控制，减少用户的学习时间。特别地，交互的直观性对于老年人十分重要，受学习能力、认知能力等因素的限制，长辈们也许很难理解如何使用手机进行线上购物，但却能轻松掌握 Dash 按钮的操作。

(2) 多样。实体界面充分利用了触觉交互和外围交互。正如本章开头所说，图形化界面的交互被限制在了手机屏幕之后,用户只需要用手指去点触操作即可,而实体界面则强调了整个身体在用户对物理环境的理解中的重要性。实体界面的交互方式丰富多样,Molyneaux 和 Gellersen 在设计中提出了 3 种实体界面交互方式,包括对物理设备的直接操作(如摇晃、移动)、对设备形态的操作,以及对物理交互组件的控制。

(3) 可靠。实体界面不同于图形界面,需要依赖于智能终端显示屏,即使没有电源,或是网络连接中断,用户也可以控制物联网设备。

(4) 认知负荷低。当实体界面与日常的物理环境融合时,可以减少对用户的信息干扰,从而释放更多的用户认知资源。在当今,智能手机已经成为人们与世界相连的重要接口,我们或多或少都体验过被小红点轰炸的经历。在未来,我们希望物联网的交互能够走出数字屏,自然地融入日常生活,比如嵌入日常物品中,成为非侵入式的信息感知接口,降低用户的认知负荷。

(5) 与物理环境协作。实体界面可以与物理环境进行交互,也允许物联网设备通过空间交互进行协作工作,比如 Grosse-Puppendahl 等人设计的一款智能台灯,将装有不同颜色液体的杯子靠近台灯可以改变其灯光颜色。

(6) 增强记忆。实体界面可以刺激用户的思考,从而改变用户的行为。另外,实体界面还可以加强用户关于交互的记忆。比如在水龙头上放一个显示用水量的模块,当用户看见它,就能记得节约用水。

(7) 易建立情感连结。相比迭代方便的图形化界面,实体界面更为鼓励长时间的交互体验。通过与实体的交互,用户更能建立起情感连结。此外,赋予对象个性、自己的意志或是将个人价值与对象进行关联,也能加固这种情感连结。就像我们看到家中的老物件时会回忆起和它共度的美好时光,不舍得轻易丢弃。

综上所述,实体界面是一种将数字信息与实体环境进行耦合的设计方法,它能够充分利用用户对物理对象的认知与掌控,从而达到设计目的。虽然实体界面仍存在一些缺陷,比如在设计与更新迭代上不及图形化界面便捷,但它依然为未来数字生活提供了更多的交互可能。

14.2.3 语音界面

在物联网场景下,自然交互是指将人机交互过程尽可能"自然"化,也就是将交互过程同人日常的认知、行为等过程一致化,同时通过计算、识别等赋予物品以智能和一定的理解力。以图灵测试为例,它让人在不知道对话者身份的前提下,与之进行交流并判断其身份为真实的人还是机器,若平均误判率超过 30%,则该机器通过图灵测试。我们也可以认为,通过图灵测试的智能设备,基本能够实现与人的自然化的语音交互。语音交互在物联网应用之前,一般用于与用户的自然交流或通过对话的方式进行操作设备,解放双手。在物联网的人机交互中,成为目前非常重要的一种形式,对实现物联网的应用普及和远程终端操作影响巨大(图 14-3)。

语音交互在物联网系统中多以语音助手的形式存在,语音助手是当前智能语音在个人用户市场的主要应用,目前,全球科技巨头均已布局智能语音产品。智能语音助手的主要代表性产品包括苹果 Siri、微软 Cortana、谷歌 Assistant、百度 DuerOS、亚马逊 Alexa 等。这些助手经常承担着同系列产品中对人、物、服务的连接,可以认为是物联网时代的用户流量入

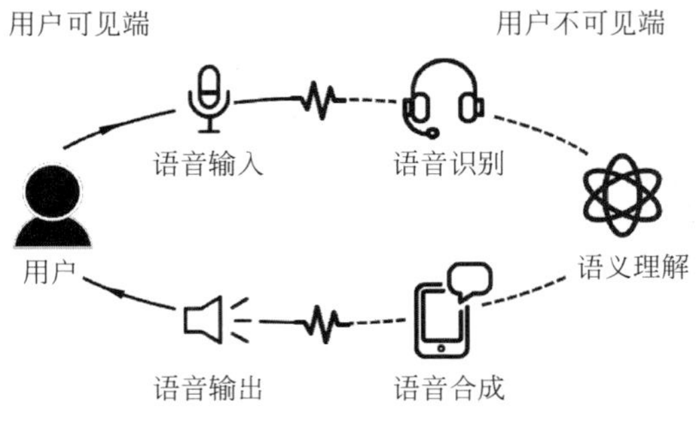

图 14-3 语音交互的服务蓝图

口。而在物联网环境下，语音助手多以智能手机、智能音箱等智能硬件产品或者应用软件为承载，通过智能对话和发布指令等方式，实现对物联网设备的查询、管理和操作。以米家系统中的小爱同学为例，用户可以通过与小爱音箱或者手机中的米家软件进行语音交互，来控制智能家居中的其他设备。

语音助手作为物联网人机交互的接口方式，有着以下优点：

(1) 操作便捷。使用语音交互控制物联网产品时，避免了文本输入或者按键选择等的输入方式，只需要通过语音发布指令，操作便捷。例如，在物联网中使用智能音箱听歌时，不需要打开 App，找到一首歌，然后点击播放，而是可以直接说出自己想听的歌曲名称，并进行播放、暂停、切歌等操作，操作十分便捷。

(2) 使用门槛低。使用语音交互也降低了使用者的门槛，不需要理解和学习图形化界面的复杂层级和操作，直接说出自己的需求就可以进行控制。如设置物联网中的炊具定时开启和关闭时，语音说出指令就可以完成设置，这对老年人等对图形化界面并不熟悉的人群降低了学习成本。

(3) 认知负荷低。语音交互相比图形化界面交互等方式，为用户带来的认知负荷更小，为物联网中的多任务提供了一个很好的交互方式。例如，在驾驶的状态下可以通过语音控制其他设施，或者在智能家居环境下解放双手完成对设备的控制。

(4) 易建立情感连结。由于用户是通过对话交流的方式与物联网中的设备进行交互，在这种自然便捷的交流中，用户更容易与对话的产品产生好感，建立情感连结，更容易提高用户对物联网的接受度和信任度。

(5) 可声纹识别。物联网中语音交互还有一个特点，即人的独特声纹，这为设备能够识别用户带来了可能。在多人的物联网环境中，例如办公环境或多人的居家环境中，同一空间下每个用户的需求和偏好都是不同的，如果考虑到对儿童的保护或者对办公人员不同的使用权限，语音交互也将为物联网系统提供一个识别用户的机会。通过不同的声纹设备可以确定交互的用户信息，从而提供更加适合该用户的信息和服务。

但物联网中的语音交互也存在局限性，技术方面主要体现在对于自然语言的理解能力。如何提高设备对用户指令的理解力，减少因为语义解析失败而造成的交互障碍，是现在自然语言处理领域不断发展的一个目标。影响语义理解的还有各地的不同方言，尤其体现在中国的老年人群体。他们适用于语音交互的便利性和辅助性，但普通话的不熟练成为了阻碍，目前其他方言的语音交互也已经开始被关注。另外，语音交互中声音的出现也使得部分应用场景出现了不适配,例如某些强调安静氛围的场所或者过于嘈杂的场所,或者出于隐私不希望交互内容被周围环境所听到等。在这样的环境下,就要考虑使用图形化等其他交互方式来实现与语音交互的互补。

随着语音交互在物联网场景中应用场景的丰富,它将不再只作为命令发布和设备操控的方式,各类语音助手将被用户赋予更多的期望和职能。在语音助手进行语义理解的学习过程中,有可能从用户的行为和数据中出现使用偏差和刻板印象,如脏话、歧视以及偏见等。研究人员呼吁在新的语音助手开发中要注意及时发现其潜在的社会、道德或情感危害,进行法律层面的约束和控制。根据语音交互的范围和内容,面向语音助手的分级制度也被提出,结合交互的内容、交互的行为以及对身心健康和情景安全的智能伦理三个维度将语音交互助手进行分级,从而更好地为未成年人和老年人带来安全、适用的体验。

14.3 社交物联网与智能代理

14.3.1 社交物联网

在物联网中,不仅人与设备之间存在交互,设备之间也存在信息的传输。然而,针对物联网用户的调研显示,大部分用户对于物联网网络的概念理解依然停留在有线电缆时代,比起复杂的互联模式,用户更容易接受简单的节点相连的心理模型。为了帮助用户更好地理解万物互联的概念,有学者将社交网络的概念与物联网相结合,提出了"社交物联网"(Social Web of Things)的概念。"社交物联网"借助更直观的社交网络和用户的拟人化倾向,将无生命的物联网设备拟人化为社会角色,从而使用户接受与物联网设备的数字账号交互的模式。"社交物联网"的概念包括 3 个核心内容:①社群关系;②物联网设备的拟人属性;③人机社交模式。

1. 社群关系

就像社交网络的用户可以根据兴趣构建社区一样,物联网设备也可以根据各自的特征建立物联网设备社群。在社交物联网的各构成部分之间,存在着不同类型、不同级别的社交网络关系,按照关联对象类型可以分为 3 种关联关系:物-物关系,人-物关系,以及人-人关系。用户之间既可以基于兴趣、目标等形成社交社群,也可以通过从属关系和使用方式与物联网设备进行绑定,而物联网设备之间则可以基于地理位置、权限等级等建立起类似社群的关系。比如在图 14-4 中,我们可以基于地理位置获得诸如智能家居、智能车辆以及智能办公这样的社群。有的时候,服务并不是由单个物联网设备提供的,比如入睡时,对关灯、关窗、调节环境温湿度等指令,用户只需要在智能房屋的群聊里发送一条"我要睡了",这些智能的物联网设备就能按照用户预设的喜好进行工作。不论提供服务的是单个设备还是多个设备组成的社群,用户都能借助简单的社交网络心理模型进行理解,而不需要考虑设备之间的复杂协作与信息传递。将社群关系引入物联网,能够帮助用户去理解人与设备以及设备之间的关系,也能减少用户使用物联网设备的学习成本。

2. 物联网设备的拟人属性

"社交物联网"的另一个特征是赋予物联网设备的拟人化属性,帮助用户去理解智能设备的运行机制。物联网设备不仅仅是一个没有感情的命令接收器,而是具有一定思维能力

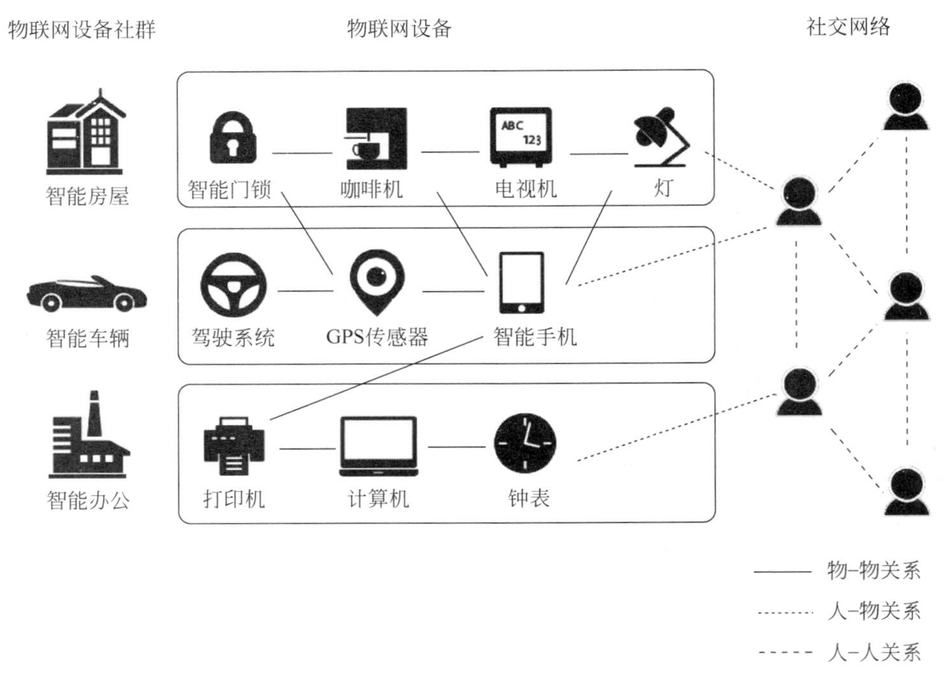

图 14-4 社交物联网的组成

的社交角色。还是以智能家居为例，在家居环境的物联网设备之间，存在信息传输以及协作，比如当用户回到家中，“回家”这一信息被智能门锁的传感器所识别，并传递给其他设备，于是空调、加湿器、灯以及其他物联网设备基于程序预设和后续的自主学习作出相应的协作决策，其中的原理是复杂且难以向普通用户进行解释的，但借由社交物联网的拟人化属性，用户可以将其简单地理解成智能门锁发布了一条社交动态，而其他物联网设备通过社交网络获得了这一信息，并像一个“人”一样进行了思考判断，并采取了行动。就像图 14-5 一样，用社交的语言去理解物联网设备之间的协作模式。

3. 人机社交模式

基于人机交互的 CASA(computers as social actors)理论，即使用户并没有特意地将计算机等无生命的设备看作生命体或类人体，他们依然会将社交规则或期望应用于交互环节中。比如用户使用计算机时会遵从“礼尚往来”的社交原则，如果计算机先提供自己的信息，用户也会更愿意去进行自我披露，而这种密切的信息交换的行为提高了用户感知到的计算机的吸引力，会促进用户后续的消费行为。针对“社交物联网”的研究也显示出类似的结论，即用户与物联网设备进行交互时会无意识地套用与人社交的准则，比如对提供帮助的物联网设备表达感谢，或是和语音助手进行聊天问答。此外，设备呈现出与人类相关的特征越多，越有可能引发用户的社会行为，比如分别使用语音输入和手写输入和语音助手进行交互时，使用语音输入的用户表现出的态度更温和，语言也会更加丰富。

综上所述，社交物联网的概念不仅使用户能够轻松理解物联网设备的智能性与复杂协作关系，还能更好地帮助设计者理解人与物联网的社交模式。设计者们在设计物联网交互时也应该更多地关注用户与物联网设备之间的社交模式，了解用户对物联网设备的社会期

智能门锁

主人已回家，大家做好准备~

灯，咖啡机，音箱

灯：已根据回家时间，调节为“夜晚温馨模式”~
音箱：让我来播放一首舒缓的歌曲吧

20:10 P.M.

咖啡机

主人辛苦了，您最爱的卡布奇诺还有五分钟。

饮水机，洗碗机

20:11 P.M.

图 14-5 社交物联网用户界面示意图

望，从而更好地服务用户。

14.3.2 用户与智能代理的社会化交互

由于物联网设备的多样性和复杂性，给每一个物联网设备设计一个虚拟形象其成本是巨大的。因此，设计人员引入了智能代理的概念，采用拟人化和集成化的方式对物联网环境或设备进行集中控制。智能代理搭载了物联网技术和人工智能技术，还结合了管家、助理、助手等社会形象，用户能够自然地与其交互实现对物联网环境的控制。智能代理可以是一个手机应用，可以是一台智能音箱，还可以是一个机器人，无论其外在形象和交互方式如何，其内核都是服务于用户的虚拟社会形象。

在智能家居环境中，智能代理就像是一个管家一样，能够进行家庭自动化控制并提供居家生活相关的服务，包括控制灯光、辅助家务、备忘录提醒、新闻播报、网络购物等。目前家居环境中常见的智能音箱产品，如亚马逊的 Amazon Echo、谷歌的 Google Home、阿里巴巴的天猫精灵智能音箱，都是通过语音提供服务的智能管家。传统的管家一般指大家庭中级别较高的服务人员，能够统领家庭中的服务人员和家务工作。智能管家是信息时代下管家社会形象的延伸，他/她不仅能够提供传统管家的服务，还以其低成本、多样化的形式走进寻常百姓家。目前，中国是智能音箱产品销量增长最快的国家，2019 年中国市场销量为 5200 万台，贡献世界销量增长的 64%。

用户在与智能代理交互时，会表现出社会化的行为，如赋予它更多的身份和形象，对它表现出更多情感和依赖。Purington 等人分析了用户对亚马逊的 Amazon Echo 的线上评价，发现超过一半的用户会把智能代理拟人化，比如用名字“Alex”或人称代词“她”来描述智能代理，用户对智能代理的拟人化越高，对其的满意度也越高；研究还根据社交性由低到高将用户与智能代理的交互分为 5 个水平：信息来源（新闻、天气等，占比 38.9%），娱乐提供(播放音乐、有声读物播放、游戏等，占比79%)，生活助手(购物、行程提醒、家居控制等，占比33.4%)，会话伙伴(与其聊天，对其倾诉，占比5.5%)，亲密他人(朋友、室友、家庭成员，占比7.2%)。虽然，目前用户与智能代理交互过程中娱乐提供比例最高，但是用户已经开始把智能代理当作自己的倾诉对象和好朋友，对其展现了人类的情感连接并愿意与其建立人际关系。因此，除了管家和助理的身份之外，用户愿意将智能代理当作自己的倾诉和对话伙伴，甚至当作自己的好朋友和家人。

用户不仅把人际交互规则应用到与智能代理的交互中，也愿意接受智能代理的社会化行为，比如其支持自然语言交互、展现幽默感、有自己的个人故事等。Bickmore等针对智能代理是否应该拥有个人自传故事的伦理问题进行了研究，发现相比于智能代理以第三人称讲述他人的故事，用户愿意接受并且更享受智能代理以第一人称讲述个人的故事，即使这个故事对于一个机器来说不是真实的。比如，天气好的时候，我和我的家人会一起外出散步和野餐。用户不会觉得智能代理有自己的个人自传故事是不诚实的，并且愿意与以第一人称讲个人故事的代理有更多的互动。Li和Rau为物联网环境中的智能代理设计了拟人化的个人故事，包括姓名、年龄、兴趣爱好、开心的回忆、害怕的事情等，让用户和智能代理通过语音交互进行双向的个人信息披露。研究发现，当用户与智能代理进行过自我披露后，双方的亲密度会提高，在交互过程中用户会更多地把双方交互的成功归因于智能代理，把双方交互的失败归因于自己，更相信智能代理为自己提供个性化服务的能力。因此，用户会对智能代理表现出亲密感，与其建立亲密关系，这可能会进一步促进双方的社会化交互。

在物联网时代，智能代理逐渐成为用户和物联网环境交互的入口，帮助人们处理大量的信息和生活任务。智能代理拟人化的设计，例如自然语言交互、性格设计、虚拟形象，让用户以社会化的方式与其交互，把人际交互的方式和规则应用到与智能代理的交互中。这也进一步反映了物联网时代的本质，即将物理世界和网络世界相连，让物品融入人类的生活中，以"智能"的方式为用户服务。

14.3.3 智能代理的拟人化设计

目前，人们已经开始为智能代理设计拟人化的特质，支持用户与其的社会化交互。例如，小米公司推出人工智能音箱——小米AI音箱，其不仅支持语音对话，还能设置闹钟、播放音乐、控制智能家居等。设计者为了提高其拟人化属性，给它取了一个名字"小爱同学"，这个名字同时也是音箱的唤醒词，用户可以通过叫这个名字将其从休眠状态唤醒，就像是人类社交中的打招呼一样。小爱同学还有自己的声音与个性，用户能够从它的声音特征与说话方式去了解和认识它。不仅如此，小爱同学还有自己的虚拟形象，是一个红色头发的漫画风格美少女，小米公司还推出了限量版音箱，在原本的方型音箱上增加了该虚拟形象的缩小版实体模型。这一系列的拟人化设计，让小爱同学的虚拟形象从二次元走进真实的物理世界，拥有了姓名、声音、个性以及形象的小爱同学更像是一个智能管家，而非一个无生命的音箱。在家居环境中，智能代理还可以作为家庭的一员融入生活中，给用户提供陪伴，带来更具趣味性的交互体验。智能代理的拟人化设计一方面能够使用户与物联网的交互变得更具趣味性，另一方面也可以在长期交互中加强用户与交互对象之间的情感连结。

基于社会影响力阈值模型(threshold model of social influence)，智能代理需要达到一定的社会影响力才能唤起用户的社会反馈。智能代理的社会影响力取决于其行为的真实性，也就是角色设计是否具有说服力。针对物联网智能代理的设计可以参考游戏中的角色设计理论，为了让用户相信智能代理作为社交角色的真实性，我们需要丰富虚拟角色的人物设定。虚拟角色的设计有十大主要元素，分别是身份、成长经历、外表、说话内容(口头语)、语言风格、体态姿势、对待事物的情感态度、社交态度、扮演角色以及和他人的社会关系等。

和人际交往相似，虚拟智能代理的拟人化行为会影响用户对它的态度与使用意愿。Cafaro 等人基于人际关系的第一印象模型提出了适用于人与智能代理间的第一印象模型，指出智能代理的性格与社交态度(友好或疏远)会影响用户对它的第一印象，进而影响用户后续的使用意愿与频率。比如，当博物馆的拟人化虚拟引导员表现出凝视、微笑等友好行为时，用户对于服务的评价会更高，使用意愿和频率也会增加。尽管 Cafaro 的研究中并未发现用户对不同性格(外向或内向)的智能代理之间存在偏好差异，但另一个基于物联网家居的智能代理研究显示，比起外向且充满激情的智能代理，更多的参与者比较偏好负责、友好且冷静的智能代理。针对智能家居管家的调研显示，最常出现的 3 个关键词是可信赖、有条理和负责任。回到实践应用上，各大生产商在针对家居场景下智能音箱的拟人化设计也得到了一些结论，不论是国内小爱同学、天猫精灵，还是国外的 Google Home，Amazon Alexa，都采用了成年女性的音色。这可能是因为女性的社交亲和力较高，更容易被用户接受。同时，这也可能和实际生活中对于性别的刻板印象有关，即比起男性，女性被认为更适合也更擅长担任家庭秘书和助手的角色。

在具体的物联网智能代理设计中，我们需要综合考虑设备的特性与用户偏好，在增强用户对社交角色真实性的相信程度的同时，也要避免掉入恐怖谷的怪圈。恐怖谷理论出自人与类人机器人的交互研究，理论指出，如果一味追求机器人外形的类人化，可能会给用户带来怪异甚至恐怖的体验。恐怖谷效应不仅适用于机器人的外形，还适用于物联网设备的拟人化设计，一项针对老年人的机器人语调风格的研究显示，社交陪伴型机器人采用声调起伏大的语调而不是无情感的语调进行交流时，用户感知到的怪异性会大大增加，用户评价也会降低。这可能是因为社交性机器人自身的社交性行为举止配上起伏明显的语调，会使智能角色过于像“人类”，反而造成用户的不适。因此，在物联网的智能代理设计中，设计者们需要在物联网拟人化和自然不怪异的用户体验中寻求平衡。

参考文献

[1] JO D，KIM G J. IoT + AR：pervasive and augmented environments for “Digi-log” shopping experience[J]. Human-centric computing and information sciences，2019，9(1)：1-17.

[2] COLAKOVIC A，HADŽIALIC M. Internet of Things (IoT)：a review of enabling technologies，challenges，and open research issues[J]. Computer networks，2018，144：17-39.

[3] JI X，et al. Designing a smart information system：the influence of feedback on energy conservation persuasion[J]. Enterprise information systems，2020，14(4)：480-495.

[4] CHEN K，et al. Influence of rebound effect on energy saving in smart homes[M]//Cross-cultural design. New York：Springer，2018：266-274.

[5] LURIA M，HOFFMAN G，ZUCKERMAN O. Comparing social robot，screen and voice interfaces for smart-home control [C]//Proceedings of the 2017 CHI Conference on Human Factors in Computing Systems. New York：ACM，2017：580-628.

[6] BAYKAL G E，et al. A review on complementary natures of tangible user interfaces (TUIs) and early spatial learning[J]. International journal of child-computer interaction，2018，16：104-113.

[7] LEONARDO A, et al. Internet of Tangible Things (IoTT): Challenges and opportunities for tangible interaction with IoT[J]. Informatics,2018, 5(1): 7-41.

[8] MOLYNEAUX D, GELLERSEN H. Projected interfaces: Enabling serendipitous interaction with smart tangible objects [C]//Proceedings of the 3rd International Conference on Tangible and Embedded Interaction 2009. Cambridge, UK: ACM, 2009: 385-392.

[9] GROSSE-PUPPENDAHL T, et al. Capacitive near-field communication for ubiquitous interaction and perception[C]//Proceedings of the 2014 ACM International Joint Conference on Pervasive and Ubiquitous Computing (UbiComp). New York: ACM,2014: 231-242.

[10] LIM V, et al. Towards an interactive voice agent for Singapore Hokkien[C]//Proceedings of the 4th International Conference on Human Agent Interaction. New York: ACM,2016: 249-252.

[11] FOLSTAD A, BRANDTZAEG P B. Chatbots and the new world of HCI[J]. Interactions, 2017, 24(4): 38-42.

[12] JI X, RAU P P. Development and application of a classification system for voice intelligent agents [J]. International journal of human-computer interaction, 2019,35(9): 787-795.

[13] FORMO J, LAAKSOLAHTI J, GARDMAN M. Internet of Things marries social media[C]//Proceedings of the 13th International Conference on Human Computer Interaction with Mobile Devices and Services. New York: ACM, 2011: 753-755.

[14] ROOPA M S, et al. Social Internet of Things (SIoT): foundations, thrust areas, systematic review and future directions[J]. Computer communications, 2019, 139: 32-57.

[15] MOON Y. Intimate exchanges: using computers to elicit self-disclosure from consumers[J]. Journal of consumer research, 2000, 26(4): 323-339.

[16] NOVIELLI N, DE ROSIS F, MAZZOTTA I. User attitude towards an embodied conversational agent: effects of the interaction mode[J]. Journal of pragmatics, 2010,42(9): 2385-2397.

[17] PURINGTON A, et al. "Alexa is my new BFF": social roles, user satisfaction, and personification of the Amazon Echo[C]//Proceedings of the 2017 CHI Conference Extended Abstracts on Human Factors in Computing Systems. New York: ACM, 2017: 2853-2859.

[18] BICKMORE T W, SCHULMAN D, YIN L. Engagement vs. deceit: virtual humans with human autobiographies[C]//Intelligent Virtual Agents: Proceedings of the 9th International Conference. [s. l.]: Springer, 2009: 6-19.

[19] LI Z, RAU P P. Effects of self-disclosure on attributions in human-IoT conversational agent interaction[J]. Interacting with computers, 2019, 31(1): 13-26.

[20] DER PUTTEN A M V, et al. It doesn't matter what you are! Explaining social effects of agents and avatars[J]. Computers in human behavior, 2010,26(6): 1641-1650.

[21] MALDONADO H, HAYES-ROTH B. Toward cross-cultural believability in character design [M]//Agent culture: human-agent interaction in a multicultural world. New Jersey: Lawrence Erlbaum Associates, 2004: 143-175.

[22] CAFARO A, VILHJALMSSON H H, BICKMORE T. First impressions in human-agent virtual encounters[J]. ACM transactions on computer-human interaction, 2016, 23(4).

[23] MENNICKEN S, et al. "It's like living with a friendly stranger": perceptions of personality traits in a smart home[C]//Proceedings of the 2016 ACM International Joint Conference on Pervasive and Ubiquitous Computing. New York: ACM, 2016: 120-131.

[24] SUNDAR S S, et al. Cheery companions or serious assistants? Role and demeanor congruity as predictors of robot attraction and use intentions among senior citizens[J]. International journal of human computer studies, 2017, 97: 88-97.

15 环境智能中的人机交互[①]

15.1 概述

欧洲信息社会技术咨询集团(Information Society Technology Advisory Group,ISTAG)曾经在一份报告中解释了环境智能的定义:

"环境智能(ambient intelligence,AmI)是信息社会的一个新视角,它强调更高的用户友好度,更有效的服务支持、用户授权和对人机交互的支持。人们身边有各种智能的、直观的界面,这些界面嵌入各种对象和环境中,环境以无缝的、不突兀的,甚至隐形的方式识别不同的个体并作出反应。"

最新的对于环境智能的定义是"一个能够主动地、有意识地为人的日常生活提供帮助的数字化环境"。这个定义也反映了环境智能从以前关注以技术为中心的前瞻角度,向以人为中心的角度进行的转变。

作为研发的新兴领域,世界上越来越多的研发人员开始关注环境智能。鉴于新一代工业数码产品和服务都向着整体上的智能计算环境发展,因此环境智能的概念事实上正变成信息社会中一个新兴的关键维度。这也反映出该领域的研究需要各种知识的融合和技术的交叉。

目前,计算机网络、传感器和执行器、用户界面软件、普适计算、人工智能、自适应系统、机器人、代理系统都是对环境智能研究有重要影响的领域。尽管环境智能融合了多种多样的技术,但是它的根本目的只有两个:一个是尽可能避免让终端用户接触技术架构方面的内容,另一个是与日常生活中的对象进行无缝整合,让用户感觉不到环境智能这种技术的存在。环境智能系统的设计有3方面的要求:①不可见性:环境中要布局各种设备,将其嵌入不同的对象当中,除非有特别需要,否则不应该让用户看见这些设备;②个性化:系统应当可以反映用户个人的需求;③适应性:系统应该能够不需要其他媒介就可以自动识别出包括个人偏好在内的用户和环境特点并校正自身行为。因此,环境智能系统可以基于对任务、活动和环境持续不断的解释和处理来支持相应的互动。如今,基于机器学习的物联网和人工智能方法的快速发展重塑了环境智能的发展,并开辟了以有用方式支持上述要求的新可能性。AmI与人工智能有关,因为它涉及的智能系统在计算过程和行为方面都具有人类启发的认知、情感、社交和会话智能。

---

① 本章部分工作由ICS-FORTH内部的RTD项目"环境智能和智能环境"支持。

如今，20世纪90年代后期创建的AmI一词在科学界可能已不再使用。另一方面，所谓的“智能”技术经历了广泛的实施和部署，而“智能”一词已成为无处不在的流行词。

但是，抛开这些术语，很明显，技术正在朝着更加智能的交互环境快速发展，渗透到各种各样的人类活动中，对人们的日常生活产生重大影响。

技术的全面普及一方面提高了人们的期望，即通过精心设计的解决方案将改善人们的福祉和生活质量，但另一方面也产生了怀疑和恐惧。例如，通过传感器对人类存在和活动的连续监视可能令人难以接受，并引起了对隐私和安全性的普遍关注。此外，问题还在于，与各种人类活动息息相关的技术环境的潜在失败可能会带来什么后果，以及如何保护人们免受负面影响。在这样的背景下，随着实用的技术支持与所谓的“技术噩梦”之间的界限变得越来越模糊，环境智能从研发之初就关注人的因素变得至关重要，这可以保证在实现新兴技术的同时避免潜在的缺陷。正如Roe所说：“就像所有的技术创新一样，环境智能本身无所谓好坏，但是它对人的影响依赖于其部署和使用的方式、部署的时间和规模以及在开发过程中对人的关注程度。”最近，Streitz等人将这种担忧重新表述为：“由于越来越多的‘智能’技术部署和使用决定了广泛的日常生活活动，迫切需要重新考虑其社会影响以及如何通过适当的设计方法去面对这些影响。”

传统上以人为本的设计重点是人，以及如何确保技术以最佳的方式满足用户的需求，而新技术带来了越来越多的复杂性以及交互和通信的更多需求，以人为中心的角度面临着新的挑战，这就要求改变重点和方法，以建立人类与技术之间更加信任和有益的关系。Stephanidis等人研究了在技术快速发展到更智能的交互技术的当前形势下出现的重大挑战，以及社会需求的增加和扩展，并确定了七个重大挑战：人与技术的共生；人与环境的互动；伦理、隐私和安全；幸福、健康和自我实现；无障碍和全面可及；学习与创造；社会组织与民主。他们以人文和社会价值为导向，以新兴的智能交互技术在个人和社会层面上对人类生活的影响为基础，对这些挑战进行了讨论。

另一方面，Shneiderman将可靠性、安全性和可信赖性确定为当今智能技术的基本特征，呼吁设计一种不模仿人类而是有效地支持人类活动的系统，并提出一个设计框架，促进人类的自我效能感、掌控能力和责任感。

基于以上考虑，本章讨论了以人为中心的设计方法在AmI出现和发展中的重要性和作用。特别是，15.2节根据AmI提出的要求分析了以用户为中心的设计过程，重点关注了新出现的问题和潜在的解决方案，以应用和修订现有方法和技术或开发新方法和技术。15.3节重点介绍了一些在AmI中至关重要的用户体验因素，包括自然交互、可及性、认知需求、情感、健康、安全和隐私，以及对人类需求和价值观的响应(例如，支持人类福祉、最终用户可编程性、社交因素、文化因素和美学因素)。对每个方面，都简要介绍了所涉及的主要问题。15.4节介绍了3个案例，涉及环境智能系统的以用户为中心的设计，并针对每个案例讨论了主要采用的设计过程和相关的用户体验质量。最后，15.5节总结了新兴的研究挑战，并提出了对上述问题采取更系统的方法的需求。

15.2 环境智能领域以用户为中心的设计过程

以用户为中心的设计是把易用性设计到用户使用产品和系统的全部体验之中的方法，

它也是人因工程的基础。这种方法包括两个基础：多学科的团队合作以及一整套专门用来获取用户输入并将其导入设计的方法。

在人机交互领域，很早就产生了对以用户为中心的设计的需求，随之也产生了大量该主题的论文和专著。ISO 13407 标准对交互式计算机系统的生命周期中以人为中心的设计活动给出了相应的指南。ISO 使用了“以人为本的设计”(human-centred design，HCD)而不是“以用户为中心的设计”一词，以强调除用户外的其他利益相关者也应参与该过程。

以人为中心的设计不仅是进行可用性实验或对用户进行访谈，它强调的是将用户积极地融入设计过程中，并且要进行理解用户、促进和评价设计过程以及最终系统的研究工作。随着技术的快速进步、计算机的使用在日常生活各领域的普及以及新交互模式的出现，以用户为中心的设计多年以来一直是各种交互系统基本的设计方法。在这种背景下，ISO 13407 已被修订为 ISO 9241-210(2010)以反映最新的变化和进步，最近又对其进行了修订(2019)。根据该标准，任何 HCD 方法都应遵循 6 项基本原则：

(1) 设计要基于对用户、任务和环境的清晰了解；

(2) 用户要参与到设计和开发过程中；

(3) 设计要靠以用户为中心的评估来驱动和完善；

(4) 设计过程是反复迭代进行的；

(5) 设计要体现所有的用户体验；

(6) 设计团队要包括跨学科的技术和背景。

以用户为中心的设计包括 4 个反复迭代的设计活动，所有活动都要有用户的直接参与，具体内容如图 15-1 所示。

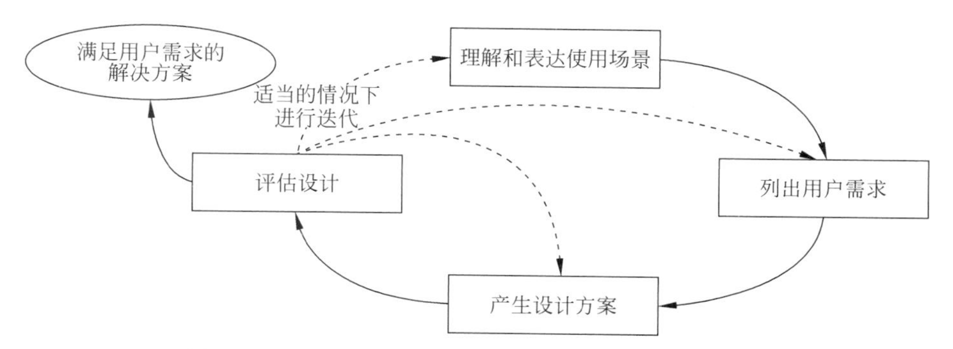

图 15-1　以用户为中心的设计流程(出自 ISO 9241-210)

(1) 定义用户和利益相关者、用户或用户组的特征、用户的目标和任务以及系统环境，包括组织、技术和物理环境，以及社会和文化环境；

(2) 通过在考虑使用场景的情况下确定用户和利益相关者的需求，列出用户需求，同时应将由相关的人体工程学和用户界面知识、标准和准则、可用性及组织要求和目标所产生的要求考虑在内；

(3) 通过设计用户任务、用户系统交互和用户界面以满足定义的需求，并根据基于用户的评估和反馈的结果来更改设计方案；

(4) 即使在早期的原型阶段，也要评估设计，以获取有关用户需求的新信息，获得用户对设计方案的优缺点的反馈，评估是否满足用户要求，和/或比较设计。

对环境智能系统来说，以用户为中心的设计更加重要，但是它的复杂度也更高，需要对设计过程和相关方法重新思考。在环境智能领域，“对人的关注”超越了先前的方法，它涉及开发和使用新技术的新模式。在这样的新模式下，易用性、不突兀的设计、对隐私的管理和个性化就成为以人为中心的界面的主要内涵。根据定义，环境智能能够适应使用他们的居民，因为其中嵌入了两个基本的功能：监测和推理，这两个功能能够使环境智能对发生的事件采取动态的反应。然而，尽管智能环境具有固有的功能，但以人为中心的设计流程仍应确保环境智能和其中包含的智能系统(无论是否交互系统)能够应对人类与技术共生方面的所有挑战，包括有意义的人类控制、人性化数字智能、对人的需求的适应和个性化、人的技能支持和人身安全。

接下来的几节从环境智能的角度来讨论各种以用户为中心的设计活动，力图预测这个领域内需要攻克的主要挑战并且给出研究方向的框架。

15.2.1 使用情境

用户界面设计中所说的“使用情境”通常包含用户特点、用户角色、目标和任务、系统的物理特点、社会特点和技术环境特点。

在智能化的环境中，考虑到环境与人的共处、计算设备以及周边环境中的其他元件等因素，使用情境变得更加复杂，因为有关因素在数量和潜在影响方面与传统计算设备相比大幅度提高。换句话说，智能环境下的交互不再是静态情境中人、任务和设备的一对一的关系，而是动态变化环境下多用户、多设备之间的多对多的关系，而且在此情境中任何因素都不是静态的。可以确信的是，对环境智能来说，找出合适的设计方法的关键在于用户、物理和社会环境、可用的技术、用户任务之间的相互作用。所有这些因素都是高度动态、相互关联并且随时间变化的。

另外，对于环境智能来说，不仅要恰当地获取使用情境，而且还要对其进行建模，将其嵌入技术架构中，这样才能更好地促进相关参数的探测和监控。

1. 定义环境智能的使用情境

在定义环境智能的使用情境时，必须慎重考虑由技术的普及、“消失”以及智能化所带来的复杂性。

例如，“用户”的概念需要重新考虑。在智能化的环境下，根据不同个体的特点和需求以及人类活动在时间、空间、技术环境方面的特点，会发生不同意识和参与水平的通信计算过程。人类已经不仅仅是“执行者”或者“用户”，而是在整个过程中扮演不同的角色。

另外，用户的能力短期内会随着由外在条件影响的各种变量的变化而变化，这种外在条件可能是环境中的一些因素。而且，随着用户在环境中移动，当前的使用情境以及交互技术都会动态地变化，例如不同的房间可能具有不同的特点、使用不同的技术。许多不同需求的用户可能同时置身于同一个环境中，并且同时发生交互，这种情况会带来潜在的冲突。例如，在一个小房间里，所有当前在一起的人都是用户，但可能每个人都在从事不同的活动，这些活动会打扰到其他人。因此，除了用户意识之外，角色意识在智能环境下尤为重要。另外，情境会随着环境智能应用的决策相应发生改变，而不仅仅是根据当前用户的位置而已(例如根据不同时期里每天的不同时间而变化)。而且，设备在环境中会随时插拔，服务的动态性也可能导致用户任务频繁发生改变。

因此，环境智能的使用情境应当以一种动态的而不是静态的方式来获取，这就给使用的方法、收集的信息类型、采用的呈现方法带来多种挑战。表15-1列出了以用户为中心的设计过程常用的使用情境因素，表15-2则是把与环境智能相关的因素考虑在内后的改进版本。

表 15-1　使用情境因素

用户群体	任务	技术环境	物理环境	组织环境
——系统技能和经验	——任务列表	——硬件	——听觉环境	——工作实践
——任务知识	——目标	——软件	——热环境	——帮助
——培训资格	——输出	——网络	——视觉环境	——干扰
——语言技能	——步骤	——参考资料	——振动	——管理和沟通结构
——年龄和性别	——频率	——其他设备	——空间和设备	——电脑使用政策
——身体和认知能力	——重要性		——用户姿势	——组织目标
——态度和动机	——持续时间		——健康危害	——劳资关系
	——相依关系		——防护服和设备	——工作特点

表 15-2　环境智能中的使用情境因素

用户群体	人的活动	技术环境	物理环境	社会环境
——个人和团队	——目标	——可用的硬件设备，包括输入和输出	——时间参数（日期、时间等）	——活动实践
——语言技能	——活动	——网络	——听觉环境	——角色
——年龄和性别	——输出	——软件平台	——热环境	——干扰
——身体和认知能力	——典型地点	——中间设备	——视觉环境	——沟通结构
——态度和动机	——任务和步骤	——既有应用和服务	——振动	——人的共处
——文化背景	——频率	——传感器和其他设备	——空间和设备	——隐私威胁
——对环境中应用、服务和交互特点的了解	——重要性	——从传感器获得的可用数据	——用户位置和姿势	——社会规范
——专业知识	——持续时间	——可用的推理资源	——健康危害	——组织目标
——互动偏好	——相依和交织关系	——机器学习和人工智能算法		——应用领域的特定目标
——情绪和心理条件	——必要的帮助			
	——授权			
	——合作			
	——相互冲突的目标			

表15-2中的许多因素都是动态的，也就是说，它们依赖于其他情境因素（例如，可用的设备可能依赖于用户的位置）。因此，环境智能的使用情境的定义也和要监测的问题紧密相关，使用情境是识别待监测元素和相关条件、参数的关键，这些条件和参数也是监测进行的依据。换句话说，使用情境因素不仅是设计师应该知道的事，也是系统应该意识到的。这一需求通常被称作“情境意识”，它的定义是：

“环境能够决定情境，活动发生在情境中，这里的情境指的是关于人和环境有意义的信息，例如定位和身份等。”

2. 获取使用情境的方法和技术

在以用户为中心的设计中，常用的获取使用情境的方法包括用户识别、调查、纸质问卷、现场调研和用户观察、日志记录以及任务分析等。在移动和环境辅助生活（AAL）应用设计中使用的最新方法包括小组讨论、集体讨论、场景、故事和角色，以及合作和共同创建研讨会之类的参与性活动。

原则上，上述所有的方法和技术对环境智能的使用情境都奏效。但是方法在应用上还是有差别的。例如，基于观察的方法就可能由于环境自身提供的监测和推理装置的不同而有所变化。这些装置会收集很长时间内人类在环境中活动多方面的大量数据。但是，这种方法的应用需要实验设备可用、智能的环境已经存在以及真正的用户能在这种环境中自然活动。为了解决这个问题，已经有许多设备和实验室开始尝试，其中不同的环境智能技术也在真实生活的情境下得到了开发、整合和测试。有很多模拟家庭环境的实例，如美国佐治亚理工学院的 Aware Home，美国麻省理工学院的 House_n，飞利浦公司的 HomeLab，德国 Fraunhofer-Gesellschaft 应用研究协会的 inHaus，微软的 Microsoft Home 以及 ICS-FORTH 的智能环境研究设备。如果没有可用来做实验的装置，像调查、问卷、日志这类比较传统的方法也仍然能起到很大作用。

用户活动和任务的识别与建模是另一项挑战。有人认为经典的任务分析技术不适用于环境智能领域，因为这些技术不能获取任务和其他情境因素之间的相互作用关系。例如，传统的任务分析技术最初应用于商业环境和应用中，因而是面向高度结构化的任务的，具有明确的目标和步骤。但是在智能环境中，人的日常活动不总是有明确的目标，而且结构松散，不容易分解成独立的步骤。因此在这方面就产生了很多对传统任务模型的扩展。例如，Vredenburg 等人提出了一种从任务结构中生成行为模式的方法。Luyten 等人又针对智能环境提出了一种以任务为中心的设计方法。这种方法基于可视化和仿真技术，旨在在设计过程中获取使用情境的任务执行和情境对具体任务执行的改变之间的强相依关系。

与用于捕获上下文的方法无关，描述使用上下文的传统方法(例如属性列表、场景、用例描述)无法应对 AmI 中使用上下文的固有复杂性。这可以通过上下文本体(ontology)来解决。由于本体可以通过机器可理解的数据结构对现实生活形式化，因此也有可能构成设计和实施团队的共同参考点。因此，在 HCD 流程的第一阶段，设计人员应与数据科学家紧密合作，创建上下文的模型和本体，并在整个过程中逐步完善它们，以反映所获得的知识和反馈。当前，尽管没有针对 AmI 环境的通用本体，但文献中已经提出了几种特定用途的本体。考虑到上下文情境的环境建模是一个活跃的研究领域，数据科学家与 HCI 工程师的系统协作可能会为各种应用领域(例如家庭、医疗保健、工作场所)提供开放的统一的上下文本体用作相关项目的起点，从而加快上下文的规范阶段。

在 AmI 环境中，已经提出了几种用于上下文捕获和建模的专门框架和方法。Yigitbas 等人引入了一个模型驱动的上下文管理框架，该框架支持各种使用情况的建模以及自动生成上下文服务以在运行时监视用户参数。

Evans 等人提出了适用于智能环境的需求工程框架，其主要目的是明确情境感知需求。它包含 6 个主要的需求汇总类别，且这些需求汇总类别分别由对应的方法来提供支持。Serral 等人基于用户在方法设计环节的迭代参与，针对用户的智能环境需求工程提出了目标导向的方法。在设计环节，需求工程技术能够整合用户的需求、偏好和行为信息。需求获取之后，利用在相似情境下按照习惯执行的一系列任务建模生成行为模式用以确定用户想要自动化的行为模式。情境适应的任务模式应用于这一阶段。

15.2.2 用户需求

成功开发智能化环境的前提条件是对用户需求合理的捕捉和分析。尤其是有必要预估未来日常生活中的计算需求，并深入理解能够决定情境中多样化交互产品用途的因素。这些要求可能会比之前的技术更为主观、复杂、关联紧密。

作为环境智能的用户需求分析的起点，场景技术已经在一部分研究中使用，包括正面和“最差情形”的场景。

尽管场景提供了一个有用的起点，但它们还不能完全捕捉未来环境智能情境下用户的需求和期望。另一方面，对用户群体来说，针对难以想象的技术情境表达需求和偏好不是一件易事。为了促进环境智能技术的开发，用户应当意识到建立新的环境的技术可能性和潜在方法。因此有必要让用户直接接触环境智能技术和由此技术带来的可能的应用场景。为了达到这个目的，各种在前面提到过的研究设施和仿真环境就可以发挥重要作用了。

但是，由于智能手机、智能家居设备和语音助手的激增，如今用户在某种程度上已经习惯了智能环境的概念及其潜力。与此同时，关于人工智能和智能环境的讨论也不再出现在科学出版物中。相反，它们在媒体和电影中随处可见，因此这些术语不再是除了科学家之外的流行词汇。因此，用于激发用户需求的传统方法仍然是有效的选择，例如我们可以通过概念视频或情节提要向用户展示系统的功能。最近，在工程智能环境中使用的方法强调指出，焦点小组、访谈、问卷、方案和观察是发现需求的最流行方法。但是，用户可能会简化环境的认知或在某些情况下拥有错误的心理模型，造成用户恐惧或过高的用户期望，这是在通过传统方法确定需求期间需要克服的另一个挑战。

同样地，研究者也开始了对环境智能情境下人类需求的研究，主要的对象是家庭环境。Röcker 等人在 2005 年进行了一项综合的跨文化研究，将基于场景的技术、焦点小组以及开放式自由讨论结合在一起来确定家庭环境中的需求。结果得出了一组优先需求，除了一般生活中的问题外，还包括支持家务工作和安全、协助整理个人和家庭环境以及支持对其他家人的照顾和沟通。

另一个由 Hellenschmidt 和 Wichert 进行的实验旨在分析在起居室环境中不同类型的智能化环境的协同。实验共招募了 143 个被试者与家庭娱乐系统互动，该系统整合了各种功能，如电视机、收音机、音频与视频播放、电话及光线控制。基于实验结果，研究者在不同程度的用户参与和感知下找到了 7 种类型的协同关系(从用户被完全告知环境中所有的变化到用户没有任何直接行动环境就有所变化的情境)。

Zhang 等人曾做过一个实验，其目的是将智能家庭环境中的用户界面智能程度与任务类型及用户年龄进行匹配。在 Rasmussen 等人研究的基础上，这次实验将任务分为基于技巧的任务、基于规则的任务和基于知识的任务。各个界面同样根据 3 种智能程度(高、中、低)来区分。研究包含了年轻人和老年人两个用户群，结果表明用户界面的智能程度极大地影响了不同类型任务的表现。整体来看，用户界面的高可用性包括满足用户控制的直接性和可及性、避免使用不同的程序控制不同设备、提供对智能环境当前整体状态的直观概览。

Schmidt 等人在 2007 年发表的文章中介绍了他们的一项研究。这一研究是各种技术方法的综合，包括情境问答、文化探测、技术探测、用户教育、参与式设计以及基于特征用户方法制作的原型。实体原型的呈现被情景化到日常生活可能的场景之中(如起床或刷牙的时候)。这种方法被证明在产生设计概念和理解用户信息时尤其有用。的确，人们发现与抽象的、面向功能的系统特点相比，理解面向任务的场景的特点更容易一些。把日常生活场景和未来技术的有形预览相结合被证明是一个能够刺激用户产生创造力的有力方法。使用技

术预测的方法，人们不会再担心闯入生活中的各种技术，这样就减少了用户的忧虑和害怕。此外，基于前期产生的想法而进行的访谈也是后期常用的方法。

最近，由于智能环境日益增强的监控和推理能力引起了人们的关注，大量研究探讨了用户对智能家居和工作环境中的隐私和安全的看法。一项对美国11个智能设备所有者进行的半结构化访谈表明，用户认为自己的隐私受到保护的信念取决于他们对设备制造商的信任、对便利性和连接性的重视以及对谁有权访问的看法。他们的智能家居数据取决于感知到的收益。另一项研究对23位智能家居使用者(其中大多数在美国)进行了半结构化访谈，发现用户意识到：①他们的数据已被收集并被各种实体共享，以提供服务和用于营销目的；②对于存储在云中的数据的安全性和失去控制权利表示担忧；③他们可以感知到财务盗窃或家庭安全和保障方面的潜在风险；④但认为此类风险不严重，并且在实际操作中，他们唯一能采取的缓解策略是不向设备提供非必需的信息。Malkin等人特别关注智能音箱。他们对116位用户进行了调查，发现超过一半的用户不知道设备的运作方式，以及商家可以查看其交互记录，他们也不同意所应用的数据保存策略以及二级用户可以使用数据的情况(例如广告)。一项针对17位智能音箱用户和17位非智能音箱用户的日记研究发现，非用户要么觉得这类设备没用，要么不信任音箱公司；而用户表达的隐私担忧很少，也不完全了解隐私风险，并表现出为了获得方便将隐私作为交易的趋势。与此同时，他们很少对自己的设备使用隐私控制，因为这与他们的需求不一致。因此，在AmI环境中，不仅要确定功能性用户需求，而且要指定隐私和安全需求，这不仅是由用户本身表达的需求，而且还是由道德设计和数据保护政策所决定的需求，这一点至关重要。

15.2.3 设计

环境智能的设计带来了新的挑战，这种挑战主要来自于“隐藏”在多种互联多功能计算产品中的嵌入式交互。这是因为产品的各种功能应当被流畅地整合到日常生活的各种物体中。因此，系统地考察典型的交互功能如何与其他功能结合以及功能设计的最佳实现方式是很重要的，特别是典型的人机交互设计过程可能需要从整体上重新研究。尽管孤立的每个设备的可及性和可用性是必要的，但是这仍然不能充分保证整体上在分布式环境下的可用性，因为在这种环境下物品的关联可能带来新的可用性问题。随着物理世界和数字世界之间不再孤立存在而是相互关联、相互融合，预示着要对二者的异同点进行进一步的研究。环境智能的交互可以通过物理和数字元素的混合发生。因此，交互设计和工业设计出现了融合的趋势，这需要通过新的方法和技术来处理。

在上述情境下，一系列新的研究挑战出现了。在交互设计层面，需要新的设计原则，这种原则是日常物品设计原则和用户体验设计原则的融合和扩展。

原型制作和相关的工具支持也是环境智能的一个重要问题。目前可用的用户界面原型的制作工具主要是基于合并到多数集成开发环境中的用户界面生成工具。然而，这样的工具不能充分地体现环境智能原型开发的需要。例如，这些工具通常绑定到特定的设备、交互平台和窗口部件工具包上，不适于跨设备的普适的用户体验设计。在这个问题上，开发出的具有适应性的交互工具包已经向前迈出了一步，它由一些可以感知设备的部件组成，这些部件知道如何自我呈现，如何在不同设备上组织界面布局。另外，为移动用户开发动态的分布式用户界面的工具包对于减少界面布局的复杂性非常重要。这种工具包可以在当前地点出于交互的目的利用周围可用的计算资源,例如 Voyager 或 Amarino 工具包。另外还有用于研究自然交互(例如通过手势或语音)的交互原型的工具包。例如,可支持基于手势和语音交互设计的 PortUbique 框架、用于基于协作移动交互的原型设计的 MilkyWay 工具包、用于设计设备与环境之间的多设备和空间交互的 SoD-Toolkit 工具包等。尽管此类环境和工具包擅长创建和测试功能性原型,但它们并不适合创建和评估低保真度和高保真度的非交互式原型设计的第一阶段。

环境智能的仿真也是一种无须大量开发就能把用户和未来新技术环境拉近的工具。正如 Bandini 等人所说,传统的设计和建模工具能够为环境智能静态特性的设计提供合适的支持,例如 3D 模型的建立,但是它们不适于定义动态的表现和响应。

Batalas 等人提出在智能环境中采用视频原型技术,因为这一技术能轻易地可视化不同生活和工作情境的交互,展现交互的动态特性,缩短时间跨度以及解释情境背后的机制(比如适应、剖析和沟通)。而仿真既允许模拟环境智能系统的静态特性,又允许模拟它对人类和其他相关实体行为的动态响应。Moreira 等人探讨了针对无处不在的计算的 3D 浸入式原型并概括了如下相关维度:浸入式的保真度,3D 模型和仿真,嵌入的交互支持,可控的环境操控,由情境驱动的行为,多用户支持以及混合原型。

环境智能的另一个重要改变是它可能影响到设计师的定位以及他们应该掌握的设计知识。考虑到技术无处不在,理想的解决方案应当是由用户自己决定生活环境中的交互特性。为了实现这个目的,环境应该能够给用户提供非常简便的途径进行个性化的交互。技术环境应该让环境适应终端用户的需求,以一种用户友好的、直观的方式提供编辑、解释、连接、执行、表现应用功能的方法和工具。

这方面的一个例子是"设计与游戏",它能够快速配置智能家居的用户界面。考虑到智能家居能够探测交互物品的存在并利用与这些物品特性有关的知识,因此这种方法可以进一步简单化、自动化。在这样的环境中,由于设计师的主要任务变成了对环境中的用户体验知识进行编码而不是直接设计用户界面原型,因此设计师可能扮演了另外一种全新的角色。而且,设计师需要意识到环境的交互行为不会仅由设计静态地决定,而会更加动态,基于最初设计和监测收集的数据不断地发展变化。

总之,尽管已经提出了几种方法,但是由于环境智能中用户界面和交互设计的复杂性,每种方法仅解决了以人为中心的设计的迭代过程的某个环节。迭代设计应从低保真度原型开始,然后发展为功能高保真度原型,所有这些都应由最终用户进行评估。设计不需要大量的软件工程技能。同时,原型应演示所设计的系统如何在多用户、多设备环境中运行,以及如何根据整体环境的变化或基于与用户或技术/物理环境有关的数据进行调整。在这方面,研究基础架构和仿真环境可以解决"存在"的问题,同时通过其丰富的基础架构,还可以展示(或至少仿真)智能、自适应、多设备系统的预期效果,以方便原型开发和评估。

15.2.4 评估

环境智能及其技术的评估也需要在一些方面超出传统的可用性评估,既包括待评估环境的特性也包括评估的方法。

1. 环境智能的特性

基于操作绩效的可用性评估方法不适于环境智能系统,因为测试绩效是为了个人用户和桌面应用，并且一般都用于实验室评估中。此外，也很难准确描述能够反映日常活动复杂度的任务，而且研究用户体验的主观因素也是必要的。在评估环境智能技术和环境时，要考虑高度主观的认知和情绪因素。因此，评估应该着眼于整体的用户体验和对技术的情绪反应而不是传统的可用性问题。然而，用户体验的概念需要进一步明确，以从中得出可以测量的指标。例如，Gaggioli 提出了一套环境智能中基于注意力的评估用户体验的架构，Pallot 等人提出了针对生活实验室设计的整体用户体验框架架构。

其他需要评估的因素包括对技术的情绪反应、吸引力和趣味性、信任和用户对环境安全和隐私的感知等。

在 Adams 和 Russell 的一项研究中，他们分析了对两种智能化的自动取款机模型的情绪反应。这两种模型很相似，但是其中一个故意设计得很死板，显示出相对较低的交互方面的智能性。结果证明，模型的低智能化给用户造成了很多超出传统可用性的问题，引起了很强的沮丧情绪反应。

VDE(一个欧洲技术和科学协会)的 ITG(信息技术组)技术协会发布的有关智能家居环境可用性评估的指南指出，应考虑以下可用性方面：一致性，透明性，突出性，个性化，无障碍，足够多用户，信任和安全以及稳定性。该指南还考虑了智能家居环境中提供的各种服务，无论是技术服务(例如智能服务、自适应服务、说服性服务、传感器和执行器服务、输入和输出服务、基于语音的服务)还是特定领域的服务(例如通信、安全、能源管理、家庭控制、娱乐、健康和健身)。

从用户体验角度刻画环境智能特性的细节会在 15.3 节讨论。

2. 评估方法和技术

环境智能技术和系统对传统的可用性评估方法提出了挑战，因为它的使用情境在实验室环境下很难再现。这就表示环境智能技术的用户体验评估应当在真实世界环境中进行。然而，真实环境下的评估也有困难，因为不大可能持续地监测用户及其活动。例如，经验抽样方法旨在获得现场的用户体验，这种方法利用了移动设备的普遍性来获得用户活动的反馈。这种方法允许获得实时反馈，避免了在事后让用户回想情景和相关的经历。使用这种方法可以基于时间、位置和其他参数将问题情境化。

需要使用适当的设施将用户体验和必要的技术设备的可用性结合起来，用来在较长时间内研究用户行为。人们预计未来的评测方法在很大程度上依赖于技术环境交互行为的仿真和持续不断的数据监测。例如，环境中人的情绪可以通过人脸和语音识别技术以及生理数据监测进行分析。

评估 AmI 系统和服务的另一种方法是仿真。Halbrügge 等人提出了一种基于模拟的预测用户错误的方法，并将基于模型的 UI 开发与认知模型相结合。更具体地说，作者描述了一个集成系统，旨在根据 UI 元素特征预测任务步骤的错误遗漏。一项验证实验将真实的用户使用数据与系统预测的数据进行比较，结果表明该模型预测了相同的错误，但是范式不同。SISARL 是一个旨在支持老年人智能设备和系统的设计和开发的仿真环境。开发人员需要向模拟器提供设备的操作视图规范和用户模型。设备的操作视图规范包括一组工作流，即活动和工作流图的定义，以及模拟或实现控制工作流、设备操作和设备-用户交互的资源分配活动、规则和策略的资源组件。在人的模型方面，SISARL 仿真环境仅支持由指定用户活动持续时间的时间参数定义的模型。混合方法是在虚拟 AmI 环境中雇用真实用户。

Singh 等人建议在即将提供基于位置的服务的地点采集图像和声音。然后，在用于移动或环境应用的评估时，可以通过记录的图像和视频(例如通过 CAVE)进行投影，并模拟传感器基础结构来模拟预期的环境，从而在实验室环境中重现用户的体验。Seo 等人引入了一种类似的方法，将虚拟现实和增强现实(VR/AR)与物理现实相结合。在基于 VR 的交互式可视化环境中，戴着头盔显示器(head-mounted display，HMD)的用户可以查看并导航沉浸式智能家居环境。同时，用户可以通过连接到 HMD 的 Leap Motion 传感器与虚拟对象进行交互。

通过模拟研究可用性和用户体验，可以缓解与成本和可行性相关的实景实验室问题，但是，并非所有真实体验的参数都可以模拟。同时，现场评估的好处是，当意想不到的因素(例如环境条件或工作相关任务引起的压力)发挥作用时，可以揭示技术是如何在其预期的环境中发挥作用的。简而言之，AmI 环境和系统的评估应根据被评估原型的演进阶段进行仔细计划，但要确保在实际(现实)环境中评估成熟的原型，以便对相关用户进行深入研究。

在这方面，实景实验室(模拟 AmI 空间)一直是评估 AmI 环境的一种非常流行的方法。van Helvert 和 Wagner 引入了这样的实景实验室方法，它包括两个阶段：包括两个阶段的初步实验，以及最终评估研究。Pereira、Teixeira 和 de Silva 指出，"环境辅助生活"中的大多数评估都依赖于诸如问询之类的标准做法，但是它们忽略了上下文信息或与用户相关的数据，并建议在实景实验室中使用基于问询的评估平台。总体而言，实景实验室适合采用公认的方法进行基于用户的评估，例如直接观察和问卷调查、日志记录，或共同发现、访谈和绿野仙踪方法。

很少有工作致力于为 AmI 环境中的评估提供框架。这样的框架虽然很通用，但侧重于流程而不是指标，是一种支持 AmI 环境中以用户为中心的设计的体验研究理论。体验研究理论涉及以下方面的研究：①上下文，着重于收集初始用户需求而不引入任何新技术应用；②实验室，目的是在可控的情况下评估新设计；③可以在现实生活中进行长期测试的现场。因此，在为 AmI 环境生成体验的过程中可以确定 3 个维度：①体验之于上下文(Experience@Context)，涉及趋势研究、洞察力生成和验证；②体验之于实验室(Experience@Lab)，可能包括概念定义、体验原型和以用户为中心的设计与工程；③体验之于现场(Experience@Field)，涉及现场测试、纵向研究和试验。通过 ExperienceLab，De Ruyter 等人总结了他们从测试中获得的经验教训，得到以下结论：尽管用户体验本质上是主观的，但仍需要通过客观的方法对其进行捕获和分析。Ntoa 等人引入 UXAmI Observer，这是一种用于弥合真实或模拟智能环境的差距的自动化用户体验评估工具，该工具利用固有的技术基础架构在用户测试实验期间自动获取测量结果，并为每个实验参与者提供强大的可视化数据显示，以及来自所有参与者的汇总统计信息和使用情况信息。

HCD 过程中此步骤的一个重要特征是，与设计一样，评估也在 AmI 环境中更连续。从长远来看，嵌入的智能使环境可以评估和改善自身，从而淡化评估和交互之间的区别，同时在 HCD 迭代过程中引入自动化的成分。

15.2.5 探索 AmI 环境中 HCD 的新方法

本节将回顾以人为本的设计过程，并讨论将其应用于 AmI 环境中的关注点和挑战。AmI 专注于人类的先天性及其在感知、监视、推理和自我适应方面的能力，构成了 HCD 前所未有的相关性和需求。但是，即使是熟悉HCD及其各种方法的设计人员，也会面临众多挑战，这主要是由于技术基础设施日益复杂以及此类环境中交互的自然性所致。表15-3总结了在HCD流程的每个步骤中已经确定的主要挑战。

表15-3 AmI环境中以人为本的设计活动面临的主要挑战

使用上下文	• 使用的上下文变得更加复杂和清晰； • 在动态变化的环境中，交互成为不同用户与众多设备之间的多对多关系； • “用户”的概念需要重新审视； • 用户的能力可能会在短时间内根据各种条件而变化； • 需要考虑用户在环境中的共存； • 设备和服务变得可用并动态地构成使用上下文的一部分； • 捕获和建模上下文的方法需要适应AmI的复杂性和动态性质
用户需求	• 用户可能发现很难表达对未来/未知技术环境的需求、偏好和期望； • 需要减轻用户对未知技术环境的误解和恐惧； • 需求规格说明应超越功能需求，而涉及与系统高级功能有关的其他问题，例如隐私和安全方面； • 需求规范不仅应限于用户输入，还应以各个领域的科学知识以及适当的指南和策略为指导； • 需求文档应反映AmI环境和系统的复杂性，以及它们的感知、监视、推理和适应能力
产生设计方案	• 设计不再涉及单个工件，而应检查交互式工件的组合和动态存在如何引入新的设计参数和约束； • 设计应考虑到数字世界和物理世界的相互联系和融合； • 环境的交互行为不是由设计静态确定的，相反，它是基于初始设计和运行时收集的数据而发展的； • 典型的设计过程将需要在总体范围上进行修改； • 需要建立新的设计原则； • 原型工具需要以有效和高效的方式适应自适应用户界面的设计； • 从低保真到高保真交互式/原型的原型制作的所有阶段，都需要在现实的“沉浸”到AmI环境的复杂性和功能方面得到支持
评估	• 评估需要超越传统的可用性指标和方法； • 在定义AmI环境时，需要定义并考虑新的用户体验质量； • 在现实世界中，基于用户的评估变得更具挑战性； • 需要新的评估方法和框架来指导从业人员评估与AmI用户体验有关的众多因素； • 评估工具应结合传感器数据和生理测量结果，为识别环境和用户的当前状态提供支持； • 评估应更具连续性，AmI环境及其工件应根据用户感知到的以及检测到的用户体验进行自适应

简而言之，尽管可以针对HCD过程的每个步骤识别出特定的新挑战和要求，但可以发现，这些挑战和要求主要是由以下因素引起的复杂性增加所致：①存在多个互连的设备和环境；②多个人类(和非人类)互动对等物的共同存在；③环境感知、监视、推理和自我适应的能力；④以上所有特征的动态本质。现有的众所周知的方法对于HCD很有价值，但是，人们希望这些方法能够适应HCI研究人员和从业人员的新需求。同时，预计将出现新的设

计框架，在遵循 HCD 方法的同时，为解决上述挑战提供指导。

15.3 环境智能的用户体验

本节讨论环境智能用户体验的一些要素，目的在于确定新的方法来对这些要素进行定义、建模和评估。

15.3.1 自然交互

智能化环境中普遍存在的交互要求提出了新的交互概念，扩展了目前的用户界面概念，如桌面隐喻和菜单驱动界面等。环境智能带来了新的交互技术、新的用途以及既有的先进技术的多形态组合，例如眼动凝视交互、手势和基于位置的交互、语音交互、聊天机器人，以及基于生理参数、人类情感和非语言交流的隐式交互技术等。在这方面，AmI 利用人类交流和认知科学方面的最新发现，努力将人类用户的整体性考虑在内。

此外，基于物联网范例，交互被嵌入到日常对象和智能设备中。这个概念指的是使用物理设备作为对象进行呈现和交互的接口，将物理世界和数字世界无缝集成。此类物件用作支持物理操作的专用输入设备，并且它们的形状、颜色、方向和大小可能在交互中起作用。例如，Surie 等人描述了一种具有 3 种类型的智能对象的厨房环境，即容器、表面和执行器；应用程序包括智能食谱和智能早晨咖啡服务。

在环境智能中，智能设备构成了环境生态，即相互协作的智能对象集合，这些对象协同工作以向居民提供服务。

源于触控用户界面的交互不再是与智能环境交互的一个媒介，而是一种用户与环境直接接触的方式。因此，与当前基于键盘和鼠标的交互模式相比，它更直观、自然。

环境智能中的交互依赖多通道的输入，这就意味着它结合了多种输入方式，如语音、触控笔、触摸、人的手势、眼动、头部和身体的运动以及多种输出方式，主要是视觉和听觉反馈。在这种情境下，自适应的多种通道对于在动态变化的使用情境下自然输入的支持具有突出作用，它能够适应性地给用户提供当前交互情境下最合适、最有效的输入方式。多模态可通过冗余来降低信息的不确定性，从而提高交互准确性，并提供更类似于人与人沟通的交互方式。根据 Bibri 在 2015 年的研究，在环境智能中，情境感知、多模态、自然性和智能之间存在协同关系。

15.3.2 可及性

由于环境技术的丰富性，环境智能具有有效解决旧的和新的可及性问题的潜力。特别是，大量的交互式和分布式设备可以使用多模式界面实现轻松愉快的交互，从而为每个用户提供更易于访问的交互模式，例如，盲人用户可以从语音输入和输出的广泛可用性中受益。可以同时使用不同的模式，以增加可用的信息量，或在不同的上下文中显示相同的信息，或者冗余地处理不同的交互渠道，以增强特定信息或满足不同能力的用户。从可及性的角度来看，环境智能的其他优点包括将任务委派给环境的可能性，这可以减少身体和认知上的压力。

但是，与可访问性相关的一些问题需要解决，这些问题主要是由于新技术环境的技术复杂性增加而造成的。在这种情况下，迄今采取的策略已不再适用，需要从对人进行辅助的技术逐步过渡到为所有人设计的策略。

一个重要的问题是，对于某些用户而言，使用语音命令和手势之类的"自然"交互技术以及使用大屏幕和小巧的可穿戴式显示器可能会受限。同样，如果处理不当，环境的复杂性和技术的消失可能会成为认知障碍用户无法克服的障碍。与年龄相关的因素也非常重要，特别是考虑到许多 AmI 应用程序旨在支持独立生活，而当前我们对复杂环境中不同年龄用户的需求的了解还很有限。

另一个重要问题与需要确保的不同级别的可访问性有关。考虑到环境智能中设备多种多样、数量繁多，应当区分可及性的不同层次。第一个层次关注个人设备的可及性。个人设备需要对其主人具有可及性，但是也应该给其他具有不同潜在需求的用户提供基本的可及性。第二个层次是环境作为一个整体的可及性，这种可及性可以通过环境中的设备和其他交互产品来提供。在这样的情况下，可及性可以凭借多样化特色给用户提供同等的内容和功能，但不必通过同样的设备，而是通过一套集成到环境中的动态的交互设置来实现。

可访问的 AmI 环境的一个重要方面是，它们可以为残疾人和老年人提供辅助的生活解决方案。例如，Hudec 和 Smutny 描述了针对盲人的综合家庭环境的设计和开发，其中包括：认识来访者，提醒其他家庭成员在公寓中的活动，在计算机上工作，看护儿童，与有视力的人和盲人的合作，由盲人控制的暖气和空调区域的调节。

物理和虚拟世界的可及性需要相结合时，可以产生新奇的智能环境。例如，对于盲人、视觉障碍者和运动障碍用户，需要将与交互相关的需求和与交互环境中的物理导航相关的需求结合起来。

Margetis 等人描绘了一个场景，制定了通往全球可及的智能环境的路线图，确定有如下的挑战需要应对。①知识的局限性：用户需求，针对用户特质/功能限制和环境特点/功能(比如与年龄相关的因素)的不同结合制定的方案的可适应性；②缺乏用以支持可替代性交互技术现成的成熟的解决方案，来解决各种用户能力和功能限制组合问题；③缺乏考虑了实际可用性方案以及支持整合和管理的架构框架；④缺乏支持可接触智能环境开发周期各个阶段(比如需求分析、设计和原型、评估、内容革新)的工具。

15.3.3 认知需求

环境智能不应该给用户增加复杂感。对人类来说，随着技术从物理上和心理上的"消失"，各种设备都将不再被认为是计算机，更是物理环境的扩增组件。环境智能的交互性质从人机交互进展到人与环境的交互及人与机器的结合。这些概念强调了技术和环境的融合，以及日常生活各方面与数字产品不断增加的交互。尽管人类身边围绕着大量不同功能和规模的设备，但从适应性和可用性来考虑，环境智能不需要密集的交互。因此，交互从一个用户注意力集中于运算的显示模式，转移到在必要时界面才会引人注意的隐含模式。

由于新技术环境的内在特性，和目前可用的技术相比，交互可能会对人类提出不同的感知和认知要求。根据 Jimenez-Molina 和 Ko 的观点，主动和自发地提供服务功能以及在 AmI 环境中进行的体育活动给用户带来的认知负担可能导致其智力资源枯竭。这方面主要的挑战是确定和避免可能会导致混乱、认知超载、沮丧等负面后果的交互方式。

在认知心理学研究中使用传感器,使得今天能够基于心理、生理参数(例如眨眼、瞳孔直径和皮肤电反应)实时测量认知负荷。通过这种方式,可以基于用户当前的认知状态来调整智能环境中分布的信息和反馈量以及服务功能。

15.3.4 情绪

情绪是对处境的一种生理反应。它通常包括一系列基本的情绪元素,如生气、害怕、高兴、悲伤、喜爱、惊奇、厌恶、羞耻等。其他的情绪由这些基本元素组合而成。尽管已经有人设计了很多复杂的量表,但情绪通常可以简单地分为积极情绪和消极情绪两种。AmI 环境应将用户的情绪考虑在内,即这个环境应该感知到情绪,并在适当的时候产生情感化的行为。这意味着环境能够理解人类的情感,产生有情感维度的响应,还能影响用户的情感。同样,对认知负荷的实时监控而言,情感感知可以帮助环境对其行为进行微调,从而为用户提供更好的体验,因为理解情感对于创建和重新创建体验至关重要。

人们已经提出了多种方法来使 AmI 环境能够感知和测量人们的情绪。面部表情和言语特征都是情绪状态的可靠指标。无线传感器的进步也使得人们能够毫不费力地监测生理参数,这些参数显示出与各种类型的情绪的重要相关性,例如心率、皮肤电活动、面部肌肉活动和声音。可穿戴设备和机器学习算法的可用性有助于将情绪识别技术带到实验室之外,并将其集成到日常生活中。

情绪识别可能构成高级环境适应行为的基础,可以代表用户关于他/她的情绪偏好来控制智能环境。例如,Altieri 等人提出了一种系统,通过 RGB led 照明系统投射出最合适的彩色光,从而根据用户的情绪感受来管理环境照明;而 Mowafey 和 Gardner 开发了一种利用情感识别和机器学习来创建基于用户行为的环境适应规则的系统。

在 AmI 技术表达情感方面也已经开展了工作,这些工作主要集中在栩栩如生的化身上。Ortiz 等人进行了一项研究,证实了年长用户识别化身的情绪表达的能力,以及情感化身对用户体验的积极影响。Hanke 等人介绍了嵌入式环境智能系统的概念,并讨论了化身通过面部表情传达情感的可能性以及其他好处。情商是人类意识到自己和他人情感并作出适当反应的能力。具有情感意识的 AmI 环境应表现出相似的能力,并提供对情感作出反应的服务。

AmI 环境试图在其居民中激发情绪行为的例子是"情感存在",其目的是激发参与和创造灵感,大笑,以及将嬉戏融入体验和信息理解,呵护感和健康。从具有情感表达能力的化身和机器人到艺术、音乐、灯光和其他环境特征,各种各样的手段被用来在 AmI 环境中生成或控制情感。应用包括通过环境设施调节情绪,对情绪智力的支持和对小组情绪的环境支持。

15.3.5 健康和生活质量

许多当代设计方法都主张,智能技术应在道德上受到人类价值观的启发,并回应个人和社会需求。因此,在技术无所不在的世界中,出现了一个问题,即如何优化技术在促进幸福感和生活质量方面的作用。

世界卫生组织法规将健康定义为"一种完全身心健康的状态,而不仅仅是没有疾病或虚弱的状态"。另一方面,生活质量指的是个人对其生活所在的文化和价值体系中的地位的认知，这与其目标、期望、标准和关注点息息相关。这是一个范围广泛的概念，受人的身体健康、心理状态、个人信仰、社会关系及其环境特征的复杂影响。第三个相关的概念是满足感(eudaimonia)，它可以追溯到古希腊哲学。满足感代表着实现自己的潜力，并与决定权、挑战与技巧的平衡以及大量的精力投入等多个变量相关联。与被认为是享乐主义或暂时性享乐(例如放松)的幸福感相反，满足感与需求满足、长期重要性、积极影响以及有意义的感觉有关。

当代的移动和可穿戴设备(包括医疗设备)支持自我追踪，即“监视和记录并经常测量个人行为或身体功能的要素”，从而提供了让个人更积极地参与健康管理的潜力。追踪的属性可能包括身体状态(例如身体和生理)、心理状态、活动(例如运动、饮食和睡眠)、社交互动和环境状态。自我追踪的更广泛应用涉及促进健康的生活方式和体育锻炼，并与旨在激励人们采取积极行为和避免有害行为的说服技术相结合。环境说服技术将说服策略嵌入环境智能环境中。此类技术可以集成到生活的各个方面，通过了解上下文和情境，并考虑到用户之间的个体差异，有望具有比传统说服技术更大的说服力。镜像已经被用来在智能环境中引入说服力。镜像向用户显示了关于自己的可视化图示，以一种平静而又不引人瞩目的方式提供了大量信息。与实际的镜像不同，隐喻的说服镜像可以广泛分布在设备和环境中，所提供的信息中包含了激励人使用镜子的动机。还有其他基于智能用品或专用设备的方法，例如 Fenicio 和 Calvary 在 2015 年提出的一种说服人们戒烟的方法。

除了身体健康之外，自我追踪和环境技术还用于追求心理健康和心理满足。在环境中的应用包括压力监测和控制、抑郁发作的识别以及心理治疗支持。用于上述目的的一个技术示例是生物反馈，它涉及使用视觉或听觉反馈来控制无意识的身体功能，例如压力感、心率、肌肉紧张、血流、疼痛感和血压。

Alhamid 等人 2012 年介绍了一种多模式智能生物反馈系统，该系统使用交互式镜像，通过生物医学传感器实时增强用户对各种生理功能的感知。该系统还提供直观、智能和自适应的用户界面，以促进自然沟通。

上述进步是从积极的用户体验向幸福感和满足感方向发展的。“积极计算”的方法已经雄心勃勃地将目标定为让人们更健康、更快乐。积极技术鼓励通过结构化、扩充和/或替换来使用技术，以提高个人体验的质量，以此构建网络心理学和人机交互领域中合适的研究对象。积极技术表明，可以利用技术来影响体验的 3 个具体特征——情感质量、参与/实现和连接性，这些特征有助于促进适应性行为和积极功能。

在这方面，环境智能技术发挥着重要作用。根据 Mohammadi 等人 2011 年的研究，环境智能通过便利性、差异性、个人控制、治疗和康复功能等因素为人们的福祉作出贡献。此外，它还可以通过上下文感知和人工智能为生活质量自我评估提供支持。15.4 节详细介绍了两个案例，旨在通过帮助检测和管理压力、改善睡眠质量来支持智能家庭的幸福感。

15.3.6 最终用户可编程性

为了对其居住者有用并为有助于他们的健康，AmI 环境应该易于控制、设置和维护。这就需要使用户能够连接和管理集成在智能环境中的设备和服务的适当的工具。例如，在智能家居中，用户在日常生活中经常与各种智能设备(例如智能灯、智能电视)一起交互。因此，智能家居已成为最受欢迎的测试平台，可根据居住者的喜好、需求和日常习惯创建自动

化任务。开发人员已经掌握了操作智能家居的智能设施并创建有用的集成的方法。但是，如何让非技术用户能够以简单而有效的方式指定自己的逻辑并创建自己的配置，这一点非常重要。

实现这一目标的一种常用方法是，按照终端用户开发的范例，为用户提供简单的方法来定义智能环境的行为规则。触发-动作编程允许用户定义触发条件（例如“如果温度低于18℃”），当其满足时启动特定动作（例如“加热”），从而自动执行常见任务。研究表明，在应用触发-动作编程范例时，没有经验的用户可以快速学会创建包含多个触发或动作的程序。

为使最终用户能够对 AmI 环境进行编程而创建的大多数工具都具有图形用户界面（GUI），这些图形用户界面允许用户以视觉方式设置其首选项，而不是在代码中键入它们，因为后者到目前为止仍是一项更加烦琐的任务（尤其是对于非程序员）。例如，LECTOR 框架利用了 AmI 技术观察人类或人工行为（感觉）、识别它们是否需要采取行动（思考），并在认为有必要时进行干预（行动）的潜力，以满足用户需求。LECTOR 支持创建 3 种类型的规则：①基于物理上下文对行为进行“建模”的规则；②根据行为者在特定领域环境下的行为对触发器进行“建模”的规则；③描述在特定干预主动方上发起干预的条件（触发条件和特定领域的环境）的规则。LECTORstudio 是一种图形创作工具，可让智能教室环境中的教师“量身定制”LECTOR 决策组件的逻辑，它提供了一种简单的图形方式来组合 LECTOR 规则。

自然语言和对话也已被用作用户编写环境行为规则的手段。例如，Coutaz 等人提出了一种用于智能家居的最终用户开发环境，该环境使用伪自然语言作为最终用户编程语言。ParlAmI 是一个具有多模式聊天机器人的对话框架，允许用户创建 LECTOR 风格的简单“if-then”规则来定义智能环境的行为。ParlAmI 以消息传递应用程序的形式提供无形的会话代理，以及采用可编程仿人形机器人的嵌入式会话代理。还有研究认为，有形交互也是一种适合智能环境最终用户编程的技术。

对用户可编程性的努力导致人们将环境智能视为一种社会技术系统，因为智能既是人的又是设备的，它们之间是相互联系和协作的。

15.3.7 安全和隐私

至关重要的是，环境智能的发展必须有助于人们的安全。针对安全和保护的应用范围从家用的老人警报系统，到儿童智能安全小工具，再到工业 4.0 的安全。Podgórski 等人提出了工作环境中职业安全和健康风险管理的框架，该框架应包括实时风险评估和分别监控每个工人风险水平的能力。

此外，要防止由于环境智能本身的故障（例如断电、传感器故障或低质量输入、软件错误或互操作性问题）而引起的健康和安全危害，这一点同样重要。环境智能系统固有的高度复杂性使它们更容易出现故障，考虑到这些系统向人们提供的支持的重要性以及用户对潜在系统故障及解决方法的认识不足，这一问题更显严重。因此，AmI 环境应设计得尽可能可靠，同时提供必要时从故障中恢复的方法。

另一个相关的要求是隐私，它涉及对在 AmI 环境中收集的个人数据的有效保护，并且被认为是智能环境被接受和成功的关键因素。AmI 系统的自主性、对大量个人信息的访问以及在环境中嵌入不可见的执行器和传感器这一事实，给用户带来了一些隐私问题。隐私问题通常被认为是环境智能与用户数据量之间的权衡：更多数据可以支持更好的服务。因此，面临的挑战是哪些数据是提供智能服务所必需的，并且确保用户对其数据进行控制。

为实现这些目标而提出的解决方案包括隐私增强技术(PET)和诸如私密设计之类的设计方法。

在AmI的背景下，需要PET来应对用户不断变化的隐私偏好以及AmI系统的动态特性。因此，隐私权强制执行策略必须尊重个人的隐私权偏好并支持基于上下文的隐私权。另一方面，“设计隐私”提供了一些框架，可以主动将隐私直接嵌入到系统设计中。隐私作为一种服务就是一个例子，它着重于系统的内部视角，即以系统可用的知识为中心。假设系统不拥有相关信息就不会侵犯用户的隐私。因此，根据这种方法，AmI系统被设计为不拥有任何可能造成隐私侵害的信息。

在这种情况下，用户对持续监控的接受程度成为一个相关问题。这种接受可能取决于AmI环境提供的功能价值以及使参与者可理解、透明，且不管其理解水平如何都能作出选择的机制。这意味着用户对智能环境逐渐建立信任。除技术解决方案外，解决隐私问题的非技术措施还包括准则、标准、业务守则、立法和公众意识。

从关于隐私的讨论中可以很明显地看出，环境智能以人为本、包容性的发展引发了各种伦理和社会问题，需要采取适当的政策、规范和立法干预。相关的立法领域包括个人数据保护、消费者保护、可访问性和电信法规。隐私和安全是与AmI相关的最重要的讨论主题。

15.3.8 社会因素

在AmI环境中，计算比以往更加依赖社会因素。AmI系统通常是多用户系统，会有大量访问者同时访问，尤其是当它们通过智能手机、平板电脑、数字投影和互动墙等设备部署在博物馆、大型购物中心等公共场所时更是如此。因此，需要考虑多用户交互的需求和要求。

因为需要以协作的方式同时使用通信和信息访问来解决常见问题，并且通信不再是个人的任务，而是扩展到可以共同使用的用户社区(有时是虚拟的)可以互动的空间，合作是一个重要方面。通过检测具有自发非正式交流的可能性、适当地显示和提高对这些情况的感知，以及使用户能够无缝参与跨越空间的自发交流，van de Ven等人探索了通过利用环境情报和智能环境促进空间分布群体中自发和非正式交流的可能性。Rusnak等人定义了基于大型显示器的多用户交互的团队协作环境的交互框架。

上下文的动态重新配置也高度依赖于社会现象(用户在环境中移动、开会、相互交流、协作等)。当多个用户在同一环境中进行交互时，用户适应可能会变得更加困难。一个典型的例子是根据用户习惯自动选择电视节目。多于一个用户的存在可能会使此过程变得更加复杂，因此需要定义“小组习惯”。因此，对AmI环境中的用户不能只在个人层面上进行研究，对其社会行为的关注也同样重要。

社交联系是AmI环境中用户体验的另一个基本要素，它涉及环境对其居民的“社交”程度。可以确定3个主要因素：①采用符合社会惯例并遵循社会规则的通信协议(社会化)；②意识到用户的情绪并相应地调整行为(移情，情感适应)；③与人互动时保持一致和透明的行为，被用户认可为尽责(意识)。Kadian等人提出了一种双向环境显示平台，该平台能够异步查看“环境辅助生活”环境中的活动水平，从而提高意识并增强社交联系。结果表明，对活动水平的感知对于促进社交联系和加强看护者与老年人之间的互动很有帮助。Dadlani 等人提出了“相似性意识”的概念，以增强异地家庭成员之间的联系。相似性意识是指当有联系的人从事类似活动时通知他们。相似性意识的潜在情感益处在一项涉及一对父母和孩子的实验室实验中得到了评估，这表明相似性意识可以增强社交联系。

AmI 环境的另一个重要方面是社会存在，它反映了环境促进和支持人类社会互动的程度。AmI 需要传达通过环境进行交互和交流的人们的物理和虚拟存在。人们的存在可以通过传感器检测到，并通过化身或微妙的提示来表示。Doolin 等人建议，新一代社交媒体必须能够将普适计算领域的研究与社交计算相结合，从而能够作出反应并适应人们生活和行动的物理环境。实现这一目标的工具是“普及社区”(pervasive community)，旨在恢复数字世界与现实世界之间的共生关系。

15.3.9 文化因素

尽管环境智能的开发着眼于全球层面，但是可以预见文化因素会与识别、推理用户目标和任务十分相关，而用户的目标和任务又是受不同文化背景高度影响的。

环境智能的主要特点之一就是自然交互。然而，人们所见的自然的行为以及特定形式的行为如何与潜在的需求相关，在某种程度上依赖于文化背景。不同文化下的行为表现会有显著差异，例如手势、面部表情、肢体语言的范围和重要性等。在这方面文化因素在环境智能情境中扮演着重要角色。因此，环境智能的设计需要对不同的文化有深入的了解。

另外，文化价值观和做事方法可能影响对环境智能技术和环境这个整体的接受程度。Bick 等人的一项研究调查了一些因素对医院设置中环境智能技术接受程度的影响，这些因素包括自信、未来导向、性别平等主义、避免不确定性、权力距离、制度集体主义、集团集体主义、绩效导向和人性化导向。结果显示，国家的文化影响因素对环境智能的感知有用性有显著效应。尤其是人性化导向、避免不确定性、权力距离、制度集体主义和集团集体主义，在这些维度上得分越高，对环境智能的接受程度越高。

Kaiying 等人探索了设计人员在亚洲环境下可能对周围系统采取的潜在方法，重点研究了“环境”在此类系统开发中的作用，并分析了因文化而异的因素。他们观察到效率和环境因素会影响设计决策，并成为智能技术的反馈。

15.3.10 美观性

美观性是一项在环境智能的设计中日益受重视的主题，因为它是日常使用的必要方面。另一个原因是在环境智能技术的设计中，正如 15.2.3 节已经提及的，需要把交互设计和日常物品的设计传统相结合，这需要用到不同的观点、价值观和方法。美观性关乎产品的形式和外观，强调结构组成、材料使用、整体一致性等问题。尽管环境智能的美观性设计距离呈现一个一致的框架还很遥远，但是已经有一些尝试发展出了相关理念，建立了工业设计传统。总的来说，对交互环境的美观性的研究超越了典型的基于面向用户的统计信息的人因学研究，关注如下问题：

(1) 参与；

(2) 时间结构(例如随时间变化发展的交互模式和表达方式)；

(3) 挑战使用和用户期望的替代使用方式；

(4) 和情境的关系，例如，文化、传统和其他设计领域；

(5) 替代界面和材料组合。

Kasugai 和 Rocker 讨论了智能环境的架构层面，主要聚焦于空间关系、用户分布和移动。

15.4 案例研究

本节介绍了3个案例，这些案例说明了ICS-FORTH(Institute of Computer Science, Foundation for Research and Technology Hellas) AmI计划中AmI系统开发的某些方面。它们是中小型设计案例，就设计生命周期和用户体验方面而言，它们仅解决了以人为本的方法在AmI中出现的大量问题中的一小部分。但是，它们说明了在设计AmI环境时将重点放在用户及其使用环境上的含义，以及在构想AmI环境时自然交互、积极的用户情感和健康设计等质量的重要性。

15.4.1 CaLmi

1. CaLmi系统简介

CaLmi是一个利用环境技术来帮助那些遭受压力的人的系统。它利用环境技术不断观察用户，以检测何时出现问题，然后根据收集的数据以及个人特征和偏好，激活适当的环境多感官放松程序来管理压力。使用该系统的人可以实时监测自己的压力水平，并遵循系统自动提出的个性化放松建议，或者根据需要激活系统的任何程序。

该系统采用智能家居的典型技术设备和装置(例如硬件设施、监控和决策机制、分布式微服务)。为了检测压力水平，CaLmi采用Empatica E4腕带来收集用户的生物识别信息。

该系统连续监测用户的生理信号，并在识别到峰值时通知压力检测器。收到此类通知后，压力检测器会查询用户个人资料，并结合上下文信息(例如用户的日常活动)来确定压力水平是否上升并概述造成压力上升的潜在原因。自定义域特定的微分析器可用于识别压力大的情况或行为。

现在已经有了一种放松播放器应用程序，可以在检测到压力时提供适当的干预措施，这些干预措施以个性化放松程序的形式呈现。通过利用家里的环境设施，播放器可以将多媒体投影到所有房间的显示区域来创造轻松的体验。特别是，播放器可以将多媒体投影到房间的显示区域(如墙壁、电视)，从房间的扬声器播放声音和音乐，调节房间的照明条件(如光的温度、颜色、强度)，使用气味扩散器释放宜人的气味，等等。

在压力检测的情况下，系统会要求放松程序选择器根据用户的偏好和当前环境选择适当的放松程序，并建议用户启动它。可用的程序包括“接触自然”(旨在使用户沉浸在自然环境中)、冥想技巧、轻松的音乐和富有表现力的写作。程序可以组合使用，并且支持创建自定义程序。例如，用户可以选择在电视上显示家庭老照片，在咖啡桌上显示自己当前的压力水平图表(这是目前用户所在房间中两个可用的显示区域)，从房间的扬声器中播放巴赫的前奏曲，不使用气味扩散器，并且降低灯光的亮度。

CaLmi会在每次程序执行之前和之后测量并比较用户的压力水平，以观察其效果并作出明智的决定。该程序还可以根据用户的喜好和当前使用环境(例如用户的当前状态、时间限制)进行调整,而用户可以选择性地(取消)激活大多数可用功能。例如,如果用户躺在床上,想在睡觉之前放松,即使"冥想"是使他/她最放松的程序,但是系统会选择"放松音乐"(第二有效的程序),因为用户不需要起床就可以开始。此外,用户可以选择性地(取消)激活预定义程序的各种功能。系统还会为所选程序确定适当的承担者。通过使用智能家居的环境设施,CaLmi 能够知道用户在屋内的位置,并定制程序,以便使用可用的设施(如电视、扬声器、墙面投影仪)进行演示,营造轻松的体验。

CaLmi 能够通过移动应用程序可视化用户的压力相关数据。为了增强说服力,游戏化机制也被用来鼓励和激励用户放松。

CaLmi 还采用了智能家居的普及通知系统,以便将紧急信息传达给用户。特别是,在最近的智能设备上显示合适的信息,包括:①压力水平高于正常水平时为用户提供抚平情绪的准则;②放松程序完成后有关压力水平的详细信息;③执行期间的奖励;④在用户的日程安排可能过载的情况下有效管理时间和待处理任务的建议;⑤在长时间处于高压力水平时寻求专业帮助的说明。所选程序可以显示在用户的移动智能设备上。由于 CaLmi 利用各种上下文数据并观察用户的行为,因此很有可能预测出哪些计划中的事件或情况会给用户带来很大压力,并试图提前做好准备。为了实现这一目标,CaLmi 会在用户即将到来的日程安排(根据智能日历)可能超载时为用户提供建议,以便提前准备,从而避免最后一刻的压力。此外,CaLmi 还为用户提供了减少日常生活压力的一般建议(例如不要喝太多咖啡、保持健康饮食和良好睡眠)。新的建议和提示可以很容易地添加到系统中(图 15-2)。

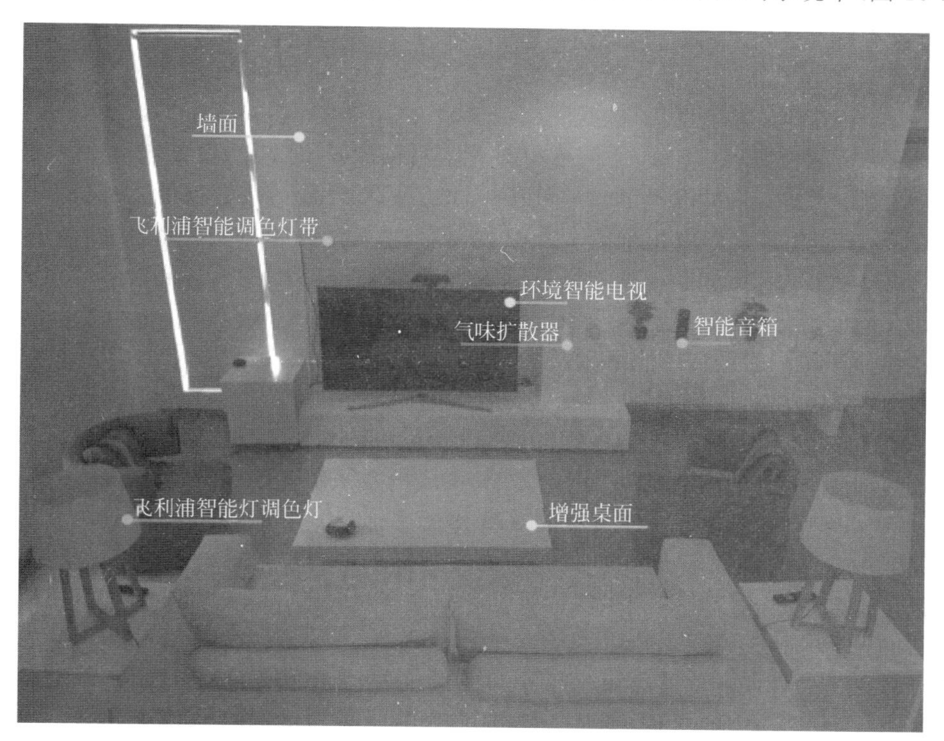

图 15-2 CaLmi 系统

以下简要场景显示了CaLmi的工作方式。约翰是一名市场经理，刚刚被告知他的公司将要发起一个新的活动。该系统检测到他的生理信号的峰值，并根据其他相关信息以检查他是否感到压力。结果是肯定的；他还为接下来的几天在日历中添加了许多商务约会。他身边的智能手机上会弹出一条通知，通知他压力水平过高，并询问他是否要启动建议的放松程序或选择自己的放松程序。他决定启动推荐的程序。由于他是一个人在客厅里，并且系统曾经观察到描绘森林的艺术作品和相关声音会使他平静下来，因此在该房间中以森林瀑布为主题营造了一种轻松的氛围。约翰可以随时停止该程序，并且在完成后，他会获悉当前的压力水平以及所获得的任何奖励(例如，在程序结束时或程序中，他获得了完全的放松)。

2. CaLmi的用户体验

CaLmi的愿景是为智能家居创建一个普及系统，以减轻其居住者的压力，从而改善他们的生活水平和生活质量。

根据Empatica E4腕带的记录，对CaLmi进行了是否确实降低了用户的压力水平的评估。具体而言，主要目标是：

(1) 收集有关生理信号波动(以及压力水平波动)的信息，以及在放松活动结束之前、期间、结束以及一小时后用户的感受；

(2) 确定多感官放松和单感官放松之间的差异；

(3) 研究在适当调整智能环境以激活不同感官(多感官模式)而不是仅限于视觉感官(单感官模式)时，放松活动是否更有效。

(4) 检查用户使用CaLmi的体验，特别是他们是否发现CaLmi的放松活动是有效的，以及他们是否想在日常生活中使用CaLmi。

共有10位用户参与了评估，包括5位女性和5位男性。参加者的年龄从18岁到60岁不等。对薰衣草油和Empatica E4腕带材料(如塑料、硅胶、银、金、黄铜)过敏的人被排除在评估范围之外。此外，为了确保信号是可靠的，排除标准还包括接受过可能影响生理信号的药物治疗、药物滥用可能影响生理信号，或在评估前一周曾经穿越一个以上时区的人。

在数据收集阶段，要求参与者连续两天在日常生活中尽可能长时间佩戴Empatica E4腕带。在此期间，他们还被要求在两个表格中(每天一个)写下他们认为由于压力事件、体育锻炼或其他一些原因而增加的生理信号的时间和原因。上述信息随后用于数据分析，以确定每个参与者的生理信号范围，并确定可能表示高压力水平的值。

在接下来的3天中，要求参与者继续佩戴Empatica E4腕带，并且每当感到压力时，(根据他们的时间偏好)分两次尝试随机提供的多感官和单感官放松程序。这两个程序都是“接触自然”版本：多感官模式旨在通过在主客厅墙壁上显示森林瀑布的视频并调节房间照明的颜色和强度来激活视觉，通过房间的扬声器再现轻松的音乐和森林声音来激活听觉，以及通过气味扩散器散发薰衣草香气来激活嗅觉；单感官模式则仅通过在平板电脑上无声显示森林瀑布的视频来激活视觉。

参与者在实验期间和实验结束后一小时内继续佩戴Empatica E4腕带，以记录其生理信号以及由此而产生的压力水平变化。此外，在每次实验之后，参与者都填写了有关放松程序的问卷。

在参与者自述的过程中，研究人员对其进行了有关系统使用体验的采访。访谈问题涉及他们觉得哪种模式更让人放松，在日常生活中更愿意使用哪种，CaLmi中最令人放松的程序、最不喜欢的程序以及希望系统增加的程序是什么。

评估结果证实，当使用智能家居的技术设备和装置来激活不同的感官(多感官模式)时，放松会更为有效和令人满意。此外，参与者更愿意在日常生活中使用 CaLmi 接收多感官、情境感知的个性化的刺激，以减轻压力。

更具体地说，80%的参与者认为，与单感官疗程相比，在多感官疗程后他们的压力减轻了，而所有参与者在多感官疗程后都感觉更加平静、满意、困倦和愉悦。

此外，EDA 信号显示，60%的参与者在多感官疗程后比单感官疗程后更平静，尽管他们的生理信号在刺激结束一小时后升高了，但仍低于开始时的信号。更详细地说，在多感官刺激之后，所有参与者的 EDA 值至少降低了 29%，平均降低了 55%，在最佳情况下达到了 92%。但是，应考虑到样本量较小，还需要进一步调查。

CaLmi 系统的便携式版本在 2019 年伊拉克利翁(希腊克里特岛)FORTH 主楼的"研究人员之夜"中进行了演示，并获得了公众和当地媒体的热烈评论，说明潜在用户对智能环境应用照顾公众健康，并提供有用的手段来监控无处不在的问题(例如压力)表达了赞赏。

15.4.2 HypnOS

1. HypnOS 系统简介

用于智能家居的 HypnOS 框架旨在通过监测人们的睡眠并提供个性化建议来克服与睡眠有关的问题，从而改善睡眠质量。睡眠对于最佳的认知表现、生理过程、情绪调节和整体生活质量至关重要。研究一贯表明，睡眠是身心健康以及整体健康的重要组成部分。不幸的是，在当今快节奏的社会中，许多人受到与睡眠有关的问题的困扰，这些问题对睡眠质量有负面影响，进而影响生活质量。

HypnOS 监测睡眠模式以发现潜在的异常，并提供有效的指导以避免异常情况的发生，从而改善整体睡眠质量。为了评估睡眠质量并提供个性化的睡眠建议，HypnOS 利用从各种无线睡眠跟踪器(包括可穿戴活动跟踪器/手表、床垫下睡眠跟踪器和脑电波头带等)获得的与睡眠相关的参数和生理信号，以及相关信息，提供给智能家居的基础设施使用。此外，系统还提供了每日睡眠日记，作为睡眠跟踪器的基本监测功能的补充，以便收集使用者的习惯以及他们主观测量的信息。HypnOS 在评估睡眠质量时总共考虑了大约 40 个参数，包括与睡眠相关的参数(如睡眠时间、打鼾情况)，生物信号(如心率、呼吸频率)，日常习惯(如咖啡因和酒精摄入)，主观测量(如嗜睡感、主观睡眠质量)和相关信息(如日常活动、营养状况)。此外，HypnOS 不仅可以轻松地检测睡眠异常，还可以洞悉使用者睡眠问题的原因，以便采取相应的行动。

根据检测到的模式，用户将获得个性化的睡眠建议，以提高他们的认识，改变他们的睡眠习惯，并在入睡困难的情况下利用前述 CaLmi 系统提供的功能，激活系统的任何睡眠/放松程序。

HypnOS 部署在 FORTH-ICS 校园内 AmI 设施的智能家居模拟空间的技术增强型卧室中。硬件基础设施包括：①监测和控制各个方面的传感器(如运动传感器)和执行器的广泛网络；②智能商业设备(如智能灯、香薰机)；③设备和可穿戴设备(如各种智能腕带、脑电图设备、智能电视、平板电脑)；④技术增强的定制家具(如衣架、床头柜、衣柜)。

HypnOS 利用智能卧室的环境设施(如照明系统、扬声器和气味扩散器)来改善环境

(如灯光、声音、气味)并创造可能促进入睡和唤醒过程的体验。更详细地说,它提供了一个智能闹钟,可以检测到轻轻唤醒用户的最佳时间(即当他们处于最轻的睡眠阶段),并在用户难以入睡的情况下启动放松程序。

HypnOS配备了支持其总体决策过程的智能框架。它的智能功能可以应用HypnOS数据存储器中的数据,依靠人工智能(AI)通过睡眠打分计算器模块计算每晚个性化睡眠得分,通过睡眠见解生成器模块生成个性化睡眠见解,通过智能闹钟设定器模块调度智能警报,以及通过睡眠程序推荐器来推荐放松程序。

最后,HypnOS带有一个移动应用程序,可显示详细的睡眠报告,包括有关睡眠模式、睡眠中的动作、睡眠时间、入睡时间、打鼾情况等的详细信息。每天、每周和每月的情况都可以查看。该应用程序还提供个性化的见解、多种放松程序以及需要填写的睡眠日记(图15-3)。

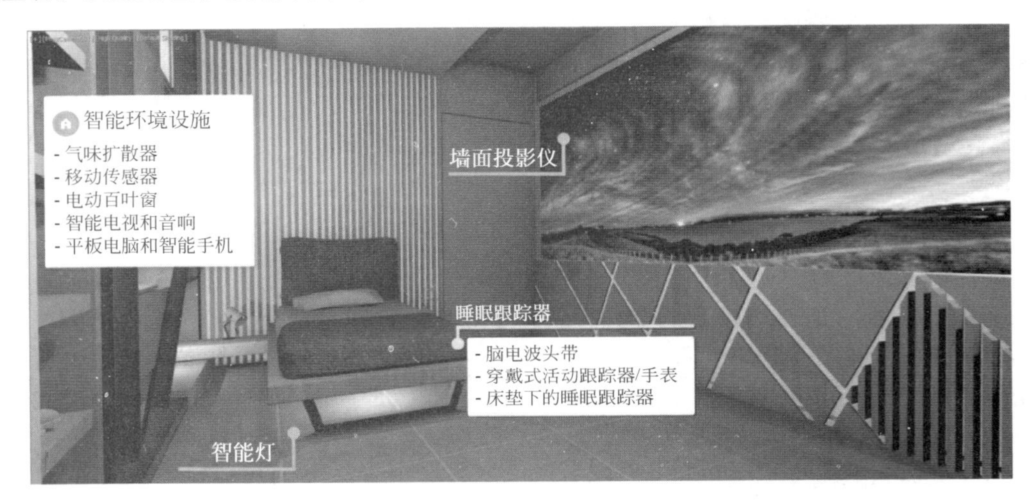

图15-3 安装HypnOS系统的智能卧室

2. HypnOS的用户体验

HypnOS的设计遵循设计思维方法,包括5个迭代阶段:移情,定义,构思,原型和测试。

在"移情"阶段,HypnOS的设计团队咨询了克里特大学医学院睡眠研究实验室的睡眠专家,以获取宝贵的反馈和见解。得到的建议是HypnOS不应提供医疗级别的服务,因为检索医疗上可接受的数据所需的设备会使该系统对于家庭环境而言过于烦琐。此外,很明显的是,睡眠实验室的病人常常不愿接受监控,包括连接在身体和头部各个位置的电极,以及整夜记录病人的摄像机,这会导致令人不愉快的体验。因此,在"定义"阶段,确定系统的范围将是尽可能不干扰地监测个人的睡眠行为,以识别其睡眠方式。另一个建议是,通过与智能家居的其他环境监测服务一起监测用户的日常习惯,该系统可以提供有效的建议,以改善用户的睡眠卫生和睡眠质量。

接下来,在"构思"阶段,进行了几次头脑风暴会议,以产生系统构想,并对其进行了适当过滤,得出了HypnOS系统需求的详细说明。在"原型"阶段,设计团队遵循迭代设计的原则,为HypnOS应用程序创建了低保真和高保真交互式原型。此外,在进行用户测试之前,专家会反复评估整体设置和应用程序原型,以发现交互和人体工程学方面的问题。

最后,进行启发式评估,旨在消除严重的可用性问题,然后再进行用户测试。之后,在实际用户与移动应用程序进行交互的情况下,对 HypnOS 移动应用程序进行了基于用户的评估,以获取有关系统使用方式和潜在可用性问题的定性意见。

基于观察的用户评估实验的主要目标是,在计划进行大规模实验之前,确定所有不受支持的功能、发现潜在的可用性问题并评估用户的总体满意度。特别是要评估 HypnOS 的可用性和感知有用性、获得睡眠建议和查看睡眠相关信息的难易程度,以及完成睡眠日记的意愿。

共有 8 位用户参与了该实验,女性占 75%,男性占 25%,参与者的年龄从 23 岁到 55 岁不等。参与者都没有睡眠监测应用程序或可穿戴式睡眠跟踪器的使用经验,而大多数参与者没有睡眠困难或睡眠障碍。

为了收集参与者的人口统计信息和其他用户相关信息,实验中使用了预先评估问卷。一个自定义观察网格被用于收集定性和定量信息,包括运行测试的总体持续时间、测试过程中用户的评论、每个任务中用户错误的数量、完成每个任务的时间,以及每个任务的请求帮助数。最后是两个使用后评估问卷,旨在揭示移动应用程序的可用性以及整体用户满意度。第一个是希腊版的系统可用性量表;第二个是自定义问卷,包括 13 个关于用户对 HypnOS 及其移动应用的总体印象的问题。评估方案包括 6 个任务,以类似于演示文稿的形式逐项分配给参与者。

结果总体上非常乐观,表明用户——甚至是初次使用的用户——都能够有效地使用该应用程序。大多数用户对移动应用程序非常满意,因为可以查看他们的睡眠统计信息并获得个性化的睡眠建议。此外,还证实了用户在很大程度上愿意完成睡眠后和睡眠前的日记。评估得出了一些有用的结论:

(1) 用户对智能卧室的印象非常好。特别是,他们对 HypnOS 能够创造的睡眠和唤醒条件非常感兴趣(例如,在睡觉前,卧室的灯光模拟了夕阳的颜色)。一位用户说:“我想把这个系统带到我的卧室!”而另一位用户说:“在床旁边的墙上投影的图像可以营造出令人印象深刻的环境!”

(2) 用户发现 HypnOS 的概念不仅对那些有睡眠问题的人,而且对那些没有任何睡眠困难的人都非常有用。一位用户说:“系统的概念很有用,特别是对于那些有睡眠障碍的人!”而另一位用户则说:“我喜欢这个概念——即使我没有睡眠问题,我也会用它来跟踪我的睡眠。”

(3) 用户似乎并不怀疑 HypnOS 收集他们日常生活习惯信息的能力。相反,大多数人表示,只要他们的个人资料安全,这是一个有用的程序(“我认为系统可以查阅我的个人资料,但必须有安全保障!”)。

(4) 如果手动输入数据意味着系统将获得有用的信息,大多数用户都愿意这样做,以获得个性化的睡眠见解(“如果能够给系统有价值的信息,我愿意完成睡前和睡后日记!”)。一些用户表示他们有时会完成睡眠日记,但不是每天都写,这对 HypnOS 也很有帮助。只有一个用户说完成日记很无聊。

(5) 用户愿意佩戴/使用除了脑电波头带以外的所有睡眠跟踪器(如可穿戴活动跟踪器/手表,床垫下的睡眠跟踪器),因为脑电波头带非常显眼,令人烦恼(“我肯定会使用床垫下的睡眠跟踪器,因为它不引人瞩目!”“我睡觉的时候都戴着手表,因此可穿戴活动跟踪器/

手表不会打扰我！”“我不会把脑电波设备戴在头上，因为我睡不着！”)。这带来了在智能环境中尽可能使用不引人瞩目的设备作为传感器的需求。

总体而言，基于评估过程，HypnOS可能是有前途的智能家居睡眠监控和推荐系统。

15.4.3 与打印文档的交互：交互式地图

1. 交互式地图简介

交互式地图是一种智能的桌面系统，以数字方式增强实体(印刷)地图，并可与地图进行触摸式交互，从而为感兴趣的景点提供有用的旅游信息。信息可以叠加在实体地图上或在地图旁边平行地显示。同时，用户在使用交互式地图系统后，仍然能够以传统方式使用印刷地图(如在地图上做标记)，并将地图随身携带。

该系统已安装在希腊克里特岛伊拉克利翁市旅游信息中心。旅游信息中心是按照国际标准提供的设施，可以宣传岛上的景点，并为游客提供新颖的信息访问方式。

交互式地图包括一张桌子(上面安装了投影仪)、高分辨率相机和深度传感器。旅游信息中心的访客可以获取一张免费的伊拉克利翁历史中心地图，并将其放置在系统的桌面上。一旦地图被放在桌面上，系统将对地图上的景点进行数字标注，这些景点将变为交互式的。用户可以触摸实体地图上的景点来接收更多的信息，这些信息将在地图的旁边显示(图15-4)。更具体地说，对于每个景点，用户可以查看几种语言的多媒体信息，包括文本信息、图像和视频。因此，游客可以预览几个观光点，并提前计划他们在城市历史中心的游览。

图15-4 伊拉克利翁市旅游信息中心的交互地图

在后台功能方面，摄像头可以俯瞰桌子的表面，并在需要时为交互式地图应用程序提供实时捕获的图像。该应用程序能够识别预定义的打印地图，并在将其放置在桌面上时对其进行连续跟踪。深度传感器用于提供放置在表面上方或附近的物体的深度图像，系统会对其进行分析以识别并最终跟踪人的手指。每次手指触摸桌上的地图时，应用程序都会检查此触摸是否应该触发热点触发事件。在这种情况下，系统将搜索并获取地图相应热点的数字内容。然后这些内容被编译、格式化并显示在地图上被触发的热点附近。

2. 交互式地图的用户体验

交互式地图的开发遵循HCD流程，通过迭代的方法来定义使用场景和用户需求、设计原型并进行评估，直到最终实施和部署系统，随后对旅游信息中心的游客进行大规模的现场评估(图 15-5)。为了在最终用户实际评估系统之前尽可能多地消除可用性问题，团队与专家一起对中间原型进行了评估。在所有阶段中，交互式地图都作为具有两个基本功能的系统进行了研究和开发：①与实物纸张的交互功能；②提供城市景点信息的应用功能。

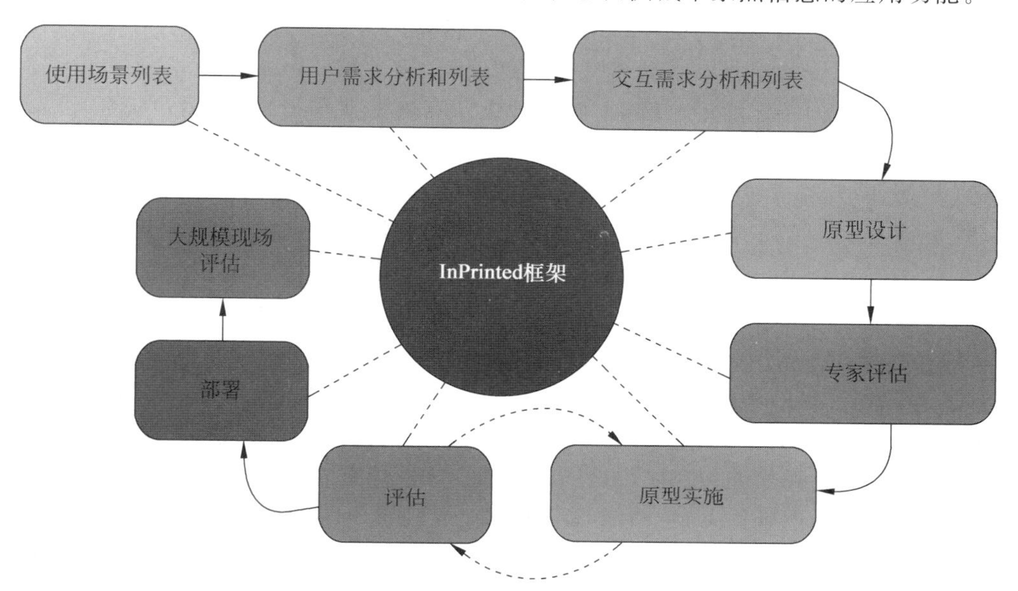

图 15-5　交互地图开发所遵循的以人为中心的设计方法

与实物纸张交互有关的问题通过 InPrinted 框架处理，InPrinted 框架是一种可扩展的上下文感知交互框架，可将印刷品集成到 AmI 环境中。该框架包括所有必要的组件，以促进在整个实施和部署生命周期中使用印刷品交互的 AmI 应用程序的集成。因此，InPrinted 在整个过程中起着举足轻重的作用，提供输入并接收每个阶段的反馈。

通过在伊拉克利翁市旅游信息中心进行的现场观察和对员工的访谈(解释了旅游信息中心的日常运作)，研究人员列出了使用场景和用户需求。随后是焦点小组，由旅游信息中心的员工、设计人员和软件开发人员参与。简而言之，该系统的主要需求是：

(1) 应提供有关市中心附近重要古迹和热点的信息。

(2) 所有热点都应在地图上标注。

(3) 对于地图上每个选定的热点，都应提供有关的信息及图像。

(4) 应该以一种可扩展的方式来支持多种语言。首先，系统和所有提供的信息应以英语和希腊语提供。

(5) 访客可能希望随身携带地图，因此该系统应适合使用黑白模式进行地图打印。

(6) 应该支持基于触摸的交互。

(7) 该系统应易于启动，而不需要员工的专业知识或操作。

关于与纸张的交互，InPrinted 框架提供了即用型可扩展本体。在设计阶段，InPrinted 为设计师提供了宝贵的知识，这些知识源于对使用该框架开发的其他系统(目的是支持与印刷品的自然交互)的专家和小规模用户的评估。这些评估的结果还反映在对框架准备使用的工具和组件进行的更改中，所以对原型实施阶段有所帮助。InPrinted 框架通过其 UI 组件、用于触控交互和印刷品增强的后端软件流程，以及在打印地图上创建交互式热点的工具，最终使交互式地图系统获得了强大的功能。

现场评估主要探索了以下4个问题：

(1) 该系统在没有指导的情况下是否易于使用?

(2) 与数字增强印刷品的交互对用户而言自然吗?

(3) 整体用户体验是否令人满意?

(4) 是否有任何特定的用户特征(如年龄或计算机专业知识)影响用户满意度(以及易用性)?

评估连续5天进行，在正式工作时间内，对伊拉克利翁市旅游信息中心的实际访问者进行了访谈。共有87位访客分别、成对或由3～4位访客组成小组，对交互式地图系统进行了46次使用。评估是通过观察和半结构化简短访谈进行的。评估揭示了该系统的一些可用性问题，但总体上，大多数用户不需要帮助，在与系统交互时完全没有遇到任何困难，而那些遇到困难的人则能够轻松地克服它们。

除了有关用户界面和系统核心功能的可用性观察和结论之外，还有一些有趣的发现，涉及与数字增强版印刷品的交互。首先，用户发现将现有知识从数字世界扩展到自然世界是很自然的，他们可以触摸叠加在印刷地图上的热点来获取数字信息。但是，之前使用触屏商业设备(如智能手机或平板电脑)的经验也影响了他们对系统的期望。特别是，被记录的最常见的困难是，当系统无法像用户习惯使用的设备那样立即作出响应时，用户会重复执行触摸手势，并且总体上表现出对延迟的低容忍度。

另一个有趣的发现是真正激发用户在公共场所使用该系统的动机。研究者发现好奇心和用户对技术的自我驾驭感是强烈的动机。另外，那些专业或研究与计算机科学无关的用户对系统印象更为深刻，他们认为该系统更有用、更令人满意且更独特。在任何情况下，所有用户都对该系统的吸引力、实用性和可用性表现出积极的态度。用户年龄也被作为一个可能影响用户对系统易用性和吸引力信念的因素进行了探索，最初假设年轻用户会表现出更积极的态度。但是，这一假设并未得到证实。研究发现该系统可以为所有目标年龄组(从儿童到老年人)提供同等的体验，参与者的主体年龄在以下年龄范围内：青年(17～30岁)，年轻人(30～44岁)和成人(44～60岁)。

15.5 新兴的挑战

环境智能中的人因学问题尤为复杂，现状距离提供统一的实践标准还很遥远，这种标准包括如何用以人为本的方式设计环境智能，如何用一种更严谨、更科学合理的方式表述用户体验。在这样的背景下，出现了很多新的研究挑战，包括：

——对人在环境智能情境下的特点、能力和需求的研究；

——合适的使用情境账户和模型，这意味着要研究如何对用户体验要素进行建模、集成和推理以使得环境有更智能的表现；

——对智能环境下用户体验框架的定义，该框架要考虑到交互的自然性、可及性、认知需求、情绪、健康、安全和隐私、社会和文化因素以及美观性，还有相关评估准则的详尽描述；

——为了定义环境智能中可接受安全和隐私风险水平，建立相关标准、法规和技术解决

方案的多学科方法；

——适于非常复杂交互环境的设计模型的详尽描述；

——对面向集成产品和环境的交互及其他功能特点的工业设计方法和技术的再评价。

考虑到环境智能技术的复杂性以及与使用情境的高度依赖性，可以相信，随着环境智能的进一步发展，上述问题会有实质性的进展。当考虑到大量的环境智能监测获得的、可用于进一步分析和改进的使用数据时，这就显得尤其重要。

这方面的努力将是多学科高度交叉的，涉及多领域的合作，依赖于多种学科，包括人机交互、社会科学、需求工程、软件质量、人因学和可用性工程、软件工程等。因此，关键是要把各研究小组和多种用户小组召集起来，展开建设性对话并建立共同的合作基础。用户代表的直接和积极参与来改变环境智能技术和应用进而反映其需求也是关键因素。因此，需要建立适当的研究机构作为未来技术的试验台和孵化器。

面向这个方向，FORTH的计算机科学研究所正在创建大规模的、最先进的环境智能设施，致力于支持环境智能技术中人机交互研究的建立和开展。研究设施将最先着眼于家居、教育、工作、健康、娱乐、商业、文化和农业等研究领域。这项设施也鼓励通过接待世界各地的访问学者进行国际合作。

相信这样的研究设施会在两方面起到显著作用：一方面保证环境智能以一种长期可以被信息社会的用户接受、采用的方式出现、发展；另一方面促进、驱动环境智能技术从研究领域顺利进入实际生活。

15.6 结论

本章讨论了环境智能出现和发展过程中的人因学问题，重点关注：

——以用户为中心的设计过程，以及它是如何被环境智能的复杂性所影响的；

——基本的需要是发现环境智能设计工作的用户体验要素，但也要在环境智能中获取和建模用户体验，以加强环境的交互、反应和智能行为。

为了说明上述内容，15.2节根据AmI提出的要求讨论了以用户为中心的设计过程，重点讨论了应用和修订现有方法和技术或开发新方法和技术时出现的问题和潜在的解决方案。总体而言，目前实践的以用户为中心的设计过程，对于研究如何将用户置于AmI开发的中心来说，似乎不仅仅是一个有效的起点。在这方面，各种众所周知的方法和技术是有用的。但是，AmI中的UCD需要面对使用场景的扩展及其与交互环境本身密不可分的融合所带来的挑战和机遇。对数据的长期监测非常重要，可以用于动态调整交互和环境行为，也可以用来不断重塑设计，以及提出新的以用户为中心的设计方法和技术。

要考虑的另一个因素是技术与人类居住空间的融合，这带来了将交互设计与工业和建筑设计相结合的要求。显然，就像几十年前HCI的出现一样，这为新的设计学科奠定基础提供了一个机会，它深深扎根于人的因素，但有自己的流程、方法规则和实践。

15.3节重点介绍了在AmI中至关重要的一些用户体验因素，包括自然交互、可及性、认知需求、情绪、健康和生活质量、可编程性、安全和隐私、社会因素、文化因素以及美观性。对于每个方面，都简要介绍了所涉及的主要问题，并将重点放在现有或新兴方法上。显然，这一列表并不完整，现有方法也远远不能提供一个全面的框架。

15.4节阐述了以ICS-FORTH AmI程序开发的AmI设备的3个UCD案例，即环境压力监测和放松系统、用于改善睡眠质量的智能卧室系统，以及支持与印刷品交互的交互式地图系统。显然，这些案例研究的范围是有限的。但是，每一个案例都以实用的方式说明了所采用的设计过程的某些方面以及与具体项目相关的用户体验质量。

最后，15.5节提出了对上述问题采取更系统的方法的需求。为此，适当的研究基础设施和多学科合作至关重要。

参考文献

[1] AARTS E，De RUYTER B. New research perspectives on ambient intelligence[J]. Journal of ambient intelligence and smart environments，2009，1(1)：5-14.

[2] AGHAJAN H，AUGUSTO J，DELGADO R. Human-centric interfaces for ambient intelligence[M]. San Diego，CA：Elsevier，2009.

[3] ALHAMID M F，EID M，SADDIK A E. A multi-modal intelligent system for biofeedback interactions[C]//Proceedings of 2012 IEEE International Symposium on Medical Measurements and Applications，Budapest，2012：1-5.

[4] ANTONA M，BURZAGLI L，EMILIANI P-L，STEPHANIDIS C. The ISTAG scenarios：a case study [M]//ROE P R W. Towards an inclusive future：impact and wider potential of information and communication technologies. Brussels：COST219ter，2007：158-187.

[5] AUGUSTO J C，McCULLAGH P J. Safety considerations in the development of intelligent environments[M]//NOVAIS P，PREUVENEERS D，CORCHADO J M. Ambient intelligence：software and applications. Berlin：Springer，2011.

[6] AUGUSTO J C. Ambient intelligence：the confluence of ubiquitous/pervasive computing and artificial intelligence[M]//Intelligent computing everywhere. London：Springer，2007：213-234.

[7] AZTIRIA A，AUGUSTO J C，BASAGOITI R，et al. Discovering frequent user：environment interactions in intelligent environments[J]. Personal and ubiquitous computing，2012，16(1)：91-103.

[8] BABY C J，KHAN F A，SWATHI J N. Home automation using IoT and a chatbot using natural language processing[C]//2017 Innovations in Power and Advanced Computing Technologies (i-PACT)：1-6.

[9] BAIG F，BEG S，KHAN M F. Controlling home appliances remotely through voice command[J]. International journal of computer applications，2012，48(17)：1-4.

[10] BANDINI S，BONOMI A，VIZZARI G. Simulation supporting the design of self-organizing ambient intelligent systems[C]//Proceedings of the 2009 ACM Symposium on Applied Computing. New York：ACM，2009：2082-2086.

[11] BIOCCA F，HARMS C，BURGOON J K. Toward a more robust theory and measure of social presence：review and suggested criteria[J]. Presence：teleoperators and virtual environments，2003，12(5)：456-480.

[12] BICK M，KUMMERY T F，MALETZKYZ M. Towards a research agenda on cultural influences on the acceptance of ambient intelligence in medical environments[C]//Proceedings of the Fifteenth Americas Conference on Information Systems，San Francisco，California，2009.

[13] BIBRI S E. The human face of ambient intelligence：cognitive，emotional，affective，behavioral and conversational aspects[M]. Paris：Atlantis Press，2015.

[14] BOEHNER K，SENGERS P，GAY G. Affective presence in museums：ambient systems for creative expression[J]. Digital creativity，2005，16(2)：79-89.

[15] BOHN J，COROAMĂ V，LANGHEINRICH M，et al. Social，economic，and ethical implications of

ambient intelligence and ubiquitous computing[M]//WEBER W, RABAEY J M, AARTS E. Ambient intelligence. Berlin: Springer: 5-28.

[16] BONO-NUEZ A, BLASCO R, CASAS R, et al. Ambient intelligence for quality of life assessment [J]. Journal of ambient intelligence and smart environments, 2014, 6(1): 57-70.

[17] BROWN T. Design Thinking[J]. Harvard business review, 2008, 8(6): 84-92, 141.

[18] BUTZ A. User interfaces and HCI for ambient intelligence and smart environments[M]// NAKASHIMA H, AGHAJAN H, AUGUSTO J C. Handbook of ambient intelligence and smart environments. Berlin: Springer, 2010: 535-558.

[19] CABITZA F, FOGLI D, LANZILOTTI R, et al. Rule-based tools for the configuration of ambient intelligence systems: a comparative user study[J/OL]. Multimedia tools and applications, 2017, 76: 5221-5241. [2018-04-26]. https://doi.org/10.1007/s11042-016-3511-2.

[20] CARBONELL N. Ambient multimodality: towards advancing computer accessibility and assisted living[J]. Universal access in the information society, 2006, 5(1): 96-104.

[21] CASTILLO J C, CASTRO-GONZÁLEZ Á, FERNÁNDEZ-CABALLERO A, et al. Software architecture for smart emotion recognition and regulation of the ageing adult[J/OL]. Cognitive computation, 2016(8): 357-367. [2018-02-20]. https://doi.org/10.1007/s12559- 016-9383-y.

[22] CHANDRASEKHAR A, KAIMAL V P, BHAMARE C, KHOSLA S. Ambient intelligence: next generation technology[J]. IJCSE, 2011, 3(6): 2491-2497.

[23] CHEN T Y, CHEN C H, SHIH C S, et al. A simulation environment for development and evaluation of smart devices for the elderly[J]. IEEE transactions on systems, man and cybernetics, 2008: 2285-2290.

[24] CHEN S, EPPS J. Using task-induced pupil diameter and blink rate to infer cognitive load [J/OL]. Human-computer interaction, 2014, 29(4): 390-413. DOI: 10.1080/07370024.2014.892 428.

[25] CHUNG P, BOUCHON-MEUNIER B, CHANG C. Preface for special issue on "Emotional intelligence and ambient intelligence"[J]. Journal of ambient intelligence and humanized computing, 2012(3): 1-2.

[26] COUGHLIN J F, REIMER B, MEHLER B. Driver wellness, safety & the development of an AwareCar [EB/OL]. [2014-03-22]. http: //agelab. mit. edu/system/files/file/Driver _ Wellness. pdf.

[27] COUTAZ J, DEMEURE A, CAFFIAU S, et al. Early lessons from the development of SPOK, an end-user development environment for smart homes[C]//Proceedings of the 2014 ACM International Joint Conference on Pervasive and Ubiquitous Computing: Adjunct Publication. New York: ACM, 2014: 895-902.

[28] CROWLEY J L, COUTAZ J. An ecological view of smart home technologies[M]//DE RUYTER B, KAMEAS A, CHATZIMISIOS P, et al. Ambient intelligence. Cham, Switzerland: Springer, 2015.

[29] DADLANI P, MARKOPOULOS P, BEL D, et al. Similarity awareness: using context sensing to support connectedness in intra-family communication[J]. Journal of ambient intelligence and smart environments, 2013(5): 425-441.

[30] DAVIS K, OWUSU E, HU J, et al. Promoting social connectedness through human activity-based ambient displays[C]//Proceedings of the International Symposium on Interactive Technology and Ageing Populations. New York: ACM, 2016: 64-76.

[31] DE RUSSIS L, CORNO F. HomeRules: a tangible end-user programming interface for smart homes[C]//Proceedings of the 33rd Annual ACM Conference Extended Abstracts on Human Factors in Computing Systems. New York: ACM, 2015: 2109-2114.

[32] DE RUYTER B, AARTS E. Experience research: a methodology for developing human-centered

interfaces[M]//Handbook of ambient intelligence and smart environments. New York: Springer, 2010: 1039-1067.

[33] De RUYTER B, Van LOENEN E, TEEVEN V. User centered research in ExperienceLab[M]// Ambient intelligence. Berlin: Springer, 2007: 305-313.

[34] DIAS M S, VILAR E, SOUSA F, et al. A living labs approach for usability testing of ambient assisted living technologies [C]//Proceedings of the International Conference of Design, User Experience, and Usability. Cham, Switzerland: Springer, 2015: 167-178.

[35] DOOLIN K, et al. Enhancing mobile social networks with ambient intelligence[M]//CHIN A, ZHANG D. Mobile social networking. New York: Springer, 2014.

[36] DROSSIS G, GRAMMENOS D, BOUHLI M, et al. Comparative evaluation among diverse interaction techniques in three dimensional environments[M]//STREITZ N, STEPHANIDIS C. Lecture notes in computer science series of springer. Berlin: Springer, 2013.

[37] DUELL R, MEMON Z, TREUR J, et al. Ambient support for group emotion: an agent-based model[M]//BOSSE T. Agent-based approaches to ambient intelligence. Clifton, VA, USA: IOS Press, 2012.

[38] EMILIANI P L, STEPHANIDIS C. Universal access to ambient intelligence environments: opportunities and challenges for people with disabilities[J]. IBM systems journal, special issue on accessibility, 2005, 44 (3): 605-619.

[39] EYLES M, EGLIN R. Entering an age of playfulness where persistent, pervasive ambient games create moods and modify behaviour[C]//Proceedings of the 3rd International Conference on Games Research and Development, Manchester, UK, September, 2007.

[40] FACONTI G, MASSINK M. Continuous interaction with computers: issues and requirements[C]// Proceedings of HCI International 2001: Volume 3. Mahwah, New Jersey: Lawrence Erlbaum Associates, 2001: 301-304.

[41] FENICIO A, CALVARY G. Persuasion through an ambient device: proof of concept and early evaluation of CRegrette, a smoking cessation system [M]//De RUYTER B, KAMEAS A, CHATZIMISIOS P, et al. Ambient intelligence. Cham, Switzerland: Springer, 2015.

[42] FERNÁNDEZ M Á, PELÁEZ V, LÓPEZ G, et al. Multimodal interfaces for the smart home: findings in the process from architectural design to user evaluation [EB/OL]. [2018-04-02]. https://link.springer.com/chapter/10.1007/978-3-642-35377-2_24.

[43] FERNÁNDEZ-CABALLERO A, LATORRE J M, PASTOR J M, et al. Improvement of the elderly quality of life and care through smart emotion regulation[M]//PECCHIA L, CHEN L L, NUGENT C, et al. Ambient assisted living and daily activities. Cham, Switzerland: Springer, 2014.

[44] FERSCHA A, RESMERITA S, HOLZMANN C. Human computer confluence [C]// STEPHANIDIS C, PIEPER M. Universal access in ambient intelligence environments: Proceedings of the 9th ERCIM Workshop on User Interfaces for All, Königswinter, Germany, September 27-28, 2006: 14-27.

[45] FRIEDEWALD M, VILDJIOUNAITE E, PUNIE Y, WRIGHT D. Privacy, identity and security in ambient intelligence: a scnario analysis[J]. Telematics and informatics archive, 2007, 24(1): 15-29.

[46] FUCHKINA E, FISCHER P T, TIEN C N, et al. In-situ versus simulation-based experience evaluation of media augmented urban environments[C]//Proceedings of the 2016 ACM International Joint Conference on Pervasive and Ubiquitous Computing. New York: ACM, 2016: 65-68.

[47] GAGGIOLI A. Optimal experience in ambient intelligence [M]//RIVA G, VATALARO F, DAVIDE F, ALCAÑIZ M. Ambient intelligence. Amsterdam, Netherlands: IOS Press, 2005: 35-43.

[48] GAGGIOLI A, RIVA G, PETERS D, et al. Positive technology, computing, and design: shaping a future in which technology promotes psychological well-being[M/OL]//JEON M. Emotions and affect in human factors and human-computer interaction. Elsevier Academic Press, 2017: 477-502. [2018-03-06]. https://doi.org/10.1016/B978-0-12-801851-4.00018-5.

[49] GAMS M, GU I, HÄRMÄ A, et al. Artificial intelligence and ambient intelligence[J]. Journal of ambient intelligence and smart environments, 2019, 11(1): 71-86.

[50] GEPNER D, SIMONIN J, CARBONELL N. Gaze as a supplementary modality for interacting with ambient intelligence environments[C]//Proceedings of 4th International Conference on Universal Access in Human-Computer Interaction: Ambient Interaction. Berlin: Springer, 2007: 848-857.

[51] GOULD J D. How to design usable systems[J]. Human-computer interaction, 1987: 35-41.

[52] HALBRÜGGE M, QUADE M, ENGELBRECHT K P, et al. Predicting user error for ambient systems by integrating model-based UI development and cognitive modeling[C]//Proceedings of the 2016 ACM International Joint Conference on Pervasive and Ubiquitous Computing. New York: ACM, 2016: 1028-1039.

[53] HASLWANTER J D H, NEUREITER K, GARSCHALL M. User-centered design in AAL[J]. Universal access in the information society, 2018: 1-11.

[54] HASSENZAHL M, TRACTINSKY N. User experience—a research agenda[J]. Behaviour & information technology, 2006, 25(2): 91-97.

[55] HANKE S, TSIOURTI C, SILI M, et al. Embodied ambient intelligent systems[M]//Recent advances in ambient assisted living. [s. l.]: IOS Press, 2015.

[56] HERBON A, OEHME A, ZENTSCH E. Emotions in ambient intelligence—an experiment on how to measure affective states[C]//Proceedings of the 20th British HCI Group Annual Conference on the Role of Emotion in Human-Computer Interaction, London, September 12, 2006.

[57] HERNANDEZ J, PICARD R. SenseGlass: using google glass to sense daily emotions[C]//Proceedings of the Adjunct Publication of the 27th Annual ACM Symposium on User Interface Software and Technology. New York: ACM, 2014: 77-78.

[58] HEWETT T T, MEADOW C T. On designing for usability: an application of four key principles[C]//CHI'86 Proceedings of the SIGCHI Conference on Human Factors in Computing Systems. New York: ACM, 1986: 247-252.

[59] HELLENSCHMIDT M, WICHERT R. Goal-oriented assistance in ambient intelligence[R/OL]. Fraunhofer-IGD Technical Report, Darmstadt, 2005. [2014-05-25]. http: //www.igd.fhg.de/igd-a1/publications/publ/ERAmI_2005.pdf.

[60] HUDEC M, SMUTNY Z. RUDO: a home ambient intelligence system for blind people[J]. Sensors, 2017, 17: 1926.

[61] INTILLE S S, LARSON K, MUNGUIA T E, et al. Using a live-in laboratory for ubiquitous computing research[C]//FISHKIN K P, SCHIELE B, NIXON P, QUIGLEY A. Proceedings of PERVASIVE 2006. Berlin: Springer, 2006: 349-365.

[62] ISO 13407: 1999. Human-Centred Design Processes for Interactive Systems[S].

[63] ISO 9241-210: 2010. Ergonomics of Human-System Interaction—Part 210: Human-Centred Design for Interactive Systems[S].

[64] Information Society Technologies Advisory Group. Ambient intelligence: from vision to reality[EB/OL]. [2015-02-22]. ftp: //ftp.cordis.lu/pub/ist/docs/istag-ist2003_consolidated_report.pdf.

[65] JACUCCI G, SPAGNOLLI A, FREEMAN J, et al. Symbiotic interaction: a critical definition and comparison to other human-computer paradigms[C]//JACUCCI G, GAMBERINI L, FREEMAN J, et al. Symbiotic Interaction: Proceedings of the third International Workshop, Symbiotic 2014,

Helsinki, Finland, October 30-31, 2014. [s. l.]: Springer, 2014.

[66] JANG E H, PARK B J, KIM S H, et al. Classification of human emotions from physiological signals using machine learning algorithms[C]//Proceedings of the sixth International Conference Advances Computer-Human Interactions, Nice, France, 2013: 395-400.

[67] JIMENEZ-MOLINA A, KO I-Y. Cognitive resource-aware unobtrusive service provisioning in ambient intelligence environments[J]. Journal of ambient intelligence and smart environments, 2015, 7(1): 37-57.

[68] KAPTEIN M C, MARKOPOULOS P, DE RUYTER B, et al. Persuasion in ambient intelligence [J]. Journal of ambient intelligence and humanized computing, 2010(1): 43-56.

[69] KARTAKIS S, STEPHANIDIS C. A design-and-play approach to accessible user interface development in ambient intelligence environments[J]. Computers in industry, special issue on "Human-Centered Computing Systems in Industry", 2010, 61 (4): 318-328.

[70] KASUGAI K, RÖCKER C, BONGERS B, et al. Aesthetic intelligence: designing smart and beautiful architectural spaces[C]//KEYSON D V. Ambient intelligence. Proceedings of the Second International Joint Conference on AmI 2011, Amsterdam, The Netherlands, November 16-18, 2011. Berlin: Springer, 2011: 360-361.

[71] KASUGAI K, RÖCKER C. Computer-mediated human-architecture interaction[M]//Evolving ambient intelligence. Berlin: Springer International Publishing, 2013: 213-216.

[72] KATSANOS C, TSELIOS N, XENOS M. Perceived usability evaluation of learning management systems: a first step towards standardization of the system usability scale in Greek[C]//Proceedings of the 16th Panhellenic Conference on Informatics. [s. l.]: IEEE Computer Society, 2012: 302-307.

[73] KAUFMANN B, BUECHLEY L. Amarino: a toolkit for the rapid prototyping of mobile ubiquitous computing[C]//Proceedings of the 12th International Conference on Human Computer Interaction with Mobile Devices and Services, 2010: 291-298.

[74] KAIYING C, PLEWE D-A, RÖCKER C. The Ambience of ambient intelligence: an Asian approach to ambient systems? [J]. Procedia manufacturing, 2015(3): 2155-2161.

[75] KELLER C, KÜHN R, ENGELBRECHT A, et al. A prototyping and evaluation framework for interactive ubiquitous systems[M]//STREITZ N, STEPHANIDIS C. Distributed, ambient, and pervasive interactions. Berlin: Springer, 2013.

[76] KEMPPAINEN E, ABASCAL J, ALLEN B, et al. Ethical and legislative issues with regard to ambient intelligence [M]//ROE P R W. Impact and wider potential of information and communication technologies. Brussels: COST, 2007: 188-205.

[77] KJELDSKOV J, SKOV M B. Studying usability in sitro: simulating real world phenomena in controlled environments[J]. International journal of human-computer interaction, 2007, 22(1-2): 7-36.

[78] KÖNINGS B, SCHAUB F, WEBER M. Privacy and trust in ambient intelligent environments [M]//ULTES S, NOTHDURFT F, HEINROTH T, MINKER W. Next generation intelligent environments. Cham, Switzerland: Springer, 2016.

[79] KOROZI M, LEONIDIS A, ANTONA M, STEPHANIDIS C. LECTOR: towards reengaging students in the educational process inside smart classrooms[C]//Proceedings of the International Conference on Intelligent Human Computer Interaction, Evry, France, December 11-13, 2017: 137-149.

[80] KOROZI M, ANTONA M, NTAGIANTA A, et al. LECTORstudio: creating inattention alarms and interventions to reengage the students in the educational process[C]//ICERI2017 Proceedings: 10th Annual International Conference of Education, Research and Innovation. [s. l.]:

IATED, 2017.

[81] KORZETZ M, KÜHN R, KEGEL K, et al. MilkyWay: a toolbox for prototyping collaborative mobile-based interaction techniques [C]//ANTONA M, STEPHANIDIS C. Proceedings of Multimodality and Assistive Environments 13th International Conference. Cham, Switzerland: Springer, 2019.

[82] KRÖSE B,PORTA J, van BREEMEN A, et al. Lino, the user-interface fobot[M]//GOOS G, HARTMANIS J, Van LEEUWEN J. Ambient intelligence, lecture notes in computer science. Berlin: Springer,2003: 264-274.

[83] KRUMMENACHER R, STRANG T. Ontology-based context modeling[C]//Proceedings of the 3rd Conference on Context Awareness for Proactive Systems (CAPS 2007), Guildford, United Kingdom.

[84] LAU J, ZIMMERMAN B, SCHAUB F. Alexa, are you listening? Privacy perceptions, concerns and privacy-seeking behaviors with smart speakers[C]//Proceedings of the ACM on Human-Computer Interaction. New York: ACM, 2018: 1-31.

[85] LEONIDIS A, ANTONA M, STEPHANIDIS C. Rapid prototyping of adaptable user interfaces [J]. International journal of human-computer interaction, 2012, 28 (4): 213-235.

[86] LIANG G, CAO J, LIU X, HAN X. Cushionware: a practical sitting posture-based interaction system[C]//Proceedings of the CHI'14 Extended Abstracts on Human Factors in Computing Systems (CHI EA'14). New York: ACM, 2014: 591-594.

[87] LIEBERMAN H. Your wish is my command[M]. San Francisco,CA,USA: Morgan Kaufmann,2001.

[88] LOPEZ-COZAR R, CALLEJAS Z. Multimodal dialogue for ambient intelligence and smart environments[M]//NAKASHIMA H, AGHAJAN H, AUGUSTO J C. Handbook of ambient intelligence and smart environments. New York: Springer US,2010: 559-579.

[89] Lo PRESTI S,BUTLER M,LEUSCHEL M,BOOTH C. A trust analysis methodology for pervasive computing systems[M]//FALCONE R,BARBER S,SABATER-MIR J,SINGH M P. Trusting agents for trusting electronic societies. Berlin: Springer,2005: 129-143.

[90] LUPTON D. The quantified self[M]. Cambridge, UK: Polity Press, 2016.

[91] LUYTEN K, VANDERVELPEN C, CONINX K. Task modeling for ambient intelligent environments: design support for situated task executions[C]//Proceedings of the 4th International Workshop on Task Models and Diagrams. New York: ACM,2005: 87-94.

[92] MAGUIRE M. Methods to support human-centred design[J]. International journal of human-computer studies,2001,55: 587-634.

[93] MALKIN N, DEATRICK J, TONG A, et al. Privacy attitudes of smart speaker users[J]. Proceedings on privacy enhancing technologies, 2019(4): 250-271.

[94] MANDRYK R L, INKPEN K M, CALVERT T W. Using psychophysiological techniques to measure user experience with entertainment technologies[J]. Behaviour & information technology, 2006,25(2): 141-158.

[95] MARGETIS G, ANTONA M, NTOA S, et al. Towards accessibility in ambient intelligence environments[M]//PATERNO F, De RUYTER B, MARKOPOULOS P, et al. Proceedings of the 3rd International Joint Conference in Ambient Intelligence. Berlin: Springer, 2012: 328-337.

[96] MARGETIS G, NTOA S, ANTONA M, STEPHANIDIS C. Augmenting natural interaction with physical paper in ambient intelligence environments[J]. Multimedia tools and applications, 2019, 78 (10): 13387-13433.

[97] MARGETIS G, NTOA S, ANTONA M, STEPHANIDIS C. Interacting with augmented paper maps: a user experience study[C]//Proceedings of the 12th Biannual Conference on Italian SIGCHI

Chapter. New York: ACM, 2017: 1-9.

[98] MEKLER E D, HORNBÆK K. Momentary pleasure or lasting meaning? Distinguishing eudaimonic and hedonic user experiences[C]//Proceedings of the 2016 CHI Conference on Human Factors in Computing Systems. San Jose, CA: ACM, 2016: 4509-4520.

[99] MELDER W A, TRUONG K P, UYL M D, et al. Affective multimodal mirror: sensing and eliciting laughter[C]//Proceedings of the International Workshop on Human-Centered Multimedia. New York: ACM,2007: 31-40.

[100] METTEL M R, ALEKSEEW M, STOCKLÖW C, et al. Designing and evaluating safety services using depth cameras[J]. Journal of ambient intelligence and humanized computing, 2019(10): 747-759.

[101] MOELLER S, ENGELBRECHT K P, HILLMANN S, EHRENBRINK P. New ITG guideline for the usability evaluation of smart home environments[C]//Proceedings of a meeting held September 24-26, 2014, Erlangen, Germany(11. ITG symposium, speech communication 11): 1-4.

[102] MOHAMMADI M, PAGTER R R, ARTS H J A, ARTS K C G. Contribution of ambient intelligence to the subjective wellbeing: an overview of the advantages and disadvantages[C]//Proceedings of the IADIS International Conference (e-Health 2011), July 20-22, 2011, Rome, Italy.

[103] MOWAFEY S, GARDNER S. A novel adaptive approach for home care ambient intelligent environments with an emotion-aware system[C]//Proceedings of 2012 UKACC International Conference on Control (Cardiff, UK, 2012): 771-777.

[104] NAKAJIMA T, LEHDONVIRTA V. Designing motivation using persuasive ambient mirrors[J]. Personal and ubiquitous computing, 2013, 17(1): 107-126.

[105] NAKASHIMA H,AGHAJAN H,AUGUSTO J C. Ambient intelligence and smart environments: a state of the art[M]//NAKASHIMA H,AGHAJAN H,AUGUSTO J C. Handbook of ambient intelligence and smart environments. New York: Springer,2010: 3-31.

[106] NORMAN D A, DRAPER S W. User centered system design: new perspectives on human-computer interaction[M]. Hillsdale,NJ: Lawrence Erlbaum Associates,1986.

[107] NTOA S, MARGETIS G, ANTONA M, STEPHANIDIS C. UXAmI observer: an automated user experience evaluation tool for ambient intelligence environments[C]//Proceedings of SAI Intelligent Systems Conference. Cham, Switzerland: Springer, 2018: 1350-1370.

[108] NOURBAKHSH N, WANG Y, CHEN F, CALVO R A. Using galvanic skin response for cognitive load measurement in arithmetic and reading tasks[C]//Proceedings of OZCHI'12. Melbourne: ACM, 2012: 420-423.

[109] O'GRADY M J,DRAGONE M,TYNAN R,et al. Implicitly and intelligently influencing the interactive experience[M]//DIGNUM F. Agents for games and simulations Ⅱ. Berlin: Springer, 2011: 91-98.

[110] OH J, LEE U. Exploring UX issues in quantified self technologies[C]//Proceedings of the 8th International Conference on Mobile Computing and Ubiquitous Networking (ICMU 2015). New York: IEEE, 2015: 53-59.

[111] ORTIZ A,Del PUY CARRETERO M,OYARZUN D,et al. Elderly users in ambient intelligence: does an avatar improve the interaction? [C]//STEPHANIDIS C,PIEPER M. Proceedings of the 9th ERCIM Workshop "User interfaces for all". Berlin: Springer,2007: 99-114.

[112] PALLOT M, PAWAR K. A holistic model of user experience for living lab experiential design [C]//2012 18th International ICE Conference on Engineering, Technology and Innovation. [s. l.]: IEEE,2012,1-15.

[113] PANTSAR-SYVÄNIEMI S, ERVASTI M, KARPPINEN K, et al. A situation-aware safety service for children via participatory design[J]. Journal of ambient intelligence and humanized computing, 2015(6): 279-293.

[114] PATKAR N, GADIENT P, GHAFARI M, NIERSTRASZ O. Towards a catalogue of mobile elicitation techniques[C]//Proceedings of the International Working Conference on Requirements Engineering: Foundation for Software Quality. Cham, Switzerland: Springer, 2019: 281-288.

[115] PEREIRA C, TEIXEIRA A, DE SILVA M P. Live evaluation within ambient assisted living scenarios[C]//Proceedings of the 7th International Conference on Pervasive Technologies Related to Assistive Environments. New York: ACM, 2014: 14.

[116] PODGÓRSKI D, MAJCHRZYCKA K, DĄBROWSKA A, et al. Towards a conceptual framework of OSH risk management in smart working environments based on smart PPE, ambient intelligence and the Internet of Things technologies [J]. International journal of occupational safety and ergonomics, 2017(23): 1-20.

[117] PORTET F, VACHER M, GOLANSKI C, et al. Design and evaluation of a smart home voice interface for the elderly: acceptability and objection aspects [J]. Personal and ubiquitous computing, 2013,17(1): 127-144.

[118] PREUVENEERS D, VAN DEN BERGH J, WAGELAAR D, et al. Towards an extensible context ontology for ambient intelligence [M]//European symposium on ambient intelligence. Berlin: Springer, 2004: 148-159.

[119] RASMUSSEN J,PEJTERSEN A M,GOODSTEIN L P. Cognitive systems engineering[M]. New York: Wiley,1994.

[120] REDSTRÖM J. Aesthetic concerns in pervasive information systems [M]//GIAGLIS G, KOUROUTHANASSIS P. Pervasive information systems. Armonk,NY: M. E. Sharpe,2007: 197-209.

[121] REMAGNINO P, SHAPIRO D. Artificial intelligence methods for ambient intelligence [J]. Computational intelligence, 2007, 23(4): 393-394.

[122] RICHTER K,HELLENSCHMIDT M. Interacting with the ambience: multimodal interaction and ambient intelligence [C]//Proceedings of W3C Workshop on Multimodal Interaction, Sophia Antipolis,France,2004.

[123] RÖCKER C,JANSE M D,PORTOLAN N,STREITZ N. User requirements for intelligent home environments: a scenario-driven approach and empirical cross-cultural study[C]//Proceedings of the 2005 Joint Conference on Smart Objects and Ambient Intelligence. New York: ACM,2005: 111-116.

[124] ROE P R W. Towards an inclusive future: impact and wider potential of information and communication technologies[M]. Brussels: COST219ter,2007.

[125] ROGERS Y, CONNELLY K, TEDESCO L, et al. Why it's worth the hassle: the value of in-situ studies when designing ubicomp[C]//Proceedings of the International Conference on Ubiquitous Computing. Berlin: Springer, 2007: 336-353.

[126] ROMERO D, MATTSSON S, FAST-BERGLUND Å, et al. Digitalizing occupational health, safety and productivity for the operator 4.0[C]//MOON I, LEE G, PARK J, et al. Advances in production management systems (APMS 2018)-smart manufacturing for industry 4.0. Cham, Switzerland: Springer, 2018.

[127] RUSNAK V, RUčKA L, HOLUB P. Toward natural multi-user interaction in advanced collaborative display environments [J]. Future generation computer systems, 2016, 54 (1): 313-325.

[128] SADRI F. Ambient intelligence: a survey[J]. ACM computing surveys,2011,43(4): 66.

[129] SANTOKHEE A, AUGUSTO J C, EVANS C. Engineering intelligent environments: preliminary findings of a systematic review[C/OL]//Proceedings of the 2nd Workshop on Citizen Centric Smart Cities Solutions (CCSCS'18), the 14th International Conference on Intelligent Environments, June 25-28, 2018, Rome, Italy. IOS Press, 2018. DOI: 10.3233/978-1-61499-874-7-57.

[130] SAVIDIS A,STEPHANIDIS C. Distributed interface bits: dynamic dialogue composition from ambient computing resources[J]. Personal and ubiquitous computing journal,2005,9(3): 142-168.

[131] SCHMIDT A. Interactive context-aware systems interacting with ambient intelligence[M]//RIVA G,VATALARO F,DAVIDE F,ALCAÑIZ M. Ambient intelligence. Lansdale,PA,USA: IOS Press,2005: 159-178.

[132] SCHMIDT A, TERRENGHI L, HOLLEIS P. Methods and guidelines for the design and development of domestic ubiquitous computing applications[J]. Pervasive and mobile computing, 2007,3(6): 721-738.

[133] SCHMITT F,CASSENS J,KINSDMUELLER M C,HERCZEG M. Mental models of ambient systems: a modular research framework[C]//Modeling and Using Context: Proceedings of the 7th International and Interdisciplinary Conference. Berlin: Springer,2011: 278-291.

[134] SEO D W, KIM H, KIM J S, LEE J Y. Hybrid reality-based user experience and evaluation of a context-aware smart home[J]. Computers in industry, 2016, 76: 11-23.

[135] SEYED T, AZAZI A, CHAN E, et al. Sod-toolkit: a toolkit for interactively prototyping and developing multi-sensor, multi-device environments[C]//Proceedings of the 2015 International Conference on Interactive Tabletops & Surfaces: 171-180.

[136] SHNEIDERMAN B. Human-centered artificial intelligence: reliable, safe & trustworthy[J]. International journal of human-computer interaction, 2020, 36(6): 495-504.

[137] SILVA J L, CAMPOS J C, HARRISON M D. Prototyping and analysing ubiquitous computing environments using multiple layers[J]. International journal of human-computer studies, 2014, 72 (5): 488-506.

[138] SINGH P, HA H N, KUANG Z, et al. Immersive video as a rapid prototyping and evaluation tool for mobile and ambient applications[C]//Proceedings of the 8th Conference on Human-Computer Interaction with Mobile Devices and Services. New York: ACM, 2006: 264-264.

[139] SØRAKER J H,BREY P. Ambient intelligence and problems with inferring desires from behaviour [J]. International review of information ethics,2007,8(1): 7-12.

[140] STEFANIDI E, FOUKARAKIS M, ARAMPATZIS D, et al. ParlAmI: a multimodal approach for programming intelligent environments[J]. Technologies, 2019, 7(1): 11.

[141] STEPHANIDIS C. Human-computer interaction in the age of the disappearing computer[C]// AVOURIS N, FAKOTAKIS N. Proceedings of the Panhellenic Conference with International Participation on Human-Computer Interaction (PC-HCI 2001). Patras, Greece: Typorama Publications, 2001: 15-22.

[142] STEPHANIDIS C, SALVENDY G, et al. Seven HCI grand challenges[J]. International journal of human-computer interaction, 2019, 35(14): 1229-1269.

[143] STREITZ N, et al. Grand challenges for ambient intelligence and implications for design contexts and smart societies[J]. Journal of ambient intelligence and smart environments, 2019, 11(1): 87-107.

[144] STREITZ N A. From human-computer interaction to human-environment interaction: ambient intelligence and the disappearing computer[C]//STEPHANIDIS C,PIEPER M. Universal Access in Ambient Intelligence Environments—Proceedings of the 9th ERCIM Workshop on User

Interfaces for All. Berlin: Springer,2007: 3-13.

[145] SURIE D, LINDGREN H, QURESHI A. Kitchen AS-A-PAL: exploring smart objects as containers, surfaces and actuators[M]//Ambient intelligence-software and applications. Heidelberg: Springer, 2013.

[146] TABASSUM M, KOSINSKI T, LIPFORD H R. "I don't own the data": End user perceptions of smart home device data practices and risks[C]//Proceedings of the Fifteenth Symposium on Usable Privacy and Security (SOUPS 2019), Santa Clara, CA, USA: 435-450.

[147] THEOFANOS M,SCHOLTZ J. Towards a framework forevaluation of UbiComp applications[J]. IEEE pervasive computing,2004,3(2): 82-88.

[148] UR B, McMANUS E, et al. Practical trigger-action programming in the smart home[C]//Proceedings of the SIGCHI Conference on Human Factors in Computing Systems, Toronto, Canada, 26 April-1 May 2014: 803-812.

[149] VAN HELVERT J, WAGNER C. From scenarios to "free-play": evaluating the user's experience of ambient technologies in the home[M]//Next generation intelligent environments. [s. l.]: Springer International Publishing, 2016: 325-344.

[150] VASTENBURG M J,ROMERO HERRERA N. Adaptive experience sampling: addressing the dynamic nature of in-situ user studies[M]//AUGUSTO J C,et al. Ambient intelligence and future trends—international symposium on ambient intelligence(ISAml 2010). Berlin: Springer,2010: 197-200.

[151] VASTENBURG M H, HERRERA N A R. Experience tags: enriching sensor data in an awareness display for family caregivers[C]//Ambient Intelligence: Proceedings of the International Joint Conference on AmI 2011. Berlin: Springer, 2011: 285-289.

[152] VATAVU R. Characterizing gesture knowledge transfer across multiple contexts of use[J]. Journal on multimodal user interfaces, 2017(11): 301-314.

[153] VATAVU R-D. Reusable gestures for interacting with ambient displays in unfamiliar environments [M]//NOVAIS P,PREUVENEERS D,CORCHADO J M. Ambient intelligence—software and applications(ISAml 2011). Berlin: Springer,2011: 157-164.

[154] VAN DE VEN J, DYLLA F. Privacy classification for ambient intelligence[M]//AARTS E, et al. Ambient intelligence. Cham, Switzerland: Springer, 2014.

[155] VAN DE VEN J, ANASTASIOU D, DYLLA F, et al. The SOCIAL project[M]//DE RUYTER B, KAMEAS A, CHATZIMISIOS P, MAVROMMATI I. Ambient intelligence. Cham, Switzerland: Springer, 2015.

[156] VREDENBURG K,ISENSEE S,RIGHI C. User-centered design: an integrated approach[M]. Englewood Cliffs,NJ: Prentice Hall,2001.

[157] WATERMAN A S, SCHWARTZ S J, ZAMBOANGA B L, et al. The questionnaire for eudaimonic well-being: psychometric properties, demographic comparisons, and evidence of validity[J]. The journal of positive psychology, 2010, 5(1): 41-61.

[158] WESTERINK J,OUWERKERK M,OVERBEEK T J M,et al. Probing experiences: from assessment of user emotions and behaviour to development of products [M]. Berlin: Springer,2008.

[159] WRIGHT D, GUTWIRTH S, FRIEDEWALD M, et al. Safeguards in a world of ambient intelligence[M]. Berlin: Springer, 2010.

[160] ZABULIS X, GRAMMENOS D, SARMIS T, et al. Multicamera human detection and tracking supporting natural interaction with large scale displays[J]. Machine vision applications journal, 2013 (24): 319-336.

[161] ZABULIS X, MARGETIS G, KOUTLEMANIS P, STEPHANIDIS C. Augmenting printed documents[J]. ERCIM news, 2015(105): 24.

[162] ZHANG B, RAU P, SALVENDY G. Design and evaluation of smart home user interface: effects of age, tasks and intelligence level[J]. Behaviour and information technology, 2009, 28(3): 239-249.

[163] ZHOU J, YU C, RIEKKI J, KÄRKKÄINEN E. AmE framework: a model for emotion-aware ambient intelligence [C]//Proceedings of the Second International Conference on Affective Computing and Intelligent Interaction (ACII2007), Lisbon, Portugal, September 12-14, 2007.

16 大数据和人工智能体验设计

16.1 大数据简介

16.1.1 大数据的概念和特征

近年来,从技术界走出来的“大数据”概念逐渐受到社会各界的高度关注。有关“大数据”的宣传和新闻不断出现在社会生活中,如“大数据时代催化户外广告传播营销变革”“‘互联网+’时代汽车4S店转型要主动拥抱大数据”等。由此看来,大数据已经在生活中得到广泛的应用。例如,在20世纪末,美国某汽车保险公司收取支付费用的定价标准是依据一个简单的5变量承保模型:年龄、性别、邮政编码、以往超速罚单和交通事件、有记录的事故和汽车型号。在这种情况下,一个刚拿到驾照的17岁年轻男孩,驾驶一辆跑车,即使他从不超速,一直遵守交通规则,记录中一次事故也没有,也必须支付一大笔汽车保险费用。而一个驾驶旧的旅行车的49岁的妇人,即使她经常闯红灯超速、经常开车发短信,也只需要支付较少的汽车保险费用。这种情况毫无疑问是不公平的。而在新的时代下,汽车保险公司根据实际驾驶数据,可以利用更加精确、动态和数据驱动的定价模型,汽车上安装跟踪设备,可以传送数据到保险公司,根据他们的驾驶情况,重新调整价格:在原有价格基础上,第一个年轻男孩会得到60%的折扣,而第二位妇人,则会需要支付3倍的费用。这就是新时代“大数据”带来的改变。

“大数据”概念最早由维克托·迈尔·舍恩伯格和肯尼斯·库克耶在编写《大数据时代》中提出,这是一种新型能力,以一种前所未有的方式,替代原有的随机分析法(抽样调查)的捷径,通过对海量数据进行分析,获得具有巨大价值的产品和服务,或者深刻的见解。

大数据不同于传统的数据,主要有三个方面:

(1) 数据规模。传统数据时代,各个领域都在使用随机采样的方法,通过随机选择的小部分样本进行分析,在一定误差范围内代替总体的分析结果。而大数据时代,随着技术成本的骤降(包括存储成本的降低,RFID、NFC、纳米技术、传感技术的成熟)和数据科学的发展,我们逐渐可以掌握更多资源,获得更完整的数据,因此“大数据”是样本等于总体的一个取样,充分利用所有的数据,不再仅仅依靠一小部分数据,而是进入全数据模式。

(2) 数据类型。传统的数据主要是指结构化数据,具有整齐排列、一致性、易于存储在电子表格和数据库中等特点,如ERD、ERP、MRP等,可以记录和存储在表格中。通常是数字格式,例如客户量、业务量、营业收入额、利润额等,都是一个个数字或者是可以进行编码的简单文本。而今天我们所说的“大数据”则不单纯指“数字”,还包括文本、图片、音频、视频

等多种格式，属于数据量大、非关系型、无序的非结构化数据。例如我们的博客、微博，我们的音频视频分享，我们的通话录音，我们的位置信息，我们的点评信息，我们的交易信息、互动信息等，都属于“大数据”的范围。在现在的信息时代下，非结构化数据的数量比以往任何时候都要多，很多非结构化数据是可以数字化的，几乎可以实时获取。

(3) 数据处理。在处理数据时，传统数据的分析和处理相对简单，利用传统的数据解决方案(如数据库或商业智能技术)就能轻松应对；而“大数据”的分析需要用到统计分析、可视化工具、语义分析等多种复杂技术，如数据库、集成设备、云计算、分布式处理技术、存储技术和感知技术等。“大数据”得到的结果一般是深刻的见解，而不仅仅是简单的统计分析。例如，“某社交网络1000万用户中45%是男性”“全国春运最热航线是北京到上海”，这些都不是“大数据”的分析结果，只是非常简单的分析方法在稍微大一点的数据集上的应用。

综合来说，大数据的特点可以用3V来描述：volume，容量——庞大的数据增长量；variety，形式——多样的格式种类和数据；velocity，速度——巨大的数据增长速度。后来也有人引申出其他的V，如variability(多变性)、value(价值)等，也可以用来描述大数据的其他特点。

16.1.2 互联网等领域的大数据分析

在互联网领域里的大数据应用是非常典型的，所以在这里我们以互联网大数据为例，讨论一些和用户体验相关的大数据能力和应用实践。在互联网平台上，这些数据可以分为结构化数据和非结构化数据。结构化数据是指具有固定格式的，通常可以存在关系型数据库里的数据，例如交易数据或图表等。非结构化数据的形式的规整程度会低很多，例如社交媒体中产生的文本和多媒体等。当然我们可以做一些工作使得非结构化数据的呈现方式更加结构化，但是它们的初始格式的区别仍然是显而易见的。

大数据最典型的应用场景就是将人的信息及其行为信息进行关联。例如，我们希望发现哪些用户在什么情况下会有哪些行为。在了解了这些规律之后，商家可以进行针对性的营销，设计人员也可以进行产品和服务的改进。在互联网的经济模式下，数据甚至就是最核心的价值。例如，用户浏览和点击习惯的数据就可以直接用于销售页面上的广告位，或按照实际用户浏览量进行收费。

为了得到最准确的用户信息，商家会用各种方法希望用户注册，从而获得他们的人口学信息，包括年龄、性别、教育程度、职业和收入、家庭结构、所在城市等。如果能够得到用户的真实姓名、联系方式等更具体的信息，则对于分析的准确性就更有帮助。同时这些内容的获取也是有很多门槛的，需要获得用户的同意以及隐私相关法律的制约。需要注意的是，在这个方面，技术正在突破传统的隐私门槛。例如，应用图像识别和人工智能技术可以通过人的形体和步态预测年龄和性别，通过面部扫描识别人的身份。这些技术可以绕过用户的明确认可而得到更多的数据。

互联网上的用户使用数据的采集，除了一些用户主动提供的数据，例如购买交易、付款、舆情反馈等信息之外，主要是通过埋点和爬虫等方式获得的。互联网经济的命脉是流量和使用习惯，其相关的典型指标包括：页面访问次数(page view，PV)、页面访问人数(unique visitors，UV)、点击路径(path)、页面停留时间、目标阶段使用时间和次数(sessions)、内容

下载数量，等等。

互联网行业最核心的商业概念是转化率(conversion)。转化率是一个广义的概念，即从一个状态转化到另一个状态的比例。对于电子商务来讲，如何将一个首次访问网站的用户，转化为再次访问的用户，继而成为经常访问的用户；如何将一个较低消费的用户转化为较高消费的用户，这些都是转化率的范围。所以可以想象，转化率应当是一系列指标。

用户数据和行为数据来源不限于从企业自身在线服务而得到的内容，而是可以有各种来源。例如，我们如果希望得到用户行为数据，可以和商业伙伴合作或从第三方机构购买。当前物联网技术也可以帮助提供各种在线或离线的数据。

在上面提到的人和行为的客观基础数据的基础之上，还可以衍生出很多数据指标，例如关于人的指标可以包括不同职业的收入分布、不同年龄对应的家庭结构等；对于行为数据，可以衍生出某点击路径平均页面停留时间、最多和最少停留时间等。而将人的数据和行为数据相关联，能够产生的指标就更多，例如新用户的某页面停留时间、年轻用户的某页面访问次数和转化率、二线城市内容下载数量、高消费额用户的点击路径、浏览和搜索功能使用的比例，甚至搜索词汇的使用等。

更进一步，我们有了原生数据和对原生数据进行一些简单计算而得到的衍生数据，还可以进一步将数据加工为分类数据，使其具有更清晰的意义。例如，我们有了用户的访问次数或购买次数等行为数据，就可以根据这些数据将用户分类，例如新用户、典型用户和重度用户，或者将用户分为“探索型用户”或“保守型用户”等，相当于给用户加上“标签”。给用户设置标签需要建立一些规则，而这些规则的质量就直接影响到标签数据的质量。最简单的方法就是根据经验先产生一些大致的维度，然后通过对数据的检视，设定比较合适的阈值进行分类。如果用户数据可考虑的维度比较多，那么也可以用统计学的聚类分析工具通过不同算法直接形成聚类，然后通过对统计聚类的结果的理解去提取合适的维度进而优化聚类。上面说的通过经验和通过统计计算的方法可以多次结合迭代完成标签化的工作。如果聚类工作确实难以提取维度或没有必要提取维度，那么可以考虑应用人工智能的方法去进行分类工作。

处理大数据的最直接的挑战就是数据量非常庞大。对数据全面精细的把握往往已经超出人的能力所及的范围。所以我们需要很好地结合定性和定量的方法，根据自身的行业特点和目标，去选取和定义有意义的关键指标(KPI)。关于常用的互联网数据指标，可以查阅网页数据分析指标(web analytics)相关的技术书籍。

16.1.3 大数据的应用领域变革

前文已提到，大数据是具有价值(value)的，可以得出深刻的结论。大数据的首要价值被发掘后仍然可以不断开采，第一眼看到的大数据价值，只是冰山一角，而更多的价值都隐藏在表面之下。

在现在的商业时代，大数据最主要的价值是采集用户的行为，进行行为分析，从中发现用户需求、跟踪用户体验从而达到进一步的目的。大数据的本质是还原用户的真实需求，因此大数据在商业、医疗、工业、教育、政治等领域，正在发挥着不可替代的作用。

1. 用户研究方法变革

大数据不仅给社会各个行业带来了巨大变革，也给人们的思维带来了巨大的变革。人们逐渐摆脱抽样分析和追求精确度的数据时代，更多地开始考虑如何分析和获取更全面的数据，得出更多样的结论。这为用户研究提供了新的方法。通常情况下，用户研究一般通过用户访谈、分析用户问卷调查数据以及网站页面数据等方式，了解用户需求以及用户在使用产品时遇到的问题。而大数据提供了全数据模型的研究方法，包含更多即时性的用户行为，更具有普遍性和推广性，可以作为预测用户行为或市场趋势的依据，也因此得到越来越多的应用。很多情况下，用户并不知道自己需要的是什么，但是从用户的行为数据中，可以分析出用户不了解的自己。

大数据的方法，在用户研究和产品生产流程中发挥着重要作用。在产品设计时，可以根据用户平时与手机、计算机等互动的方式，为用户定制个性化交互设计方案；在产品测试时，可以通过电商平台或者微博、论坛等社会化媒体进行用户测试，对现有产品的网上评论进行收集，通过自然语言处理和数据挖掘手段，了解消费者的不满和产品改进方向；也可以用灰度测试来了解新版本的效果(即让一部分用户继续用老版本，一部分用户开始用新版本，如果用户对新版本没有什么反对意见，那么逐步扩大范围，把所有用户都迁移到新版本上)。在产品推广时，可以通过对微博用户的分析，得知用户在每天的四个时间点(早晨去上班的路上、午饭时间、晚饭时间、睡觉前)是最活跃的，因此可以在相应的时间对用户进行针对性的推广和营销。

大数据的思维和方法贯穿了产品的生产流程，也渗透到人们生活的每一个角落，全方位影响着人们的生活。

2. 商业领域变革

如何让广告和产品到达需要它的用户群体，这是商业中经常遇到的问题。随着互联网的发展，消费者在电视、广播上花的时间越来越少，而在其他个性化媒体上花的时间越来越多。于是互联网上的广告更容易接触到大量的消费者。在大数据时代，商家可以根据搜集到的用户的行为数据，围绕用户的个人需求，进行个性化定制服务，推广更容易让用户接受的产品。亚马逊比丈夫先知道妻子怀孕的案例，就是大数据的一个典型应用：亚马逊通过某消费者的浏览、消费记录，推测出该消费者可能处于孕期，于是向该消费者推送更多孕期用品，而直到这张宣传单送到该消费者家中，她的丈夫才得知妻子怀孕的消息。这个案例充分说明了大数据背景下商业推广的准确性和快速性。通过大数据去了解用户，以用户为中心，定制个性化宣传和推广方案，可以更高效、更准确、更快捷地提高用户体验。

除了推广营销之外，大数据还被应用于以用户为中心的产品设计或服务设计。例如汽车行业，通过采集驾驶人的驾驶行为数据和情绪数据，可以了解驾驶人在哪些情况下容易发生哪些不安全的驾驶行为，从而开发对应的产品以减少驾驶人的不安全驾驶，提高驾驶人的驾驶乐趣。很多预测网站也是通过互联网搜集大数据，例如 Decide. com 科技公司用一年的时间分析了近 400 万产品的超过 250 亿条价格信息，发现新产品发布的时候旧一代的产品可能会经历一个短暂的价格上浮，因为大部分人会习惯性认为旧产品更便宜而购买旧产品。于是 Decide. com 根据发现的这种不正常、不合理的价格高峰来告诉用户什么时候才是购买的最佳时机。同样，Farecast 等机票预测公司也是通过利用大数据推广服务从而赚取利润。这些公司代表了现在世界商业发展的新趋势，大数据正在引起一场商业变革，更好地为用户服务。

3. 医疗领域变革

2009 年甲型 H1N1 流感病毒的传播震惊了很多人，而更让世界公共卫生官员们感到震惊的，是谷歌公司在流感爆发的几周前已经预测到了这一场流感的爆发和传播范围。这个预测结果是谷歌通过观察人们在网上的搜索记录来完成的，大数据的应用，为世界疾病预测提供了一个新的思路。

在日常的医疗中，大数据也发挥着充分的作用。医院里的纸质病历已经逐渐被电子病历所替代，医生手写药方也逐渐变成电脑上选择药方，这样一旦病人生病或者转院，医生都可以立刻得到之前的病史记录作为参考，大大提高了病人就医的效率，提高了病人的满意度。此外，一些软件在互联网的大数据基础上，可以给病人推荐适合的医院、在线就医、远程监控等服务，例如一个叫 iTrem 的应用程序，可以通过手机内置的测震仪监测人体的颤动，以应对帕金森和其他神经系统疾病，这样不仅让患者避免了医院里昂贵的体检，也可以帮助医生远程监控人们的疾病和治疗效果。因此，现在的医疗环境和医疗手段正在被大数据带来新的突破。

4. 工业领域变革

2013 年汉诺威工业博览会上，德国首先提出了工业 4.0 的概念，紧接着，中国也提出了中国制造 2025 的规划。工业 4.0 的基础是互联网和大数据。基于物联网，整合机器、工人、产品产生的大量数据，设计算法控制生产流程，让工厂中的设备实现计算、通信、精确控制、远程协调等功能，形成智能工厂、智能物流或者智能服务。例如宝马公司，在车间通过智能机器人和工业计算机，减少劳动力的成本，打造了汽车工业 4.0 智能车间。而海尔工厂则搭建了 U＋智慧家庭生活服务平台，形成智慧生活生态圈。可见工业 4.0 的发展离不开大数据，基于大数据的技术和理念，促进工业转型升级。

5. 其他领域变革

大数据也给其他领域带来变化。例如教育行业，通过分析消费者的需求，根据他们经常浏览的网页，确定目标客户推广相关的教育计划、教育网站等；例如政府机构，通过对社交网络的数据进行文本分析和情感分析等，评估政策推广效果或者监控社会动态等；例如企业管理，人力资源部门可以利用数据来招聘符合需要的人才，也可以根据数据发现影响员工流动的某些规律等。大数据渗透到生活中的各个领域，给人们的生活带来巨大的变革。

16.1.4 大数据的未来

大数据给社会带来的益处是多方面的，同时大数据也向我们提出了挑战。当数据都被暴露在互联网上，数据主宰了一切，人们逐渐感觉到担忧。

1. 隐私利用

购物网站监视着我们的购物习惯，浏览器监视着我们的网页浏览习惯，搜索引擎监视着我们每天关注的事物，社交网络几乎监视了我们生活的一切行为。互联网上的信息经过处理之后就可以追溯到个人，于是我们的隐私受到了威胁，而大数据则加剧了这种威胁，很多信息在搜集时没有特定的用途，但最终可能会被拿来二次利用。而事实上，这些含有个人信息的数据的使用，应该征得个人同意；可是如果这样，谷歌搜集到的用以预测流感爆发的数据，就需要征得数亿人的同意，这在人力、物力、技术上都是不可想象的。因此，哪些信息可以使用，被用在哪些方面，是否需要征得个人同意，这些问题往往与实际应用的过程相冲突，成为大数据发展过程中不得不面对的重要问题。

2. 过度依赖数据

随着越来越多的事物被数据化，决策者开始做的第一件事就是得到更多的数据，认为一切的行为都可以通过数据来预测，于是就容易依赖数据。然而数据并没有我们所想的那么可靠。为了达到某些目的或者结果，人们会开始制造出上级希望听到的数字来汇报，当上级执着于数据时，这个数据分析的结果就会远远偏于实际情况。例如詹姆斯·斯科特在《国家的视角》一书中记录了政府使用地图确定社区重建却不了解其中民众的生活状态、使用农收数据决定采用集体农庄却不懂农业等行为，这就是盲目量化和依赖数据的结果。因此必须认识到大数据的局限性，避免过分依赖数据。

大数据为我们的生活提供了便利，同时也让保护隐私的法律失去了应有的效力；同时大数据被滥用到不适用的领域，可能产生数据的膨胀，使人们过度依赖数据，带来严重的后果。在大数据时代，我们要做好准备迎接和应用大数据带来的便利，也要想办法应对大数据带来的隐患，要管理大数据，让大数据为我们所用，而不能让我们成为大数据的奴隶。

16.2 人工智能简介

16.2.1 人工智能的概念和特征

人工智能的基本概念就是让机器模拟部分人的思维，这个概念是相对于用机器来代替人的体力工作而言的。人的思维有不同的复杂程度，从简单的记忆、计算到复杂的分析和判断，也就对应着人工智能的不同阶段。人工智能的概念首次提出于20世纪50年代，以下棋为代表性的博弈类问题为标志，尝试用计算机去解决人类智能的多方面能力模拟的问题。

20世纪70年代之后，比较主流的人工智能技术是专家系统。这种软件系统基本上是以规则为核心的。人类专家的知识被提取和总结成为一系列结合统计学原理的规则。软件运行时，会根据所遇到的情况匹配合适的规则，通过一系列规则的应用得到答案。整个过程的逻辑性都是透明的、可理解和可回溯的。但这些系统的局限性非常明显：很多时候，人的智能判断是很难通过规则描述的，即使可以清晰描述，可能规则的量极为庞大，或极为复杂，这样的系统难以维护，也难以达到真正解决复杂的人类智能问题的目标。

神经网络从生物学获得灵感，以模仿神经之间的连接方式从而学习各种知识和技能的方式去解决人工智能的问题。这种方法从原理上不依赖于规则的制定，超越了专家系统的人工智能思路。但是神经网络的计算依赖于强大的计算和存储能力，需要非常大的训练数据。2010年以后，在物联网、互联网、云计算和通信技术等数字技术支撑下，基于神经网络的人工智能技术和各个行业结合，在广泛的领域发挥作用。典型的应用场景包括图像识别和处理、语言和文字处理、自然交互、机器人、自动驾驶、人物画像、信息智能查询和分类、智能助手、服务推荐、辅助设计、趋势预测和策略推演等。

基于神经网络的人工智能技术将是一种通用性很高的基础资源，就像水和电一样。这种技术的核心优势是其学习能力。通过算法，机器可以不断修正问题的模型，同时又不需要准确地表达出这种模型。也就是说，系统经过学习得到的智能是一个“黑箱”。从需要输入

结构化数据、主动训练人工智能模型的初步的机器学习，到依赖人工智能网络(ANN)、自己会通过自己尝试的正确或错误来学习的深度学习，都提供了不同的学习方式。机器学习的主要算法包括三大类，即监督学习(supervised learning)，无监督学习(unsupervised learning)和强化学习(reinforcement learning)。这些算法适用于不同的应用领域和场景。关于人工智能算法的更具体的内容，可以参考相关专业资料，在此不再赘述。

人在学习和解决问题的过程中，会更深刻地理解问题的本质，通过假设、推导、猜测、判断等高级的思维动作总结出有指导性的逻辑、观点和理论。在这些深层的理解的支撑下，才能构成正确与错误的判断，指导不同层次的决策。从人机交互的角度，大多数用户感知到的智能，就是系统从不同程度上帮助或代替了他们的思维判断。最初级的智能就是自动化，也就是将某些动作按照逻辑关系连贯起来，减少人的干预，这种智能有清晰的、可理解的，而且高度重复可靠的逻辑。AI的深度学习的原理是通过对大量零散的非结构化的信息输入的处理，形成不断优化的模型，去指导系统的操作。模型的生成过程和结果是一些数学计算，并没有对问题本质有直接的和清晰的意义，换句话说，这种直接跳过理解的执行是“知其然而不知其所以然”的机械模仿。智能系统的这种信息处理方式和人类学习方式的本质差异，不仅会从根本上限制智能系统的能力，而且也直接影响人与智能系统之间的对话和信任关系。所以为了让智能系统能够在更高层次上进行智能判断，能够和人在更复杂的层面上有效互动，智能系统领域在相当长时间内的一部分重要工作将是实现人的优越的知识提取能力，并能够用和人类思维同样的逻辑方式呈现给人并与人交流，一同解决问题。现在我们还没有总结出很好的方式去很有效地展示AI的运行逻辑，可能的方案包括如何更深地理解特定AI算法对于具体场景的意义，用场景的角度对计算过程进行诠释，也可能会包括新的可视化的技术和方式，专门用来展示人工智能这个领域的信息处理过程。

16.2.2 智能产品及其设计原则

在人机交互的大多数场景中，机器是完全被人支配的、被动的工具。人机分工非常简单明确，即人去做思考、创造、决策等复杂的工作，而机器去做体力为主的、重复性的简单工作。而随着智能系统具有越来越强的代替人的智力劳动的能力，人和机器在智能方面的工作存在着越来越多的交叠。例如，如果个性化的帮助系统对人的理解能够达到一定程度，那么这个系统就可以像区分垃圾邮件似的提取和排列重要信息、自动回复信息，甚至直接帮助人预定会议。智能系统进行这些操作的时候，需要具有对技术和人文因素进行综合判断的能力。系统虽然有时也难以避免地发生错误，但是在其成熟度达到一定阈值之后，其带来的便利明显大于其缺点，于是人们都会乐于使用，但是在达到阈值之前，或接近临界的时候，人们使用时就会有明显的两难。这时候，需要特别谨慎合理地划清哪些任务由AI负责比较合理，哪些由人负责比较合理，否则会造成人和系统之间不信任的关系，人在很多时候还要去重新验证机器操作的正确性，反倒降低了人机交互的效率。

机器和人在很多决策方面的角色越来越平等，其行为也被赋予类似于人的判断标准。例如，如果系统给出了过于简单且不准确的判断，我们会认为这个系统比较粗鲁任性，或者比较无知傲慢等。在本书的附录“人机交互的七大挑战”中，我们综合了几十位人机交互领域资深专业人士的观点，针对智能时代的技术对人机交互的影响，进行了全面论述。

由此可见，设计智能系统时，需要遵循一般产品的设计准则，例如可用性、美观等，同时智能系统又有一些特殊的角度。人和智能产品交互的设计愿景，应当尽可能趋近于和自然人沟通交互的方式。系统不仅具备很高的智商，也要具备很高的"情商"。作者结合业界以及自身实际项目经验，总结了智能产品的主要设计原则如下。

1. 自然、充分地使用介绍和引导

通过自我介绍、举例等，预先告知用户这个系统的功能，引导用户使用，降低陌生感。

用户初次面对一个智能系统，就像面对一个不熟悉的人一样，需要互相有一些初步了解，然后循序渐进地开始交互。所以，智能系统可以通过语音或文字、图像等，与用户进行最初的沟通。这种第一步的沟通非常重要，决定了用户对智能系统的第一印象，预设了对系统能力的期望，并且可以鼓励用户开始使用。

在现实生活中，初次见面的时候，我们常说一个词叫"破冰"，其方式是通过一些轻松的话题，让不熟悉的双方通过简单的互动熟悉起来。智能系统一般都有一个"人设"，即这个系统作为一个虚构的人的基本身份和沟通方式等各方面的情况。在语音交互界面中，系统会给自己一个比较中性名字和身份，例如称为某某"同学"，这样最让大家可以接受，而且也给用户一个关于可以帮助我们做什么，以及做到什么程度的基本概念。

在系统第一次和用户打招呼以后，系统往往会发出"我能为你做什么"这样的提问。这个问题过于宽泛，其实我们内心知道对方只是一个相对复杂的软件工具，并不是可以随便问任何东西，有些事情这个系统是不会知道的(例如我有几个兄弟姐妹)，而且如果问的方式比较突兀，用户就可能会不知所措。所以在用户还对系统不了解的时候，可以多提供一些问题的例子，并且根据用户的具体情况提供不同程度的解释，帮助用户克服初始使用的陌生感。

2. 与场景的良好结合

系统应当在合适的时间、地点等场景下触发，并结合场景的上下文与用户互动。

人之间在进行沟通时，一定会结合场景的。我们在发出信息的时候，会考虑时间、地点、气氛等因素，去找到最适当的提供方式，而不是让用户感觉不断地被打扰或者被忽略、被遗忘。例如，在导航的时候，系统提示行驶道路信息的时机需要考虑车速、路口距离、信息重要程度等。

系统在内容设计中也要注意结合当时的场景来进行。例如，用户询问天气的时候，就可以结合地理位置，优先提供当前地理位置的天气，并且在回答的时候重复当前位置、时间等，以免错误理解。

对场景的理解要深入，避免停留在表面的现象上。例如，用户使用某网站或服务之后，很多时候产品就根据用户使用或购买的历史记录，只是机械地重复推荐同样的商品或信息，而没有主动去预测下一步用户可能的动作或想法，去推荐相关的信息。例如，在用户就餐后，再推荐餐馆就意义不大了，那么下一步经常相关的信息可能是购物、观影或者打车等，在这方面，能够纳入考虑的信息越多，推荐可能就更准确。在场景结合方面需要掌握好度，一方面要考虑尽可能多的可能性，另一方面也要注意精准度。

3. 正确得体的行为准则

交互的方式和内容应当遵守合理的社会价值观以及行为和人文准则。

智能系统在与人交互时，人会将系统想象为一个类似于人的智能体，也期待系统能够尽可能地像人一样拥有合理的价值观和行为方式。系统输出的语言需要礼貌谦和，使用“您好”“我马上去做，请稍候”等标准的文明用语。有些系统根据比较肤浅的人机对话的理解，在对话过程中不分对象地开玩笑，其实这样做不仅很不得体，而且也显得很幼稚。在系统为用户提供建议时，也要考虑用户需要遵守的行为准则。例如，在给用户建议邮件回复内容时，需要考虑用户回复对象的身份、以前沟通的历史记录等。

智能系统的对话内容需要针对道德标准进行仔细的审查，尤其是对人群的多样性要有足够的认知，要充分考虑用户群体可能是设计者不熟悉的特殊群体。有时候，看似一个技术问题，就会导致偏见观点的风险。例如，在设定运动目标时简单地给每个人都建议一万步，根据步数折算为走动距离时，也是按照某个假定的行走速度，没有区分年龄、性别、身体状况等，可能导致某些人群的负面感受。正如家长可以为儿童使用系统时设置“家长控制”权限，类似的思路也适用于设计为不同宗教信仰的受众设置内容权限。

由于智能系统具有学习能力，所以系统可能学到不好的行为方式，例如粗鲁的语言等。我们了解智能系统学习功能的开放性，但难以察觉和把控系统知识获取和处理的很多细节。所以在符合行为准则这个方面，需要同时通过两种方式实施：第一种方式是预先了解人之间的交互方式，然后去设计工具的相应功能；第二种方式是先将功能设计出来之后，再用人文标准去审核。

4. 透明合理的逻辑和表达

为用户提供易于理解的智能信息的生成及运作的逻辑，在提供结果时，准确地表达其可信度，避免误判。

用户能够理解智能系统运作的方式和原理，才能使用户相信智能系统提供的输出。例如一个系统提供综合的健康指数，这个信息可能会非常有价值，但是很多用户会希望知道这个健康指数是如何算出来的？如果这个系统用步数作为输入，那么用户可能会进一步希望了解步数是如何被感知的、如何区分跑步和走路等。知道系统运作的方式，包括系统的局限性对系统的可信性是有好处的，因为这样才能让用户充分理解并乐于使用这个系统功能。延续刚才的例子，如果我们知道系统无法区分跑步和走路，那么我们就知道在有这些因素混杂进来的时候，该系统的准确性就会下降，我们也会在思维里主动去估算可能的偏差值而进行判断的补偿，这样这个有局限的系统就变得更加有用。在设计中，我们也可以考虑增加一些辅助的或手动的方式来输入这些信息，这样可以催生出一些好的设计方案。

由于任何系统都是有局限的，所以系统在输出结果时，需要根据每次的认知水平和判断质量，用合适的语气和方式与用户沟通，让用户对内容的质量设定准确合理的期望，避免过分强势自负或过分模棱两可的两个极端。为了避免建议的强度被过分高估，宜留有一些余地，系统可以用“我觉得你会喜欢”，或者“这些建议可能会给你提供一些便利”这样有所保留的、商榷建议的口吻，甚至直接提出“我可能会输出一些错误的结果”“希望你能够通过系统的功能给我提供反馈，这样可以提高我的准确性”，等等。

如果系统不能给出精确输出时，另一种策略是提供一些模糊的输出或若干替代方案选项。例如，在推荐路径时，系统可能不知道路上是否举办大型活动的信息，而这个信息显然

会影响推荐的结果，所以系统可以推荐到达的时间范围，而不是某个时间点。同时可以推荐若干路径选项，例如最快路径还是最近路径等。类似的设计在自动进行语法检查时，建议更改的文字也以多个选项的方式提供。

5. 服从人的干预，学习用户喜好

在用户由于任何原因不想使用或希望更改智能系统的时候，系统需要有很好的退避和服从机制。建立良好的学习机制，将前序的内容自然地融入其中，给用户以学习的进步感。

不能假定智能产品或功能在任何时候都优越于非智能。有很多原因会导致用户在某些场景下不想使用智能系统，或者用户希望主观地干预系统的运作过程和结果，这些原因包括隐私担忧、对新系统不熟悉、系统推荐信息不准等。例如，自动归档和删除邮件的功能在大多数时候可能利大于弊，但某些时候，用户特别担心忽略某些邮件时，应当可以轻松地关闭这个功能。在看到系统将某些他们不想屏蔽的邮件过滤掉时，可以人为地修正过滤的规则。在这些情况下，首先不要强制用户使用这些智能的功能，尤其是对于非核心的智能功能，不要过分强调，而影响了用户对基本功能的使用。在用户希望关闭智能功能时，应当很容易操作，并且不需要担心止损。

好的智能系统需要有良好的学习机制，通过隐性的用户行为跟踪，或显性的用户问题答案收集，使系统不断地了解用户的使用习惯和主观感受，作为帮助系统的学习机制的反馈输入信息。例如，在文字输入时，系统可以根据其他文字的内容，去甄别文章的类型(例如是文学类还是科技类)，以及写作风格和习惯，动态调整推荐的词组。在系统了解了一段用户的锻炼习惯之后，应当会调整一下用户的运动目标。在音视频媒体服务平台上，记录用户在不同内容上的停留时间等操作信息，或者在内容显示之后，通过 UI 界面直接让用户反馈是否喜欢该内容，或者认为该内容是否重要，这些都可以让系统通过长时间的学习和积累，为用户定制千人千面的个性化的体验。

用户会非常希望能够感受到系统在积极地学习和提升。例如，在连续对话时，系统引用前序对话提到的人名、地名等，就会让用户觉得很自然和轻松。在用户进行干预时，能够及时修正，并同时明确地告知用户学习正在进行，也会让用户感到愉悦。

参考文献

[1] AMERSHI S，VORVOREANU M，HORVITZ E. Guidelines for human-Ai interaction design [EB/OL]. (2019-02-01)[2020-05-01]. https://www.microsoft.com/en-us/research/blog/guidelines-for-human-ai-interaction-design/.

[2] KUMAR C. Machine learning types and algorithms[EB/OL]. (2018-09-05)[2020-05-01]. https://towardsdatascience.com/machine-learning-types-and-algorithms-d8b79545a6ec.

[3] YIM R. Machine learning：十大机器学习算法[EB/OL]. (2018-02-13)[2020-04-23]. https://zhuanlan.zhihu.com/p/33794257.

[4] DENG T. 机器学习常见算法分类汇总[EB/OL]. (2017-03-03) [2020-04-23]. https://tonydeng.github.io/2017/03/03/common-algorithms-for-machine-learning/.

[5] 杨炯纬. 大数据时代的营销变革[J]. 广告大观(综合版)，2013(12)：27-28.

[6] “互联网+”时代，汽车4S店转型要主动拥抱大数据[EB/OL]. (2015-04-30)[2015-08-20]. http://www.taizhou.com.cn/auto/2015-04/30/content_2177230.htm.

[7] 迈尔-舍恩伯格. 大数据时代[M]. 盛杨燕，周涛，译. 杭州：浙江人民出版社，2013.
[8] 西蒙. 大数据应用：商业案例实战[M]. 漆晨曦，张淑芳，译. 北京：人民邮电出版社，2014.
[9] 车品觉. 决战大数据[M]. 杭州：浙江人民出版社，2014.
[10] 大卫·芬雷布，盛杨燕. 大数据云图[M]. 杭州：浙江人民出版社，2014.
[11] 马丁. 决胜移动终端[M]. 杭州：浙江人民出版社，2014.
[12] 冯启思. 数据统治世界[M]. 北京：中国人民大学出版社，2013.
[13] 斯科特. 国家的视角[M]. 北京：社会科学文献出版社，2011.

17 智慧城市中的人机交互[①]

17.1 概述

"智慧城市"的概念已在科学文献及国家和国际政策中逐渐流行。一个城市是一个相对较大的永久性定居点,通常具有复杂的卫生、公用事业、土地使用、住房、交通等系统。城市在世界范围内的社会和经济组织中扮演着重要角色,并且对环境产生巨大影响。最近,世界目睹了快速的城市化进程,这已成为一种全球现象。根据中国国家统计局的数据,到2019年年底,城市人口占总人口的比例(城市化率)为60.60%,比2018年年底高出1.02个百分点。城镇居民人数为8.843亿人(2019年12月),比上年增加1706万人。在欧洲,已经有75%的人口生活在城市地区,预计到2020年,这一数字将达到80%。总体而言,预计城市化率将继续以前所未有的速度增长(预计在2050年将上升到68%),这种发展在发展中国家尤其显著。在亚洲、拉丁美洲和非洲,超过2000万人的超大城市的扩散证实了城市作为一种全球现象的重要性。这种流动性的动机归因于城市中更好的生活质量和发展机会。

但是,现代城市中住宅、公用事业和基础设施的密度不断增加,带来了许多挑战,如交通拥挤、废水和废物管理、能源效率、气候变化和空气污染。例如,大量人口从农村迁移到城市的结果是,如今大多数资源都在城市中消费,这不仅对城市的经济作出了贡献,同时对环境也造成了不良影响。全球城市消耗的能源占全球能源消耗的60%～80%,温室气体(GHG)排放量也占很大比例。

为了更好地解决此类问题,"智慧城市"的概念被提出,希望能够通过技术使得城市作出适当改变以应对上述挑战。实际上,对"智慧城市"这一概念的定义尚未达成共识,但这个词已经被大量使用,这导致了城市决策者在制定能够使他们的城市"更加聪明"的政策时造成了一些混乱。但总的来说,"智慧城市"概念与在各个领域中的数字适应紧密相关,例如基础设施、治理、交通、教育、卫生或公共安全,都应使城市及其市民的联系更加紧密。根据参考文献[9],"智慧城市"可被描述为利用人力和社会资本以及信息和通信技术(ICT)来提高公民生活质量并促进可持续发展的城市,这些功能由自然资源管理和参与性政府所执行。如今,ICT已在城市地区日益普及,是智慧城市的抗压能力和可持续性的重要基础,同时也使

---

① 这项工作得到了FORTH-ICS内部RTD计划"环境智能和智能环境"的支持。作者要感谢Eirini Kontaki、Kassiani Balafa、Vassileios Kouroumalis、Manousos Bouloukakis、Emmanouil Kalaitzakis和George Nikitakis的专业的评审工作。

公民能够塑造其城市环境、处理城市问题并共同制定解决方案。

“智慧城市”运用城市规模部署的传感器、执行器和智能对象将智能技术整合到现有城市中。此类服务主要由数据驱动,可以大致分为数据生产者、数据消费者或两者的组合。此外,“智慧城市”的高度动态特性要求新一代的机器学习方法能够灵活地适应于数据的动态性,以执行分析并从实时数据中学习。但是,“智慧城市”的概念绝不仅限于将技术应用于城市,相反,城市空间不受约束和动态的特性与人、地方和事物之间的交互和协调紧密相关。

在许多情况下,学术界已经解决了使用泛在系统来管理情境信息的访问以及提高服务效率的问题。开放数据平台是技术基础的最后关键要素。智能技术基于数据运行,城市以其巨大的规模和复杂性产生无穷数据流(例如交通、犯罪事件、废物处置、噪声、天气模式、传染病暴发等)。不幸的是,大多数生成的数据被浪费了,而没有提取可能有用的信息和知识。但是,一旦它们通过开放数据平台可用,各种参与者就可以使用新一代的机器学习方法在其中构建智能应用。

通过创造交互空间和被技术增强的城市区域,城市以互联的方式为市民服务的未来愿景将成为现实。未来“智慧城市”的设计需要自动化系统,及时提供相关信息以及交互界面机制,与市民进行最佳的配合(图 17-1)。但是,这项工作中的许多反复出现的问题都与缺乏易于使用的技术、可访问的基础架构和更好的实践有关。

图 17-1　在智慧城市的架构中,各种服务和应用进行着相互融合的无缝操作

本章的余下部分将按以下方式组织:17.2 节将定义“智慧城市”的愿景,提供其基础的主要目标以及促进其实现的相关技术;17.3 节将概述“智慧城市”中遇到的主要交互范例和案例,这些案例从 HCI 的角度强调公民与智慧城市服务和应用程序的交互;17.4 节将讨论工程师和官方机构在建设真正高效和广为接受的智慧城市时应对的主要挑战;最后,17.5 节将总结本章,并就智慧城市的潜在潜力提供一些总结性思考。

17.2　背景理论

17.2.1　智慧城市的定义

对于智慧城市,没有公认的定义。当前,智慧城市的概念因城市而异,取决于城市的发展水平、变化和改革的意愿、城市居民的资源和期望。智慧城市在印度的含义不同于欧洲。即使在印度，也没有统一的定义智慧城市的方法。

虽然缺乏公认的智慧城市的定义，但是当前有很多定义方法(表17-1)。通常可以通过用"智慧"这个词替代其他形容词(例如"智能"或"数字")，就会得到一系列概念上的衍生表达。"智慧城市"这个标签是一个模糊的概念，它并不总是以一致的方式使用，既没有一个统一的模版框架，也没有一个普适的定义。

表17-1列出了"智慧城市"概念的一些不同定义和含义，它是基于参考文献[1]和参考文献[20]的工作而创建的。但是，该表表明，智慧城市的概念不再局限于ICT的传播，而是关注人和社区的需求。在参考文献[21]中，作者对此进行了澄清，并强调ICT在城市中的普及必须改善每个子系统的运行方式，以提高生活质量为目标。

表17-1 智慧城市的定义(按引用次数从高到低排序)

序号	定　义	参考文献
1	智慧城市将信息注入其物理基础设施中，以提高便利性，促进移动性，提高效率，节约能源，改善空气和水的质量，迅速发现问题并加以解决，从灾难中迅速恢复，收集数据以作出更好的决策，有效地部署资源，并共享数据以实现跨实体和域的协作	[22]
2	连接物理基础架构、IT基础架构、社交基础架构和业务基础架构的城市，以利用城市的集体智慧	[23]
3	智慧城市是高科技密集型和先进的城市，它通过使用新技术将人、信息和城市元素联系在一起，以创建可持续发展的、绿色的城市，竞争性和创新性的商业，并提高生活质量	[24]
4	使用智能计算技术以使城市的关键基础设施和服务(包括城市管理、教育、医疗保健、公共安全、房地产、交通和公用事业)更加智能、互联且高效	[25]
5	信息和通信技术(ICT)的应用及其对人力资本/教育、社会和关系资本以及环境问题的影响，通常由智慧城市的概念来表示	[26]
6	智慧城市是数字城市与物联网相结合的产物	[27]
7	具有平均技术水平和规模的社区，相互联系且可持续、舒适、有吸引力且安全	[28]
8	智慧城市被理解为一种特定的智力能力，能够解决增长的几个创新的社会技术和社会经济方面的问题。这些方面组成了智慧城市的概念，如"绿色"是指保护环境和减少二氧化碳排放的城市基础设施，"互联"与宽带经济革命有关，"智能"是指通过处理来自传感器和激活器的城市实时数据而产生增值信息的能力，而"创新"和"知识型"城市是指城市基于知识型和创造性人力资本进行创新的能力	[29]
9	智慧城市是一个明确的地理区域，在这个区域内，信息和通信技术、物流、能源生产等高科技合作，为市民带来健康、包容和参与、环境质量、智能发展等方面的利益；它由一个明确的学科库管理，能够为城市治理和发展制定法规和政策	[30]
10	智慧城市计划试图通过使用数据、信息和信息技术(IT)为市民提供更有效的服务，监控和优化现有基础设施，加强不同经济主体之间的合作，并鼓励私营和公共部门的商业模式创新	[31]
11	智慧城市具有较高的生产力，因为它们拥有较高比例的高学历人群、知识密集型工作岗位、以产出为导向的计划系统、创造性活动和面向可持续发展的举措	[32]
12	(智慧)城市是一个具有很高的学习和创新能力的地区，这是其人口、知识创造机构以及用于通信和知识管理的数字基础设施的创造力所决定的	[33]

续表

序号	定　义	参考文献
13	智慧城市是旨在提高城市的社会经济、生态、物流和竞争绩效的知识密集型和创造性战略的产物。这类智慧城市基于人力资本(如熟练劳动力)、基础设施资本(如高科技通信设施)、社会资本(如密集和开放的网络连接)和创业资本(如创造性和冒险精神)的良好组合	[34]
14	一个在经济、人员、治理、流动性、环境和生活方面以具有远见的方式运转的城市,建立在头脑清醒、独立自主的公民的天赋和行动的巧妙结合之上。智慧城市通常指对智能解决方案的搜索和识别,这些解决方案使现代城市能够提高向市民提供的服务的质量	[35]
15	智慧社区——一个有意识地决定积极部署技术作为其社会和商业需求的催化剂的社区——无疑将专注于建设其高速宽带基础设施,但真正的机会在于重建和更新真实的位置,并在此过程中产生公民自豪感。……社区的核心不是技术的部署和使用,而是促进经济发展、就业增长和生活质量的提高。换言之,智慧社区的技术传播本身并不是目的,而只是一种手段,用以改造城市,建立一个具有明确和有吸引力的社区利益的新经济和新社会	[36]
16	创意或智慧城市实验……旨在通过对生活质量的投资来培育创意经济,从而吸引知识型员工在智慧城市中生活和工作。竞争优势的纽带具有……转移到可以产生、保留和吸引最优秀人才的区域	[37]
17	智慧城市将利用嵌入城市基础设施中的通信和传感器功能,来优化支持日常生活的电力、交通和其他物流业务,从而提高每个人的生活质量	[38]
18	研究思路主要有两个:①智慧城市应运用新的思维范式,来进行与治理和经济有关的一切工作;②智慧城市都涉及传感器网络、智能设备、实时数据和信息与通信技术在人类生活各个方面的集成	[39]
19	当对人力和社会资本以及传统(运输)和现代(信息和通信技术)通信基础设施进行投资,并通过参与式治理对自然资源进行明智的管理,从而推动可持续的经济增长和高质量的生活时,城市就变得很聪明	[40]
20	未来的智慧城市将需要可持续的城市发展政策,使所有居民都能生活得很好,并保持城镇的吸引力。……智慧城市是生活质量高的城市;是通过对人力和社会资本以及传统和现代通信基础设施(运输和信息通信技术)的投资来追求可持续经济发展的城市;以及通过参与性政策管理自然资源的城市。智慧城市还应具有可持续性,并融合经济、社会和环境目标	[41]
21	ICLEI 认为,智慧城市是指在全球、环境、经济和社会趋势可能带来的挑战性条件下,准备为健康和幸福的社区提供条件的城市	[42]
22	智慧城市的基础是在其许多不同子系统之间流动的信息的智能交换。这种信息流被分析并转化为市民服务和商业服务。城市将根据这些信息流采取行动,使其更广泛的生态系统更加资源高效和可持续。信息交换基于一个旨在使城市可持续发展的智能治理运作框架	[43]
23	成为智慧城市,意味着以智能和协调的方式利用所有可用的技术和资源来发展开发同时具有综合性、可居住性和可持续性的城市中心	[44]
24	一个监控并整合所有关键基础设施(包括道路、桥梁、隧道、铁路、地铁、机场、港口、通信、水电,甚至主要建筑物)状况的城市,可以更好地优化其资源,计划其预防性维护活动,并监控安全的同时最大限度地为其市民提供服务	[45]

续表

序号	定　义	参考文献
25	智慧城市是一个可以结合各种技术的城市,包括水循环利用、先进的能源网和移动通信,以减少对环境的影响并为其市民提供更好的生活	[46]
26	IBM将智慧城市定义为：使用信息和通信技术来感知、分析和整合城市运行核心系统的关键信息	[47]
27	智慧城市是指一个地方实体,即一个区域、城市、地区或小国,它采用整体的方法来利用实时分析的信息技术,以鼓励可持续的经济发展	[48]

17.2.2 智慧城市的目标

明天的智慧城市的愿景不仅是让政府,而且要让市民、访客和企业参与基于传感器的物理基础设施构建的智能互联生态系统。除了改善基础设施外,智慧城市还旨在通过在3D(3D在此意为：数据、数字和以人为本的设计)的交叉点进行操作来增强市民的体验,目的是通过使用所有利益相关者(政府、企业和居民)的数据来实现更好的决策。

为此,任何智慧城市的主要目标应该是城市相关的人,并提供以下益处：

(1) 为居民和游客提供更好的生活质量；

(2) 提供经济竞争力以吸引企业和人才；

(3) 注重环境的可持续性。

这3个目标可以为智慧城市计划提供基础。创建适当的框架可以为加强多个城市领域(如经济、交通、安全、教育、生活和环境)奠定基础(图17-2)。

图17-2　智慧城市的目标

一些学者已经对智慧城市旨在改善的领域进行了分类。表17-2借鉴了以前的工作,并进一步增加了可以从"智慧"增强中受益——尤其是可以受益于网络物理系统(cyber-physical systems,CPS)——的城市领域。

表 17-2 智慧城市旨在解决的城市问题的领域

领域	说明
智慧 ICT 基础设施	目标是在所有城市居民和机构之间基于硬件和软件建立宽带或无线连接以及通信兼容性
智慧能源	指智慧电网技术的实施,该技术可控制能耗并优化分散式发电与可再生能源利用之间的协调
智慧出行	利用地理信息、协调的货物物流和电动出行方式(汽车、自行车、公共交通),为居民和企业提供定制化运输
智慧经济	目标是面向 ICT 和 CPS 应用的新领域,实现创业和商业发展的目标导向,以建立塑造未来趋势的现代产业
智慧消费	扩大共享经济的选择范围,以及对环境数据的公共监测和显示,激活反映和注重资源的消费行为
智慧建筑	指通过系统协调来优化设施供给、资源消耗和生活条件的建筑和住区
智慧新陈代谢	指一种循环经济("闭环")的组织,它通过匹配供需来优化(再)利用和循环利用资源,包括水资源和废物管理
智慧安防	将先进的照明和监控设备结合起来,覆盖城市居住区、公共场所和交通线路,并根据使用频率进行控制
智慧产业	选择性地将定制产品生产和相关服务纳入城市发展("城市生产")、配置生产和消费中
智慧教育	将与智慧城市相关的 ICT/CPS 技术专门纳入教育和研发活动,以支持人们具备足够的资格和技能,并整合所有社会阶层
智慧治理	促进并协调面向所有居民的基于信息和通信技术的公共服务("电子政务"),并提供影响和参与政治进程的新途径("电子民主")

CPS 技术建立在先前的嵌入式系统上,即医疗、军事或科学仪器、汽车和玩具等计算机驱动的设备。因此,CPS 使用软件和 ICT 网络来控制、监视和协调复杂的物理过程,尽管这主要适用于现代制造业。

物联网构成了关键的 CPS 组件,因为各种物体本身现在可以携带数字信息,并通过互联网直接与其他对象(如信息处理器)通信。

17.2.3 支持技术

1. 物联网

物联网是一种概念和范式,它考虑了各种事物/对象在环境中的普遍存在,这些事物/对象通过无线和有线连接以及独特的寻址方式能够相互交互,并与其他事物/对象合作创建新的应用/服务,达到共同的目标。

在这种情况下,研发面临的挑战是创建一个智能世界,即一个实物、数字和虚拟融合的世界,以创建使能源、交通、城市以及其他领域变得更加智能的智能环境。物联网的目标是使物联网可以在任何时间、任何地点,与任何物件和任何人进行连接,理想情况下,它可以使用任何路径/网络和任何服务进行连接。

物联网是互联网的新革命。由于对象可以交流有关自己的信息,并且可以访问由其他事物聚合的信息,或者它们可以成为复杂服务的组成部分,因此对象可以使自己变得可识别,并通过制定或启用与上下文相关的决策来获取智能。

物联网是物理对象的网络，包含与内部状态或外部环境进行通信、感知或交互的嵌入式技术，是高效无线协议、改进的传感器和更便宜的处理器的融合。一批开发必要的管理和应用软件的初创企业和成熟企业，最终使物联网的概念成为主流。预计到2030年，联网设备的数量将达到500亿台左右。对应每一台联网的计算机或手机，将售出5～10种内置本地互联网连接能力的其他类型的设备。表17-3列出了物联网中最常用的传感器。

表 17-3 物联网中常用的传感器

应用领域	说明
空气质量	检测城市空气污染水平的传感器，可采取适当措施保护人们的健康
运动员	使用加速度计和陀螺仪的传感器，可检测头部撞击的严重程度，教练可利用该传感器决定将运动员拉下场地，以检查是否有脑震荡
建筑物	监视建筑物、桥梁和历史古迹中的振动和材料状况的传感器，可对损坏提供预警
车辆追踪	检测车队中每辆(配送)车辆地理位置的传感器，用于优化路线并对配送时间进行准确估计
能源消耗	监视能源使用情况的传感器，可用于验证“绿色建筑”的能源效率，并获得进一步提高该效率的洞见
温室	根据温度、湿度和CO_2水平检测微气候的传感器，用于最大化水果和蔬菜的产量
枪声	探测枪声的传感器，实时定位精度达10 m，可立即派遣警察前往该地点
有害气体	检测工业环境和室内场所中爆炸性或有毒气体水平的传感器，可立即采取行动，以确保人员安全
健康	测量血压和心率等重要指标的传感器，用于监测患者的生命体征，确定何时需要下一次就诊，以及提高患者对处方疗法的依从性
物体位置	检测物体地理位置的传感器，用于跟踪物体，以节省宝贵的搜索时间
机器	监测机器零件状态的传感器，例如通过测量温度、压力、振动和磨损，生成可用于基于状态的维护的详细数据——在需要时进行维护，而不是独立于机器状态定期进行维护
噪声	实时监控娱乐场所噪声水平的传感器，可以在违反许可时迅速进行干预
停车位	检测停放的汽车产生的磁场变化的传感器，用于检测停车位是否空闲，可指导人们找到最近的空闲车位
周边访问	在非授权区域内检测人员的传感器，比警卫人员全更有效，并能在正确的位置立即触发安全措施
公共照明	可检测街道上行人和车辆的运动，并将公共照明调整到所需水平
河流	检测河流污染(如化工厂的实时泄漏)的传感器，以立即采取行动，限制对环境的损害
道路	检测道路温度的传感器，可在道路因结冰而打滑时向驾驶员提供预警
存储条件	监视易腐物品(如疫苗和药品)存储条件的传感器，可测量温度和湿度，以确保产品质量
存储不兼容	检测不允许存放在一起的物体(如危险品)的传感器，例如易燃易爆物品；或在医院中，病人X的血液出现在病人Y做手术的手术室里
交通	检测公路上行驶的车辆数量和速度的传感器，用于检测交通拥堵并建议驾驶人更换路线
废弃物	检测垃圾箱装满程度的传感器，以优化垃圾收集路线，并防止垃圾箱装满后垃圾堆积在街道上
水	检测配水管网漏水的传感器，以便根据实际失水情况调整维护计划

新兴的物联网将影响多个应用领域，如医疗和保健应用、农业应用、纳米级应用等。物联网在城市环境中的应用之一是“智慧城市”，它将通过信息和通信技术的使用来提高城市服务的质量和绩效。通过提供更好的设施，它还能改善市民的生活方式，同时减少城市管理

的行政工作量，从而更有效地利用资源和提高服务质量。

在智慧城市中，可提高质量的服务包括建筑物强度的监测、废物管理、空气质量管理、天气监测、噪声监测、交通管理、停车管理、能耗管理和自动化建筑、电子医疗保健、物流、监控以及智能运输。一些正在进行的项目和活动主要关注智慧城市场景的识别、各种物联网数据源和系统的集成和交互、大数据呈现和分析，以及安全和隐私问题。主要目标是通过考虑不同的系统构成方式、各种数据类型、用户和业务偏好等来理解和为智慧城市建模。

从技术角度来看，“智慧城市”的两个关键要求是：①建立一种智能、整体的方法，以解决在不同级别(例如设备、网络、通信、应用程序和平台)确定的互操作性问题并发挥作用，提供与数十亿个 IoT 设备的连接；②实现低功耗和低成本通信至关重要，这是因为尽管 IoT 设备很小并且配备了一组传感器，但是它们的运行依赖于连续不断的能源，这对电池寿命和成本构成了重大挑战。

2. 环境智能

环境智能(AmI)旨在将智能引入我们的日常环境，并使这些环境对人类有敏锐感知。它基于传感器和传感器网络、普适计算和人工智能的进步。AmI 的概念提供了一个信息社会的愿景，其中的重点是更好的用户友好性、更有效的服务支持、用户授权以及对人类交互的支持。人们被嵌入各种物体中的智能直观界面所包围，这种环境能够以无缝、不显眼且通常不可见的方式识别和响应不同个体的存在。

向未来的信息和知识社会演进的特征是发展个性化的个人和集体服务，这些服务利用了智能环境中基础设施和组件的新属性。它们基于一系列无所不在的通信网络，可在多个级别上提供环境计算和通信。嵌入环境中的大量“隐形”的小型计算组件提供了集体服务，它们在各种动态变化的情况下与多个用户交互并被多个用户使用。这种多样化的设备集合将由智能传感器和执行器组成的“基础设施”提供支持，这些传感器和执行器嵌入家庭、办公室、医院、公共场所和休闲环境中，提供各种智能服务所需的原始数据(和主动响应)。此外，还提供了新的和创新的交互技术，将有形和混合现实的交互结合起来。

过去几年来，AmI 一直是一个雄心勃勃的项目，其中包括各种生活环境，例如住宅、办公室、图书馆、博物馆、百货商店、医院、机场以及支持它们的基础设施。AmI 的范围涵盖生活的各个方面，包括工作、休闲、医疗保健和交通。我们所了解和生活的许多地点都是这座城市的核心组成部分。因此，AmI 有潜力改善城市生活，特别是改善例如整个联邦这样的更大组织。智慧城市的设计持续依赖于环境智能和其他新兴技术创新所带来的不同可能性。环境智能深入研究了智慧城市议程，因为它的范围与智慧城市的范围相同，智慧城市包括住宅、医院、机场，以及一般的环境及其中包含的所有内容。AmI 通过释放几年前还不为人知或未能察觉的机会，使人类能够更好地利用城市的大部分环境。

3. 大数据

连接数十亿设备的智慧城市提供了大量的信息和数据用于分析，包括来自周围环境的信息、用户私人数据等。因此，智慧城市计划主要依赖于正确类型的数据的收集和管理、模式分析以及系统功能的优化。另外两个基本要素还包括海量数据(即大数据)和检查数据的过程(即大数据分析)。大数据是可以捕获、存储、分析和管理的大型非结构化数据池。

在大数据分析(揭示未知相关性、隐藏模式和其他有价值的信息)检查和评估之前，这些大数据集是没有用处的。新技术提供了收集和有效利用大数据的机会，以增强信息意识，促进及时决策并为社交交互提供了多种机会(图17-3)。传感器收集的大数据可实现许多实时服务的自动化，这些服务可通过在高峰时段使用智能交通信号灯模式、高效地安排垃圾收集车路线、减少公园用水、监测公共基础设施的使用和状况等，来帮助改善城市管理。

图17-3 智慧城市中的大数据被综合处理，用以提升城市服务

但是，要在“智慧城市”中成功使用大数据，必须先解决以下主要问题：①在数据分析过程中保护用户隐私；②敏感数据匿名化；③适当地建立基础设施来收集、存储和分析大量数据；④提供所需的计算能力以从数据中提取新知识。

17.3 智慧城市中的交互

在第一代“智慧城市”(“智慧城市 v1.0”)中，市民通常被视为数据的消费者，因此，过去十年中最流行的方法主要集中于旨在满足信息消费需求的交互范式上。然而，随着“智慧城市 v2.0”的出现，用户本质上被视为城市的活跃部分，交互方式也随之发展，以支持这些新的角色和目标(即允许积极参与、协作等)。本节将简要介绍在“智慧城市”中遇到的最常见的交互范例，然后提供各种相关示例和案例研究。

17.3.1 交互方式

目前，市场上有种类繁多的传感器可以感知环境，因此可以实现多种不同类型的交互方式。这些传感器包括触摸和光传感器、无源红外传感器(运动检测)、麦克风和摄像头，以及用于存在感测和基于GPS、GSM或WLAN的位置感测的蓝牙/RFID扫描仪。

当涉及公共空间中的用户交互时，可以区分显式和隐式两种不同类型的交互。在显式交互中，用户在某种抽象层次上告诉计算机希望其执行的操作；而隐式交互则描述了一种动作，该动作在第一种情况下并不是针对与计算机的交互，而是将其视为输入。例如，用户可能穿过一扇门，导致灯亮起。类似地，用户可以在键盘上输入，输入模式可以用于验证用户的身份。表17-4列出了适用于(智能)城市内公共空间交互的主要交互方式。

表 17-4 公共场所的交互方式

交互方式	描述
存在	各种各样的传感器可以感知显示器附近的观众，例如相机、麦克风、蓝牙和 RFID 扫描仪、压力传感器等。存在感测主要用于触发隐式交互，通常目的是让用户参与到与显示器的交互中
位置	地板上的摄像头或压力传感器不仅可以用来识别人的存在，还可以用来识别人在显示器前的确切位置。知道位置可以通过显示或更新靠近用户位置或与用户位置相关的内容来实现更复杂的交互方式
姿势	身体的方位和位置以及接近度可用于评估用户接近显示器的方式以及她是面对显示器还是只是路过。对于如何测量身体姿势，存在着不同的技术解决方案，如运动跟踪、3D 摄像机和低频波
体态-手势	几种技术使姿势(加速度计、触摸传感器、鼠标、凝视跟踪)摄像头在公共显示器中最受欢迎。手势用于间接的显式交互，例如操纵对象或控制屏幕。通过全身交互机制控制的基于体态的界面是指可以与数字系统进行交互的设置，而无须用户操作或穿戴任何特定设备，只需利用人类与生俱来的使用身体与外部世界交互的技能
表情	现在有各种各样的软件和硬件可以用来识别面部表情。商业解决方案包括三星的 PROM2。弗劳恩霍夫(Fraunhofer)的 SHORE 包括识别用户情绪是快乐、悲伤、惊讶还是愤怒的装置
注视	相较于对用户注视方向的掌握可以用来衡量数字标牌的曝光率，诸如眼动追踪这样的复杂技术不仅可以识别接触，还可以精确跟踪用户的注视路径。从交互的角度来看，已经可以通过简单的网络摄像头实现粗略的凝视检测。Xuuk 的 EyeBox23 等设备可以从远处精确地检测出用户是否注视着目标物体。检测用户的注视方向可用于了解不同情况下受众对内容的偏好
语音	显示器附近的麦克风不仅可以用来感知正在进行的对话的关键字(例如，允许进行有针对性的广告宣传)，而且还可以估计附近的人数(单人、双人、多人)。基于这些信息，可以隐式地调整内容，也可以使用语音命令让用户在公共显示器上显式控制内容
遥控	并非总是可以通过直接交互来控制显示，尤其是当显示器距离过远或尺寸太大时。手持式、便携式且计算能力强的设备(尤其是智能手机及平板电脑)可以轻松充当公共空间用户与该区域内特定的数字增强点(通常是电子显示器或媒体立面)之间的中介。它们的优点是可以最大限度地降低参与者的公开曝光率，因此可以通过降低社交尴尬的感知风险来相对有效地鼓励机会交互
按键	上述方式通常开始不容易理解，特别是将这些方式应用在显式交互时更是如此。这时，标准的键盘或鼠标为启用与公共显示器的交互提供了简便的方法
触摸	触摸界面已经问世多年，随着 iPhone 和其他移动多点触摸设备的出现，触摸界面的普及程度有所提高。在公共显示器上，触摸传感器可实现直接交互。用户可以通过触摸操作与屏幕进行显式交互

注：本表改编自参考文献[71]、[72]。

17.3.2 与智慧城市的显式交互

如今的信息异常丰富且相互联系。信息不是封闭在一个特定的系统中，而是无所不在。从这个角度来说，高度交互的可视化在提供有关大数据和物联网的信息方面起着关键作用。管理者和公众都需要直观的可视化，它提供对从物联网网络收集的数据的访问、以易于理解的方式说明信息，并应用于各种领域，如能源管理、网络、决策支持系统、交通监控和物流。

但是，要使这样的工具有效、高效并得到使用，需要应用以用户为中心的设计(UCD)，特别是在“智慧城市”的背景下。这样的例子就是面向体验的设计。

1. 可视化分析和数据仪表板

可视化分析(visual analytics，VA)通过提供各种任务的可视化表现和链接，以及反映城市设计的质量和效率来帮助城市设计。而且，基于 Web 技术的可视化构成了以管理者和普通大众都熟悉的方式显示跨平台可视化分析的不可或缺的部分。表 17-5 列出了智慧城市中可用服务的一些示例以及 VA 的相应应用。例如，Web 分析应用于：通过结合图表显示、绘制地图、增强和虚拟现实，获得有关 IoT 基础设施和指标的统计特征、空间数据表示和城市设计。

表 17-5　智慧城市中的可用服务以及 VA 的应用

服　　务	VA 的应用
资产维护与管理	资产绩效指数，最佳干预点分析
具有联系感和参与感的公民	公民满意度，公民意识水平指数
基于传感器的基础架构	数据质量指标，运输条件指标，交通预测
智能土地利用	不同土地用途和区际交通的观测率，土地价值运输指数，区域可及性指数
商业模式策略与合作伙伴	私营部门投资的百分比，伙伴关系的数量，服务提供的改善，私营与公共部门的互动以及所投资的资金
城市自动化	整个城市车队中自动驾驶车辆的百分比，城市公共和私人团体使用的自动驾驶车辆的百分比，自动驾驶车辆交付的比例，自动转乘运送的乘客比例
以用户为中心的移动性	全市流动性指数，用户满意度指数，运输服务交付可靠性指数

此外，鉴于此类可视化非常频繁地呈现包含多维数据集的大数据，各种方法和高级的可视化工具被用于实现交互式过滤，并从不同的角度提供数据的清晰视图，例如通过数据透视表、数据图表、树形图、圆堆图、旭日图、平行坐标图、流图和环形网络图等进行在线分析处理(OLAP)。

特别是，在设计交互式城市 VA 时，需要妥善管理涉及城市智能设计的 VA 的以下基本特征：①以 3D 或 2D 地图对城市设计进行地理可视化，并转换为几个虚拟环境，以帮助城市设计师和用户体验设计；②网络布局，以了解用户之间的交互及其行为/动作；③社交媒体，以反映用户在城市真实和虚拟设计中的沟通情况；④基于用户对设计提出的改进意见进行可持续规划。

从实施的角度来看，由于在这种情况下，人们越来越关注智慧城市治理的协作模型(“智慧城市 v2.0”，该模型强调了城市政府在综合处理和管理数据资产以支持城市战略重点方面的作用)，数据仪表板已成为一种常见功能。“仪表板”一词最初是指汽车的控制面板，但近来仪表板已成为一种关键的性能管理工具，通过它我们可以访问许多链接的服务、关键性能和简单指标。近年来，仪表板的许多特性(提供对服务和软件的访问、性能测量以及显示信息)反过来又为许多城市数据平台的设计提供了信息。它们往往起到“数据展示台”的作用，并且可以提供公共或私人服务商针对广大受众的大量数据可视化效果(图 17-4)。许多服务只是提供了一个实时了解城市中正在发生的事情的快速的、“一目了然”的窗口。这些工具将来自官方、观察家和社交媒体的实时数据运送并集成到单个界面中。

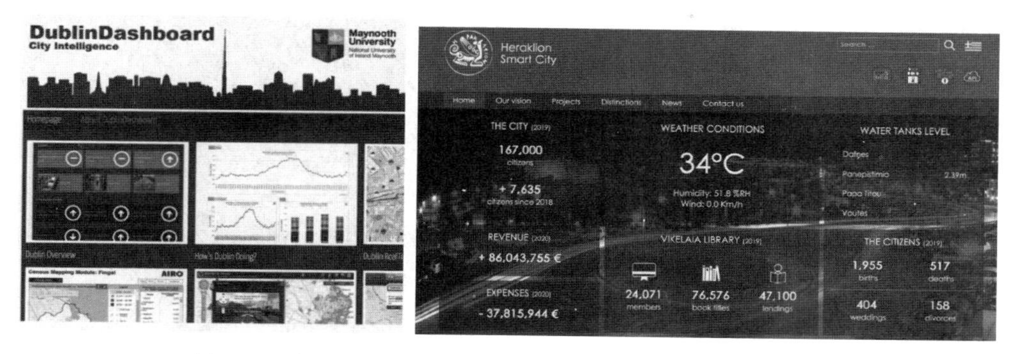

图 17-4　部署在都柏林和伊拉克利翁的智慧城市中的仪表板

可视化分析工具和方法鼓励实体之间的协作和交流，为智慧城市中的许多部门提供服务，并改善客户的体验和商业机会。这些解决方案可以在最近的文献中找到，并且可以分为许多类别，例如：①智能电网，使研究人员能够集成、分析和使用实时发电和消耗数据以及其他类型的环境数据；②智能医疗相关分析，使专家可以收集和分析患者的数据；③智能交通，旨在通过对事故历史的分析(包括事故原因和行驶速度等因素)提供替代路线和减少事故数量，以最大限度地减少交通拥堵，帮助改善交通系统；④智能治理数据分析，可以帮助政府考虑到人们在健康、就业状况、社会关怀和教育方面的需求，制定并实施令人满意的政策；⑤数据快照，通过地图或网格视图提供了解城市的“窗口”。

最终，城市仪表板的设计和实现，应当反映出哪一项功能对项目所有者来说是最重要的。例如，作为社区参与工具而开发的城市仪表板，只是简单地发布了一个开放的数据目录，却没有为目标利益相关者提供在线和离线参与的论坛，这可能被认为是无效的，缺乏内部吸引力或“认可”。由政府开发的作为报告工具的仪表板无法发布基础数据资产，可能会受到技术人员和开发人员的批评。同样，城市仪表板用于管理可用的公共和私人实时输入数据，可能会受限于其与技术界以外的利益相关者互通的能力。

2. 地理空间可视化

1970 年，托布勒的地理学第一定律就提到了空间数据的重要性，其中“近处的事物比远处的事物更相关”，而不考虑信息的相互联系。这样的地理空间大数据构成了大数据的重要部分，而地理空间数据可视化是交互式可视化分析的强大工具，它通过识别趋势和文本数据中通常无法识别的模式，将地理空间数据置于视觉环境中。此外，除了典型的电子表格、图表和图表之外，地理可视化(GV)技术还可用信息图、地图(例如条形图、饼图和发烧图、迷你图、超级地图、热图、3D 地球仪)以更复杂的形式呈现地理空间数据，基于一个公共参考点来显示地理空间数据值之间的关系。地理空间表示的操作包括地图投影、平移和缩放。此外，可视化分析将自动分析技术与交互式 GV 相结合，通过将城市划分为几个随时间、空间和不同空间尺度而变化的组成部分，从而有助于更轻松地理解地理空间数据以及提高决策能力，示例如图 17-5 所示。

在效用方面，GV 和 VA 共同帮助智慧城市的不同实体之间进行合作和交互，并提供各

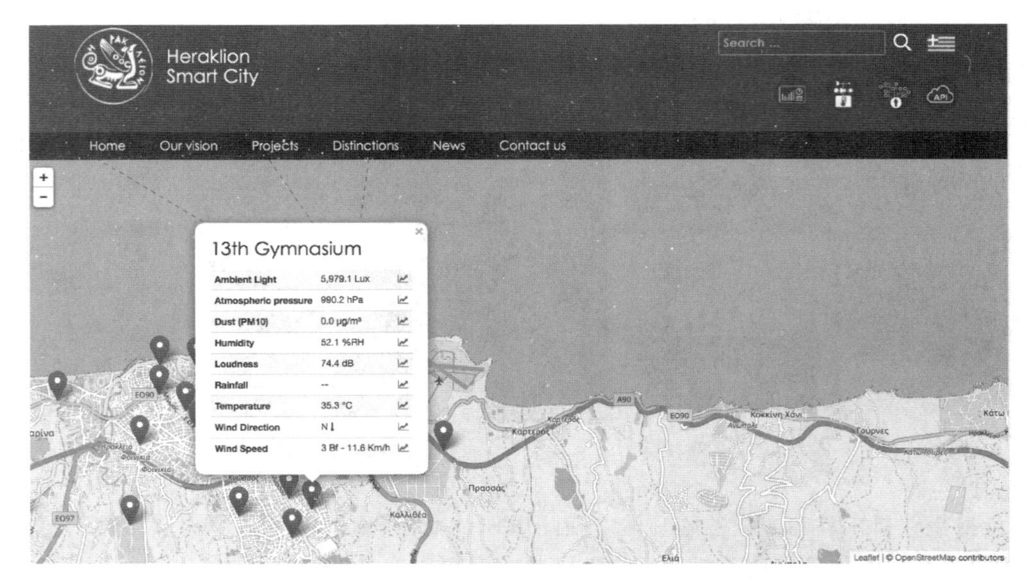

图 17-5 伊拉克利翁智慧城市物联网基础设施的可视化

种服务，以改善客户体验和增长前景。它们在“智慧城市”的许多社会应用中都有着巨大的潜力，例如灾难响应、疾病监测、气候变化、天气监测和预报、基础设施管理，以及运输和导航。

关于可视化，最常用于传感器数据可视化的技术有散点图、热图、高度图、测量图、逻辑图、平行坐标、多线图、召唤图和多维标度、极坐标图、主成分与主曲线分析、逻辑图、分级统计图、等值线图、羽流图、仪表板、四分位图、树状图、网状图和字形图。此外，时间和空间的结合提供了时间和地理空间的相关性，有助于交互式的时间可视化。例如，人口随着时间的推移，流行病随着时间和移动(交通、动物、行人、飓风、颗粒物)的传播。

近年来，三维可视化由于其相对于二维方法的诸多优势，在许多不同领域引起了越来越多的关注。地理空间数据可以在 3D 中可视化为 3D 地球仪、矢量地图或通过渲染为 2D 地图。特别是，对于城市建模应用来说，3D 成为必需，因为需要直接在建筑物对象上分析和可视化结果，而 3D 视图提供了逼真的可视化效果，并有助于全面的城市规划活动，例如洪水模拟或新开发项目的能见度影响和清晰度。因此，这种时空可视化在从数据的空间和时间维度理解和发现一些预测模式、支持决策并更好地表示真实世界方面发挥着重要作用。

17.3.3 智慧城市中的隐式交互和邻近性

术语“隐式交互”通常用于表示与传统的有目的且注意力集中的与计算机交互的方式不同的交互。观察人与人之间的交流可以发现，许多信息是在暗中交换的。人与人之间的交互方式以及他们所处的交互环境所携带的信息通常在信息交换中被隐式利用。在对话中，参与者的行为以及周围环境中发生的事情都提供了有价值的信息，这些信息通常对于理解消息至关重要。在许多情况下，人与人之间交流的准确性要基于隐含的情境信息，例如手势、肢体语言和语音。

传统的人机交互需要频繁的用户干预才能向计算机指示每个动作，这与无形计算的想法相反。根据 Mark Weiser 的定义，普适计算的特征是在整个物理环境中拥有许多设备，这些设备对于使用它们的用户是不可见的，甚至无须考虑它们的存在。实际上，最近在普适计算中的研究已经提出了一种愿景，即“计算机”不再与单个设备或设备网络的概念相关联，而是通过物理世界感知，与源自数字世界的所有定位服务相关联。人们预计，通过各种各样的传感器和执行器来感知和控制物理世界是可能的，而应用程序和服务必将很大程度上基于语境和知识的概念，同时应对高度动态的环境和不断变化的资源。因此，随着技术越来越能够感知环境并推断情况，我们可以预期类似的交互作用会激增，并部分地用隐式交互代替所谓的“显式交互”，在这种情况下，系统实现特定目标的行为将由用户的意图来引导，而不是由用户的行为来引导。

环境智能可以促进隐式交互，因为它可以被视为人机交互的一种新方法，需要从传统的交互和用户界面向以人为中心的交互和自然用户界面转变，例如与各种日常物品的直接通信。AmI 技术通过与人的感觉相协调的无须费力的(隐式的人-机)交互来实现，并具有适应性和主动性。尤其是，AmI 环境支持更自然的交流形式，如面部表情、眼球运动、手势、身体姿势、语音及类语言交互功能。这种形式的通信也被环境感知系统用来获取信息作为交互和界面控制的输入。非语言行为被认为是人类直接交流的固有组成部分，在传达情境方面起着重要作用。这些交流形式可以提供有关用户情绪、认知和生理状态以及动作和行为的大量信息。这种类型的信息可以被环境感知系统隐式地捕获，这样它们就可以增强对于用户交互的计算理解，从而以智能地响应用户需求的方式调整其行为。实际上，正是通过对情境有更多的了解，环境感知系统才能提供更智能的服务，并使其与用户的交互更加直观和轻松。

根据参考文献[105]，基于所涉及实体的类型和数量，可能会出现不同类别的隐式交互：

(1) 人与人之间的交互是指一旦确定了某种关系(例如“彼此靠近”之类的空间关系)，技术便代表人们行事的交互方式。示例应用是“朋友查找器”或失物招领系统。

(2) 人与人造物的交互为人造物提供了功能自主性，但控制权仍保留在用户手中。在这种交互模式下，数字设备充当系统中的实体。它可以是虚拟对象，例如为系统工作的软件代理。系统的受益者仍然是用户，但他们与数字对象进行交互，而不是与另一侧的人进行交互。示例应用是智能空间的变体，如智能教室、交互式厨房等，以及智能盒应用，如智能橱柜、智能冰箱等。

(3) 物与物之间的交互是一种尚未开发但很有前途的交互模式。无论应用程序的受益者是人类用户还是系统本身，自主的数字对象都可以相互交互以实现某些目标。最终用户不一定需要参与物品之间的交互；这可以在后台用一种不明显的方式发生。

1. 用于隐式交互的信息类别

根据用来触发和引导隐式交互的信息的种类和数量，可以进一步对应用程序进行分类。随着复杂性的提高，信息可以分为以下 5 类。

1) 存在

利用纯粹的人或物存在或不存在的信息的系统。基于存在识别的隐式交互示例如图 17-6 所示：图(a)当用户走进房间时自动照明：存在传感器检测到用户，灯开始工作；图(b)自动检测车辆以帮助停车：当两辆车感觉到附近车辆的存在时都会发出警报；图(c)智能货架：可指示物品的库存状态和缺货状态。

(a) 人员存在

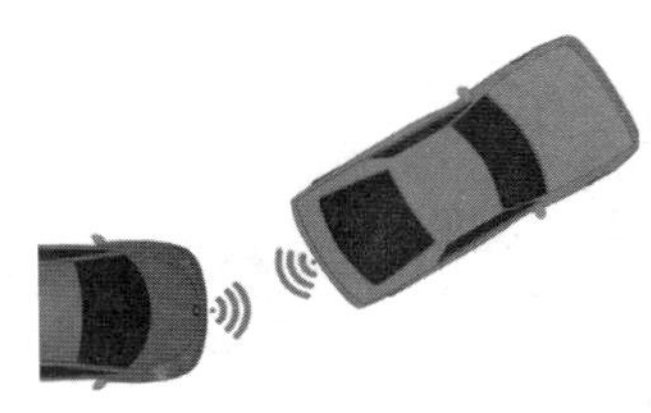

(b) 车辆存在

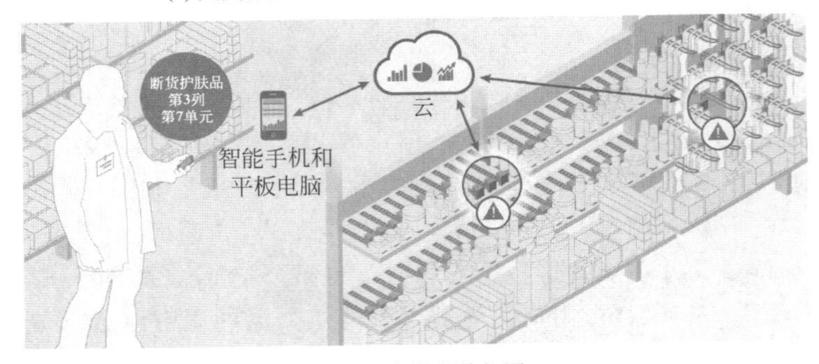

(c) 商品中物品的位置

图 17-6　存在感测示例

2）身份

利用有关交互实体的身份信息（例如人的 ID、产品的序列号、网络节点的 MAC 地址等）的系统。因此，定义系统输入的不仅仅是人、对象或人工制品的存在，而是已识别的身份。基于身份感测的隐式交互的示例如图 17-7 所示：图(a)访问控制：仅允许授权用户进入通道；图(b)自动收费：汽车无须在收费站停车，系统感测到持牌车辆的身份，并自动从驾驶员账户中扣除该金额；图(c)个性化控件：汽车根据当前驾驶人的身份提供个性化设置。

(a) 访问控制

(b) 自动收费

(c) 个性化控件

图 17-7　身份感测示例

3）邻近性

利用交互所涉及的实体之间的相互空间关系（如距离、方向或拓扑）信息的系统。在这类应用中，距离、方向和空间关系等事实会被自动识别并用于控制系统。关于另一事物附近空间的推理可能基于空间的两个概念之一：定量空间和定性空间；前者与精确的空间度量有关，而后者则基于与拓扑、距离和方向有关的空间的非度量抽象。基于临近性的隐式交互的示例如图 17-8 所示：图(a)公共墙显示器，其基于用户的接近程度（接近度）来改变外观和内容；图(b)相对于前车采用正确巡航速度，并在感测到另一辆车距离太近时发出警报的汽车。

(a) (b)

图 17-8 接近感测示例

4）配置文件或特征文件

利用交互中涉及的实体的预定义自我特征（自我描述）的系统，包括其关联、偏好、品味、习惯、目标、需求、能力甚至情感。对象的自我描述被编码为元数据格式，当与物体相关时，它可能涵盖物质属性、对象结构和一般物理特征；而当与人相关时，它可以表明该人的生理特征、个人偏好、爱好或习惯、意图、能力、目标甚至情绪。配置文件或特征文件的交换（在同一位置的对象之间自动触发）以及对它们之间对应关系的分析，使交互能够最好地适应单个对应对象。基于配置文件的隐式交互示例如图 17-9 所示：图(a)在人与人之间的交互中，交换的“业务配置文件”可以帮助检查两个人之间的“兼容性”水平；图(b)在物与物的交互中，应用程序可以帮助提醒：某些内容物不兼容的容器不得一起使用；图(c)在人与物的交互中，显示系统可以呈现与人的兴趣“匹配”的内容。

5）环境

考虑描述参与交互的实体情况的任何可用信息的系统。环境感知系统可以设计为反应式或主动式。反应式环境感知系统的一个例子是室内供暖系统，当室外温度变化时，它会作出反应，对恒温器进行调整。主动式环境感知系统的示例是这样一个系统，它可以从传感器数据时间序列中识别出用户活动的重复模式，并从该经验中学习，估计用户偏好并采取相应的行动。

对于一个“智慧城市”来说，要想为生活在其中的人们量身定制应用程序，并帮助改善医疗、交通、能源利用和人们的生活，它必须能够通过人类环境感知来监测人类自身。人类环境感知分为 4 类，可以全面捕获用户的状态及其与周围世界的交互。

(1) 生理环境：涉及对维持健康生活至关重要的生理体征。跟踪生理体征对于发现、预防和治疗疾病至关重要(图 17-10)。

(2) 情绪环境：感知一个人的情绪状态（包括压力、快乐、专注和一般的情商等）有着深远的意义，而不仅仅是确定某人是高兴、悲伤还是漫不经心的(图 17-11)。从最基本的意义

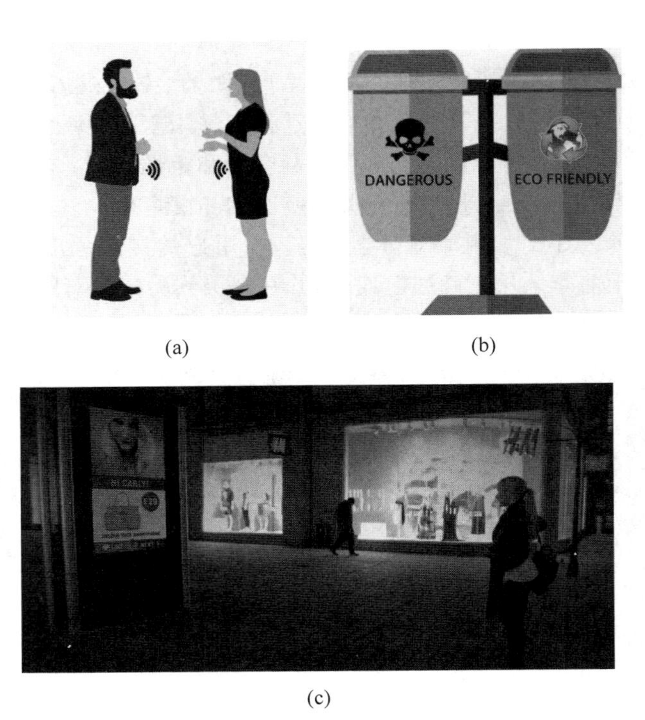

(a) (b)

(c)

图 17-9 配置文件感测示例

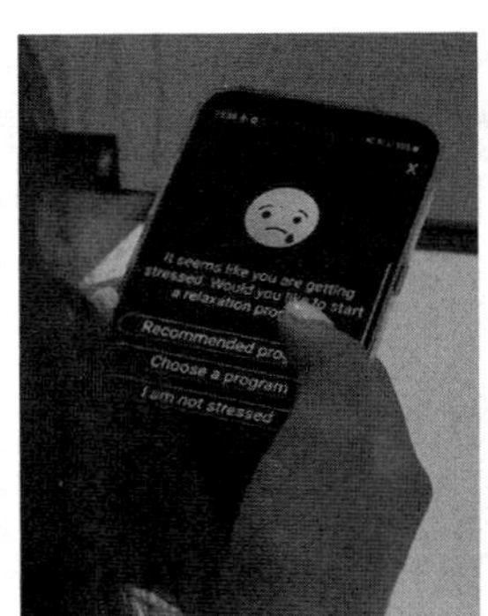

图 17-10 CaLmi 系统监测生理信号，以帮助用户管理压力水平

上讲，情绪环境可以用来帮助理解和诊断生理环境，比如，应用程序对人们害怕时的呼吸急促和兴奋时的呼吸急促的反应应当是非常不同的。此外，在未来，情绪环境会影响更多的领域，如在线广告和推荐、教育、娱乐(如视频游戏行业)、移动性(如驾驶时的警惕性)和健康(如抑郁)。

(3) 功能环境：是对用户活动和能力状态的检测，有助于评估个人的日常生活活动(ADL)(图 7-12)。人类执行的各种各样的运动技能使这种感应高度可变，通常针对特定应用(如检测饮食、步行和日常活动程序)提供解决方案。此外，了解功能环境有助于开发应用程序，帮助个人进行日常活动(例如老年人的辅助生活)、医疗诊断或健康风险预测(例如认知能力下降)、个人精力自主管控和个人技能提高。

图 17-11 可帮助教师监控学生专心程度的 LECTOR 系统

图 17-12 城市中遇到的各种功能环境

(4) 位置环境：通过了解一个人的位置以及在该位置可以与之交互的设备，智能建筑、城市或应用程序可以了解该人如何融入社区。这些信息可以用来更好地引导开车的人安全地通过城市，在车外，智能应用程序和城市也可以跟踪个人，以类似的方式满足他们的需求。通过更好地了解我们如何使用和浪费能源(灯光控制、供暖管理)、识别出浪费的用户并鼓励他们改变其行为，可以产生显著的效果。

17.3.4 公共空间中的交互

在博物馆、美术馆、剧院、俱乐部等场所，人们对交互技术在文化、艺术和娱乐领域的应用越来越感兴趣，再加上移动设备在街头的普及，这意味着与计算机的交互已成为越来越普遍和大众的行为。在公共场合进行交互会给人机交互(HCI)带来许多新的挑战，使设计的重点从关注个人与界面的对话扩展到交互与第三方(如观众、旁观者)之间的相互影响。

在过去的 10 年中，交互式公共空间一直是广泛的学术研究的重点。HCI 研究越来越多地表现出对设计和实现数字应用程序的兴趣，这些应用程序具有社会性，高度依赖于场景，通常不以任务为导向，用于解决传统的家庭和工作环境之外的问题。这一新兴趋势被称为人机交互的第三次浪潮。

许多研究方法侧重于提供数字城市干预，范围涵盖与购物橱窗、虚拟试衣间、多媒体操作台、数字墙和现场公共展览的交互，以及与大型艺术设施和媒体外观的交互。

1. 界面类型

根据参考文献[121]，在公共场所进行交互的用户可分为两类：表演者(进行交互的人)和观察者(从外部被动地观看的人)，而界面则有 3 种：

(1) 操作界面。它们促成与有限数量的参与者进行高度可见和直接的交互，并采取基于屏幕(媒体立面、数字广告牌、交互墙等)的交互形式，由明确界定的交互区域驱动。有些操作界面可以满足少量同步表演者，他们在共同参与的过程中合作转换交互的内容。同样，界面有时也可以充当观察者之间的对话启动器。

(2) 分配界面。它们是足够大的界面，可容纳多个与系统同时进行交互的参与者，这些参与者沿着界面的整个范围展开；但是，每个人都不能注意周围的人之外的参与者的行为。这导致界面使用的个体化。参与者意识到他们是更广泛群体的一部分；然而，他们交互的焦点通常集中在自己和周围的同伴身上。

(3) 响应式环境界面。虽然界面响应了观众的输入，但它们被故意设计为不显示的交互方式。这种设计不会给路人直接的反馈，也并不邀请他们与界面进行交互，而是试图将注意力集中在周围环境的元素上。从外部环境观察的人能够感知到它的响应能力，与数字接口的交互是间接的，参与者往往不知道他们自己的“表现”。

2. 交互的阶段

“观众漏斗”是与公共显示器交互的不同阶段的模型。它可以很容易地推广到其他交互式公共系统。

根据参考文献[132]，该模型着重于外部观察者容易观察到的观众行为。人们的交互有不同的阶段，必须越过一个门槛，才能从一个阶段过渡到下一个阶段。对于相邻的阶段，可以计算出有多少人从一个阶段转到下一个阶段的转换率。在第一阶段，人们只是路过。在第二阶段，他们看向显示器，或者对它作出反应，例如微笑或转头。只有当用户可以通过手势或动作与显示器进行交互时，才可以进行细微的交互，例如当用户挥手以查看其对显示器的影响时，就会发生微妙的交互。当用户与显示器进行更深的接触时，通常会将自己定位在显示器前面的中心位置，从而实现直接交互。人们可能会多次使用显示器，也许是有多个显示器可用，也许是走开后过一会儿又回来了。最后，人们可以采取后续行动，例如在显示器前为自己或他人拍照。

在各阶段之间存在门槛，例如，并非所有路人都会看向显示器，也并非所有看向显示器的人都会与其进行微妙或直接的交互。第一个门槛旨在引起路人的注意，第二个门槛旨在吸引旁观者的好奇心，其余的门槛则试图激励人们开始交互。

17.3.5 移动众包

随着越来越多的人涌向城市地区，城市不再使用昂贵的基础设施来集中地测量多个方面，而用户拥有的设备，如智能手机、车载传感设备(GPS，OBD-Ⅱ)、音乐播放器等，可以用来轻松地扩展感知活动。这些设备具有许多内置传感器，如加速度计、陀螺仪、数字罗盘、光传感器、蓝牙等作为接近传感器，因此是感测数据的潜在重要来源。而随着越来越多的传感器集成到智能设备中，例如医疗保健应用所需的传感器，这一趋势还在上升。这些设备还具有一些计算功能以及将数据上传到互联网的能力。因此，与其提供复杂的基础设施，不如利用市民的智能设备为其自身谋福利。因此，移动人群感知(mobile crowd-sensing, MCS)被定义为“具有感应和计算设备的个人集体共享数据并提取信息以测量和绘制共同感兴趣的现象的应用”。在这里，市民和/或他们的移动设备既充当传感器又充当执行器，通过市民的积极参与，使城市变得更加智能。基于这种感知模式，人群感知应用通常可以分为两类：个人感知，即仅从单个用户的设备(如日常生活活动)中获取数据；社区感知，从许多用户的设备中收集数据，以监测区域周围的环境状况(如交通拥堵、噪声污染)。

以下3种以用户为中心的范式可用于实现用户参与。

(1) 参与式感知：应用于个人或社区感知，用户通过其设备收集和共享信息来加入按需感知的任务。

(2) 机会感知：应用于社区感知，移动应用程序适时地无缝利用环境中所有可用的感知技术，而无需任何直接的用户交互。

(3) 机会移动社交网络：用户利用其个人移动设备的物理交互(即机会通信)直接实时生成并与附近的用户共享异构类型的内容。

就其应用领域而言，智慧城市的人群感知应用通常分为以下几类。

(1) 基础设施应用：监测与公共基础设施有关的大规模现象(如出行规划、公共停车位可用性、自行车共享)。

(2) 环境应用：使用参与式传感器监测自然环境(如污染、水位、野生生物)状况。

(3) 社交应用：个体之间共享感知到的信息(例如，观察其他糖尿病患者并控制饮食或提供建议的糖尿病患者社区)。

17.3.6 智慧城市应用实例和案例研究

当我们考虑通过智能信息系统管理和控制城市资源的"智慧城市"时，我们需要考虑食物、能源和水的关系。开发基于物联网的系统来解决这些问题，以及源自此类系统的大数据对于城市资源的最佳配置和有效利用至关重要。此外，为交通、医疗、便利、农业、经济和政府提供智能解决方案是"智慧城市"的主要前提。

1. 智能环境

如17.2节(即"支持技术")所述，现有可在"智慧城市"中部署的大量传感器有助于改善整体自然条件、监测污染并支持环境保护。为此，已经开发了各种方法来收集此类信息并将其提供给市民或地方当局，以便更好地了解城市的环境状况并发现需要解决的潜在问题。

Milton Keynes Smart 项目在城市内开发了一个数据中心(图17-13)，该中心收集和管理从多个智能设备接收的数据。该项目强调在不部署其他基础设施的情况下控制碳排放并支持可持续增长。此外，它还提供了运输系统、水资源使用和智能能源解决方案，以及一系列促进商业、教育和社区参与活动的应用程序。

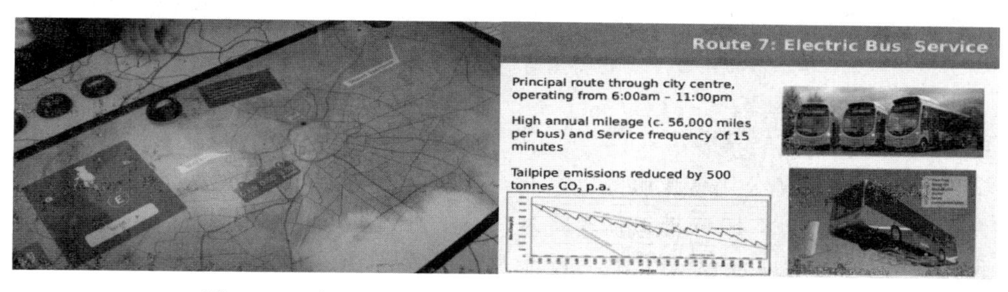

图17-13 在 Milton Keynes Smart 项目中开发的应用程序

空气质量是另一个正在被密切监视以改善市民生活质量的环境问题。为此，参考文献[56]和参考文献[133]研究在城市中部署定制的传感站(使用物联网技术建造)，以监控温度、湿度和二氧化碳。尤其是 SmartCitizen 应用程序，不仅在地图上向市民，而且还向专家用户(如当地市政当局的雇员)显示空气质量指数，以便在这方面作出明智的决策。同样地，参考文献[137]的研究显示，即使是由城市引入并通过激励获得市民支持的单一计划，也可以产生各种基础设施、社会和商业价值。具体来说，它引入了"智能汽车控制器"，该控制器构成了一种能够远程定位车辆、监控其排放，并可能启动、停止或限制其行驶的装置，从而提供了更好地计划和管理整个城市交通的可能性。

最后，噪声污染是"智慧城市"旨在通过集成基本物联网元素或众包来解决的重要问题。通常，在城市周围收集特定的噪声数据，然后根据时间和空间噪声水平进一步分析，以识别噪声敏感区域和噪声原因。特别是，当采用众包时，可以将适当的噪声管理组件集成到移动设备中，以执行离线噪声数据收集和分析，而噪声管理系统仅推断出有意义的信息，例如，噪声及其事件的识别，基于位置的噪声强度分析，噪声强度和基于位置的热图，基于地图的可视化和基于时间戳的图形生成(图17-14)。

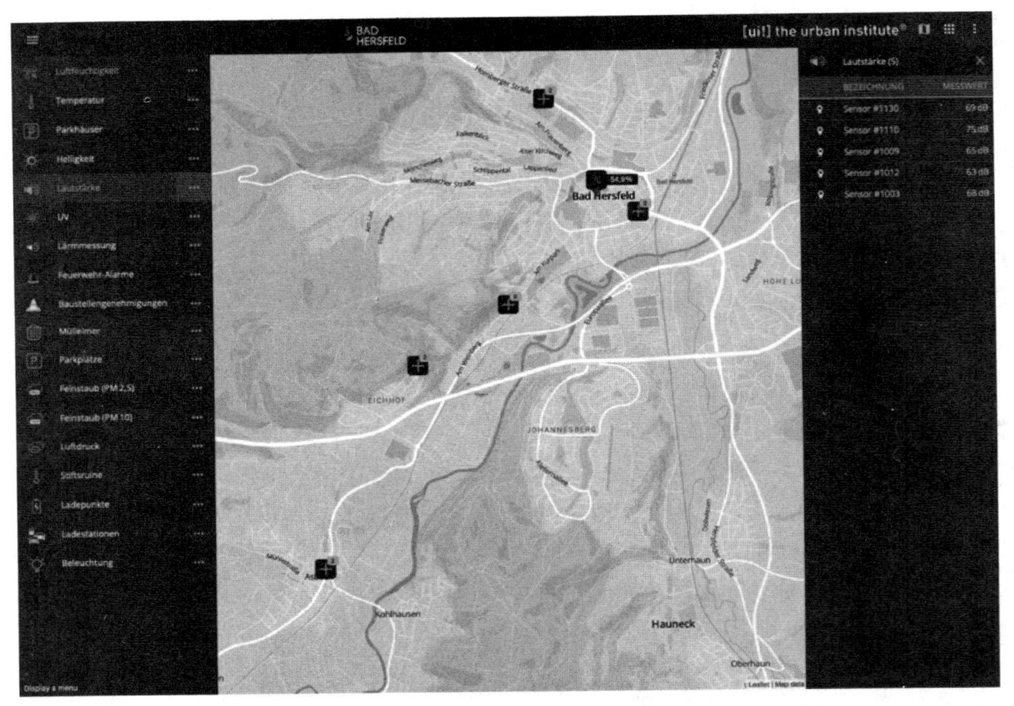

图 17-14　巴特黑斯费尔德的现场噪声污染

2. **智能电网**

节能是人们和能源公用事业服务提供商每天都在关注的问题。欧盟大约1/3的电力消耗在住宅部门，预计未来10年能源需求将翻一番。能源供应商现在可以用安装在客户房屋内的现代电表(即智能电表)监测消费者的能源使用情况，并提供适当的反馈，以降低高峰用电负荷(图17-15)。智能电表还可以连接到智能家居系统，与其他设备配合，使用设备负载监控(ALM)进行智能家居级别的能源管理。

在这种情况下，每个电气设备都配备了智能电源插座，用适当的算法来观察环境，包括电气设备的能源使用情况、环境温度、光照强度和运动检测器的状态，并将其与其他因素(如手头的任务)相结合，以了解根据建筑物内的各种条件(如温度和照明)调整家庭能耗的最佳

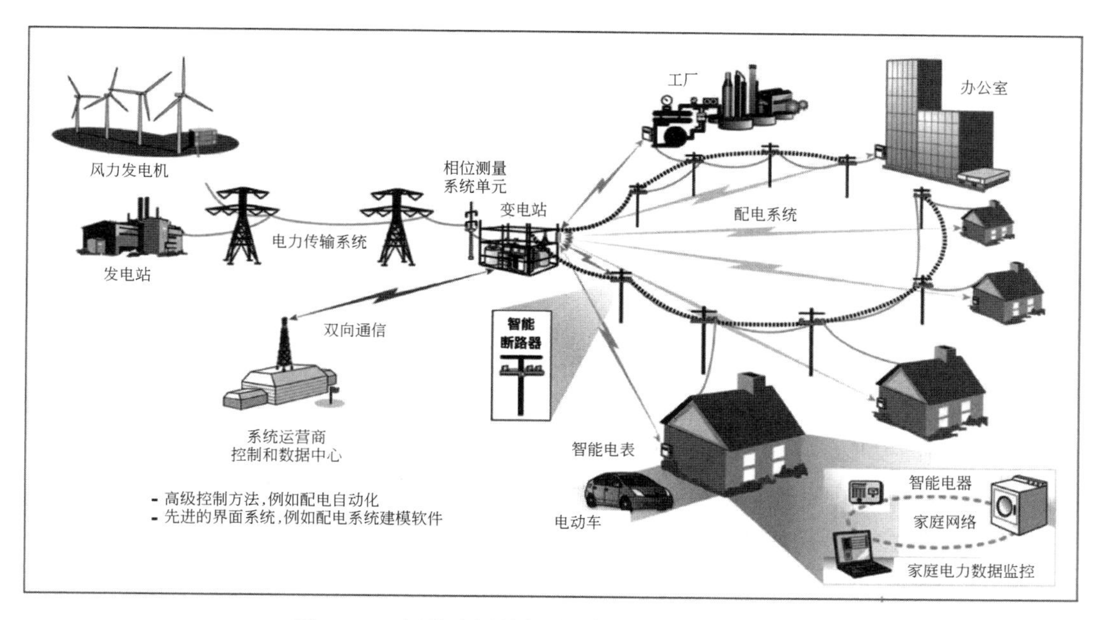

图 17-15 智能电网的概念(来源：GAO Analysls)

政策。

除了个人用户，智能电网还可以在整个城市范围内应用，以优化能源消耗。例如，在帕多瓦智慧城市项目中，每个柱子上都安装了各种传感器，以检查公共照明系统是否正常工作，并收集有关城市环境的各种信息。

最后，从政策制定的角度看，在智能电网中使用智能能源已证明了其回报，例如田纳西州查塔努加的智能电网，在 2012 年 7 月严重的风暴断电后，使用智能电网来帮助更快地进行维修。

3. 水资源管理

分析来自城市温度和湿度传感器、天气预报、用水量预测以及可用水资源的大数据，可以帮助确保干旱时期的用水。此外，使用人群感知数据以及来自其他基于物联网的方法(例如智能水表)的数据来监测溪流中的水位和水质，有助于实现高效且可持续的供水。使用智能水表有助于对家庭和城市用水的精细监测。总的来说，这种智能有可能对整个城市产生巨大影响，例如澳大利亚的卡尔古利-博尔德(Kalgoorlie-Boulder)，在水管上安装智能水表以检测早期泄漏，从而将一年内的用水量减少了 12%。

4. 应急和危机培训

在许多情况下，“智慧城市”已转变为一个巨大的教育领域，在这里，可以高保真地模拟真实情况(例如，构建的应急响应应场景，假设需要将患者运送到几英里外的地方医院而预先编制的模拟车祸现场等)，从而实现对紧急情况下(如院前和创伤团队)高速反应团队或多团队系统协作的培训。除了学习之外，安装此类设施还有可能在运营层面释放新的机会，以改善服务质量，如患者护理和团队之间的交接、危机管理等。

5. 废弃物管理

废弃物管理是世界各地市政公司面临的重要挑战之一，而废弃物的回收利用仍然被视为一项繁重的任务,全世界的人们都在为之努力。目前已提出了许多解决方案以改进整个过程,从集成了可测量垃圾重量/容量并通知收集部门的传感器的单独的智能垃圾箱和室外垃圾箱,到利用复杂的传感器网络高效地监测固体废物的跟踪、收集和管理过程的完整的基于物联网的系统。同样,在个人层面上,各种努力都将移动应用程序作为吸引用户更好地回收利用废弃物的一种方式。

6. 智慧经济

"智慧城市"旨在通过建立必要的基础设施来提高城市管理效率和当地的商业机会,从而直接和间接地改善市民的生活质量。从单一的建筑,如"The Edge"(这是位于阿姆斯特丹的世界上最环保的办公大楼),到整个城市,如韩国的 Busan Green u-City 和加拿大的埃德蒙顿,信息通信技术与政府和本地公司共同推动了高科技业务主导的增长,并推动了创新性物联网应用的发展。此外,合理的税收、较低的生活和商业成本、改善的交通系统、电子医疗服务、增加的就业和商业机会,以及通过各种设备和通信源改善的信息可访问性,都是为数不多的有助于提供强大的有利商业环境的智能属性。

7. 智慧生活与治理

要使"智慧城市"提高人们的生活质量,仅靠技术创新是不够的,还需要考虑社会因素。民间社团必须积极参与以使智慧城市成为现实。主要重点必须放在教育、终身学习、文化、健康、个人安全、经济发展、社会多元化和社会凝聚力上。城市的日常生活提供了足够的空间来提升人们的创造力和能力,而网络和自我管理是社会的主要支柱,没有这些,智慧城市注定会失败。

"智慧城市"被认为引入了许多创新的参与性空间,在这里,物理空间和数字空间融合在一起,市民可以通过这些空间积极参与公共服务和政策的形成过程。这样的空间包括黑客马拉松、生活实验室、制造者空间、智慧城市实验室、市民仪表板、智慧市民实验室、游戏化、开放数据集和众包。为了实现这些目标,人们使用了各种形式的方法,旨在鼓励市民积极参与创造和分享与城市生活质量相关的有用内容(图 17-16)。

(a) UrbanPulse驾驶舱　　(b) 安装LightStories的奥卢的一条通道

图 17-16　鼓励市民积极参与创造和分享与城市生活质量相关的内容

SmartCitizen 是一个应用程序,旨在鼓励市民收集和共享与比萨市环境状况有关的数据。LightStories 是一个在线参与式照明设计工具,允许城市用户使用 8 种不同的预定义静态或动态照明效果进行设计,以为孩子们创建基于故事的运动游戏。UrbanPulse 驾驶舱具有不同的图块,这些图块显示与各个数字解决方案相关的实时信息,如环境管理、废物管理、交通管理、停车管理、噪声污染监控等，市民可以按需使用(例如，预测路灯和交通拥堵的状态，收到有关意外情况的通知)。“市民智慧城市仪表板”引入了一种新颖的公共治理形式，通过在人与政府之间切换角色来进一步推动传统的权力下放，从而使市民成为行动的领导者，政府成为追随者。这种新型的治理形式使用区块链技术作为推动力，因为其嵌入的“设计主导的社区”机制对于社区主导的方法至关重要。最后，在农村地区，村民可以通过获取关键信息并有效地开展具有成本效益的电子政务服务来与地方政府沟通，或者使人们能够更好地获取有关产品和服务的信息。

除了市民之外，城市管理部门还可以利用这些平台，将各种智能服务集成到一个平台中，从而监控整个城市的状况，并据此提出不同地区的政策措施建议。智慧治理被定义为“通过传感器或传感器网络收集有关公共管理的各种数据和信息的过程。通过为政府决策过程和决策实施提供更完整、更容易获得和访问的信息，新技术被用来加强政策的合理性”。最重要的是，智慧治理的关键是“城市中不同参与者之间、跨部门和社区之间的智慧城市协作，有助于促进经济增长，最重要的是使运营和服务真正以市民为中心”，而“市民参与可以实现双向沟通，促进合作和参与，从而提高市民与政府之间关系的质量”。

为了支持城市官员的行政活动，先进的可视化技术(如 VR、AR)被用于提供高效的方法来模拟数字现实中城市的时空维度，而通过将基于传感器的现实数据流式传输到这些环境中，并将时间维度扩展到情境化的虚拟环境中，在时空维度之上又扩展了一个额外的情境维度。在这样的环境中，真实和模拟数据都是具有时间和空间属性的，这为真实数据分析和情境化以及测试模拟的“假设”场景创造了令人兴奋的机会。例如，“亚特兰大数字双子城”是一个基于虚拟现实 VR 的平台，在虚拟空间中包含一个三维的完整城市模型。因此，它促进了人类与基础设施系统之间的相互作用和互操作性的发现，并实现了基础设施与人类的物理系统及与其对应的虚拟系统之间的相互时空反馈。

8. 智能出行

交通运输是一个充满活力的部门，它必须满足人们在不久的将来的新的出行需求，特别是要应对许多需求和竞争因素，例如舒适性、成本、可用性、速度、方便和安全。为此，各种解决方案被提出，以使人们能够高效、安全地到达目的地。

有效和高效的实时交通管理是“智慧城市”的主要目标(图 17-17)；各种基于物联网的解决方案旨在完成这一任务。波恩市使用包括交通状况、路灯状态、建筑工地等在内的培训数据来预测未来的交通状况，并为用户设计新的路线和建议。西班牙的“智能桑坦德”配备了大约 20000 台智能 IoT 设备，这些设备可以执行多项智能任务，如温度、湿度、车辆速度和位置、交通强度、公共交通条件和时间表、空气质量和供水网络的测量。用于公共交通的环保巡航控制系统可以从生态保护的角度考虑公交车的位置、道路坡度和路线上其他车辆的速度，实时地从数据流中提取知识，从而有助于马德里公交车和其他车辆的状态感知。在丹麦奥胡斯市，一个旅行计划应用程序根据用户的偏好提出优化路线，其中考虑了影响该优化的因素(如道路、天气、维修工程、交通强度、人口密度、污染、空气质量、交通时刻表的异常变化等)，以及不同的偏好参数，如首选出行时间、便利性、总成本、环境影响和个人健康。最后，与交通有关的数据可以与智能路灯管理系统结合使用，该系统从网络和/或公共天气数据中收集气候数据，以动态更改 LED 路灯的色温和强度，从而提高驾驶人的能见度，预防交通事故。

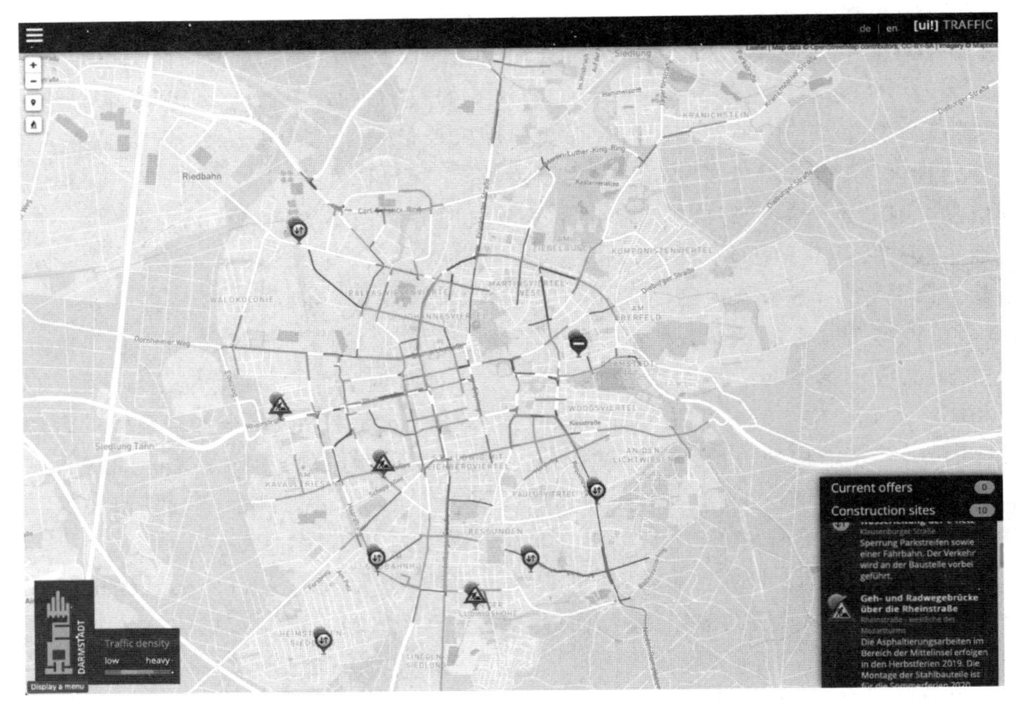

图 17-17　达姆施塔特行政区的实时交通拥堵状况

在智慧城市中，自动驾驶技术将为用户节省时间。这项技术将有助于加快城市的交通流，并通过将汽车停得更近而节省停车位。通过将雷达、摄像头和位于汽车周围的制动波传感器相结合，自动驾驶汽车可以检测到周围的异常情况并触发警报，自动启动紧急制动以防止事故或碰撞。此外，智能交通系统可以通过连接不同的交通方式实时计算最佳路线，从而节省时间并减少碳排放。促进城市流动性的公共汽车和自动出租车可以通过多种方式受益于“智慧城市”的基础设施：①以高效和经济的方式计算出行时间和乘客需求；②分析乘客换乘规律，可以发现延误的因果关系；③通过先进的交互式可视化环境为交通官员提供决策支持。

除了公共交通之外，共享汽车有望成为一种很受欢迎的选择，因为它可以减少城市交通拥堵，减少污染排放(气体和噪声)，减少公共空间的使用，并总体上推动公共交通工具的使用。研究结果还表明，在采用汽车共享后，私家车方式转向了其他替代性交通方式，例如步行或骑自行车。尤其是，自由流动的电动汽车共享车队可能会成为未来智慧城市的组成部分，因为它们构成了一个全球新兴的现象，并且不断增加环境效益。

停车是“智慧城市”旨在改善的另一个出行方面。在波恩，实时停车监控器减少了寻找停车场的努力，并通过监控增加了停车收入。San Francisco Park 应用程序使用智能传感器收集数据并及时向用户传达信息，最大限度地减少了对停车位的等待；而在奥胡斯，用户可以在不同位置以一定的概率轻松找到公共停车位，从而通过自定义移动应用程序缩短驾驶时间并减少环境影响(CO_2 排放和噪声)。

9. 旅游

旅游业是可从“智慧城市”引入信息通信技术中受益的领域之一。简而言之，“智能旅游

目的地(STD)"的目标是利用该系统来增强游客的旅游体验并提高资源管理的效率,以最大限度地提高目的地竞争力和消费者满意度,同时展示出在较长时间内的可持续性。

为此,STD的主要特征包括:①系统、流程和服务的数字化;②游客与目的地之间更高层次的接口,其中要考虑到当地社区和政府以及其他部门;③提高当地居民对产品/服务提供的参与度;④通过集成智能系统提高数据生成和使用的水平;⑤最重要的是,更好地管理游客体验(图17-18)。本质上,创造和管理游客体验是智能旅游系统的主要目标之一。例如,当不同的游客与同样目的地产品交互时,能够获得不同的个性化的独特体验。

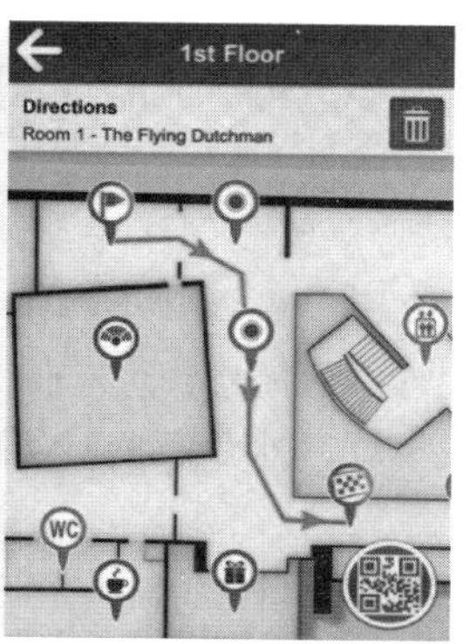

图 17-18 服务位置和博物馆指南移动应用程序

在"智能迪拜计划"实施的各种应用程序中都可以找到上述示例,因为迪拜在管理主要旅游产品、服务和资源(包括机场、酒店、交通等主要基础设施组成部分,以及从广义上讲,为游客创造价值的特定产品和服务配置)方面,越来越多地使用基于技术的解决方案,这使迪拜被认为是世界上最具竞争力的旅游目的地之一。

利用"智慧城市"设施的一些应用程序的例子包括:①移动导游,在途中提供关键旅游地标的图片显示,并伴有音频解说;②用旅行者的智能手机作为护照,包括与电子登机门服务的连接,目的是在过境时方便通关,并提供智能机场服务(如智能手推车),该服务还可以通过交互式实时信息充当个人指南。除了应用程序和服务之外,物件甚至整个空间都被建模,以集成ICT,以促进城市内的旅游服务。一种外形像图腾的智能数字亭,构成了一个合适的媒介,可在适当的时间向适当的受众提供事件感知和本地化信息,并促进这种市民与城市的交流。作为主要特征,智能信息亭提供了一种模块化结构,该结构可以根据需要使用各种组件(如显示面板、扬声器、光投影仪、触觉屏幕),每个组件都负责特定的功能,形成了创建交互式节点的必要元素,这些交互式节点的组合使用能够吸引人们的注意力并提供城市服务。一个例子是伊拉克利翁和赫索尼索斯的旅游信息中心,通过各种现代技术和创新的交互系统得到了改进,并为游客提供了获取信息的新方式,从而提升了该岛所提供的服务。这样的装置通常将技术与视觉艺术相结合,以增强整体用户体验(如建筑物前的行人通道)。

10. 智能医疗

健康是提高人们生活质量的关键因素。为了实现这一目标,"智慧城市"旨在提供各种服务,以使医疗保健变得更加智能。这些服务超出了医疗领域提供的传统服务,例如远程诊断、远程管理等,并且主要关注在城市中促进更健康、更安全的生活方式。例如,SIMPATIC

项目分析了市民的出行方式，以便发现异常并告知患者和护理提供者(如用户的异常行动、不安全的流浪)，同时为个人提供回家的指导。

市民感知和众包使诊断成为社区的工作，而社区支持系统则可以加强干预。患有严重和慢性疾病的人可以通过社交媒体分享他们的疾病经历，寻求和提供支持。对于其中一些人，亲自参加支持小组不切实际，但他们在网上找到了一种社区感。同样，许多商业应用程序旨在通过激励用户保持活跃来促进健康的生活方式，例如根据与附近设施(包括学校、公园、商店、社区中心、饭店等)的距离来计算步行指数，并提示市民走路或骑自行车而不是开车。

为了达到类似的目标，各种解决方案被提供给喜欢在健康区域进行活动的用户，其中大多数可通过专用或在线社交网络让用户比较他们的经验和表现，直接记录城市中的活动路径，并与从监测网络中获得的高质量信息相关联，用户可以以此进一步定制这些路径；这些功能使用户可以共享城市中特定路径和区域的信息。例如，RunWithUs是部署在“无处不在的奥卢智慧城市”中的一项服务，目的是激励市民练习慢跑，而SmartCitizen应用程序则为那些对户外活动的环境条件感兴趣的体育用户集成了类似功能。

最后，社交媒体可以在更智能的城市医疗保健中发挥更重要的作用。例如，研究人员根据发布症状的个人和查询症状的个人来检测流感流行，而推特帖子的措辞和内容已被用来推断县级的心脏病死亡率和国家范围的肥胖症。

17.4 挑战

信息通信技术的最新进展以及创新技术(如AR、IoT)的出现，为智慧城市采用物联网提出了若干研究问题和挑战。所有当代智慧城市的愿景都需要解决的最大的实际挑战，是需要管理的基础设施的规模和多样性。但是，从公民(用户)的角度来看，这些相同的挑战为“智慧城市”中人与环境的交互提供了新的研究方向；其中一些挑战总结如下。

(1) 隐私：这是智慧城市最常被提及的挑战。从城市收集的数据包括个人、企业和政府数据，未经授权的用户不应访问这些数据。根据参考文献[15]，隐私保护是一个重要因素，因为大部分智慧城市数据来自于个人，他们可能不希望自己的数据公开。因此，应实施适当的最终用户解决方案，以简化其管理。

(2) 数据管理：许多作者也将数据管理视为挑战，因为平台必须存储和处理大量数据，并使用高效且可扩展的数据存储和处理算法。因为很难提取有用的知识，数据分析也是一个挑战。另一个挑战是数据的可信度；例如，参考文献[187]声称，大量的数据源使得很难确保所有数据都是正确的。因此，在从事此类任务时，需要应用高级可视化技术来支持用户(主要是城市官员)。

(3) 异构性/互操作性：智慧城市中的不同设备会生成各种数据。参考文献[188]提出了在所有城市系统中管理数据的问题，因为这些数据存在差异。其他作者指出，智慧城市平台应该定义跨设备、系统和域的标准。另一方面，由于智慧城市包括来自不同领域的IoT设备(例如智能计量、电子医疗、物流、监控和智能运输)，互操作性在提供以不同通信方式运行的设备之间的连通性方面起着至关重要的作用。一些作者讨论了智慧城市中依赖于关键任务通信来确保可靠性(例如医疗保健和公共安全)的领域。此外，参考文献[184]提出，需要良好的通信机制才能与应用程序共享平台数据。因此，需要适当的工具来支持此类应用程序的设计人员、开发人员和集成商，以更好地解决这些方面的多样性。

(4) 可扩展性：在未来几十年中，智慧城市中连接设备的数量将不断增加，这需要在相关软件平台中实现强大的可扩展性。此外，随着人口的增长以及在城市特殊活动期间，用户、服务和存储数据的数量将增加。参考文献[27]讨论了智慧城市平台必须如何支持大规模、高效的服务。例如，参考文献[191]估计巴塞罗那市将需要超过 100 万个传感器来覆盖整个城市，每天产生超过 8GB 的数据。因此，需要适当的可视化工具来促进对这种不断增长的数据的分析。

(5) 情境感知和设备智能：将情境信息与原始数据集成对于从数据中获取价值更多、执行更快、更准确的推理和操作至关重要。例如，在开车时和在家放松时，人体姿势检测系统检测到昏昏欲睡的面孔会导致完全不同的动作。此外，智慧城市应用程序要求在资源受限的设备上部署轻量级的机器学习算法，以实现硬实时智能。为此，应该使用适当的工具集来支持此类环境的设计师，以构建可改善“智慧城市”中生活质量的智能场景。

(6) 缺乏测试平台：参考文献[192]、[193]认为缺乏测试平台是对智慧城市平台开发的挑战。没有测试平台，就很难进行测试和试验来发现部署智慧城市平台将面临的真正挑战。智慧城市模拟器的实施可能是一种成本更低的实验替代方案。

(7) 城市模型：如参考文献[183]所示，从工程学的角度来看，要完全理解城市，就需要有效的城市模型，尤其是在对城市作出明智的决策时。此外，参考文献[188]指出，需要建模来观察和理解城市活动，而如参考文献[193]所述，需要城市的统一模型，以便在应用程序和服务之间共享所生成的大量异构数据和服务。从人机交互的角度来看，“智慧城市”模型应将用户作为主要成分/组成部分/参与者，以确保采用以用户为中心而不是以技术为中心的方法来作出各种决策。

(8) 人类角色：在“智慧城市”中，人类在数据收集、数据分析和决策过程中发挥着重要作用。他们查询数据，制定和检验假设，得出结论并确定大数据成功与否。由于人类的行为既是数据的生产者也是数据的消费者，因此，他们应遵守数据收集和检索的政策，他们与智能对象的交互作用应用于可视化数据模式，而他们的持续反馈有助于改善整个大数据系统。因此，在技术发展过程中，应进行大量的社会和体制变革，以确保“人机界面”支持结构性变化。

(9) 改善生活质量：最近的研究表明，随着科技公司和地方政府开始明确地将市民福祉纳入智慧城市的愿景，关于智慧城市的争论发生了转变。许多人指出，过去的智慧城市方法是自上而下、以技术为中心的技术官僚式的解决方案，并不能改善市民的实际生活质量。智慧城市的一个主要要素是对服务交付方式的根本改变，而智慧城市的交付主要不在于技术，而在于服务的转换和改进。技术显然是智慧城市的必要条件，但采用最新技术本身并不能保证智慧城市计划的成功，而是管理风格和政策方向上的创新使城市更加宜居，并使城市发展目标与市民对高质量生活的理解相一致。因此，智慧城市项目的成功并不取决于技术或技术资本，而是取决于领导力和组织间的协调，技术本身对创新没有任何贡献。遵循以用户为中心的设计流程仍将是确保市民接受并获得整体成功的唯一方法。

(10) 公共空间中的交互：公共空间的特点是可以共享开放的可及性和开放的多感知性策略。开放可及性是指开放性公共场所的包容性，欢迎各种各样的公民(不同的年龄、性别、社会地位或种族背景)，而很少或没有外部人群控制机制。另一方面，开放式多感知性是指这样一个事实，即这样的空间允许观察不直接参与交互的人员在该区域内的行为。这两个方面都对公共空间中的用户交互提出了许多挑战：①交互应该是流动的和短期的，因为人们可以在闲暇时随意进出交互区域；②公共场所的瞬态性质要求交互式城市环境应该是不言自明的，使初次或一次性用户无须事先介绍或培训；③交互系统应满足各种潜在参与者的需求，这些参与者的年龄、性别、文化背景和对技术的了解各不相同，这是决定交互式数字体验的直观性的核心因素之一；④应考虑社会压力，因为它是另一个阻碍许多人参与此类空间交互环境的因素——来自对其不遵守默认的社会角色的焦虑、对社交尴尬的害怕或对其社会接受度的破坏。

(11) 激励用户参与：为了使"智慧城市"中的人群感知有效，需要适当解决以下几个方面：①任务分配(将较小的任务适当地分配给人群)；②用户描述和可信度(用户可靠性和基于信任的分类，确保收集数据的正确性)；③激励机制的设计(如确保用户的可靠性，即用户愿意提供可靠的数据)；④本地化分析(在将数据发送到服务器之前进行本地数据预处理，以最大限度地减少网络流量)；⑤安全性和隐私性(从公民的角度解决重要问题，例如共享个人数据)。

(12) 直观交互：交互-注意连续体的概念(图17-19)概述了3种用户关注度不同的交互界面类型之间的转换，包括焦点交互、外围交互和隐式交互。

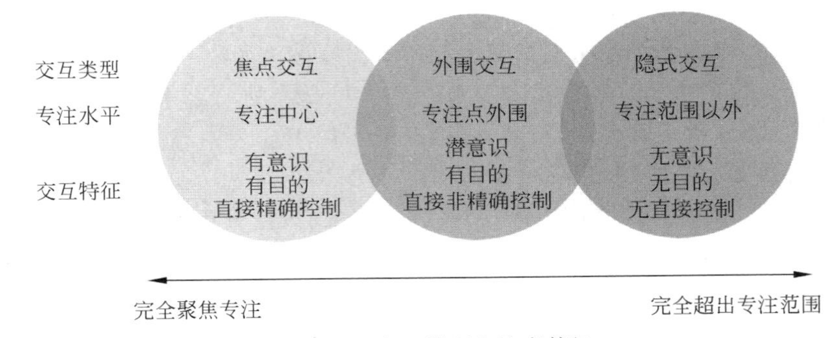

图17-19　交互类型和注意等级

外围交互旨在以微妙的方式将计算机系统中的信息呈现给用户，以使他们的注意力外围感知到这些信息。鉴于大多数当前的交互系统都居于交互-注意连续体的左端或右端，因此有必要弥合焦点交互和隐式交互之间的潜在差距(外围交互)以完成完整的连续体，从而将交互技术流畅地嵌入日常工作。这可以通过创建可在不同的注意力水平上操作的交互式系统来实现，从而使交互能够按照用户期望或适合于情境的方式沿着交互-注意连续体进行转换。

(13) 社会凝聚力、包容性和团结：最后，要确保智慧城市的利益能为我们社会的所有群体所共享，这在整个研究中始终至关重要。

17.5　结论

到2030年，全球物联网设备的数量预计将达到500亿台，越来越多的城市将迎来"智能

化”的浪潮，从而使“智慧城市”的概念成为常态，而不是例外。在这个充满希望的世界中，交通、医疗、便利零售、农业、经济、政府等多个领域以及这些系统产生的大数据将提供智能解决方案，并有效利用“智慧城市”的资源，从而提高市民的整体生活质量。

在这一期待已久的转型过程中，与人类的自然交互将是新一代智慧城市系统的关键需求，因为市民是其主要参与者。为此，丰富的物联网设备将使人们能够采用各种交互方式(存在、身体姿势和动作、注视、语音、触摸)，以适应不同的用户能力、使用环境或设备变化。此外，需要支持隐式和显式交互，以适应不同的使用场景，而这些交互方式应包含适当的机制，以支持公共空间中的便捷交互。最后，人工智能的开发有望通过自动推断知识并采取适当的行动(包括主动的和反应性的)，最大限度地减少显式交互的需求。

然而，信息与通信技术的最新发展以及创新技术(例如 AR、IoT)的出现暴露了智慧城市物联网应用方面的若干研究问题和挑战。所有当代智慧城市都需要解决的最大实际挑战可能是基础设施要素的规模和多样性，这些要素需要以可扩展的方式进行管理和互操作。但是，从市民(用户)的角度来看，正是这些挑战为“智慧城市”中的环境智能和人与环境交互领域提供了新的研究方向。

参考文献

[1] ALBINO V, BERARDI U, DANGELICO R M. Smart cities: definitions, dimensions, performance, and initiatives[J]. Journal of urban technology, 2015, 22(1): 3-21.

[2] GOODALL B. The Penguin dictionary of human geography[M]. [s. l.]: Puffin Books, 1987.

[3] KUPER A. The social science encyclopedia[M]. London: Routledge, 2013.

[4] WENGE R, ZHANG X, DAVE C, et al. Smart city architecture: a technology guide for implementation and design challenges[J]. China communications, 2014, 11(3): 56-69.

[5] National Bureau of Statistics of China. National economy was generally stable in 2019 with main projected targets for development achieved[EB/OL]. (2020-01-17)[2020-06-26]. http://www.stats.gov.cn/english/PressRelease/202001/t20200117_1723398.html.

[6] United Nations Department of Economic and Social Affairs. 68% of the world population projected to live in urban areas by 2050, says UN[EB/OL]. (2018-05-16)[2020-06-26]. https://www.un.org/development/desa/en/news/population/2018-revision-of-world-urbanization-prospects.html.

[7] BOHLI J-M, SKARMETA A, MORENO M V, et al. SMARTIE project: secure IoT data management for smart cities[C]//Proceedings of the 2015 International Conference on Recent Advances in Internet of Things (RIoT), 2015: 1-6.

[8] SÁNCHEZ-CORCUERA R, et al. Smart cities survey: technologies, application domains and challenges for the cities of the future[J/OL]. International journal of distributed sensor networks, 2019, 15(6). [2010-06-27]. https://doi.org/10.1177/1550147719853984.

[9] CHOURABI H, et al. Understanding smart cities: an integrative framework[C]//Proceedings of the 2012 45th Hawaii International Conference on System Sciences. Washington DC: IEEE Computer Society, 2012: 2289-2297.

[10] DAVID B, et al. User-oriented system for smart city approaches[J]. IFAC proceedings volumes, 2013, 46(15): 333-340.

[11] CHAUHAN S, AGARWAL N, KAR A K. Addressing big data challenges in smart cities: a systematic literature review[J]. Info, 2016, 18(4): 73-90.

[12] VEECKMAN C, VAN DER GRAAF S. The city as living labortory: a playground for the innovative development of smart city applications[C]//Proceedings of the 2014 International

Conference on Engineering, Technology and Innovation(ICE 2014). [s. l.]: IEEE, 2014: 1-10.

[13] GIL-CASTINEIRA F, COSTA-MONTENEGRO E, GONZALEZ-CASTANO F, et al. Experiences inside the ubiquitous Oulu smart city[J]. Computer, 2011, 44(6): 48-55.

[14] AL-FUQAHA A, GUIZANI M, MOHAMMADI M, et al. Internet of things: a survey on enabling technologies, protocols, and applications[J]. IEEE communications surveys & tutorials, 2015, 17(4): 2347-2376.

[15] MOHAMMADI M, AL-FUQAHA A. Enabling cognitive smart cities using big data and machine learning: approaches and challenges[J]. IEEE communications magazine, 2018, 56(2): 94-101.

[16] SPERANZA P, GERMANY J O. Assembly, space, and things: urban food genome, urban interaction, and bike share[M]//Enriching urban spaces with ambient computing, the internet of things, and smart city design. [s. l.]: IGI Global, 2017: 47-67.

[17] McKinsey Global Institute. Smart cities: digital solutions for a more livable future[R]. [s. l.]: McKinsey & Company, 2018.

[18] GÓMEZ-CARMONA O, SÁDABA J, CASADO-MANSILLA D. Enhancing street-level interactions in smart cities through interactive and modular furniture[J]. Journal of ambient intelligence and humanized computing, 2019: 1-14.

[19] Ministry of Housing and Urban Affairs, Government of India. What is smart city: smart cities mission[EB/OL]. [2020-06-26]. http://smartcities. gov. in/content/innerpage/what-is-smart-city. php.

[20] DAMERI R P. Smart city definition, goals and performance[M]//Smart city implementation. [s. l.]: Springer, 2017: 1-22.

[21] BATTY M, et al. Smart cities of the future[J]. European physical journal: special topics, 2012, 214(1): 481-518.

[22] NAM T, PARDO T A. Conceptualizing smart city with dimensions of technology, people, and institutions[C]//Proceedings of the 12th Annual International Digital Government Research Conference: Digital Government Innovation in Challenging Times. New York: ACM, 2011: 282-291.

[23] HARRISON C, et al. Foundations for smarter cities[J]. IBM journal of research and development, 2010, 54(4): 1-16.

[24] BAKICI T, ALMIRALL E, WAREHAM J. A smart city initiative: the case of Barcelona[J]. Journal of the knowledge economy, 2013, 4(2): 135-148.

[25] WASHBURN D, SINDHU U, BALAOURAS S, et al. Helping CIOs understand "smart city" initiatives[J]. Growth, 2009, 17(2): 1-17.

[26] LOMBARDI P, GIORDANO S, FAROUH H, et al. Modelling the smart city performance[J]. Innovation: the European journal of social science research, 2012, 25(2): 137-149.

[27] SU K, LI J, FU H. Smart city and the applications[C]//Proceedings of the 2011 International Conference on Electronics, Communications and Control. [s. l.]: IEEE, 2011: 1028-1031.

[28] LAZAROIU G C, ROSCIA M. Definition methodology for the smart cities model[J]. Energy, 2012, 47(1): 326-332.

[29] ZYGIARIS S. Smart city reference model: assisting planners to conceptualize the building of smart city innovation ecosystems[J]. Journal of the knowledge economy, 2013, 4(2): 217-231.

[30] DAMERI R P. Searching for smart city definition: a comprehensive proposal[J]. International journal of computer science and information technologies, 2013, 11(5): 2544-2551.

[31] MARSAL-LLACUNA M-L, COLOMER-LLINÀS J, MELÉNDEZ-FRIGOLA J. Lessons in urban monitoring taken from sustainable and livable cities to better address the smart cities initiative[J].

Technological forecasting and social change, 2015, 90: 611-622.
[32] KOURTIT K, NIJKAMP P, ARRIBAS D. Smart cities in perspective-a comparative European study by means of self-organizing maps[J]. Innovation: the European journal of social science research, 2012, 25(2): 229-246.
[33] KOMNINOS N. Intelligent cities: variable geometries of spatial intelligence[J]. Intelligent buildings international, 2011, 3(3): 172-188.
[34] KOURTIT K, NIJKAMP P. Smart cities in the innovation age[J]. Innovation: the European journal of social science research, 2012, 25(2): 93-95.
[35] GIFFINGER R, FERTNER C, KRAMAR H, et al. Smart cities: ranking of European medium-sized cities[M]. Vienna: Vienna University of Technology, 2007.
[36] EGER J M. Smart growth, smart cities, and the crisis at the pump a worldwide phenomenon[J]. I-WAYS-Journal of e-government policy and regulation, 2009, 32(1): 47-53.
[37] THITE M. Smart cities: implications of urban planning for human resource development[J]. Human resource development international, 2011, 14(5): 623-631.
[38] CHEN T M. Smart grids, smart cities need better networks[J]. IEEE Network, 2010, 24(2): 2-3.
[39] CRETU L-G. Smart cities design using event-driven paradigm and semantic web[J]. Informatica economică, 2012, 16(4): 57-67.
[40] CARAGLIU A, DEL BO C, NIJKAMP P. Smart cities in Europe[J]. Journal of urban technology, 2011, 18(2): 65-82.
[41] THUZAR M. Urbanization in southeast Asia: developing smart cities for the future? [M]//Regional Outlook, 2011: 96-100.
[42] GUAN L. Smart steps to a better city[J]. Government news, 2012, 32(2): 24.
[43] VELOSA A, TRATZ-RYAN B. Hype cycle for smart city technologies and solutions, 2012[R]. Gartner,2012.
[44] BARRIONUEVO J M, BERRONE P, RICART J E. Smart cities, sustainable progress[J]. IESE insight, 2012, 14(14): 50-57.
[45] HALL R E. The vision of a smart city[R]. International Life Extension Technology Workshop, Paris, France, September 28, 2000.
[46] SETIS,European Commission. EUROPA-European initiative on smart cities[EB/OL]. [2020-06-26]. https://setis. ec. europa. eu/set-plan-implementation/technology-roadmaps/european-initiative-smart-cities.
[47] IBM. IBM100-Smarter planet[EB/OL]. [2020-06-26]. https://www. ibm. com/ibm/history/ibm100/us/en/icons/smarterplanet/.
[48] Infocomm Media Development Authority. Singapore iN2015 masterplan offers a digital future for everyone[EB/OL]. [2020-06-26]. https://www. imda. gov. sg/news-and-events/Media-Room/archived/ida/Media-Releases/2006/20050703161451.
[49] EGGERS W D, SKOWRON J. Forces of change: smart cities[EB/OL]. [2020-06-26]. https://www2. deloitte. com/us/en/insights/focus/smart-city/overview. html.
[50] SONG H, SRINIVASAN R, SOOKOOR T, et al. Smart cities: foundations, principles, and applications. [s. l.]: John Wiley & Sons, 2017.
[51] GHOSH S K, DEY T K. Internet of Things: challenges and its future perspective[J]. International journal of applied mathematics and computer science, 2017,11(9): 1-6.
[52] MEDAGLIANI P, et al. Internet of Things applications-From research and innovation to market deployment. [s. l.]: River Publishers,2014: 287-313.
[53] VERMESAN O, et al. Internet of Things strategic research and innovation agenda[M]//Internet of

Things：converging technologies for smart environments and integrated ecosystems. [s. l.]：River Publishers，2013：7-152.

[54] VERMESAN O，FRIESS P. Internet of Things：converging technologies for smart environments and integrated ecosystems[M]. [s. l.]：River publishers，2013.

[55] JAMES R. The Internet of Things-a study in hype，reality，disruption，and growth[EB/OL]. (2014-06-04)[2020-06-26]. https://www.supplychain247.com/paper/the_internet_of_things_a_study_in_hype_reality_disruption_and_growth/pro_services.

[56] SHAH J，MISHRA B. IoT enabled environmental monitoring system for smart cities[C]//Proceedings of the 2016 International Conference on Internet of Things and Applications (IOTA). [s. l.]：IEEE，2016：383-388.

[57] MEHMOOD Y，AHMAD F，YAQOOB I，et al. Internet-of-Things-based smart cities：recent advances and challenges[J]. IEEE communications magazine，2017，55(9)：16-24.

[58] RERUM. Reliable，resilient and secure IoT for smart city applications[EB/OL]. [2020-06-26]. https://ict-rerum.eu/.

[59] CityPulse. CityPulse：real-time IoT stream processing and large-scale data analytics for smart city applications[EB/OL]. [2020-06-26]. http://www.ict-citypulse.eu/page/.

[60] GARDAŠEVIĆ G，et al. The IoT architectural framework，design issues and application domains [J]. Wireless personal communications，2017，92(1)：127-148.

[61] COOK D J，AUGUSTO J C，JAKKULA V R. Ambient intelligence：technologies，applications，and opportunities[J]. Pervasive and mobile computing，2009，5(4)：277-298.

[62] AARTS E H，ENCARNAÇÃO J L. True visions：the emergence of ambient intelligence[M]. [s. l.]：Springer Science & Business Media，2006.

[63] BÖHLEN M，FREI H. Ambient intelligence in the city overview and new perspectives[M]//Handbook of ambient intelligence and smart environments. [s. l.]：Springer，2010：911-938.

[64] BWALYA K J. Ambient intelligence in smart city environments：topologies and information architectures[M]//Guide to ambient intelligence in the IoT environment. [s. l.]：Springer，2019：3-22.

[65] TACHIZAWA E M，ALVAREZ-GIl M J，MONTES-SANCHO M J. How "smart cities" will change supply chain management[J]. International journal of supply chain management，2015，20(3)：237-248.

[66] DOMINGO A，BELLALTA B，PALACIN M，et al. Public open sensor data：revolutionizing smart cities[J]. IEEE technology and society magazine，2013，32(4)：50-56.

[67] KITCHIN R. The real-time city? Big data and smart urbanism[J]. GeoJournal，2014，79(1)：1-14.

[68] LAVALLE S，LESSER E，SHOCKLEY R，et al. Big data，analytics and the path from insights to value[J]. MIT Sloan management review，2011，52(2)：21-32.

[69] KALAITZAKIS M，et al. Building a smart city ecosystem for third party innovation in the city of Heraklion[M]//Mediterranean Cities and Island Communities. [s. l.]：Springer，2019：19-56.

[70] SINGH D，TRIPATHI G，JARA A J. A survey of Internet-of-Things：future vision，architecture，challenges and services[C]//Proceedings of the 2014 IEEE World Forum on Internet of Things (WF-IoT). [s. l.]：IEEE，2014：287-292.

[71] NORMAN D A. Emotional design：why we love (or hate) everyday things[M]. New York：Basic Civitas Books，2004.

[72] YE J N，CHENG J X，AN D，et al. Research on innovative design of urban smart lighting equipment based on user experience[C]//Proceedings of the International Conference on Human-computer Interaction，2019. Cham，Switzerland：Springer，2019：374-386.

[73] HASSENZAHL M, WIKLUND-ENGBLOM A, BENGS A, et al. Experience-oriented and product-oriented evaluation: psychological need fulfillment, positive affect, and product perception[J]. International journal of human-computer interaction, 2015, 31(8): 530-544.

[74] HARBOLA S, COORS V. Geo-visualisation and visual analytics for smart cities: a survey[J]. The international archives of the photogrammetry, remote sensing and spatial information sciences, 2018, 42(9): 11-18.

[75] MIKUSZ M, CLINCH S, JONES R, et al. Repurposing web analytics to support the IoT[J]. Computer, 2015, 48(9): 42-49.

[76] JEONG Y, JOO H, HONG G, et al. AVIoT: Web-based interactive authoring and visualization of indoor internet of things[J]. IEEE transactions on consumer electronics, 2015, 61(3): 295-301.

[77] BATTY M, HUDSON-SMITH A. Visual analytics for urban design[J]. Urban design, 2014,132: 38-41.

[78] FERNÁNDEZ PRIETO D, ZECKZER D, TIBERIO HERNÁNDEZ J. UCIV 4 planning: a user-centered approach for the design of interactive visualizations to support urban and regional planning [J]. IADIS international journal on computer science and information systems, 2013, 8(2): 27-39.

[79] Cuzzocrea A, Mansmann S. OLAP visualization: models, issues, and techniques[M]//Encyclopedia of data warehousing and mining. 2nd ed. [s. l.]: IGI Global, 2009: 1439-1446.

[80] LIU Z, JIANG B, HEER J. imMens: real-time visual querying of big data[J]//Computer graphics forum, 2013, 32(3): 421-430.

[81] WANG L D, WANG G H, ALEXANDER C A. Big data and visualization: methods, challenges and technology progress[J]. Digital technologies, 2015, 1(1): 33-38.

[82] FU Y, ZHANG X L. Trajectory of urban sustainability concepts: a 35-year bibliometric analysis [J]. Cities, 2017, 60: 113-123.

[83] TAN S, YANG J, YAN J, et al. A holistic low carbon city indicator framework for sustainable development[J]. Applied energy, 2017, 185: 1919-1930.

[84] AHVENNIEMI H, HUOVILA A, PINTO-SEPPÄ I, et al. What are the differences between sustainable and smart cities? [J]. Cities, 2017, 60: 234-245.

[85] KUMAR A, PRAKASH A. Role of big data and analytics in smart cities[J]. International journal of science and research, 2014, 6(14): 12-23.

[86] BARNS S. Smart cities and urban data platforms: designing interfaces for smart governance[J]. City, culture and society, 2018, 12: 5-12.

[87] TOBLER W R. A computer movie simulating urban growth in the Detroit region[J]. Economic geography, 1970, 46: 234-240.

[88] LEE J-G, KANG M. Geospatial big data: challenges and opportunities[J]. Big data research, 2015, 2(2): 74-81.

[89] CARTWRIGHT W, et al. Geospatial information visualization user interface issues[J]. Cartography and geographic information science, 2001, 28(1): 45-60.

[90] STRATIGEA A, PAPADOPOULOU C-A, PANAGIOTOPOULOU M. Tools and technologies for planning the development of smart cities[J]. Journal of urban technology, 2015, 22(2): 43-62.

[91] HASHEM I, CHANG V, ANUAR N, et al. The role of big data in smart city[J]. International journal of information management, 2016, 36(5): 748-758.

[92] SUN G-D, WU Y-C, LIANG R-H, et al. A survey of visual analytics techniques and applications: State-of-the-art research and future challenges[J]. Journal of computer science and technology, 2013, 28(5): 852-867.

[93] SUN Y, LI S. Real-time collaborative GIS: a technological review [J]. ISPRS journal of

photogrammetry and remote sensing, 2016, 115: 143-152.

[94] RESCH B, WOHLFAHRT R, WOSNIOK C. Web-based 4D visualization of marine geo-data using WebGL[J]. Cartography and geographic information science, 2014, 41(3): 235-247.

[95] HELFERT M, KREMPELS K-H, KLEIN C, et al. Smart cities, green technologies, and intelligent transport systems[M]. [s. l.]: Springer, 2016.

[96] ESRI. 3D urban mapping: from pretty pictures to 3D GIS[R/OL]. [2020-06-26]. https://www.esri.com/library/whitepapers/pdfs/3d-urban-mapping.pdf.

[97] MURSHED S M, AL-HYARI A M, WENDEL J, et al. Design and implementation of a 4D web application for analytical visualization of smart city applications[J]. ISPRS international journal of geo-information, 2018, 7(7): 276.

[98] SERIM B, JACUCCI G. Explicating "implicit interaction": an examination of the concept and challenges for research [C]//Proceedings of the 2019 CHI Conference on Human Factors in Computing Systems. New York: ACM, 2019: 1-16.

[99] YUE W, WANG H, WANG G. Designing transparent interaction for ubiquitous computing: theory and application [C]//Proceedings of the 12th International Conference on Human-computer Interaction. Berlin: Springer, 2007: 331-339.

[100] SCHMIDT A. Implicit human computer interaction through context[J]. Personal technologies, 2000, 4(2): 191-199.

[101] HERVÁS R, NAVA S W, CHAVIRA G, et al. Towards implicit interaction in ambient intelligence through information mosaic roles [M]//Engineering the user interface. London: Springer, 2009: 1-10.

[102] WEISER M. The computer for the 21st century[J]. Scientific American, 1991, 265(3): 94-105.

[103] FARRER J, et al. This pervasive day: the potential and perils of pervasive computing [M]. London: Imperial College Press, 2012.

[104] BIBRI S E. Implicit and natural HCI in AmI: ambient and multimodal user interfaces, intelligent agents, intelligent behavior, and mental and physical invisibility[M]//The human face of ambient intelligence. Paris: Atlantis Press, 2015: 259-318.

[105] BAI Y-W, KU Y-T. Automatic room light intensity detection and control using a microprocessor and light sensors[J]. IEEE transactions on consumer electronics, 2008, 54(3): 1173-1176.

[106] LIN T, RIVANO H, LE MOUËL F. A survey of smart parking solutions[J]. IEEE transactions on intelligent transportation systems, 2017, 18(12): 3229-3253.

[107] CHOI J S, LEE H, ENGELS D W, et al. Passive UHF RFID-based localization using detection of tag interference on smart shelf[J]. IEEE transactions on systems, man and cybernetics: Part C, Applications and reviews, 2011, 42(2): 268-275.

[108] GUSMEROLI S, PICCIONE S, ROTONDI D. IoT access control issues: a capability based approach[C]//Proceedings of the 2012 6th International Conference on Innovative Mobile and Internet Services in Ubiquitous Computing. [s. l.]: IEEE, 2012: 787-792.

[109] KUMAR A, ANUSHA N, PRASAD B S S V. Automatic toll payment, alcohol detection, load and vehicle information using Internet of Things & mailing system[C]//Proceedings of the 2017 International Conference on Intelligent Computing and Control (I2C2). [s. l.]: IEEE, 2017: 1-5.

[110] MONIRI M M, FELD M, MÜLLER C. Personalized in-vehicle information systems: building an application infrastructure for smart cars in smart spaces [C]//Proceedings of the 2012 8th International Conference on Intelligent Environments. [s. l.]: IEEE, 2012: 379-382.

[111] LILIS Y, ZIDIANAKIS E, PARTARAKIS N, et al. Personalizing HMI elements in ADAS using ontology meta-models and rule based reasoning[C]//Proceedings of the International Conference on

Universal Access in Human-computer Interaction. Cham: Springer, 2017: 383-401.

[112] BEHRENS M, VALKANOVA N, et al. Smart citizen sentiment dashboard: a case study into media architectural interfaces[C]//Proceedings of the International Symposium on Pervasive Displays. New York: ACM, 2014: 19-24.

[113] KEERTIKUMAR M, SHUBHAM M, BANAKAR R. Evolution of IoT in smart vehicles: an overview[C]//Proceedings of the 2015 International Conference on Green Computing and Internet of Things (ICGCIoT). [s.l.]: IEEE, 2015: 804-809.

[114] ATZORI L, IERA A, MORABITO G, et al. The social Internet of Things (SIoT)-when social networks meet the Internet of Things: concept, architecture and network characterization[J]. Computer networks, 2012, 56(16): 3594-3608.

[115] AKSU H, BABUN L, CONTI M, et al. Advertising in the IoT era: vision and challenges[J]. IEEE communications magazine, 2018, 56(11): 138-144.

[116] YANG R, NEWMAN M W. Learning from a learning thermostat: lessons for intelligent systems for the home[C]//Proceedings of the 2013 ACM International Joint Conference on Pervasive and Ubiquitous Computing. New York: ACM, 2013: 93-102.

[117] NAZERFARD E, COOK D J. Using Bayesian networks for daily activity prediction[C]//Proceedings of AAAI Workshop: Plan, Activity, and Intent Recognition, Bellevue, WA, USA, July 14-15, 2013.

[118] REEVES S. Designing interfaces in public settings: understanding the role of the spectator in human-computer interaction[M]. London: Springer Science & Business Media, 2011.

[119] HESPANHOL L, TOMITSCH M. Strategies for intuitive interaction in public urban spaces[J]. Interacting with computers, 2015, 27(3): 311-326.

[120] BØDKER S. When second wave HCI meets third wave challenges[C]//Proceedings of the 4th Nordic Conference on Human-computer Interaction: Changing Roles. New York: ACM, 2006: 1-8.

[121] DALSGAARD P, HALSKOV K. Dynamically transparent window[C]//Proceedings of the CHI'09 Extended Abstracts on Human Factors in Computing Systems. New York: ACM, 2009: 3019-3034.

[122] BIRLIRAKI C, MARGETIS G, PATSIOURAS N, et al. Enhancing the customers' experience using an augmented reality mirror[C]//Proceedings of the 18th International Conference on Human-computer Interaction. Cham: Springer, 2016: 479-484.

[123] OJALA T, et al. Multipurpose interactive public displays in the wild: three years later[J]. Computer, 2012, 45(5): 42-49.

[124] KARUZAKI E, PARTARAKIS N, ANTONA M, et al. BubbleFeed: visualizing RSS information in public spaces[C]//Interactivity, game creation, design, learning, and innovation. Cham: Springer, 2017: 151-161.

[125] ACKAD C, WASINGER R, GLUGA R, et al. Measuring interactivity at an interactive public information display[C]//Proceedings of the 25th Australian Computer-human Interaction Conference: Augmentation, Application, Innovation, Collaboration. New York: ACM, 2013: 329-332.

[126] HESPANHOL L, BOWN O, CAO J, et al. Evaluating the effectiveness of audio-visual cues in immersive user interfaces[C]//Proceedings of the 25th Australian Computer-human Interaction Conference: Augmentation, Application, Innovation, Collaboration. New York: ACM, 2013: 569-572.

[127] BIRLIRAKI C, et al. Interactive edutainment: a technologically enhanced theme park[C]//

Proceedings of the 21st International Conference on Human-computer Interaction. Cham: Springer, 2019: 549-559.

[128] BRYNSKOV M, DALSGAARD P, EBSEN T, et al. Staging urban interactions with media façades[C]//Proceedings of the 12th IFIP TC 13 International Conference on Human-computer Interaction. Berlin: Springer, 2009: 154-167.

[129] MICHELIS D, MÜLLER J. The audience funnel: observations of gesture based interaction with multiple large displays in a city center[J]. International journal of human-computer interaction, 2011, 27(6): 562-579.

[130] MÜLLER J, ALT F, MICHELIS D, et al. Requirements and design space for interactive public displays[C]//Proceedings of the 18th ACM International Conference on Multimedia. New York: ACM, 2010: 1285-1294.

[131] DELMASTRO F, ARNABOLDI V, CONTI M. People-centric computing and communications in smart cities[J]. IEEE communications magazine, 2016, 54(7): 122-128.

[132] BURKE J A, et al. Participatory sensing[C]//Proceedings of the Workshop on World Sensor Web (WSW'06). ACM, 2006: 6-10.

[133] CONTI M,KUMAR M. Opportunities in opportunistic computing[J]. Computer, 2010, 43(1): 42-50.

[134] LANE N D, EISENMAN S B, MUSOLESI M, et al. Urban sensing systems: opportunistic or participatory? [C]//Proceedings of the 9th Workshop on Mobile Computing Systems and Applications. New York: ACM, 2008: 11-16.

[135] DUSTDAR S, NASTIć S, ŠćEKIć O. A road map to the cyber-human smart city[M]//Smart cities. Cham: Springer, 2017: 239-258.

[136] AGNIHOTRI P, WEBER F, PETERS S. Axxessity: city and user-centric approach to build smart city bonn[C]//Proceedings of the 13th ACM International Conference on Distributed and Event-based Systems. New York: ACM, 2019: 220-223.

[137] TSEMEKIDI-TZEIRANAKI S, et al. Analysis of the EU residential energy consumption: trends and determinants[J]. Energies, 2019, 12(6): 1065.

[138] DUTTA J, ROY S. IoT-fog-cloud based architecture for smart city: prototype of a smart building [C]//Proceedings of the 2017 7th International Conference on Cloud Computing, Data Science & Engineering-Confluence. [s. l.]: IEEE, 2017: 237-242.

[139] KYRIAZIS D, VARVARIGOU T, WHITE D, et al. Sustainable smart city IoT applications: heat and electricity management & eco-conscious cruise control for public transportation [C]// Proceedings of the 2013 IEEE 14th International Symposium on"A World of Wireless, Mobile and Multimedia Networks"(WoWMoM) . [s. l.]: IEEE, 2013: 1-5.

[140] ZANELLA A, BUI N, CASTELLANI A, et al. Internet of Things for smart cities[J]. IEEE Internet of Things Journal, 2014, 1(1): 22-32.

[141] BANNAN B, BURBRIDGE J. Smart City Learning Solutions, Wearable Learning, and User Experience Design[M]//Perspectives on wearable enhanced learning (WELL). Cham: Springer, 2019: 253-271.

[142] BONINO D, ALIZO M T D, PASTRONE C, et al. WasteApp: smarter waste recycling for smart citizens[C]//Proceedings of the 2016 International Multidisciplinary Conference on Computer and Energy Science (SpliTech) . [s. l.]: IEEE, 2016: 1-6.

[143] WIJAYA A S, ZAINUDDIN Z, NISWAR M. Design a smart waste bin for smart waste management[C]//Proceedings of the 2017 5th International Conference on Instrumentation, Control, and Automation (ICA). [s. l.]: IEEE, 2017: 62-66.

[144] NIRDE K, MULAY P S, CHASKAR U M. IoT based solid waste management system for smart city[C]//Proceedings of the 2017 International Conference on Intelligent Computing and Control Systems (ICICCS). [s. l.]: IEEE, 2017: 666-669.

[145] BHARADWAJ A S, REGO R, CHOWDHURY A. IoT based solid waste management system: a conceptual approach with an architectural solution as a smart city application[C]//Proceedings of the 2016 IEEE Annual India Conference (INDICON). [s. l.]: IEEE, 2016: 1-6.

[146] DUBBELDEMAN R, STEPHEN W. Smart cities: how rapid advances in technology are reshaping our economy and society[R/OL]. [2020-06-30]. https://www2. deloitte. com/content/dam/Deloitte/tr/Documents/public-sector/deloitte-nl-ps-smart-cities-report. pdf.

[147] SCUOTTO V, FERRARIS A, BRESCIANI S, et al. Internet of Things: applications and challenges in smart cities. A case study of IBM smart city projects[J]. Business process management journal, 2016, 22(2).

[148] PEREIRA G V, PARYCEK P, FALCO E, et al. Smart governance in the context of smart cities: a literature review[J]. Information Polity, 2018, 23(2): 143-162.

[149] YADAV G. Driverless cars in a smart city-2021 and beyond[J]. International journal of scientific & engineering research, 2017, 8(11): 597-608.

[150] CAPRA C F. The smart city and its citizens: governance and citizen participation in Amsterdam Smart City[J]. International journal of e-planning research, 2016, 5(1): 20-38.

[151] PIHLAJANIEMI H. Designing and experiencing adaptive lighting. Case studies with adaptation, interaction and participation[D]. Oulu: University of Oulu, 2016.

[152] MARSAL-LLACUNA M-L. The people's smart city dashboard (PSCD): delivering on community-led governance with blockchain[J]. Technological forecasting and social change, 2020, 158.

[153] ALAWADHI S, SCHOLL H J. Smart governance: a cross-case analysis of smart city initiatives [C]//Proceedings of the 2016 49th Hawaii International Conference on System Sciences (HICSS). [s. l.]: IEEE, 2016: 2953-2963.

[154] MEIJER A, BOLÍVAR M P R. Governing the smart city: a review of the literature on smart urban governance[J]. International review of administrative sciences, 2016, 82(2): 392-408.

[155] VIALE PEREIRA G, CUNHA M A, LAMPOLTSHAMMER T J, et al. Increasing collaboration and participation in smart city governance: a cross-case analysis of smart city initiatives[J]. Information technology for development, 2017, 23(3): 526-553.

[156] FRANCISCO A, MOHAMMADI N, TAYLOR J E. Smart city digital twin-enabled energy management: toward real-time urban building energy benchmarking[J]. Journal of management in engineering, 2020, 36(2).

[157] RIZWAN P, SURESH K, BABU M R. Real-time smart traffic management system for smart cities by using Internet of Things and big data[C]//Proceedings of the 2016 International Conference on Emerging Technological Trends (ICETT). [s. l.]: IEEE, 2016: 1-7.

[158] PHAM T-L, GERMANO S, MILEO A, et al. Automatic configuration of smart city applications for user-centric decision support[C]//Proceedings of the 2017 20th Conference on Innovations in Clouds, Internet and Networks (ICIN). [s. l.]: IEEE, 2017: 360-365.

[159] DAELY P T, REDA H T, SATRYA G B, et al. Design of smart LED streetlight system for smart city with web-based management system[J]. IEEE sensors journal, 2017, 17(18): 6100-6110.

[160] WANG Y, RAM S, CURRIM F, et al. A big data approach for smart transportation management on bus network[C]//Proceedings of the 2016 IEEE International Smart Cities Conference (ISC2).

[s. l.]：IEEE，2016：1-6.
[161] RAJPUT N S，MISHRA A，SISODIA A，et al. A novel autonomous taxi model for smart cities [C]//Proceedings of the 2018 IEEE 4th World Forum on Internet of Things (WF-IoT). [s. l.]：IEEE，2018：625-628.
[162] BENEVOLO C，DAMERI R P，D'AURIA B. Smart mobility in smart city[M]//Empowering organizations. Cham：Springer，2016：13-28.
[163] FIRNKORN J，MÜLLER M. Free-floating electric carsharing-fleets in smart cities：the dawning of a post-private car era in urban environments? [J]. Environmental science & policy，2015，45：30-40.
[164] BUHALIS D，AMARANGGANA A. Smart tourism destinations [C]//Information and communication technologies in tourism 2014. Cham：Springer，2013：553-564.
[165] BUHALIS D，AMARANGGANA A. Smart tourism destinations enhancing tourism experience through personalisation of services[C]//Information and communication technologies in tourism 2015. Cham：Springer，2015：377-389.
[166] KHAN M S，WOO M，NAM K，et al. Smart city and smart tourism：a case of Dubai[J]. Sustainability，2017，9(12)，2279.
[167] MOHAMMED F，IDRIES A，MOHAMED N，et al. Opportunities and challenges of using UAVs for dubai smart city [C]//Proceedings of the 2014 6th International Conference on New Technologies，Mobility and Security (NTMS). [s. l.]：IEEE，2014：1-4.
[168] COOK D J，DUNCAN G，SPRINT G，et al. Using smart city technology to make healthcare smarter[J]. Proceedings of the IEEE，2018，106(4)：708-722.
[169] XHAFA F. Advanced technological solutions for e-health and dementia patient monitoring[M]. [s. l.]：IGI Global，2015.
[170] NASLUND J A，ASCHBRENNER K A，MARSCH L A，et al. The future of mental health care：peer-to-peer support and social media[J]. Epidemiology and psychiatric sciences，2016，25(2)：113-122.
[171] BATEMAN D R，BRADY E，WILKERSON D，et al. Comparing crowdsourcing and friendsourcing：a social media-based feasibility study to support Alzheimer disease caregivers[J]. JMIR research protocols，2017，6(4)：e56.
[172] VILLANUEVA K，et al. The impact of neighborhood walkability on walking：does it differ across adult life stage and does neighborhood buffer size matter? [J]. Health place，2014，25：43-46.
[173] FRANK L D，SAELENS B E，POWELL K E，et al. Stepping towards causation：do built environments or neighborhood and travel preferences explain physical activity，driving，and obesity? [J]. Social science & medicine，2007，65(9)：1898-1914.
[174] ARAMAKI E，MASKAWA S，MORITA M. Twitter catches the flu：detecting influenza epidemics using Twitter[C]//Proceedings of the 2011 Conference on Empirical Methods in Natural Language Processing. Stroudsburg，PA：Association for Computational Linguistics，2011：1568-1576.
[175] GINSBERG J，MOHEBBI M H，PATEL R S，et al. Detecting influenza epidemics using search engine query data[J]. Nature，2009，457(7232)：1012-1014.
[176] EICHSTAEDT J C，et al. Psychological language on Twitter predicts county-level heart disease mortality[J]. Psychological science，2015，26(2)：159-169.
[177] ABBAR S，MEJOVA Y，WEBER I. You tweet what you eat：studying food consumption through twitter[C]//Proceedings of the 33rd Annual ACM Conference on Human Factors in Computing Systems. New York：ACM，2015：3197-3206.

[178] MEHMOOD Y, AHMAD F, YAQOOB I, et al. Internet-of-things-based smart cities: recent advances and challenges[J]. IEEE communications magazine, 2017, 55(9): 16-24.

[179] DUSTDAR S, NASTIĆ S, ŠĆEKIĆ O. A road map to the cyber-human smart city[M]//Smart cities. Cham: Springer, 2017: 239-258.

[180] STREITZ N A. From human-computer interaction to human-environment interaction: ambient intelligence and the disappearing computer [M]//Universal access in ambient intelligence environments. Cham: Springer, 2007: 3-13.

[181] SANTANA E F Z, CHAVES A P, GEROSA M A, et al. Software platforms for smart cities: concepts, requirements, challenges, and a unified reference architecture[J]. ACM computing surveys(CSUR), 2017,50(6): 1-37.

[182] DJAHEL S, DOOLAN R, MUNTEAN G-M, et al. A communications-oriented perspective on traffic management systems for smart cities: challenges and innovative approaches[J]. IEEE communications surveys & tutorials, 2014, 17(1): 125-151.

[183] PERERA C, ZASLAVSKY A, CHRISTEN P, et al. Context aware computing for the Internet of Things: a survey[J]. IEEE communications surveys & tutorials, 2014, 16(1): 414-454.

[184] HASSAN M M, ALBAKR H S, AL-DOSSARI H. A cloud-assisted Internet of Things framework for pervasive healthcare in smart city environment[C]//Proceedings of the 1st International Workshop on Emerging Multimedia Applications and Services for Smart Cities. New York: ACM, 2014: 9-13.

[185] WU C, BIRCH D, SILVA D, et al. Concinnity: a generic platform for big sensor data applications [J]. IEEE Cloud Computing, 2014, 1(2): 42-50.

[186] NAPHADE M, BANAVAR G, HARRISON C, et al. Smarter cities and their innovation challenges[J]. Computer, 2011, 44(6): 32-39.

[187] WAN J, LI D, ZOU C, et al. M2M communications for smart city: an event-based architecture [C]//Proceedings of the 2012 IEEE 12th International Conference on Computer and Information Technology. Washington, DC: IEEE Computer Society, 2012: 895-900.

[188] BALAKRISHNA C. Enabling technologies for smart city services and applications [C]// Proceedings of the 2012 6th International Conference on Next Generation Mobile Applications, Services and Technologies. [s. l.]: IEEE, 2012: 223-227.

[189] SINAEEPOURFARD A, et al. Estimating smart city sensors data generation[C]//Proceedings of the 2016 Mediterranean Ad Hoc Networking Workshop (Med-Hoc-Net). [s. l.]: IEEE, 2016: 1-8.

[190] ELMANGOUSH A, COSKUN H, WAHLE S, et al. Design aspects for a reference M2M communication platform for smart cities[C]//Proceedings of the 2013 9th International Conference on Innovations in Information Technology (IIT). [s. l.]: IEEE, 2013: 204-209.

[191] HERNÁNDEZ-MUÑOZ J M, et al. Smart cities at the forefront of the future internet[C]//Future internet assembly. Berlin: Springer, 2011: 447-462.

[192] STANKOVIC J A. Research directions for the Internet of Things[J]. IEEE Internet of Things journal, 2014, 1(1): 3-9.

[193] VILLANUEVA F J, AGUIRRE C, VILLA D, et al. Smart city data stream visualization using Glyphs[C]//Proceedings of the 2014 Eighth International Conference on Innovative Mobile and Internet Services in Ubiquitous Computing. [s. l.]: IEEE, 2014: 399-403.

[194] SHAPIRO J M. Smart cities: quality of life, productivity, and the growth effects of human capital [J]. Review of economics and statistics, 2006, 88(2): 324-335.

[195] AMATO A, DI MARTINO B, SCIALDONE M, et al. Personalized recommendation of

semantically annotated media contents[C]//Proceedings of the 7th International Symposium on Intelligent Distributed Computing. Cham: Springer, 2014: 261-270.

[196] CARDULLO P, KITCHIN R. Being a 'citizen'in the smart city: up and down the scaffold of smart citizen participation in Dublin, Ireland[J]. GeoJournal, 2019, 84(2): 1-13.

[197] COWLEY R, JOSS S, DAYOT Y. The smart city and its publics: insights from across six UK cities[J]. Urban research & practice, 2018, 11(1): 53-77.

[198] DE WAAL M, DIGNUM M. The citizen in the smart city. How the smart city could transform citizenship[J]. IT-information technology, 2017, 59(6): 263-273.

[199] NAM T, PARDO T A. Smart city as urban innovation: focusing on management, policy, and context[C]//Proceedings of the 5th International Conference on Theory and Practice of Electronic Governance. New York: ACM, 2011: 185-194.

[200] KRAEMER K L, KING J L. Information technology and administrative reform: will the time after e-government be different? [R/OL]. (2003-08-01)[2020-06-30]. https://escholarship.org/uc/item/2rd511db#author.

[201] MÜLLER J, ALT F, MICHELIS D, et al. Requirements and design space for interactive public displays[C]//Proceedings of the 18th ACM International Conference on Multimedia. New York: ACM, 2010: 1285-1294.

[202] BIBRI S E. Implicit and natural HCI in AmI: ambient and multimodal user interfaces, intelligent agents, intelligent behavior, and mental and physical invisibility[M]//The human face of ambient intelligence. Paris: Atlantis Press, 2015: 259-318.

[203] FERSCHA A. Implicit interaction[M]//This pervasive day: the potential and perils of pervasive computing. London: Imperial College Press, 2012: 17-36.

[204] SYKIANAKI E, LEONIDIS A, ANTONA M, et al. CaLmi: stress management in intelligent homes[C]//Adjunct Proceedings of the 2019 ACM International Joint Conference on Pervasive and Ubiquitous Computing and Proceedings of the 2019 ACM International Symposium on Wearable Computers. New York: ACM, 2019: 1202-1205.

[205] KOROZI M, LEONIDIS A, ANTONA M, et al. LECTOR: towards reengaging students in the educational process inside smart classrooms[C]//Intelligent human computer interaction. Cham: Springer, 2017: 137-149.

[206] BAKKER S, NIEMANTSVERDRIET K. The interaction-attention continuum: considering various levels of human attention in interaction design[J]. International journal of design, 2016: 10(2): 1-14.

18 信息安全

随着计算机与网络技术的蓬勃发展，随之而来的信息安全问题也日渐突出。但什么是信息安全？常见的信息安全威胁都有哪些？从设计开发人员的角度来看，影响用户对信息安全感知的因素又有哪些？这些因素如何影响用户在使用信息科技产品时的行为？本章将对这些问题逐一进行阐述。

另外，随着移动技术的发展和移动设备的普及，移动信息安全也日渐成为一个热门的话题。移动设备在数量和复杂性方面迅猛增长，以手机为代表的移动设备已成为信息安全威胁的攻击对象。而且，由于移动设备操作系统差异较大，维护移动信息安全就变得更加困难。因此，本章也将深入探讨移动信息安全。

18.1 信息安全概述

对于一般的计算机和网络用户来说，对信息安全的理解可能只局限于一些具体的事例，比如计算机受到病毒侵袭、在线交易时信用卡账号被盗、收到垃圾邮件或者聊天记录被监视等。根据美国国家安全系统委员会公布的标准，信息安全的定义是“保护信息及其重要元素，包括使用、存储和传输这些信息的系统及硬件”。除此之外，还有很多人给出了信息安全的定义。例如，McDaniel 将信息安全定义为“保护信息资产不因故意或疏忽从而导致未经授权被他人取得、损害、披露、操作、修改的概念、技术、措施和管理措施”。

具体来说，信息是否安全要看是否满足下列 7 项条件：

(1) 可用性(availability)：即保证合法用户使用信息时不会被不正当地拒绝。例如，用户使用某个数据库时，应当能够通过输入口令进入该数据库，并能够以一定的方式找到所需的信息。

(2) 精确性(accuracy)：即保证信息没有错误，能够符合用户的预期。例如，用户通过某电子银行系统查询个人账户信息时，系统提供的信息应当是准确无误的。

(3) 真实性(authenticity)：即正确判断信息来源，对伪造来源的信息予以鉴别。例如，某种通过电子邮件诈骗的手段就是在电子邮件的传送过程中修改了发件人的地址信息，从而欺骗了邮件的接收人，使其认为该邮件是真实的，这就侵犯了信息的真实性。

(4) 保密性(confidentiality)：即保证机密信息不被窃听或者窃听者无法了解信息的真实含义，从而确保只有具有权限的人才能访问信息。例如，可以对用户在即时聊天系统中传输的信息进行加密，防止其被非法截取或记录。

(5) 完整性(integrity)：即保证数据内容的完好无损，不被非法用户篡改。例如，许多计算机病毒会修改系统文件的数据，这就破坏了信息的完整性。

(6) 效用性(utility)：即保证信息能够发挥它的作用。例如，用户通过搜索引擎搜索信息时，若搜索结果以用户不能理解的文字甚至是乱码呈献给用户，那这种信息就失去了效用性。

(7) 所有性(possession)：即保证信息所有者对信息具有所有权和控制权。例如，公司员工将公司数据的副本卖给公司竞争对手的行为就侵犯了信息的所有性。

在上述7项条件中，保密性(confidentiality)、完整性(integrality)、可用性(availability)通常合称为信息安全的"CIA原则"。

以上提及的条件只涉及信息本身，而没有涉及获取、传播、使用信息的组织和个人。Dhillon和Backhous从组织的角度延伸了"CIA原则"，提出了"RITE原则"，这一原则主要强调以信息安全为中心的组织管理需要满足以下4项条件：

(1) 责任(responsibility and knowledge of roles)：对于一个组织的成员来说，理解自己的角色和责任很重要。任何与信息相关的工作的开展都应当建立在成员明确自己的责任范围的基础之上。

(2) 完整性(integrity as requirement of membership)：在信息安全的7项条件中，完整性主要是指信息不被非法篡改。为了保证这一条件在组织内得以满足，组织应当明确界定哪些人允许进入组织的信息系统，他们允许获得什么样的数据，换句话说，就是要有明确的授权。

(3) 信任(trust as distinct from control)：组织要对成员的诚实水平和道德水平有恰当的预期。组织应当信任自己的成员，成员应根据准则和既定的行为规范行事。

(4) 道德(ethicality as opposed to rules)：组织成员应当按照道德规范行事。这里的道德规范不是指组织的正式规定而是指非正式的行为规范，是一种在工作过程中逐渐建立的自我约束的内在行为要求。

18.2 信息安全威胁

在现实生活中，信息安全面临着许多种类的威胁。任何可能损害上述信息安全7个条件以及"CIA原则"和"RITE原则"的实体都可以视为信息安全威胁。

据美国计算机安全协会和联邦调查局公布的《2010—2011年度计算机犯罪和安全调查》显示，在285个被调查对象中，有41.1%的被调查者在2010年度遭受过信息安全事故，有67.1%的被调查对象受到过恶意软件攻击。据中国国家信息安全漏洞共享平台(CNVD)发布的漏洞统计，2011年发现涉及电信运营企业的网络设备(如路由器、交换机等)的漏洞203个，其中高危漏洞73个。在国家计算机网络应急技术处理协调中心(CNCERT)接收的网络安全事件(不含漏洞)中，网站安全类事件占到61.7%；境内被篡改网站数量为36 612个，较2010年增加5.1%；4—12月被植入网站后门的境内网站为12 513个。移动信息安全形势同样也不容乐观。2011年CNCERT捕获移动互联网恶意程序6249个，较2010年增加超过两倍。总的来说，信息安全的威胁种类繁多，数量巨大，给计算机和网络用户带来了很大的损失。

为了更好地认识信息安全的威胁，Whitman 将它们分成了 12 大类，下面分别对这 12 类信息安全威胁作简单介绍。

1）人为过失

这一类信息安全威胁指人们在使用信息系统的过程中，某些无意的行为造成的对信息安全的危害。人们在使用计算机时，难免会发生操作失误(operation accidents)，一条错误的删除指令可能导致重要数据的丢失，一个错误的参数设置可能导致操作系统的崩溃，甚至一个简单的按键都可能导致整个网络的中断。

2）侵犯知识产权

计算机软件具有创造性和可复制性的特点，因而也在知识产权保护的范围内。对计算机软件知识产权的破坏危害了信息的所有性，因而也是一种信息安全威胁。使用盗版软件(pirate software)是最常见的一种侵犯知识产权的行为。除免费软件之外，计算机软件大多只特许给特定的购买者使用，如果用户将该软件程序复制到没有许可的计算机上使用，便侵犯了此软件作者的知识产权。

3）间谍或蓄意入侵(黑客、口令攻击、信息窃听、用户在线行为记录等)

这一类信息安全威胁指未授权的人获得了受保护的信息的访问权限，这破坏了信息安全的机密性。在这一类威胁中，最常见的是黑客(hacker)，他们利用信息系统的某些漏洞和缺陷，在网上进行诸如修改网页、非法进入主机破坏程序、进入银行网络转移资金等行为。除了黑客之外，这类信息安全威胁还有口令攻击(password attack)、信息窃听(information wiretapping)和用户在线行为记录(users' online behavior being recorded)等。

4）蓄意信息敲诈

这类信息安全威胁是指攻击者非法入侵计算机系统，以此敲诈信息所有者，以获得某种非法利益。数据勒索(data extortion)就是其中之一，攻击者在入侵用户计算机系统之后，通过加密手段锁住计算机中的文件，然后向用户索要赎金来将文件解密。

5）蓄意破坏

这类信息安全威胁涉及蓄意破坏信息系统的可用性。例如拒绝服务攻击(denial of service)，其目的是使计算机或网络无法提供正常的服务。这种攻击通过用极大的通信量或连接请求冲击网络或计算机，使得所有的可用资源消耗殆尽，最终导致网络或计算机无法再处理合法用户的请求。

6）蓄意窃取

这类信息安全威胁是指非法获取他人财产，包括物质的和非物质的。例如，计算机盗窃(computer theft)是窃取物质财产的威胁；网络钓鱼攻击(fishing)是将用户引诱到一个与目标网络非常相似的钓鱼网站上，并获取用户输入的个人信息，如信用卡号、账户名称、密码等内容。

7）蓄意软件攻击

这类信息安全威胁是指通过设计软件来攻击信息系统。常见的软件有计算机病毒(viruses)、蠕虫(worms)、木马程序(Trojan horses)、僵尸电脑(zombie PCs)、流氓软件(malicious software)和垃圾邮件(spam)。

8）自然灾害

自然灾害(natural disasters)，如闪电、地震等，能够破坏信息的存储、传输和使用，威胁信息安全。

9) 服务质量差

这类信息安全威胁是指信息产品或服务未能按预期交付给信息系统的客户。例如，网络服务提供商所提供的网络服务质量不稳(deviation in quality of service from service providers)，会造成用户无法正常使用网络服务，危害信息安全的可用性。

10) 硬件故障或错误

信息系统的运行需要依靠各种硬件设备的支持，若硬件设备发生故障(hardware failure)，就会影响信息系统的使用，进而对信息安全造成威胁。

11) 软件故障或错误

信息系统的软件由大量的计算机代码构成，如果这些代码中存在着漏洞，那么它就可能对信息安全造成威胁。例如，后门程序(backdoor programs)是一种遗留在软件中的程序漏洞，它可能被软件的开发者秘密使用，也可能被其他别有用心的人发现并加以利用，从而入侵信息系统，取得系统的控制权。

12) 技术淘汰

信息系统需要不断更新，否则可靠性就会下降。系统中的软件错误(software bugs)如果不能及时得到修补，就会留下漏洞，被他人利用，威胁到信息系统的安全。

虽然以上列出的这些威胁在原理和特点方面各不相同，但是它们都能给信息安全的7项条件以及“CIA 原则”和“RITE 原则”内容的不同方面带来威胁，而且用户对不同种类的威胁感觉到的危险程度也可能不同。

在移动环境下，信息安全威胁大体也可以归入上述12个类别中，这里介绍 Leung 等人所做的另一种分类，他们把移动信息安全威胁分为以下4类。

1) 网络安全威胁

网络安全威胁一般与无线网络有关，常见的网络安全威胁有如下几种：

(1) 拒绝服务攻击(denial of service)：移动设备的拒绝服务攻击同之前介绍的相同。例如有一种名为“默默的诅咒”的攻击方式，通过对手机发送特定的信息，使得手机在接收一定数量的攻击短信之后无法接收更多短信。移动设备和网络的各种资源过度消耗在处理攻击者的请求上，因而不能正常处理用户合法的请求。

(2) 欺骗(spoofing)：欺骗是指通过伪装成被授权的客户端、设备或用户来获得某些授权进而得以访问某些受保护的资源。例如有一种欺骗手段可以通过发送伪装短信，欺骗 Twitter，使得 Twitter 将伪装短信同步到受害者的页面上。这些虚假的短信内容可以进一步用于欺骗受害者的亲友，威胁他们的信息安全。

(3) 窃听(eavesdropping)：它是指恶意实体在网络层面监视信息传递，比如用户使用手机和好友进行即时聊天，信息在从手机向基站传输的过程中就有可能被某些恶意实体窃听或者记录。这就损害了信息安全的保密性。

(4) 超额计费攻击(overbilling)：它是一种对 GPRS 网络的攻击，这种攻击可以劫持用户的 IP 地址，然后通过从恶意服务器上产生下载流量，迫使受害用户支付超额流量产生的费用。

(5) 驾驶攻击(war driving)：驾驶攻击指的是攻击者在一个区域内寻找并记录不安全的无线网络连接并利用无线网络安全机制的漏洞进行攻击。例如，某用户在他常去的咖啡馆打开手机并寻找无线接入点，发现了一个叫“acme-wireless”的网络，但这其实是攻击者用计算机伪装的一个无线接入点。用户使用此无线网络输入个人信息后，就可能泄露自己的登录用户名、密码等信息。

除了以上介绍的威胁之外，网络安全威胁还有流量分析(traffic analysis)、未经授权访问(unauthorized access)、信息篡改(message modification)、不良网络连接(poor connection of network)等形式。

2) 设备安全威胁

常见的设备安全威胁有如下几种：

(1) 设备丢失(losing the device)：根据诺基亚公司的调查，丢失设备是中国用户目前最担心的移动安全威胁。过去美国计算机安全研究所与联邦调查局曾调查发现笔记本电脑丢失是仅次于病毒的第二大安全威胁。与笔记本电脑相比，手机等移动设备更容易被盗，因而更容易导致经济和个人信息的损失。

(2) 恶意代码(malicious code)：它能够感染并摧毁处于联网状态下的移动设备。恶意代码可以多种形式入侵，比如病毒、蠕虫、木马程序等，它们可以通过短信、彩信、蓝牙、手机上网等方式进行传播。

(3) 垃圾信息(spam)：含有欺诈、骚扰、非法广告、非定制商业广告等信息，通过邮件、短信、即时消息、语音电话等方式对用户造成干扰也是设备安全威胁的一个方面。尽管垃圾信息本质上不具破坏性，但是它同样能够带来时间和金钱上的损失，因而也被视作信息安全威胁。

除了以上3种威胁之外，设备安全威胁还有复制手机SIM卡(SIM card cloning)、设备入侵和控制(device intrusion and control)等表现形式。

3) 用户安全威胁

用户安全威胁主要是指损害用户个人信息安全和隐私的一类威胁，常见的用户安全威胁有如下方面。

(1) 用户数据提取(profiling)：用户数据提取是指服务提供商会获取与用户有关的有价值的数据，比如年龄、性别、收入、消费习惯等，并通过以往的服务记录建立用户数据档案。用户的这些个人资料有可能被泄露给其他服务提供商或窃听机构从而造成进一步的损失。

(2) 信息泄露(information disclosure)：信息泄露是指将用户个人信息(如个人身份、信用卡信息、位置等)泄露给服务提供商或监听者。例如，钓鱼攻击可能通过邮件、短信、电话等形式引诱收信人给出个人敏感信息从而实施信息窃取。

(3) 信息过载(information overloading)：信息过载是指用户设备可能被大量来自服务商或垃圾信息源的海量服务信息所冲击。例如，有一种叫作“短信炸弹”的软件，它收集了各种注册时会自动发送认证信息的网站，只需要输入手机号码，软件就会自动在这些网站上注册，然后大量的注册认证信息就会发到该手机号码上。受到冲击的设备无法正常使用，信息安全的可用性就受到了威胁。

(4) 社会工程(social engineering)：所谓社会工程可以称作社交诈骗，是一种利用人和相关政策弱点获得访问资源的授权实施攻击的手段。例如，利用人的贪念或信任、采用中奖或汇款转账等内容的诈骗短信都属于社会工程。又如，某种通过社交网络传播的短信蠕虫会给受害者发送一条看上去是好友发送的短信，声称提供某些名人绯闻或图片，进而诱导受害者安装该蠕虫。受害者一旦安装该蠕虫，它就会利用被感染者的通讯录进一步传播，而被感染者的手机号也会被报告给下载蠕虫程序的网站。这样，信息安全的保密性就受到了威胁。

(5) 收费警示(payment awareness)：有些应用或服务在开始收费之前没有明显征得用户的许可，或者从免费转换为付费状态时没有明显的提示，这都属于不合理收费，也是一种用户信息安全威胁。

4) 服务提供商安全威胁

服务提供商安全威胁是指服务提供商所遭受的一些恶意用户或其他攻击者的攻击，具体包括：

(1) 服务抵赖(service repudiation)：服务抵赖是指用户在使用某项网络服务或完成某笔电子交易之后"否认"使用了服务或者获得了商品，从而给服务提供商带来经济损失。例如，现在很多的电子交易都需要动态口令或者密钥才能完成，而这些认证机制和用户是一一对应的，这样，用户完成交易之后就会在网络中留下自己交易的证据，因而他们也就不能对自己享受过的服务进行抵赖。

(2) 假冒身份(spoofing)：某些黑客可能会伪装成合法用户与服务提供商进行交易，这样他们就能在购买商品之后逃避付费了。

(3) 非法内容散布(illegal content distribution)：对版权保护内容的非法散布对于电子产品行业是一个巨大的挑战，这会直接导致服务提供商的收入损失。

18.3 信息安全感知影响因素模型

纵使已经有很多先进的信息安全技术，但仅仅依靠技术手段是无法完全解决信息安全问题的。再先进的技术最终都要配置在一个有人存在的环境之中，而人们在现实中可能有意无意地引发各种安全问题或者忽略系统的安全机制。越来越多的实例表明，人的因素才是信息安全中最为薄弱的环节，因此有必要从用户的角度探讨信息安全问题，既要找出影响用户感知信息安全的因素，还要了解用户在使用安全产品、执行安全行为方面的特点。本节将先介绍两个描述影响用户感知信息安全因素的模型，之后再根据模型中列举的因素描述用户使用安全产品、执行安全行为方面的特点。

建立影响用户信息安全感知因素的模型，可以运用风险感知领域常用的心理测量范式，这个范式包括以下4个步骤：

(1) 列出研究领域内的各种风险项目，如各种事故、灾难、行为、威胁和新技术等。

(2) 列出可能影响人们如何感知这些风险项目的各种因素，如熟悉程度、新旧程度、自愿程度等。

(3) 让人们评估这些风险项目在各个风险感知因素上的得分(通常通过调查问卷的方式)。

(4) 通过多元统计分析技术(如因子分析)，找出这些风险感知因素之间的关系，挖掘可以决定这些因素感知水平的因子，并解释其意义。

与信息安全感知相关的第一个模型——KISCAP就是运用了这种心理测量范式建立的。该模型共包含20个影响信息安全感知的变量，这20个变量最终分别归入6个类别，具体包括：了解感知度(knowledge)，影响感知度(impact)，严重感知度(severity)，可控感知度(controllability)，觉察感知度(awareness)及概率感知度(possibility)，将首字母组合起来便是KISCAP。此模型及其组成变量的名称如图18-1所示。

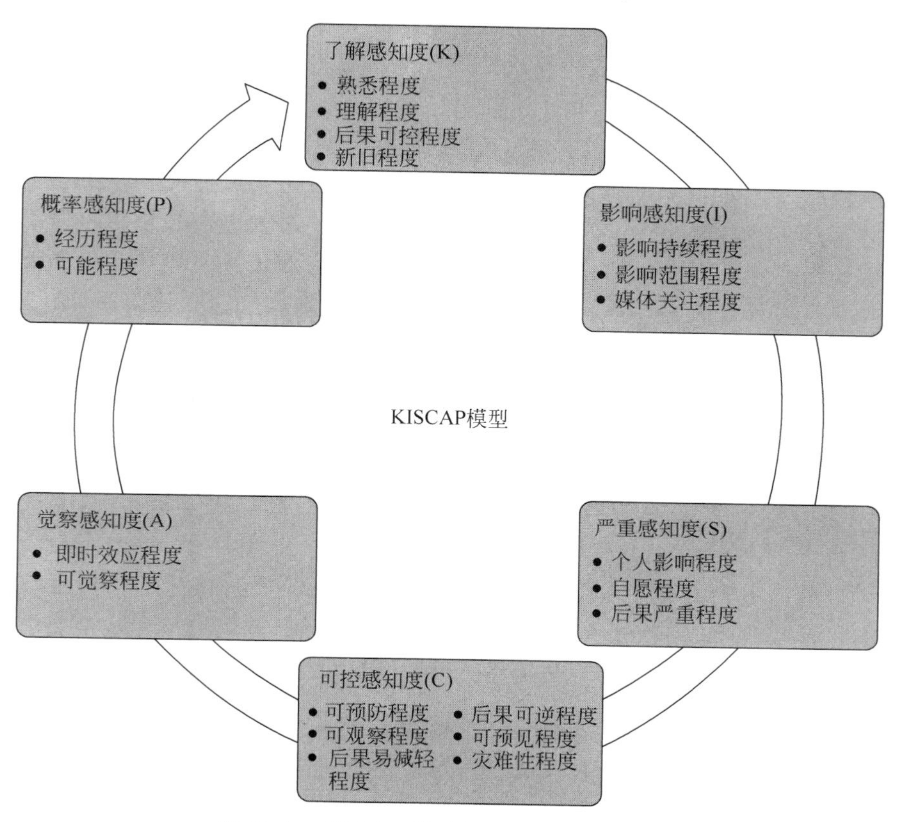

图18-1 KISCAP模型各因子及其组成变量

这个六因子的模型可用于对用户信息安全感知进行建模，区分不同的信息安全威胁的危险感知程度。一般被认为比较危险的信息安全威胁具有如下特性：高严重感知度(如黑客和蠕虫)，高影响感知度(如黑客和蠕虫)，高概率感知度(如病毒和木马程序)，低可控感知度(如后门程序)以及低觉察感知度(如后门程序)。而被认为较不危险的信息安全威胁具有如下特性：高了解感知度(如垃圾邮件)，高觉察感知度(如垃圾邮件和网络服务不稳)，低严重感知度(如盗版软件和用户在线行为记录)以及低影响感知度(如用户操作失误)。

该模型还可用来预测不同威胁类型的总体危险感知程度。黄鼎隆等人将模型中的6个因子作为自变量，将总体危险感知程度作为因变量，进行了多元回归分析，结果显示了解感知度、影响感知度、严重感知度及概率感知度这4个因子对于总体危险感知程度具有显著的预测效应。具体来讲，对于人们感觉到引发后果严重、影响明显的信息安全威胁，人们感知到的危险程度更高，例如黑客和蠕虫，通常人们认为这类威胁的入侵会导致重要信息的丢失、泄露甚至信息系统的崩溃，因此人们会觉得这两种威胁更危险；人们认为发生可能性大的信息安全威胁也会更危险，比如病毒和木马程序就是在用户看来发生可能性大，因而他们会觉得这两种威胁更危险；相反，人们对某种威胁越是了解，对它的危险感知程度就越低，垃圾邮件就属于此情况，因为日常生活中人们经常接触垃圾邮件，对它的了解程度也比较高，因而会觉得这种威胁不太危险。

此外，该六因子模型还可以用于安全机制的开发和评估、信息科技应用中危险感知指南的建立，以及鼓励计算机用户实施安全行为政策的制定当中。

除了模型中的6个因子之外，计算机使用经验和信息安全导致的损失类型(如经济损失、个人隐私泄露、名誉受损等)也对计算机用户的信息安全感知有显著影响。使用计算机越频繁的用户对各种信息安全威胁也越了解，而且他们更倾向于认为信息安全威胁会危害到公众和集体利益；相反，低频率用户更倾向于认为信息安全威胁只危害到个人利益。在不同类型的与信息安全威胁相关的损失中，用户更关心的是经济损失、使用不便以及时间损失。至于隐私泄露这类损失，有些人认为用户关注该损失，而有些人则持相反的观点。

KISCAP模型只是描述了一般情形下影响用户对信息安全感知的因素，鉴于移动环境的特殊性，需要对该模型进行调整。基于此考虑，高斐等人运用同样的心理测量范式得到了描述移动信息安全感知的FICAP模型，该模型包含的因子有熟悉感知度(familiarity)、影响感知度(influence)、可控感知度(controllability)、觉察感知度(awareness)和概率感知度(possibility)，具体内容如图18-2所示。进一步的回归分析表明，在FICAP模型所包含的5个因子中，影响感知度越高，总体危险感知程度越高；概率感知度越高，总体危险感知程度也越高。具体来讲，移动信息安全威胁对用户的影响越大，发生的可能性越大，用户越感觉其危险。以前面提到的社会工程(即社交诈骗)为例，用户在现实生活中经常收到各种含有中奖信息的诈骗短信，因而认为其发生可能性大；而且一旦用户按照短信要求提供个人信息，一般会造成很大的经济损失，也就是说影响很大，因此用户对它的危险感知程度较高。

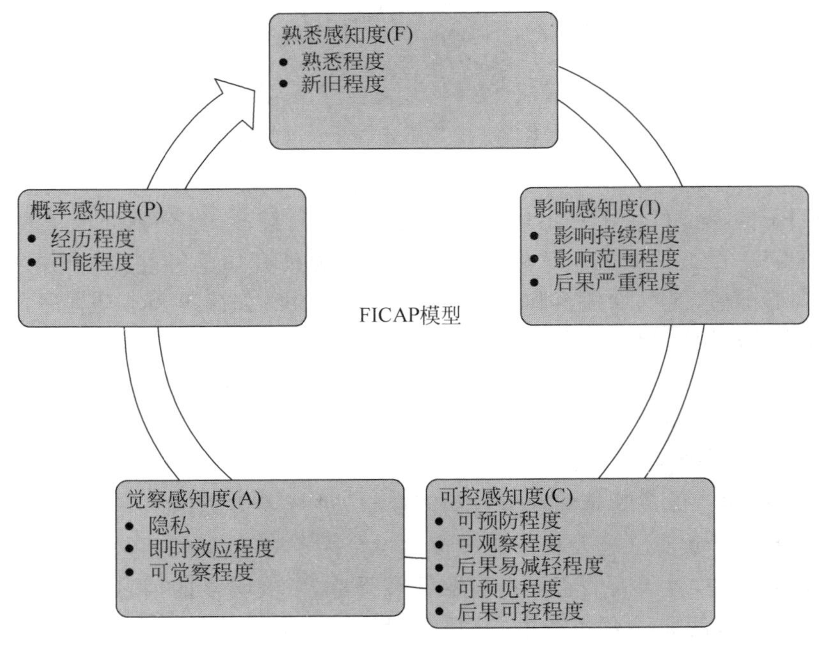

图18-2 FICAP模型各因子及其组成变量

18.4 信息安全感知对信息科技产品选取和安全行为的影响

人们对于信息安全的感知可能影响着他们对信息科技产品的选择意愿以及采取安全行为的意愿。有一些实验已经验证了上述两个模型中提及的因子会影响用户对信息科技产品的选取和安全行为的意愿。

黄鼎隆等人通过两个实验探索了KISCAP模型如何影响信息科技产品用户的态度和行为。

第一个实验是关于电子银行网站的信息安全。在现实生活中，电子银行网站可以通过介绍电子银行威胁来源的相关知识来增强用户的了解感知度，从而通过展示如何阻止、观察和预测威胁来提高用户的可控感知度，然后通过告知用户如果遭受威胁会得到其通知从而增强其觉察感知度。因此，可以推断，在阅读电子银行网站所有的使用须知后，用户可能更愿意使用电子银行。实验结论最后也印证了这个逻辑，结果表明：了解感知度、可控感知度和觉察感知度对人们选择信息技术产品的意图都具有重要影响。对信息安全威胁具有高了解感知度、高可控感知度和高觉察感知度的人具有更高的安全感知程度，因而更可能采用相应的信息科技产品。在这3个因素之中，可控感知度的作用最强，所以增强人们的可控感知度是鼓励人们使用信息科技产品的最有效方法。

另一个是密码设置实验。在现实生活的某个在线论坛的注册过程中，在线论坛可以通过介绍密码破解的原理来提高用户的了解感知度，从而通过介绍密码破解的后果来提高用户的严重感知度，进而通过告知弱防护密码被破解的可能性来提高用户的概率感知度。因此，可以推断，在阅读了在线论坛提供的须知后，用户也许更愿意为自己的账户设置一组防护能力强的密码。同样地，实验结果表明：了解感知度、严重感知度和概率感知度对人们采取安全行为的意图有重要影响。具有高了解感知度、高严重感知度和高概率感知度的人具有更高的安全感知程度，因而更可能采取安全的行为去应对信息安全威胁。这3个因素之中，严重感知度具有最强的作用；了解感知度不仅可以通过作用于用户的安全感知程度间接提高安全行为意愿，还能够直接作用于安全行为意愿。这表明增强人们的严重感知度和了解感知度是使人们采取安全行为的两种有效途径。这也意味着有必要确保用户意识到信息安全威胁会带来严重后果，并让他们知道如果采取安全行为，风险是可降低的。

不难看出，了解感知度在两个实验中都具有重要影响。这也就告诉我们，对信息安全的威胁缺乏了解通常都是低估或高估信息系统安全水平的主要原因。

现实生活中，许多人拒绝采用信息科技产品是因为他们对信息安全甚为担忧。根据2006年中国互联网信息中心发布的中国互联网发展状况统计报告显示，有61.5%的互联网用户由于担心交易安全性得不到保障而拒绝进行网上购物。2011年的中国互联网发展状况统计报告继续指出，“由于网络购物市场越来越多的欺诈和安全问题，导致消费者信心下降，也成为支付、物流等问题之外阻碍网络购物市场快速发展的最主要障碍”。根据中国金融认证中心的网上银行调查报告，超过60%的受访者由于担心安全问题而不打算使用网上银行系统。而通过电子银行实验的结论我们可以看出，即使维持原有的安全水平不变，仅仅是提高用户对安全的感知也可以加强他们对信息科技产品的接受意愿。因此，安全机制的设计者可以通过改变了解感知度、可控感知度和觉察感知度，特别是可控感知度，来提高用户对产品的接受意愿。根据KISCAP模型，人们的可控感知度可以通过改变6个变量来加强。例如，可以通过短信服务(增强可观察程度)来提醒用户电子银行账户的变化，可以保留所有的交易记录以防止交易事故的发生(增强后果易减轻程度)，还可以提供防止用户输入错误的交易信息的机制(增强可预防程度)。

正如前文所述，无论安全机制设计得如何优良，机制发挥作用仍依赖于个体对机制的应用和执行。用户实施安全的行为对于防护信息系统的安全是至关重要的。然而在现实生活中，用户很容易低估他们不安全行为带来的风险，这就需要设计者运用人因学知识改良安全机制。根据网站密码设置实验，设计师可以通过提高用户的严重感知度来增强其执行安全行为的可能性。根据KISCAP模型，严重感知度可通过改变3个变量来增强。例如，一些人说他们没有为操作系统或在线账户设置防护性强的密码是因为他们原以为即使密码被破解，也不会有什么严重的后果。但是事实上，用户却愿意为与经济利益相关的账户设置防护性强的密码，比如股票账户和电子银行账户(改变后果严重程度)。除此之外，还可以让用户知道如果计算机被入侵或被黑客控制，他们的计算机会被黑客用来攻击网络中的其他用户，进而损害公共利益(改变个人影响程度)。

移动环境下用户对产品和服务的接受并不是一蹴而就的，而是动态发展的过程。McAfee公司在英国、美国和日本所进行的调查显示，有72%的被访者对手机的安全性感到担忧。高斐通过对用户的采访和进行关于移动支付的实验总结出，用户对移动支付的接受可以分为3个阶段：产生需求、改善体验和持续使用。在产生需求阶段，应用或服务的有用性是起关键作用的因素。网络、IT服务及其他配套服务的发展会促进电子支付需求的增长，比如网上购物的方便快捷和价格便宜带来的好处，又如某些支付必须要由电子支付进行。而在改善体验阶段，影响用户接受移动支付的因素主要是安全性和易用性，在这一阶段，用户可能尝试不同的系统并进行比较，并在安全性和易用性之间作出权衡和选择，也可能放弃使用易用性差的系统。在持续使用阶段，如果用户在第二阶段选择了安全性和易用性可以接受的系统，那么在随后的使用过程中，他们有可能会增加允许的支付额度。在开始尝试使用时，他们可能只接受小额的支付，比如几十元到一两百元。而在随后逐步增加使用的过程中，会提高支付的额度。

本章着重从用户的角度介绍了与信息安全相关的问题，包括信息安全威胁的种类、影响信息安全感知的因素以及这些因素对用户安全行为的影响。随着计算机与网络技术的发展，人与各种终端设备的交互也越来越复杂。在这样的背景下，更需要研究人在信息安全机制中所起的作用，这样才能更好地指导设计师和开发人员对信息安全机制进行完善，让所有的用户享受到一个安全、放心的计算机与网络环境。

参考文献

[1] NSTISSC. National Training Standard for Information Systems Security (Infosec) Professionals [S]. 1994.
[2] McDANIEL G. IBM dictionary of computing[M]. New York,NY: McGraw-Hill,1994.
[3] WHITMAN M E, MATTORD H J. Principles of information security [M]. [s. l.]: Course Technology,2011.
[4] DHILLON G,BACKHOUSE J. Technical opinion: information system security management in the

new millennium[J]. Communications of the ACM,2000,43(7): 125-128.

[5] CSI/FBI. 2010/2011 computer crime and security survey[J]. ACM,2011,43(7): 125-128.

[6] 国家互联网应急中心. 2011 年我国互联网网络安全态势综述[EB/OL]. [2012-04-05]. http: //it. rising. com. cn/it/2012-03-20/11118. html.

[7] LEUNG A,SHENG Y, CRUICKSHANK H. The security challenges for mobile ubiquitous services[J]. Information security technical report,2007,12(3): 162-171.

[8] GAO F. Perception of mobile information security in China[D]. Beijing: Tsinghua University,2010.

[9] MCDANIELS T,AXELROD L J,SLOVIC P. Characterizing perception of ecological risk[J]. Risk analysis,1995,15(5): 575-588.

[10] SLOVIC P. Perception of risk: reflections on the psychometric paradigm[J]. Social theories of risk, 1992,117: 152.

[11] HUANG D L,RAU P L,SALVENDY G. Perception of information security[J]. Behaviour & information technology,2010,29(3): 221-232.

[12] HUANG D L,RAU P L,SALVENDY G,et al. Factors affecting perception of information security and their impacts on IT adoption and security practices[J]. International journal of human-computer studies,2011,69(12): 870-883.

[13] 中国互联网络信息中心. 第 18 次中国互联网络发展状况统计报告[EB/OL]. [2007-02-26]. http: //www. cnnic. net. cn/index/0E/00/11/index. htm.

[14] 中国互联网络信息中心. 第 28 次中国互联网络发展状况统计报告[EB/OL]. [2012-06-10]. http: //oi. pku. edu. cn/document/20111114092654175720. pdf.

[15] 中国金融认证中心. 中国网上银行调查报告[EB/OL]. [2007-10-16]. http: //www. cfca. com. cn/2006-dc. htm.

[16] 新华通讯社. 调查: 发达国家手机用户的安全顾虑迅速上升[EB/OL]. [2008-03-12]. http://new. xinhuanet. com/internet/2008-02/14/content_7601339. htm.

第4篇

体验评估

在软硬件系统开发的过程中，体验评估是把握设计水准的必要环节。体验评估从人的角度来评价设计，包括很多维度，例如易学性、易用性、易记忆性、容错性、效率和综合满意度等。体验评估有多种方法：从样本量的角度，可分为较小样本的定性研究方法和较大样本的定量研究方法；从数据的性质角度，又可分为主观数据采集方法和客观数据采集方法。不同的方法有各自的优缺点和适用范围，应当根据项目的具体需求选择使用或混合使用。同时各个方法之间的界限也不是绝对的，有很多灵活处理和创新的可能。例如，在远程的电子化的问卷调查中可以加入可交互的产品进行试用，通过A/B测试方法实时跟踪并进行多个方案的比较，以及借助视频工具等进行远程的实景调研等。本篇的4章将分别讨论体验评估最常见的4种方法，即专家评审、现场研究、问卷调查和跟踪测试，以及可用性测试。关于方法的选择和具体使用的细节可以参考其他资料。

19 专家评审

简单来说，专家评审法就是由可用性专家来评估软件系统的可用性。根据评审专家使用的原则的不同，专家评审法可以分为启发评估法(heuristic evaluation)、步进评估法(cognitive walkthrough)和设计准则评估法。

19.1 启发评估法

启发评估法就是使用一套相对简单、通用、有启发性的可用性原则来进行可用性评估。简单来说，就是让几个评审人员根据一些通用的可用性原则和自己的经验来发现系统内潜在的可用性问题。在选择评审人数上，有试验表明，每一个评审人员平均可以发现35%的可用性问题，而5个评审人员可以找到大约75%的可用性问题。

虽然任何人都可以充当评审人员的角色，有试验表明，选用既具有可用性知识又具有和被测系统相关专业知识的"双重专家"是最有效的，这样的双重专家比只有可用性知识的专家平均多发现大约20%的可用性问题。每一个评审人员在1～2h的评估后都应该提供一个独立的报告，将各独立的报告综合以后就得到最后的报告。在报告中应该包括可用性问题的描述，问题的严重性，改进的建议。

启发评估法最早是由Jakob Nielsen和Rolf Molich在1990年提出的，之后Jakob Nielsen又对它进行了改进和确认。最后的启发式可用性原则共有10条，我们分别来介绍它们。

19.1.1 提供显著的系统状态

系统应该随时让用户知道什么正在发生，这应该是在合理的时间内，通过提供正确的反馈来达到的。

系统的反馈按形式可以分为两类：一类是非文字反馈，另一类是文字反馈。非文字反馈是指系统通过改变人机界面元素的外观或显示暂时的元素，让用户知道他们行动的结果。例如，光标变成一个时漏来表示正在进行，请等待；用不同的背景颜色表示选中了。文字反馈指的是系统根据用户的行动而产生的文字信息，例如在文件保存后显示的存档成功的文字窗口。

根据反馈显示时间的长短，也可以分为非持久反馈和持久反馈。非持久反馈只与某一个动作有关，在动作完成后，反馈也应被取消。例如，存档时光标变成时漏，存档完成后，光标应该恢复正常状态。而一些非常重要的反馈则应该成为界面的一部分，持久显示。例如，在网站中用户登录后，应该有持久的信息提示用户已登录的状态。

与系统状态和反馈相关的可用性问题的例子包括：

——缺乏必要的反馈，没有清晰的系统状态；

——反馈不够持久，用户没有足够的时间注意到或理解反馈的内容；

——反馈没有立即显示；

——非文字反馈不容易看到，或不容易理解；

——不必要的反馈，或是反馈使用户慢下来；

——让用户误解的反馈。

系统反馈的快慢往往反映在系统的响应时间上，在网络上，又与系统的下载时间有关。

1. 系统的响应时间

系统的响应时间指的是从用户开始一个行动到计算机将行动结果显示在屏幕上的时间。在这方面的研究有很多，结论包括：

——总的来说，用户比较喜欢较短的响应时间。

——但较短的响应时间会使用户的思考时间缩短，用户会加快和计算机交互的频率，从而可能会相应地增加错误率。

——小于0.1s的响应时间会使用户感到系统有即时的反应，有些任务需要有即时的反应，例如打字，光标的移动，鼠标的选择等的正确响应时间应在50～150ms。

——通常小于1s的响应时间不会打断用户的连续思考，虽然用户能注意到延迟，但通常只需直接显示结果，不需要特别的反馈信息。简单且经常使用的任务的响应时间应该小于1s。

——10s是让用户保持注意力的极限，当响应时间大于10s时，用户会想在等待的过程中做其他的事。当系统响应时间较长的时候，应该显示必要的反馈，提示任务的进展和应期望的完成时间。

——随着响应时间的增长，用户的满意度会降低。

2. 网页的下载时间和用户察觉的下载时间

网页的实际下载时间是指从用户单击网页开始到网页完全下载完毕的时间。根据美国2000年对网页实际下载时间的研究表明，用户对低于5s的下载时间的评价是良，6～10s是中，高于10s是差。当下载时间达到8.6s时，用户普遍希望网页的质量可以提高一些。对网上零售网站的研究发现，网页的实际下载时间和用户完成购买任务的成功率没有显著的统计关系。

用户察觉的下载时间是指从用户单击网页开始到用户感到网页已经下载完毕的时间。有试验发现，用户察觉的下载时间和用户放弃下载网页的概率是有显著关系的。下载的时间越长，用户就越容易放弃浏览该网页。用户察觉的下载时间对网站来说是一个很重要的概念。

图19-1显示了下载时间和系统反馈的关系，用户察觉的下载时间介于系统初始反馈和实际下载时间之间。适当的信息反馈可以缩短用户察觉的下载时间。例如，一个很长的网页，如果网页的上面部分可以很快下载并显示在一个满屏上，用户很可能不会在乎网页下面

部分下载得慢一些,用户察觉的下载时间就会短一些。但如果同样的网页,只有在整个网页下载完毕后才有显示,用户察觉的下载时间便是实际的下载时间。如果实际下载时间较长,就会影响到用户的使用。

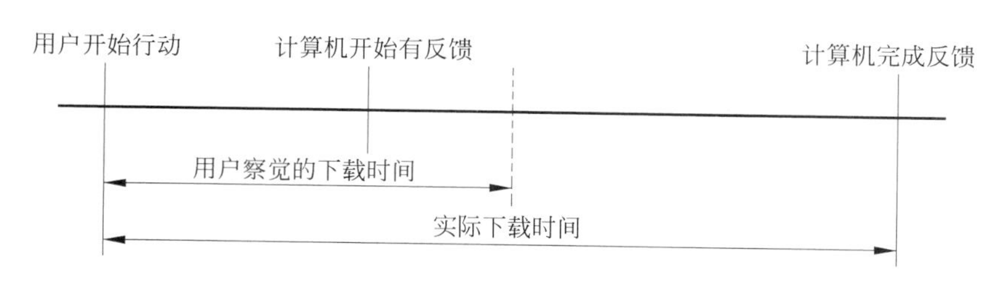

图 19-1　网页下载时间

另外,用户对下载时间的忍受程度也和用户平时习惯的下载时间有关,平时使用较低网速上网的用户更能接受慢一些的网站,而使用宽带上网的用户,习惯了较短的下载时间,会觉得慢的网站更难以接受一些。

本书作者之一在 2000 年为一家大型的美国公司做咨询服务时,对 13 家中文网站进行了浏览和可用性评估,发现国内中文网站设计的浏览方式和国外网站不同。在国外的网站里,通常单击网页里的超级链接,新的网页会显示在同一个浏览器的窗口里,而国内的网站一般会打开一个新的窗口。一般来说,网页显示在同一个窗口内更简单明了,可用性更好。在美国,通常拨号上网的费用是按月收取的,上网时也不用另付电话费,用户不必担心上网的时间。导致国内浏览方式不同的原因可能有两个方面:一是国内的上网速度比较慢,二是大部分拨号上网是按分钟收费的,并且要按分钟加收电话费。于是,有些用户会同时打开很多窗口,等网页下载完毕后,先下网,然后分别阅读每个网页的内容,这种用户行为常见于一些新闻网站。在这种情况下,一个长网页可能会比几个短网页有更高的可用性。

19.1.2　系统应符合用户的真实世界

系统应该讲用户的语言,使用用户熟悉的词、句和概念。系统还应符合真实世界中的习惯,信息应该按一个自然、合理的顺序出现。

本书作者之一曾给其父母买了一台计算机,并在很短的时间内教会了他们怎样开机、关机和发电子邮件,之后,就经常收到他们的邮件。后来,有些日子没有收到他们的邮件,打电话过去,发现原来是有一次发生了死机的情况,只好热启动,微软的视窗 98 在刚启动时自动扫描硬盘,屏幕显示的都是英文,他们不知道出了什么错,以为又死机了,只好重新热启动!后来收到了他们的一封电子邮件,其中说“……好像没有什么大毛病,只是好多情况下计算机是英文说明,真弄不清楚,为中国人设计的计算机,为什么使用英文,所以出现异常情况就不知所措了”。

其实,如果在一个系统的设计中使用用户不熟悉的词语和概念,用户的感受和读一种不熟悉的文字是一样的。在这个原则里,不仅仅是词语和概念,非语言性的信息同样重要,例如图标、工作的流程等也要符合用户在真实世界的使用习惯。

与这条可用性原则相关的可用性问题的例子包括:

——系统使用的词语和概念不符合用户的实际使用习惯,包括系统使用了用户不熟悉的术语，或是没有使用用户熟悉的术语；

——系统使用的语言是以系统为中心的，而不是以用户为中心的；

——任务流程没有反映用户的实际工作过程；

——系统的结构不符合用户对真实世界的理解；

——系统使用的暗喻或比拟的方法不容易理解；

——相关的系统功能没有组合在一起，或是没有正确地组合在一起，或是功能的组合和用户的理解不同，例如菜单的组合不符合用户的理解。

讲用户的语言并不是只能用大众化的语言，而是要用系统用户所熟悉的语言。例如，为机械工程师设计的CAD系统，就应该使用机械工程师使用的术语；供大众使用的网上购物网站采用大众化的语言则是非常恰当的。

讲用户的语言还包括从用户的角度来看待人机交互，而不是从系统的角度。例如，系统的帮助手册应该从用户的角度出发来描绘系统的功能，而不是从系统的内部结构着手。一个公司的网站应该从用户实用的角度来介绍公司的运行，来组织网站的内容，例如产品介绍、购买的方法、售后服务、使用手册等。在设计公司网站时常犯的错误是从公司的内部结构来组织网站的内容，例如领导、生产、人事等，而这样的内容通常不是大多数用户所关心的信息。

因为语言的丰富，通常同一个概念会有不同的名字，“奥运会”等于“奥林匹克运动会”，“计算机”等于“电脑”，系统设计时也应有所考虑，例如，一个好的网上搜索器就应该为用户提供词典搜寻的功能，当用户查找与计算机相关的信息时，搜索器也应找到与电脑相关的信息。

了解用户使用的词语和概念的方法很多，例如，使用相关的专业词典，用采访和问卷调查的方式了解用户对概念的理解，用卡片分类法来定量地了解用户对功能或菜单组合的期望等。

在设计中为了使用户更好地理解系统的功能，可以用暗喻法将现实世界的概念映射到软件系统中。计算机操作系统很早就使用了暗喻法，在普通的办公室里，在桌子上会有一些需要处理的文件，在文件处理完毕后，有些文件需要保存，可能会被放在文件夹里，另一些文件没有保存的必要，可能会被丢在垃圾箱内。在计算机操作系统中，桌面、文件、文件夹、垃圾箱等概念都是从真实世界中映射而来的。

在用户开始学习使用系统的时候暗喻的方法会有很大的帮助，但如果滥用暗喻法也会带来很多可用性问题。例如，在早期的桌面系统中，因为在真实的办公设备中没有和从软驱中取出软盘相对应的概念，有的设计者就使用了垃圾箱，当用户把软盘的图标拖到垃圾箱内时，软盘会弹出。但用户感到这个概念和删除文件是混淆的，会引起可用性问题。

另外需要考虑的是，暗喻也要适应软件全球化，暗喻法通常是和文化相关的，并不是每一个暗喻法都是通用的。例如，在美国的超级市场内通常会有购物车，顾客把全部需要购买的东西放在购物车里后，到付款台结账，所以，很多网上的购物网站都使用了同样的概念。而在中国超级市场流行之前，并不是每一个中国人都熟悉购物车的概念，用户可能不会马上就了解购物车的功用。

19.1.3 用户控制和自由

用户有时会错误地使用系统的功能，他们需要一个清晰的紧急出口离开当前不必要的状态，支持撤销和恢复的功能。

用户喜欢使用工具时有运用自如的感觉，软件也不例外。他们不喜欢有被系统控制，困在当中的感觉。用户学习使用系统的过程是一个试错的过程，他们通常会试一试新的功能，如果发现有错误，就改正错误，试用新的方法，直到成功为止。如果没有紧急出口，这个试错的过程就很难进行。系统应该为用户提供一个简单的办法离开不必要的状态。例如，每一个对话框都应该提供一个取消的功能，让用户回到先前的状态，尤其是那些需要很长时间才能完成的任务，在显示系统进展的同时，一定要提供取消的功能。

很多软件还提供了撤销的功能，可以使系统很快回到上一个指令之前的状态。撤销功能还应该适用于整个系统，而不应该只局限于系统功能的一部分。这个功能可以鼓励用户尝试新的功能，因为用户知道他们在犯错误时可以使用撤销的功能。

与这条原则相关的可用性问题例子包括：

——在不可逆转的行动之前系统没有提供足够警告；

——系统没有在适当的时机提供取消的功能；

——系统的取消功能不明显或是很难找到；

——系统不支持撤销的功能。

19.1.4 一致性和标准性

用户应该不需要考虑是否不同的用词、情况或行动代表同样的东西，设计要符合相应的传统习惯。

一致性包括两个方面：内部一致性和外部一致性。内部一致性指的是系统的各部分之间要保持一致，外部一致性是指系统应该和其他系统、传统习惯及标准保持一致，也就是标准性。

在系统内，同样的信息应该使用一致的用词、外观和布局。这可以帮助用户很快地学习、记忆和熟悉系统的功能。不一致会使用户感到混乱，增加学习所需要的时间。几年前本书作者之一曾住在一间公寓里，这间公寓的洗手间里右边的水龙头出热水，左边的出凉水。而在厨房里，右边的出凉水，左边的出热水。直到一年半后作者搬离这间公寓的时候，有时还会开错水龙头。

外部的一致性则可以借助用户已有的知识和习惯来帮助用户学习和使用一个新的系统。系统的设计也应该符合相关的标准和习惯。在同一个公司有不同的产品或一个大型的产品时，为了保持产品间或产品各部分间的一致，应该使用一个统一的设计标准。不一致有时会导致很严重的错误，例如，在用户没存档就关闭窗口的情况下，很多软件都会用对话框提示用户是否要保存改动，用户可以按相应的键来回答是或否。如果另一个软件设计提示用户是否要放弃改动，同样提供"是""否"键，用户很可能会按那个他们已经按了很多次的"是"键而错误地放弃了改动。

和这个原则相关的可用性问题的例子包括：

——界面元素的外观、布局和分组不一致；

——界面元素的命名不一致；

——系统反馈信息的格式不一致；

——系统提供不一样的方法来操作相似的对象；

——表达含义不一致，例如在不同的地方红色代表不同的意义；

——设计标准和通用的标准不一致。

19.1.5 防止错误

比提供完善的错误信息更好的设计是从一开始就防止错误发生的设计。

错误是和用户对系统的理解以及使用的熟练程度有关的。从人的行为表现的角度来看，人的行为可以分为3个层次，基于知识的、基于规则的和基于技巧的行为层次。

基于知识的行为和学习是没有区别的，这常常发生在人们刚刚开始使用一个新的系统的时候。在这个层次的行为中，错误主要是由于用户对系统理解的差错引起的。为了防止错误，应该为用户提供正确的帮助信息，帮助他们在解决问题的过程中建立对系统的正确理解。

在基于规则的行为层次，用户根据记忆中已经形成的规则来处理所接收到的信息。错误常常是因为忽略了重要的步骤，或是使用了错误规则来处理问题。在这个行为层次里，防止错误最有效的方法就是提供明确的文字提示，或是非语言的暗示(例如鼠标的变化)。

在基于技巧的行为层次，用户的行为是一种近乎机械的行为，他们可以不断地对接收到的信号进行条件反射式的处理。错误常常与用户的知觉及运动机能有关。系统提供的信息应该能清晰地从背景中分辨出来，防止用户错误。在必要时，还应该使用户的行为提升到基于规则的行为层次，用正确的规则处理问题。

与防止用户错误相关的可用性问题的例子包括：

——用户不能学会怎样控制用户界面上的物体；

——输入信息时，界面没有告诉用户所需的格式(例如，密码要求6位以上等)；

——缺少非语言暗示(例如，缺少闪烁的光标来提示用户可以输入)；

——用户界面上不同的物体太相似(例如，在网页上有超级链接的图像看上去像背景，用户不知道他们可以单击这些图像到达其他网页)。

19.1.6 识别而不是回忆

使物体、动作和选项都清晰可见。用户应该不需要在系统的一个部分记忆一些信息，才能使用系统的另一个部分。系统的使用说明应该在需要时容易找到，并清晰可见。

可能你也有这样的感觉，在考试时，多项选择题通常会比默写容易一些。学习外语时，你能认识的词要比你可以默写的词多。这是因为人善于识别信息，而不善于在没有帮助的情况下从大脑中回忆信息。在另一个方面，计算机却有非常好的记忆能力，在界面设计中应该充分利用这个能力。

根据这条原则，计算机应该把可选项显示给用户，而不应该要求用户自己记忆所有的命令。菜单是一个很好的例子，它把所有可能的命令系统地显示给用户。另一个例子是用户在修改信息时，应该把旧的信息显示给用户。

与这条可用性原则相关的可用性问题的例子包括：

——系统的使用过于复杂，用户不得不记忆复杂的命令去操作系统；

——界面提供的信息不及时，用户不得不自己从系统的另一个部分找到相关的信息；

——图像或符号难以理解，甚至误导用户；

——菜单、选择或链接有太多的层次。

19.1.7 灵活、快捷的使用

为用户提供捷径。这些捷径经常可以大大提高熟练用户的使用效率，让用户能方便地启用使用频率较高的功能。

好的软件设计不但考虑到新用户的需要，也要考虑到熟练用户的需要。软件不但对新用户来说简单易学，还要对熟练用户来说快捷、高效，尤其是可以很方便地使用频率较高的功能。提高用户使用效率最好的办法就是提高软件自动化的程度，尽量减少用户不必要的动作，例如在填表时，新的一页出现时，表格的第一个元素应该被自动选中，用户可以直接填写，而不需要用鼠标选中第一个元素。

很多软件为最常用的功能提供了功能键和命令键。命令键指的是用来代替菜单的"热键"，例如 Alt+F 和单击文件菜单效果是一样的。很多人熟悉的功能键 Ctrl+C 用来复制，Ctrl+V 用来粘贴，这样的一个热键可以使操作至少加快 1 倍。另外，在用户界面上用鼠标双击，应该直接调用单击对象最常用的功能。鼠标的右键单击则应该显示弹出菜单，用来调用几个常用的相关功能。

系统中信息的结构应该合理、灵活。在有等级层次的信息系统中应该允许用户容易地切换到系统的其他部分。在网站的设计中，网站地图就是一个很好的例子，用户可以使用网站的地图找到、使用网站中的主要功能。

另外一个例子是在网站中经常使用的导航条，它也被叫作"面包屑路径"，用户可以通过它来知道自己目前在网站中的位置，也可以帮助用户跳跃到分级路径上的任何一个网页上。导航条常常用在有层次的网站结构中，例如多层次的物品分类。

系统的默认值是为用户提供的另一个捷径，用户可以很快地阅读并接受默认值，这样可以省下填写和选择的时间。在需要用户输入信息时，给出对应的例子能帮助用户知道什么是可以接受的值，也可以帮助新用户学习使用系统。有些情况下，可以把用户不常改变的部分与经常改变的部分分开，例如放在界面上不同的地方或不同的页面上，一般情况下，用户可以忽略它们，只有在必要时才改变它们。

如果用户频繁使用的部分不能简单地使用一个默认值，可以用模板 template 的方式来提供多组默认值。例如，用户使用文字编辑软件产生大量类似的文件时，软件可以提供用户自定义的模板，用户可以用这些模板来改变默认的字符大小、字体、文件结构等。

与这条可用性原则相关的可用性问题的例子包括：

——系统缺少自动化，没有自动地执行下面的任务。例如，一个新的视窗打开时，视窗的大小不合适，用户不得不自己改变视窗的大小。

——系统没有提供应有的默认值。

——默认值不正确。

——使用系统需要太多的控制动作。

——系统没有提供捷径，例如，系统没有定义必要的功能键。

19.1.8 美观、精练的设计

用户界面应美观、精练，不应该包括不相关或不常用的信息。任何多余的信息都会影响那些真正相关的信息，从而降低它们的可见性。

在用户使用软件之前，仅仅因为看到了软件的界面，用户也会产生对软件可用性的初始的认识，这叫作表面的可用性。在用户使用软件之后，用户通过使用软件才感受到软件内在的可用性。试验表明，软件的表面可用性和内在可用性没有密切的联系，表面可用性和软件界面的美观性有很大的关联。它和界面的视觉效果有关，具体来说有3个方面：界面元素的外观、界面元素的布局、元素之间的相互关系。但是，在内在可用性真正起作用之前，软件必须对用户有足够的吸引力，才能使用户下定决心购买或使用这个软件。所以，软件不但要使用起来简单容易，表面上看起来也要美观、好用。

从人的视觉角度来说，界面上如果有几个元素距离比较接近，或是被线或线框所包围，或是一起移动、变化，或是在形状、颜色、大小、字体上比较相似，人们会认为它们是同一个部分或同属于一组。界面设计中正确地应用这个原则可以起到简化的效果，如果使用不当，则会引起用户理解上的混乱。

人体工程学告诉我们，人的注意资源是有限的。当人的心理活动指向和集中于某一对象时，该对象即成为人的注意中心，它所提供的信息，将得到大脑最有效的加工。处于注意边缘的事物，虽为人所意识，但大脑反映得模糊不清。而处于注意范围之外的事物，则完全不为人所意识。所以，人机交互时，人不可能把界面上的所有元素全部接受并产生意识。当用户只能注意某一方面的信息时，就不能注意其他方面的信息。

因为用户注意资源的有限性，界面的设计不但要引导用户合理地使用他们的注意资源，也应该保持界面提供的信息精练、简洁。在界面上突出某一个元素的方法很多，例如，使用和背景或其他元素不同的颜色，使用粗体字或大一些的字号，放在界面左上角的信息比右下角的信息得到更多的注意。

为了保持界面信息精练、简洁，在界面上应该只提供真正必要的信息。过多不必要的信息不但会使新用户迷惑，也会让熟练用户慢下来。任何多余的信息都会影响那些真正相关的信息，从而降低它们的可见性。在设计复杂的系统时，可以为新用户设计一个特别简单、基本的界面，让他们避开那些只有高级用户才会使用的功能。这样在新用户开始使用系统时，他们不用花很多时间来改正错误。在他们学会使用系统的基本功能后，再为他们提供更高级的功能，而他们掌握的基本功能也可以帮助他们更快地学习使用高级功能。

与这条可用性原则相关的可用性问题的例子包括：

——用户界面上的元素太大或太小，元素的颜色、形状或文字不适当，不容易识别；

——界面元素的移动太快、太慢或不容易察觉；

——声音使人感到被打扰、分心或使人烦恼；

——屏幕上过于拥挤，界面元素的密度分布不均匀；

——不相关的元素距离太近，互相干扰或使用不方便；

——不同的元素太相似，例如，按键或链接看上去像一般的文字；

——系统没有引导用户的注意力集中在屏幕上相关的部分；

——系统没有帮助用户注意到系统状态的变化。

19.1.9 协助用户认识、分析和改正错误

系统的错误信息应该使用通俗易懂的语言(不要用错误代码),精确地指出问题的所在,并且有效地建议解决的方案。

系统的错误信息对可用性是非常重要的。在用户得到错误信息的时候,通常代表他们遇到了麻烦,如果问题不能得到及时的解决,用户可能会停止使用。另一方面,用户通常会专心地读系统的错误信息,这也为系统提供了帮助用户学习使用系统很好的机会。

系统的错误信息应该使用通俗易懂的语言,尽量避免使用错误代码。虽然为了编写程序和做内部的跟踪,有必要使用错误代码,但通常没有必要把这样的代码暴露给用户。例如网站中的错误信息"404,网页找不到",很多人不知道404是什么意思。

系统的错误信息应该精确,尽量给出错误的原因。例如,"网页找不到"的错误信息可以指出错误的可能原因,"您所查询的网页暂时找不到,或者该网页已经不存在了"会给用户更精确的信息。

系统的错误信息还应该具有建设性,帮助用户解决问题。例如,为了使"网页找不到"的错误信息更有建设性,这信息还可以包括"您可以按浏览器刷新网页的按钮重新连接,或是检查您的网址并再试一下,如有问题您可以访问网站的主页",并给出网站主页的地址。

系统错误信息还应该礼貌,不应该将错误归咎于用户。在用户遇到错误信息时,他们本身就可能已经感到不安了,系统不应该进一步使情况变得更糟。例如,非常经典的错误信息:"非法命令"或是"非法用户名或密码",就有明显责备用户的意味,实际上用户很可能只是敲错了一个字符。

在设计错误信息时,另一个常见的策略是先为用户提供一个短的信息,如果这个信息不能满足用户的需要,他们可以用一个按键或链接找到更详细的帮助信息。短的错误信息用来处理比较常见的情况,读起来简单一些,并且可以在大多数情况下帮助用户解决问题。

与这条可用性原则相关的可用性问题的例子包括:

——错误信息使用了不当的幽默,或是用词不礼貌,消极,使人不愉快,具有威胁性,使用命令的口吻等;

——错误信息赋予软件系统人的特点,使系统人格化;

——错误信息使用户迷惑,不能帮助用户解决问题。

19.1.10 帮助和用户手册

虽然用户最好在没有帮助的情况下就可以使用系统,但提供帮助和用户手册还是有必要的。这些帮助信息应该容易查找,集中在用户的任务上,列出使用的步骤,并且不要太长。

在最理想的情况下,软件系统的使用应当简单明了,用户不需要任何外界的帮助就可以使用。在现实生活中,这种情况往往很难做到,很多软件都需要帮助系统,甚至用户手册。需要强调的是帮助系统可以帮助用户,但不能因此而降低可用性要求。

虽然大多数用户都习惯直接使用系统,而不阅读任何的帮助或用户手册,但在遇到问题的时候,他们还是希望能得到及时的帮助。因为不是每一个用户都把一本用户手册放在手边,联机帮助由于它的及时性而受到大多数用户的欢迎,联机帮助通常还有搜索的功能。试验表明,用户使用联机帮助比使用用户手册找到相关信息的时间要短。联机帮助的另一个

好处是，可以提供与使用情景相关的帮助，从而大大缩短用户查找帮助信息的时间。

用户使用帮助系统的过程有3个阶段：查找、理解和应用。帮助系统通常提供的查找方法有检索、内容提要、搜索，以及与使用情景相关的链接。检索包括系统中经常使用的术语及与用户任务相关的概念。搜索指的是全文的搜索。与使用情景相关的链接分布在系统界面里，当用户遇到问题时，他们应该可以使用这些链接直接找到与问题相关的帮助。

为了使用户更好地理解帮助信息，帮助信息首先应该使用用户所熟悉的语言和概念，而不应该使用生涩的术语。帮助信息还应该以帮助用户完成任务为目的，在结构设计上，也应该以用户要完成的任务为顺序，每一个部分应该自成体系，用户在大多数情况下不需要查阅其他部分就可以完成任务。另外，为了便于用户理解，帮助信息也应该提供一些使用的实例，因为用户更容易理解实例，而不容易理解抽象的概念和描述。

为了方便用户应用帮助信息，最好使用户在使用系统时能同时见到帮助信息，例如，使用户能同时见到帮助信息和系统窗口，同时提供打印功能。如果可能，在帮助信息中还应该提供和相应功能直接连接的方法，例如，在网站中有关购物车的帮助信息中，用户应该可以直接使用其中提供的链接到达自己的购物车中。

与这条可用性原则相关的可用性问题的例子包括：

——帮助信息或用户手册不存在；

——帮助信息没有意义或使用户更加迷惑。

19.2 步进评估法

步进评估法是从用户学习使用系统的角度来评估系统的可用性的。我们知道，用户往往不是先学习帮助文件，而是习惯于直接使用系统，在使用的过程中学习。步进评估法主要是用来发现新用户使用系统时可能遇到的问题，尤其适用于没有任何用户培训的系统，例如，为大众设计的网站。用户使用这样的系统时，必须通过使用用户界面来学习使用该系统。

步进评估法认为，用户使用系统前会对他们所要完成的任务有一个大致的计划。完成每一个任务的过程有3步：第一，用户在界面上寻找能帮助完成任务的行动方案；第二，用户选择并采用看起来最能帮助完成任务的行动；第三，用户解读系统的反应，并且从中估计在完成任务上的进展。

步进评估法就是由评审人员在使用计算机的每一个交互过程中模拟以上3个步骤。模拟的过程以3个问题为基础：

问题一：对用户来说，正确的行动在用户界面上是否明显可见？

问题二：用户是否会把他想要做的事和行动的描述联系起来？

问题三：在系统有了相应反应后，用户是否能够正确地理解该系统反应？换句话说，用户是否能够知道他做了一个正确或错误的选择？

步进评估法发现的可用性问题也往往集中在以上3个方面，任何得到否定答案的部分就是问题的所在。在使用步进评估法之前，应该准备以下信息：

(1) 对系统或模型的描述。不需要完全地描述，但应该尽量详细。有的时候，仅仅是改变用户界面元素的布置就会起到很大的作用。

(2) 对用户使用系统所完成的任务的描述。这应该具有代表性,是大多数用户都想要完成的任务。

(3) 用来完成任务的详细行动步骤。

(4) 描绘用户的背景,使用系统的经验及对系统的认识。

在进行步进评估时,评估记录是非常重要的。虽然目前没有一个标准的记录表,评估人员应该把以上4个方面的信息以及评估的时间、评估人员姓名记录下来。对于每一个用户行动的步骤,都应该用一张单独的表格记录对模拟过程中3个问题的答案。任何一个否定的答案代表一个潜在的可用性问题,评审人员可以对可用性问题进行更详细的描述,并且估计其危害性和发生频率。这些信息都将帮助设计人员更好地按重要性的顺序解决相应的问题。

19.3 设计准则及设计标准评估法

设计准则评估法用来评估系统的设计是否符合设计准则。设计准则通常是为满足公司或设计团体特殊需要而制定的、一般性的用户界面设计规范。设计标准评估法用来评估系统的设计是否符合设计标准,例如,是否符合微软的视窗XP设计标准。设计标准评估法与设计准则评估法类似,只是所使用的设计标准不同。

下面介绍一些简单的用户界面设计准则,该准则共有17条:

(1) **了解你的顾客**。理解你的顾客,这样你才能为他们提供一个可用的产品。

(2) **保持简洁**。使你的设计简单、优雅。

(3) **不要让用户费力**。提供易于理解和跟随的步骤,不要迫使用户考虑下一步需要做什么。

(4) **力求一致**。一致性会使设计更直观,但不要片面强求。

(5) **提供明确的路径**。在每一个网页上都应该提供一个清晰的行动,可以把用户带到下一页。

(6) **不要使用户分心**。用户的目的在于完成他们的任务,不要妨碍用户。

(7) **用设计提供高性能**。设计时要把速度铭记在心。不要试着提高一个本身就很慢的设计,要重新设计。

(8) **为80%提供优化设计**。应该为80%的使用情形提供优化设计,同时支持其余的20%。

(9) **个性化**。根据我们已经知道的、与用户相关的信息,为每个用户设计用户界面。

(10) **帮助应该是有帮助的**。帮助应该是有用的,但帮助不是必要的。帮助和错误信息应该为用户提供明确、简练、有帮助的信息来协助他们完成任务。

(11) **为全球化着想**。设计应该容易在全球范围内区域化,不应该依赖别人来区域化你的设计。

(12) **进化而不是革命**。集中精力为现有的用户提供他们能够适应的最好的设计。

(13) **建立信任**。设计应该简洁、专业,建立用户的信任。

(14) **忠于品牌**。我们做的每一件事都应该忠于公司的品牌,反映公司的信念和价值。

(15) **为将来设计**。好的设计可以容纳物品、用户和合作伙伴等数量上显著的增长。设计应该适于大规模，并且可以延伸。

(16) **既见树木也见森林**。着眼于全局，你的设计适合整个系统吗？你所设计的部分和同一界面上的其他部分能放在一起吗？

(17) **用户有最终的发言权**。如果你的设计不能为用户工作，不论你遵守了多少个设计准则也没有用。

19.4 可用性测试检查表

使用专家评审法时，评审人员也可以使用一些可用性检查表(usability checklist)作为参考。通过使用检查表，评审人员可以为软件系统的可用性打分，以便使用同一个原则来比较不同的软件系统的可用性。

美国普渡大学(Purdue University)的可用性测试检查表是根据人类信息处理模型的基本原理设计而成的。它从8个方面来评估软件系统的可用性，包括：兼容性，一致性，灵活性，可学习性，最少的行动，最少的记忆负担，知觉的有限性，用户指导。整个调查表共有100个问题。调查表可以使用下面的公式给出一个可用性的评分：

$$可用性分数=\frac{\sum[w_i\times(S_i-P_i)]}{7\times\sum(w_i\times I_i)}\times100$$

其中：i 为第 i 个问题；S_i 为该系统在第 i 个问题上所得的分数；P_i 为1，如果第 i 个问题适用但不存在；P_i 为0，如果第 i 个问题不适用；I_i 为1，如果第 i 个问题适用；I_i 为0，如果第 i 个问题不适用；w_i 为第 i 个问题重要性的得分。

对于每一个问题，评审人员需要评估该问题是否适用于被评审系统，如果不适用，I_i 项为0。如果适用，I_i 项为1，评审人员则要评估该问题在系统中是否存在，如果不存在，将有相对应的惩罚项。这意味着因为缺少该项，系统可能存在着潜在的可用性问题。如果该项适用且存在，评审人员则根据该项为系统从1～7打分，1最糟，7最好。评审人员还为适用项的重要性从1～3打分，分越高越重要。系统可用性的得分将是总分和可能的完美分数之间比值的百分数。表19-1为普渡大学的可用性测试检查表，表19-2为表的答案纸，供读者参考。

表19-1　普渡大学可用性测试检查表

使用说明　本调查表共有100题，回答每一个问题时请按照以下3个步骤： (a) 请评估每一个问题是否适用于所评审的系统。如果不适用，跳到下一题。如果适用，请继续回答下面两个问题。 (b) 对于所评估的系统，请评价该问题的重要性(1是最不重要的，3是最重要的)。 (c) 评价系统在该问题上的表现(1是非常糟糕，7是非常好)，如果不存在，请选择不存在项。 1. 兼容性 (1) 光标的控制是否符合光标的移动？ (2) 用户控制的结果是否符合用户的期望？ (3) 所提供的控制是否符合用户的技能水平？ (4) 界面的编码(例如，颜色、形状等)是否为用户所熟悉？ (5) 用词是否为用户所熟悉？

续表

2. 一致性 (6) 界面颜色的编码是否符合常规? (7) 编码是否在不同的显示及菜单上都保持一致? (8) 光标的位置是否一致? (9) 显示的格式是否一致? (10) 反馈信息是否一致? (11) 数据字段的格式是否一致? (12) 标号的格式是否一致? (13) 标号的位置是否一致? (14) 标号本身是否一致? (15) 显示的方向是否一致?(漫游或卷动) (16) 系统要求的用户动作是否一致? (17) 在不同的显示中用词是否一致? (18) 数据显示和数据输入的要求是否一致? (19) 数据显示是否符合用户的常规? (20) 图形数据的符号是否符合标准? (21) 菜单的用词和命令语言是否一致? (22) 用词是否符合用户指导的原则? 3. 灵活性 (23) 是否可以使用命令语言而绕过菜单的选择? (24) 系统是否有直接操作的功能? (25) 数据输入的设计是否灵活? (26) 用户是否可以灵活地控制显示? (27) 系统是否提供了灵活的流程控制? (28) 系统是否提供了灵活的用户指导? (29) 菜单选项是否前后相关? (30) 用户是否可以根据他们的需要来命名显示和界面单元? (31) 系统是否为不同的用户提供了好的训练? (32) 用户是否可以自己改变视窗? (33) 用户是否可以自己命名系统命令? (34) 系统是否允许用户选择需要显示的数据? (35) 系统是否可以提供用户指定的视窗? (36) 为了扩展显示功能,系统是否提供了放大的功能? 4. 可学习性 (37) 用词是否清晰? (38) 数据是否有合理的分类,易于学习? (39) 命令语言是否有层次? (40) 菜单的分组是否合理? (41) 菜单的顺序是否合理? (42) 命令的名字是否有意义? (43) 系统是否提供了无惩罚的学习? 5. 极少化的用户动作 (44) 系统是否为相关的数据提供了组合输入的功能? (45) 必要的数据是否只需要输入一次? (46) 系统是否提供了默认值? (47) 视窗之间的切换是否容易? (48) 系统是否为经常使用的控制提供了功能键? (49) 系统是否有全局搜索和替代的功能?

续表

(50) 菜单的选择是否可以使用单击的功能？(主要的流程控制方法)
(51) 菜单的选择是否可以使用键入的功能？(辅助的控制方法)
(52) 系统是否要求极少的光标定位？
(53) 在选择菜单时，系统是否要求极少的步骤？
(54) 系统是否要求极少的用户控制动作？
(55) 为了退到更高一级菜单中，系统是否只需要一个简单的键入动作？
(56) 为了退到一般的菜单中，系统是否只需要一个简单的键入动作？

6. 极小化的记忆负担
(57) 系统是否使用了缩写？
(58) 系统是否为输入分层次的数据提供了帮助？
(59) 指导信息是否总是可以得到的？
(60) 系统是否为序列的选择提供了分层次的菜单？
(61) 被选的数据是否有突出显示？
(62) 系统是否为命令提供了索引？
(63) 系统是否为数据提供了索引？
(64) 系统是否提示在菜单结构中的当前位置？
(65) 数据是否保持简短？
(66) 为选择菜单使用的字母代码是否经过认真的设计？
(67) 是否将长的数据分成不同的部分？
(68) 先前的答案是否可以简便地再利用？
(69) 字母大小写是否等同？
(70) 系统是否使用短的代码而不使用长的代码？
(71) 图符是否有辅助性的字符标号？

7. 知觉的有限性
(72) 系统是否为不同的数据类别提供不同的编码？
(73) 缩写是否清晰而相互不同？
(74) 光标是否不同？
(75) 界面单元是否清晰？
(76) 用户指导的格式是否清晰？
(77) 命令是否有清晰的意义？
(78) 命令的拼写是否清晰？
(79) 系统是否使用了易于分辨的颜色？
(80) 目前活动的窗口是否有清楚的标识？
(81) 为了直接比较，数据是否成对地摆在一起？
(82) 是否限制语音信息使用的数量？
(83) 系统是否提供了一系列相关信息？
(84) 菜单是否和其他的显示信息有明显的区别？
(85) 颜色的编码是否多余？
(86) 系统是否提供了视觉上清晰可辨的数据字段？
(87) 不同组的信息是否明显分开？
(88) 屏幕的密度是否合理？

8. 用户指导
(89) 系统反馈的错误信息是否有用？
(90) 系统是否提供了“取消”的功能？
(91) 错误的输入是否被显示出来？
(92) 系统是否提供了明确的改正错误的方法？
(93) 系统是否为控件输入提供了反馈？
(94) 是否提供了“帮助”？

续表

(95) 一个过程的结束是否标志清楚？ (96) 是否对重复的错误有提示？ (97) 错误信息是否具有建设性并提供有用的信息？ (98) 系统是否提供了“重新开始”的功能？ (99) 系统是否提供了“撤销”的功能？ (100) 用户是否启动流程控制？

表 19-2 普渡大学可用性测试检查表答案纸

问题号	重要性			得 分							
	不重要		重要	非常糟糕							非常好
1	1	2	3	不存在	1	2	3	4	5	6	7
2	1	2	3	不存在	1	2	3	4	5	6	7
3	1	2	3	不存在	1	2	3	4	5	6	7
4	1	2	3	不存在	1	2	3	4	5	6	7
5	1	2	3	不存在	1	2	3	4	5	6	7
6	1	2	3	不存在	1	2	3	4	5	6	7
7	1	2	3	不存在	1	2	3	4	5	6	7
8	1	2	3	不存在	1	2	3	4	5	6	7
9	1	2	3	不存在	1	2	3	4	5	6	7
10	1	2	3	不存在	1	2	3	4	5	6	7
⋮		⋮						⋮			
100	1	2	3	不存在	1	2	3	4	5	6	7

参考文献

[1] DESURVIR H, LAWRENCE D, ATWOOD M. Empiricism versus judgment: comparing user interface evaluation methods on a new telephone-based interface[J]. SIGCHI bulletin, 1991, 23: 58-59.

[2] FU L, SALVENDY G. The contribution of apparent and inherent usability to a user's satisfaction in a searching and browsing task on the Web[J]. Ergonomics, 2002, 45(6): 415-424.

[3] HOFSTEDE G. Cultures and organizations—software of the mind[M]. New York: McGraw-Hall, 1991.

[4] KUROSU M, KASHIMURA K. Determinants of the apparent usability[C]//Proceeding of the IEEE International Conference on System, Man and Cybernetics. New York: ACM, 1995,2: 1509-1514.

[5] LAZZARO N. Aesthetics and the interface[J]. Multimedia review, 1991: 9-12.

[6] LEHTO M R. A proposed conceptual model of human behavior and its implication for design of warnings[J]. Perceptual and motor skills, 1991, 73: 595-611.

[7] MULLER M J, McCLARD A, BELL B, et al. Validating an extension to participatory heuristic evaluation: quality of work and quality of work life[C]//Proceedings of ACM CHI'95 Conference on Human Factors in Computing Systems. New York: ACM, 1995,2: 115-116.

[8] NIELSEN J, MOLICH R. Heuristic evaluation of user interfaces[C]//Proceedings of ACM CHI'90 Conference on Human Factors in Computing System. New York: ACM, 1990: 249-256.

[9] NIELSEN J. Usability engineering[M]. Boston: Academic Press, 1993.

[10] TRACTINSKY N. Aesthetics and apparent usability: empirically assessing cultural and methodological issues[C]//Proceedings of ACM CHI'97 Conference on human factors in computing systems. New York: ACM, 1997: 115-122.

20 现场研究

实地调查(field study)指的是在用户自己的环境中收集数据和进行研究。实地调查在用户研究领域中有时也称为走访、实地研究,或民族志(ethnography)。民族志是人类学(anthropology)的一种研究方法,其字面意思是对人的描绘。它通过实地收集来的信息描述某个特定群体的习惯、想法和行为。

目前,实地调查已经被拓展应用到各式各样的组织和社群中。研究人员用它来研究学校、公共健康、农村和城市的发展、消费者以及大众消费品等。尤其在近几年,实地调查不仅仅被用在可用性研究上,很多专业的市场分析公司也开始注意到了它的实用性和有效性,开始把实地调查作为一种定性的研究方法提供给自己的客户。

实地调查的研究方法本身也有了长足的发展。在研究过程中,被动观察不再是唯一的研究方法,研究人员的个人体验和参与都是研究的一部分。研究人员通常要和一个跨领域的团队合作。研究中也可能包括对专业知识的集中学习。

典型的实地调查数据收集的方法包括访谈、观察、文件和实物收集。所收集的数据经常包括语录、描述和文件摘要。数据经过汇总以后产生的报告以描述为主,图表、流程图、实物和录像可以帮助生动地加强描述的效果。

近些年来,实地调查在软件业中得到了越来越多的应用,也得到了很多公司的重视。美国 Intuit 公司总裁 Scott Cook 在他的演讲中经常提到实地调查怎样改变公司的思维模式,给公司找到巨大的增长空间。Intuit 公司的软件产品 Quicken 是一个在美国很成功的个人财务管理软件。在公司连续 3 年的问卷调查中,用户反映他们一半时间是在办公室里使用该软件的。公司一直认为他们的软件是个人财物管理软件,因此一直没有过多地注意这样的数据。直到后来公司开展了"跟我回家"的实地调查活动,研究人员在用户的实际使用环境里进行实地调查。在观察了用户的实际使用情况后,研究人员才发现原来小商家们在使用公司的个人财务软件管理他们的公司账务,小商家们很需要一个简单的财务管理软件。

根据这个研究发现,公司在 1992 年发行了专为小商家设计的 QuickBooks 小型商务理财软件。它和同类产品比起来,功能少了一半,价格却高了 1 倍。软件推向市场的第一步中还出了很大的技术问题,软件中的一个漏洞会抹掉用户花了几天工夫输入的数据。许多用户很生气地给客服打电话想把他们的数据找回来。

读者也许会认为这个软件的推出会很不成功。然而,这个软件卖得比所有人期望的更好,它的销量很快超过了当时同类领先软件的 3 倍,最后它把大多数竞争对手都挤出了市场。公司总裁 Scott Cook 认为,产品的成功归功于公司"跟我回家"研究中对用户行为的直接观察。实地调查帮助公司了解了用户是怎样理解和管理财务的，因而设计出了第一个不用会计的财务管理软件。产品的成功归功于对真实用户需求的理解，而与它竞争的同类软件用了很多专业会计人员使用的专业词汇，小商家们感到不好用。

实地调查的结果帮助公司从根本上改变了思维的模式——不是用户而是整个公司的思维模式。当 Intuit 不再认为 Quicken 只是个人财务软件之后，他们创造了 QuickBooks，如今这个新的软件为公司带来的盈利占全公司盈利的 95%。

观察用户，发现未解决的问题，并解决这些问题是开拓性研究之本。实地调查因为是在用户的实际使用现场进行观测的，因此它更贴近用户的实际使用环境。在实验室中用户往往可以顺利完成的任务，在实际的使用环境下还会遇到各式各样的问题。实地调查所带来的价值是实验室测试和问卷调查所无法取代的。

20.1 实地调查的目的

实地调查的目的是了解用户在日常环境中的自然行为。实地调查可以在产品研发周期中的任何一个环节中使用，在开发的初期尤其可以用来了解用户的目的，观察用户的真实环境，帮助发现新的功能或产品。

实地调查可以完成以下的研究目的。

(1) 了解用户的真实背景，尤其对建立人物角色(personas)有帮助。很多公司为了销售市场的需要会对用户或潜在用户进行分类。这样的分类往往以问卷调查的形式进行，是定量分类的。实地调查则可以帮助深入了解用户的背景，建立有血有肉的人物角色。

(2) 收集用户真实的需求和目的。

(3) 开发用户任务的清单。

(4) 确定新的功能或产品。

(5) 进行概念性的测试。

(6) 跟踪目前产品的使用情况和存在的可用性问题。

实地调查对研究人员的时间和人力的需求很大，很难大规模展开，它总体来说是一种定性的研究方法。在实际使用中，实地调查之后可以有一个跟踪的定量研究，如问卷调查或使用记录分析。这样定量和定性的组合可以让整个研究活动有更高的可靠性。

20.2 实地调查的方法

实地调查最基本的数据收集方法包括访谈、观察、文件和实物收集。通常几种方法混合使用会得到最好的效果，例如仅仅使用访谈的形式会有很多缺点，访谈的结果常常会受到记忆偏差、公认偏差、示好偏差和声誉偏差的影响。

记忆偏差指的是用户的描述是从记忆中来的，记忆本身难免会带来一些偏差。受访者有时对某个领域太熟悉时，有很多行为是无意识的，很难让他们用语言描述出来。公认偏差指的是受访者没有给出事实，而是给出了一个他认为公众所期望或更认同的答案。示好偏差指的是受访者有时会不注意自己的真实感觉而跟从实验者的意见，这常常是因为受访者希望向实验者表示友好而引起的。这个现象在座谈会中也常常发生。声誉偏差指的是受访者希望给实验者留下一个深刻印象，因而受访者提供的答案是为了提供自己的形象，而不是事实。

20.2.1 纯观察法

在自然情景中对人的行为进行有目的、有计划的系统观察和记录，然后对所做记录进行分析。纯观察法往往在和用户交流不便或不希望打扰受访者的情况下使用，例如，客服人员在接听顾客的电话，或是医生在与病人交谈。在纯观察中，研究人员不和用户有直接的沟通，不需要发问卷、和用户交谈，或是收集文件和实物。研究人员只是静静地沉浸在环境中。

在纯观察中，用户有时并不知道他们成了被观察的对象。例如，在研究商场中的多媒体自助服务终端时，研究人员可以静静地坐在一个适合观察的地方，记录有多少人经过，使用的人次，使用时间长短，以及用户使用时的面部表情等。如果不进行录像和访谈，一般也不需要通知用户。当然有的时候，如观察医生和病人的时候，出于法律的要求，还是需要通知用户的。

在使用纯观察时，由于不能和用户直接交流，研究人员所收集的数据相对有限。这对采样方法的要求就更高一些，例如在研究商场中的多媒体自助服务终端时，既要考虑到平常的时间，也要考虑到周末拥挤的时候。但有时即使是这样，还是会误掉一些不常发生但很重要的事件，例如节日时的使用情况。

纯观察也可以用在实地调查的初期，研究人员可以先花一些时间观察用户、任务和环境，从中酝酿要问的问题等。

20.2.2 深入跟踪法

深入跟踪法是另一个以观察为主的方法，它是由英特尔公司的研究员提出的(参见文献[4])。深入跟踪法包括有组织的观察、收集实物和成为用户 3 个部分。但研究人员不会和用户交谈，发问卷调查，或是分享设计方案，去得到用户的意见反馈。

为了帮助数据的收集，系统和环境被分为 10 个关键点。表 20-1 列出了文献[4]提供的这 10 个关键点。这些关键点可以帮助研究人员考虑到环境的各个方面。将这些关键点标准化以后，就使得在不同地点和环境下收集的数据更有可比性。

表 20-1 深入跟踪法的关键点

序号	关键点	相关的问题
1	家庭和孩子	你有没有看到家里人？这个家庭有几个孩子？他们在什么样的年龄段？孩子们之间的交流如何？家长和孩子之间呢？他们的穿着如何？环境设计是否支持家庭和孩子(例如，特殊的活动、特殊的地点等)？
2	食物和饮料	是否有食物和饮料？他们提供或消费了什么？在什么地方？什么时间？有没有特别的地点？人们在吃东西的同时在做什么？他们受到了什么样的服务？只有某些人消费食物和饮料吗？
3	建筑环境	场地是如何分布的？场地看上去如何？场地的大小、形状、装潢、家具如何？场地安排是否有主题？有没有时间和空间的暗示(如墙上的表，从窗户可以看到每天的早晚或建筑物相对外景的方向)？
4	随身物品	人们带着什么样的随身物品？人们多长时间使用随身物品一次？他们是怎样带着随身物品的？用来做什么？人们通过随身物品得到了什么？

续表

序号	关键点	相关的问题
5	媒介消费	人们在读、看、听什么？人们随身带着还是现场买媒介(如报纸,杂志)？他们在什么地方和时间消费媒介？消费之后人们如何处理媒介？
6	工具和科技	人们使用了什么样的科技？它是如何工作的？它是给消费者还是公司使用的？它是否能看到？
7	人口背景	在该环境中有什么样的人(如年龄、性别等)？他们属于小的群体吗(如家庭、旅行团)？他们是如何穿着的？他们之间是如何交流的？他们的举止如何？
8	交通	交通在这个空间里是如何流动的？原来的设计是否就是这样的？有什么在这个空间里流动(如人员、车辆、自行车)？交通比较密集或疏松的地方在哪里？这些地方为什么交通比较密集或疏松？人们在什么地方滞留？
9	信息和通信	有哪些地方可以接触到信息和通信设备(如公用电话、自动提款机、计算机终端、自动服务终端、地图、标识、示意图、方向指示、问讯处等)？人们是如何使用的？使用频率如何？这些信息和通信设备在什么地方(如是否容易看到或接触到)？它们看上去是什么样子的？
10	整体体验	不可以只见树木,不见森林。整体的环境如何？你最先和最后注意到的是什么？你身临其境的感觉是什么？它与类似环境有何相似或不同点？有没有标准的行为、条例或仪式？要从大面上看,而不是专注在细节上。

深入跟踪法中,研究的广度很多时候也很重要,这也是为什么表20-1可以帮助研究人员注意到很多方面,而不是只集中在某些细节上。这个表也可以帮助组织研究小组的活动。很多时候一个小组出去研究时,每个人带回来的信息非常类似,让人对小组一起出去进行研究活动的价值有质疑。使用表20-1可以安排每个人关注不同的方面,这样,每个人也感到他们对整个研究更有帮助。

尽管很多情况下,系统、用户和环境都不一样,但是深入跟踪法中的10个类别总能有效地帮助数据收集。具体使用时,研究人员可以根据情况使用相关的关键点,也可以在每个关键点上花不同的时间。值得提醒的是,大多数时候应该尽量试着收集所有关键点的数据,因为即使在某个关键点没有收集到数据本身,这项工作有时对研究人员也很有启示。有的时候某个关键点看上去一点都不相关,例如在研究商家在网上卖东西时,家庭和孩子一项似乎没有什么关联。但是研究开始后却发现,很多时候小商家遇到计算机上的技术问题时,会打电话问他们的孩子,还有人的孩子负责为网上物品摄影的工作。总之,即使当某一个关键点似乎不相关时,研究人员也应该用一颗开发的心来观察。在观察用户和环境的过程中,研究人员可以同时画一些地图来标志事件发生的地点。如果有现成的地图,研究人员可以直接使用。

在观察的过程中,研究人员应该尽量收集每一个实物,这包括用户用来帮助他们完成任务的东西,或是他们完成任务之后所产生的物品。例如在研究商家网上卖东西时,小商家使用记录交易的笔记、库存的记录,及邮寄包裹的清单等都是非常有价值的。如果用户同意,也可以拍照和录像。

最后就是让自己参与并成为一个用户,从中体验一下用户的感受。当然要记住,即使研究人员可以体验一下用户的感受,并不代表他们就是最终的用户。因为他们所了解的有关产品的背景知识总是比最终用户多,他们所感受到的还是和最终用户有差别的。

20.2.3 上下文调查法

在大多数实际产品研究中，观察并与用户交流会比仅仅观察的效果要好，这种方法称为上下文调查法，Beyer 和 Holtzblatt 在 *Context Design* 一书中对此方法作了详细的介绍。上下文调查法有时也被翻译成情景调查，它强调的是到用户工作的地方，在用户工作时观察，并和用户讨论他的工作。上下文调查法基于师傅和学徒式的学习模型，它既使用观察，也强调和用户有交流，研究人员会向用户提出相关的问题，就好像用户是师傅，而研究人员是新的学徒一样。

上下文调查法和前面介绍的观察法不同，使用时用户知道研究人员的存在，用户也知道他们是研究的一部分。在时间上，上下文调查可以进行几个小时，也可以进行一整天。上下文调查的结果可以帮助确定设计方案，计划下一个可用性活动，制定将来研究和创新的方向。

上下文调查法有 4 个原则：上下文环境、协作、解释和焦点。下面分别就这 4 个方面展开讨论。

1. 上下文环境

这里强调的不是在一个整洁的会客室里对用户进行访谈，而最重要的是在用户正常的工作环境里，或者是在用户使用产品的合适环境中观察用户并且与他们交流。在用户工作时观察，在堆满了他们每天使用的产品的环境里向用户提问，这样能够发现他们行为的所有重要细节。在研究的过程中，研究人员既可以要求用户发声思考，也可以只在必要的时候提出让用户澄清和解释，或是在不方便的情况下让用户先完成任务，然后再提问。观察和讨论可以交替进行。这样的选择完全取决于当时的环境、任务和用户的具体情况。

2. 协作

为了更好地了解用户、任务和环境，研究人员要和用户建立师徒的关系。研究人员应该沉浸在用户的工作中，和用户一起工作。只要工作的性质和法律允许，用户应该成为师父，教授研究人员如何完成特定的任务。

在研究过程中，研究人员往往被用户视为专家，这时候研究人员就应该提醒，用户是专家，研究人员是来学习的。有的用户也认为研究的过程是在采访，研究人员是采访者，没有提问的时候就说明研究人员全部了解了，这时候研究人员就应该强调，让用户把自己看作一个新手，如同一个新的员工刚刚开始工作，需要很多指导。用户往往还把研究人员看作客人，为他们端茶倒水，这时研究人员应该强调自己是来工作的，而不是来做客的。

3. 解释

对数据的解释是非常重要的，因为对收集到的数据的解释会直接影响到将来的决定。研究人员必须小心避免不经过用户的验证，而自己片面地对事实作出解释或假设。研究人员应该让用户来解释他所观察到的用户行为、任务、环境等。

在和用户一起工作的同时，研究人员要和用户分享他的解释，让用户来验证是否正确。当研究人员和用户确立正确的师徒关系后，用户会很在意研究人员的理解是否正确，他们会及时更正各种误解。用户还会在更正时加上他们的理解，来拓展研究人员的知识，帮助研究人员理解他们所观察到的。

4. 焦点

在整个研究过程中，研究人员要把问题集中在所定的研究题目上。因为上下文调查中用户是专家，他们往往会把问题引导到他们感兴趣的题目上，一方面研究人员需要了解用户认为哪些问题是最重要的，另一方面也不能让访谈漫无边际地进行，而是需要巧妙地引导，让研究集中在一定的题目上。在使用上下文调查法时，研究人员应该准备一个观察方向的列表。这是一组用来指导研究的概括性的焦点和需关注的问题，而不是在研究中要向用户发问的具体问题。

Beyer 和 Holtzblatt 招聘了 15～20 个用户参加研究。在实际的商业研究中，通常也可以使用 6～10 个用户。关键是所选择的用户的背景必须有代表性，也和研究的题目有关。研究题目比较广的时候，需要更多的用户；研究的题目比较窄，用户、任务和环境比较一致的时候，所需要的用户数量也就比较少。

在调查研究中，最好有两个研究人员参加，一个集中记录数据，另一个负责访谈。

20.2.4 流程分析法

流程分析法和上下文调查法类似，不同的是流程分析调查中使用一组现有的问题，研究人员也不需要和用户形成师徒的关系。流程分析的重点在于了解用户任务的顺序，通常用于流程需要几天才能完成的情况，例如商家在网上卖东西的过程通常要一两个星期，甚至更长时间才能完成。调查的结果通常是一张流程图。因为流程分析所研究的方向很集中，所以通常也比上下文调查操作上更快一些。

流程分析中使用的问题列表如下：

——在这个过程中，第一个任务是如何发生的？

——任务的起因是什么？

——这个任务是谁做的？

——任务开始的时候，这个人所拥有的信息是什么？

——在这个任务中有哪些大的步骤？

——这个任务产生了什么样的信息？

——在这个过程中，下一个相关的人是谁？

——下一个任务什么时候开始？（重复以上问题直到整个过程结束）

——你是如何知道整个过程结束了的？

——这个过程和其他过程有连接吗？

——这个过程会重新开始吗？如果会，是在什么情况下？

——在这个过程中会发生什么样的错误？有多严重？发生的频率如何？

——哪些因素会影响整个过程的效率？

20.2.5 集中实地访谈法

集中实地访谈法是以有组织的访谈为主、观察和实物收集为辅的研究方法。它的理论基础是认知科学中的专家知识模型，访谈的对象就是模型中所指的专家，研究的过程是一个从专家那里征求专业知识的过程。

在研究的过程中，研究人员先采访用户，让他解释是如何完成任务的，并提供和任务相关的信息。然后研究人员会要求用户完成采访的任务，目的是为了更多地了解过程和使用的工具。研究人员也收集和任务相关的实物和文件，并且和用户讨论他们的使用情况。

集中实地访谈法和前面提到的上下文调查法不同。集中实地访谈法先从大处着手，再理解细节。研究开始前，研究人员需要准备一些有组织的访谈材料，有时也可以把一些现有的假设给用户看，让他们来验证这些假设。上下文调查法是先从细节开始，再抽象到理论和假设的高度，对研究人员来说是一个学习的过程。具体操作上，集中实地访谈法所用的时间会比上下文调查法短很多。

20.3 实地调查的过程

在具体展开实地调查的过程中，有很多的细节和普通的可用性实验不同。因为实地调查是在用户的实际使用场所进行的，调查的时间安排上要考虑交通的需要和所需的时间。一定要有用户的电话联系方式，有的时候仅仅有住址是不够的，出租车司机往往只对大城市的某个区比较熟悉，在不熟悉的区里面，用户的具体描绘是非常有帮助的。有些提供用户招聘的调研公司意识到了交通的问题，为了保证实地调查的顺利进行，他们甚至提供踩点工作，就是说在招聘好研究对象的用户后，他们会先按用户提供的地址走一遍。在实地调查开始的时候，他们会帮助研究人员找到用户的地点。在两个相邻的用户调查之间不仅要安排足够的交通时间，也要安排餐饮所需要的时间。最好能和所有参加调查的人员一起出发，以防花费不必要的等人时间。如果不能一起出发，所有人应该准时赶到实验地点。

实地调查不仅会帮助目前的项目，它也是一个让公司中很多人参与和了解用户真实情况的机会。在这种情况下，除了主要的研究人员，不可能有一个固定的小组从头到尾参与，所以及时记录数据以及研究人员和其他参与人员之间的合作是很重要的。在整个调查开始之前，研究人员应该和其他人有交流，明确具体的分工，例如研究人员会负责领导整个调查的过程，准备材料，负责和用户的主要交流、笔记记录等。其他人员可以负责录像、拍照、其他笔记记录等。

在每一个实地调查中，研究人员应该先向用户解释实地调查的过程和目的。征得用户同意后架设录像设备，开始进行主要观察和访谈部分。调查结束时要感谢用户的参与并付给相应的佣金。在调查有多个人员参加的情况下，每一个调查后大家应该立刻开一个短会来讨论和回顾调查的情况，研究人员负责记录会议讨论的结果。

在实地调查的过程中，研究人员应该是主要的发问者，其他人员可以在适当的时候问一些得体的问题。提出问题时应该注意以下事项：

——提问时不要打断用户的任务或思考。

——避免有倾向性或是误导的问题。

——尽量使用开放式的问题。

——不要帮助用户，客户服务不是调查的目的。有的时候，用户还会因为他们不知道产品现有的功能而感到不好意思，帮助用户的结果适得其反。

——避免使用专业术语。

——不要向用户兜售产品，实地调查不是一个销售会议。

因为实地调查是在用户的场所进行的，另外还有一些需要特别注意的细节，例如：

——所有的人最好关掉手机，至少应该关掉手机的铃声。

——录像机最好能有足够的电池，如需使用交流电时应事先征得用户的同意，除非用户同意，否则不要拔下用户的插头。

——及时给录像带标号。

——有的用户会有宠物，有过敏的人注意带上防止过敏的药物。

——尽量避免使用用户的厕所。

20.4 实地调查的数据分析

在定性研究中，常用到的数据分析方法是亲和图法(affinity diagram)。亲和图是1953年日本人川喜田二郎(Jiro Kawakita)在探险尼泊尔时将野外的调查结果资料进行整理研究开发出来的。亲和图法也随其发明者Jiro Kawakita被叫作KJ法。它是一种把收集到的大量各种数据、资料，甚至工作中的事实、意见、构思等信息，按它们之间的相互亲和性归纳整理，使问题明朗化，并使大家取得统一认识的方法。

亲和图的数据分析方法不但适用于实地调查，也适用于采访、焦点小组、需求分析、可用性实验等其他的定性研究方法的数据分析。在实地调查的研究过程中会产生大量的定性数据，例如用户的评语、研究人员的观察、用户需求、可用性问题、设计思路等。在分析这些数据时，使用亲和图是很有效的一种方法，它可以帮助我们将混淆不清的各种数据进行整理，以使结论得以明确。

亲和图通常是根据人员来分类的，可以分为两类，个人亲和图和团队亲和图。个人亲和图是指主要工作由一个人进行，其重点放在资料的组织整理上。由于在实地调查研究中往往不只是一个研究人员参与，因此更多用到的是团队亲和图，它由多人参与，强调的不仅仅是数据分析，也很重视整个团队得到统一的认识。

亲和图的制作较为简单，没有复杂的计算。个人亲和图主要与人员有很大关系，重点是列清所有数据点，再加以整理。团队亲和图则是需要调动大家的积极性，每个人都需要把所收集的数据点全部列出来，再共同讨论整理。一般按以下几个步骤进行：

(1) 确定场地和人员。

——为了得到最好的效果和团队统一的认识和结论，参与实地调查的每个人都应该参加；

——场地应该有足够的空间让大家把卡片放在一起，并且使每个人都比较容易看到每一张卡片。

(2) 将收集到的信息记录在语言资料卡片上。

——卡片可以使用可再贴便条纸，好处是可以贴在墙上或白板上，每个人都很容易看到。卡片也可以是类似图书检索卡的纸片，卡片则需要放在桌子上。

——卡片上的语言文字尽可能简单、精练、明了。

(3) 将已记录好的卡片汇集后充分混合，再将其排列开来，务必一览无余地摊开，接着由小组成员再次研读，找出最具亲和力的卡片，此时若由主要的研究人员引导效果会更佳。

(4) 小组成员领会资料卡所想表达的意思，并且将内容恰当地予以表现出来，写在卡片上，称此卡为亲和卡。

(5) 亲和卡制作好之后,以颜色区分,用回形针固定,放回资料卡堆中,与其他资料卡一样当作一张卡片来处理,继续进行卡片的汇集、分群,如此反复。亲和卡的制作是将语言的表现一步步提高到抽象程度,在汇集卡片的初期,要尽可能地具体化,然后一点一点地提高抽象度。

(6) 将卡片进行配置排列,把一沓沓的亲和卡依次排在大张纸上,并将其粘贴、固定。

(7) 制作亲和图,将亲和卡和资料卡之间相互关联,用框线连接起来。框线若改变粗细或不同颜色描绘的话,会更加清楚。经过这 7 个步骤所完成的图,就是亲和图。资料卡零散时容易造成混淆,如果完成亲和图,便可清晰地理顺其关系。

参考文献

[1] BEYER H, HOLTZBLATT K. Contextual design: defining customer-centered systems[M]. San Francisco, CA: Morgan Kaufman Publishers, 1998.

[2] COURAGE C, BAXTER K. Understanding your users—a practical guide to user requirements: methods, tools & techniques[M]. San Francisco, CA: Morgan Kaufman Publishers, 2005.

[3] HACKOS J T, REDISH J C. User and task analysis for interface design[M]. New York: Wiley, 1998.

[4] TEAGUE R, BELL G. Getting out of the box—ethnography meets life: applying anthropological techniques to experience research[C]//Proceedings of the Usability Professionals' Association Conference, Las Vegas, NV, 2001.

21 问卷调查和跟踪测试

在一个软件或网站的生命周期里，软件推出并不代表设计结束。在真正用户开始使用软件或网站后，可以使用正确的方法来收集用户的实际使用情况。根据收集到的信息，不断地改进和提高软件的质量和可用性是非常重要的。

在软件推出后，既可以用可用性问卷调查来了解用户的满意度和遇到的问题，也可以根据客户服务的反馈，实际使用的记录，或实地测试的方法来了解用户的实际使用情况。

21.1 用户可用性问卷调查

用户问卷调查所收集的数据往往可以用来进行统计分析。问卷本身需要认真地设计，避免可能的误导问题，保证所收集的数据有高的可信度。在网络时代，问卷也可以使用电子邮件和网页的形式，采用这些方式收集数据的速度快，有真正的用户参与，并且有比较正式的数据分析方法，是一个非常实用的定量化的方法，因而在行业中得到了广泛的应用。

本节我们将先介绍用户问卷的设计和使用，之后将介绍几个在学术论文中经常提到的可用性问卷供读者参考。

用户问卷使用过程大致可以分为用户要求分析、问卷设计、问卷施行及结果分析。

21.1.1 用户要求分析

用户要求分析的方法大致有两种，质量因素分析法和关键事件分析法。

质量因素分析法有两个步骤：首先建立质量因素，然后，为每个质量因素给出相应的描述和例子。建立质量因素最有效的方法是通过阅读科技文献。例如，19.4 节提到的美国普渡大学的可用性测试检查表给出了桌面软件可用性的 8 个方面：兼容性，一致性，灵活性，可学习性，最少的行动，最少的记忆负担，知觉的有限性，用户指导。

在建立了质量因素后，第二个步骤就是描述每一个质量因素，并给出相对应的例子，每一个质量因素可以有多个例子，这些例子应该是说明性的，每一个例子定义质量因素的某一个方面。这些例子可以是描绘用户执行任务的，也可以是直接说明某一个质量因素。例如，对可学习性的质量因素进行描述包括：

(1) 系统的数据输入容易掌握；

(2) 系统的输出容易理解；

(3) 系统的数据分类合理，易于学习；

(4) 系统的功能容易于学习；

(5) 系统的菜单、命令、导航易于学习；

(6) 系统对学习时犯的错误没有惩罚。

关键事件分析法是另一种了解用户要求的方法，这种方法试图从用户那里得到有关他们所使用的产品或服务的信息。一个关键事件是从用户角度来看的，有关产品或软件表现的特例。它既可以描绘正面的表现，也可以描绘反面的表现。正面的表现就是用户希望在每一次使用产品时都能见到的产品特性。

得到关键事件最有效的方法是用户会谈，既可以是集体会谈，也可以是单独会谈。这是关键事件分析法的第一步。会谈的方式可以是面对面的，也可以是电话会议的形式。会谈的对象应该是产品的现有使用者。为了产生有效的关键事件，一般建议邀请 10～20 个会谈对象。会谈应该避免使用笼统的词汇来描绘关键事件，例如，“产品很好”“服务很周到”。会谈人员应该问清楚产品的哪一个方面使得产品“很好”。

关键事件分析法的第二步是为关键事件分类，在会谈完成之后，你会得到一系列关键事件，其中会包括一些类似的事件，把这些类似的事件放在一组，用一个句子来描绘这一组中的内容，这样的句子叫作一个满意项。例如，在会谈中，3 个用户分别对一个网站给出了下面的关键事件：

(1) 我等了很久也不见网页显示出来；

(2) 我时间很紧急，可是我不得不坐在计算机前等着网页下载；

(3) 网页下载很快，我很快就见到了那个网页。

一个包括这 3 个关键事件的满意项可以是“我感到网页的下载速度很快”。

在所有的满意项都写下来之后，可以进一步将类似的满意项放在一起，成为一个用户满意度的类别。因为归纳满意项和为满意项分类的过程主观性较强，可以让两个人分别为满意项分类，再比较结果，对于有歧义的部分进行讨论，达成共识。这样可以降低个人主观性的影响。

21.1.2 问卷设计

用户满意度问卷的设计应该是在质量因素分析和关键事件分析的基础上进行的，很多问卷中的问题可以直接从质量因素的描绘或满意项引申出来。在质量分析和关键事件分析中，很多时候，分析的结果是从系统的角度来说的，在设计问卷时，问题应该从用户的角度出发，使用用户容易理解的语言写成。例如：

“系统对学习时犯的错误没有惩罚”。

从用户的角度看，问题可以是：

“当我使用这个系统犯了错误的时候，我可以容易地从错误中恢复过来。”

好的问题应该简洁，太长的问题不容易读；好的问题应该明确，用户应该能精确地理解所问的问题，模棱两可的问题会降低问卷结果的可信度；好的问题还应该只包括一个想法，因为包括两个想法时，如果用户回答是肯定的，那么两个想法都是肯定的，如果用户回答是否定的，则不能确定用户是否定两个想法，还是否定其中的一个想法；最后，好的问题不应该使用双重否定，应使问卷更简单、易读、容易理解。

1. 问题的类型

最常见的问题有3种：事实型、意见型和态度型。事实型问题是有关公开的、可以观察到的信息的问题。例如，用户使用计算机的年数，上网的速度，所接受的最高教育程度，或是完成某任务所需的时间，在一天内使用某系统遇到问题的次数等。

意见型的问题是有关用户对某物或某人的看法的问题。这种问题没有对错之分，回答时只需要给出感受的强烈程度。例如，是否喜欢某一个软件，更乐意使用哪一个软件，或是会将票投给哪一位候选人。意见型的问题不关心用户内心细微的感受，而是引导用户的想法集中于外在的事物上。意见型问题的结果通常可以用人们的实际行动来检验。

态度型问题将用户的注意力集中在他们的内部，集中在他们对事物内在的反映。用户满意度问题通常就是态度型问题，它所反映的是用户在使用了某系统后的感受。这可以包括：用户对效率的感受，用户喜爱的程度，用户感觉该系统有多少帮助，用户感到掌控人机交互的程度，用户对学习使用该系统的难易程度的感受等。对于态度型问题，我们没有办法用事实或人们的行为来检验，这与事实型问题和意见型问题是不同的。

在同一个问卷中既可以包括事实型问题，又可以包括意见型和态度型问题，这也是非常有用的。首先，可以通过事实型问题了解用户的背景，其次，也可以将问卷的结果按照用户的背景分组分析，这样可以看到不同背景用户意见或态度的不同。

2. 问题的形式

常见的问题形式有清单、李克特(Likert)量表及开放式的问题。清单式的问题给用户几个事先安排的答案，用户可以选择其中多个或一个答案。例如：

您每星期使用计算机的时间？

○ 我不用计算机

○ 少于1h

○ 1～5h

○ 6～10h

○ 11～15h

○ 16～20h

○ 超过20h

您在最近半年内是否访问过以下网站(请选择所有适用项)：

☐ 易趣

☐ 网易

☐ 新浪

☐ 搜狐

☐ 雅虎

李克特量表形式的问题允许用户用不同的程度来回答问题。这种问题的答案是一个两极化的量表，通常量表的低端代表一个否定的答案，高端代表肯定的答案，如图21-1所示。

如果问题的答案有可能是中性的，答案的个数应该避免使用偶数。例如，使用1～10，持中性意见的用户回答问题时可能会选择5或6，有可能会误导结论。量表的阶数应该是多少呢？1～3，1～5，1～7，或是更高？通常见到的问卷使用1～5或是1～7的量表。使用

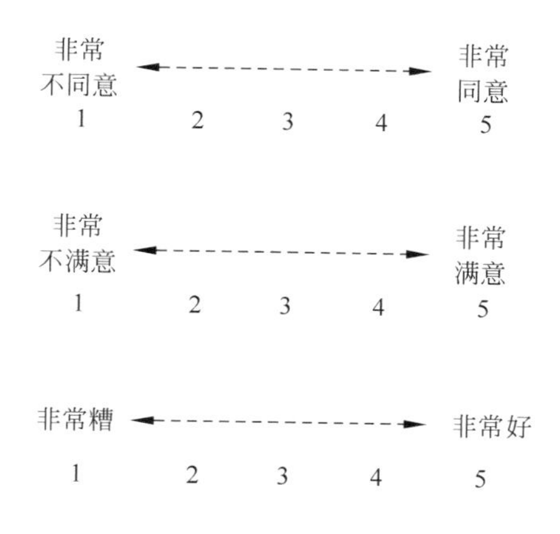

图 21-1 李克特量表形式的问题答案

更高阶的量表时，大多数人并不能分辨出每一级之间细小的差别，并且会增加他们回答问题的负担。

开放式问题允许用户用自己的话来回答问题。这样的问题设计起来非常容易，结果分析比其他形式的问题难，通常用在项目的摸索阶段，或答案不确定的情况下。

问卷的设计还包括问卷介绍部分。问卷介绍应该简短地介绍一下问卷的目的，并解释如何回答问题。另外，还应该在这个部分解释问卷所收集的数据将被如何使用。

21.1.3 问卷实行及结果分析

通常，把问卷发送给所有的用户是不可能的，也是不必要的，选取用户的过程就是一个抽样的过程。

1. 抽样方法

下面将介绍 4 种常见的抽样方法：随机抽样、机械抽样、分类抽样和整体抽样。

单纯随机抽样即全凭概率来抽样。这种抽样方法要求每个个体在抽样过程中有着同等的机会。例如，要从 1000 人中抽取 100 人，就可以把 1000 人的名字写在卡片上或者予以编号，然后用抽签或抓阄的办法取出 100 个人来。这 1000 人中的每个人被抽取到的机会，从理论上说，都是均等的。

机械抽样是将总体中的每个个体按一定的顺序排列编号，然后依一定距离（大小），由样本所需数与总体中的个体总数的比率，机械地抽取样本。机械抽样组成的样本既可保持分布均匀，又可扩大各个个体随机组合的可能性。机械抽样适合于样组规模较大，而对影响研究结果的对象特征还不清楚时。

分类抽样是将总体中包含的全部个体依据某种标准分类，再从每类中按简单随机抽样法抽样。分类抽样有两种方法：第一，等比例分类抽样法，即各层次抽出个体相等的样本。第二，概率比例分类抽样法，即按各类所占比例分配数量的分类抽样法。例如，一个软件有两个版本，在问卷调查时，可以使用等比例分类抽样，选取一半使用过第一个版本的用户，另一半使用过第二个版本的用户。如果在分析调查结果时，要对各类之间进行比较，分类抽样非常有效。

整体抽样是以集体为对象的抽样方法,对抽出的集体所包含的全部个体逐一进行调查。如调查小学生学习软件的使用状况,可在全市所有小学五年级的班级中,随机抽取10个班,再对抽出的10个班的学生逐一进行问卷调查。

2. 调查的人数

在测量值的标准方差已知的情况下,可以通过公式计算样本大小。标准方差可以通过类似问卷,或是过去问卷调查的结果进行估计。在没有这些信息的情况下,可以使用表21-1估计样本大小。例如,一个问卷调查是有关一些很有争议的问题,估计会有50%的用户答A,50%的用户答B,取置信度为0.05,允许误差为0.05,所需的样本大小是384。

表21-1 样本大小的估计

允许误差	意见不一致(0.5,0.5)		意见比较一致(0.8,0.2)	
	$\alpha=0.05$	$\alpha=0.01$	$\alpha=0.05$	$\alpha=0.01$
0.20	24	15	41	27
0.10	96	61	166	106
0.05	384	246	664	425
0.02	2401	1537	4147	2654

所需分发问卷调查的人数可以通过下式计算得出：

分发问卷人数＝所需样本大小/回答率

问卷的回答率和问卷的形式、问卷的对象都有关系,例如,一个网站的老用户对网站问卷的回答率会高于新用户或访问者,因为他们已经在这个网站上投入了更多的兴趣和时间。

提高问卷回答率的方法也有很多,例如,重复地联系用户,这可以是在问卷发出前以通知的形式,或是在问卷发出后以提醒的形式。对于以邮寄信件的方式发出的问卷,包括一个带有回信地址的信封和必要的邮资,会增加用户寄回问卷的可能性。带鼓励性质的问卷也会提高回答率,这可以是每个回答问卷的用户都得到一份小的礼物,也可以是让所有回答问卷的用户参加一个抽奖活动。

3. 结果分析

分析问卷的结果时需要用到很多的统计知识,最好是由有统计知识背景的人来做,本书只做最基本的介绍,相关的统计知识请参考有关的数理统计的书籍。

不同类型的问题分析的方法也不同,清单式的问题首先需要计算每一个答案的百分数,李克特量表式的问题需要计算每一个问题的平均值和标准误差,开放式的问题则按照需要对答案进行归纳、分类和总结,通常,对开放式的问题的分析需要较多的时间。

通过问卷分析,可以得知哪一个质量因素对用户是最为重要的,这通常可以为公司提供下一步努力的方向。一种办法就是在问卷中包括一个有关重要性的问题,例如,在用户要求分析中发现了5个质量因素,在问卷中可以让用户评价每一个方面对他们满意度的贡献,也就是给这5个方面的重要性打分,我们可以分别为这5个方面计算一个平均值,这可以告诉我们每一个质量因素的重要程度。但是,有关人的判断力的研究表明,人在判断他们使用哪些信息上并不准确,统计的办法比用户判断更精确一些。例如,在问卷中让用户评价他们在每一个质量因素上的满意度,同时另外让他们评价整体的满意度。在用户完成问卷以后,计算每一个质量因素和整体满意度的相关系数,相关系数越高的质量因素对于用户的满意度的贡献也越高。

通过问卷可以进行同公司在不同时间的用户满意度的比较,例如,推出新的服务后,用问卷来确定用户的满意度是否有所提高。问卷也可以帮助比较用户对不同的产品或公司的满意度,以确定用户满意度相对较低的质量因素,从而发现产品或公司需要提高的部分。

分析问卷时也可以进行同一个问卷中事实型、意见型和态度型问题之间的交叉比较。例如,一个问卷既包括事实型问题,如用户的年龄,也包括态度型问题,如用户的满意度,在比较 30 岁以上用户和 30 岁以下用户的满意度时,可以根据年龄问题的答案将用户分为两组,30 岁以上和 30 岁以下,然后分别计算每组用户满意度的平均值,并进行相关的统计比较。

21.1.4 常见的可用性问卷调查

在学术论文中常常提到的可用性问卷包括:“用户交互满意度问卷”(questionnaire for user interaction satisfaction, QUIS)、“软件可用性测量目录”(software usability measurement inventory,SUMI)、“计算机系统可用性问卷”(computer system usability questionnaire,CSUQ)。

最初的“用户交互满意度问卷”可以在参考文献[4]中找到,最新的英文 QUIS 问卷的信息可以在美国马里兰大学(University of Maryland)的网站中找到,QUIS 版本 5.5 包括以下几个部分:用户的整体反映,屏幕显示,术语用词,系统信息,学习,系统功能。该问卷有一个短的版本和一个长的版本。长的版本包括 80 个问题,短的版本包括 27 个问题。

“软件可用性测量目录”包括 50 个问题。它提供 3 种测量:整体测量、可用性简况以及问卷一致性分析。可用性简况包括感受、效率、帮助、控制及可学性 5 个方面。

使用“用户交互满意度问卷”和“软件可用性测试目录”都需要取得相应研发单位的授权。这两个问卷目前还没有中文的版本。为了方便读者使用,我们特别介绍 IBM 公司开发并公开发表的“计算机系统可用性问卷”。我们将它们翻译成了中文,供大家直接使用。该问卷经过了仔细的设计和数据分析,问卷的可靠性达到 0.89,问卷的有效性和敏感度都通过试验进行了仔细的论证。

问卷的设计者还对问卷进行了因素分析,分析结果表明,问卷包含了 3 个方面:系统的可用性、信息质量和用户界面质量。问卷的内容参考表 22-3。计算可用性问卷的分数时,用户可以使用表 21-2。

表 21-2 计算机系统可用性问卷分数的计算方法

分数名称	将以下问题答案平均
总体得分	问题 1～19
系统可用性	问题 1～8
信息质量	问题 9～15
用户界面质量	问题 16～18

21.2 了解用户使用情况的其他方式

21.2.1 客户服务

公司可以通过客户服务得到用户的意见反馈。客户服务就是由客户服务员帮助客户解决他们在产品使用过程中遇到的实际问题，它的形式通常有电话、信件、电子邮件和即时网上对话等。无论是传统的软件公司还是新兴的电子商务公司，提供周到的客户服务是公司成功和增加规模必不可少的。但是，从公司的角度来看，提供客户服务会增加运营的成本，从而减少公司的利润。可用性低的软件或网站需要更多、更长、更难的客户服务，通过提高产品的可用性，可以降低公司在客户服务上的投入。

应该在公司内建立一套从客户服务到产品设计的信息反馈机制。反馈的信息应该包括用户对产品功能及界面上的要求、疑惑及希望。用户的疑惑很可能是由产品存在的可用性问题引起的，在产品更新和提高的过程中应加以解决。而用户新的要求和希望有时则为下一代产品提供了发展的方向。

另一个可以通过客户服务使产品得到直接提高的部分是产品的帮助文件，客户服务部门往往可以指出现有文件的不准确之处，对于客户服务中常见的问题应该主动制作新的帮助文件，以减少用户对客户服务不必要的需求。新的帮助文件可以公布在相关的网站上，以便用户直接阅读。

建立上述的信息反馈机制可以有很多方式，例如，客户服务部为产品开发设计部门每星期提供一个本星期的10个最频繁的客户咨询清单。在产品开发的过程中，也应该有客户服务人员的参与。一方面，客户服务为产品设计开发提供信息，避免潜在的客户问题，增加客户的满意度；另一方面，产品设计开发也可以帮助客户服务了解新的产品，为将来提供必要的客户服务做好准备。

21.2.2 网站使用记录

过去，用户实际使用产品的记录往往被用在可用性实验室里，而在网络时代，服务器的记录可以用来收集一些定量的用户使用信息。通过正确的分析和解释，使用记录可以用来得到网站不同部分在不同时间的实际使用情况，推论出网站内容的有用性和使用效率，以及用户和网站之间的交互活动。这些信息都可以用来帮助网站的开发设计、管理等活动。

网站使用记录的原始信息包括路径记录、浏览系统记录、错误记录和引导记录。路径记录是网站服务器最主要的记录，它包括日期、时间、用户的网络地址和用户的行动(例如下载文件或图像)等。浏览系统记录包括浏览器的版本、操作系统等信息。错误记录包括特殊事件的记录，例如，文件找不到，传输中断等。引导记录指当网站本身或外界网站的网页引导用户使用该网站中的网页时，服务器对引导网页的记录。例如，用户有可能通过搜索器到达网站中的某一个网页，搜索器的网址及搜索时使用的关键词都可以从引导记录中得到。原始的服务器记录需要软件解释才能变成可以分析和使用的信息，经过解释的信息通常包括用户行为的数据；用户人口统计的数据，例如，不同国家的访问者，新用户和重复的访问者；系统表现的数据，如一天内网站服务器的信息存取量，平均网页的下载时间等。这些数据具体可以包括：

——访问者：对网站进行访问的某个网络地址的记录；

——访问：由一个独特的访问者所访问的所有的网页的记录；

——单击：用户下载任何文件的次数；

——存取：下载一个完整的网页，不论网页内有多少图形或声音文件；

——路径：用户在网站中经过的路径，例如，入口、中间、离开的网页等，这也包括用户整个访问单击网页的总数，在某网页的停留的时间，下载时间等；

——入口网页：用户进入网站的第一个网页，有时这并不是网站的主页；

——离开网页：用户离开网站前所访问的最后一个网页；

——单击率：访问者单击一个网站的广告而进入网站的次数和此广告被访问总次数的百分比；

——搜索器：对引导用户访问某网站的搜索器的记录；

——转化率：访问者转化成注册用户或购买物品用户的百分比；

——错误：用户从网站存取文件时发生的错误。

网站使用记录既可以帮助改进现有的网站，也可以用来试验新的网站设计。对现有网站记录的分析可以帮助发现可用性问题，例如，在针对网站用户注册的网页，通过路径分析，可以发现大多数新用户是被哪一个网页引导注册的，从而推论出他们是在什么情况下注册的。如果在一个电子商场的网站中，发现大多数用户是从商品描述网页开始注册的，一个推论是用户在找到了想购买的产品后才决定注册的。路径分析也可以指出用户注册后所访问的网页，用户是否能在注册后顺利完成交易。对注册过程中的离开网页和错误信息网页的分析，可以指出用户是在注册的哪一步遇到了问题，通过改进相应的网页可以提供用户注册的成功率。

通过研究各网页使用的频繁程度，既可以将常用的网页加以优化，也可以研究如何提高不常使用的网页，或决定是否可以把它们从网站中去掉。研究错误信息可以直接帮助找到设计的问题所在，例如，对注册网页的使用记录分析表明，用户在填写新的用户名时，常得到的错误信息是“用户名已被注册了”，这说明网站也许需要更好的用户帮助，介绍如何起一个独特的用户名，或者网站需要一个新的功能为用户推荐一个好的用户名。

对于新的设计，有些网站使用了网站测试的办法，也就是把新的设计放在实际网站中，通过比较新旧设计的使用记录来验证新的设计。以注册网页为例，在新的设计放在网站上以后，可以通过比较访问者注册的成功率来验证新的设计是否有所提高。对于一些重要的网页，在试验新设计的同时，为了不影响用户正常使用网站，有时可以把新的设计只放在网站的某一个部分。例如，在购物网站上，只有购买某类产品的用户才会见到新的设计，将新设计的使用情形，与使用旧设计购买同一类产品的用户的使用情形加以比较。这样的安排对用户的影响较小，但是软件开发较复杂，成本会高一些。

网站使用记录和问卷调查有时也可以综合使用，例如，根据使用记录列出用户离开率较高的网页，在这些网页上安置一些只有在用户离开时才弹出的网上问卷调查，用来调查用户离开的原因和遇到的问题。因为这些用户可能刚刚经历过网页上的设计问题，他们往往可以成功地指出设计的缺陷。这种问卷调查比起普通的问卷调查更能得到相关的细节。

21.2.3 采访和实地测试

另一个在软件推出后的跟踪调查方法是实地测试和采访。测试的方法和可用性实验室测试类似，不同的是测试发生在用户的实际环境中，而不是在实验室中。这种方法的缺点是干扰大，例如，试验进行中接到的电话等，使得观测比较困难。

然而，这种开放的环境也意味着实地测试中所观察的人机交互的过程在实验室中往往是看不到的。在实地测试中所观察到的，更接近于实际生活，例如，用户在受到实际的干扰后试着保存和恢复干扰前的状态，这在实验室中是很难观察到的。

实地测试的设备和方法在本书第22章中略有介绍，这里不再赘述。

参考文献

[1] HAYES B E. Measuring customer satisfaction—survey design, use, and statistical analysis methods [M]. 2nd ed. Milwaukee, Wisconsin: ASQ Quality Press, 1997.

[2] KIRAKOWSKI J, CORBETT M. SUMI: the software usability measurement inventory[J]. British journal of educational technology, 1993, 24(3): 210-212.

[3] LEWIS J R. IBM computer usability satisfaction questionnaires: psychometric evaluation and instructions for use[J]. International journal of human-computer interaction, 1995, 7(1): 57-78.

[4] SHNEIDERMAN B. Designing the user interface: strategies for effective human computer interaction [M]. 2nd ed. Reading,MA: Addison-Wesley, 1992.

[5] WEISBERG H F, KROSNICK J A, BOWEN B D. An introduction to survey research, polling, and data analysis[M]. 3rd ed. London: Sage Publications, 1996.

22 可用性测试

在所有的可用性评估法中，最有效的就是用户测试法了。在测试过程中，让真正的用户使用软件系统，而试验人员在旁边观察、记录、测量。因此，用户测试法是最能反映用户的要求和需要的，有很高的有效性。

根据测试地点的不同，用户测试也可分为实验室测试和现场测试。实验室测试是在可用性实验室里进行的，而现场测试则是由可用性测试人员到用户的实际使用现场进行观察和测试。现场测试的好处是更贴近用户的实际使用环境，缺点是费时，并且不容易控制。实验室测试则比较好控制，但需要有效的任务设计，以得到准确的结果。

根据试验设计方法的不同，用户测试又可分为有控制条件的统计试验和非正式的可用性观察测试，这两种试验也常常被笼统地称为可用性试验。而这两种试验的方法在某些情况下也可以混合使用。

22.1 可用性观察测试

可用性观察测试用最简单的话讲就是让真正的用户试试看。因为在试验中使用的是真正的用户，正确设计和进行的可用性试验有很高的可信度。

22.1.1 可用性观察测试的技术

一种测试的技术叫作正式的可用性测试，通常测试中会有6～10个具有代表性的用户参加，他们在测试过程中完成几个符合实际的测试任务，通过对试验参加者完成任务过程的观察，确定设计中的可用性问题。这种测试技术主要集中在发现可用性问题上，比较适用于对现有设计的评估，测试的周期也相对短一些。

另一种测试的技术是快速改良测试评估法(rapid iterative testing evalua-tion，RITE)，通常在软件的开发阶段使用。在快速改良测试中，整个试验分为几轮小的试验，每一轮试验有4～6个参加者，在两轮试验之间，可用性工程师快速地报告试验结果并提出改进意见，设计人员很快地确定设计的变动，建模人员根据新的设计更新软件模型。这样，在下一轮的试验中就可以使用改进了的设计，在整个试验结束后，得到的将是一个可用性很高的设计。这种测试技术的缺点是需要可用性工程师、设计人员和建模人员的通力合作，对人力资源的要求较高。优点是这种技术集中在获得高质量的设计上，比较适用于新产品的开发和对现有产品进行大的改动。

22.1.2 试验参加者

试验参加者在传统的人因工程学和心理学中有时也被称做试验对象。因为可用性试验的目的不是测试用户的能力，而是测试某个系统的可用性，所以一般都用试验参加者来称谓，用以表明试验的真正目的。

试验参加者应该代表被测系统或系统模块的现有的和潜在的用户。在选择试验参加者时，最主要的因素是参加者的专业知识、计算机经验和对被测试系统的熟悉程度。也就是说，试验参加者的专业知识、计算机经验及对被测系统的熟悉程度应该具有代表性，和现有或潜在用户的背景一致。

有些计算机系统是为专业人士设计的，例如给机械工程师使用的 CAD 软件，为这种系统的可用性试验选择参加者时，对专业知识的要求较高。有些系统则是为广大普通用户设计的，例如网上的一些门户网站，这种系统的可用性测试对参加者则没有很强的专业知识要求。

计算机经验在选择参加者时也是一个时常要考虑的因素，因为如果参加者的计算机知识过于贫乏，可用性测试则变成了用户学习使用计算机的测试，另一方面，普通用户和程序员对软件的理解会很不一样，测试结果也会很不一样。

没有使用过或是很少使用被测试的软件的人是新用户，多次使用并且对软件非常熟悉的人是熟练用户，大多数的用户则是介于两者之间。对新用户的测试会发现软件可学性方面的问题，对熟练或半熟练用户的测试则可以发现有关软件的易用性、效率和用户满意方面的可用性问题。

其他一些需要考虑的因素包括参加者的性别、年龄段等。例如，测试一个为两性设计的软件时，应该尽量使男女参加者的人数保持一致。下面讨论了招募试验参加者时需要注意的问题。

1. 试验需要多少参加者

在进行正式的可用性试验时，我们上面提到了 6～10 个参加者，有统计知识背景的读者可能会问，通过对这 6～10 个参加者的测试，我们对所测得的数据有多大的把握呢？

如果试验的目的是为了比较用户使用两个不同的设计完成任务的时间或犯错误的次数时，你可以用 22.2 节介绍的统计假设检验来分析数据。使用 6 个试验参加者，有 70% 的可能所测的值会落在真值±14% 的区间内。根据假设检验方法的不同，统计检验效力(power of the test)的计算可以参阅相关的数理统计书籍。

通常，可用性试验的目的在于发现可用性问题，发现所有存在的可用性问题的可能性可以用以下公式计算：

$$p=1-(1-\lambda)^n$$

其中，n 为参加者的人数，λ 为一个参加者发现任何一个问题的可能性。Nielsen 和 Landauer 通过对过去可用性试验的统计发现，λ 大约为 31%。所以，一个有 6 个人参加的试验，大约会发现 89% 的可用性问题。

2. 怎样招募试验参加者

选择合适的试验参加者是可用性试验成功与否非常关键的部分。招募试验参加者的办法大致有两种：一种是使用专业咨询机构，另一种是建立自己的参加者数据库。

专业咨询机构通常包括人才交流中心和猎头公司。这些机构一般有自己的人才数据库和招募临时职员的网络机构，只要给出参加者的背景要求，这些机构会很快找到相应的人。采用这种方式的缺点是，因为这些机构通常是为公司寻找雇员而设立的，所以，如果对参加者背景的要求过于特别时，找到适合的背景的人会比较困难。例如，让这些机构找到一些使用过你们公司产品的人可能比较困难，但是使用这些机构来寻找某产品的新用户和潜在用户则是非常有效的。

如果一个公司建立了自己的可用性部门，建立一个自己的参加者数据库是一个非常行之有效的方法。首先列出通常试验会用到的对参加者的背景要求，例如年龄、计算机的使用年限、频率、对公司产品的熟悉度等，然后将这些要求转化为一个问卷。可以在交流会、图书馆等公共场所发放这些问卷，如果公司有注册的用户资料，也可以把问卷寄给那些离公司近，可能参加试验的用户。当然要注意你公司和用户之间的个人隐私权制度，只把问卷寄给那些同意参加调研的用户。随着电子邮件的普及，你也可以把问卷以电子邮件的形式寄出，用户可以直接回复，并在邮件中回答问卷，这通常是寻找现行用户非常有效的办法。表 22-1 给出了一个电子邮件问卷的样例，以供读者参考。

另外，如果公司有自己的网站，你也可以把问卷放在网站上，访问者可以直接联机回答问卷。在美国 Microsoft、IBM、Adobe 等公司的网站上，你可以很容易找到类似的可用性参加者问卷。

通过这些问卷收集到的资料通常会被保存在一个有搜索功能的简单数据库中，供可用性试验招募试验参加者时使用。

表 22-1　招聘试验参加者的电子邮件样例

在×公司，我们致力于提供给广大用户有用、易学的产品。为了达到这个目标，我们需要您的建议和反馈。×公司现正寻找对试用我们网站感兴趣的人。

我们需要有不同经验和技术的人，所以千万不要认为只有计算机专家或是使用过我们产品的人才能参加，只要您在白天或傍晚有一两个小时，您就可以到我们位于某街的办公室来试用我们的产品。当我们有这样的机会时，我们将提前通知您。为了感谢您的试验，参加者将收到现金以及印有我们公司商标的 T 恤衫、棒球帽或其他纪念品。

如果您对参加试用我们产品的研究感兴趣，就请回复当前的电子邮件，直接填写所附的问卷，我们将对您的个人资料绝对保密。

您也可以把这封电子邮件转发给任何可能感兴趣的人。

非常感谢！

×公司可用性实验室全体同仁

姓名：________________

住址：________________

邮编：________________

电话：________________

电子邮件：________________

出生年份：________________

请在正确答案前面写“√”

1. 请标明您的性别

____男 ____女

续表

2. 您的第一职业是什么？

____

3. 您所接受的最高教育程度

____初中

____高中

____大学或大专

____硕士

____博士

4. 您开始使用计算机有多久了？

____我不用计算机

____小于6个月

____6个月到1年

____超过1年

5. 您平时多长时间使用一次计算机？

____每天

____每星期

____每月

____每年

6. 请列出您最常用的软件

____

7. 您开始上网有多久了？

____我不上网

____小于6个月

____6个月到1年

____超过1年

8. 您平时多长时间上一次网？

____每天

____每星期

____每月

____每年

9. 您使用我们的网站有多久了？

____还没有使用过

____小于6个月

____6个月到1年

____超过1年

10. 您平时多长时间使用我们的网站一次？

____每天

____每星期

____每月

____每年

11. 请列出您最常访问的网站

____

3. **尊重试验参加者**

可用性试验是有人参加的试验，出于对人的尊重，在试验中有很多需要注意的地方。在试验中仅仅因为有人在旁观察，试验参加者就可能会感到很大的压力，特别是在试验还要录像的情况下，就更是如此。另外，在测试设计初期的产品时，参加者可能在试验中因为可用性的问题而犯一些错误，或是在学习的过程中显得有些慢，在这些情况下，试验参加者通常会觉得自己愚蠢或是力不从心，更有甚者，极个别的参加者曾在试验中难过到快要哭泣的地步。帮助试验参加者缓解压力，树立对试验的正确认识是非常有必要的。

首先，在试验前试验员应该准备好实验室、测试设备、要测试的产品、测试任务和调查问卷。这样可以避免试验中因为设备或材料的混乱而影响了参加者的情绪。为了避免试验被错误地打断，在实验室的门上可以张贴明显的“试验进行中，请勿打扰”的标记。如前所述，在传统的人因工程学和心理学中有时参加者也被称作试验对象。在可用性试验中因为试验的目的不是在测试用户的能力，而是在测试某个系统的可用性，所以应以试验参加者来称谓，用以表明试验的真正目的。在与参加者的交谈中和试验材料中都要注意使用正确的称谓。

在试验开始前的介绍中，试验员应该用一些时间介绍试验的过程和设备，让参加者了解录像的目的是为了帮助确认可用性问题，除非经参加者本人同意，录像或录音不会公开播放，试验的结果也是完全保密的。为了帮助参加者放松下来，试验员应该在开始的介绍中强调试验的目的不是为了测试参加者的能力，而是为了测试产品的可用性。另外，为了给试验参加者营造一个轻松的气氛，很多可用性实验室还为试验参加者特别准备简单的饮料或是小点心等。在试验开始之前，应该给参加者一个发问的机会，以便解释参加者会有的任何问题。

在试验进行的过程中，为了让参加者放松并增加自信心，第一个任务应该比较简单，保证参加者可以单独完成，这也可以帮助参加者熟悉试验的过程。在试验过程中试验员通常不应打扰参加者，应该让参加者单独解决问题，这样可以提高试验结果的可信度。如果试验超过一个小时，应该给参加者中间休息的机会。另外，不要让参加者感到自己在犯错误或是太慢，试验员和其他观察者千万不要讥笑参加者的表现。在有观察室的实验室中，单单因为知道镜子后面有人在观察也会使参加者感到不自然，有时试验员和试验参加者同在实验室中会帮助减轻参加者的心理负担。如果因为各种原因试验变得很不愉快，试验员可以中途停止试验。在试验的开始，试验员也应该告诉试验参加者，在任何时候参加者有权利终止试验。

试验结束后应给参加者一个机会进一步评价测试的产品。如果在试验过程中有任何因为担心会误导参加者而不能回答的问题，试验结束后应该回答这些问题。还应该对试验参加者的参与和帮助表示感谢，指出通过他们的试验可以找到产品中应提高的地方，再一次强调试验结果是完全保密的，最后把试验参加者送出实验室。

22.1.3 试验任务设计

试验任务应该反映用户对产品的实际应用，任务应该代表用户经常使用该产品的关键步骤。对于在设计阶段的产品，可用性测试的任务也要反映设计人员的目标，代表设计人员比较关心的部分。在产品设计时进行的任务分析也对试验的任务设计大有帮助。对于正在改进的产品，任务应该集中在改进的部分和新增加的功能。

设计试验任务时，应该用一种易于理解的方式把任务描绘给试验参加者，任务反映应该完成的目标，但不能提示完成的步骤。任务还应该只给参加者完成任务所需的信息，过多的信息会使试验参加者感到混淆。试验任务还应该具有真实性。例如，测试在一个网站上购物，一个试验设计可以是告诉参加者上网去购买某一样东西，把东西寄到某一个地址。另一个试验设计可以是真的给参加者50元现金，让他们在网上买东西，并把东西寄给他们自己。第二个试验设计就比第一个更真实一些。

另外，设计任务时还应注意把第一个任务设计得比较简单一些，这样会帮助试验参加者尽快熟悉试验的过程，建立自信心，很快平静下来，专心完成下面的主要任务。

22.1.4 试验中收集的数据

可用性试验中收集的数据通常是与可用性因素相关的，可用性因素包括有效性、效率和用户满意度。在试验中，有效性可以表现在参加者是否能完成任务，效率表现在参加者完成任务的时间和犯错误的次数，用户满意度可以用问卷和参加者自我表达感受来测量。在试验过程中可收集的数据通常有两类，一类是客观可测量的数据，另一类是参加者的主观感受。客观的数据通常包括：

——参加者完成任务所需的时间；

——对于某一个任务，能正确完成任务的参加者个数；

——参加者完成任务时犯错误的次数；

——试验员提供提示的次数；

——参加者完成任务时不得不借助外界协助的次数；

——参加者是否使用了最佳的完成任务的方法；

——参加者使用用户手册或联机帮助的次数。

提示是指试验员提供和完成任务本身没有直接关系的帮助，而协助是指在参加者不能完成任务的情况下试验员不得不提供的帮助。通常在试验中，试验员要求参加者试着独立完成任务，只有在不得已的情况下才要求试验员协助，这往往代表在实际使用时，用户会放弃的情况。

参加者主观感受的测量可以包括：

——参加者表示感到迷惑的次数；

——参加者的注意力被转移而不能集中在真正的任务上的次数；

——情景后问卷调查(after-scenario questionnaire)的分数；

——参加者对产品的观感、判断及评价；

——比较两个或几个系统时，每个参加者的喜好。

可用性工程师也可以根据试验的要求和目的制定自己的测量数据，例如，如果某产品要求用户在使用一次后要对产品的功能有所记忆，在试验中可以让参加者回忆产品的主要功能。

在试验中，用户对产品的主观定性的评价也是很重要的一个部分，这通常可以用有声思考的方法(think aloud)来收集。用户对产品的满意度可以用情景后问卷或试验后问卷来测量。

1. 有声思考

有声思考最初被用在心理学的研究中，目前在可用性工程方面也有着广泛的应用，并经常被认为是最有效的定性测量的方法了。它要求试验参加者在人机交互的同时不断地进行发声的思考。参加者可以有声思考他对系统的了解，描述自己为什么要采取某一个行动，期待的后果是什么，描绘自己正在做什么，等等。在参加者讲述他们思考过程的同时，可用性工程师可以了解参加者对计算机系统的理解，从而了解参加者误解的部分，也可以知道是产品的哪些部分引起了误解。

有声思考的优点是简单易用，试验员不需要很多的专业知识就可以进行试验，它可以帮助找到系统的问题所在，既可以用在低真度的模型测试中以得到参加者对系统抽象的理解，也可以用在高真度的模型测试中以得到参加者对系统更具体细节的理解和使用。

有声思考的缺点是它对参加者在任务时间和错误率方面的表现有影响，因为有声思考会占用参加者完成任务的时间，也有试验表明，有声思考会减少参加者犯错误的次数。

为了克服有声思考的缺点，试验也可以使用共同学习的方法(co-discovery learning)。在每一个试验中使用两个参加者，两个参加者共同学习和使用测试的系统。两个人之间的交流会提供类似有声思考的效果，这种方法的缺点是需要两倍的试验参加者，并且无法测量单个用户完成任务的时间和错误率。

在试验有录像设备的情况下，也可以使用回顾测试的方法(retrospective testing)。在试验过程中，参加者集中精力完成任务，试验的最后让参加者和试验员一起看试验的录像，回顾试验的过程，讲述试验中遇到的任何问题和决策的过程。这种试验方法的缺点是需要至少两倍的试验时间，并且试验参加者可能在回顾时忽略完成任务时的一些细节。

2. 情景后问卷和试验后问卷

为了测试用户的满意度，在完成每一个任务后可以用一些短的情景后问卷调查。美国IBM公司发表过在其公司内使用过的情景后问卷(表22-2)。有试验表明，这个问卷有很高的内部一致性和有效性，能够反映用户对测试产品的满意度。

表22-2 情景后问卷调查

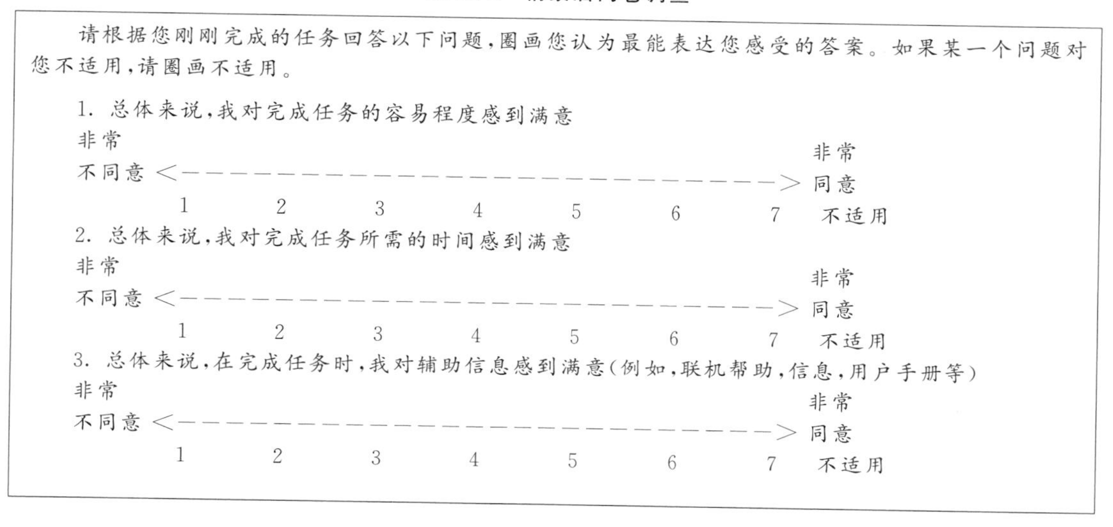

请根据您刚刚完成的任务回答以下问题，圈画您认为最能表达您感受的答案。如果某一个问题对您不适用，请圈画不适用。

1. 总体来说，我对完成任务的容易程度感到满意

非常不同意 <——————————————————————————> 非常同意

1　2　3　4　5　6　7　不适用

2. 总体来说，我对完成任务所需的时间感到满意

非常不同意 <——————————————————————————> 非常同意

1　2　3　4　5　6　7　不适用

3. 总体来说，在完成任务时，我对辅助信息感到满意(例如，联机帮助，信息，用户手册等)

非常不同意 <——————————————————————————> 非常同意

1　2　3　4　5　6　7　不适用

在试验后，有时也可以使用试验后问卷调查来测量参加者的满意度，表22-3给出了IBM公司发表的试验后问卷，这个问卷从3个角度来测量参加者在试验中的满意度，它们包括系统的可用性、信息质量和用户界面质量。有试验表明，试验后问卷和情景后问卷有很高的相关性，如果试验的时间有限，可以只选用其中一种。

表22-3 试验后用户满意度问卷

这个问卷给您一个机会来告诉我们您对刚刚使用该产品的感受，您的回答可以帮助我们了解你对产品感到不满意和满意的方面，从而帮助我们改进设计。在回答每一个问题的时候，尽量回忆您完成的所有任务，圈出最能表达您感受的答案。如果某个问题对您不适用，请圈出不适用。

1. 总体来说，我对使用这个系统的容易程度感到满意
2. 这个系统使用起来简单
3. 我可以用这个系统有效地完成任务
4. 我能够使用这个系统较快地完成任务
5. 我可以高效地使用这个系统来完成任务
6. 使用这个系统时我感到舒适
7. 学会使用这个系统比较容易
8. 我认为使用这个系统后可以帮助我提高生产力
9. 这个系统给出的错误信息清楚地告诉我该怎样改正错误
10. 当我使用这个系统犯错误的时候，我可以容易地迅速从错误中恢复过来
11. 这个系统提供了清楚的信息(例如，联机帮助，屏幕上的信息和其他文件)
12. 我可以容易地找到我所需要的信息
13. 这个系统提供的信息容易理解
14. 这个系统的信息有效地帮助我完成任务
15. 这个系统的信息在屏幕上组织得比较清晰

注意：人机界面包括您用来和系统交互的工具，例如，键盘、鼠标和屏幕(包括屏幕上的图像和文字)

16. 这个系统的界面让人感到舒适
17. 我喜欢使用这个系统的界面
18. 这个系统提供了所有我期望的功能
19. 总体来说，我对这个系统感到满意

说明：这个问卷的格式和情景后问卷的格式是一样的，为了节省空间，这里就不再重复答案的部分。

3. 试验记录的方法

在试验中记录参加者使用被测系统的过程的方法包括笔录、录音和录像。为了节省时间，试验员通常要进行一些笔录，而在试验后不清楚的地方可以找到录音或录像相对应的部分。

很多公司也使用一些试验记录的软件，试验员通常可以使用这些软件来记录参加者的行动、评价，软件会在同时记录对应的时间，甚至自动计算完成每个任务的时间。如果记录的时间和录像的时间同步，可以帮助试验员在试验后很快找到对应的录像。

22.1.5 试验进行的过程

试验进行的过程大致可以分为介绍、试验、小结3个步骤。

1. 介绍

在试验的开始，试验员应向参加者介绍试验的目的，强调试验是为了测试产品的可用

性，不是为了测试参加者的能力。很多公司要求参加者在一份知情同意书上签字，知情同意书应解释试验的目的和参加者的权利，它也应该解释试验中有关测试产品的信息是保密的。知情同意书一方面保护了参加者的权利，另一方面也为公司的利益提供了保护。表 22-4 是一个知情同意书的样例，供读者参考。

表 22-4 知情同意书样例

参加者编号________

了解您所参与的试验

您的名字：________________________

请仔细阅读这个同意书

目的

您现在所参与的产品试验的目的是为了帮助我们测试我们的产品是否简单、易学、好用。这个产品试验的目的是研究您将要用到的产品，我们不是在测试您，或是您的能力。

试验收集的数据

试验的观察人员将记录您是怎样使用本产品的，例如，本产品的某一个部分是否简单易用。在试验中您需要回答一些问卷调查，在试验后还有一个简单的口头调查。在试验中您提供的信息，再加上其他参加者的信息，将帮助我们找出改进产品设计的方法。

同意和弃权声明

您使用本产品和口头调查的过程将被录像和录音。在这个同意书上签名表示您同意我们公司在评估和演示产品时可以使用您的声音、讲话和录制的图像。但我们将不会使用您的名字。

舒适

如果需要，您在试验的任何时候都可以要求暂停，只需要告诉试验员您要求暂停就可以了。

保密

在试验中您所得到的任何关于本产品的信息都是保密的，并归公司所有。您在试验中得到的信息仅仅是为了试验的目的，在这个同意书上签字表明您同意保守秘密，不将产品的信息泄露。

退出试验的自由

您参加本试验完全出于自愿，您可以在任何时候退出试验。

如果您同意以上的条款，请在下面签字。

签字：________________________ 日期：________________________

试验员还应在试验前解释试验的设备，进行笔录、录音和录像的目的，试验结果的使用，试验的过程。如果试验中要用有声思考，试验员需要解释有声思考的方法和目的，为了让参加者很快掌握有声思考的方法，试验员可以通过使用一个简单的软件来示范一下。

试验员还应在试验正式开始前给参加者一个发问的机会，以便解释任何参加者的疑问。

2. 试验

在试验的过程中，试验员应该尽量让参加者独立完成任务。在使用有声思考的试验中，如果参加者忘记了进行有声思考，试验员可以用类似“你正在想什么？”的话来提醒参加者。

在试验的过程中要区分试验员给参加者提供的提示和协助。提示是试验员提供的和完成任务本身没有直接关系的小的帮助，例如，完成某一个任务有两个方法：A 和 B，方法 B 是最佳的方法。在试验中参加者没有发现方法 B，而使用方法 A 完成了任务。为了测试方法 B，试验员可以进行提示，“有没有其他的方法来完成任务？”如果试验中记录到很多这样的提示，就表明方法 B 不是很直观，或是不容易找到。

协助是在参加者不能独立完成任务的情况下，试验员不得不提供的帮助。例如在试验中，参加者表示他将放弃某一个任务，或在日常情况下他会找他的同事来帮忙。如果试验记录到很多协助，就说明设计存在重大的可用性问题，很难使用。

当然，如果试验中不使用有声思考，只是测量参加者的表现时，试验员不应该提供任何的帮助，尤其是在测量完成任务的时间的情况下更应如此。

3. 小结

试验后，有时也可以使用前面解释过的试验后问卷调查来测量参加者的满意度，这样的问卷应在其他小结问题之前完成，以避免其他问题对参加者的提示。有试验表明，试验后问卷和情景后问卷有很高的相关性，如果试验的时间有限，可以只选用其中一种。

问卷后，试验员还可以进行一个短暂的访问，问题可以包括：

——试验中你最喜欢的部分是什么？

——试验中你最不喜欢的部分是什么？

——你还有其他的建议吗？

试验员最后应该给参加者一个发问的机会，回答任何在试验过程中为了不影响试验结果而不便回答的问题。

22.1.6 实验室及实验设备

最简单的可用性实验设备就是一台计算机和一个安静的房间。可用性试验员可以用笔和纸记录试验过程和数据。可用性实验室并不是进行可用性测试的必要条件。但"工欲善其事，必先利其器"，一个装备完全的可用性实验室不但可以大幅地提高可用性试验员的工作效率，并且可以帮助设计人员更多地参与可用性试验，增加他们和最终用户之间的交流，使他们更切身地听取和了解最终用户的需求。同时，可用性实验室也可以提升公司的形象。

下面我们先介绍在美国很多软件公司都能见到的可用性实验室，然后再介绍一些简化了的实验室及设备。

1. 正式的可用性实验室

如图 22-1 所示，一个完整的可用性实验室由两个房间组成：实验室和观察室。实验室和观察室之间有一面隔音、单向透光的镜子。观察室的墙壁通常是深色的，当实验室开着灯，而观察室灯光较暗的时候，从实验室看过去是一面不透光的镜子，从观察室看过来则像是一个普通的玻璃窗。试验参加者在实验室内的计算机上使用被测试产品、软件或网站，试验员和其他观测人员在观察室里进行观察、记录、讨论。隔音的镜子和墙壁保证测试对象不被干扰，必要时试验员可以和试验参加者通过麦克风交谈。也有一些试验有两个试验员参加，一个试验员与试验参加者在实验室里，另一个试验员在观察室里记录数据。

实验室中的计算机显示器和观察室里的显示器连在同一台测试用的计算机上，测试对象和软件界面交互的全部细节都同时显示在这两台显示器上。实验室内通常有两台可以遥控的摄像机，一台用来跟踪测试对象的脸部表情，另一台跟踪桌上的文件或键盘。

在观察室里除了上面提到的同步显示器，通常还有录像机、摄像机的控制器和图像合成设备。计算机显示器、摄像机和麦克风的信号被合成后可以记录在录像带上。如果使用录像机，计算机显示器的信号必须先通过一个扫描转换器处理，才能被记录下来。

在观察室里通常还有一台用来输入观测记录的计算机。数据记录人员可以记录试验参

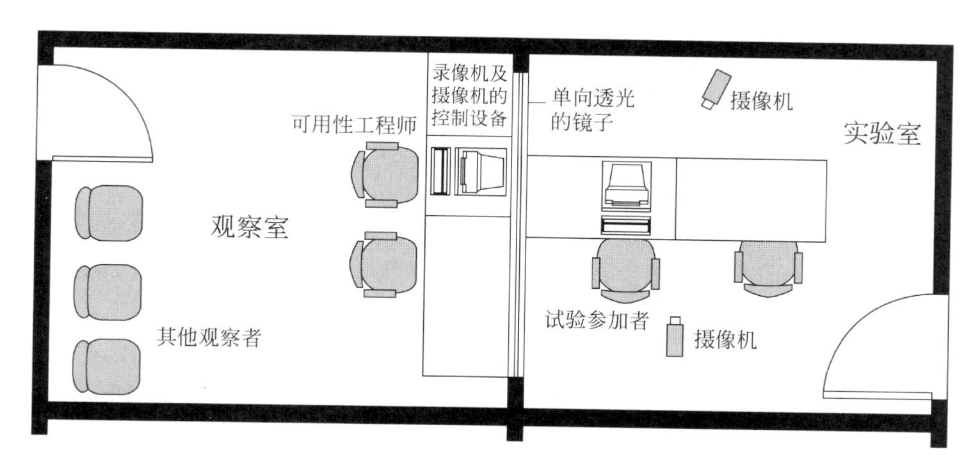

图 22-1 可用性实验室

加者的评论、动作、表情和时间。记录的时间应该和录像机的时间同步,以便于将来很快找到对应的录像。

2. **手提式实验室**

顾名思义,手提式实验室就是一个可以放在手提箱里的实验室,它由最基本的计算机和录像、录音设备组成。一台笔记本电脑,一个普通的摄像机和一个三脚架就可以是一个实验室。试验过程中,摄像机对准计算机的屏幕进行录像和录音。使用这样设备的缺点是,因为计算机显示器刷新画面的速度有限,录像的质量不太高,录像里屏幕有闪烁的现象。稍做改进的设备可以是由一台笔记本电脑、一个扫描转换器、麦克风、简单的音像混合器及一台录像机组成,计算机显示器的信号将会转换到录像带上,录像的质量会改进很多,成本也不会增加很多。

上面介绍的设备成本低,便于携带,也非常适用于现场测试和可用性工程刚起步的公司。使用这样的设备,可以很容易地把一个普通的会议室变成一个临时的实验室。

在网络流行的今天,一台能上网、有麦克风的计算机和一个笔记本电脑就可以组成一个实验室。试验员可以用笔记本电脑来记录试验过程。通过一些网上会议的软件,例如微软的 NETMEETING,参加者的屏幕可以和其他计算机分享,设计人员和软件工程师甚至可以在自己的计算机上观察试验的整个过程。

22.1.7 试验在软件开发中的生命周期

上面介绍了可用性试验的基本知识,下面我们介绍它在软件开发过程中的生命周期。可用性试验通常包括计划和准备、导试、试验、试验结果分析和报告 4 个阶段。

1. **计划和准备**

在计划和准备阶段,需要做的工作包括撰写试验计划,招聘试验参加者,准备试验任务和其他辅助性材料,例如,知情同意书,参加者的酬劳和纪念品,实验室和设备等。在这个阶段里还需要决定试验中要采取的试验技术和参加者的人数及背景。在以用户为中心的设计过程中,在设计的开始阶段已经进行了用户分析和任务分析,试验参加者的背景应和任务分析的结果一致，而试验任务的设计也应该反映任务分析的结果。

在实际工作中，一份书面的试验计划是很有帮助的，它通常应该包括试验的目的，参加者人数和背景，所使用的试验技术和可能使用的软件模型，将要收集的数据、试验日期、时间长短等。

2. 导试

导试是在正式测试之前的尝试性的测试，目的在于发现任务设计和软件模型中的问题。导试的参加者不一定是真正的用户，可以选用比较好找到的人选，例如公司内部的员工。通常需要一两个导试参加者就可以了。

在导试中发现的问题经常集中在试验任务、指令和软件模型上，有可能是试验任务误导参加者，或是试验中发给参加者的指令不够清楚。导试还可以帮助改进试验的过程，澄清所收集的数据。

3. 试验

试验的过程在前文已经有了很详细的介绍，这里就不再重复。需要注意的是试验的时间安排，在两次试验之间留一些缓冲时间，万一参加者迟到或是上一个试验超时，不会影响下一个试验。另外，在试验前应将试验的时间计划通知项目的相关人员，并对将要观察试验的人员讲明观察试验的规则，例如试验中不可打断试验的进行，不允许嘲笑参加者等。

4. 试验结果分析和报告

试验后，试验员应提交一份试验报告。报告一般应包括试验结果总结，测量数据的小结，可用性问题，问题的严重性，建议的修正方案等。对于每一个可用性问题，都应该给出问题的严重性，它由两个方面的因素决定，分别是问题的影响力和发生的频率。问题对用户的影响越大，严重性越高，同样，如果用户遇到同样问题的频率越高，问题的严重性也越高。表22-5给出了确定问题严重性的方法。

表22-5 可用性问题严重性的评估

发生频率	影响力		
	高	中	低
高	重大	大	中
中	大	中	中
低	中	中	小

报告的附录还应该包括参加者背景、试验任务和所用的问卷等。报告的形式可以是非正式的，例如一封电子邮件，也可以是非常正式的，甚至包括一卷试验精彩片段的录像。具体采取什么样的报告方式，要根据试验的目的和各公司的具体情况来定。试验精彩片段的录像可以大力帮助试验员解释可用性问题，说服设计人员、程序员和其他项目人员，一段参加者挣扎着完成任务的录像通常有很强的说服力。

22.2 统计试验

在有控制条件的统计试验中，我们通常仔细地控制试验进行的条件，这样可以精确地测量一些试验数据，从而比较不同设计的效果。

22.2.1 统计试验的目的

在实际的设计工作中，大家通常遇到的问题是：

(1) 设计 A 比设计 B 更好吗？

(2) 设计 A 是否达到了设计要求？

如果要知道上面问题定量的答案，就需要用到统计试验。本书将简单地介绍一些日常工作中常用到的统计试验和分析方法，如果读者要用到更多的统计试验知识，请参阅相关的数理统计和统计试验设计的书籍。

22.2.2 统计变量

在试验中我们通常需要事先确定一些需要测量的变量，例如用户完成某任务所需的时间，这样的变量叫作因变量，因为这些变量的值和试验的条件有关。在试验中为了弄清楚试验条件的变化对因变量的影响，我们通常会改变试验条件。而那些被改变的试验条件就是自变量，例如，软件设计方案。

如图 22-2 所示的试验中，软件设计方案是自变量，在试验过程中，用户分别使用两个不同的设计方案 A 和 B。而我们所选定测量的变量是用户完成任务所需的时间，这就是因变量。

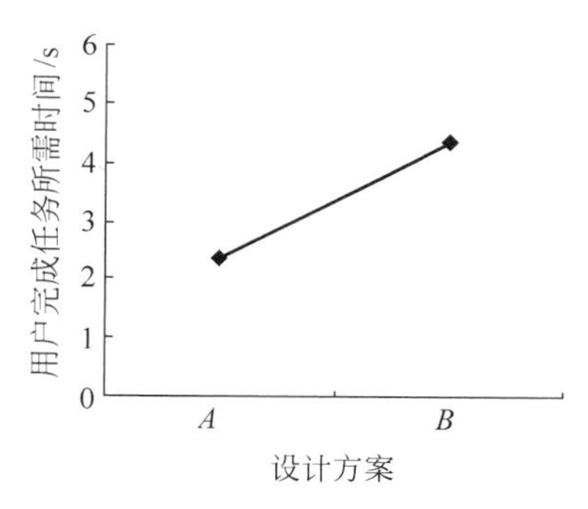

图 22-2 用户使用不同设计方案完成任务所需的平均时间

在可用性测试中，我们常常把软件的设计方案作为自变量，把可用性的因素作为因变量，例如，用户完成某任务所需的时间，用户犯错误的次数，用户的满意度等。

在设计试验的过程中，我们还得花一些时间来保证只有试验设计的自变量会影响因变量。例如，在试验中同一个用户使用两个不同的软件，用户使用软件的先后顺序可能会对试验结果产生影响。这时我们通常需要使这样的因素随机化，可以在试验中一半的用户先使用软件 A，另一半用户先使用软件 B。这样的因素通常还包括用户的性别，用户的计算机知识，使用软件系统的历史等。当然，如果试验本身对用户个体差异感兴趣的话，在试验中这些因素也可以被当作自变量来对待。

22.2.3 试验假设

假设是用来预期试验结果的，它需要讲述自变量和因变量之间的关系。每一个控制试验都会有两种结果，原假设表述自变量的变化对因变量没有影响。以图 22-2 中的试验

为例。

原假设 H_0：用户使用软件设计方案 A 和 B 完成任务的时间是相同的；

备择假设 H_1：用户使用软件设计方案 A 和 B 完成任务的时间是不同的。

原假设通常是我们希望拒绝的假设。如果我们不能拒绝原假设，则我们必须接受它，即软件不同的设计方案对用户完成任务的时间没有显著的影响。另一方面，如果我们可以拒绝原假设，我们就可以得出结论：不同软件设计方案对用户完成任务的时间有显著的影响，从而我们可以找出最佳的设计方案。

22.2.4 试验设计

在可用性试验中最简单的统计试验设计就是对象间的试验设计（between-subject design）和同对象的试验设计（within-subject design）。

在对象间的试验中，我们测试两个或两个以上的试验参加者小组，每一个小组只接受一个自变量的值。以上述的试验为例，第一个小组的参加者只使用设计 A，第二个小组的参加者只使用设计 B。每个参加者应被随机地指定到一个小组，这样每个小组成员的概率都是一样的，以保证只有自变量在影响因变量。

有些情况下，如果已经知道试验参加者的背景会对试验的因变量有影响，我们需要控制小组间的平衡。例如，为了减少用户网上购物付账所需的时间，公司对该网站的付账部分进行了重新设计，并且做了一个新设计的模型。在接下来的可用性试验中，需要比较用户使用新、旧设计付账所需的时间。如果我们知道在该网站上购物的用户里 80% 是有网上购物经验的，20% 是没有网上购物经验的。因为有网上购物经验的人网上付账所需的时间会少一些，如果在一个小组中有网上购物经验的人比另一个小组多，试验的结果就会因此而有偏差，网上付账时间少的一组可能不是因为设计的不同，而是因为有经验的人多一些。所以在试验中两个小组中有经验和没经验的试验参加者比例应该一样，并且最好和已知的用户比例一致，我们就更有把握两个小组的成员是一样的，试验结果也更精确一些。

不论是随机地指定，还是人为地控制小组成员的背景，都是为了使小组一致。在最极端的情况下，我们可以在两个小组中使用同样的参加者，这就是同对象的试验设计。在同对象的试验设计中，每一个参加者都经历所有的试验条件，这样的试验设计会增加试验的灵敏度，能检验出不同试验条件下更细小的区别。有时它也能减少一个试验中所需的参加者人数。

但是同对象试验有两个大的弱点：一个是遗留效应，另一个是疲劳效应。遗留效应指的是试验参加者接受的前一个条件对参加者在后一个条件下的表现有影响。例如，比较两个不同的但类似的设计，参加者使用过第一个设计后，会对使用第二个设计完成任务过程有所了解和期待，会影响参加者使用第二个设计时的表现。疲劳效应指的是试验参加者在使用第一个设计完成复杂任务后会有某种程度的疲劳，这会影响参加者使用第二个设计时的表现和态度。

为了克服同对象试验的这两个弱点，试验中应该使用顺序平衡的方法，也就是在试验中相应地改变试验条件出现的顺序，以此来减少顺序的影响。如果试验是比较两个设计，一半的参加者可以先使用设计 A，另一半的参加者先使用设计 B，这样就可以减小顺序对试验结果的影响。

22.2.5 常用的简单试验分析

我们在这里只介绍几种在日常工作中经常使用的简单的统计试验分析方法，目的在于使读者能在阅读本书后很快地把书中的内容用在日常的工作中。设计、进行和分析复杂的统计试验，将需要更多的数理统计知识，读者可以参阅相关的数理统计书籍。

先介绍一些数理统计的名词。在一个试验中，经过 n 次测试得到一组数据(一个样本)：$X_1, X_2, \cdots, X_n$。

于是，样本的平均值为

$$\overline{X} = \frac{1}{n}\sum_{i=1}^{n} X_i$$

样本的方差定义为

$$S^2 = \frac{1}{n-1}\sum_{i=1}^{n}(X_i - \overline{X})^2$$

其中，$n-1$ 为样本平方和 $\sum_{i=1}^{n}(X_i - \overline{X})^2$ 的自由度，它指的是平方和中独立元素的个数。平方和中有 n 个 $X_i - \overline{X}$ 元素，但并不是所有的元素都是独立的。因为 $\sum_{i=1}^{n}(X_i - \overline{X}) = 0$，实际上只有 $n-1$ 个元素是独立的，于是相应的自由度就为$n-1$。

$S = \sqrt{S^2}$ 叫作样本的标准方差。

22.2.6 检验设计是否达到要求

在设计的过程中，我们有时需要检验某设计是否达到了预期的可用性方面的要求。在可用性测试中，我们可以采集一些可用性方面的数据，例如试验参加者完成任务的时间，犯错误的次数等。我们可以很简单地计算出所收集数据的平均值，但是我们所计算出的平均值有多大的误差？我们又有多大的信心说该设计达到了预期的设计要求呢？我们可以用一个简单的 t 检验来解决这些问题？

如果我们对 X 指标的设计要求是 R，我们会有如下假设：

H_0：X 的均值 $=R$；

H_1：X 的均值 $\neq R$。

使用 t 检验法时，我们需要先计算统计量 t_0 的值，即

$$t_0 = \frac{\overline{X} - R}{S/\sqrt{n}}$$

其中，n 为数据的个数，$S = \sqrt{\frac{1}{n-1}\sum_{i=1}^{n}(X_i - \overline{X})^2}$。

再查表 22-6 得到临界值 $t_{\alpha/2,n-1}$，α 为我们选定的置信度，$n-1$ 为对应的自由度。如果 $|t_0| > t_{\alpha/2,n-1}$ 成立，我们就可以拒绝原假设。

表 22-6 t 分布数值表

自由度	置信度		
	0.10	0.05	0.025
1	3.078	6.314	12.706
2	1.886	2.920	4.303
3	1.638	2.353	3.182
4	1.533	2.132	2.776
5	1.476	2.015	2.571
6	1.440	1.943	2.447
7	1.415	1.895	2.365
8	1.397	1.860	2.306
9	1.383	1.833	2.262
10	1.372	1.812	2.228
11	1.363	1.796	2.201
12	1.356	1.782	2.179

注意到在以上的假设检验中，备择假设是用户使用 X 的均值不等于 R，因为 X 的均值既可能大于设计要求 R，也可能小于 R，我们应该使用双边检验 $|t_0|>t_{\alpha/2,n-1}$。如果备择假设是 X 的均值小于 R，我们则需要使用单边检验 $t_0<-t_{\alpha,n-1}$。同样，如果备择假设是 X 的均值大于 R，我们则需要使用单边检验 $t_0>t_{\alpha,n-1}$。

例如，在设计一个系统时，我们的要求是用户使用系统完成某任务时所犯的错误不能超过 10 次。在一个可用性试验中，有 7 位试验参加者，我们记录了每位参加者使用该系统完成任务时所犯错误的个数，数据分别为：7，10，9，11，5，6，3。于是我们假设，

H_0：用户犯错误个数＝10；

H_1：用户犯错误个数＜10。

经计算得 $\overline{X}=7.3$，$S=2.87$，

$$t_0=\frac{\overline{X}-R}{S/\sqrt{n}}=\frac{7.3-10}{2.87/\sqrt{7}}=-2.507$$

取置信度为 0.05，自由度为 6，查表 22-6 可得 $t_{0.05,7-1}=t_{0.05,6}=1.943$。

因为 $t_0=-2.507<-t_{0.05,6}=-1.943$，所以我们可以拒绝原假设。也就是说，试验的结论是，我们有 95% 的信心说用户使用该系统时所犯的错误低于 10 次。

那么，用户可能犯错误的次数是多少呢？我们可以用置信区间的概念来回答这个问题。

$$X_{\min}=\overline{X}-t_{\alpha/2,n-1}S/\sqrt{n}=7.3-2.447\times2.87/\sqrt{7}=4.6$$

$$X_{\max}=\overline{X}+t_{\alpha/2,n-1}S/\sqrt{n}=7.3+2.447\times2.87/\sqrt{7}=9.9$$

也就是说，用户犯错误的次数有 95% 的可能性会落在 4.6～9.9 之间。

22.2.7 对象间试验的假设检验

在前面介绍的对象间的测试中，我们会有两组试验参加者，对同一个因变量，我们就会得到两组数据，即两个样本。这两个样本的平均值标志着不同设计在可用性方面的表现。在这种情况下，我们可以用 t 检验法来比较这两个样本，估计我们是否可以拒绝原假设。

使用 t 检验法时，我们需要先计算统计量 t_0 的值，即

$$t_0=\frac{\overline{X}_1-\overline{X}_2}{S_p\sqrt{\dfrac{1}{n_1}+\dfrac{1}{n_2}}}$$

其中，$S_p^2=\dfrac{(n_1-1)S_1^2+(n_2-1)S_2^2}{n_1+n_2-2}$；$n_1$ 为第一组数据的个数；n_2 为第二组数据的个数。

再查表 22-6 得到临界值 $t_{\alpha/2,n_1+n_2-2}$，α 为我们所选定的置信度，n_1+n_2-2 为对应的自由度。如果计算所得的统计量 t_0 的绝对值大于临界值 $t_{\alpha/2,n_1+n_2-2}$，在所选定的置信度内我们可以拒绝原假设。

例如，比较两个不同的设计 A，B。以用户使用不同设计完成任务的时间（单位为 s）为因变量。我们把试验参加者分为两组，一组使用设计 A，另一组使用设计 B。一组数据是第一组试验参加者使用设计 A 完成任务的时间，另一组数据是第二组试验参加者使用设计 B 完成任务的时间。

设计 A	设计 B
13.6	10.5
12.5	13.7
15.8	8.2
11.3	11.3
9.5	

H_0：用户使用设计 A 和 B 完成任务的时间相同；

H_1：用户使用设计 A 和 B 完成任务的时间不同。

设计 A	设计 B
$\overline{X}_1=12.54$	$\overline{X}_2=10.9$
$S_1^2=4.51$	$S_2^2=3.86$
$S_1=2.12$	$S_2=1.97$
$n_1=5$	$n_2=4$

于是

$$S_p^2=\frac{(n_1-1)S_1^2+(n_2-1)S_2^2}{n_1+n_2-2}=\frac{(5-1)4.51+(4-1)3.86}{5+4-2}=4.23$$

$$S_p=2.06$$

$$t_0=\frac{\overline{X}_1-\overline{X}_2}{S_p\sqrt{\dfrac{1}{n_1}+\dfrac{1}{n_2}}}=\frac{12.54-10.9}{4.23\sqrt{\dfrac{1}{5}+\dfrac{1}{4}}}=1.189$$

取置信度 $\alpha=0.05$，查表可得，$t_{\alpha/2,n_1+n_2-2}=t_{0.025,7}=2.365$。

因为 $|t_0|<t_{0.025,7}$，所以，用这个试验的数据，我们不能拒绝原假设。

注意到在以上的计算中，我们的备择假设是用户使用 A 和 B 的时间不同，因为用户使用设计 A 的时间可能大于也可能小于设计 B，我们用的是双边检验。如果备择假设是用户使用设计 A 完成任务的时间大于使用 B 的时间，即

H_0：用户使用设计 A 和 B 完成任务的时间相同；

H_1：用户使用设计 A 完成任务的时间大于使用 B 的时间。

那么检验假设就需要使用单边检验，检验 $t_0 > t_{\alpha, n_1+n_2-2}$ 是否成立。在上面的例子中，$t_0 = 1.189 < t_{0.05,7} = 1.895$，我们仍不能拒绝原假设。

22.2.8 同对象试验的假设检验

在同对象的试验设计中，同一个试验参加者既使用了设计 A，也使用了设计 B。当然，如前所述，为了避免使用软件的先后顺序对试验结果产生影响，一半的参加者先使用设计 A，另一半先使用设计 B。在这种情况下，我们可以比较试验参加者使用设计 A 和 B 的区别，我们定义

$$d_j = X_{1j} - X_{2j}, \quad j = 1, 2, \cdots, n$$

这样我们可以通过对 d_j 的假设检验来检验设计 A 和 B 之间的不同。检验 X_1 和 X_2 的均值是否相等就相当于检验 d 的均值是否为零。

H_0：d 的均值 $=0$；

H_1：d 的均值 $\neq 0$。

我们可以用 t 检验法，首先计算

$$t_0 = \frac{\bar{d}}{S_d / \sqrt{n}}$$

其中，

$$\bar{d} = \frac{1}{n}\sum_{i=1}^{n} d_i, \quad S_d = \sqrt{\frac{1}{n-1}\sum_{i=1}^{n}(d_i - \bar{d})^2}$$

如果 $t_0 > t_{\alpha/2, n-1}$，我们就可以拒绝原假设 H_0。

例如，比较两个不同的设计 A，B。我们关心用户使用不同设计完成任务的时间是否不同。试验共有 8 个参加者，每一个参加者都分别使用了设计 A 和 B。他们完成任务的时间如下：

参加者编号	设计 A	设计 B
1	15.9	14.6
2	9.5	9.6
3	11.3	10.2
4	13.4	12.1
5	14.1	12.8
6	16.3	13.2
7	9.8	10.6
8	13.5	10.5

定义 $d_j = X_{1j} - X_{2j}$，其中，$j = 1, 2, \cdots, 8$，于是设定假设

H_0：d 的均值 $=0$，即用户使用设计 A 和 B 完成任务的时间相同；

H_1：d 的均值 $\neq 0$，即用户使用设计 A 和 B 完成任务的时间不同。

于是我们有 $\bar{d} = 1.28$，$S_d = 1.34$，统计量

$$t_0 = \frac{\bar{d}}{S_d / \sqrt{n}} = \frac{1.28}{1.34/\sqrt{8}} = 2.702$$

取 $\alpha=0.05$，查表可得 $t_{\alpha/2,n-1}=t_{0.025,7}=2.365$。

因为 $t_0=2.702>t_{0.025,7}=2.365$，我们可以拒绝原假设，得出结论：用户使用设计 A 和 B 完成任务所需的时间不同。

同样，如果我们的备择假设是 d 的均值 >0，即用户使用设计 A 完成任务的时间大于使用 B 的时间，我们需要用单边检验，检验 $t_0>t_{\alpha,n-1}$ 是否成立。在上面的例子中，$t_0=2.702>t_{0.05,7}=1.895$，我们可以得出结论：用户使用设计 A 完成任务的时间大于使用 B 的时间。

22.2.9 分类计数数据的分析

有时，试验中我们会收集到一些分类计数的数据，处理这样的数据，我们可以使用一个简单的 χ^2 检验法。在可用性试验中比较设计 A 和 B，如果用户对这两个设计的喜爱程度一样，应该有 50%的参加者喜欢设计 A，另 50%喜欢设计 B。我们可以定义原假设是用户对这两个设计的喜爱程度相同，用 χ^2 检验法可以检验这个假设是否成立。

使用 χ^2 检验法时，我们需要先计算 χ^2 的值，即

$$\chi^2=\sum_{i=1}^{n}\frac{(O_i-E_i)^2}{E_i}$$

其中，O_i 为观测值；E_i 为期望值。

然后我们把计算的 χ^2 值和查表 22-7 所得的值做一个比较，如果计算的值大于查表所得的值，拒绝原假设。

表 22-7　χ^2 分布数值表

自由度	$\alpha=0.05$	$\alpha=0.025$	自由度	$\alpha=0.05$	$\alpha=0.025$
1	3.84	5.02	6	12.59	14.45
2	5.99	7.38	7	14.07	16.01
3	7.81	9.35	8	15.51	17.53
4	9.49	11.14	9	16.92	19.02
5	11.07	12.38			

例如，在一个问卷调查中，60 位用户回答了问卷，有 37 位用户喜欢设计 A，23 位喜欢设计 B。我们定义原假设是：用户喜欢设计 A 和 B 的程度相同。于是我们有

设计	观测值 O	期望的可能性 π	期望值 E	期望差 $O-E$	χ^2 $(O-E)^2/E$
A	37	0.50	30	7	1.63
B	23	0.50	30	−7	1.63
总计	60	1.00	60	0	3.26

在这个情况下我们只有一个自由度(2 个分类减 1)，取置信度为 0.05，查表得临界值为 3.84。计算值 3.26 小于临界值，我们不能拒绝原假设，也就是说，这个问卷调查不能说明用户更喜欢设计 A 或 B。

这个问卷调查之所以不能告诉我们用户的喜好，很可能是因为所取的样本个数太少，如

果有更多的用户回答问卷，这个 χ^2 检验就可能会测到 A 和 B 明显的区别。有关问卷调查样本个数的问题，请参考本书后面相关的章节。

参考文献

[1] DUMAS J，REDISH J. A practical guide to usability testing[M]. Rev ed. London：Intellect Ltd，1999.

[2] FU L，SALVENDY G，TURLEY L. Effectiveness of user testing and heuristic evaluation as a function of performance[J]. Behaviour and information technology，2002，21(2)：137-143.

[3] HENRY P. User-centered information design for improved software usability[M]. Boston：Artech House，1998.

[4] JEFFRIES R，MILLER J R，WHARTON C，UYEDA K M. User interface evaluation in the real world：a comparison of four techniques[C]//Proceedings of ACM CHI'91 Conference on Human Factors in Computing Systems. New York：ACM，1991：119-124.

[5] KARAT C M，CAMPBELL R，FIEGEL T. Comparison of empirical testing and walkthrough methods in user interface evaluation[C]//Proceedings of ACM CHI'92 Conference on Human Factors in Computing Systems. New York：ACM，1992：397-404.

[6] LEWIS J R. IBM computer usability satisfaction questionnaires：psychometric evaluation and instructions for use[J]. International journal of human-computer interaction，1995，7(1)：57-78.

[7] MONTGOMERY D. Design and analysis of experiments[M]. 3rd ed. New York：Wiley，1991.

[8] NIELSEN J. Usability laboratories[J]. Behaviour and information technology，1994，13(1&2)：3-8.

[9] SPOOL J M，SCANLON T，SCHROEDER W，et al. Web site usability—a designer's guide[M]. San Francisco，CA：Morgan Kaufmann Publishers，1999.

[10] VIRZI R A，SORCE J F，HERBERT L B. A comparison of three usability evaluation methods：heuristic，think-aloud，and performance testing[C]//Proceedings of the Human factors and Ergonomics Society 37th Annual Meeting. Santa Monica，USA，1993：309-313.

[11] WHITEFIELD A，WILSON F，DOWELL J. A framework for human factors evaluation[J]. Behaviour and information technology，1991，10(1)：65-79.

第5篇

用户体验管理

产品用户体验的提升不仅需要具备用户体验研究和创新能力的人才，还需要强有力的体系支撑。在大多数企业中，决策层和产品研发团队没有经过用户体验理念和方法的系统培训，可能会给相关工作带来各种问题。所以用户体验的专业人员和领导者要取得成功，最大限度地发挥用户体验的价值，就需要在公司内建立以用户为中心的设计文化，获得领导层的充分理解和资源的支持；同时建立高效的用户体验团队和运作机制，并且在项目运作过程中证明用户体验的价值，这是一个非常复杂的系统工程。

本篇介绍了一些在组织中推行用户体验研究和设计工作的基本方式和方法，包括如何阐明用户体验工作的价值、营造内部和外部影响力、团队能力结构和项目管理等，作为用户体验管理工作的重要参考。

23 在组织中实施以用户为中心的设计

23.1 以用户为中心设计的推广

23.1.1 如何赢得管理决策层的支持

应用以用户为中心的设计的开发流程可以为产品开发带来不可低估的价值。但是，在很多机构和组织中，实施以用户为中心的设计思想往往会遇到各种阻力。其原因可能是多种多样的。例如：

——对以用户为中心的设计方法缺乏了解，甚至完全没有听说过这一方法；

——没有具备以用户为中心的设计方面的知识和技能的组织成员；

——关键成员对以用户为中心的设计的思维模式持怀疑态度；

——认为用户研究的花费大于其带来的商业价值，所以不愿投资实施；

——习惯性地不将用户研究和参与的环节包括在产品设计和开发计划中。

解决上述问题的关键步骤是得到管理决策层对以用户为中心的设计的支持。没有管理决策层的支持和投入，以用户为中心的设计就很难得到有效实施。管理和决策层考虑问题的出发点是投入和产出比。所以要成功地实施以用户为中心的设计，就必须能够使管理决策层了解，应用这一设计思想而设计的高可用性产品能为组织带来巨大利益。下面是产品的高可用性可以带来的直接或间接利益的一些方面：

(1) 提高产品的销售额和市场占有率；

(2) 提高商业利润；

(3) 提高用户工作效率和满意度；

(4) 提高用户对产品的忠实程度，有利于未来产品的销售；

(5) 提高产品生产者的形象；

(6) 降低或消除在产品开发后期或完成后发现关键可用性问题的可能性；

(7) 降低或消除在产品开发后期或完成后弥补可用性缺陷的花费，从而降低总体成本；

(8) 系统地获取用户意见信息可以为设计提供有效帮助，因此降低了设计和开发成本；

(9) 易用的产品可以明显降低用户培训的花费；

(10) 降低客户服务部门的花费；

(11) 降低维护费用。

高效率地传播以用户为中心的设计思想不仅可以节省宝贵的设计时间，而且可以迅速得到组织中各个层次的支持，为成功实施以用户为中心的设计打下良好的基础。下面是一些提高以用户为中心的设计思想传播效率的方法。

(1) 使用专业的、系统的、高质量的宣传资料。这些资料可能是专业公司出版的多媒体宣传资料，也可能来源于从网站上下载的专业宣传资料。不论其来源如何，宣传资料的内容一定要准确、可信，宣传资料采用的表现形式也应保证高质量。

(2) 援引实际生活中的范例。在周围现实生活中发现和收集的例子往往是最具有说服力的。这些例子既可以是证明高的可用性为人们生活带来便利的正面例子，也可以是证明差的可用性为人们带来不便的反面例子。只要留心，发现这些例子并不困难。例如，作者就遇到过一位计算机用户，在其个人计算机上安装了若干程序后，发现计算机不能正常启动，于是他发现购买计算机时随机带有一片标有“恢复系统”字样的光盘。于是这位用户就运行了该光盘的程序。在程序运行不久，他就意识到该程序开始删除用户硬盘上的某些文件。这时候屏幕上没有提供任何方法停止这一过程，因此他丢失了相当多的有用数据。分析这一例子就会发现，丢失文件的不良后果实际上来源于产品的多个可用性问题：

——某些应用软件的安装影响其他软件的运行，甚至影响系统的正常启动。

——“恢复系统”：光盘的名称没有反映出使用该光盘的实际功能，直接导致了误解。

——“恢复系统”：程序在删除文件前没有给予用户足够清晰和强烈的警告，导致用户没有准确意识到程序的功能及其所可能导致的严重后果。

——“恢复系统”：程序一旦开始运行，就无法停止，使用户失去了最后改正错误的机会。

(3) 使用数字，尤其是货币数值来说明收益或损失。以用户为中心的设计通常能以直接的或间接的方式带来经济效益。人们往往比较容易理解并注意到直接的经济效益，例如销售金额的提高或支出的降低等，但是他们却经常会忽视间接的经济效益，例如用户满意后信心的增加对产品销售的促进作用等。由于以用户为中心的设计所带来的很大部分的效益是以间接方式实现的，所以在分析其利益时应当将其提供的间接帮助包括在内。经常采取的一种有效方法是将所有利益都转化为货币的方式来衡量。例如，提高可用性可以减少客户服务的人员，那么，客户服务部门精简所能节省的费用就不难算出。提高可用性可以增加的未来销售数额也可以通过经验估算出来。

(4) 为领导决策人员和团队提供培训和咨询。提高和统一组织中关键成员对于以用户为中心的设计过程的认识和理解，可以跨越很多实施过程的障碍。系统地培训组织成员，尤其是领导成员是一种高效率的沟通方式。组织中的成员应当按照分工的不同接受不同内容的培训。在实际实施中经常发现某些在组织中有威信的人物接受这种思想后，其他成员接受该思想的动力会显著增强，速度也随之加快。

23.1.2 项目的选择和启动

在初步得到组织成员的支持后，就可以具体开始在项目中实施以用户为中心的设计。下面是项目初始阶段应当注意的一些方面。

(1) 在刚刚开始推行以用户为中心的设计时，应当谨慎选择应用这种方法的项目并保证其成功。一个理想的项目应具有下列特点：

——较为引人注目：这样的项目易于作为榜样被大家学习；

——相对独立：这样的项目进程受其他因素影响较少；

——结果易于衡量：这样的项目的成功与否最直观。

（2）项目参与人员的数量和组成应当根据项目大小而定，力求精练高效，避免人员过多而在增加成本的同时降低每个人的效率。在必要的时候，可以将某些非关键性的工作分包给其他公司或组织完成。

（3）明确项目的范围和可能依赖的因素。一个应用以用户为中心的设计项目往往只是某个大项目的一部分。所以明确划定项目的范围，才能保证项目自身所有的资源不会因为工作的展开而透支。同时，项目的进展可能会受到其他因素的影响，在项目的计划阶段应当尽可能地考虑到这些情况并加以明确。

（4）明确项目的当前水平和成功的衡量标准。在项目开始阶段，计划人员必须明确项目成功的标准。没有明确定义成功标准的项目的最终结果就可能被怀疑。由于用户的满意程度能够综合多方面设计工作的结果，所以，衡量以用户为中心的设计项目成功的标准经常是用户满意程度。在以用户满意程度的提高作为成功的衡量标准时，必须获得改进前的用户满意程度数据，作为改进后的用户满意程度的比较基准。同时，改进前和改进后测量用户满意度的方法应当完全一致。

23.1.3　用户研究活动的管理

在以用户为中心的设计流程中，用户数据是各种设计和分析的依据。而大多数用户数据是通过用户研究活动获取的，所以用户研究活动的管理是整个以用户为中心的设计项目成功的关键部分。

1. 总体计划

用户研究活动包括总体计划、招募用户代表、用户测试、结果分析、用户报酬分发等多个方面，每个方面又有很多具体的细节。任何细节的问题都可能直接影响到用户研究的总体时间安排甚至成败。所以，在项目开始时就需要对这些细节进行周密的计划。表 23-1 所示为用户研究的各个主要环节、负责人、时间等因素，可以作为实际项目计划的参考。

表 23-1　用户研究计划

步　　骤	负责人	时间	备注
准备用户研究计划			
准备用户代表招募筛选资料			
准备用户代表候选人名单			
获得招募及设备使用的报价明细			
提交资金支出申请，签订招募协议			
准备用户研究需要的资料			
准备和设置用户测试的场所和设备			
准备具体的用户研究程序清单和谈话底稿			
招募用户代表并同用户代表约定研究时间			
向被招募的用户代表正式发出邀请			
进行用户研究			
将报酬分发给参加研究的用户代表			
分析研究结果			

续表

步　骤	负责人	时间	备注
编写研究报告			
报告研究结果			
报销研究费用			

2. 招募渠道

招募用户的顺利进行可以为用户试验的成功打下重要的基础。下面是一些可以考虑的用户代表的招募渠道：

(1) 可购买的人员信息数据库；

(2) 以往认识的人(例如收集的名片等)；

(3) 其他组织成员认识的人；

(4) 共同参加过相关课程培训或相关项目的人；

(5) 商业通讯录；

(6) 某些协会或俱乐部的通讯录；

(7) 网站搜索；

(8) 互联网上公告和讨论室；

(9) 他人举荐；

(10) 招募公司；

(11) 会议、展览或活动；

(12) 张贴或广播等方式。

3. 其他需要注意的问题

用户研究不仅是一个技术问题，而且还要考虑到用户心理、资源耗费、法律要求等问题，下面列出一些在用户研究时应当考虑的技术之外的问题：

(1) 保证用户研究中的所有过程和行为符合法律和各种规定的要求。这些方面的例子包括：用户报酬的上税，用户试验内容或过程的安全性，录制用户研究内容需要得到的许可等。

(2) 保证研究者自身利益不受侵犯。在用户试验中主要考虑的研究者的自身利益是试验内容的保密性，所以在试验之前经常需要用户同意并签署知情同意书。

(3) 保证得到所期望得到的数据量。往往有些被邀请参加试验的用户代表由于种种原因临时取消参加的计划。所以，用户试验研究组织者应当根据具体情况发出稍多于实际希望参加人数的用户试验邀请，以弥补临时取消参加的情况发生时造成的数据空缺。另外，组织者也应当妥善处理实际参加人数多于计划邀请的参加人数时的情况。

(4) 要保证不超时。如需要占用多于参加用户预先同意的时间时，要明确与用户协商并且尊重用户的意见。

(5) 要注意预见用户试验各个环节中可能遇到的问题，做好风险管理。例如，为了避免任何意外的技术障碍和文件丢失，应当在多台计算机上存储试验所用的资料，也可以考虑将试验所用的资料打印出来作为备用。

（6）考虑采用远程用户研究的方法。远程用户研究的方法是指利用电话、互联网等通信工具，进行不需要用户和试验研究人员面对面进行的用户研究的方法。这种方法不仅免除了用户和试验组织者的旅行费用，同时也能显著增强试验安排的灵活性。

23.2 以用户为中心设计的项目管理

23.2.1 项目管理方式和工具

一般项目的管理方式和工具同样适用于以用户为中心的设计项目的管理。同时，以用户为中心的设计项目的管理也有一些相对特殊性。下面是管理以用户为中心的设计项目时应当参考的一些方面。

（1）在项目的计划阶段，保证将以用户为中心的设计过程包括在整个项目的计划之中，这样做会保证安排足够的人力和物力资源，支持项目的顺利进行。

（2）在组织内部的计算机网络系统中建立一个项目信息共享的文件系统，使项目的参加者可以随时高效率地分享相关的资料和信息。

（3）在设计过程的不同阶段，经常性地将以用户为中心的设计的研究活动的情况，反映给所有与项目有关的人员，包括项目管理者、实施人员、应用部门人员等，同时得到这些人员的反馈意见。这样可以随时保证以用户为中心的设计工作与所有相关人员的期望相一致。

（4）在每一个项目结束时要开一个总结会。总结会的目的是讨论并记录项目实施的经验和教训，提高下一个项目实施的质量。

23.2.2 项目的宏观管理和推广

在大型组织中，往往会同时有相当数量的人从事以用户为中心的设计工作，也会有若干以用户为中心的设计项目同时进行。对多个以用户为中心的设计项目进行宏观管理时，需要一套与管理个别项目不同的方法。这些方法的目的在于有效控制、指导和激励组织成员的以用户为中心的设计方面的活动，提高工作水准，使以用户为中心的设计的观念逐渐渗透到大型组织中的所有设计行为之中。

1. 区域负责人

大型机构和多项目管理需要依赖某种金字塔式的组织机构来完成。为了实现对以用户为中心的设计的管理，应当在大型机构的各个区域中指定以用户为中心的设计的专门负责人。选择负责人可以参考以下理想标准：

（1）深刻理解以用户为中心的设计思想的价值，乐于主动推动这一思想的应用；

（2）对以用户为中心的设计思想有丰富的知识和良好的技能；

（3）可以推动和跟踪以用户为中心的设计项目的进展；

（4）资深望重；

（5）有很好地与人交往和人员管理能力；

（6）有支配资源和支出的权利；

（7）在组织中和组织之外有广泛的联系；

(8) 了解技术和以用户为中心的设计发展的现状和趋势。

2. 跨项目跟踪和管理

每个以用户为中心的设计项目都有各自的特点和实现方式。在跟踪和管理多个这样的项目时应当采用统一的方式才能保证效率。一个常用的方法是要求所有项目的汇报都采用统一格式的报表。这些报表应当按一定时间段(例如每月)由各个区域或各个项目的以用户为中心的设计的负责人提交给管理层。下面是这种统一报表可能包括的一些内容。

(1) 项目的目标和重要衡量标准。

(2) 最主要的可用性问题：①名称；②解释；③严重性；④数量；⑤已解决问题的数量百分比；⑥解决问题的实际时间和目标时间的比较。

(3) 用户满意度。

(4) 用户参与活动的内容、时间和支出。

(5) 近期和长期计划。

3. 知识交流、信息共享和积极性的调动

大型机构中人员之间的相互沟通历来是一个挑战。由于以用户为中心的设计是一门不断发展的软科学，有很多问题都不是书本上能够学到的，所以，知识交流和信息共享就非常重要。下面是一些促进知识交流和信息共享的可能方法和媒介：

(1) 建立一个以用户为中心的设计专题网站；

(2) 组织各种方式的培训课程或培训活动；

(3) 组织观摩优秀项目的活动；

(4) 利用定期的电话会议交流经验和提供讲座；

(5) 组织各种类型的会议和展览；

(6) 设立优秀设计的比赛和各种奖项；

(7) 组织最优秀的设计人员对各个项目进行集体咨询。

以用户为中心的设计活动的效率很大程度上也取决于参与人员的积极性，所以，应当注意不断为组织人员"充电"，并且使这些人员保持高业务水准。下面是一些可行的方法。

(1) 营造以用户为中心的设计的气氛。例如，可以在组织活动场所的醒目位置悬挂或分发以用户为中心的设计的宣传品，这样可以有效地提高以用户为中心的设计思想的传播基础，增加团队的自豪感和凝聚力。

(2) 参加会议和学术活动。安排和鼓励团队参加高水平的以用户为中心的设计方面的会议和各种学术活动，以保持团队成员对以用户为中心的设计方面最新发展动态的了解，同时也有利于他们作出高水平的研究和开发项目。

(3) 增加其他部门和不同背景人员的交流。应当注意安排和鼓励团队成员分别与不同组织部门和不同背景的专业人员合作进行项目开发。以用户为中心的设计是服务于各种具体设计的一般性工具。这一工具只有有效地与各方面专业知识相结合，才能实现其最终价值。同时，以用户为中心的设计人员也必须通过与各种不同背景的专业人员的不断沟通，才能使自己的能力和经验得到丰富和提高。

(4) 不断提高努力的目标以激励组织成员的持续改进。以用户为中心的设计思想能带

来的效益是无法限量的，所以，应当不断为组织成员提出新的目标和挑战，鼓励他们在实际的项目运作中不断地提高业务水平。

23.3 以用户为中心设计的团队建设

随着用户体验意识的普及，用户体验及设计(UED)或者是用户体验(UX)团队已经在很多公司里存在了，用户体验设计师和产品经理、软件工程师一样是常常被提及的职业了。

在不同的公司里，由于公司的规模和用户体验发展的历史原因，组织结构、报告线及人员构成都不尽相同。

23.3.1 组织结构

UED 团队常见的做法有以下几种：

(1) 分散在各个业务线里的 UED 团队；

(2) 一个集中的 UED 团队；

(3) 组合形式：一个集中的团队加上在各业务线里的团队。

下面分别介绍这几种做法的优、缺点。

1. 分散在各个业务线里的 UED 团队

这种组织结构的出发点往往是为了让用户体验团队更贴近业务，给商业方更固定的资源，在业务方内可以比较灵活快速地调用。

但是这种做法不是一个可以持续的组织结构，结构本身存在不可弥补的缺陷。在分散的组织里，很容易出现各自为政，各业务线设计、标准、设备不统一的情况。在各业务线里资源可以容易调动，但是当单个业务线资源出现瓶颈的时候，需要更多的协调工作才能调动其他业务线的资源。

用户体验设计是一个综合性的领域，需要不同技能的人员一起合作，如果每个小的团队都重复设置同样的岗位，但是不能充分利用，会或多或少存在资源浪费的现象。

另外，从团队人员个人成长角度看，在分散的业务团队里，如果人员数量较少，难以形成团队成长的梯队，不能给年轻的团队成员足够的成长空间。由于直接的管理层是业务方，团队成员经常认可的发展方向是做产品经理而不是 UED。

2. 集中的 UED 团队

这种组织结构比较适合中小型的 UED 团队。一个集中的团队从团队管理、培训、制定和执行标准、资源调动等方面都比分散的团队有优势。通常的担心是这样的安排会让 UED 团队仅仅专注于一些专业上的事，与业务和技术脱节。为了克服这个弱点，在具体项目上可以采取矩阵形式的安排。

如图 23-1 所示，竖向的是实线报告，UED 团队成员向他们的专业经理报告，UED 的经理负责团队成员专业上的发展、培训和绩效考核。在项目中，按项目组虚拟团队的形式，同时向产品经理虚线报告。产品经理在员工绩效考核时向实线经理提供意见。

	产品经理主管	交互经理	视觉经理	用研经理	开发经理	…
项目1	产品经理1	交互设计1 交互设计2	视觉设计1	用研1	开发1 开发2	
项目2	产品经理2	交互设计2 交互设计3	视觉设计2	用研1	开发3 开发4	
项目3	产品经理3	交互设计4	视觉设计2	无	开发4	
⋮	⋮	⋮	⋮	⋮	⋮	

图23-1　矩阵形式的团队组合

3. 组合形式

组合形式通常有一个核心的UED团队负责制定设计规范、标准、通用组件、工作流程等。同时有分散在各个业务线里的UED团队，实线向业务线报告，虚线向核心UED团队报告。这种模式适合相对规模比较大的公司，各业务线需要不同的灵活度，同时整体设计又需要保持一定的一致性。

23.3.2　UED的报告线

和组织结构一样，根据公司的具体情况不同，UED的报告线也有所不同，常见的有产品线报告、技术线报告、市场线报告，以及直接报告给CEO的不同做法。

1. 产品线

报告给产品线是最常见的做法，设计作为产品规划和开发的一部分，报告给产品线可以和产品经理一起直接对产品的各项指标负责，在产品的整个生命周期里都可以发挥非常重要的作用。在产品规划阶段，通过用户研究的方法可以帮助定位潜在用户，了解用户的需求，概念设计、原型及用户测试或调查可以更进一步定位产品，把用户的需求和商业需要结合起来。在产品开发阶段负责页面的详细设计及实现，在产品实现后负责产品后续的跟踪，为下一个产品开发周期提供建议。

报告给产品线常见的挑战是产品线的目标往往是以利润或销售额为主导的，UED如果也以此为目标，很容易被当作实现这样目标的一个工具或者是资源。当商业目标和用户体验有冲突的时候，往往被牺牲的是用户体验。

2. 技术线

设计作为产品规划和实现的一部分，作为技术线环节似乎也是一个不错的安排，可以和技术线密切配合，做到高效地实现。但是问题在于几乎所有的技术线都以两个指标作为衡量标准：开发是否按计划完成，产品的漏洞数。技术线更关心的问题是系统是否可靠，程序的效率是否高，网站故障率是否比较低。这些都是好的用户体验的基础，但是如果这些被作为最重要的衡量指标，对于用户更深层次的需求关注往往是不够的，甚至是有冲突的。如果是在同一个主管下面，这对于管理者也提出了非常高的要求，面对开发的同事，需要强调开发速度、质量、低故障率，往往必须用非常严格的管理措施来实行；面对UED的同事，需要强调创新、发散思考，宁可用复杂的技术方案来实现用户简单的要求。同一个主管常常需要

转换不同的思维方式来管理这两个团队。

有些情况下 UED 是报告给技术部质量保证(quality assurance,QA)部门的,可能是基于用户测试的能力。但是这种安排是不可取的,UED 的功能变成了后期的检测,其他的功能如在产品开发前期融入用户的声音、创意制作等都被弱化了。

3. 市场线

在一些市场主导的公司里,有时 UED 是报告给市场线的。市场部通常会使用创意公司来实现市场推广,UED 拥有这样的职能,报告给市场部看上去也是合理的。

为了有效地推广,市场部也非常关注用户的背景、分类、使用习惯等,这和 UED 是相似的。报告给市场部的另外一个实质上的好处是预算充足,市场部不像产品或技术部被当作成本中心,创意设计和用户研究都可以作为推广成本的一部分,在比较大的市场推广费用中是非常小的一部分。

但是市场部往往过于强调给用户的惊喜,所谓的"wow factor",给用户最深的第一印象,而没有把后期的可用性看作同等重要。所以产品可能是好看不好用的,而 UED 的责任不应该仅仅在好看上,需要做既好看又好用的产品。

4. 报告给 CEO

互联网的发展对用户体验的提升起到了巨大的推动作用,软件应用从以 CD 和 DVD 为介质转化为在网上的直接应用,软件的消费从"先买后尝"转化为"先尝后买"。社会化媒体的流行大大加快了产品体验口碑相传的速度,对用户体验是另一次大的促进,用户体验不仅对用户的存留有直接的影响,对产品的传播也起到了重要的作用。

近几年来,越来越多的公司认识到用户体验的重要性,副总裁级别的用户体验主管直接报告给 CEO 的情况很常见,例如 IBM、SAP、HP 及 Intuit 等公司。这样的安排不仅取决于 UED 团队及领导的能力和贡献,也取决于公司决策层对 UED 的理解和对用户的重视程度。例如,Intuit 公司的 CEO Scott Cook 在各种场合都会谈到他们是如何做用户测试的,包括实验室测试、远程测试,以及"follow me home"(带我回家)。正是这个"带我回家"的研究,帮助公司从个人财务软件业务中开发出给中小公司的 QuickBook 软件,这个新的软件已经成为公司最主要的财务收入来源。

23.3.3 人员组成

1. 交互设计师

交互设计师在 UED 团队中是非常核心的成员,主要负责了解产品的商业需求和用户的需要,设计页面的信息架构和用户之间的交互过程、界面的展现形式等。在这个设计过程中,往往需要和视觉设计师合作给出页面的细节,和用户研究一起了解用户的需求、测试产品的设计是否有好的可用性。

在不同的公司里,根据工作性质的差异,这个岗位会使用不同的名称,如人机交互设计师、用户界面设计师、用户体验设计师、信息架构师、人因工程师等,有的公司甚至不区分交互设计师和视觉设计师,统一称为设计师。

2. 视觉设计师

对用户体验设计不了解的人往往以为界面的设计就是视觉设计,原因是视觉的艺术性和专业性比较独特，在不同的公司和领域里都存在，如杂志、广告、产品包装、市场推广、宣传等。视觉设计师以视觉作为沟通和表现的方式，利用字体、形状、颜色、图像、排版等方面的专业技巧，通过多种方式，结合符号、图标、图片和文字，创作用来传达想法或信息的视觉表现。

视觉设计的出现远远早于软件和网页设计，例如早先的平面设计或视觉交流设计。在软件、网络和手机时代，视觉设计把视觉交流的技能使用在人机交互的界面，提升交互体验和建立品牌形象。

如在本书前面章节提到的，一个产品的设计可以归纳为4个层次：有用、能用、易用、爱用。如果说交互设计着重解决的是有用、能用和易用层面的需要，视觉设计则很大程度上是在爱用层面，从美学、吸引人的角度做设计，往往涉及情感、文化等更深刻的内涵。情感和我们的认知是密不可分的，我们的思考往往带有情感色彩，同时情感也会直接或在潜意识层面影响我们的感受、行为、思维方式、选择和决定。

如果在设计中只强调好用，忽视好看，产品很可能是好用不好看的东西。同样，如果在设计中只强调好看，忽视可用性，产品很可能是好看不好用的东西。作出好看又好用的产品需要交互设计和视觉设计的紧密配合。

3. 用户研究员

用户研究员使用前面章节提到的一系列用户研究方法，如可用性测试、焦点访谈、问卷、卡片分类、数据跟踪分析等，从用户的角度了解的产品设计的优缺点，收集用户需求，深入了解用户，从而在产品设计、定位，以及创新方面作出贡献。

用户研究使得设计团队得以建立一个自我提高的机制，无论是产品设计，还是设计规范，都可以通过用户研究的方法进行验证，从而让整个设计过程形成一个闭环。

从人员上，可以找从事类似工作及与人类研究相关的人员，常见的教育背景是心理学，认知心理学、试验心理学、人机交互、人因工程、社会学等。

4. 内容管理

通常的用户界面上大部分的内容是文字，在用户流程、颜色、图片需要设计的同时，页面内容也需要设计和管理。根据接触过的可用性试验报告粗略地估计，按数量来看，有一半以上的可用性问题都和文字有关。

内容管理包括用户界面上的内容：帮助、邮件、客服内容、广告、市场推广及促销文案，还可以包括声音和影像等多媒体内容的规划。在社会化网络(social media)流行的时代，社会化网络上的文字和用户界面及帮助文字在风格和内容上也对内容管理提出了新的挑战。

内容管理通常需要建立一套规范，可以包括基础的书写格式，如数字、时间、价格等，还可以包括内容风格、文案标准、语气，以及一个常用词汇表。若没有统一的内容规范，则很容易在不同的时间里创造出多种书写格式，同一个概念在不同的地方使用不同的名称。好的内容管理使得用户在不同的接触点上，感受如同和同一个人交流，减少用户和公司的交流成本。有创造性的广告和市场文案也会大大加强广告本身及传播的效果。

5. 前端

前端的工作更多是在实现层面上。不同的公司有不同的做法，在传统的软件开发中，前端往往被叫作界面工程师(UI engineer)或图形界面工程师(GUI engineer)，主要负责用户

界面的架构、模块的划分及界面的实现。在网络公司中则更多地被叫作前端开发(front-end development)、HTML/JavaScript 开发等。前端的工作一方面和用户体验有很大的关联度,例如设计模块库的实现、网站上前端内容的快速更新等;另一方面也和后台的技术开发密不可分,例如发布管理和质量监控。因此,不同的公司有不同的做法,有的公司中前端是用户体验的一部分,有的公司中前端是一个独立的部门,还有的公司中前端是开发的一部分,不设立单独的前端岗位。每种做法各有利弊,和公司的规模、性质都有关系,这里就不做详细讨论了。

6. 原型开发

原型开发的目的是用低成本的方式实现用户界面,支持用户研究工作。技术开发通常注重的是程序的效率、速度、可靠性、稳定性等。在用户研究中使用的模型往往不需要这些特性,更多的是要求快速、低成本、在没有太多后台支持的情况下实现用户界面,能够给用户表现一个完整的故事。

大部分流程类的用户界面测试不需要后台的支持,只需要界面上状态和数据可以传递就能够作出高保真的原型。但是对于某些用户和界面互动非常动态的界面,仅仅有表层是不够的,例如搜索。搜索是一个非常动态的过程,用户会根据搜索的结果不断改变所使用的关键词、搜索条件、排序方法等,静态的界面原型很难模拟用户和界面的交互过程,用户测试得到的结果和实际使用情况的偏差会比较大。

参考文献

[1] VREDENBURG K,ISENSEE S,RIGHI C. User-centered design: an integrated approach[M]. Upper Saddle River,NJ: Prentice Hall PTR,2002.

[2] SCHAFFER E. Institutionalization of usability: a step-by-step guide[M]. Boston: Addison-Wesley,2007.

[3] NORMAN D. Emotional design: why we love (or hate) everyday things[M]. Cambridge,MA: Basic Books,2005.

附录 人机交互领域的七大挑战[①]

本文旨在探讨的是人机交互(HCI)作为一门学科，在当前和未来若干发展背景下面临的主要挑战。这些发展内容包括更加智能的交互技术、增加和扩大的社会需求，以及来自个人和集体的对人机交互领域的期望。在这里，我们采用面向人文和社会价值的视角，总结出即将出现的智能交互技术在个人和社会层面对人类生活的七大挑战，包括：人与技术的共生；人与环境的互动；伦理、隐私和安全；幸福、健康和自我实现；无障碍和全面可及；学习与创造；社会组织与民主。虽然不是面面俱到，但这些内容总结了多位作者作为国际专家的跨学科观点和研究重点，反映了不同的科学研究角度、方式方法和应用领域。每个被识别的主要挑战都通过以下方面进行分析：概念和问题的定义；主要研究的问题和最新成果；以及与之相关的未来诉求。

本文来自参与了人机交互国际(HCII)系列会议的32名专家的共同努力。这个专家组2018年年初开始收集来自所有组员的意见，每位组员必须首先独立列出并说明5个人机交互领域的主要挑战。HCII 2018大会在美国拉斯维加斯举行了为期一天的会议，针对组员提出的专题进行了深入辩论，识别了新兴智能交互技术在个人和社会层面对人类生活的影响方面的主要挑战，之后进一步分析和整合为本篇。本次活动由HCII系列会议组织和支持。

1. 概述

在技术演进的进程中，可以预见，在不久的将来，技术将无所不在，机器可以预测人的需求，并且全面支持人的能力。在人工智能和大数据的支撑下，家庭、工作和公共环境将会不断学习和提升自身的能力，用充满智能的方式预测和适应它们的主人和客人。在这样的环境中，交互不仅是有意识的和有意的，而且是潜意识的，甚至是无意的。用户的位置、姿势、情绪、生活习惯、意图、文化和思想都可以成为环境中各种可见的和不可见的技术装置的输

---

① 本文译自 *Seven HCI Grand Challenges*，主编：Constantine Stephanidis，Gavriel Salvendy，作者：Margherita Antona，Jessie Y. C. Chen，Jianming Dong，Vincent G. Duffy，Xiaowen Fang，Cali Fidopiastis，Gino Fragomeni，Limin Paul Fu，Yinni Guo，Don Harris，Andri Ioannou，Kyeong-ah (Kate) Jeong，Shin'ichi Konomi，Heidi Krömker，Masaaki Kurosu，James R. Lewis，Aaron Marcus，Gabriele,Meiselwitz，Abbas Moallem，Hirohiko Mori，Fiona Fui-Hoon Nah，Stavroula，Ntoa，Pei-Luen Patrick Rau，Dylan Schmorrow，Keng Siau，Norbert Streitz，Wentao Wang，Sakae Yamamoto，Panayiotis Zaphiris & Jia Zhou，发表于 *International Journal of Human - Computer Interaction*，2019，35(14)：1229-1269。

入内容。机器人和自主设备将典型地嵌入这种技术丰富的环境中。信息将“自然地”从一个设备流动到另一个设备，而数字世界将与物理现实共存并增强物理现实，从而形成混合世界。

传统上，人机交互的焦点一直是人，以及如何确保技术以最佳方式满足用户的需求。按照这种观点，这也应当是新的智能技术领域的终极目标。HCI经过多年的发展，已大大扩大其涉及的领域，并取得了显著的进展。然而，随着新技术带来的复杂性增加和多种方式的互动与沟通的需求，与人对应的技术一方也在发生变化，变得更加受到交互式系统和设备对日常生活的影响：人类已经变得更加细心，要求越来越高，同时也变得不太乐观，较前有更多的担忧和批评。因此，以人为中心的做法必须面对新的挑战，要求关注点和方法的转变，以便定义和解决关键问题，使人类与技术之间的关系更加可靠和有益。

近年来，人们对HCI的未来及其新的研究议程提出了许多建议。Norman(2007)在他的著作 *Design of Future Things* 一书中，讨论了自动化与控制、机器智能与人类智能的相互制约，从而重塑了产品设计的概念和方法。10年后，随着人工智能开始显示出实用的可行性和影响力，以及经历了一系列的兴衰，Kaplan(2016)在 *Artificial Intelligence: Think Again* 一书中，努力澄清了围绕机器智能的常见误解和神化，重新将问题带回到如何通过符合社会、文化和道德的规范来作出好的设计。

关于人机交互的社会方面的研究，Hochheiser和Lazar(2007)在 *HCI and Social Issues: A Framework for Engagement* 中定义了人机交互响应社会需求的因素和机制，并呼吁在设计中积极和有原则地参与。沿着这些思路，价值敏感设计通过明确考虑特定价值——例如民主、公平、包容和适当使用技术——作为实现目标的手段，解决如下问题：在给定的设计案例中，哪些价值是最重要的；这些价值是属于谁的，以及它们是如何在给定的场景下定义的；哪些方法适合发现、引出并定义价值；需要什么样的社会科学知识或技能；等等(Friedman et al.,2013)。

在千禧的第一个十年，通过寻求人在智能交互发展中的价值，Harper、Rodden、Rogers以及Sellen(2008)反思正在发生的变化，并勾勒出一个理解人类与技术关系的新范式，其中计算机和人之间的界限，以及计算机和物理世界之间的界限被重新考虑，同时也考虑到日益增长的技术依赖性、数字足迹的收集和创造性参与。在这样的背景下，人机交互需要建立关于设计的角色、功能和后果的新观点，与其他学科进行协同，并重新审视和反思其基本术语和概念。

此外，Shneiderman等人(2016)在他们的文章 *Grand Challenges for HCI Researchers* 中分析了人机交互在解决重大社会挑战方面的作用，识别了与社会和技术相关的16个主要挑战，并强调了从科学、工程和设计方向去完善跨学科方法的必要性。

本文介绍了参与人机交互国际系列会议的32位专家的集体努力的结果。我们的目标是探究人机交互作为一门学科，在当前和未来若干发展背景下面临的主要挑战。这些发展内容包括更加智能的交互技术、增加和扩大的社会需求，以及来自个人和集体的对人机交互领域的期望。

这个专家组在2018年年初开始收集来自所有组员的意见，每位组员必须首先独立列出并说明五个人机交互领域的主要挑战。组员的意见被归为10个类别并总结成文档。在美国拉斯维加斯举办的HCII 2018大会期间，文档中的内容被分析和讨论并整合为新的文档。专家组决定从新兴交互技术对个人和社会生活的影响的角度阐述这些挑战，随后形成了一个图1所示的七大挑战结构。表1列出了每个挑战的定义和原因。应当指出的是，挑战不是按等级划分的，也不是按重要性排序的；所有确定的挑战在未来的技术环境中都是同等重要的。接下来的讨论也不可避免地相互关联，涉及多个挑战中的共同问题。例如，隐私和道德是人与技术共生、电子医疗服务和由技术支持的学习活动的主要关注点，因此，尽管第4节(伦理、隐私和安全)对其进行了详细讨论，但其他章节也对其进行了简要介绍。

图1　人机交互的七大挑战

表1　七大挑战的定义和基本理由

挑　战	定　义	理　由
人与技术的共生	人与技术共生指的是定义人类将如何与技术一起和谐地生活和工作。在不久的将来，技术会表现出迄今为止通常与人类行为和智力相关的特征，包括理解语言、学习、推理和解决问题(请注意，这只限于特定的应用领域)	智能生态系统包括了以无缝和透明的方式相互协作的智能设备、服务、材料和环境，它的出现要求考虑、定义和优化两个主要的相互作用方(人类和技术)的共生条件
人与环境的互动	人与环境的互动不仅指人与单一对象的互动，而且指人与具有更多交互性和智能性的整个技术生态系统的交互	在技术丰富、自主和智能的环境中，交互将变得更加隐性，往往隐藏在实体和数字的连续统一体中。因此，在这些环境中支持人类交互带来了新的影响和挑战
伦理、隐私和安全	伦理是指支配行为的道德原则。在本文中，它指的是在人机交互环境中，特别是在设计中，指导活动进行的道德原则。隐私是指用户能够控制并确定哪些数据可以被计算机系统收集和使用，然后与第三方共享的能力。计算机安全是指保护计算机系统免受硬件、软件或电子数据的盗窃或损坏，以及它们所提供服务的中断或误用	智能系统需要通过服务于人权和用户的价值观，确保隐私和网络安全，使其不仅能实现功能目标或解决技术问题，还能造福于人类。伦理、隐私、信任和安全一直是与技术相关的重要考量，这是通过技术增强并赋予智能的环境场景下需要考虑新的维度

续表

挑　战	定　义	理　由
幸福、健康和自我实现	健康是指生理、心理和社会的完全健康，而不仅仅是没有疾病或虚弱的状态。幸福还包括获得高生活满意度、幸福感、繁荣感、意义感或目标感。自我实现是指一个人跨越一生的客观蓬勃发展的卓越状态，通过道德美德、实践智慧和理性的锻炼而成就	技术的进步，加上医学的进步，提供了促进健康生活的更有效和更便宜的方式。除了身体健康，技术也可以用于促进人类福祉，不仅包括健康问题，而且包括通过达成生活目标而实现的心理健康。总体而言，技术在医疗保健领域已经被广泛使用，但仍有一些有待研究的问题。此外，在一个技术无所不在的世界中，新产生的问题是如何优化技术在增进福祉和人类自我实现方面的作用，特别是解决交互问题和确保以人为本的做法
无障碍和全面可及	无障碍性是指适合残疾人士的产品、设备、服务或环境设计。全面可及是指任何人在任何地点、任何时间都可以获得和使用信息社会技术	智能环境带来了无障碍和全面可及性的新的挑战，它主要源于技术复杂性的增加，不仅对信息或技术的获取，而且对日常生活中各种各样的服务和活动的获取产生了相当大的影响。由于人机交互一直以人为中心，在被新技术增强的环境中，该领域将努力改善不同人群，包括残疾人和老年人的生活质量。无障碍和全面可及并不是新的概念，但是考虑到人口发展（老龄化社会）以及不断增加的技术复杂性，它们变得不仅及时，而且对未来社会的繁荣至关重要
学习与创造	学习是指通过研习、实践、被教导或体验等方式获取知识和技能的活动或过程。创造力是指产生新颖的、不寻常的想法，或创造新的、富有想象力的事物的能力	随着技术的不断成熟，通过多模式刺激人类进行学习和应用创造力来促进个人成长的新机会将出现；具有不同背景、技能和兴趣的人将能够通过合作学习和创造知识来协作解决具有挑战性的问题。新技术具有支持新兴学习方式的潜力，因为这些新的方式已经演变并被日常生活中无所不在的技术所影响。与此同时，关于技术如何应用于学习环境的讨论已变得比以往更加迫切，并扩展到隐私和伦理、学习理论和模型以及教学等方面的问题。无论如何，技术在教育中的成功很大程度上取决于人机交互的问题。另一方面，人类的创造力将在未来社会中发挥核心作用，因此，不仅要培养创造力，而且要探讨如何支持人的创造行为
社会组织与民主	社会组织是指群体内部形成的稳定的关系结构，为群体的顺利运转提供基础。民主是指由人民自主管理自己的政府形式，在这种政府中，行政（或管理）和立法（或司法）权力被交给由民众选举产生的人来执行	随着人类从智能环境走向智能社会，会出现各种伦理问题，社会组织应该得到支持。人机交互研究将在即将到来的技术发展中发挥多方面的关键作用，在追求和维护民主、平等、繁荣和稳定的理想社会中，应对重大的社会和环境挑战。我们所处的关键时期，以及未来的黑暗场景，已经将研究方向转向如何创造技术以帮助人类应对重大问题，如资源短缺、气候变化、贫困和灾害等。社会参与、社会公正和民主不仅是需要实现的理想，而且是需要积极和系统地追求和实现的理想

虽然一些本次识别的挑战与以前工作的结论相同(例如前面提到的已经发表的文章中的结论)——从而证实了它们在科学界中的重要性和紧迫性，但由于本文出自一个更大的专家组——来自 HCI 的各个子学科，因而对这些专题的讨论也更为深刻。此外，专家组不仅确定了挑战，而且试图在更深的层面上分析当前围绕每项挑战的辩论，并系统地提出了应对每一个挑战的相关研究课题的详细清单。

这项工作的动机来源于"智能"和当前技术中已经存在并能够嵌入我们未来生活的环境中的智慧功能(例如智能手机应用程序监测运动数据并提供更积极和健康的生活方式的建议、跟踪网上操作行为以提供个性化的体验)。然而，所采用的视角从根本上是以人为中心的，它将需要进一步阐述的问题带到前台，以实现以人为本的方案，包括提供有意义的人类控制、人身安全和职业道德，以支持人类的健康和福祉、学习和创造，以及社会组织和民主。

下面，我们将从概念和问题定义、涉及的主要研究问题和最佳实践，以及相关的新兴需求等方面分析每一项确定的挑战，最终目的是为人机交互领域确定研究课题和研究路线提供有益的思想养料和灵感。

2. 人与技术的共生

2.1 定义和原理

许多科幻作品都致力于描绘未来，其中技术无处不在，并嵌入日常物体中；全息图和机器人是典型的交互对象；人类生活在虚拟世界中，且人类本身也是被技术增强过的。虽然这是在科幻小说和电影中的场景，但很多相应技术已经成为现实，而另外一些则很快就会渗透到社会中。有一个趋势已经非常明显，那就是一切都必须"智能化"——设备、软件、服务、汽车、环境，甚至整个城市。技术的进步最终能够将人工智能注入到最常见的产品中，这种变革正在悄然发生，甚至可能被忽视(Holmquist，2017)。智能生态系统(包括以无缝和无形方式合作的智能设备、服务、材料和环境)的出现，要求考虑、定义和优化共生的(即共同存在的并且相互对应的)两个角色，即人类和技术。

人机交互文献中已经引入过若干术语，以反映人类如何体验新的信息和通信技术(ICT)时代，包括人机交汇(human-computer confluence)和人机一体化(human-computer integration)。人机交汇研究的是基于全新的传感、感知、交互和理解形式的人类与 ICT 之间的新兴共生关系(Ferscha，2016)。人机一体化广义上指的是人类与自主软件的伙伴或共生关系，因此这些行为必须作为一个整体全盘考虑(Farooq & Grudin，2016)。人机共生(human-computer symbiosis)的概念早在 1960 年即被 Licklider 提出，他设想在一个人脑和计算机紧密结合在一起的未来，将"以一种我们今天所知的信息处理器无法达到的方式思考和处理数据"(Licklider，1960)。

共生——所有上述方法中提到的一个术语，是一个复合的希腊词，意思是"共同生活"。共生不仅强调"在一起"，而且强调"生活"，在讨论人类和智能计算机系统(它们表现出迄今为止通常与人类行为和智力有关的特征，即理解语言、学习、推理和解决问题)这两个对立部分共存和相互作用所带来的挑战时，共生是一个理想的术语(Cohen & Feigenbaum，2014)。与此同时也要注意，这些讨论的结果只适用于特定的领域。本节讨论了这种共生关系的挑

战，重点聚焦在对人类进行支持和授权，同时确保人类的控制权和安全性。

2.2　主要研究课题和最佳实践

2.2.1　有意义的人类控制

一个主要问题是，尽管技术具有"智能"以及自动推理和决策的潜力，人类应该一直通过监察或管控的方式参与在自主系统的运作过程中。人类对自主系统控制的一个典型例子，就是飞行员在座舱里对航空系统的监控。飞行员行使的控制是外环方式（设置高级目标并监控系统），而不是内环方式（"手把手"，事必躬亲）。这大大改变了飞行员在座舱里的监控方式。类似的一个对更多人适用的设计问题，是自动驾驶未完全实现的时候，如何权衡驾驶人的控制权和车的自动控制权（自主程度之间的切换）。

有意义的人类控制已被定义为严谨和有益的人工智能方向的短期研究重点之一，控制方式包括直接干预的"人在回路中"（in-the-loop）、间接干预的"人在回路上"（on-the-loop），以及其他协议（Russell，Dewey，Tegmark，2015）。各种协议是指人为干扰如何影响行为实体（例如人工智能代理）。例如，当人为干扰直接影响行为实体时，它被称为"人在回路中"，而当其间接影响实体或社区的动作时就被称为"人在回路上"（Hexmoor，McLaughlan，Tuli，2009）。不管是哪种方式，有意义的人类控制代表了一个超越任何特定协议的原则：人类，而不是计算机及其算法，应当最终掌握自主系统的控制权，并且为自主系统承担道义责任（Chen & Barnes，2014；Santoni de Sio & van Den Hoven，2018）。

为了实现人的控制，智能系统的重要特征是透明性、可理解性和可问责性，这也有利于在用户和系统之间建立信任关系，并促进人类和自动化操作总体的系统表现（Chen et al.，2018；Pynadath et al.，2018；Siau & Wang，2018）。特别是，透明的用户界面可以使系统自己作出的决定和结果完全可见，使用户责任更加明确，并能促进用户更得体的行为（Chen et al.，2018；Shneiderman et al.，2016）。透明度与系统的可解读性/解释性密切相关，也就是机器学习系统能够以人类可理解的方式对当前信息进行解释的能力（Došilović，Brčić，Hlupić，2018）。可解释的人工智能的优点包括系统的提升改进、法规遵从，以及人类学习和获得新见解的潜力（Samek，Wiegand，Müller，2017）。另一方面，理想的复杂系统的透明度面临技术和时间的限制及主要缺陷（Ananny & Crawford，2018）。例如，在出现没有意义的效果时，透明性就会失去效用，同时它还会带来隐私威胁。更重要的是，系统可见性强并不一定意味着系统是易于理解的，这对复杂系统来讲是一个真正具有挑战性的任务。在这方面，透明度也需要可及性的考虑，以易于理解的方式提供适当的解释（参见 5.2.3 节）。

除了透明性，可理解性是由可识别性和可问责性来支撑，从而可以让用户更好地了解底层的计算过程并更好地控制系统的行为（Shneiderman et al.，2016）。可识别性回答的问题是"这是如何运作的？"而可问责性回答的问题是"谁为它的工作负责？"（Floridi et al.，2018）。假设人们为了使用智能服务而决定提供个人资料（参见第 4 节），那么需要让这些人在过程中有控制权，能够确定如何提供服务以及在什么条件下提供服务，这将是一个重要的挑战。与让用户理解智能系统相关的其他挑战来源于系统固有的不透明性和不可预测性。具有人工智能的系统能够在不受人类影响的情况下，以一种不明确的（甚至对其开发人员也是如此）方式自主演化，从已有数据中得出自己的结论。这可能会导致系统的行为方式不可预测，这一特性必须有效地传达给用户，以避免损害他们对系统的信任和信心（Chen et al.，

2018；Holmquist，2017)。我们甚至可以说，根据应用领域的不同，这种不可预知的、不透明的独立自主的行为应当被禁止，例如，在安全作为最关键因素的情况下，这种行为是毁灭性的。

2.2.2 人性化的数字智能

上述问题讨论了人性化的数字智能的宏观图景，它不仅将人的价值观纳入创新过程，并且进一步将其带到最重要的地位，强调人和他们对技术的体验，而不仅仅是"智能功能"和"符合直觉的可用性"(Bibri，2015)。技术应用的关键标准将从技术或用户体验(UX)问题转移到如何将技术与人类价值结合起来(José，Rodrigues，Otero，2010)。

因此，smart 的意思应该是"富有合作精神和人性化的智慧"(Streitz，2018)。简单地说，智能的人性化(Tegmark，2017)要求的是一个性情平和的技术(Weiser，1991)，这种技术支持和尊重个人生活和社会生活，尊重人权和隐私，支持人类的活动，追求信任，并使人类能够开发其独特的、创造性的、社会的和经济的潜力，过上并享受自主的生活(Streitz，2017)。

2.2.3 人类需求的适应和个性化

在同样的背景下，智能环境应该能够以支持人类的方式进行思考和行为，通过在各种环境中提供个性化、适应性、响应性和主动性服务，来支撑人的生活：这些场景包括生活空间、工作空间、社交和公共场所，以及移动场景(Bibri，2015)。这种行为构成了环境智能(AmI)的基本特征，正如 IST 咨询小组(ISTAG)于 2001 年开始介绍，并于 2010 年详细讨论的未来短期的场景那样(Ducatel et al.，2001)。AmI 在当时已经采用了一种面向目标和价值观的方法，这些目标和价值观现在再次成为科学界讨论的内容，并且在本文中也有所论述。

为了支持个性化、适应性、响应性和主动性的服务，适应性和个性化的方法和技术需要考虑如何将人工智能和大数据结合起来(Siau & Wang，2018)。这些技术有望在智能环境中发挥协同作用，因为深度学习算法需要相对较大的数据，从而学到足够的知识并完善其决策(Lan et al.，2018)。同时，人工智能已经以若干种不同的方式被用于促进大数据的获取和结构化，并分析这些大数据以获得关键见解(O'Leary，2013；Siau et al.，2018)。例如，在智能和环境辅助生活(AAL)的环境中，检测用户当前的活动相对容易，但是理解甚至预测他们的行动意图是非常困难的。为了解决这个问题，来自越来越多的传感器和感测设备的大数据被融合，用于全面理解用户的活动方式(Suciu et al.，2015)。此外，个性化/适应性应该不只考虑个人喜好，还应考虑其他组织和社会因素，如组织文化和大数据技术的使用能力等(Vimarlund & Wass，2014)。

2.2.4 支持人类的技能

随着机器获得从数据中深入并主动地学习的能力，人类为了有意义地生活和工作所需要学习的内容也会产生根本性的变化(Siau，2018)。例如，在共生学习的视角下，人类可以处理定性的主观判断，而机器可以处理定量的要素，这种方法需要工具来支持人类的技能和创造力，而不是机器来客观化知识(Siau，2012)。

先进的技术，包括人工智能，可用于支持人类的记忆，以及人类解决问题的能力，特别是在必须处理庞大复杂的数据的情况下，或者必须快速或在极端压力下作出重大决策的情况下(Hendler & Mulvehill，2016)。补偿人类能力局限性的技术如今已经通过多种形式得到实现，如个人助理、提醒、记忆和认知辅助工具，以及决策支持和推荐系统。人工智能技术也被用于帮助个人管理日常任务、制定采购决策和管理财务(Hendler & Mulvehill,2016)。未来,技术还可以通过对体验进行全方位的信息摄取,来延伸人类感知并克服人类感官的限制(Schmidt,Langheinrich,Kersting,2011)。它还可以通过确保人类能够访问互联的认知智能技术,来扩展人类的记忆能力和学习能力,帮助他们解决典型的日常问题(Wang,2014)。最终,通过信息通信技术与生物大脑的融合,技术可以用来增强人类的感知和认知能力(Ferscha,2016)。在任何情况下,共生的观点强调的是人的判断、隐性知识和直觉,应该在可计算性、计算容量和速度方面,与机器智能的潜力形成一种共生的整体(Gill,2012)。当然,这样的发展目前仍是一个愿景和研究目标,与现实还相距很大(Tegmark,2017)。今后这方面的工作需要认知科学的进一步发展,从而更好地理解人的大脑和人类的认知。为此,认知科学研究可以借助于ICT领域的最新成果,例如源自人类行为的大数据,可以为理解认知的基本原理提供线索(Jones,2016)。

2.2.5　情感检测和模拟

人类是具有情感和移情特性的生命体,情感表达可能不只发生在人与人的互动中,还会发生在人与机器的互动中。因此,优化人类和技术共生关系的一个重要挑战,是信息通信技术如何捕获和关联各种情感表达,以及技术如何表达情感和表现移情行为(Ferscha,2016)。由于技术环境有可能从心理上影响人类,因此考虑智能产品为了个人或集体的利益,如何及何时“轻轻提醒”至关重要(IEEE全球自主和智能系统伦理倡议,2019)。例如,“轻轻提醒”可以用来帮助人们管理健康状况,改善生活方式,或减少有偏见的判断(另见5.2.1节)。

模拟情感带来了道德困境,一方面,它促进了人类与技术的互动和协作;另一方面,它可能会让人错误地忘掉机器实际上并不具备这些情感,而在情感上过分地与之连接(Beavers & Slattery,2017)。除了这种不可避免的欺骗,当情感计算系统被用于说服人们相信一些虚假的东西时,那就是故意欺骗,例如说服用户购买的情况(Cowie,2015)。在这方面,建立新的道德规范势在必行。这样的伦理准则应该通过多级方法来保障,从设计人员和开发人员的教育开始,涉及大量的测试和新的基准程序,正如IEEE全球倡议所述。

2.2.6　人身安全

在这种新形势下,智能环境的目标自主性使人身安全的重要性浮出水面,这一点在设计和实施过程中应予以考虑,也应通过新的测试程序加以保护。特别是,由于技术不当或设计不良,具有潜在的自我进化能力的智能系统的开发和使用,可能会带来相当大的风险(IEEE全球自主和智能系统伦理倡议,2019)。为此,一个建议是:先进的智能系统应该在设计架构上就采用已知安全或更加安全的方式,达到“在设计时就保证安全”的要求(IEEE全球自主和智能系统伦理倡议,2019)。

与此同时,测试成为最大的挑战之一。现有的软件测试方法无法应对测试自主系统的挑战,主要是由于这些系统的行为不仅取决于设计和实施,同时也取决于系统学到的知识(Helle, Schamai,Strobel,2016)。此外,随着人工智能技术的成熟,研究其对人类和社会在短期和长期上的影响至关重要。这需要跨学科的团体,包括计算机科学家、社会科学家、心理学家、经济学家和法律工作者参与,通过集中的研究、监测和分析来提供评估和指导(Horvitz,2017)。

2.2.7 文化上的转变

除了技术上的挑战和变化，智能环境和人工智能也带来文化上的转变(Crawford & Calo，2016；Siau & Wang，2018)。其结果是，这种技术变革与社会变革相互演变(Bibri，2015)。为了对智能生态系统的影响有一个更全面和综合的认识，需要进行社会系统分析，包括哲学、法学、社会学、人类学、科学和技术研究，以及社会、政治和文化价值观与技术变革和科研之间相互影响的研究(Crawford & Calo，2016)。

目前，公众对人工智能的主流看法是，越来越智能的机器最终将超越人类的能力，使我们变得无用并剥夺人类的就业机会，甚至有可能逃脱人类的控制并杀死人类(Husain，2017；Kaplan，2016)。创建被广泛信任和使用的智能生态系统，需要通过对此领域的前景、目标和潜力的重新评估，去改变目前人们的信念和态度(Kaplan，2016；Siau，2018)。为了使公众和科学界信服，在提出未来发展的主张时，需要详细分析伦理和隐私方面的挑战，以及设计方法及其对人类角色的固有看法(Streitz et al.，2019)。

2.3 未来需求的总结

随着智能生态系统与人类共生的问题延伸到伦理、社会和哲学领域(表2)，其挑战也超越了技术边界，延伸到众多学科。这种共生关系需要考虑多种因素，例如在设计中考虑人的价值后进行的选择和权衡，包括自动化和人类控制之间的权衡，如何迈向更加人性的关怀而不是走向宿命论，并能考虑到所涉及的社会动态(Bibri，2015)。上述因素应与一些实际问题相结合，包括但不限于设计有意义的人类控制，确保系统的透明性和可问责性，去应对智能系统固有的不透明性和不可预测性。谷歌“人＋人工智能研究”项目收集的一组资源提供了如何构建更好的人工智能产品的指南，包括如何规划用户与人工智能之间的共同学习，如何根据人工智能水平合理调节用户的信任度，如何解释人工智能的输出，以及如何支持人与人工智能的协同决策。最终，智能系统成功的关键因素是其是否能真正地与用户协同工作(Holmquist，2017)。为此，此类环境应通过提供个性化、适应性、响应性和主动性服务来支持和增强人类的能力；它们应当支持人类的技能和创造力，识别和回应人类的情绪，并表现出同理心而非不当操作，最重要的是，它们应当促进人类的安全。

表2 人与技术共生的主要问题和挑战

主要问题	挑　战
有意义的人类控制	设计权衡：人类控制与自动化
	透明度
	可问责性
	可理解性：系统内在的“不透明性和不可预测性”
人性化的数字智能	支持个人生活和社会生活
	人权和隐私
	使人类能够开发其潜能
	在设计选择中包括人的价值考量
	采用新的因素进行技术认可评价，如技术与人类价值观的一致性

续表

主要问题	挑　　战
人类需求的适应和个性化	人工智能与大数据融合技术的演进
	考虑个人喜好之外的组织和社会因素
支持人类的技能	支持人类的技能和创造力
	增强和扩展人类的记忆力和解决问题的能力
	人类感知的延伸
	促进对人类认知和人脑的认识
	增强人类感知和认知能力
情感检测和模拟	人类情感表达的捕捉与关联
	展示情感和移情行为的技术
	应对不可避免的和蓄意的欺骗行为
	为设计和开发人员制定新的道德准则
人身安全	"在设计时就保证安全"的先进的智能系统
	新的测试方法
	用多学科的方法，研究人工智能对人类和社会的影响
文化上的转变	随着技术的变化而产生的社会演变
	社会系统分析
	对伦理和隐私相关的挑战的详细分析
	新的设计方法及其对人类角色的固有视角

3. 人与环境的互动

3.1　定义和原理

智能环境和生态系统中的交互正在发生根本性的转变，从"传统的交互方式和用户界面向以人为中心的交互和自然用户界面转变"(Bibri，2015)。如今，技术的使用超越了组织环境；用户界面已经远远超越了桌面的概念，而交互也已经从键盘和光标发展到触摸和手势。

Streitz(2007)提出了从人机交互(HCI)到人与环境交互(HEI)变化的概念，因为人们将越来越多地面对智能环境中的各种设备。在许多情况下，计算设备将作为"消失的计算机"而嵌入日常物品中(Streitz et al.，2007)，从而对如何提供合理的交互指引方式造成了挑战。自此，新的技术进步使得用户界面设计的范围得到了扩展，用户界面的概念和定义获得了新的视角，互动材料更为丰富(Janlert & Stolterman，2015)。关于增加的互动性带来的影响已经激起了丰富的讨论(Agger，2011；David，Roberts，Christenson，2018；Elhai，Dvorak，Levine，Hall，2017；Janlert & Stolterman，2017；Sarwar & Soomro，2013)。考虑到新技术丰富、自主和智能环境的性质会带来新的影响，从用户控制、透明度、道德和隐私相关的其他突出问题的角度，如何支持这些环境中的人类交互成为一个不容忽视的挑战(见第 2 节和第 4 节)。

3.2 主要研究课题和最佳实践

3.2.1 物理世界和数字世界之间交互的连续性

智能环境和生态系统中的交互将变得更加隐性(Bibri,2015),通常隐藏在物理世界和数字世界之间的连接中(Conti et al.,2012)。在这样的"混合世界"中,还必须考虑真实物体在虚拟环境下的表现方式,以及与之相反的,虚拟/数字对象在物理/建筑结构上的表现方式(Streitz et al.,1998)。当然,这两个世界之间不存在所有对象的一对一映射,因为并非所有对象都可以在另外的世界有对应的表示,这也对交互设计有着强烈的影响。

设计与智能物件(这些物件嵌入和集成到环境中,并将与智能材料结合)交互的一个重要挑战是,"计算机"作为"可见"的独特设备的消失(Norman,1998)。这不仅是在物理层面与环境的整合,也可能是在精神层面通过感知渠道完成的(Streitz,2001),这就为Weiser曾经设想的"安静技术"(calm technology)提供了基础(1991)。在这样的环境中,计算机成为家具的一部分(例如Roomware® 环境中可交互的桌子、墙壁和椅子)(Tandler,Streitz,Prante,2002),以及装饰(Aylett & Quigley,2015)。电脑在嵌入环境时"消失"的事实,引发了人们对人类如何感知对象的交互性以及如何将其视为交互伙伴的担忧(Sakamoto & Takeuchi,2014)。

在这样的背景下,一个主要的设计挑战是"用户"在许多情况下不再充分了解当前智能环境中提供的交互互操作选项,因为传统的"启示"(诺曼,1999)不再可用。不过,令人欣慰的是,在这方面,用户能够将现有的知识和交互习惯从数字世界扩展到物理世界,例如在"互动地图"(Interactive Maps)研究中所报告的那样,这是一种基于触摸与印制地图交互的系统(Margetis et al.,2019)。在包含多个交互对象和系统的环境中进行交互的其他挑战包括:用户如何成功地掌控系统,系统怎样获取给定命令的场景,如何有效地应用基本的设计原则,如系统反馈设计原则和差错恢复设计原则等(Bellotti et al., 2002)。

此外,计算机的小型化使得在珠宝和高级时装中嵌入交互成为可能(Aylett & Quigley, 2015; Seymour & Beloff, 2008; Versteeg, van Den Hoven, Hummels,2016)。如今,眼镜、手表和手镯等智能可穿戴设备已经商品化;然而,与智能手机等其他便携式设备相比,它们还没有成为主流,传播速度也较慢(Adapa et al., 2018; Kalantari, 2017)。值得注意的是,可穿戴设备的接受度受审美因素的影响,如设计的美观性和独特性(Adapa et. al.,2018),甚至将可爱作为情感诉求(Marcus et al.,2017)。因此,这种物品具有双重性,即被消费者感知为"时尚"和"技术"的结合——"fashnology"(Rauschnabel et al.,2016)。然而,尽管在日常物品、家具和配件中隐藏计算机的新潜力带来了兴奋和希望,但最终有可能进入一个信息过载、信息盗用和信息不平等日益严重的社会(Aylett & Quigley,2015)。

3.2.2 隐式交互

交互不仅是自觉的和有意图的,也会是潜意识的,甚至是无意的/偶然的,或者存在于注意力的边缘——在那里,交互是潜意识但有意图的,伴随直接但不精确的控制(Bakker & Niemantsverdriet,2016; Dix,2002)。尽管存在很多交互的可能性,但在这样的环境下,设计的主要关注点是如何创建密切的,但又不具过分侵入性的体验。

同样重要的设计考虑是如何更好地支持注意力中心和边缘之间不可避免的互动转移(Bakker,Hoven,Rggen,2015)。在任何情况下,都必须确保交互环境不会造成用户过高的知觉和认知需求,也不会产生其他不良后果,如迷惑或挫折感。除了设计方面的考虑,智能环境中隐含的交互会造成隐私问题。从技术角度来看,为了支持这样的交互,需要该环境记录场景数据和用户数据(如移动或语音),并执行所有必要的分析,才能提供准确合理的响应(McMillan,2017)。详细的关于隐私和道德问题的讨论及其所面临的挑战见第4节。

3.2.3 新型和升级的交互

与此同时,在不久的将来,感知环境和模拟人的感官的创新形式的交互可能会出现。目前,在交互技术上采用的感知内容来源于视觉、听觉和触觉,而味觉和嗅觉还基本未涉及(Obrist et al.,2016)。然而,未来环境的交互可能是多感官的,包括数字化的化学感官,如味觉和嗅觉(Spence et al.,2017),以及触觉(Schneider et al.,2017)。此外,其他形式的自然交互将作为智能环境的基础,包括面部表情、眼动、手势、身体姿势和语音,可用于多功能地获取基于场景的隐含输入,以识别情绪、表示显式输入,以及检测多模式的通信行为(Bibri,2015)。

因此,很明显,交互将在可能的方式、组合和技术要求方面大大升级。此外,设计将不再限于单一的用户与物件的交互。它将覆盖包括物件、服务和数据的整个生态环境,以及分布在不同位置和场景的较大的用户群(Brown,Bødker, Höök,2017)。这个较大的范围无法通过简单地在设计中增加更多的用户、数据和物件加以处理;相反,它将挑战现有的方法,要求扩大适用的范围以及产生新的设计方法(Brown et al.,2017)。

注重人性化的设计方法,比如以用户为中心的设计和以人为本的设计,对于即将到来的智能环境具有很强的针对性并且极为重要。考虑到它们的主要目标是确保技术以最好的方式满足用户的需求——这是这一新技术领域的终极目标,这一点尤其正确。不过,此类设计方法仍然需要演进,以面对在获取和理解场景、提取和分析用户要求、产生设计,以及进行评估方面的新的挑战(Marcus,2015a;Stephanidis,2012)。

3.2.4 公共空间中的交互

上述问题和挑战,在公共场所多用户的环境条件下会更加复杂。该领域的研究非常活跃,探索各种用户角色和交互类型,并提出公共空间交互设计的模型和框架。简单地说,根据用户与公共空间的关系,可以将他们分为路人、旁观者、观众、参与者、行动者,或退出者(Wouters et al.,2016)。一个重要的考虑因素是如何使交互系统吸引路人的注意,促使他们与系统进行接触(Müller et al.,2010)。已发现的能够激发公众与公共系统互动的因素包括挑战、好奇心、提供的选择、幻想、与其他用户的协作、在技术面前的能力意识,以及互动对象的内容和吸引力(Hornecker & Stifter, 2006; Margetis et al., 2019; Müller et al., 2010)。

交互设计另一个关注点是,技术在公共场所的普及,会将私人交互和公共交互之间的界限模糊化(Reeves,2011)。例如,第三方应该如何体验用户与公共系统的交互,以及这样的系统如何接纳用户之间角色的转换?在这方面,公共空间的交互体验设计需要提供关于谁控制交互的清晰及时的反馈,澄清每个用户控制什么(在多用户系统的情况下),并在(社交)

交互和内容方面适当支持各种用户角色(Hespanhol & Dalsgaard，2015；Hespanhol & Tomitsch，2015)。这种私人和公众交互之间的模糊界限也引发了有关个人信息可能会被公开展示的隐私担心，以及对如何定义"无害"个人信息的关注(Vogel & Balakrishnan，2004)(另见第4节)。

此外，公共空间交互的特点之一是短暂性。城市和机场都是很好的"瞬态空间"的例子，在这些环境下，多用户和多设备进行互动，并逐渐转变为智慧城市和智能机场(Streitz，2018)。公共空间交互的短暂性，以及满足各种潜在用户特征(如年龄、性别、文化背景、技术熟悉度)的需要，带来了更多的设计要求(Hespanhol & Tomitsch，2015)。这些要求包括平静的美学、对短期流畅交互的支持，以及即时可用性(Vogel & Balakrishnan，2004)。用户参与设计过程的新方法也是必需的(Christodoulou et al.，2018)。同时，服务于不同用户的需求带来的其他挑战还包括单用户和多用户场景之间的平衡，以及促进多个陌生人之间的协作等(Ardito et al.，2015；Lin，Hu，Rauterberg，2015)。

3.2.5 虚拟现实和增强现实中的交互

虚拟现实(VR)是"我们这个时代的科学、哲学和技术前沿"(Lanier，2017)之一，它带来了前所未有的挑战，因为它提供了虚拟世界的真实化的呈现方式，允许浏览并与虚拟物体和人物互动，这些人物可能代表世界上任何地方的自然人。最近的技术进步使VR能够以消费者价格提供，而大多数市场预测都认为，VR将会很快产生重大影响(Steinicke，2016)。

VR体验的关键要素是沉浸感、现场感和互动性，以及虚拟世界、它的创造者和参与者(Ryan，2015；Sherman & Craig，2018)。过去一段时间，该领域最大的挑战围绕着开发更好的硬件系统(Steinicke，2016)。在设备方面已经取得了实质性进展的基础上，现在的挑战在于创造逼真的体验，展现出更强的沉浸感和现场感。这种身临其境的体验包括自定位感、外界感知能力和身体拥有感(Kilteni，Groten，Slater，2012)。提供逼真的体验需要克服的障碍包括用户网络眩晕、缺乏运动的逼真模拟、自我表征不足，以及缺乏逼真的视觉和触觉交互(Steinicke，2016)。随着虚拟现实越来越具有沉浸感和真实感，并朝着真实虚拟的方向发展(Chalmers，Howard，Moir，2009)，一个切实的风险在于用户变得沉迷于虚拟世界并与虚拟角色过度亲密(另见4.2.4节)。

互联虚拟现实的最新趋势(Bastug et al.，2017)揭示了VR社交体验的新的可能性，并推进了该方向的研究工作，以解决新的UI和交互设计的要求、评价方法，以及隐私和道德问题。与此同时，相关的设计准则需要进一步细化和扩展，以包括虚拟环境中社交互动的各个方面(Sutcliffe et al.，2019)。关于用户体验评价，目前的方法通常采用用户对存在感和沉浸感的主观评价，而未来的活动应该将其与客观指标相结合。虚拟现实用户体验研究的推进，可以为虚拟现实环境的设计提供新的指导和实践。

随着技术的进步和用户认可度的增加，增强现实(AR)的发展前景广阔。AR允许用户与附加在现实世界上的数字层进行交互。该技术仍处于早期阶段，但当它充分发挥其潜力时，预计会颠覆和改变我们的沟通、工作，以及与世界互动的方式(Van Krevelen & Poelman，2010)。有人说，语音命令、AI和AR的结合将使屏幕过时(Scoble & Israel，2017)。其在地理AR体验、消息(显性的或隐性的)和叙事方面的潜力巨大(Yilmaz & Goktas，2017)。与"现实"相关的技术，是当前和新兴的信息领域的一部分，有潜力改变对现实的感知，形成新的数字化社区和追随者，使这些人行动起来，创造与现实世界的不和谐。

这些现实也促进了信息消费、管理和分发方式的演变。这方面的一个主要挑战是，AR 作为一种新的媒体，如何以一种独特的方式将现实和虚拟结合起来，从而使所提供的体验既不完全来自真实也不完全来自虚拟内容（Azuma，2016）。

3.2.6　评估

智能环境中的评估应该超越基于行为的评估，而扩展到这种系统运作的现实世界中的整体用户体验（Gaggioli，2005）。当新的交互系统具备了新的感知可能性、变化了的主动性、差异化的物理界面和变化了的应用目的时，传统的评估方法已经被证明有其局限（Poppe，Rienks，van Dijk，2007）。挑战包括来自多个沟通渠道的自然交互、对场景的感知、对非任务性的系统进行任务相关的衡量，以及需要长期研究来评估用户的学习过程等（Poppe et al.，2007）。

考虑到此类环境中需要评估的大量特性（Carvalho et al.，2017），显然需要新的评估方法和工具，用自动获取的用户体验指标来补充自报或观察到的指标（Ntoa et al.，2019）。最后，需要为全面和系统地评价智能环境中的用户体验提供新的框架和模型，以考虑此类环境的大量特性和指标（Ntoa，Antona，Stephanidis，2017；Scholtz & Consolvo，2004）。

在未来，智能可以转化为服务，并成为一种新的设计材料（Holmquist，2017）。事实上，人工智能服务（AIaaS）已经存在，旨在帮助数据科学家和开发人员使用 AI 开发应用程序而无须掌握技术诀窍（Janakiram，2018；Sharma，2018）。类似地，AI 作为设计材料可以嵌入应用程序或物件中，便于设计者的整个迭代设计和评估。这样的观点指向一个方向：智能能够真正助力专家和技术，使其变成更有价值的工具（Klein et al.，2017）。同时，它促进了为 AI 应用程序、服务和物件的设计和开发建立具体的指导原则和伦理标准；它也特别强调了不断改进现有设计、评估和测试程序的要求。

3.3　未来需求的总结

综上所述，随着用户的位置、姿势、情绪、生活习惯和意图将构成可能的环境中的有形或无形的技术物件的潜在用户输入数据，未来技术环境中的交互将发生根本性的改变。机器人和自主代理将通常包含在这样的有大量技术存在的环境中。信息将自然地从一个交互体传输到另一个交互体，而数字信息将与物理实体共存，增强物理实体的信息。这些新的挑战将为现有的设计和评价方法和技术铺平道路，来迎接、拥抱，并最终采用未来技术应用到自身。表 3 总结了与交互相关的问题和挑战。人类与环境交互的重要作用将在智慧城市设计互动的环境中更加突出。

表 3　智能环境中交互相关问题带来的挑战

主要问题	挑　　战
物理世界和数字世界之间交互的连续性	计算机作为一个“可见”独特设备的“消失”
	为消失的计算机/设备提供新型的交互提示
	为用户成功地与交互设备互动提供指导
	根据当前场景，对用户命令进行适当的解释

续表

主要问题	挑　　战
物理世界和数字世界之间交互的连续性	有效地运用已有的设计原则(例如反馈和错误恢复)
	日常物品的可感知的交互方式
	“Fashnology”被视为时尚和科技的结合
	信息过载、信息盗用和信息不平等的风险
隐式交互	支持注意力中心和边缘之间的互动转移
	非侵入式的密集交互的体验设计
	高感知和认知的需求，困惑或挫折的风险
	道德与隐私问题
新型和升级的交互	自然交互和新型交互方式
	多感官交互
	升级的交互，覆盖物件、服务和数据的整体生态环境，并面向更大的用户群
	用于获取和构建使用情境、诱发和分析用户需求，以及产生设计的新的/升级的方法
公共空间中的交互	吸引路人的注意，并激励他们与系统互动
	技术无处不在
	智慧城市和智能机场的瞬态空间
	在(社交)交互和内容方面支持多种用户角色和风格参与系统互动
	个人信息的隐私
	短暂使用
	多种多样的和潜在的用户特性
	适应在单用户和多用户场景之间的转换和平衡
	支持包括陌生人在内的用户协作
虚拟现实和增强现实中的交互	逼真的虚拟现实体验
	虚拟现实环境中先进的现场感、逼真的运动模拟和足够的自我存在感
	克服虚拟现实环境中的网络眩晕
	在虚拟现实环境中实现逼真的视觉和触觉交互
	追求虚拟现实社交的用户体验
	结合客观和主观方法的虚拟现实用户体验评估
	成功融合真实世界和虚拟世界，提供增强现实独特的无缝体验
评估	解释来自多个通信渠道的信号，情境感知，对于非任务式的系统不能应用任务相关的测评方法
	超越基于行为的评估方法，对UX进行总体评价
	采取智能基础设施的优势自动计算UX指标，超越自报或观察到的指标的新的方法和工具
	智能作为一种服务和设计材料
	理解智能环境下新的交互可能性对人的影响
	为智能应用、服务和物件的设计和开发制定道德规范

最后，但绝不是最不重要的一点是，理解在技术丰富的环境中新的交互可能如何影响人类是非常关键的。如Norman(2014)所说的那样：“技术不是中性的，它占据主导地位”，因为它向那些直接或间接被其影响的人提供了思考的方式；一项技术越成功，应用越广泛，其对整个社会的影响就越大。随着技术变得更聪明、无孔不入却遁于无形，并且能够识别、响

应甚至预测人类的需求和愿望，用户会将个性、意向和行为属性赋予它们(Marenko & Van Allen，2016)。交互设计可以被看作"设计人与世界之间的关系，并最终设计我们的生活方式"(Verbeek，2015)。

4. 伦理、隐私和安全

4.1　定义和原理

亚里士多德在他的《修辞学》一书中写道，道德、情感、逻辑是演说家说服听众的能力的三个主要因素。道德使演讲者值得信赖，因为我们往往将我们的信任给予高尚的人。情感把听众带入某种心理情境，唤起特定的情绪从而产生说服力。逻辑是指话语本身所提供的证据，这意味着通过适当的论证，可以证明论点，从而达到说服的目的。人类与技术增强型环境之间的关系更像是一种对话，而不是空洞的说辞，事实上，如果环境是合乎道德的，向用户传达了积极的情感，真的值得信任，那么人们就会被这些环境说服(并最终接受和采纳它们)。

伦理、隐私、信任和安全一直是与技术相关的重要问题，它们在技术增强和智能环境的场景下获得了新的维度和解读。每一个新兴技术领域的文献中都有大量伦理方面的文章，这说明了其重要性和迫切性。这些技术领域包括AI、环境智能、大数据、物联网、自主代理和机器人，以及自动驾驶等移动服务(Biondi，Alvarez，Jeong，2019；Dignum，2018；Tene & Polonetsky，2013；Ziegeldorf，Morchon，Wehrle，2014)。同样值得注意的是，有专门的社区和组织致力于探索和发展伦理和道德智能的话题(Becker，2008；Marcus，2015b)。与这些关注点一致，并受到技术增强和智能环境中人类与技术共生的伦理重要性的推动，本章探讨了与伦理、隐私和安全相关的关键问题。

4.2　主要研究课题和最佳实践

4.2.1　人机交互研究

随着交互技术遍及生活的每一个领域，人机交互研究面临的挑战是超越实验室研究，拓展到新的领域和场景，在"野外"开展研究(Crabtree et al.，2013)。尤其是在公共场所的研究，面临着以下困境：是遵循典型程序告知参与者并获得其同意，还是研究用户实际自然的体验和行为——如果参与者意识到他们正在被观察，他们的行为可能会因此改变(Williamson & Sundén，2016)。在对博物馆或其他艺术和技术交叉的领域进行研究时，遇到了类似的伦理问题，在这些场景下，研究参与者和观众之间的区别并不明确(Fiesler et al.，2018)。

人机交互研究需要注意的另外一点是弱势用户群体，如老年人、残疾人、移民、在社会处于孤立地位的个人、患者、儿童等。除了让参与者理解研究内容并得到他们的同意之外，还有其他需要关注的问题，包括管理参与者的误解、他们对技术的错误或乐观预期，以及处理技术不按预期运行时可能出现的问题等(Waycott et al.，2016)。

最近的技术发展，引发了有关在线数据在人机交互研究中的使用的新问题，例如未经受试者同意使用数据。在这种情况下，一个基本的问题是，研究人员是否有权在未经同意的情况下使用数据，特别是在数据公开可用的情况下(Frauenberger et al.，2017；Vitak，

Shilton，Ashktorab，2016)。其他开放式问题包括什么是公共数据，以及什么是获得知情同意的最佳实践(Frauenberger et al.，2017)。参与者匿名也是一项具有挑战性的工作，有研究表明，在与其他数据集进行关联时，可能会取消数据的匿名性(Vitak et al.，2016)。

4.2.2 在线社交网络

在线社交网络(OSN)的隐私问题代表了所有相关技术领域中的一个值得关注的重大问题。隐私可以被定义为"由一系列权利组成的人类价值观，包括独处权，即不被干扰的独处权利；匿名权，即不公开个人身份的权利；私密权，有权不被监视；保留权，即控制个人信息的权利，包括信息的传播方式"(Kizza，2017)。

在线社交网络隐私问题包括谁可以查看个人的私人信息，对特定个人或组织隐藏信息的能力，个人用户发布和分享他人信息的程度，数据保留问题，在线社交网络员工浏览私人信息、销售这些信息和定向营销的能力(Beye et al.，2012)。有趣的是，尽管人们关注隐私问题，但有些人会为了相对较小的回报而泄露个人信息，这种现象被称为"隐私悖论"。Kokolakis(2017)指出了造成这一悖论的一些潜在因素，包括使用在线社交网络已经成为一种习惯并融入日常生活，数据分享的预期收益大于风险，个人不能完全作为自由主体作出信息共享的决策，隐私决策受到认知偏见和启发式的影响，或受到不合理、不完整的信息的影响。当敏感用户群体将OSN用于特殊目的(例如，学生使用的学校社区和学习OSN)时，隐私就变得更加重要(Parmaxi et al.，2017)。隐私和内容共享(即社交性)构成了两个相互冲突的在线社交网络的基本特性，两者需要完美地结合，这是设计者必须掌握的一个挑战(Brandtzæg，Lüders，Skjetne，2010)。

为了提高认识和保护用户的权利，欧洲议会和欧盟理事会发布了关于保护自然人个人数据的处理和自由流动的《通用数据保护条例》(GDPR)，自2018年5月25日生效。GDPR规定了数据处理和数据主体的权利，包括透明的信息和通信权利的行使，数据的获取权、修改权、擦除权、限制处理权，以及可移植性等权利。

4.2.3 医疗技术

社交媒体通常用于医疗保健信息和通信技术，以促进信息交流，并创建单独或与特定群体共享的内容(Denecke et al.，2015)。在此背景下，伦理问题包括未成年人或老年人对社交媒体的使用，以及将社交媒体用于研究目的，如使用患者的数据、进行在线调查和招募研究参与者等(Denecke et al.，2015)。

数据隐私性、准确性、完整性和保密性在医疗保健领域变得更加令人关注，无论是涉及社交媒体、远程医疗、电子健康档案、可穿戴式健康用传感器，还是任何其他电子医疗领域(George，Whitehouse，Duquenoy，2013)。在电子医疗背景下应用的其他道德原则包括：所有人都可以享受电子医疗保健(另见5.2.5节)、匿名性、自主性、行善和不伤害、尊严、无歧视、自由和充分知情同意、公平、安全和围绕价值的设计(Wadhwa & Wright，2013)。远程医疗伦理问题还延伸到患者和医疗服务提供者之间产生的诊疗关系、直接接触的损失、以成本/时间核算为名的虚拟就诊取代实际就诊的危险(Fleming，Edison，Pak，2009)。对于患者数据，还涉及使用目的的合法性和利用的可能性的问题(Fleming et al.，2009)。此外，一个经常被忽视但又很关键的问题是责任风险，因为当患者成为医疗保健服务活动的主动参与者时，会引发潜在的错误、误报或误解(Kluge，2011)。

上述所有技术中包含的另一方面是改变人们行为的说服技巧。虽然出于健康目的的一些目标(例如戒烟、保持体重、营养习惯、锻炼习惯等)通常是有价值的、可取的,但是在错误的情况下,有说服力的技术可能被用来欺骗人们或劝其从事不良行为。移动产品(Marcus,2015b)和社交媒体特别容易受到这些扭曲的影响,需要随着技术的发展和成熟进行评估。在 4.3 节,我们会进一步讨论包括伦理问题在内的促进健康和自我实现的问题。

4.2.4 虚拟现实

虚拟现实(VR)是一个技术领域,由于它创建错觉,所以就产生了两项重要的社会和伦理的问题:①用户的反应和感受,如过度依恋虚拟代理,或情绪失控并在虚拟环境和物理世界中产生敌意行为。②虚拟现实环境创建者的意图,对用户来说可能是模糊和危险的,例如在用户不知情的情况下收集其信息或诱导其精神/心理的转变(Kizza,2017)。VR 允许用户进入一个"现实",它可能是完全由人工合成的一个数字环境,也可能是一个真实世界的某个瞬间。合成环境可以通过现实世界建模,或者出于幻想,或两者兼而有之。大多数虚拟现实并没有完全越过"恐怖谷"(Mori,MacDorman,Kageki,2012),但是这是有望在未来改善的问题。

最近一个真实的例子是一个人与一个虚拟角色结婚,结婚证由制作全息图的公司提供,这引发了关于个人自由、技术对自由意志的影响,以及技术创造者和设计者的道德困境/责任的广泛讨论。比过分依恋虚拟角色更严重的问题是虚拟现实重塑了社交方式,导致个人远离真正的社交(这可能对生育率、经济和社会结构产生深远的影响),或者选择在虚拟世界里延长生命,从而超越肉体的死亡(IEEE 全球自主和智能系统伦理倡议,2019)。

4.2.5 物联网和大数据

物联网模式的特点是不同性质的技术,包括通过互联网基础设施互联和协作的智能物件,创建了许多新的服务,使建筑、城市和交通更加智能(Ziegeldorf et al.,2014)。在这个高度互联和异构的环境中,人、设备和自主代理之间可能发生任何交互,从而产生新的隐私或安全威胁。

特别是,在未来的智能混合城市中,隐私将变得更加重要(Streitz,2018)。在虚拟世界中,人们可以用使假身份和匿名服务。这在现实世界中很难甚至不可能。虚拟世界中存在的关于人的数据现在被现实世界的数据所补充和结合,反之亦然。公共和私人闭路电视(CCTV)摄像机正在对进入店铺或餐厅的人进行拍照,通过面部识别可以确认个人身份。人们佩戴、携带、使用、购买的真实物品都会被环境中的传感器所识别,因为这些对象都带有标签。在自动驾驶环境下增加的车辆仪表会影响隐私。携带智能手机时,个人行走的行为是透明的。因此,物体和人物跟踪会变得越来越难以避免,在支持物联网的真实/混合世界环境中,保护隐私的挑战将是巨大的。

大数据与物联网齐头并进,都是近期技术的发展内容,并且必将成为未来技术增强环境的核心元素。大数据,由于具有大量收集个人数据的能力,加上最先进的数据分析能力,会对个人隐私产生更多的威胁,比如自动决策(当有关个人生活的决策都交给自动化流程时),这引起了关于歧视、自主权,以及选择范围缩小的关注(Tene & Polonetsky,2013)。例如,预测分析可能会暗示某人容易生病、犯罪或具有其他社会不可接受的特征或行为(Tene & Polonetsky,2013)。其他鲜为人知的可能性包括:由于他人的行为而被(错误地)剥夺机会,增加了弱势用户群体(如低收入消费者)的不平等,以及对弱势群体(如阿尔茨海默病患者或上瘾者)的恶意企图和误导性提议(美国联邦贸易委员会,2016)。研究人员需要进行负责任和公平的数据管理和分析,避免引起偏见和歧视(Stoyanovich,Abiteboul,Miklau,2016)。

4.2.6 智能环境

很明显,伦理、隐私和信任是跨越所有技术领域的话题,因为它们的主要问题是共同的。然而,不同的领域有着各自特殊的关注点。例如,生物特征识别通常对数据隐私构成与任何其他用户数据相同的威胁(如对个人身份的不必要的识别和威胁、对个人数据的不正当收集以及未经授权的访问),但同时也有其特殊的道德困境,因为生物中心数据会影响一个人对其身体的使用和处置权(Alterman,2003)。

同样,智能环境引发了与其他发展中技术相同的伦理问题,尤其是那些引发人类如何理解自己和我们在世界上的位置问题的技术(Boddington,2017)。一般来说,智能系统会带来一些风险,包括根据收集到的数据进行用户识别、个人/敏感数据的永久保存、演绎和推断个人的新特性、使用数据进行监控、数据的错误解释、向公众披露机密信息、在用户不知情的情况下收集数据和运用说服技巧(Jacucci et al.,2014)。尽管系统具有获取和保留大量(个人)数据的能力,但这种收集的行为应当受到限制(Könings, Wiedersheim, Weber,2011)。事实上,在智能和维护隐私之间有一个微妙的权衡。显然,如果智能系统对于使用者有更多的了解,那么它所提供的服务通常会比没有数据或数据不足的系统更加智能。关键是要找到正确的平衡点。确定平衡点需要受到所有参与人的控制,同时也要以人们购买服务的意愿(用钱而不是他们的数据)为前提。这要求提供透明的以及真正有差异性的选择。将GDPR(欧盟委员会,2016)的规则和概念进行扩展是进一步发展这些想法的一种方式。此外,还应从根据我们的价值观和规范来管理信息流的角度来审查隐私权,这样智能环境中隐私规则的道德体系才能服务于人类的利益,并成为未来环境的重要组成部分(Richards & King,2016)。

当涉及人工智能和自主代理时,一个基本的伦理关注是责任:责任主体在哪里?由AI系统作出的行为和决策的道德、社会和法律后果是什么?AI系统是否可以成为责任主体(Dignum,2018)?AI相关的伦理决策是一个多学科的研究领域,旨在为此类困境寻找答案并保障我们的未来。人类的道德决策会包括功利的考虑和道德规则,这往往涉及一些先例推崇的高尚的价值观,也会因文化而异(Yu et al.,2018)。由于AI系统是由人构建的,一种方法是将社会、法律和道德观念融入AI系统的所有开发阶段,使AI在推理时考虑到这些价值观,当涉及多元文化背景下的不同利益相关者时要衡量权重,说明其推理过程并保证透明度(Dignum,2018)。阿西莫夫的"机器人三定律"(阿西莫夫,1950)通常被认为是一套理想的机器伦理准则,然而,也有观点认为这些定律可能是不够的(Anderson,2008)。另一种方法提倡将道德推理的负担转移给自主代理,让代理按照行为道德去行事,并判断其他代理的道德。这可以通过开发主要规则,并允许创建次要规则,以及随情况演变而修改和替换规则来实现(Yu et al.,2018)。人机关系规则可以围绕以下问题组织讨论,比如:如何保护个人数据,将芯片嵌入在人体和他们的财物中是否符合伦理道德,对个人自由和风险的考虑程度和控制方式应当是什么,以及消费者权益和政府组织是否有权审核算法等(Dellot,2017)。在自主智能系统中嵌入价值观和规范的挑战包括:规范更新的需要(类似于人类如何更新自己的规范和学习新规范),AI系统可能面临的相互冲突的规范以及如何解决这些冲突，并非所有的规范同样适用于人类和人工代理，以及可能引入伤害某些特定群体的偏见(IEEE全球自主和智能系统伦理倡议，2019)。

随着自主智能代理将作出越来越复杂和重要的伦理决策，人们需要知道它们的决策是值得信赖并符合道德标准的(Alaieri & Vellino，2016)。因此，透明度将会是要求之一(另见2.2.1节)，让人类可以理解、预测并适当地信任AI，无论是表现为可追溯、可核查、不欺骗，还是可理解(IEEE全球自主和智能系统伦理倡议，2019)。特别是可理解的AI，将进一步帮助人类识别AI的错误，也将促进有意义的人类控制(Weld & Bansal，2019)。然而，这取决于解释的使用方式，详细程度也需要平衡，因为完全的透明度可能会在某些情况下使信息过于庞杂，而没有足够的透明度可能危及人类对AI的信任(Chen et al.，2018；Yu et al.，2018)。同时，系统的透明度以及了解AI的决策遵循道德标准将影响人类和AI的交互，使一些人有机会调整自己的行为，从而使人工智能系统无法实现其设计目标(Yu et al.，2018)。

4.2.7 网络安全

以上讨论的问题主要围绕道德和隐私，突出了挑战和潜在威胁。但是，隐私加上网络安全(又名IT安全)，已成为突出的问题，原因有二。首先，数字技术的扩展带来的社会转型，为网络犯罪提供了更多的机会(Moallem，2018)。现在高度数字化的不仅是公共组织和机构，还有住宅单元(例如监控摄像头、物联网连接的家用电器和医疗设备、家庭控制和自动化系统等)。可以说，人类活动的各个方面都已经在数字领域被管理、记录和跟踪，甚至"私人的"会面也是如此(Moallem，2018)。其次，网络攻击所需费用很少，它们在地理上不受限制，犯罪者的风险比物理性的攻击更小(Jang-Jaccard & Nepal，2014)。

安全是一项艰巨的任务，特别是互联设备数量巨大所造成的可扩展性问题，使得传统的安全对策不再适用(Sicari et al.，2015)。此外，由于目前大部分商业物联网设备只具备有限的本地安全功能，它们很容易成为黑客攻击的对象，包括阻断、更改通信、更改设置或向其发送假指令(Tragos et al.，2018)。总体而言，主要的安全威胁包括数据和隐私泄露，以及对设备和服务器的软、硬件的攻击。

数据的匿名性和保密性受到日常事物的连通性的威胁，这为通过指纹识别设备以及使用识别数据(如语音)创建大型数据库提供了可能(Ziegeldorf et al.，2014)。同时，设备可以用来管理敏感信息(如用户习惯或健康数据)，这可能会在库存攻击(由非正当方进行)以及设备生命周期转换中带来隐私威胁(Sicari et al.，2015；Ziegeldorf et al.，2014)。物联网环境中的其他隐私威胁包括：通过与其他特征描述文件和数据的关联进行高级特征总结的可能性，通过公共媒体暴露私人信息，以及将不同系统的数据源组合而显示用户没有提供或可能不希望泄露(不论真实与否)的信息(Ziegeldorf et al.，2014)。智能环境中的威胁还包括对传感器和执行器的恶意攻击。例如，攻击者可能在用户被监测时窃取其健康信息，并确认其是否在家(Tragos et al.，2018)。通过攻击执行器，还可能控制或篡改房屋构件(如门窗、空调、报警器等)的功能，这不仅会导致物理上的安全威胁，同时也降低了系统的可靠性，从而影响了用户对它的信任。

在物联网和智慧城市的背景下，关于网络安全的讨论从技术角度来看是非常丰富的，它识别挑战，提出架构，并为今后的研究工作提供指导。然而，尽管应追求技术进步，但人们已经认识到，威胁安全的主要弱点是人的错误或无知(Moallem，2018；Still，2016)。因此，对于网络安全，HCI的关键作用就在于对人的教育，以提高他们的认识并适当地塑造自己的

行为，以及从人的角度培训组织和机构对网络安全的认识。

4.3 未来需求的总结

总之，信任是很难获得的，需要初始的信任形成和持续的信任发展，不仅通过提高透明度，还可以通过易用性、协作和通信、数据安全和隐私，以及目标一致性来达成(Siau & Wang, 2018)。为此，技术系统的行为必须使其不仅能达到功能目标或解决技术问题，而且要服务于人权及其用户的价值观，“不管我们的道德实践是西方的(如亚里士多德、康德)、东方的(如神道、儒教)、非洲的(如 Ubuntu——非洲谚语，意为‘人道对待他人’)，还是来自其他传统的”(IEEE 全球自主和智能系统伦理倡议，2019)。这方面的主要关注点涉及隐私及其在新的数字环境中提出的挑战、在各个领域中出现的伦理道德问题以及网络安全性。表4是本节讨论问题的总结。与特定场景(如共生、健康、学习)相关的其他伦理问题将在本文相应部分讨论。

表4　不同技术领域中的隐私、道德和安全问题挑战

主要问题	挑　　战
基本隐私问题	独处：不受干扰的独处权
	匿名：不公开个人身份的权利
	私密：不受监视的权利
	保留：控制个人信息(包括其传播)的权利
人机交互研究	在知情同意和观察原始(不受影响)用户行为的矛盾条件下进行公共空间中的研究
	弱势用户群体的参与
	利用在线数据进行研究
在线社交网络	数据销售
	目标营销
	由于在线社交网络使用习惯、信息不完整和认知偏见，减少了用户对隐私的谨慎
	将说服性技术用于可被质疑的目的
医疗技术	技术接受者包括弱势用户群体(如老年人、儿童、患者)
	在社交媒体上使用患者的数据
	数据准确性和完整性
	所有人的无障碍获取
	自主性
	行善和不伤害
	尊严
	无歧视
	自由和充分知情同意
	公平
	安全
	失去直接接触
	目的合法性
	用户成为医疗保健服务的积极参与者时的责任
生物识别	侵犯人对身体使用和处置的权利

续表

主要问题	挑　战
虚拟现实	过度依恋虚拟代理
	虚拟环境中的敌意行为
	VR 环境创建者潜在的模糊和危险的意图
	个人自由与技术对自由意志的影响
	重塑社交方式
	对现实和现实不和谐的看法改变
物联网和大数据	虚拟世界中人的数据被现实世界中的数据补充和结合
	自动化的决策可能导致歧视和选择范围缩小
	加剧弱势用户群体现有不平等的可能性
	对弱势群体的恶意企图和误导性提议
智能环境	新的隐式派生属性归因于个人
	使用数据进行监控
	数据曲解
	在用户不知情的情况下应用说服技术
	设计权衡：智能与隐私
	制定隐私规则的伦理体系
	责任
	伦理决策
	透明度，在详细程度上的平衡
网络安全	互联设备数量众多引发了可扩展性问题，从而使传统的安全对策不适用
	大多数商用设备具有有限的本地安全功能
	对传感器和执行器的恶意攻击可能威胁物理安全并危及信任
	数据匿名性进一步受到日常物品之间联系的威胁（例如，个人设备的识别，具有识别数据的庞大数据库）
	在库存攻击或携带个人信息的设备的生命周期转换中发生的隐私威胁
	通过与其他配置文件和数据的关联进行高级特征总结的可能性
	通过链接不同的系统并合并数据造成的隐私和身份识别威胁
	人为因素是网络安全的主要弱点

综上所述，新的伦理规范需要在三个方向上建立：通过设计达到的伦理，设计中的伦理以及旨在设计的伦理（Dignum，2018）。在这个新的规范中，用户隐私应得到进一步保护，特别是因为智能技术环境具有丰富的用户信息和知识，以及自动匹配的信息分析能力和意见形成的潜力。在任何情况下，人们可以通过自发的道德规范来修复科技世界的想法，自相矛盾地意味着制造问题的人会修复它们（Simonite，2018）。人机交互研究还应该支持新的智能时代有关隐私、安全和安保的监管活动。

5. 幸福、健康和自我实现

5.1 定义和原理

技术进步和医学进步相结合，通过促进和支持健康的行为、鼓励预防疾病、提供新的治疗手段和管理慢性疾病，为人们提供了更有效和低成本的促进健康生活的机会。图像分析、计算、大型数据库和云计算能力的提升，与精准医学、下一代测序和分子诊断相结合，加深了对个体独特生物学的理解，促进了精准健康的发展。精准健康旨在根据个体差异，使医疗保健更适合于每个人，并最终达到精准衰老(precision aging)，让每个人在其寿命期内得到个性化和最优化的健康照护(Dishman，2019)。

此外，在一个技术无所不在的世界里，问题是如何优化技术在增进福祉和人类自我实现方面的作用。自我实现是一个可以追溯到希腊古典哲学的概念，也是当代哲学的一个主题。它代表着实现一个人的潜力，并与几个变量相关，例如自决、挑战和技能的平衡，以及相当大精力的投入(Marcus，2015d；Waterman et al.，2010)。幸福体验与需求满足、长期重要性、积极情感和有意义的感觉有关，而快乐被认为是享乐或一时的快感，比如减压和放松(Mekler & Hornbak，2016)。自我实现和幸福之间的区别可以帮助我们理解如何用技术促进人们的自我实现和健康，也可以激发新的技术设计，寻求交互技术的更有意义的体验(Mekler & Hornbak，2016)。

本节探讨通过技术促进健康、幸福和人类的自我实现，并指出相关突出的关注点和挑战。

5.2 主要研究课题和最佳实践

5.2.1 个人医疗设备和自我追踪

近年来，个人定制医疗技术激增，个人医疗设备(PMDs)是“给个人连接、穿戴、交互或携带的设备，目的是为了收集生物医学数据和/或在个人关心的方面进行医疗干预”(Lynch & Farrington，2017)。消费者可穿戴技术是否会被医疗界所接受，以及这项技术如何能最好地服务于医学，目前还不是很清楚，这将取决于两个主要问题：①健康从业人员该如何接受更多的患者在看病的时候带来可穿戴设备的数据；②未受过医学培训的患者靠设备数据解读症状时可靠性可能不高，带来更多潜在错误(Piwek et al.，2016)。为提高此类设备的医疗可信度，一个有待解决的问题是用户舒适性、传感器的非侵入性和信号质量之间的权衡(Arnrich et al.，2010)。

个人医疗设备并不仅指专用可穿戴设备(如智能手表)，也包括智能手机中的活动跟踪和健康促进软件(Lynch & Farrington，2017)。这些软件的好处是提供了好接受、低成本、易获取的自我管理干预，研究表明，这类软件有帮助慢性病患者改善健康的潜力(Sun et al.，2016；Whitehead & Seaton，2016)，同时也有促进健康生活方式和体育活动的潜力(Dallinga et al.，2015)。

在这种情况下，说服技术通常会被用来帮助和鼓励人们采取积极的行为，避免有害的行为，一个案例是在手机应用程序中使用说服设计来减少食物消耗和增加锻炼(Marcus，2015c)。简单来说，除了追踪和监控，通常采用的说服策略包括社会支持、分享和比较、奖励积分和信用、赞扬、有说服力的图像和文字、意见和建议、提醒和警报，以及与同行的合作与配合等(Orji & Moffatt，2018)。整体来说，说服技术已经被证明是有效的，但是它也会引起道德上的顾虑(参考4.2.3节)。例如，自主智能代理对人类的广泛操纵可能会导致人类失去自由能动性和自主权，甚至导致对人类的欺骗(例如代理假装是另一个人)(IEEE全球自主和智能系统伦理倡议，2019)。

自我追踪的可能性——即“跟踪、记录并经常性测量一个人的行为或身体功能要素”(Lupton,2016)——正如当代设备(包括个人医疗设备)所提供的那样,最近已成为一个讨论和辩论的热门话题。跟踪的内容包括身体状况(如体能和生理)、心理状态、活动(如运动、饮食和睡眠)、社交,以及环境和房屋等财产的状态(Oh & Lee, 2015)。自我追踪的方式会有所不同,有的只短期收集生活中某些方面的数据,有的则对广泛的现象进行长期收集(Lupton, 2016)。影响自我跟踪接受程度的关键用户体验问题是数据可控性、数据集成和准确性、数据可视化、输入复杂性、隐私性、美观性和参与性(Oh & Lee, 2015)。

自我追踪提供了主动参与个人健康管理的机会,并产生有助于医疗决策和研究的数据,从而带来整体健康的改善和自我认知的增强(Sharon, 2017)。个人医疗设备和自我追踪是小数据(来自单个人的丰富的即时数据)的两个主要来源,二者结合后可能会变得更有效,带来更精确的预测(Dodge & Estrin, 2019)。然而,目前大部分的数据分析都是基于一个数据来源,综合分析方法和工具仍处于早期开发阶段,以在不久的将来可以实现整合为目标。

另一方面,自我追踪的数字化和自动化带来了对所产生数据的隐私安全和数据使用道德方面的担忧(Lupton, 2017; Lynch & Farrington, 2017)。此外,从社会学的角度来看,产生了一些新的问题,包括身体、自我、社会关系和行为的概念如何被重新定义,对数据政策、数据实践和数据经济有何影响,以及自我追踪文化中固有的权利不平等是什么(Lupton, 2017)。

自我追踪与量化机体的概念紧密相关,构建产生数据并通过特定形式的数据可感知的动态机体,构成可能的干预点,这会引入新的风险(Lynch & Farrington, 2017)。对自我追踪的批评包括:它为国家摆脱其对公民健康的责任开辟了道路;人类受到监视和约束;自我追踪的科学准确性和客观性是可质疑的;它所获得的指标是简单的数字,并不能代表人类的丰富性和复杂性(Sharon, 2017)。考虑到所有因素,很明显,开发自我追踪技术远不只是一项技术任务,因此,应该遵循一种多学科的方法,让软件开发人员、界面设计师、临床医生和行为科学家一起参与进来(Piwek et al., 2016)。

5.2.2 严肃的健康游戏

在健康方面使用的一种技术干预是严肃的游戏,即用游戏来推动与健康相关的结果(Johnson et al., 2016)。严肃的健康游戏种类繁多,包括体育健身游戏、自我保健教育、分散注意力疗法(例如帮助患有慢性病的人处理疼痛)、康复和复健、训练和模拟,以及认知功能支持(Susi,Johannesson,Backlund, 2007)。出于健康目的使用严肃游戏的一个重要优势是激励作用,它们是影响用户并让他们参与健康行为改变的好方法(Johnson et al, 2016)。

尽管具有潜力,但人们发现很难广泛采用健康游戏。面临的一个很大的挑战是,它们的开发涉及很高的设计复杂度和跨学科的团队,理想情况下还应包括用户参与,但所有这些都会导致实施速度降低(Fleming et al., 2017)。同时,用户对游戏的期望变化非常快。因此,严肃的游戏方法面临的挑战是要跟上用户的期望,这是由用户在娱乐行业的经验所形成的。然而,试图与专业的大型娱乐游戏竞争会产生额外的成本,而该成本实际上无法得到补偿,因为该领域还没有形成成熟的市场(Johnson et al., 2016)。

另一个值得关注的问题是与目标用户一起对游戏进行评估。特别是大多数评估工作主要集中在设计游戏的可用性上,而不是游戏对个人的实际长期影响(Kostkova, 2015)。尽管此类长期评估工作成本较高且要求较高,但它们对健康游戏的发展和用户接受度至关重要。物联网和大数据可能有助于对这些游戏的影响进行长期评估和验证。因此，该领域的未来发展将以“集成游戏”为特征，将来自游戏和社交网络的数据与个人数据相融合，并向诊断系统提供反馈(McCallum，2012)。显然，所有先前讨论过的关于道德和隐私的问题在这方面都至关重要。

5.2.3 环境辅助生活

一个旨在帮助老年人和残障用户改变生活条件的知名领域是环境辅助生活(AAL)。环境辅助生活是指在人的生活环境中使用信息通信技术，以提高他们的生活质量，使他们尽可能长时间地保持独立和活跃(Moschetti et al.，2014；另请参见第5节对支持残疾人和老龄化人口的技术的讨论)。环境辅助生活植根于辅助技术和“为所有人设计”的方法(Pieper，Antona，Cortés，2011)，是对人口老龄化现象的技术回应，它受益于环境智能的计算范式，可提供智能、非侵入式以及无处不在的援助(Blackman et al.，2016)。

旨在为需要照顾的老年人提供支持的AAL解决方案可分为三个主要的服务领域：预防；补偿和支持；以及独立和积极的生活。指示性服务包括预防认知能力的早期退化、促进健康的生活方式、管理慢性病、预防跌倒、管理日常活动、保持社交联系和娱乐(Blackman et al.，2016；Moschetti et al.，2014)。这类环境通常配备机器人系统，帮助老年人进行日常活动，如清洁、捡拾东西以及行动。然而，它们也可以为老年人的社会、情感和关系方面带来贡献(Breazeal et al.，2019)。未来的工作应侧重于以人为中心的护理，提高护理的个性化，并考虑个人的不同需求、期望和偏好(Kachouie et al.，2014)。

鉴于环境辅助生活的技术能力及其隐式和显式记录个人和敏感数据的潜力，隐私和道德规范(另请参阅第4节)成为主要问题。隐私和机密应当得到保护，而技术不应取代人类的照护，从而导致老年人与世隔绝(Rashidi & Mihailidis，2013)，也不应导致滥用和侵犯人权(如照护者的过度控制)。

5.2.4 智能医疗

随着物联网和环境智能的出现，可以预见的是，以专业为中心的传统医疗模式将转变为分布式医疗系统，个人将成为医疗过程中的积极合作伙伴(Arnrich et al.，2010)。智能环境具备支持这种转型的技术基础架构和能力，特别是它被广泛应用在模式发现、发现日常生活中的异常和偏差(例如，发现即将到来的健康问题或需要注意的危机)，以及计划和安排方面(Acampora et al.，2013；Consel & Kaye，2019)。一个重要的潜在陷阱是对技术的过度依赖，这可能会削弱个人管理生活的自信心，并导致能力过早丧失(Acampora et al.，2013)。此外，过度依赖也会导致患者孤立和失去个人护理(Acampora et al.，2013；Andrade et al.，2014)(另见4.2.3节)。

智能医疗环境还扩展到治疗和康复环境，以及在医务人员支持下的智能医院(Acampora et al.，2013)。智能包括用于医疗保健和医学的人工智能技术。通常，采用的人工智能方法是机器学习、专家系统和知识表达技术，主要用于诊断、预测和医学培训(Acampora et al.，2013)。然而，随着深度学习方法的发展，新的潜力出现了，其实现的准确性和效能可以和经验丰富的医生相比(Jiang et al.，2017)。这种演变并不意味着技术将取代人类，相反，它可以通过高效辅助人类执行琐碎的任务，赋予人类增强绩效和实现更高目标的能力。在医疗保健方面，机器人和自主代理也可以构成智能环境的组成部分。简而言之，用于医疗保健的机器人可以分为体内（如外科手术机器人）、体上（如假肢）和体外（如用于物理任务辅助的机器人、作为患者模拟器的机器人或护理机器人）（Riek，2017）。机器人技术在医疗领域应用的两个挑战性问题是最终用户对机器人技术的接受程度，以及其高昂的成本，这一点仍然令人望而却步（Andrade et al.，2014）。机器人的用户接受程度不仅取决于可用性因素，还取决于机器人的形式和功能（Riek，2017）。对用于支持临床实践的智能系统和机器人，医务人员（医师和护士）也面临着过度依赖技术的危险。这再次凸显了解决道德问题，以及设计将人类价值观和自主权置于最前沿的技术环境的必要性。

该领域的未来研究应集中在普遍、连续和可靠的长期传感和监测上（Arnrich et al.，2010）。安全性和可靠性也是医疗机器人技术要解决的关键要求（Riek，2017）。这将产生可被患者和医生接受的可靠和值得信赖的系统。此外，研究应集中于为无处不在的以患者为中心的技术开发新的和不断发展的设计和评估方法（Arnrich et al.，2010），其中评估应从传统的人机交互方面转移到医疗方面，拓展到这些技术对患者生活质量的长期影响。另外，对临床智能系统和机器人临床有效性的评估是其能否在医疗保健领域被采用的关键因素（Riek，2017）。

对该领域未来的预测表明，"健康支持和环境辅助技术甚至都不会被单独认知，它们将成为卫生系统的组成部分"（Haux et al.，2016）。通过使用大数据、物联网和人工智能，将有可能收集来自各种环境的大量医疗问题的数据，并训练能够预测、诊断甚至提出适当治疗建议的人工智能模型。在这方面，出现了两个主要问题：数据隐私和道德规范，以及对智能环境性能的评估。关于后者，至关重要的是识别智能环境技术的任何错误判断可能对个人造成的影响，并意识到任何技术故障将不再像过去那样"无辜"。它们不仅会给用户的工作或休闲活动带来风险，还会给他们的健康、幸福甚至生命带来风险。这一认知开启了关于设计师和软件工程师的教育和培训、道德规范的发展以及新的评估和测试程序的建立的广泛讨论。

5.2.5　幸福和自我实现

除身体健康外，自我追踪和信息通信技术已被广泛用于追求心理健康（Thieme et al.，2015）和情绪调节（Desmet，2015），在更广泛的技术背景下实现用户的幸福感和自我实现。与这种方法保持一致的是积极计算的概念，它旨在开发技术以支持被诊断出精神健康状况的个人的福祉和潜力，也可以通过预防性精神健康支持为所有人提供支持，通过积极的行为改变和自我反省，以及对心理健康的同理心和认知来加强精神健康（Wilson et al.，2017）。用户体验取得了包含情感和更多以愉悦为导向的方面的进步，通过倡导积极的人类发展的积极心理学，积极设计提供了追求持久健康的技术设计的框架，服务于产品、服务，及其支持活动的设计（Pohlmeyer，2013）。

技术在促进幸福和自我实现方向上的一个主要问题是（至少暂时而言），积极心理学和互动技术之间的这种合作关系主要是在概念层面上（Diefenbach，2018）。在新时代，人机交互需要改变关注点，从用户体验转向用户自我实现，研究技术如何确保用户的幸福感。这是一项具有挑战性的工作，主要是由于定义和衡量这些概念存在固有的困难（Gilhooly，Gilhooly，Jones，2009）。另外，与身体健康相比，人类的幸福感完全是主观的，因此是一个具有挑战性的目标，需要通过技术进行分析、建模和解决。回顾前面三个挑战中讨论的主题(第2～4节)，很明显，为了有效和高效地支持人们追求健康、幸福和自我实现，技术和人类必须和谐共生，具备人类智能并尊重人权。

此外，不管在技术促进幸福领域取得了何种进步，为了开发能够明显改善人类福祉的技术，需要解决的一个开放性问题是，缺乏简洁、有用的指标来衡量这些进步(IEEE全球自主和智能系统伦理倡议，2019)。这些指标不仅要考虑到个人和社区的福祉，还要考虑到环境和地球的健康(另见第7节)，以及人权、能力和公平劳动，因为这些都是人类幸福的重要组成部分(IEEE全球自主和智能系统伦理倡议，2019)。

5.3 未来需求的总结

总体而言，医疗保健领域的技术已经得到广泛应用，例如个人医疗和自我跟踪设备、严肃的健康游戏以及环境辅助生活。具有人工智能和机器人技术的环境辅助生活和智能环境等更先进的技术已经在该领域中得到了应用，但仍然存在未解决的研究问题。技术还可以促进人类幸福，不仅是身体健康方面，还可以通过帮助实现人生目标来促进心理健康，预防、减少和管理压力、抑郁和精神疾病，并培养有目的、自信和积极的情绪。表5列出了本节重点介绍的这些挑战。

表5　支持幸福、健康和自我实现的技术的挑战

主要问题	挑　　战
个人医疗设备和自我追踪	为医学界所接受
	设备的可靠性
	当未经医疗培训的患者试图根据个人医疗设备的数据来解释症状时，错误解读的可能性比较高
	有效结合各种来源的数据进行综合分析
	使用说服策略的伦理问题
	人类自由能动性和自主性的丧失
	对隐私和自主权的威胁(人类受到监视和管束)
	关于所产生数据使用的伦理问题
	关于量化身体的社会学顾虑
	自我追踪活动的科学准确性和客观性
	数字不足以代表人性的复杂
严肃的健康游戏	对健康类严肃游戏的接受度有限
	设计和开发的复杂性高，导致实施速度缓慢
	受娱乐产业的影响，用户预期苛刻
	高成本与市场不发达之间的矛盾
	如何衡量严肃游戏对个人实际健康的影响
环境辅助生活	隐私和保密
	用技术取代人的照护
	老年人和患者的与世隔绝
	照顾者过度控制，导致侵犯人权

续表

主要问题	挑　　战
智能医疗	对智能环境过度依赖，导致能力过早丧失
	患者孤立和失去个人护理
	医务人员对技术的过度依赖
	安全性和可靠性
	准确性
	医疗技术的临床有效性评估
	技术对患者生活质量影响的长期评估
	以患者为中心设计的新的设计和评价方法
	需要新的开发和测试程序来确保技术的准确性，消除对患者健康和生命的风险
幸福和自我实现	难以定义和测量幸福和自我实现
	这些概念的主观性质，妨碍对其的分析和建模
	这些概念范围广泛，超越个人范畴，延伸到社区和地球的福祉以及其他概念，如人权和公平劳动

6. 无障碍和全面可及

6.1 定义和原理

信息技术的无障碍性是人机交互研究界积极参与的一个主题，旨在确保残障用户和年长用户能够平等地使用信息技术的应用和服务。该领域的第一项努力是通过后验适应来实现无障碍，即通过采用辅助技术来访问最初为非残障用户设计和开发的应用程序(Emiliani & Stephanidis，2005)。这些方法的反应式本质受到批评，因其未能赶上技术的快速发展、成本效益低，以及无法始终确保同等的无障碍访问而不损失功能(Stephanidis & Emiliani，1999)。

这种批评激起了更具有主动性和通用性的理论、方法和工具的形成，它们可以更准确地适应新技术日益增强的交互性。全面可及是指所有公民，无论其是否年老或残疾，都有权同等地访问信息技术资源和产品，并与之保持有效的交互(Stephanidis et al.，1998)。在全面可及的背景下，为全民设计被定义为一个通用框架，通过有意识和系统化的努力，主动应用相关原则、方法和工具，来开发所有公民都可以使用的信息技术产品和服务，从而避免后验适应或专门的定制设计。许多描述无障碍主动解决方案的相关术语和方法，表明了这个领域的重要性和关注度，包括普惠设计、无障碍设计、通用设计和可访问设计(Persson et al.，2015)。

如今，技术丰富的环境已经普及，智能环境开始实现，但是出现了一些问题。上述方法是否卓有成效？如何将从过去的方法中获得的知识和经验应用于新的高科技环境？这些新环境在全面可及方面带来了哪些希望和挑战？本节试图提供对这些问题的见解。

6.2 主要研究课题和最佳实践

6.2.1 对主动式方法的接受度

无障碍获取已经在许多国家立法中确立，并被国际标准化组织采用，这意味着从政治角度来看，这不仅对残疾人至关重要，而且任何人都可以从无障碍方法中受益：很明显，一个人的能力是不断变化的(Persson et al.，2015)。然而事实是，整个行业并未采用更主动的方法。

较早发现的一个可能的原因是，尽管老年人或残疾人的总数很大，但每类残疾或障碍仅占人口的一小部分，因此为所有人设计所有内容，让每个人都可以访问而不受限制是不切实际且不可能的(Vanderheiden，1990)。另一方面，用户的能力范围以及用户可能会遇到的情况或局限性范围太大；因此，产品只能专注于具有商业实用价值的灵活性(Vanderheiden，2000)。

主动式方法不主张"一刀切"；相反，它旨在通过设计对每个用户的适应来促进可访问性。因此，许多公司将通用设计视为额外的成本或额外的功能，但是这种感知并不准确(Meiselwitz，Wentz，Lazar，2010)。相反，通过采用通用访问方法，公司可以实现许多商业目标，包括增加市场份额、占据市场领导地位、进入新产品市场、实现技术领先，以及提高客户满意度(Dong，Keates，Clarkson，2004)。

总体而言，主动式方法并不建议取消辅助技术。这类技术一直是解决残障人士问题的好方法。除了满足社会需求外，辅助技术还构成了一个显著的利基市场机会(Vanderheiden，2000)，根据目前的市场预测，辅助技术甚至有望经历一定的增长(Rouse & McBride，2019)。然而，随着技术的发展并考虑到残疾人(尤其是老年人)的常见共病，在不久的将来，主动式方法可能会成为更现实和可行的解决方案(Stephanidis & Emiliani，1999)。

6.2.2 人口老龄化

鉴于所有公民都将生活在技术丰富的环境中，采用已有技术作为解决残疾人融入社会问题的方法是站不住脚的(Emiliani，2006)。一个重要的影响因素是人口的快速老龄化，导致未来的技术环境中有相当一部分用户年龄较大，由于功能限制及与年龄相关的认知上的变化，他们对技术的看法有所不同(Charness & Boot，2009；Czaja & Lee，2007)。从这一角度来看，在新的技术丰富的环境中实现全面可及将带来新的挑战，并引起人们越来越多的关注，需要迅速探索未解决的问题。

此外，人口的快速老龄化需要采取适当的方法来"就地养老"，即在家庭和社区中尽可能长时间保持活跃，避免居家护理，并保持独立、自主和社会联结(Pfeil，Arjan，Zaphiris，2009；Wiles et al.，2012)。环境辅助生活有可能支持老年人的独立性和生活质量(Blackman et al.，2016)。辅助生活系统还有助于应对紧急情况。由于人口老龄化以及随之而来的慢性病的增加，预计紧急情况将急剧增加(Kleinberger et al.，2007)。同时，遵循类似的策略，环境辅助工作可以促进工作场所的适应性，从而确保老年人和残障人士保持活跃并尽可能长时间地参加工作(Bühler，2009)。除了生活和工作环境之外，有必要重新审视和设计公共环境，尤其是交通系统，以使其对老年人友好并为老龄化做好准备(Coughlin & Brady，2019)。总体而言，一个主要的关注点是，如何激发年长用户使用信息通信技术以及他们对其的接受度，随着新一代技术娴熟的年长用户的出现，预计在不久的将来，这两个因素都会发生变化(Vassli & Farshchian，2018)。

6.2.3 技术丰富环境中的无障碍

这种新环境带来了若干风险，但由于其技术的丰富性，它具有有效解决新旧可访问性问题和需求的潜力。特别是，大量的交互式和分布式设备可以使用多模态界面实现轻松愉快的交互，从而为每个用户提供更自然、更合适的交互模式(Burzagli，Emiliani，Gabbanini，2007)。这种新环境确保的其他好处包括：可以将任务委派给环境及其代理，从而减少身体和认知上的压力；还可以提升可用程序和服务的广度，涵盖更多的对残疾人和年长用户至关重要的领域。因此，这种环境的一个基本好处是，它将能够进一步支持独立生活，提供更高质量的医疗保健服务，并符合环境辅助生活的愿景，即解决人口老龄化所引起的问题(Stephanidis，Antona，Grammenos，2007)。

尽管具有内在的价值，全面可及仍需要解决一些相关的问题，这些问题主要源于环境日益增加的技术复杂性。例如，研究发现，通过语音命令和手势使用"自然"交互技术实际上可能会"禁止"残障用户，而来自环境的语音通信或大型挂壁屏幕、小型可穿戴式显示器上的复杂信息对于某些用户可能是不可用的(Abascal et al.，2008)。此外，如果设计不当，大量的设备、应用程序和环境智能可能会给用户带来很高的认知要求。技术在环境中"消失"且交互变得隐含的事实进一步增加了这种复杂性(Streitz，2007)。造成复杂性的另一个原因是环境有可能作出决策并从用户的行为中学习。正如前文中所讨论的，智能环境需要对其用户透明，但这本身就构成了新的无障碍挑战，特别是对于老年人和有认知障碍的人。随着数字产品变得越来越丰富，大量的使用和交互也会带来更高的复杂性。在这种情况下，智能环境面临的挑战是，尽管人类将被各种功能和规模各异的计算设备所包围，但交互不能过于密集。另一个重要的问题是需要确保不同级别的无障碍：设备对其所有者和可能具有不同要求的其他用户的无障碍，整个环境的无障碍(提供的设备、内容和功能)，以及虚拟世界和物理世界结合的无障碍。最后，伦理问题以及人与技术共生的相关问题显然具有极其重要的意义。

6.2.4 方法、技术和工具

针对辅助技术的开发策略将不再适用于基于组件和分布式技术的环境(Treviranus et al.，2014)。考虑到过去的知识和经验，以及技术丰富环境所固有的机遇和困难，很明显有几个研究方向需要探索。一个需要探索的道路是了解不断变化的人类需求和使用环境，开发适当的用户模型(Casas et al.，2008)，增进对用户需求的了解，以及为不同的用户和环境特征组合找到适合的解决方案(Margetis et al.，2012)。开发适当的架构、即用型无障碍解决方案以及适当的工具，也是在技术丰富的环境中实现全面可及的基本要素(Margetis et al.，2012；Smirek，Zimmermann，Ziegler，2014)。自动生成无障碍用户界面是另一个值得探索的研究方向，它具有创造无障碍的个性化界面的潜力(Jordan & Vanderheiden，2017)。最后，需要开发新的评估方法和工具，以便评估用户在此类环境中的体验的所有方面(包括无障碍)，这远远超出了通常评估设置中的可用性和用户体验评估。

6.2.5 未来技术环境中的全面可及

即将到来的技术环境将不仅仅是智能家居或工作场所，而是整个智慧城市，如 Streitz (2011)设想的“人性化、社会化和合作化”混合城市。考虑到技术将成为任何日常活动的重要组成部分，并将满足人类的需求、繁荣和幸福，如今全面可及的分量比过去要高得多。

需要特别注意任何有被排斥风险的个人，以便未来不会排斥、孤立或剥削任何人(Chatterton & Newmarch，2017)。研究发现了影响数字不平等的几个因素，包括种族与民族、性别和社会经济地位(Robinson et al.，2015)。其他影响因素包括年龄、教育程度、职业状况、健康状况、社会联系和基础设施的可用性(例如，农村地区的人们获得高质量互联网连接的平均水平较低)(Van Deursen & Helsper，2015)。进一步阐述数字鸿沟的原因是社会科学研究的课题，这超出了本文的范围。无论个人面临被排斥风险的原因如何，挑战都在于，在不久的将来，全面可及将成为头等大事，那时获取技术不仅意味着获取信息，而且意味着获得幸福和自我实现。

6.3 未来需求的总结

综上所述，由于人机交互一直专注于人，因此在新的技术增强的环境中，该领域的工作将扩展到改善包括残疾人和老年人在内的各种人群的生活质量。无障碍和全面可及不是新概念，但鉴于人口老龄化和技术复杂性不断提高，它们不仅变得更现实，而且对于未来社会的繁荣至关重要。毫无疑问，智能环境的出现带来了全面可及的风险(表6)，但它也提供了应加以利用的新机会。可以肯定的是，对无障碍反应式的方法将无法解决未来交互环境固有的复杂性和可延展性的要求。现在对整体方法的需求比以往任何时候都更加突出，这构成了人机交互领域近期的研究方向。

表6 技术丰富环境中的无障碍和全面可及的挑战

主要问题	挑战
对主动式方法的接受度	业内不愿接受的原因包括：利基市场，为各种人类能力提供解决方案的商业实用性，成本
人口老龄化	用户对技术的感知不同
	就地养老
	紧急情况发生的概率增加
	在劳动市场保持活跃
	对老年人友好的公共环境和交通系统
技术丰富环境中的无障碍	在分布式技术环境中，反应式的模式是不足的
	开发技术基础设施和提供多模态
	自然交互技术可能排斥一些用户
	环境中技术的复杂性、隐含式交互，以及人工智能透明度的需要，对用户提出了高认知需求
	不同级别的无障碍：设备对其所有者和可能具有不同要求的其他用户的无障碍，整个环境的无障碍(所提供的设备、内容和功能)，以及虚拟和物理世界结合的无障碍
方法、技术和工具	在技术丰富的环境中，需要对人类需求和使用环境有更深入的了解
	开发适当的用户模型

续表

主要问题	挑 战
方法、技术和工具	分析和分类各种用户和环境特征组合下的解决方案是否妥当
	开发适当的架构,以便在技术丰富的环境中实现全面可及
	开发即用型无障碍解决方案
	自动生成无障碍用户界面
	新的评估方法
未来技术环境中的全面可及	技术将成为任何日常活动的重要组成部分
	智能环境将满足人类的需求、繁荣和幸福
	数字不平等和不全面可及不仅涉及获取信息,同时也影响着人类的健康、幸福和自我实现

7. 学习与创造

7.1 定义和原理

随着技术的不断成熟,将出现通过多模态刺激人类学习和应用创造力来促进个人成长的新机会。具有不同背景、技能和兴趣的人将能够通过合作学习和共同创造知识来协作解决具有挑战性的问题。在这个新时代,技术将支持和促进新的学习方式、多模态学习以及终身学习。这种灵活性鼓励、培养和增强了人类在艺术、科学、设计等领域的创造力。同时,关于如何在学习环境中应用技术的讨论比以往任何时候都更加紧迫,并扩展到诸如隐私和道德、学习理论和模型,以及教学方面等问题。

技术辅助、增强,和媒介支持学习并不是一个新概念,许多类型的技术已经在学校中使用。硬件包括计算机、投影仪、交互式白板和智能移动设备,而软件则涉及办公应用程序(如文字处理和演示工具)、在线学习管理系统、社交网站和应用程序、在线百科全书和搜索引擎、通信软件以及严肃游戏(De Gloria,Bellott, Berta,2014; Ng,2015; Spector et al.,2014)。信息通信技术在教育中的贡献包括教学材料和任务的共享,同时也增强了联系与合作,并扩展了课堂以外的体验式学习机会(Augusto,2009)。此外,有人认为,数字技术可以:①通过提高学生的学习动力、提供教学演示并适应每个学生的节奏来支持学习;②培养所谓的“21世纪技能”,如沟通、协作、解决问题、批判性和创造性思维;③促进数字公民和终身学习的发展(Ng,2015)。

有研究还对传统的教育方法进行了讨论,并主张技术现在可以支持各种学习方式和方法,无论是情境学习、实境学习,还是泛在学习。情境学习认为,学习发生在我们参与日常生活的经验中,并受到所发生的活动、环境和文化的影响(Lave & Wenger,1991)。实境学习要求学生在模拟专业人士工作的环境中解决现实世界中的问题,并且通常与传统教育模式中的学徒模式相关(Burden & Kearney,2016)。泛在学习受到移动技术支持,代表着随时随地的学习(Hwang & Tsai,2011)。所有这些方法都促进了超越典型教室界限的学习,这种潜力可以将教育解放到新的方向。毕竟,如果文明在今天重新发明高等教育,而不是几个世纪以前,那么校园是否将由演讲室、图书馆和实验室主导,或者是否将在固定的时间段内组织学习,就完全无法确定了(Dede,2005)。

本节讨论了有关将技术用于学习和创造的主要问题，这些问题是由新技术的出现所形成的，并且预计会受到智能环境的影响。重点突出每种技术对学习的独特贡献，并讨论在学习中使用技术所带来的挑战和启示。

7.2 主要研究课题和最佳实践

7.2.1 新一代学习者

除了技术进步外，有人声称学生与学习资料的互动也发生了变化。千禧一代、数字原住民或Z世代的世界是由互联网塑造的，他们是技术的娴熟用户，表现出与以前的学习者不同的学习方式(Seemiller&Grace,2016)。对于新千禧一代，学习的特征是寻求和综合，而不是吸收单一的"经过验证的"知识源(如书籍、讲座)，多任务处理是常态，并且追求个性化(Dede,2005)。新千禧一代的其他特征是，他们更喜欢基于体验(真实的和模拟的)的主动学习，以及共同设计学习的体验(Dede,2005)。但也有一种危险，即学生更喜欢"复制粘贴"的态度，利用网络上的广泛信息(Comas,Sureda,Santos,2006)，而不是实际创建新内容或得出新推论。它有两个方面：①学生可能会使用错误的信息，因为并不是所有的网络资源都同样可信；②这可能会助长剽窃的倾向，这是一个大问题，因此必须开发专门的软件以进行识别。

尽管很明显，技术普及已经并且将在多个层面上影响人类，包括学习方式和行为，但我们在概括时应谨慎。年轻学习者的上述特征显然对其中一些人(很少或很多——这并不重要)是正确的，但并非对每个人都是正确的(Bennett,Maton,Kervin,2008)。因此，学习领域的技术发展不应采用任何这样的概括和假设，认为所有的新一代学习者都精通技术，或者他们表现出特定的行为和偏好。新技术无疑可以适应新兴的学习方式，并提供额外的功能和工具来支持老师和学习者。但是，它们应该以人为中心，研究每个个体的需求和要求，避免假设有一个"平均学习者"；相反，它们应该支持个性化学习并适应每个学习者。因此，有必要了解人的因素的影响，以设计最适合每个学习者的数字化学习环境(Chen & Wang,2019)。

7.2.2 扩展现实

扩展现实技术包括虚拟现实、增强现实和混合现实，提供了以多模态交互方式将数字世界与物理世界融合的机会，可以促进个性化并提升学习者的体验(Kidd & Crompton,2016)。据报道，在学习中使用这些技术有许多好处。一个重要的优势在于，它们能够把复杂和抽象的概念可视化(如磁场的流动、化学反应)，并支持对无法访问的地方(如历史遗址)的亲身体验(Akçayır et al.,2016；Lee & Wong,2008)。此外，作为一种交互式技术媒介，扩展现实有可能创造刺激性体验并增加学习者的动力，支持学生之间的协作，培养学生的创造力和想象力(Yuen,Yayyuneyongong, Johnson,2011)。

在学习中使用扩展现实技术也可能会干扰学习和教学目标，例如学生因关注技术本身而分散了注意力，或者为了适应技术限制而必须改变学习方式(FitzGerald et al., 2013)。另一个问题是对学习者和老师而言，扩展现实环境是否易用。例如，学习者在虚拟现实环境中遇到的常见困难是使用三维界面导航，而在扩展现实环境中创建教育内容也可能是一项繁重的任务(Huang,Rauch, Liaw,2010；Yuen et al., 2011)。因此，设计这些技术的一个

挑战是如何利用它们来适当地支持整个教学过程,从内容设计到学习体验的交付。显然,这需要多学科的方法和教师的积极参与——不仅作为教育内容的提供者,而且作为这些技术的使用者和知识的传递者。

7.2.3 移动学习

移动设备通常用在增强现实的应用环境中,但也用在更广泛的学习环境中,以促进情境学习、实境学习和范在学习。移动设备对上述学习方法的适用性主要源于其特性,包括便携性、连通性和社交互动性、情境敏感性以及个性化——个人设备可以完全支持定制和个性化(Naismith et al.,2004)。

用户对移动设备已经很熟悉了,因此,今后的挑战主要在于如何在学习中有效地使用移动技术。将移动技术引入教育引起了人们的关注:当移动设备可以无缝地跨越"传统的正式和非正式场合、虚拟和物理世界,以及计划和紧急空间的边界"使用时,教师应如何设计学习活动,以及应该如何重新认识教育者和学习者的思维(Burden & Kearney,2016)。一个主要的担忧是,尽管一些定性研究报告了移动学习及其与新学习方法相关性的积极结果,但对于长期影响的定量报告却明显缺乏(Pimmer,Mateescu, Gröhbiel,2016)。无论如何,当技术发展与当下教育趋势交会,提供真正的移动学习体验的时候,移动学习的全部潜力将得到充分发挥(Pegrum,2016)。正如 Naismith 等人所说:"移动技术应用于学习和教育的成功将取决于它如何无缝地融入我们的日常生活,最大的成功将发生在我们根本不认为它是学习的时候。"

7.2.4 严肃的学习游戏

一些研究讨论了游戏在学习中的积极影响,包括玩家的高度参与、复杂概念和体验的呈现、学习者之间的协作、促进深刻理解,以及与年轻学习者的想法和喜好产生关联(Beavis,2017)。其他好处还包括,通过用于教育和培训的游戏获得的认知、技能和情感的增强(Wilson et al., 2009)。尽管有这样的说法,但是关于游戏对教育影响的长期研究的真实证据却很少(Bellotti,Berta & De Gloria,2010)。

该领域的一个重要问题是如何设计和衡量严肃游戏用户体验中的乐趣(Raybourn & Bos,2005)。需要在严肃性和游戏化之间找到适当的平衡:如果教育内容过多,学习者的动力可能会降低;相反,如果融入了太多的乐趣,则可能会导致学习不足(Gros,2017)。关于严肃的学习游戏,还有多个问题需要回答,所有这些都凸显了我们对该领域深入理解的必要性。在这方面,需要开发评估学生学习进度的设计流程、指标和评估工具(Bellotti et al., 2010)。在这些工作中,所有利益相关者(包括教师、政策制定者、家长以及商业游戏公司和教育研究人员)都应该参与进来并进行合作,以确保游戏目标和学习目标保持一致(Young et al., 2012)。

7.2.5 智能环境

智能环境、人工智能和大数据的技术结合使几十年前看似虚构的场景的实现成为可能。大数据,尤其是学生与教育软件和在线学习的互动所产生的超大数据集,构成了学习分析和教育数据挖掘这两个研究领域发展的基础(Konomi et al., 2018; Siemens & Baker, 2012)。这些技术的潜在应用领域包括通过适当的反馈支持教师、向学生提供建议、预测学生的表现、发现不良的学生行为、根据个人特征或偏好将学生分组、提供教学支持,以及开发概念图(Romero & Ventura,2010)。分析技术的进步可用于智能辅导系统(ITS)或智能学习环境。智能辅导系统可提供个性化的指导,并有可能取得比其他教学模式显著更高的成绩(除了小组辅导和个人辅导,当结果具有可比性时)(Ma,Adesope,Nesbit, Liu,2014)。

通过识别学习者的境况,提供集成、协同、泛在和无缝的学习体验,智能学习环境可以很好地支持情景感知和范在学习。在这种环境下,学习可以被视为一个终身的过程,在学习者选择的任何时间和地点,以协同和自定进度的方式进行(Mikulecký,2012),并支持多代和共创的学习活动(Konomi et al. ,2018)。在这种观点下,自我调节学习的概念(根据这一概念,学习者是监控和应用策略来控制其学习过程的积极参与者)与技术智能的概念高度相关(Guerra,Hosseini,Somyurek, Brusilovsky,2016)。在范在学习环境中,主要的挑战是如何在正确的时间,以正确的方式为学习者提供正确的材料,特别是考虑到当有许多用户参与其中时,一个人的决定可能会受到他人愿望的影响(Mikulecký,2012)。从教师的角度来看,最重要的困难之一是如何跟踪正在进行的学习活动,因为在技术复杂且无所不在的教育环境中,活动经常涉及许多不同的学生群体,他们使用不同的技术从遥远的地方同时互动(Muñoz-Cristóbal et al. , 2018)。

另一方面,智能教室与正规教育密切相关。它们属于配备了智能功能的教育环境,因此能够发现表现不佳的学生,并就如何更好地支持他们提供意见和建议。智能教室的其他功能特点包括：它们可以根据学生的活动对学生进行判别归类并定制教育材料,自动识别学生,并根据他们的目标、活动和表现向每个学生提供相应的提醒和建议(Augusto,2009)。在这样的环境中,技术基础设施可以感知不期望的行为,例如思维游移(Bixler & D'Mello,2016),还可以通过交互数据、面部表情和身体姿态来检测学生情感,从而识别出任务外的行为,通过不同的学习材料进行鼓励或激发学生的兴趣(Bosch et al. , 2015)。

简而言之,技术基础设施以及大数据和人工智能等领域的进步为监控学习环境和学习者、提供适应性和个性化的指导、跟踪兴趣点和不良行为并提出解决方案提供了机会。然而,主要的挑战不是技术能做什么,而是它是否应该做以及如何做。例如,一种常常被批评并试图通过技术来解决的行为是思维游移；然而,最近的研究表明,思维游移可能在一个人的人生规划和创造性问题解决中起着至关重要的作用(Mooneyham & Schooler,2013)。此外,并不是每一个关于思维游移的实验发现都适用于每个人和每种情况,因为自发产生的思维是一个依赖于多个认知过程的过程,它取决于个人的情感特征、认知能力或动机(Smallwood & Andrews-Hanna,2013)。简而言之,监视功能的增强引起了人们对道德、隐私和人权的关注。学生(及其父母)是否信任系统的隐私级别,为了提供个性化学习的要求而记录他们的数据、访问他们的笔记,并要求与同伴和导师建立更开放的连接(Augusto,2009)？谁是所收集数据的所有者,学习者对其个人数据拥有哪些权利(Ferguson,2012)？监视用户,特别是未成年人,其可接受度和道德性如何？如何避免(被技术环境、教育工作者或父母)过度控制？说服技术如何或应该如何纳入学习环境(Marcus,2015b)？在这一系列问题中,最后但并非最不重要的是,过多的监视和课堂统计是否满足了教师和学习者现有的和明确的教育需求(例如,教师是否真的需要一个系统来告诉他们何时学生的思维在游荡)？新的学习技术不仅应支持知识的获取,而且应增强人类的学习能力。新技术常被用来使学习尽可能容易,这样,它们会无意中使学习者更加依赖技术。现在的挑战是如何在努力使学习变得有效而轻松的同时,提高人类的学习能力。

7.2.6 学习技术对教育的影响

尚待讨论的大部分问题都涉及这些技术对教育的影响以及人类导师的作用。一个主要的关注点是，技术应该关注学习者自身的观点和需求，并将教育的界限拓展到年级以外的其他标准，例如动机、自信、享受、满意度，以及实现职业目标(Ferguson，2012)。同样重要的是，在考虑如何通过技术实现任何特定的学习目标之前，首先要考虑教育者的学习目标是什么，并承认在某些情况下，可能存在其他更有效、更适当和更具弹性的方法，在不涉及技术的情况下实现这一目标(FitzGerald et al.，2013)。在教育中有效地使用技术的另一个挑战是，在不同的经济、社会和文化环境中，相同的技术可能会有不同的表现(Spector et al.，2014)；因此，一种“适合所有人的解决方案”的方法是行不通的，技术应该是可定制的并有适应性。更重要的是，为了在这一领域取得真正的进展，提供能够解决教育过程中存在问题的技术，教育工作者本身应广泛参与相关技术的开发(Spector et al.，2014)。

7.2.7 创造力

最近，社会上很大一部分人(艺术家、作家、教师、心理学家和哲学家)都在讨论教育课程缺乏创造性(Loveless，2007)。对创造力的研究确定了两种趋势：天才的“大创新”创造力，其成就是独特的、出色的和新颖的；“小创新”创造力，即为日常问题寻找新的有效的解决方案的行为或心理上的态度或能力(Ferrari，Cachia，Punie，2009)。尽管第一类创造力对人类非常重要，但这里讨论的是第二类创造力，它不仅涉及少数有天赋和非凡的个人，而且涉及每个人。这种创造力不仅依靠教育和培训，还可以是有趣的，涉及游戏和发现，需要努力工作、良好的专业知识和思维能力的发展(Ferrari et al.，2009)。

创造性和学习是两个紧密相关的概念，它们塑造了创造性学习的概念，应该在当前和未来的教育课程中加以追求，并与所谓的21世纪技能保持一致。创造性学习以学习者为中心，涉及理解和新的意识，使学习者能够超越知识的获取，并侧重于思维技能(Cachia et al.，2010)。可以通过适当设计的教育环境、活动和教学方法来实现创造性学习，通过在教育中使用数字技术来支持创造性学习(Ferrari et al.，2009；Loveless，2007)。例如，在创造性学习中，数字技术可用于提出想法，促进与他人、项目、信息和资源的联系，协作和共同创造，以及展示和推广自己的工作(Loveless，2007)。一个相关的概念是创意教室，它构建了一个活的生态系统，强调需要开发和评估除了知识、计算和文字以外的能力，如发现问题、解决问题和协作的能力(Bocconi，Kampylis，Punie，2012)。这样的教室重视正式和非正式学习，并为创造性和个性化学习提供了机会。总体而言，创造性学习、创意教室和对教育创造性的支持与泛在学习的概念完全一致，并且可以通过使用新技术得到充分支持。关于教育环境中创造力的一个重要问题是，创造力超越了“我范式”而进入了“我们范式”(Glăveanu，2018)，因此技术不应只关注个体学习者，它应该将学习者视为在学习环境中进行协同创作的参与者，并探索如何为他们提供支持(Glăveanu et al.，2019)。

除了学习之外，人类的创造力有望在即将到来的智能时代中发挥核心作用，而创造力、想象力和创新力是人类的三大关键资源，将有助于人类应对一些最艰巨的挑战(Robinson，2011)。因此，不仅要培养它，还要探索如何辅助它。创新支持工具的目的是在发现和发明过程中帮助用户并拓展他们的能力，从创新过程的最初阶段(信息收集和假设制定)到最后阶段(改进、验证和发布)，涉及任何潜在的应用领域，如科学、设计、工程或艺术

(Shneiderman,2007)。根据参与者的创新过程,可以将此类系统分为团队或个人创造力支持系统(Wang & Nickerson,2017);根据所提供的帮助,可分为“教练”系统——提供建议和帮助、“保姆”系统——进行监控并提供整体框架,以及“同事”系统——它会产生自己的想法和解决方案(Gabriel et al. ,2016)。

尽管这样的系统大量存在,但鉴于未来的技术环境,为了更好地支持人类创造力的复杂性,这一领域还有很长的路要走。标志性进展包括完全支持整个创新过程,根据与创新任务的相关性自动检索信息和动态传递信号,并确保在协同创新过程中为每个贡献者提供个性化支持(Gabriel et al. , 2016; Wang & Nickerson,2017)。此外,需要重新考虑创新支持工具如何在数字与物理逐渐融合的现实环境中促进创造。考虑到过度自动化对创造性带来的潜在风险,需要进一步探索大数据和人工智能在增强人类创造力方面的作用。

7.3 未来需求的总结

总体而言,技术传统上已经被用于教育和创造力,因此这并不是一个新的研究领域。随着新技术的发展,并受到新一代人日常生活中技术普及的影响,新技术有潜力支持新兴的学习方式。在未来的学习中,个性化和差异化将是最重要的,今天在实体机构中进行的培训将成为例外,学习将在任何需要的时候进行。这种转变不仅限于课程计划和学习方式,还将扩展到智能导师的参与、人工智能驱动的教学、目标化的指导和辅导、量身定制的学习时间和节奏以及协作团队。无论如何,技术在教育中的成功在很大程度上取决于人机交互问题。如何设计出对不同年龄、个性、教育和文化背景的学习者具有感染力、吸引力并令人愉快的学习系统至关重要。本节对所有涉及的挑战进行了讨论,参见表7。

表7 技术进步和智能环境中学习和创造的挑战

主要问题	挑　　战
新一代学习者	青少年学生新的学习方式和新的学习态度
	对青少年学习者技术能力和学习风格的概括,可能将某些学生排除在外
	支持个性化学习和适应每位学员
扩展现实	干扰学习和教学目标
	使学生的注意力分散到技术本身
	为了适应技术限制而改变学习方式
	学生和教师使用技术所需的技能
	难以创建内容
	多学科的开发方式
移动学习	为了适应正式和非正式的场合,以及物理和虚拟世界而设计学习活动
	缺乏有关移动技术对学习长期影响的定量研究
	学习体验大多以课堂为导向,而非移动
严肃的学习游戏	缺乏严肃游戏对教育影响的长期研究的真实证据
	为乐趣而设计和用户体验中的乐趣评价
	严肃性和趣味性之间的平衡
	开发设计流程、指标和评估工具,用于学生学习进度的评估
	各利益相关者的积极参与和合作

续表

主要问题	挑　战
智能环境	在正确的时间，以正确的方式为学习者提供合适的材料
	功夫同学习者潜在需求的冲突：一个人的决定可能会受到其他人愿望的影响
	环境监测能力所引发的对隐私和道德的关注
	人权关注(例如，避免技术环境、教育工作者或家长的过度控制)
	在学习环境中使用说服技术
	过多技术，但是没有服务于实际的教育需求
	使学习者依赖技术的风险
	提升人类学习能力的同时，使学习更有效和轻松
学习技术对教育的影响	技术应关注学习者自身的观点和需求，拓展教育的界限
	在通过技术追求具体目标之前，考虑学习目标
	技术在不同的经济、社会和文化环境中有不同的表现
	使用高适应性和可定制的技术来服务范围广泛的用户(学习者和教育工作者)和不同的场景
	教育工作者广泛参与设计和开发过程
创造力	不仅支持学习者作为个体参与，而且支持多参与者在学习环境中合作
	对人类创造力复杂性的支持
	根据与创新任务不同程度的相关性，进行自动检索和动态交付信息
	在协同创新过程中为每个贡献者提供个性化支持
	在数字与物理融合的技术增强的环境中进行创新

8. 社会组织与民主

8.1 定义和原理

随着人类从智能环境走向智慧城市(希望是人性化和社会化的城市)，并最终走向智慧社会，大量的伦理问题将出现，社会组织应该得到支持。有了适当的技术支持，人们将能够更好地解决如能源使用、污染、气候变化、移民和贫困等当代基本问题。在人工智能环境中，技术的角色变得更加重要，人们已经讨论了对就业和贫困的关注和担忧。

人机交互研究将在即将到来的技术发展中发挥多方面的关键作用。在这方面，重要的一环将是应对重要的社会和环境挑战，并追求和维护民主、平等、繁荣、稳定的社会理念。本节探讨与社会组织有关的问题，尤其是与可持续性、社会正义、公民的积极参与和技术所扮演角色有关的问题。此外，还讨论了技术进步对民主的影响。在所有讨论的问题中，对社会所面临的挑战，尤其是人机交互能够作出积极贡献的挑战进行了强调。

8.2 主要研究课题和最佳实践

8.2.1 可持续性

丰富的文献资料和相关领域的广度——包括环境信息学、计算可持续性、可持续的人机交互、绿色信息技术和绿色信息通信技术，以及促进可持续发展的信息通信技术，都说明需要利用技术的力量来发展更可持续的生产和消费方式(Hilty & Aebischer, 2015)。人机慢交互也是一个促进个人、社会和自然环境健康的相关研究领域(Coventry，2012)。面对新技术时代以及与其相关的消费者态度——它们被广泛使用移动设备、物联网和大数据而塑造，并且在未来会进一步升级，可持续发展研究需要应对许多新的挑战。

关于可持续性的讨论很丰富，其中一个引起人们关注的方法是系统思维。根据这种方法，"可持续性是指面对不断变化的条件，系统能够保持、适应、转变或过渡的能力"(Williams et al.，2017)。因此，就系统思维而言，需要在不同规模(利益相关者多样、联网设备生态复杂)的背景下重新考虑可持续性(Knowles，Bates，Håkansson，2018)。未来还应考虑气候规律和自然资源方面的生态限制(Knowles et al.，2018)。人口爆炸以及粮食可持续性也是关注点(Norton et al.，2017)。人机交互可以在解决问题的过程中作出贡献，通过分析得到需求，并且把需求映射到设计思路和解决方案中。正如 Coiera(2007)所说，"我们需要让技术回归到社会"，通过一种正式的结构化的方式在社会技术层面描述事件和洞见，并将其与系统行为和设计规范相关联，从而达到对社会系统更好的干预。

还应研究针对未来的技术设计，以应对资源短缺的情况，处理危机应对问题，并在基础设施可用性较低(如自然灾害)、医疗保健不足、粮食供应不可靠、政府实力薄弱或腐败的情况下进行设计(Chen，2016)。

可持续性还和其他各种问题相关，如人口、贫困、和平与安全、社会转型等(Silberman et al.，2014)。在这方面，技术应该被用来支持当地社区和基础设施，例如基础设施去中心化、对当地活动(如当地的能源生产和供应或当地农业)进行支持(Knowles et al.，2018)。上述所有可持续性问题中必需的技术干预措施都不是容易的或直接的。然而，人机交互可以提供专业知识，来分析需求、解决设计和交互问题，并评估技术的实际使用和影响。

8.2.2 社会公正

技术可以促进社会公正，并在可能的情况下减少不平等和不公正现象(Knowles et al.，2018)。当前，不平等现象主要涉及特定的社会群体(以性别、阶级、种族、身体能力等来识别)。将来，随着技术进步的影响，其他形式的不平等现象可能会变得令人担忧。这种不平等可能是空间上的(由于新的交通方式无法在所有地方平等地使用，城乡差距可能会进一步扩大)，也可能是信息上的或结构上的(不平等的权力关系决定谁最终将影响未来)(Chatterton & Newmarch，2017)。在这种情况下，当前和未来的一个问题是为移民设计技术，他们在沟通和社交、语言和读写方面面临社会困难(Brown & Grinter，2016；Fisher，Yefimova，Yafi，2016)。从这个角度出发，技术不仅应为长期使用而设计，还应在适当情况下考虑短期使用，以帮助特定用户克服在特定时间面临的特殊挑战，而又不让他们长期依赖技术(Brown & Grinter，2016)。

从更广义的社会公正出发，设计技术时主要关注的问题是谁将从中受益，以及是否能以一种更具包容性的方式进行设计，以便更公平地惠及其他社会阶层(Ekbia & Nardi，2016)。可以通过适当的设计策略来加强社会公正导向，例如在不断变化的环境中为转型而设计、找到不公正的做法和现象、互惠、使人们能够发挥潜能、公平分配资源，以及问责制(Dombrowski，Harmon，Fox，2016)。最终，从长远来看，未来还需要了解如何改变不平等现象，以及随着即将到来的技术变革而追求社会和文化变革(Chatterton & Newmarch，2017)。需要解决的不平等问题还应包括数字鸿沟(van Dijk，2012)，以及在不久的将来它将如何发展(另请参阅 5.2.5 节)。无论如何，通过了解面临被排斥风险的个人和社区的需求，以及设计和开发适当的解决方案，人机交互将在追求社会变革方面发挥积极作用。更重要的是，人机交互可以通过新颖的设计策略和框架，在实践中促进社会公正设计。

8.2.3　公众积极参与

前面强调了设计的公共维度，设计师可以借此解决与他们所生活的社会相关的问题(Teli，Bordin，Blanco，Orabona，De Angeli，2015)。如果没有技术受众本身的积极参与，这种处理复杂多样情况并解决社会和政治问题的公共设计方法就不会有成果。让公众参与与其环境和社区相关的设计活动(又称数字公民)可以带来宝贵的成果，如创造就业机会、提升社会凝聚力和包容性、提高生活质量和创新能力(Barricelli et al.，2015)。例如，数字或城市公共资源的方法提出了共享物品的设计(例如社区管理的资源)，这些物品可以由相关人员接管并由他们自己控制，从而滋养社会关系，并使技术成为协作生产的对象(Balestrini et al.，2017；Teli et al.，2015)。

公众的积极参与与公众科学的概念密切相关。公众科学(citizen science)广义上是指让公众参与科学活动(包括参与式的研究和参与式的监测)，这些活动可能针对特定的研究问题，也可能是开放式的(Lukyanenko，Parsons，Wiersma，2016；Preece，2016)。简而言之，公众科学是一个在过去几十年中越来越流行和受到关注的领域，是公众(包括非科学家)能够为大规模科学研究作出贡献的过程。公众参与设计和科学活动，对用户参与、方法、结果以及技术本身提出了许多挑战。关于参与的一个主要关注点是如何让公众有效地参与，以及如何鼓励长期参与和包容(Knowles et al.，2018；Preece，2016)。一个重要的方面是"开放数据"的概念，它们是由不同城市和组织收集和提供的。开放数据在智慧城市(即有"自我意识"的城市)概念中也起着重要作用(Streitz，2018)，这样的城市"了解"自己的状态和流程，并以互惠的方式向公众提供这些数据。同时，鼓励公众将数据提供给城市的数据池，作为"公众计算"的一部分(Konomi，Shoji，Ohno，2013)。

因此，为了创造参与文化，需要研究信任、同情、利他主义和互惠的作用(Barricelli et al.，2015)，以及对这些情感动机的文化态度的差异(Marcus，2000，2006)。关于所涉及的方法，值得关注的一点是公众可能面临信息和协作超负荷的潜在风险(Barricelli et al.，2015)，而就结果而言，由此产生的结果的质量和可靠性至关重要(Barricelli et al.，2015；Preece，2016)。最后，还需要进一步探索技术本身的作用，研究技术如何促进公众角色间的协同(Knowles et al.，2018)，以及根据参与的用户、任务和使用场景，什么样的技术和基础设施更合适(Preece，2016)。

但是，虽然具有充分授权和参与的远见，并且这种方法具有潜力，此类活动的参与者通常大多来自中上层社会；有被排斥风险的人群，如妇女或少数民族，参与度较低(Ames et al.，2014)。因此，社会公正的作用以及如何通过技术真正实现社会公正是一个重点，特别是考虑到与可持续性相关的领域所面临的潜在危机和黑暗的未来情景。

8.2.4　民主

除了上述公众积极参与技术设计所带来的潜在好处之外，公众还可能成为"通过技术与能够实现公共意愿的机构进行对话的民主推动者"(Vlachokyriakos et al.，2016)。普及技术能够鼓励和促进公众参与以及与市政当局的合作(Harding et al.，2015)。在这方面，信息检索和与他人(包括决策者)互动的便利性有助于促进民主。例如，要使电子政务取得成功，人机交互的贡献很重要，因为系统必须对所有公民甚至非公民都可用、无障碍且有用。但是，目前公众参与技术的感知价值仍然很低，这是因为满足所有利益相关者(公众和当局)的需求的成功案例比较少，未能建立良好的信任关系(Harding et al.，2015)。

民主是一种理想，技术远景有望在日常生活中促进和实现这种理想；然而现实常常与这样的声明相矛盾，并将它们变成一厢情愿的想法。例如，有人认为，互联网和社交媒体会让人接触到更多观点、思想和意见，但实际上，信息最终会被算法“过滤”，反而降低了信息的多样性(Bozdag & van Den Hoven，2015)。除了“封闭茧房”(filter bubbles)之外，对民主的其他技术威胁还包括假新闻、回声室(与志同道合的朋友共享社交媒体封闭茧房，导致获得不同观点的机会受到限制)，以及通过制造媒体热搜来达到自己的目的(DiFranzo & Gloria-Garcia，2017；Flaxman，Goel，Rao，2016)。人们还强调指出另一个威胁，就是技术垄断者将把人类塑造为他们所期望的形象(Foer，2017)。随着强大的大数据和人工智能技术的出现，这种担忧变得更加严重，这可能会导致一个具有极权主义特征的自动化社会，人工智能将控制我们的所知所想以及我们的行为方式(Helbing et al.，2019)。此外，在智能环境中，监控摄像头的广泛使用在某些情况下可能会对人类的自由意志构成威胁。站在十字路口，战略决策应受到人工智能透明化、社会和经济多样性、集体智慧、技术去中心化以及减少信息失真和污染等原则的影响(Helbing et al.，2019)。在这个新时代，人机交互将在以人类需求和权利为核心的技术设计方面发挥重要作用，并提供实现这一目标的方法和工具。

8.3 未来需求的总结

总而言之，我们所处的关键时期以及未来可能的黑暗场景，已经将研究引导到创造技术来帮助人类应对重大问题(如资源短缺、气候变化、贫困和灾难)上来。社会参与、社会公正和民主不仅是大家所期盼的，更是应该积极、系统化地追求和实现的理想。在这方面，新技术的动态变化带来了挑战(表8)，但也带来了希望。例如，有人声称区块链技术的最新发展可能会导致真正参与民主的新时代(Jacobs et al.，2018)。当前和今后的决策和实践将决定承诺是否会变成现实，还是挑战将导向不好的方向。

表8 技术支撑社会组织和民主所面临的挑战

主要问题	挑　　战
可持续性	采用系统思维方法
	设备生态环境复杂，众多利益相关者参与技术设计
	气候变化和生态限制(如自然资源限制)
	人口爆炸和粮食可持续性
	危机应对
	可持续发展在社会问题方面的举措
社会公正	数字鸿沟
	不平等的新形式：空间上、信息上和结构上的
	能加强社会公正的适当的设计策略和框架
	技术不仅为长期使用而设计，也为暂时使用而设计
	随着技术的变化追求社会和文化变革

续表

主要问题	挑　　战
公众积极参与	有效和长期的公众参与
	信息和协作超载
	结果的质量和可靠性
	弱势群体参与度低
	创造参与文化
	公众角色间的协同
民主	公众参与度低
	通过技术垄断和舆论形成信息控制
	人工智能控制我们的所知所想以及我们的行为方式，从而导致一个具有极权主义特征的自动化社会
	加强监控对人类自由意志的影响

9. 讨论和总结

本文讨论了当前社会技术领域中出现的七个主要挑战，以期利用日益增长的交互智能来应对迫切的人类和社会的需要。尽管讨论的动因是最近的技术进步和智能，但讨论主要倡导了一种未来的技术架构，以将智能更好地服务于人类的需求并真正赋予他们自主权。在这种情况下，人机交互界需要作出重大努力并捍卫未来的设计，确保信息集成不会损害人类的自我效能和控制能力，而是成为一个强大的工具(Farooq et al.，2017)。

在这种情况下，一个核心问题是人类与智能生态系统的共生(挑战1)，它远远超出了技术界限，需要采取多学科方法，以解决伦理、社会和哲学方面的紧迫问题。这需要考虑许多因素，比如将人类价值观纳入设计方法和设计选择中，重新评估人文关怀，并考虑社会动态。还出现了一些重要的问题，包括设计有意义的人为控制、确保系统的透明性和问责制，以及考虑到智能系统固有的不透明性和不可预测性。最终，设计出能够真正与用户协同工作的智能系统被认为是智能技术成功的关键因素之一。为此，智能意味着支持人类，预见他们的需求，识别和响应人类的情感，并促进人类的安全。

未来技术环境中的互动(挑战2)将发生根本性的变化。用户的位置、姿势、情绪、习惯和意图等信息将构成输入数据。各种可见和不可见的技术物件，以及机器人和自主智能体将被嵌入环境中。信息将自然地从交互的一方传递到另一方，而数字世界将与物理世界共存，并增强物理世界。这种演进为发展现有的设计和评估方法铺平了道路，我们必须考虑到从显式交互向隐式交互的转变，将交互设备集成到家具和配件中，将交互升级到涉及物品、服务和数据的生态，并针对更大的用户群，减少信息过载的需求，以及扩大和发展现有方法获取和构建用户使用情境，找出和分析用户需求，进行设计，并利用已有的技术基础设施来评估用户体验。

伦理、隐私、信任和安全(挑战3)一直是与技术相关的重要问题，在技术增强和智能环境的背景下有了新的维度。这些主题涵盖了所有技术领域，尽管不同的领域可能会带来补充问题，但主要问题非常一致。整体而言，信任很难获得，需要初始的信任形成和持续的信任发展，这不仅需要透明度，还需要可用性、协作和交流、数据安全和保密性，以及目标的一致性。为此，智能系统不仅要能实现功能目标或解决技术问题，还需要通过服务于人权和用户的价值观而造福人类。新的伦理规范应从三个方向入手：通过设计达到的伦理，设计中的伦理以及旨在设计的伦理。在此新规范中，应该进一步保护用户隐私，因为智能技术环境有相关用户的大量信息和知识，可以进行自动信息分析，且有形成意见的潜力。

当今的技术进步加上医学的进步，有机会提供更有效、更便宜的方式来促进健康的生活，包括促进和支持健康的行为、鼓励预防、提供新的疗法以及管理慢性病(挑战4)。此外，在技术无所不在的世界中，如何优化其在促进健康和人类幸福方面的作用成为一个问题。实际上，通过帮助预防、减轻和管理压力、抑郁和精神疾病，以及培养目的性、自信心和正面情绪，技术不仅提供了促进健康的机会，还提供了通过实现生活目标来促进心理健康的机会。为此，需要制定简明、有用的指标来衡量健康——不仅考虑个人和社区，而且考虑环境因素。

人机交互一直专注于人类，在新技术增强的环境中，它将引导人们努力改善包括残疾人和老年人在内的各种人群的生活质量(挑战5)。即将到来的技术环境将不仅仅是智能家居或工作场所，而是整个智慧城市。考虑到技术将成为任何日常活动的重要组成部分，并且它将满足人类的需求、繁荣和幸福，因此全面可及的重要性比过去要高得多。需要特别注意任何有被排斥风险的个人，以使新技术不会排斥或孤立任何人。在这种情况下，当技术的获取不仅意味着获得信息，而且意味着获得幸福和自我实现时，全面可及在不久的将来将成为一个至关重要的问题。

传统上，技术被用于教育和创新领域。随着新技术的发展并受到日常生活中技术普及的影响，新技术有潜力支持新千禧一代的新兴学习方式(挑战6)。但是，为了真正赋予人类学习和创造的能力，新的技术环境必须真正不引人注意，避免将注意力从学习或创造活动上转移开来，并仅在适当时候、由相关参与者酌情决定支持此类技术活动。在这方面，这些技术如何融入学习和创造过程、如何支持数字世界和物理世界的融合，仍然是尚待研究的问题。

最后，我们所处的关键时期以及未来可能出现的黑暗场景，已经将研究方向引向创造技术来帮助人类应对主要的社会问题，如资源短缺、气候变化、贫困和灾难(挑战7)。社会参与、社会公正和民主是在这种情况下应积极、系统地追求和实现的理想。在这方面，新技术的动态变化带来了挑战，但也带来了希望，特别是在可持续性、公众参与和民主方面。当前和未来的决定和实践将决定是否兑现诺言，或者挑战是否会变成反乌托邦现实。

表9总结了从前面分析中得出的有关人机交互的主要研究问题。

表9 通过分析七个技术增强环境中生活和交互的挑战而得出的主要研究问题

人与技术的共生	通过技术透明度、问责机制和可理解性，培养有意义的人类控制
	为人性化智慧而设计，将人类价值带到最前沿
	基于大数据、智能环境基础设施和人工智能，开发适应人类(个性化)需求的新方法和技术
	支持和增强人的技能
	情感检测：捕捉和理解人的情绪表达
	情感技术展示情感和同理心，不欺骗人类
	人类安全："设计安全"和新的测试方法

续表

人与环境的互动	支持互动和注意力的转移
	高强度但非侵入式的交互体验设计
	避免感知和认知的过高需求、困惑或挫折感
	确保智能环境的可控性和问责制
	将物理世界与数字世界相结合,使日常物品可以直观交互
	设计自然的、多模态和多感官的交互
	扩大和发展现有的人机交互方式和方法,以解决新的复杂和升级的交互需求
	将“智能即服务”作为设计材料
	开发新的评估方法和工具,更好地利用智能基础设施的优势
	为公众交互进行设计,适应各种用户、技术和参与模式,解决与隐私、短暂使用和协作相关的问题
	设计虚拟现实环境,实现逼真的用户体验并支持社交互动
	将虚拟现实环境中的用户体验评价向主观评价以外的虚拟现实属性评价发展
伦理、隐私和安全	关于在公共场所、涉及弱势群体,以及使用公共在线数据进行人机交互研究的伦理问题
	解决过度依赖技术(如虚拟智能体、电子健康技术)的问题
	物联网、大数据、智能物品和人工智能等新技术环境下的隐私和数据所有权
	考虑物联网、大数据和人工智能带来的威胁(例如高级的用户分析、导致歧视的自动决策、在用户不知情的情况下应用说服技术)
	探索隐私和智能之间的设计权衡
	培育智能体的道德决策和责任
	以可用的方式支持人工智能的透明度
	参与建立机器人和人工智能体时代的新的伦理规范
	追求可用的网络安全
	提高个人和组织的安全意识
幸福、健康和自我实现	考虑敏感和个人数据的隐私和保密
	解决从多个自动追踪设备获取数据的可控性、集成性和准确性的问题
	自我追踪的多设备
	没有经过医疗数据解读培训的患者,在解读数据时有高误差的风险
	解决为幸福和健康而使用说服策略所产生的伦理问题
	跨越过高用户期望引起的高成本,和严肃健康游戏需要跨领域合作之间的鸿沟
	评估技术干预健康的实际效果
	为以患者为中心的设计开发新颖的设计、评估和测试方法,同时确保技术的准确性,消除对患者健康和生命的风险
	用更全面的方法促进人类自我实现

续表

无障碍和全面可及	减少由于即将到来的技术环境中固有的复杂性和透明度需要而增加的认知需求
	利用技术增强环境的固有特性达到全面可及
	解决升级的无障碍需求，考虑到每一个设备和服务、整体环境，以及物理和虚拟的结合
	了解不断变化的人类需求和使用环境，并开发适当的模型
	理解用户需求，以及针对不同用户需求和场景组合的解决方案的适用性
	开发适当的架构和工具，以及随时可用的无障碍解决方案
	追求信息、幸福和自我实现层面的全面可及
学习与创造	支持和推进新的学习方式、创造性学习和终身学习
	为所有学习者设计学习技术，避免把重点放在技术娴熟的一代人身上
	注重学习者和教育的真实需求，设计可以优雅地嵌入教育过程且不会干扰学习者的技术
	设计严肃的游戏，找到严肃和乐趣之间的适当平衡
	为明确的教育需求而设计，而不是被当前的技术能力所左右
	解决广泛监测学生(可能是未成年人)带来的隐私问题
	解决数据所有权和管理上的伦理问题
	解决人权问题(例如过度控制，限制个人自由的可能)
	让教育工作者广泛参与学习技术的设计
	评估学习技术真实的长期影响
	为个性化的创意和人类创新能力的扩大提供支持
	为各层次的创造性活动和创造过程提供支持
	为智能环境中的创造提供支持，融合数字和物理产品
社会组织与民主	采用系统思维方法达到可持续发展，将技术观点引入社会技术分析，并将需求映射到具体的解决方案
	为实现可持续发展设计提供方法和工具
	制定适当的设计策略和框架，以加强社会公正
	让公众参与设计活动，支持有效参与，避免公众信息和协作过载，并确保所设计物品的质量和可靠性
	为/与少数人口设计技术
	考虑到所有利益相关者的公众参与式的设计技术
	通过技术促进社会参与、社会公正和民主的理想

上述研究问题并不详尽。本文总结了由32名专家组成的国际专家组的观点和研究重点，反映了不同的科学观点、方法论和应用领域。要对智能技术形成更深入的人类观点还有很长的路要走。应对这些挑战并探讨正在出现的研究问题，需要在广泛的多学科范围内开展合作：开展国际和全球研究合作，加强学术和研究机构与产业之间的合作，重估人文和社会科学的作用，创新人机交互学术教育的方法，以及在全球范围内对人机交互专业人士和从业人员的角色和培训进行重新思考。

致谢

我们非常感谢 Ben Shneiderman 在本文的早期版本中提出的深刻见解。

参考文献

Abascal, J., De Castro, I. F., Lafuente, A., & Cia, J. M. (2008). Adaptive interfaces for supportive ambient intelligence environments. *Proceedings of the 11th Conference on Computers Helping People with Special Needs (ICCHP 2008)* (pp. 30–37). Springer, Berlin, Heidelberg. doi: 10.1007/978-3-540-70540-6_4

Acampora, G., Cook, D. J., Rashidi, P., & Vasilakos, A. V. (2013). A survey on ambient intelligence in healthcare. *Proceedings of the IEEE. Institute of Electrical and Electronics Engineers, 101*(12), 2470–2494. doi:10.1109/JPROC.2013.2262913

Adapa, A., Nah, F. F. H., Hall, R. H., Siau, K., & Smith, S. N. (2018). Factors influencing the adoption of smart wearable devices. *International Journal of Human–Computer Interaction, 34*(5), 399–409. doi:10.1080/10447318.2017.1357902

Agger, B. (2011). iTime: Labor and life in a smartphone era. *Time & Society, 20*(1), 119–136. doi:10.1177/0961463X10380730

Akçayır, M., Akçayır, G., Pektaş, H. M., & Ocak, M. A. (2016). Augmented reality in science laboratories: The effects of augmented reality on university students' laboratory skills and attitudes toward science laboratories. *Computers in Human Behavior, 57*, 334–342. doi:10.1016/j.chb.2015.12.054

Alaieri, F., & Vellino, A. (2016). Ethical decision making in robots: Autonomy, trust and responsibility. *Proceedings of the 10th International Conference on Social Robotics (ICSR 2016)* (pp. 159–168). Springer, Cham. doi: 10.1007/978-3-319-47437-3_16

Alterman, A. (2003). "A piece of yourself"': Ethical issues in biometric identification. *Ethics and Information Technology, 5*(3), 139–150. doi:10.1023/B:ETIN.0000006918.22060.1f

Ames, M. G., Bardzell, J., Bardzell, S., Lindtner, S., Mellis, D. A., & Rosner, D. K. (2014). Making cultures: Empowerment, participation, and democracy-or not? *CHI'14 Extended Abstracts on Human Factors in Computing Systems* (pp. 1087–1092). New York, NY, USA: ACM. doi:10.1145/2559206.2579405

Ananny, M., & Crawford, K. (2018). Seeing without knowing: Limitations of the transparency ideal and its application to algorithmic accountability. *New Media & Society, 20*(3), 973–989. doi:10.1177/1461444816676645

Anderson, S. L. (2008). Asimov's "three laws of robotics" and machine metaethics. *AI & Society, 22*(4), 477–493. doi:10.1007/s00146-007-0094-5

Andrade, A. O., Pereira, A. A., Walter, S., Almeida, R., Loureiro, R., Compagna, D., & Kyberd, P. J. (2014). Bridging the gap between robotic technology and health care. *Biomedical Signal Processing and Control, 10*, 65–78. doi:10.1016/j.bspc.2013.12.009

Ardito, C., Buono, P., Costabile, M. F., & Desolda, G. (2015). Interaction with large displays: A survey. *ACM Computing Surveys (CSUR), 47*(3) Article No. 46, 1–38. Doi: 10.1145/2682623.

Arnrich, B., Mayora, O., Bardram, J., & Tröster, G. (2010). Pervasive healthcare: Paving the way for a pervasive, user-centered and preventive healthcare model.. *Methods of Information in Medicine, 49*(1), 67–73. doi:10.3414/ME09-02-0044

Asimov, I. (1950). Runaround. In I. Asimov (Ed.), *I, Robot Collection* (pp. 40–54). New York, NY: Doubleday.

Augusto, J. C. (2009). Ambient intelligence: Opportunities and consequences of its use in smart classrooms. *Innovation in Teaching and Learning in Information and Computer Sciences, 8*(2), 53–63. doi:10.11120/ital.2009.08020053

Aylett, M. P., & Quigley, A. J. (2015). The broken dream of pervasive sentient ambient calm invisible ubiquitous computing. *Proceedings of the 33rd Annual ACM Conference Extended Abstracts on Human Factors in Computing* Systems *(CHI EA '15)* (pp. 425–435). New York, NY, USA, ACM. doi: 10.1145/2702613.2732508

Azuma, R. T. (2016). The most important challenge facing augmented reality. *Presence: Teleoperators and Virtual Environments, 25*(3), 234–238. doi:10.1162/PRES_a_00264

Bakker, S., Hoven, E., & Eggen, B. (2015). Peripheral interaction: Characteristics and considerations. *Personal and Ubiquitous Computing, 19*(1), 239–254. doi:10.1007/s00779-014-0775-2

Bakker, S., & Niemantsverdriet, K. (2016). The interaction-attention continuum: Considering various levels of human attention in interaction design. *International Journal of Design, 10*(2), 1–14. Retrieved from: http://ijdesign.org/index.php/IJDesign/article/view/2341

Balestrini, M., Rogers, Y., Hassan, C., Creus, J., King, M., & Marshall, P. (2017). A city in common: A framework to orchestrate large-scale citizen engagement around urban issues. *Proceedings of the 2017 CHI Conference on Human Factors in Computing* Systems *(CHI '17)* (pp. 2282–2294). New York, NY, USA, ACM. doi: 10.1145/3025453.3025915

Barricelli, B. R., Fischer, G., Mørch, A., Piccinno, A., & Valtolina, S. (2015). Cultures of participation in the digital age: Coping with information, participation, and collaboration overload. In P. Díaz, V. Pipek, C. Ardito, C. Jensen, I. Aedo, & A. Boden (Eds.), *Proceedings of the 5th International Symposium on End User Development (IS-EUD 2015)* (pp. 271–275). Cham, Switzerland: Springer. doi:10.1007/978-3-319-18425-8_28

Bastug, E., Bennis, M., Médard, M., & Debbah, M. (2017). Toward interconnected virtual reality: Opportunities, challenges, and enablers. *IEEE Communications Magazine, 55*(6), 110–117. doi:10.1109/MCOM.2017.1601089

Beavers, A. F., & Slattery, J. P. (2017). On the moral implications and restrictions surrounding affective computing. *Emotions and Affect in Human Factors and Human-Computer Interaction*, 143–161. doi:10.1016/b978-0-12-801851-4.00005-7

Beavis, C. (2017). Serious play: Literacy, learning and digital games. In C. Beavis, M. Dezuanni, & J. O'Mara (Eds.), *Serious Play* (pp. 17–34). New York, NY: Routledge.

Becker, L. (2008). *Design and ethics: Rationalizing consumption through the graphic image*. PhD Dissertation, University of California/Berkeley.

Bellotti, F., Berta, R., & De Gloria, A. (2010). Designing effective serious games: Opportunities and challenges for research. *International Journal of Emerging Technologies in Learning (Ijet), 5*(2010), 22–33. Retrieved from https://www.learntechlib.org/p/44949/

Bellotti, V., Back, M., Edwards, W. K., Grinter, R. E., Henderson, A., & Lopes, C. (2002). Making sense of sensing systems: Five questions for designers and researchers. *Proceedings of the SIGCHI conference on Human factors in computing systems (CHI '02)* (pp. 415–422). New York, NY, USA, ACM. doi: 10.1145/503376.503450

Bennett, S., Maton, K., & Kervin, L. (2008). The 'digital natives' debate: A critical review of the evidence. *British Journal of Educational Technology, 39*(5), 775–786. doi:10.1111/j.1467-8535.2007.00793.x

Beye, M., Jeckmans, A. J., Erkin, Z., Hartel, P., Lagendijk, R. L., & Tang, Q. (2012). Privacy in online social networks. In A. Abraham (Ed.), *Computational Social Networks: Security and Privacy* (pp. 87–113). London, UK: Springer-Verlag. doi:10.1007/978-1-4471-4051-1_4

Bibri, S. E. (2015). The human face of ambient intelligence: Cognitive, emotional, affective, behavioral and conversational aspects. In series: I. Khalil (Ed.), *Atlantis Ambient and Pervasive Intelligence* (Vol. 9.). Paris, France: Atlantis Press. doi:10.2991/978-94-6239-130-7

Biondi, F., Alvarez, I., & Jeong, K. A. (2019). Human–Vehicle cooperation in automated driving: A multidisciplinary review and appraisal. *International Journal of Human–Computer Interaction*, Published online: 24 Jan 2019. doi: 10.1080/10447318.2018.1561792

Bixler, R., & D'Mello, S. (2016). Automatic gaze-based user-independent detection of mind wandering during computerized reading. *User Modeling and User-Adapted Interaction, 26*(1), 33–68. doi:10.1007/s11257-015-9167-1

Blackman, S., Matlo, C., Bobrovitskiy, C., Waldoch, A., Fang, M. L., Jackson, P., … Sixsmith, A. (2016). Ambient assisted living technologies for aging well: A scoping review. *Journal of Intelligent Systems, 25* (1), 55–69. doi:10.1515/jisys-2014-0136

Bocconi, S., Kampylis, P. G., & Punie, Y. (2012). *Innovating learning: Key elements for developing creative classrooms in Europe*. Luxembourg: JRC-Scientific and Policy Reports. http://publications.jrc.ec.europa.eu/repository/handle/JRC72278

Boddington, P. (2017). *Towards a Code of Ethics for Artificial Intelligence* (pp. 27–37). Cham, Switzerland: Springer. doi:10.1007/978-3-319-60648-4_3

Bosch, N., D'Mello, S., Baker, R., Ocumpaugh, J., Shute, V., Ventura, M., … Zhao, W. (2015). Automatic detection of learning-centered affective states in the wild. *Proceedings of the 20th international conference on intelligent user interfaces (IUI '15)* (pp. 379–388). New York, NY, USA, ACM. doi: 10.1145/2678025.2701397

Bozdag, E., & van Den Hoven, J. (2015). Breaking the filter bubble: Democracy and design. *Ethics and Information Technology, 17*(4), 249–265. doi:10.1007/s10676-015-9380-y

Brandtzæg, P. B., Lüders, M., & Skjetne, J. H. (2010). Too many Facebook "friends"? Content sharing and sociability versus the need for privacy in social network sites. *International Journal of Human–Computer Interaction, 26*(11–12), 1006–1030. doi:10.1080/10447318.2010.516719

Breazeal, C., . L., Ostrowski, A., . K., Singh, N., & Park, H., . W. (2019). Designing social robots for older adults. *The Bridge, 49*(1), 22–31. Retrieved from https://www.nae.edu/205212/Spring-Bridge-on-Technologies-for-Aging

Brown, B., Bødker, S., & Höök, K. (2017). Does HCI scale?: Scale hacking and the relevance of HCI. *Interactions, 24*(5), 28–33. doi:10.1145/3125387

Brown, D., & Grinter, R. E. (2016). Designing for transient use: A human-in-the-loop translation platform for refugees. *Proceedings of the 2016 CHI Conference on Human Factors in Computing* Systems *(CHI '16)* (pp. 321–330). New York, NY, USA. ACM. doi: 10.1145/2858036.2858230

Bühler, C. (2009). Ambient intelligence in working environments. *Proceedings of the 5th International Conference on Universal Access in Human-Computer* Interaction *(UAHCI 2009)* (pp. 143–149). Springer, Berlin, Heidelberg. doi: 10.1007/978-3-642-02710-9_17

Burden, K., & Kearney, M. (2016). Conceptualising authentic mobile learning. In D. Churchill, J. Lu, T. Chiu, & B. Fox (Eds.), *Mobile learning design* (pp. 27–42). Singapore: Springer. doi:10.1007/978-981-10-0027-0_2

Burzagli, L., Emiliani, P. L., & Gabbanini, F. (2007). Ambient intelligence and multimodality. *Proceedings of the 4^h International Conference on Universal Access in Human-Computer* Interaction *(UAHCI 2007)* (pp. 33–42). Springer, Berlin, Heidelberg. doi: 10.1007/978-3-540-73281-5_4

Cachia, R., Ferrari, A., Ala-Mutka, K., & Punie, Y. (2010). *Creative learning and innovative teaching: Final report on the study on creativity and innovation in education in the EU member states.* Publications Office of the European Union. doi: 10.2791/52913

Carvalho, R. M., de Castro Andrade, R. M., de Oliveira, K. M., de Sousa Santos, I., & Bezerra, C. I. M. (2017). Quality characteristics and measures for human–Computer interaction evaluation in ubiquitous systems. *Software Quality Journal, 25*(3), 743–795. doi:10.1007/s11219-016-9320-z

Casas, R., Marín, R. B., Robinet, A., Delgado, A. R., Yarza, A. R., Mcginn, J., … Grout, V. (2008). User modelling in ambient intelligence for elderly and disabled people. *Proceedings of the 11th International Conference on Computers Helping People with Special Needs (ICCHP 2008)* (pp. 114–122). Springer, Berlin, Heidelberg. doi: 10.1007/978-3-540-70540-6_15

Chalmers, A., Howard, D., & Moir, C. (2009). Real virtuality: A step change from virtual reality. *Proceedings of the 25th Spring Conference on Computer Graphics (SCCG '09)* (pp. 9–16), Budmerice, Slovakia. New York, NY: ACM. doi: 10.1145/1980462.1980466

Charness, N., & Boot, W. R. (2009). Aging and information technology use: Potential and barriers. *Current Directions in Psychological Science, 18*(5), 253–258. doi:10.1111/j.1467-8721.2009.01647.x

Chatterton, T., & Newmarch, G. (2017). The future is already here: It's just not very evenly distributed. *Interactions, 24*(2), 42–45. doi:10.1145/3041215

Chen, J. Y. C. (2016). A strategy for limits-aware computing. *Proceedings of the Second Workshop on Computing Within Limits (LIMITS '16)* (p. 1). New York, USA, ACM. doi: 10.1145/2926676.2926692

Chen, J. Y. C., & Barnes, M. J. (2014). Human-agent teaming for multi-robot control: A review of human factors issues. *IEEE Transactions on Human-Machine Systems, 44*(1), 13–29. doi:10.1109/THMS.2013.2293535

Chen, J. Y. C., Lakhmani, S. G., Stowers, K., Selkowitz, A. R., Wright, J. L., & Barnes, M. (2018). Situation awareness-based agent transparency and human-autonomy teaming effectiveness. *Theoretical Issues in Ergonomics Science, 19*(3), 259–282. doi:10.1080/1463922X.2017.1315750

Chen, S., . Y., & Wang, J., . H. (2019). Human factors and personalized digital learning: An editorial. *International Journal of Human–Computer Interaction, 35*(4–5), 297–298. doi:10.1080/10447318.2018.1542891

Christodoulou, N., Papallas, A., Kostic, Z., & Nacke, L. E. (2018). Information visualisation, gamification and immersive technologies in participatory planning. *Extended Abstracts of the 2018 CHI Conference on Human Factors in Computing* Systems *(CHI* EA *'18)* (p. SIG12). New York, USA, ACM. doi: 10.1145/3170427.3185363

Cohen, P. R., & Feigenbaum, E. A. (Eds.). (2014). *The handbook of artificial intelligence* (Vol. 3). Los Alto, CA: William Kaufmann.

Coiera, E. (2007). Putting the technical back into socio-technical systems research. *International Journal of Medical Informatics, 76 Suppl 1*, SS98–S103. doi:10.1016/j.ijmedinf.2006.05.026

Comas, F., . R., Sureda, J., . N., & Santos, U., . R. (2006). The "copy and paste" generation: Plagiarism amongst students, a review of existing literature. *The International Journal of Learning: Annual Review, 12* (2), 161–168. doi:10.18848/1447-9494/CGP/v12i02/47005

Consel, C., & Kaye, J., . A. (2019). Aging with the Internet of Things. *The Bridge, 49*(1), 6–12. Retrieved from: https://www.nae.edu/205212/Spring-Bridge-on-Technologies-for-Aging

Conti, M., Das, S. K., Bisdikian, C., Kumar, M., Ni, L. M., Passarella, A., … Zambonelli, F. (2012). Looking ahead in pervasive computing: Challenges and opportunities in the era of cyber–Physical convergence. *Pervasive and Mobile Computing, 8*(1), 2–21. doi:10.1016/j.pmcj.2011.10.001

Coughlin, J., . F., & Brady, S. (2019). Planning, designing, and engineering tomorrow's user-centered, age-ready transportation system. *The Bridge, 49*(1), 13–21. Retrieved from: https://www.nae.edu/205212/Spring-Bridge-on-Technologies-for-Aging

Coventry, L. (Ed.) (2012). *Interfaces Magazine*, special issue on "Slow HCI - Designing to promote well-being for individuals, society and nature", vol. 92. Retrieved from: https://www.bcs.org/upload/pdf/interfaces92.pdf

Cowie, R. (2015). Ethical issues in affective computing. In R. A. Calvo, S. D'Mello, J. Gratch, & A. Kappas (Eds.), *The Oxford handbook of affective computing* (pp. 334–348). Oxford, New York: Oxford University Press.

Crabtree, A., Chamberlain, A., Grinter, R. E., Jones, M., Rodden, T., & Rogers, Y. (2013). Introduction to the special issue of "The turn to the wild". *ACM Trans. Comput.-Hum. Interact., 20*(3), 1–13. doi:10.1145/2491500.2491501

Crawford, K., & Calo, R. (2016). There is a blind spot in AI research. *Nature, 538*(7625), 311–313. doi:10.1038/538311a

Czaja, S. J., & Lee, C. C. (2007). The impact of aging on access to technology. *Universal Access in the Information Society, 5*(4), 341–349. doi:10.1007/s10209-006-0060-x

Dallinga, J. M., Mennes, M., Alpay, L., Bijwaard, H., & de la Faille-Deutekom, M. B. (2015). App use, physical activity and healthy lifestyle: A cross sectional study. *BMC Public Health, 15*(1), 833. doi:10.1186/s12889-015-2165-8

David, M. E., Roberts, J. A., & Christenson, B. (2018). Too much of a good thing: Investigating the association between actual smartphone use and individual well-being. *International Journal of Human–Computer Interaction, 34*(3), 265–275. doi:10.1080/10447318.2017.1349250

De Gloria, A., Bellotti, F., & Berta, R. (2014). Serious games for education and training. *International Journal of Serious Games, 1*(1). doi:10.17083/ijsg.v1i1.11

Dede, C. (2005). Planning for neomillennial learning styles. *Educause Quarterly, 28*(1), 7–12. https://er.educause.edu/articles/2005/1/educause-quarterly-magazine-volume-28-number-1-2005

Dellot, B. (2017, February 13). *A hippocratic oath for AI developers? It may only be a matter of time.* Retrieved from: https://www.thersa.org/discover/publications-and-articles/rsa-blogs/2017/02/a-hippocratic-oath-for-ai-developers-it-may-only-be-a-matter-of-time

Denecke, K., Bamidis, P., Bond, C., Gabarron, E., Househ, M., Lau, A. Y. S., … Hansen, M. (2015). Ethical issues of social media usage in healthcare. *Yearbook of Medical Informatics, 24*(01), 137–147. doi:10.15265/IY-2015-001

Desmet, P. M. (2015). Design for mood: Twenty activity-based opportunities to design for mood regulation. *International Journal of Design, 9* (2). http://www.ijdesign.org/index.php/IJDesign/article/view/2167

Diefenbach, S. (2018). Positive technology–A powerful partnership between positive psychology and interactive technology: A discussion of potential and challenges. *Journal of Positive Psychology and Wellbeing, 2*(1), 1–22. Retrieved from: http://www.journalppw.com/index.php/JPPW/article/view/19

DiFranzo, D., & Gloria-Garcia, K. (2017). Filter bubbles and fake news. *XRDS: Crossroads, the ACM Magazine for Students, 23*(3), 32–35. doi:10.1145/3055153

Dignum, V. (2018). Ethics in artificial intelligence: Introduction to the special issue. *Ethics and Information Technology, 20*(1), 1–3. doi:10.1007/s10676-018-9450-z

Dishman, E. (2019). Supporting precision aging: Engineering health and lifespan planning for all of us. *The Bridge, 49*(1), 47–56. Retrieved from: https://www.nae.edu/205212/Spring-Bridge-on-Technologies-for-Aging

Dix, A. (2002). Managing the ecology of interaction. *Proceedings of First International Workshop on Task Models and User Interface Design (Tamodia 2002)* (pp. 1–9). Bucharest, Romania: INFOREC Publishing House Bucharest.

Dodge, H., . H., & Estrin, D. (2019). Making sense of aging with data big and small. *The Bridge, 49*(1), 39–46. Retrieved from: https://www.nae.edu/205212/Spring-Bridge-on-Technologies-for-Aging

Dombrowski, L., Harmon, E., & Fox, S. (2016). Social justice-oriented interaction design: Outlining key design strategies and commitments. *Proceedings of the 2016 ACM Conference on Designing Interactive Systems (DIS '16)* (pp. 656–671). New York, USA, ACM. doi: 10.1145/2901790.2901861

Dong, H., Keates, S., & Clarkson, P. J. (2004, June). Inclusive design in industry: Barriers, drivers and the business case. *Proceedings of the 8th ERCIM International Workshop on User Interfaces for All (UI4ALL 2004)* (pp. 305–319). Berlin, Heidelberg: Springer. doi: 10.1007/978-3-540-30111-0_26

Došilović, F. K., Brčić, M., & Hlupić, N. (2018). Explainable artificial intelligence: A survey. *Proceedings of the IEEE 41st International Convention on Information and Communication Technology, Electronics and Microelectronics (MIPRO 2018)* (pp. 0210–0215). Opatija, Croatia: IEEE. doi: 10.23919/MIPRO.2018.8400040

Ducatel, K., Bogdanowicz, M., Scapolo, F., Leijten, J., & Burgelman, J. C. (2001). *ISTAG scenarios for ambient intelligence in 2010*. European Commission. Information Society Directorate-General. ISBN 92-894-0735-2.

Ekbia, H., & Nardi, B. (2016). Social inequality and HCI: The view from political economy. *Proceedings of the 2016 CHI Conference on Human Factors in Computing* Systems *(CHI '16)* (pp. 4997–5002). New York, USA, ACM. doi: 10.1145/2858036.2858343

Elhai, J. D., Dvorak, R. D., Levine, J. C., & Hall, B. J. (2017). Problematic smartphone use: A conceptual overview and systematic review of relations with anxiety and depression psychopathology. *Journal of Affective Disorders, 207*, 251–259. doi:10.1016/j.jad.2016.08.030

Emiliani, P. L. (2006). Assistive technology (AT) versus mainstream technology (MST): The research perspective. *Technology and Disability, 18*(1), 19–29.

Emiliani, P. L., & Stephanidis, C. (2005). Universal access to ambient intelligence environments: Opportunities and challenges for people with disabilities. *IBM Systems Journal, 44*(3), 605–619. doi:10.1147/sj.443.0605

European Commission (2016). *Regulation (EU) 2016/679 of the European Parliament and of the Council of 27 April 2016 on the protection of natural persons with regard to the processing of personal data and on the free movement of such data, and repealing Directive 95/46/EC* (General Data Protection Regulation). http://data.europa.eu/eli/reg/2016/679/2016-05-04

Farooq, U., & Grudin, J. (2016). Human-computer integration. *Interactions, 23*(6), 26–32. doi:10.1145/3001896

Farooq, U., Grudin, J., Shneiderman, B., Maes, P., & Ren, X. (2017). Human computer integration versus powerful tools. *Proceedings of the 2017 CHI Conference Extended Abstracts on Human Factors in Computing Systems* (pp. 1277–1282). New York, USA, ACM. doi: 10.1145/3027063.3051137

Federal Trade Commission. (2016). *Big data: A tool for inclusion or exclusion? Understanding the Issues*. https://www.ftc.gov/system/files/documents/reports/big-data-tool-inclusion-or-exclusion-understanding-issues/160106big-data-rpt.pdf

Ferguson, R. (2012). Learning analytics: Drivers, developments and challenges. *International Journal of Technology Enhanced Learning, 4* (5/6), 304–317. doi:10.1504/IJTEL.2012.051816

Ferrari, A., Cachia, R., & Punie, Y. (2009). ICT as a driver for creative learning and innovative teaching. In E. Villalba (Ed.), *Measuring Creativity: Proceedings of the conference "Can creativity be measured?"* (pp. 345–367). Publications Office of the European Union.

Ferscha, A. (2016). A research agenda for human computer confluence. In A. Gaggioli, A. Ferscha, G. Riva, S. Dunne, & I. Viaud-Delmon (Eds.), *Human Computer Confluence Transforming Human Experience Through Symbiotic Technologies* (pp. 7–17). Warsaw, Berlin: De Gruyter Open.

Fiesler, C., Hancock, J., Bruckman, A., Muller, M., Munteanu, C., & Densmore, M. (2018). Research Ethics for HCI: A roundtable discussion. *Extended Abstracts of the 2018 CHI Conference on Human Factors in Computing* Systems *(CHI* EA *'18)* (p. panel05), Montreal QC, Canada. doi: 10.1145/3170427.3186321

Fisher, K. E., Yefimova, K., & Yafi, E. (2016). Future's butterflies: Co-designing ICT wayfaring technology with refugee syrian youth. *Proceedings of the 15th International Conference on Interaction Design and Children (IDC '16)* (pp. 25–36). New York, NY, USA, ACM. doi: 10.1145/2930674.2930701

FitzGerald, E., Ferguson, R., Adams, A., Gaved, M., Mor, Y., & Thomas, R. (2013). Augmented reality and mobile learning: The state of the art. *International Journal of Mobile and Blended Learning (IJMBL), 5*(4), 43–58. doi:10.4018/ijmbl.2013100103

Flaxman, S., Goel, S., & Rao, J. M. (2016). Filter bubbles, echo chambers, and online news consumption. *Public Opinion Quarterly, 80*(S1), 298–320. doi:10.1093/poq/nfw006

Fleming, D. A., Edison, K. E., & Pak, H. (2009). Telehealth ethics. *Telemedicine Journal and E-Health : the Official Journal of the American Telemedicine Association, 15*(8), 797–803. doi:10.1089/tmj.2009.0035

Fleming, T. M., Bavin, L., Stasiak, K., Hermansson-Webb, E., Merry, S. N., Cheek, C., … Hetrick, S. (2017). Serious games and gamification for mental health: Current status and promising directions. *Frontiers in Psychiatry, 7*, 215. doi:10.3389/fpsyt.2016.00215

Floridi, L., Cowls, J., Beltrametti, M., Chatila, R., Chazerand, P., Dignum, V., … Schafer, B. (2018). AI4People: An ethical framework for a good AI society: Opportunities, Risks, Principles, and Recommendations. *Minds and Machines, 28*(4), 689–707. doi:10.1007/s11023-018-9482-5

Foer, F. (2017). *World without mind: The existential threat of big tech*. New York, NY: Penguin Books.

Frauenberger, C., Bruckman, A. S., Munteanu, C., Densmore, M., & Waycott, J. (2017). Research ethics in HCI: A town hall meeting. *Proceedings of the 2017 CHI Conference Extended Abstracts on Human Factors in Computing* Systems *(CHI* EA *'17)* (pp. 1295–1299). New York, NY, USA, ACM. doi: 10.1145/3027063.3051135

Friedman, B., Kahn, P. H., Borning, A., & Huldtgren, A. (2013). Value sensitive design and information systems. In N. Doorn, D. Schuurbiers, I. van de Poel, & M. Gorman Eds., *Early engagement and new technologies: Opening up the laboratory Philosophy of Engineering and Technology* Vol. 16, pp. 55–95. Dordrecht, Netherlands: Springer. doi:10.1007/978-94-007-7844-3_4.

Gabriel, A., Monticolo, D., Camargo, M., & Bourgault, M. (2016). Creativity support systems: A systematic mapping study. *Thinking Skills and Creativity, 21*, 109–122. doi:10.1016/j.tsc.2016.05.009

Gaggioli, A. (2005). Optimal experience in ambient intelligence. In G. Riva, F. Vatalaro, F. Davide, & M. Alcañiz (Eds.), *Ambient intelligence* (pp. 35–43). Amsterdam, The Netherlands: IOS Press.

George, C., Whitehouse, D., & Duquenoy, P. (2013). Assessing legal, ethical and governance challenges in eHealth. In C. George, D. Whitehouse, & P. Duquenoy (Eds.), *eHealth: Legal, Ethical and Governance Challenges* (pp. 3–22). Springer, Berlin: Heidelberg. doi:10.1007/978-3-642-22474-4_1

Gilhooly, M. L., Gilhooly, K. J., & Jones, R. B. (2009). *Quality of life: Conceptual challenges in exploring the role of ICT in active ageing* (pp. 49–76). Amsterdam, The Netherlands: IOS Press.

Gill, K. S. (Ed..). (2012). *Human machine symbiosis: The foundations of human-centred systems design*. London, UK: Springer-Verlag London. doi: 10.1007/978-1-4471-3247-9

Glăveanu, V. P. (2018). Creativity in perspective: A sociocultural and critical account. *Journal of Constructivist Psychology, 31*(2), 118–129. doi:10.1080/10720537.2016.1271376

Glăveanu, V. P., Ness, I. J., Wasson, B., & Lubart, T. (2019). Sociocultural perspectives on creativity, learning, and technology. In C. Mullen (Ed.), *Creativity Under Duress in Education? Creativity Theory and Action in Education* (Vol. 3, pp. 63–82). Springer: ChamCham, Switzerland: Springer. doi:10.1007/978-3-319-90272-2_4

Google (2019). *People+AI Guidebook*. Retrieved from: https://pair.withgoogle.com/.

Gros, B. (2017). Game dimensions and pedagogical dimension in serious games. In R. Zheng & M. K. Gardner (Eds.), *Handbook of Research on Serious Games for Educational Applications* (pp. 402–417). Hershey, PA, USA: IGI Global.

Guerra, J., Hosseini, R., Somyurek, S., & Brusilovsky, P. (2016). An intelligent interface for learning content: Combining an open learner model and social comparison to support self-regulated learning and engagement. *Proceedings of the 21st International Conference on Intelligent User Interfaces (IUI '16)* (pp. 152–163). New York, NY, USA, ACM. doi: 10.1145/2856767.2856784

Harding, M., Knowles, B., Davies, N., & Rouncefield, M. (2015). HCI, civic engagement & trust. *Proceedings of the 33rd Annual ACM Conference on Human Factors in Computing Systems* (pp. 2833–2842). New York, NY, USA, ACM. doi: 10.1145/2702123.2702255

Harper, R., Rodden, T., Rogers, Y., & Sellen, A. (2008). *Being human: HCI in 2020*. Cambridge, UK: Microsoft.

Haux, R., Koch, S., Lovell, N. H., Marschollek, M., Nakashima, N., & Wolf, K. H. (2016). Health-enabling and ambient assistive technologies: Past, present, future. *Yearbook of Medical Informatics, 25*(S 01),

S76–S91. doi:10.15265/IYS-2016-s008

Helbing, D., Frey, B. S., Gigerenzer, G., Hafen, E., Hagner, M., Hofstetter, Y., … Zwitter, A. (2019). Will democracy survive big data and artificial intelligence?. In D. Helbing (Ed.), *Towards Digital Enlightenment* (pp. 73–98). Cham, Switzerland: Springer. doi:10.1007/978-3-319-90869-4_7

Helle, P., Schamai, W., & Strobel, C. (2016, July). Testing of autonomous systems–Challenges and current state-of-the-art. *Proceedings of the 26th Annual INCOSE International Symposium (IS2016), 26*(1), 571–584. doi:10.1002/j.2334-5837.2016.00179.x

Hendler, J., & Mulvehill, A. M. (2016). *Social machines: The coming collision of artificial intelligence, social networking, and humanity.* New York, NY: Apress. doi:10.1007/978-1-4842-1156-4

Hespanhol, L., & Dalsgaard, P. (2015). Social interaction design patterns for urban media architecture. *Proceedings of the 13th International Conference on Human-Computer Interaction (INTERACT 2015)* (pp. 596–613). Springer, Cham. doi: 10.1007/978-3-319-22698-9_41

Hespanhol, L., & Tomitsch, M. (2015). Strategies for intuitive interaction in public urban spaces. *Interacting with Computers, 27*(3), 311–326. doi:10.1093/iwc/iwu051

Hexmoor, H., McLaughlan, B., & Tuli, G. (2009). Natural human role in supervising complex control systems. *Journal of Experimental & Theoretical Artificial Intelligence, 21*(1), 59–77. doi:10.1080/09528130802386093

Hilty, L. M., & Aebischer, B. (2015). ICT for sustainability: An emerging research field. In L. Hilty & B. Aebischer (Eds.), *ICT Innovations for Sustainability* (Vol. 310, pp. 3–36). Springer, Cham: Advances in Intelligent Systems and Computing. doi:10.1007/978-3-319-09228-7_1

Hochheiser, H., & Lazar, J. (2007). HCI and societal issues: A framework for engagement. *International Journal of Human Computer Interaction, 23*(3), 339–374. doi:10.1080/10447310701702717

Holmquist, L. E. (2017). Intelligence on tap: Artificial intelligence as a new design material. *Interactions, 24*(4), 28–33. doi:10.1145/3085571

Hornecker, E., & Stifter, M. (2006). Learning from interactive museum installations about interaction design for public settings. *Proceedings of the 18th Australia conference on Computer-Human Interaction: Design: Activities, Artefacts and Environments* (pp. 135–142). New York, NY, USA, ACM. doi: 10.1145/1228175.1228201

Horvitz, E. (2017). AI, people, and society. *Science, 357*(6346), 7. doi:10.1126/science.aao2466

Huang, H. M., Rauch, U., & Liaw, S. S. (2010). Investigating learners' attitudes toward virtual reality learning environments: Based on a constructivist approach. *Computers & Education, 55*(3), 1171–1182. doi:10.1016/j.compedu.2010.05.014

Husain, A. (2017). *The sentient machine: The coming age of Artificial Intelligence.* New York, NY: Scribner.

Hwang, G. J., & Tsai, C. C. (2011). Research trends in mobile and ubiquitous learning: A review of publications in selected journals from 2001 to 2010. *British Journal of Educational Technology, 42*(4), E65–E70. doi:10.1111/j.1467-8535.2011.01183.x

Jacobs, G., Caraça, J., Fiorini, R., Hoedl, E., Nagan, W. P., Reuter, T., & Zucconi, A. (2018). The future of democracy: Challenges & prospects. *Cadmus, 3*(4), 7–31. Retrieved from: http://www.cadmusjournal.org/article/volume-3/issue-4/future-democracy-challenges-prospects

Jacucci, G., Spagnolli, A., Freeman, J., & Gamberini, L. (2014). Symbiotic interaction: A critical definition and comparison to other human-computer paradigms. *Proceedings of the 3rd International Workshop on (Symbiotic 2014)* (pp. 3–20). Springer, Cham. doi: 10.1007/978-3-319-13500-7_1

Janakiram, M. S. V. (2018, February 22). *The rise of artificial intelligence as a service in the public cloud.* Retrieved from: https://www.forbes.com/sites/janakirammsv/2018/02/22/the-rise-of-artificial-intelligence-as-a-service-in-the-public-cloud/#be799198ee93

Jang-Jaccard, J., & Nepal, S. (2014). A survey of emerging threats in cybersecurity. *Journal of Computer and System Sciences, 80*(5), 973–993. doi:10.1016/j.jcss.2014.02.005

Janlert, L. E., & Stolterman, E. (2015). Faceless interaction: A Conceptual examination of the notion of interface: Past, Present, and Future. *Human–Computer Interaction, 30*(6), 507–539. doi:10.1080/07370024.2014.944313

Janlert, L. E., & Stolterman, E. (2017). The meaning of interactivity—Some proposals for definitions and measures. *Human–Computer Interaction, 32*(3), 103–138. doi:10.1080/07370024.2016.1226139

Jiang, F., Jiang, Y., Zhi, H., Dong, Y., Li, H., Ma, S., … Wang, Y. (2017). Artificial intelligence in healthcare: Past, present and future. *Stroke and Vascular Neurology, 2*(4), 230–243. doi:10.1136/svn-2017-000101

Johnson, D., Deterding, S., Kuhn, K. A., Staneva, A., Stoyanov, S., & Hides, L. (2016). Gamification for health and wellbeing: A systematic review of the literature. *Internet Interventions, 6*, 89–106. doi:10.1016/j.invent.2016.10.002

Jones, M. N. (2016). Developing cognitive theory by mining large-scale naturalistic data. In M. N. Jones (Ed.), *Big data in cognitive science* (pp. 10–21). New York, NY: Psychology Press.

Jordan, J. B., & Vanderheiden, G. C. (2017, July). Towards accessible automatically generated interfaces part 1: An input model that bridges the needs of users and product functionality. *Proceedings of the 3rd International Conference on Human Aspects of IT for the Aged Population (ITAP 2017)* (pp. 129–146), Vancouver, Canada. Cham, Switzerland: Springer. doi: 10.1007/978-3-319-58530-7_9

José, R., Rodrigues, H., & Otero, N. (2010). Ambient intelligence: Beyond the inspiring vision. *J. Ucs, 16*(12), 1480–1499. doi:10.3217/jucs-016-12-1480

Kachouie, R., Sedighadeli, S., Khosla, R., & Chu, M. T. (2014). Socially assistive robots in elderly care: A mixed-method systematic literature review. *International Journal of Human-Computer Interaction, 30*(5), 369–393. doi:10.1080/10447318.2013.873278

Kalantari, M. (2017). Consumers' adoption of wearable technologies: Literature review, synthesis, and future research agenda. *International Journal of Technology Marketing, 12*(3), 274–307. doi:10.1504/IJTMKT.2017.089665

Kaplan, J. (2016). Artificial intelligence: Think again. *Communications of the ACM, 60*(1), 36–38. doi:10.1145/2950039

Kidd, S. H., & Crompton, H. (2016). Augmented learning with augmented reality. In D. Churchill, J. Lu, T. Chiu, & B. Fox (Eds.), *Mobile Learning Design* (pp. 97–108). Singapore: Springer. doi:10.1007/978-981-10-0027-0_6

Kilteni, K., Groten, R., & Slater, M. (2012). The sense of embodiment in virtual reality. *Presence: Teleoperators and Virtual Environments, 21*(4), 373–387. doi:10.1162/PRES_a_00124

Kizza, J. M. (2017). *Ethical and social issues in the information age (Sixth edition* ed.). Cham, Switzerland: Springer. doi:10.1007/978-3-319-70712-9

Klein, G., Shneiderman, B., Hoffman, R. R., & Ford, K. M. (2017). Why expertise matters: A response to the challenges. *IEEE Intelligent Systems, 32*(6), 67–73. doi:10.1109/MIS.2017.4531230

Kleinberger, T., Becker, M., Ras, E., Holzinger, A., & Müller, P. (2007, July). Ambient intelligence in assisted living: Enable elderly people to handle future interfaces. *Proceedings of the 12th International Conference on Universal Access in Human-Computer* Interaction *(UAHCI 2007)* (pp. 103–112). Springer, Berlin, Heidelberg. doi: 10.1007/978-3-540-73281-5_11

Kluge, E. H. W. (2011). Ethical and legal challenges for health telematics in a global world: Telehealth and the technological imperative. *International Journal of Medical Informatics, 80*(2), e1–e5. doi:10.1016/j.ijmedinf.2010.10.002

Knowles, B., Bates, O., & Håkansson, M. (2018, April). This changes sustainable HCI. *Proceedings of the 2018 CHI Conference on Human Factors in Computing Systems* (CHI '18) (p. 471). New York, USA, ACM. doi: 10.1145/3173574.3174045

Kokolakis, S. (2017). Privacy attitudes and privacy behaviour: A review of current research on the privacy paradox phenomenon. *Computers & Security, 64*, 122–134. doi:10.1016/j.cose.2015.07.002

Könings, B., Wiedersheim, B., & Weber, M. (2011). Privacy & trust in ambient intelligence environments. In T. Heinroth & W. Minker (Eds.), *Next Generation Intelligent Environments: Ambient Adaptive Systems* (pp. 227–250). New York, NY: Springer Science & Business Media.

Konomi, S., Shoji, K., & Ohno, W. (2013). Rapid development of civic computing services: Opportunities and challenges. *Proceedings of the 1st International Conference on Distributed, Ambient, and Pervasive Interactions (DAPI 2013)* (pp. 309–315). Berlin, Heidelberg: Springer. doi: 10.1007/978-3-642-39351-8_34

Konomi, S. I., Hatano, K., Inaba, M., Oi, M., Okamoto, T., Okubo, F., … Yamada, Y. (2018). Towards supporting multigenerational co-creation and social activities: Extending learning analytics platforms and beyond. *Proceedings of the 6th International Conference on Distributed, Ambient and Pervasive Interactions (DAPI 2018)* (pp. 82–91). Springer, Cham. doi: 10.1007/978-3-319-91131-1_6

Kostkova, P. (2015). Grand challenges in digital health. *Frontiers in Public Health, 3*, 134. doi:10.3389/fpubh.2015.00134

Lan, K., Wang, D. T., Fong, S., Liu, L. S., Wong, K. K., & Dey, N. (2018). A survey of data mining and deep learning in bioinformatics, *Journal of Medical Systems, 42*, 139, Published online: 28 June 2018. doi:10.1007/s10916-018-1003-9

Lanier, J. (2017). *Dawn of the new everything: Encounters with reality and virtual reality.* New York, NY: Henry Holt and Company.

Lave, J., & Wenger, E. (1991). *Situated learning: Legitimate peripheral participation.* New York, NY: Cambridge University Press.

Lee, E. A. L., & Wong, K. W. (2008). A review of using virtual reality for learning. In Z. Pan, A. D. Cheok, W. Müller, & A. El Rhalibi (Eds.), *Transactions on Edutainment I. Lecture Notes in Computer Science* (Vol. 5080, pp. 231–241). Berlin, Heidelberg: Springer. doi:10.1007/978-3-540-69744-2_18

Licklider, J. C. R. (1960). Man-computer symbiosis. *IRE Transactions on Human Factors in Electronics, HFE-1*(1), 4–11. doi:10.1109/THFE2.1960.4503259

Lin, X., Hu, J., & Rauterberg, M. (2015). Review on interaction design for social context in public spaces. *Proceedings of the 7th International Conference on Cross-Cultural Design (CCD 2015)* (pp. 328–338). Springer, Cham. doi: 10.1007/978-3-319-20907-4_30

Loveless, A. (2007). *Literature review in creativity, new technologies and learning. A NESTA Futurelab research report - report 4.* https://telearn.archives-ouvertes.fr/hal-00190439 doi: 10.1094/PDIS-91-4-0467B

Lukyanenko, R., Parsons, J., & Wiersma, Y. F. (2016). Emerging problems of data quality in citizen science. *Conservation Biology : the Journal of the Society for Conservation Biology, 30*(3), 447–449. doi:10.1111/cobi.12706

Lupton, D. (2016). *The quantified self.* Cambridge, UK: Polity Press.

Lynch, R., & Farrington, C. (Eds.). (2017). *Quantified lives and vital data: Exploring health and technology through personal medical devices.* London, UK: Palgrave Macmillan. doi: 10.1057/978-1-349-95235-9

Ma, W., Adesope, O. O., Nesbit, J. C., & Liu, Q. (2014). Intelligent tutoring systems and learning outcomes: A meta-analysis. *Journal of Educational Psychology, 106*(4), 901–918. doi:10.1037/a0037123

Marcus, A. (2000). International and intercultural user interfaces. In C. Stephanidis (Ed.), *User interfaces for all: Concepts, methods, and tools* (pp. 47–63). Mahwah, NJ: Lawrence Erlbaum Associates.

Marcus, A. (2006). Cross-cultural user-experience design. *Proceedings of the 4th International Conference on Diagrammatic Representation and Inference (Diagrams 2006)* (pp. 16–24). Berlin, Heidelberg: Springer. doi: 10.1007/11783183_4

Marcus, A. (2015a). *HCI and user-experience design: Fast-forward to the past, present, and future.* London, UK: Springer. doi:10.1007/978-1-4471-6744-0

Marcus, A. (2015b). *Mobile persuasion design.* London, UK: Springer. doi:10.1007/978-1-4471-4324-6

Marcus, A. (2015c). The health machine: Combining information design/visualization with persuasion design to change people's nutrition and exercise behavior. In A. Marcus (Ed.), *Mobile Persuasion Design* (pp. 35–77). London, UK: Springer. doi:10.1007/978-1-4471-4324-6_3

Marcus, A. (2015d). The happiness machine: Combining information design/visualization with persuasion design to change behavior. In A. Marcus (Ed.), *Mobile Persuasion Design* (pp. 539–604). London, UK: Springer. doi:10.1007/978-1-4471-4324-6_10

Marcus, A., Kurosu, M., Ma, X., & Hashizume, A. (2017). *Cuteness engineering: Designing adorable Products and services.* Cham, Switzerland: Springer. doi:10.1007/978-3-319-61961-3

Marenko, B., & Van Allen, P. (2016). Animistic design: How to reimagine digital interaction between the human and the nonhuman. *Digital Creativity, 27*(1), 52–70. doi:10.1080/14626268.2016.1145127

Margetis, G., Antona, M., Ntoa, S., & Stephanidis, C. (2012). Towards accessibility in ambient intelligence environments. *Proceedings of the 3rd International Joint Conference on Ambient Intelligence (AmI 2012)* (pp. 328–337). Springer, Berlin, Heidelberg. doi: 10.1007/978-3-642-34898-3_24

Margetis, G., Ntoa, S., Antona, M., & Stephanidis, C. (2019). Augmenting natural interaction with physical paper in ambient intelligence environments. *Multimedia Tools and Applications, First Online, 02* (January), 2019. doi:10.1007/s11042-018-7088-9

McCallum, S. (2012). Gamification and serious games for personalized health. In B. Blobel, P. Pharow, F. Sousa (Eds.), *Proceedings of the 9th International Conference on Wearable Micro and Nano Technologies for Personalized Health (PHealth 2012)* (pp. 85–96), Porto, Portugal. Amsterdam, The Netherlands: IOS Press.

McMillan, D. (2017). Implicit interaction through machine learning: Challenges in design, accountability, and privacy. *Proceedings of the 4th International Conference on Internet Science (INCI 2017)* (pp. 352–358). Springer, Cham. doi: 10.1007/978-3-319-70284-1_27

Meiselwitz, G., Wentz, B., & Lazar, J. (2010). Universal usability: Past, present, and future. *Foundations and Trends in Human–Computer Interaction, 3*(4), 213–333. doi:10.1561/1100000029

Mekler, E. D., & Hornbæk, K. (2016). Momentary pleasure or lasting meaning? Distinguishing eudaimonic and hedonic user experiences. *Proceedings of the 2016 CHI Conference on Human Factors in Computing* Systems *(CHI '16)* (pp. 4509–4520). San Jose, CA: ACM. doi: 10.1145/2858036.2858225

Mikulecký, P. (2012, April). Smart environments for smart learning. *Proceedings of the 9th International Scientific Conference on Distance Learning in Applied* Informatics *(DIVAI 2012)* (pp. 213–222). Štúrovo, Slovakia. Retrieved from: https://conferences.ukf.sk/public/conferences/1/divai2012_conference_proceedings.pdf doi: 10.1177/1753193412447497

Moallem, A. (Ed.). (2018). *Human-Computer Interaction and cybersecurity handbook.* Boca Raton, FL: CRC Press.

Mooneyham, B. W., & Schooler, J. W. (2013). The costs and benefits of mind-wandering: A review. *Canadian Journal of Experimental Psychology/Revue Canadienne De Psychologie Expérimentale, 67*(1), 11–18. doi:10.1037/a0031569

Mori, M., MacDorman, K. F., & Kageki, N. (2012). The uncanny valley [from the field]. *IEEE Robotics & Automation Magazine, 19*(2), 98–100. doi:10.1109/MRA.2012.2192811

Moschetti, A., Fiorini, L., Aquilano, M., Cavallo, F., & Dario, P. (2014). Preliminary findings of the AALIANCE2 ambient assisted living roadmap. *Proceedings of the 4th Italian Forum on Ambient assisted living* (pp. 335–342). Springer, Cham. doi: 10.1007/978-3-319-01119-6_34

Müller, J., Alt, F., Michelis, D., & Schmidt, A. (2010). Requirements and design space for interactive public displays. *Proceedings of the 18th ACM international conference on Multimedia (MM '10)* (pp. 1285–1294). New York, NY, USA: ACM. doi: 10.1145/1873951.1874203

Muñoz-Cristóbal, J. A., Rodríguez-Triana, M. J., Gallego-Lema, V., Arribas-Cubero, H. F., Asensio-Pérez, J. I., & Martínez-Monés, A. (2018). Monitoring for awareness and reflection in ubiquitous learning environments. *International Journal of Human–Computer Interaction, 34*(2), 146–165. doi:10.1080/10447318.2017.1331536

Naismith, L., Lonsdale, P., Vavoula, G. N., & Sharples, M. (2004). Literature review in mobile technologies and learning. *Futurelab Series*, Report 11. ISBN: 0-9548594-1-3. Retrieved from: http://hdl.handle.net/2381/8132

Ng, W. (2015). *New digital technology in education* (pp. 3–23). Cham, Switzerland: Springer. doi:10.1007/978-3-319-05822-1_1

Norman, D. (1998). *The invisible computer: Why good products can fail, the personal computer is so complex, and information appliances are the solution.* Cambridge, MA: MIT press.

Norman, D. (1999). Affordance, conventions and design. *Interactions, 6* (3), 38–43. doi:10.1145/301153.301168

Norman, D. (2007). *The design of future things.* New York, NY: Basic Books.

Norman, D. (2014). *Things that make us smart: Defending human attributes in the age of the machine.* New York, NY: Diversion Books.

Norton, J., Raturi, A., Nardi, B., Prost, S., McDonald, S., Pargman, D., ... Dombrowski, L. (2017). A grand challenge for HCI: Food+ sustainability. *Interactions, 24*(6), 50–55. doi:10.1145/3137095

Ntoa, S., Antona, M., & Stephanidis, C. (2017). Towards technology acceptance assessment in Ambient Intelligence environments. *Proceedings of the Seventh International Conference on Ambient Computing, Applications, Services and Technologies (AMBIENT 2017)* (pp. 38–47). Barcelona, Spain. https://www.thinkmind.org/index.php?view=article&articleid=ambient_2017_3_20_40022

Ntoa, S., Margetis, G., Antona, M., & Stephanidis, C. (2019). UXAmI Observer: An automated User Experience evaluation tool for Ambient Intelligence environments. *Proceedings of the 2018 Intelligent Systems Conference (IntelliSys 2018)* (pp. 1350–1370). Springer, Cham. doi: 10.1007/978-3-030-01054-6_94

O'Leary, D. E. (2013). Artificial intelligence and big data. *IEEE Intelligent Systems, 28*(2), 96–99. doi:10.1109/MIS.2013.39

Obrist, M., Velasco, C., Vi, C., Ranasinghe, N., Israr, A., Cheok, A., ... Gopalakrishnakone, P. (2016). Sensing the future of HCI: Touch, taste, and smell user interfaces. *Interactions, 23*(5), 40–49. doi:10.1145/2973568

Oh, J., & Lee, U. (2015, January). Exploring UX issues in quantified self technologies. *Proceedings of the 8th International Conference on Mobile Computing and Ubiquitous Networking (ICMU 2015)* (pp. 53–59). IEEE. doi: 10.1109/ICMU.2015.7061028

Orji, R., & Moffatt, K. (2018). Persuasive technology for health and wellness: State-of-the-art and emerging trends. *Health Informatics Journal, 24*(1), 66–91. doi:10.1177/1460458216650979

Parmaxi, A., Papadamou, K., Sirivianos, M., & Stamatelatos, M. (2017).

E-safety in Web 2.0 learning environments: A research synthesis and implications for researchers and practitioners. *Proceedings of the 4th International Conference on Learning and Collaboration Technologies (LCT 2017)* (pp. 249–261). Springer, Cham. doi: 10.1007/978-3-319-58509-3_20

Pegrum, M. (2016). Future directions in mobile learning. In D. Churchill, J. Lu, T. Chiu, & B. Fox (Eds.), *Mobile Learning Design* (pp. 413–431). Singapore: Springer. doi:10.1007/978-981-10-0027-0_24

Persson, H., Åhman, H., Yngling, A. A., & Gulliksen, J. (2015). Universal design, inclusive design, accessible design, design for all: Different concepts—One goal? On the concept of accessibility—Historical, methodological and philosophical aspects. *Universal Access in the Information Society, 14*(4), 505–526. doi:10.1007/s10209-014-0358-z

Pfeil, U., Arjan, R., & Zaphiris, P. (2009). Age differences in online social networking–A study of user profiles and the social capital divide among teenagers and older users in MySpace. *Computers in Human Behavior, 25*(3), 643–654. doi:10.1016/j.chb.2008.08.015

Pieper, M., Antona, M., & Cortés, U. (2011). Ambient assisted living. *Ercim News, 87*, 18–19.

Pimmer, C., Mateescu, M., & Gröhbiel, U. (2016). Mobile and ubiquitous learning in higher education settings. A systematic review of empirical studies. *Computers in Human Behavior, 63*, 490–501. doi:10.1016/j.chb.2016.05.057

Piwek, L., Ellis, D. A., Andrews, S., & Joinson, A. (2016). The rise of consumer health wearables: Promises and barriers. *PLoS Medicine, 13* (2), e1001953. doi:10.1371/journal.pmed.1001953

Pohlmeyer, A. E. (2013). Positive design: New challenges, opportunities, and responsibilities for design. *Proceedings of the 2nd International Conference on Design, User Experience, and Usability (DUXU 2013)* (pp. 540–547). Springer, Berlin, Heidelberg. doi: 10.1007/978-3-642-39238-2_59

Poppe, R., Rienks, R., & van Dijk, B. (2007). Evaluating the future of HCI: Challenges for the evaluation of emerging applications. In T. S. Huang, A. Nijholt, M. Pantic, & A. Pentland (Eds.), *Artifical Intelligence for Human Computing* (pp. 234–250). Springer, Berlin: Heidelberg. doi:10.1007/978-3-540-72348-6_12

Preece, J. (2016). Citizen science: New research challenges for human–Computer interaction. *International Journal of Human-Computer Interaction, 32*(8), 585–612. doi:10.1080/10447318.2016.1194153

Pynadath, D. V., Barnes, M. J., Wang, N., & Chen, J. Y. C. (2018). Transparency communication for Machine Learning in human-automation interaction. In J. Zhou & F. Chen (Eds.), *Human and Machine Learning. Human–Computer Interaction Series* (pp. 75–90). Cham, Switzerland: Springer. doi:10.1007/978-3-319-90403-0_5

Rashidi, P., & Mihailidis, A. (2013). A survey on ambient-assisted living tools for older adults. *IEEE Journal of Biomedical and Health Informatics, 17*(3), 579–590. doi:10.1109/JBHI.2012.2234129

Rauschnabel, P. A., Hein, D. W., He, J., Ro, Y. K., Rawashdeh, S., & Krulikowski, B. (2016). Fashion or technology? A fashnology perspective on the perception and adoption of augmented reality smart glasses. *I-Com, 15*(2), 179–194. doi:10.1515/icom-2016-0021

Raybourn, E. M., & Bos, N. (2005). Design and evaluation challenges of serious games. *CHI'05 extended abstracts on Human factors in computing systems* (pp. 2049–2050). New York, USA: ACM. doi: 10.1145/1056808.1057094

Reeves, S. (2011). *Designing Interfaces in Public Settings* (pp. 9–27). London, UK: Springer. doi:10.1007/978-0-85729-265-0_2

Richards, M. N., & King, H. J. (2016). Big data and the future of privacy. In F. X. Olleros & M. Zhegu (Eds.), *Research handbook on digital transformations* (pp. 272–290). Cheltenham, UK: Edward Elgar Publishing.

Riek, L. D. (2017). Healthcare robotics. *Communications of the ACM, 60* (11), 68–78. doi:10.1145/3127874

Robinson, K. (2011). *Out of our minds: Learning to be creative.* Oxford, UK: Capstone Publishing Ltd.

Robinson, L., Cotten, S. R., Ono, H., Quan-Haase, A., Mesch, G., Chen, W., ... Stern, M. J. (2015). Digital inequalities and why they matter. *Information, Communication & Society, 18*(5), 569–582. doi:10.1080/1369118X.2015.1012532

Romero, C., & Ventura, S. (2010). Educational data mining: A review of the state of the art. *IEEE Transactions on Systems, Man, and Cybernetics, Part C (Applications and Reviews), 40*(6), 601–618. doi:10.1109/TSMCC.2010.2053532

Rouse, W., . B., & McBride, D. (2019). A systems approach to assistive technologies for disabled and older adults. *The Bridge, 49*(1), 32–38. Retrieved from: https://www.nae.edu/205212/Spring-Bridge-on-Technologies-for-Aging

Russell, S., Dewey, D., & Tegmark, M. (2015). Research priorities for robust and beneficial artificial intelligence. *AI Magazine, 36*(4), 105–114. doi:10.1609/aimag.v36i4.2577

Ryan, M. L. (2015). *Narrative as virtual reality 2: Revisiting immersion and interactivity in literature and electronic media (Vol. 2).* Baltimore, MD: JHU Press.

Sakamoto, T., & Takeuchi, Y. (2014). Stage of subconscious interaction in embodied interaction. *Proceedings of the second international conference on Human-agent interaction (HAI '14)* (pp. 391–396). New York, NY, USA, ACM. doi: 10.1145/2658861.2658876

Samek, W., Wiegand, T., & Müller, K. R. (2017). Explainable artificial intelligence: Understanding, visualizing and interpreting deep learning models. *ITU Journal: ICT Discoveries, Special Issue (1)*, 39–48. https://www.itu.int/en/journal/001/Pages/05.aspx

Santoni de Sio, F., & van Den Hoven, J. (2018). Meaningful human control over autonomous systems: A philosophical account. *Frontiers in Robotics and AI, 15*(5). doi:10.3389/frobt.2018.00015

Sarwar, M., & Soomro, T. R. (2013). Impact of smartphone's on society. *European Journal of Scientific Research, 98*(2), 216–226.

Schmidt, A., Langheinrich, M., & Kersting, K. (2011). Perception beyond the Here and Now. *IEEE Computer, 44*(2), 86–88. doi:10.1109/MC.2011.54

Schneider, O., MacLean, K., Swindells, C., & Booth, K. (2017). Haptic experience design: What hapticians do and where they need help. *International Journal of Human-Computer Studies, 107*, 5–21. doi:10.1016/j.ijhcs.2017.04.004

Scholtz, J., & Consolvo, S. (2004). Toward a framework for evaluating ubiquitous computing applications. *IEEE Pervasive Computing, 3*(2), 82–88. doi:10.1109/MPRV.2004.1316826

Scoble, R., & Israel, S. (2017). *The fourth transformation: How augmented reality and artificial intelligence change everything.* New York, NY: Patrick Brewster Press.

Seemiller, C., & Grace, M. (2016). *Generation Z goes to college.* San Francisco, CA: Jossey-Bass.

Seymour, S., & Beloff, L. (2008). Fashionable technology–The next generation of wearables. In C. Sommerer, L. C. Jain, & L. Mignonneau (Eds.), *The Art and Science of Interface and Interaction Design. Studies in Computational Intelligence* (Vol. 141, pp. 131–140). Berlin, Heidelberg: Springer.

Sharma, R. (2018, April 12). *Understanding Artificial Intelligence as a service.* Retrieved from: https://hackernoon.com/understanding-artificial-intelligence-as-a-service-aiaas-780f2e3f663c

Sharon, T. (2017). Self-tracking for health and the quantified self: Re-articulating autonomy, solidarity, and authenticity in an age of personalized healthcare. *Philosophy & Technology, 30*(1), 93–121. doi:10.1007/s13347-016-0215-5

Sherman, W. R., & Craig, A. B. (2018). *Understanding virtual reality: Interface, application, and design.* Cambridge, MA: Morgan Kaufmann.

Shneiderman, B. (2007). Creativity support tools: Accelerating discovery and innovation. *Communications of the ACM, 50*(12), 20–32. doi:10.1145/1323688.1323689

Shneiderman, B., Plaisant, C., Cohen, M., Jacobs, S., Elmqvist, N., & Diakopoulos, N. (2016). Grand challenges for HCI researchers. *Interactions, 23*(5), 24–25. doi:10.1145/2977645

Siau, K. (2018). Education in the age of artificial intelligence: How will technology shape learning. *The Global Analyst, 7*(3), 22–24.

Siau, K., Hilgers, M., Chen, L., Liu, S., Nah, F., Hall, R., & Flachsbart, B. (2018). FinTech empowerment: Data science, Artificial Intelligence, and Machine Learning. *Cutter Business Technology Journal, 31*(11/12), 12–18.

Siau, K., & Wang, W. (2018). Building trust in Artificial Intelligence, Machine Learning, and Robotics. *Cutter Business Technology Journal, 31*(2), 47–53.

Sicari, S., Rizzardi, A., Grieco, L. A., & Coen-Porisini, A. (2015). Security, privacy and trust in Internet of Things: The road ahead. *Computer Networks, 76*, 146–164. doi:10.1016/j.comnet.2014.11.008

Siemens, G., & Baker, R., S., J., D. (2012). Learning analytics and educational data mining: Towards communication and collaboration. *Proceedings of the 2nd international conference on learning analytics and knowledge (LAK '12)* (pp. 252–254). New York, USA: ACM. doi: 10.1145/2330601.2330661

Silberman, M., Nathan, L., Knowles, B., Bendor, R., Clear, A., Håkansson, M., ... Mankoff, J. (2014). Next steps for sustainable HCI. *Interactions, 21*(5), 66–69. doi:10.1145/2651820

Simonite, T. (2018, August 2). *Should data scientists adhere to a Hippocratic oath?* Retrieved from: https://www.wired.com/story/should-data-scientists-adhere-to-a-hippocratic-oath/

Smallwood, J., & Andrews-Hanna, J. (2013). Not all minds that wander are lost: The importance of a balanced perspective on the mind-wandering state. *Frontiers in Psychology*, *4*, 441. doi:10.3389/fpsyg.2013.0044.1

Smirek, L., Zimmermann, G., & Ziegler, D. (2014). Towards universally usable smart homes - how can myui, urc and openhab contribute to an adaptive user interface platform? *Proceedings of the 7th International Conference on Advances in Human-oriented and Personalized* Mechanisms, *Technologies, and Services (CENTRIC 2014)* (pp. 29–38). IARIA, Nice, France. doi:10.1.1.684.2511

Spector, J. M., Merrill, M. D., Elen, J., & Bishop, M. J. (Eds.). (2014). *Handbook of research on educational communications and technology* (pp. 413–424). New York, NY: Springer.

Spence, C., Obrist, M., Velasco, C., & Ranasinghe, N. (2017). Digitizing the chemical senses: Possibilities & pitfalls. *International Journal of Human-Computer Studies*, *107*, 62–74. doi:10.1016/j.ijhcs.2017.06.003

Steinicke, F. (2016). *Being really virtual*. Cham, Switzerland: Springer. doi:10.1007/978-3-319-43078-2

Stephanidis, C. (2012). Human factors in ambient intelligence environments. In G. Salvendy (Ed.), *Handbook of Human Factors and Ergonomics (4th ed.)* (pp. 1354–1373). Hoboken, NJ: John Wiley and Sons.

Stephanidis, C., Antona, M., & Grammenos, D. (2007). Universal access issues in an ambient intelligence research facility. *Proceedings of the 4th International Conference on Universal Access in Human-Computer* Interaction *(UAHCI 2007)* (pp. 208–217). Beijing, P.R. China: Springer. doi: 10.1007/978-3-540-73281-5_22

Stephanidis, C., & Emiliani, P. L. (1999). Connecting to the information society: A European perspective. *Technology and Disability*, *10*(1), 21–44.

Stephanidis, C., Salvendy, G., Akoumianakis, D., Bevan, N., Brewer, J., Emiliani, P. L., … Ziegler, J. (1998). Toward an Information Society for all: An international R&D agenda. *International Journal of Human-Computer Interaction*, *10*(2), 107–134. doi:10.1207/s15327590ijhc1002_2

Still, J. D. (2016). Cybersecurity needs you!. *Interactions*, *23*(3), 54–58. doi:10.1145/2899383

Stoyanovich, J., Abiteboul, S., & Miklau, G. (2016). Data, responsibly: Fairness, neutrality and transparency in data analysis. *Proceedings of the 19th International Conference on Extending Database Technology (EDBT 2016)* (pp. 718–719). Bordeaux, France. doi: 10.5441/002/edbt.2016.103

Streitz, N. (2001). Augmented reality and the disappearing computer. In M. Smith, G. Salvendy, D. Harris, & R. Koubek (Eds.), *Usability Evaluation and Interface Design: Cognitive engineering, intelligent agents and virtual reality* (pp. 738–742). Mahwah, NJ: Lawrence Erlbaum.

Streitz, N. (2007). From human–Computer interaction to human–Environment interaction: Ambient intelligence and the disappearing computer. *Proceedings of the 9th ERCIM Workshop on User Interfaces for All* (pp. 3–13). Springer, Berlin, Heidelberg. doi: 10.1007/978-3-540-71025-7_1

Streitz, N., Prante, T., Röcker, C., van Alphen, D., Stenzel, R., Magerkurth, C., … Plewe, D. (2007). Smart artefacts as affordances for awareness in distributed teams. In N. Streitz, A. Kameas, & I. Mavrommati (Eds.), *The Disappearing Computer, LNCS vol 4500* (pp. 3–29). Berlin, Heidelberg: Springer. doi:10.1007/978-3-540-72727-9_1

Streitz, N. (2011). Smart cities, ambient intelligence and universal access. *Proceedings of the 6th International Conference on Universal Access in Human-Computer* Interaction *(UAHCI 2011)* (pp. 425–432). Springer, Berlin, Heidelberg. doi: 10.1007/978-3-642-21666-4_47

Streitz, N. (2017). Reconciling humans and technology: The role of ambient intelligence. In European Conference on Ambient Intelligence. *Proceedings of the 13th European Conference on Ambient Intelligence (AmI 2017)* (1–16). Springer, Cham. doi: 10.1007/978-3-319-56997-0_1

Streitz, N. (2018). Beyond 'smart-only' cities: Redefining the 'smart-everything' paradigm. *Journal of Ambient Intelligence and Humanized Computing*, 1–22. doi:10.1007/s12652-018-0824-1

Streitz, N., Charitos, D., Kaptein, M., & Böhlen, M. (2019). Grand challenges for ambient intelligence and implications for design contexts and smart societies. *Tenth Anniversary Issue, Journal of Ambient Intelligence and Smart Environments*, *11*(1), 87–107. doi:10.3233/AIS-180507

Streitz, N., Geißler, J., & Holmer, T. (1998). Roomware for cooperative buildings: Integrated design of architectural spaces and information spaces. *Proceedings of the 1st International Workshop on Cooperative Buildings (CoBuild'98)* (pp. 4–21). Springer, Heidelberg. doi: 10.1007/3-540-69706-3_3

Suciu, G., Vulpe, A., Craciunescu, R., Butca, C., & Suciu, V. (2015). Big data fusion for eHealth and ambient assisted living cloud applications. *Proceedings of the 2015 IEEE International Black Sea Conference on Communications and Networking (BlackSeaCom)* (pp. 102-106). Constanta, Romania. doi: 10.1109/BlackSeaCom.2015.7185095

Sun, N., Rau, P. L. P., Li, Y., Owen, T., & Thimbleby, H. (2016). Design and evaluation of a mobile phone-based health intervention for patients with hypertensive condition. *Computers in Human Behavior*, *63*, 98–105. doi:10.1016/j.chb.2016.05.001

Susi, T., Johannesson, M., & Backlund, P. (2007). *Serious games: An overview*. Retrieved from: http://www.diva-portal.org/smash/record.jsf?pid=diva2%3A2416&dswid=-9292 Doi: 10.1094/PDIS-91-4-0467B

Sutcliffe, A. G., Poullis, C., Gregoriades, A., Katsouri, I., Tzanavari, A., & Herakleous, K. (2019). Reflecting on the design process for virtual reality applications. *International Journal of Human–Computer Interaction*, *35*(2), 168–179. doi:10.1080/10447318.2018.1443898

Tandler, P., Streitz, N., & Prante, T. (2002). Roomware - moving toward Ubiquitous Computers. *IEEE Micro*, *22*(6), 36–47. doi:10.1109/MM.2002.1134342

Tegmark, M. (2017). *Life 3.0 – Being human in the age of Artificial Intelligence*. New York, NY: Knopf.

Teli, M., Bordin, S., Blanco, M. M., Orabona, G., & De Angeli, A. (2015). Public design of digital commons in urban places: A case study. *International Journal of Human-Computer Studies*, *81*, 17–30. doi:10.1016/j.ijhcs.2015.02.003

Tene, O., & Polonetsky, J. (2013). Big data for all: Privacy and user control in the age of analytics. *Northwestern Journal of Technology and Intellectual Property*, *11*(5), 239–273. Retrieved from: https://scholarlycommons.law.northwestern.edu/njtip/vol11/iss5/1

The IEEE Global Initiative on Ethics of Autonomous and Intelligent Systems. (2019). *Ethically aligned design: A vision for prioritizing human well-being with autonomous and intelligent systems. First Edition*. IEEE. Retrieved from https://standards.ieee.org/industry-connections/ec/autonomous-systems.html

Tragos, E. Z., Fragkiadakis, A., Kazmi, A., & Serrano, M. (2018). Trusted IoT in ambient assisted living scenarios. In A. Moallem (Ed.), *Human-Computer Interaction and Cybersecurity Handbook* (pp. 191–208). Boca Raton, FL: CRC Press.

Treviranus, J., Clark, C., Mitchell, J., & Vanderheiden, G. C. (2014). Prosperity4All–Designing a multi-stakeholder network for economic inclusion. *Proceedings of the 8th International Conference on Universal Access in Human-Computer* Interaction *(UAHCI 2014)* (pp. 453–461). Springer, Cham. doi: 10.1007/978-3-319-07509-9_43

Van Deursen, A. J., & Helsper, E. J. (2015). The third-level digital divide: Who benefits most from being online? In L. Robinson, S. R. Cotten, J. Schulz, T. M. Hale, & A. Williams (Eds.), *Communication and information technologies annual* (pp. 29–52). Emerald Group Publishing Limited. doi:10.1108/s2050-206020150000010002

van Dijk, J. (2012). The evolution of the digital divide. In J. Bus (Ed.), *Digital Enlightenment Yearbook 2012* (pp. 57–75). Amsterdam, The Netherlands: IOS Press. doi:10.3233/978-1-61499-057-4-57

Van Krevelen, D. W. F., & Poelman, R. (2010). A survey of augmented reality technologies, applications and limitations. *International Journal of Virtual Reality*, *9*(2), 1–20.

Vanderheiden, G. (1990). Thirty-something million: Should they be exceptions?. *Human Factors*, *32*(4), 383–396. doi:10.1177/001872089003200402

Vanderheiden, G. (2000). Fundamental principles and priority setting for universal usability. *Proceedings on the 2000 conference on Universal Usability (CUU '00)* (pp. 32–37). New York, NY, USA, ACM. doi: 10.1145/355460.355469

Vassli, L. T., & Farshchian, B. A. (2018). Acceptance of health-related ICT among elderly people living in the community: A systematic review of qualitative evidence. *International Journal of Human–Computer Interaction*, *34*(2), 99–116. doi:10.1080/10447318.2017.1328024

Verbeek, P. P. (2015). Beyond interaction: A short introduction to mediation theory. *Interactions*, *22*(3), 26–31. doi:10.1145/2751314

Versteeg, M., van Den Hoven, E., & Hummels, C. (2016, February). Interactive jewellery: A design exploration. *Proceedings of the Tenth International Conference on Tangible, Embedded, and Embodied Interaction (TEI'16)* (pp. 44–52). New York, NY, USA, ACM. doi: 10.1145/2839462.2839504

Vimarlund, V., & Wass, S. (2014). Big data, smart homes and ambient assisted living. *Yearbook of Medical Informatics*, *9*(1), 143–149. doi:10.15265/IY-2014-0011

Vitak, J., Shilton, K., & Ashktorab, Z. (2016). Beyond the Belmont principles: Ethical challenges, practices, and beliefs in the online data research community. *Proceedings of the 19th ACM Conference on Computer-Supported Cooperative Work & Social Computing (CSCW '16)* (pp. 941–953). New York, NY, USA, ACM. doi: 10.1145/2818048.2820078

Vlachokyriakos, V., Crivellaro, C., Le Dantec, C. A., Gordon, E., Wright, P., & Olivier, P. (2016). Digital civics: Citizen empowerment with and through technology. *Proceedings of the 2016 CHI conference extended abstracts on human factors in computing systems (CHI* EA *'16)* (pp. 1096–1099). New York, NY, USA, ACM. doi: 10.1145/2851581.2886436

Vogel, D., & Balakrishnan, R. (2004). Interactive public ambient displays: Transitioning from implicit to explicit, public to personal, interaction with multiple users. *Proceedings of the 17th annual ACM symposium on User interface software and technology* (*UIST '04)* (pp. 137–146). New York, NY, USA, ACM. doi: 10.1145/1029632.1029656

Wadhwa, K., & Wright, D. (2013). eHealth: Frameworks for assessing ethical impacts. In C. George, D. Whitehouse, & P. Duquenoy (Eds.), *eHealth: Legal, Ethical and Governance Challenges* (pp. 183–210). Heidelberg, Germany: Springer. doi:10.1007/978-3-642-22474-4_8

Wang, K., & Nickerson, J. V. (2017). A literature review on individual creativity support systems. *Computers in Human Behavior, 74*, 139–151. doi:10.1016/j.chb.2017.04.035

Wang, Y. (2014). From information revolution to intelligence revolution: Big data science vs. intelligence science. *Proceedings of the 13th IEEE International Conference on Cognitive Informatics & Cognitive Computing (ICCI* CC 2014)* (pp. 3–5). London, UK: IEEE. doi: 10.1109/ICCI-CC.2014.6921432

Waterman, A. S., Schwartz, S. J., Zamboanga, B. L., Ravert, R. D., Williams, M. K., Bede Agocha, V., … Brent Donnellan, M. (2010). The questionnaire for eudaimonic well-being: Psychometric properties, demographic comparisons, and evidence of validity. *The Journal of Positive Psychology, 5*(1), 41–61. doi:10.1080/17439760903435208

Waycott, J., Munteanu, C., Davis, H., Thieme, A., Moncur, W., McNaney, R., … Branham, S. (2016). Ethical encounters in human-computer interaction. *Proceedings of the 2016 CHI Conference Extended Abstracts on Human Factors in Computing* Systems *(CHI* EA *'16)* (pp. 3387–3394). New York, NY, USA, ACM. doi: 10.1145/2851581.2856498

Weiser, M. (1991). The computer for the 21st century. *Scientific American, 265*(3), 94–105. doi:10.1038/scientificamerican0991-94

Weld, S. D., & Bansal, G. (2019, to appear). The challenge of crafting intelligible intelligence. *Communications of ACM.* Retrieved from: https://arxiv.org/abs/1803.04263

Whitehead, L., & Seaton, P. (2016). The effectiveness of self-management mobile phone and tablet apps in long-term condition management: A systematic review. *Journal of Medical Internet Research, 18*(5), e97. doi:10.2196/jmir.4883

Wiles, J. L., Leibing, A., Guberman, N., Reeve, J., & Allen, R. E. (2012). The meaning of "aging in place" to older people. *The Gerontologist, 52* (3), 357–366. doi:10.1093/geront/gnr098

Williams, A., Kennedy, S., Philipp, F., & Whiteman, G. (2017). Systems thinking: A review of sustainability management research. *Journal of Cleaner Production, 148*, 866–881. doi:10.1016/j.jclepro.2017.02.002

Williamson, J. R., & Sundén, D. (2016). Deep cover HCI: The ethics of covert research. *Interactions, 23*(3), 45–49. doi:10.1145/2897941

Wilson, C., Draper, S., Brereton, M., & Johnson, D. (2017). Towards thriving: Extending computerised cognitive behavioural therapy. *Proceedings of the 29th Australian Conference on Computer-Human Interaction (OZCHI '17)*, 285–295. New York, NY, USA, ACM. doi: 10.1145/3152771.3152802. doi:10.1177/1046878108321866

Wilson, K. A., Bedwell, W. L., Lazzara, E. H., Salas, E., Burke, C. S., Estock, J. L., … Conkey, C. (2009). Relationships between game attributes and learning outcomes: Review and research proposals. *Simulation & Gaming, 40*(2), 217–266. doi:10.1177/1046878108321866

Wouters, N., Downs, J., Harrop, M., Cox, T., Oliveira, E., Webber, S., … Vande Moere, A. (2016). Uncovering the honeypot effect: How audiences engage with public interactive systems. *Proceedings of the 2016 ACM Conference on Designing Interactive Systems (DIS '16)* (pp. 5–16). New York, NY, USA, ACM. doi: 10.1145/2901790.2901796

Yilmaz, R. M., & Goktas, Y. (2017). Using augmented reality technology in storytelling activities: Examining elementary students' narrative skill and creativity. *Virtual Reality, 21*(2), 75–89. doi:10.1007/s10055-016-0300-1

Young, M. F., Slota, S., Cutter, A. B., Jalette, G., Mullin, G., Lai, B., … Yukhymenko, M. (2012). Our princess is in another castle: A review of trends in serious gaming for education. *Review of Educational Research, 82*(1), 61–89. doi:10.3102/0034654312436980

Yu, H., Shen, Z., Miao, C., Leung, C., Lesser, V. R., & Yang, Q. (2018). Building ethics into Artificial Intelligence. *Proceedings of the Twenty-Seventh International Joint Conference on Artificial Intelligence (IJCAI 2018)* (pp. 5527–5533). Stockholm, Sweden: AAAI Press. doi: 10.24963/ijcai.2018/779

Yuen, S. C. Y., Yaoyuneyong, G., & Johnson, E. (2011). Augmented reality: An overview and five directions for AR in education. *Journal of Educational Technology Development and Exchange (JETDE), 4*(1), Article 11, 119–140. doi:10.18785/jetde.0401.10

Ziegeldorf, J. H., Morchon, O. G., & Wehrle, K. (2014). Privacy in the Internet of Things: Threats and challenges. *Security and Communication Networks, 7*(12), 2728–2742. doi:10.1002/sec.795